Facebook-Marketing für Dummi

Die wichtigsten Facebook-Tools unterschieden

Viele Unternehmen machen den Fehler, das falsche Tool für Ihre Facebook-Präsenz zu nutzen. Anstatt eine Facebook-Seite einzurichten, erstellen sie ein Profil oder eine Gruppe. Merken Sie sich daher Folgendes:

- ✔ Durch ein **Profil** wird eine (Privat-) Person repräsentiert. Facebook-Nutzer können darüber mit Freunden in Kontakt treten und Videos oder Fotos hochladen und teilen. Außerdem werden in Profilen die Aktivitäten eines Nutzers aufgezeichnet.
- ✔ **Seiten** repräsentieren Unternehmen, Marken, gemeinnützige Organisationen, Bands usw. Über eine Seite können Sie innerhalb der Facebook-Community den Bekanntheitsgrad Ihres Produkts oder Ihrer Dienstleistung erhöhen und mit Ihren Kunden interagieren.
- ✔ Mit **Gruppen** können sich Personen (in Form von Profilen) aufgrund gemeinsamer Ziele und Interessen zusammenschließen. Personen können Gruppen beitreten – eine Seite kann das nicht.

Den Erfolg Ihrer Facebook-Seite überprüfen

Überprüfen Sie regelmäßig den Erfolg Ihrer Facebook-Seite, indem Sie die wesentlichen Daten im Auge behalten. Nutzen Sie dazu entweder die Facebook-Statistiken oder externe Analyse-Tools. Werfen Sie einen genauen Blick auf die folgenden neun Daten, um die Leistung Ihrer Web-Präsenz auf Facebook zu messen:

- ✔ Aufrufe
- ✔ Kommentare
- ✔ Klicks und Downloads
- ✔ Verweildauer
- ✔ Geteilte Inhalte
- ✔ Eingehende Links
- ✔ Einmalige Aufrufe und erneute Aufrufe
- ✔ Markenerwähnungen
- ✔ Conversions

Die Zielgruppe kennen

Als Administrator einer Facebook-Seite müssen Sie sich mit Ihrer Zielgruppe vertraut machen. Sind Sie sich darüber im Klaren, wer diese Leute sind, wofür sie sich interessieren und was motivierend auf sie wirkt? Bei der Bewertung, ob Ihre Inhalte dem Image Ihres Unternehmens entsprechen und für Ihre Zielgruppe relevant sind, sollten Sie sich folgende Fragen stellen:

- ✔ Beziehen sich die Inhalte auf die Fragen, Anliegen und Bedürfnisse Ihrer Zielgruppe?
- ✔ Motivieren oder unterhalten die Inhalte Ihre gewünschte Zielgruppe?
- ✔ Helfen die Inhalte Nutzern, bestimmte Aufgaben zu erledigen?
- ✔ Werden die Inhalte eine Entscheidungsfindung beeinflussen?
- ✔ Beleben die Inhalte Ihre Marke oder stellen sie sie in irgendeiner Weise als positiv dar?

Tipps für Umgangsformen auf Facebook-Seiten

- ✔ Eine weiße Weste behalten und immer höflich bleiben
- ✔ Es nicht auf die Spitze treiben
- ✔ Seiten mit Anwendungen herausputzen
- ✔ Die Pinnwand wie ein rohes Ei behandeln
- ✔ Bei Dialogen mit Fremden die Augen aufhalten
- ✔ Diplomatisch mit wütenden Fans umgehen
- ✔ An Geburtstagsgrüße denken
- ✔ Privates unter Verschluss halten

Facebook-Marketing für Dummies

Das Facebook-Orte-Feature und Besuchsangebote nutzen

Facebook-Orte ist ein Location-Based Service (auch standortbezogener Dienst genannt), also eine Mobilfunkanwendung, mit der man einen Ort, den man betritt (ein Geschäft, ein Restaurant, eine Disco oder Ähnliches), »besucht«, also die »Ich bin hier«-Funktion verwendet, um Freunde zu informieren, wo man sich befindet.
Sie sollten unbedingt einen Facebook-Ort für Ihr Unternehmen beanspruchen und dort den Nutzern Besuchsangebote offerieren, um Folgendes zu erreichen:

- ✔ Den Bekanntheitsgrad Ihrer Marke erhöhen
- ✔ Für eine bessere Frequentierung Ihres Ladens sorgen
- ✔ Die Vermarktungskraft Ihres Facebook-Ortes erhöhen
- ✔ Den Kundenzulauf und die altbewährte Mundpropaganda steigern
- ✔ Für mehr Kundenbindung sorgen

Werbeaktionen auf Facebook durchführen

Werbeaktionen in Form von Gewinnspielen haben im Konsumgütermarketing traditionell schon immer eine große Rolle gespielt. Sie können dadurch Ihre Zielgruppe zu etwas bewegen und sie erweitern, da die Markenbekanntheit gefördert und eine Community aufgebaut wird. Und so können Sie Ihre Erfolgschancen bei Werbeaktionen verbessern:

- ✔ Bieten Sie einen attraktiven Preis.
- ✔ Nutzen Sie bestehende Kunden und Kontakte, um die Sache ans Laufen zu bringen.
- ✔ Betreiben Sie Cross-Promotion über Ihre Website.
- ✔ Führen Sie keine komplizierten Werbeaktionen durch.
- ✔ Stellen Sie keine zu hohen Anforderungen.
- ✔ Lassen Sie die Werbeaktion für mindestens einen Monat laufen.
- ✔ Kombinieren Sie Ihre Werbeaktion mit einer Medienkampagne.
- ✔ Ihre Werbeaktion sollte amüsant und interessant sein und eindeutig für Ihr Unternehmen stehen.

Soziale Plug-ins von Facebook nutzen

Wenn Sie Facebooks soziale Plug-ins mit Ihrer Website kombinieren, verleihen Sie dieser im Grunde dieselben Fähigkeiten wie Ihrer Facebook-Seite: eine Fangemeinde aufbauen, Interaktionen bei Fans fördern und die Markenbekanntheit steigern. Sie sorgen damit außerdem für ein noch besseres Nutzererlebnis. Plug-ins können auch dazu beitragen, dass sich bei den Inhalten Ihrer Website auf Facebook der virale Effekt einstellt. Folgende Plug-ins können Sie in Ihre Website integrieren:

- ✔ »Gefällt mir«-Schaltfläche
- ✔ »Senden«-Schaltfläche
- ✔ Kommentarfeld
- ✔ »Aktivitäten«-Meldungen
- ✔ Empfehlungen
- ✔ »Gefällt mir«-Feld
- ✔ »Anmelden«-Schaltfläche
- ✔ Registrierung
- ✔ Facepile
- ✔ Live-Nachrichtenstrom

Facebook-Marketing für Dummies

John Haydon, Paul Dunay und Richard Krueger

Facebook-Marketing für Dummies

Übersetzung aus dem Amerikanischen
von Barbara Mistol

WILEY-VCH Verlag GmbH & Co. KGaA

Bibliografische Information der Deutschen Nationalbibliothek
Die Deutsche Nationalbibliothek verzeichnet diese Publikation
in der Deutschen Nationalbibliografie; detaillierte bibliografische
Daten sind im Internet über http://dnb.d-nb.de abrufbar.

1. Auflage 2012

Coverfoto: Mark Stay, iSockphoto
Lektorat: Sabine Müthing, Recklinghausen
Korrektur: Petra Heubach-Erdmann und Jürgen Erdmann, Düsseldorf
Satz: Mitterweger & Partner, Plankstadt
Druck und Bindung: CPI, Ebner & Spiegel GmbH, Ulm

Print ISBN: 978-3-527-70823-9
ePub ISBN: 978-3-527-66614-0
mobi ISBN: 978-3-527-66613-3
ePDF ISBN: 978-3-527-666156-8

Über die Autoren

John Haydon ist der Gründer des Beratungsunternehmens Inbound Zombie, ein auf Online-Marketing spezialisiertes Unternehmen mit Sitz in Cambridge im US-Bundesstaat Massachusetts. Zu den Kunden des Unternehmens zählen kleine und mittlere gemeinnützige Organisationen aus den USA und Kanada. Er ist außerdem Mitbegründer von 501 Mission Place, einer englischsprachigen Online-Community für Führungskräfte aus dem gemeinnützigen Bereich, und gibt Kurse auf der englischsprachigen Website `MarketingProfs.com`. Auf der ebenfalls englischsprachigen Website `CharityHowTo.com` führt John Haydon lehrreiche Webinare durch. Für fünf verschiedene Blogs, unter anderem auch die Huffington Post, verfasst er regelmäßig Beiträge. Sie finden seine Blogs auf den englischsprachigen Websites `www.johnhaydon.com` und `www.nonprofitfacebookguy.com`.

John Haydon hat bereits Vorträge auf der BlogWorld Expo, der Nonprofit Technology Conference, der 140 Characters Conference und zahlreichen weiteren Konferenzen in seiner Umgebung gehalten.

Paul Dunay ist mehrfach ausgezeichneter Marketingfachmann. Seit mehr als 20 Jahren steigert er für führende Technologieunternehmen, Firmen aus den Bereichen Konsumgüter und Finanzdienstleistungen sowie für wissensintensive Dienstleistungsunternehmen erfolgreich die Nachfrage und rührt die Werbetrommel.

Bei der Firma Avaya, einem Weltmarktführer für Unternehmenskommunikation, hat er den Posten des Global Managing Directors für die Bereiche Dienstleistungsmarketing und Social Marketing inne. Aufgrund seiner einzigartigen Herangehensweise an die integrierte Marketingkommunikation wurde er von der englischsprachigen Zeitschrift *BtoB* unter die jeweils besten 25 B2B-Marketingfachleute der Jahre 2009 und 2010 gewählt und von der Firma DemandGen 2008 als Gewinner in der Kategorie »Utilizing Marketing Automation to Fuel Corporate Growth« ausgezeichnet. Paul Dunay stand sechsmal in der Endrunde des Marketing Excellence Awards, einem Wettbewerb der Information Technology Services Marketing Association (ITSMA), und erhielt dort 2005 und 2010 den ersten Platz.

Richard Krueger ist Gründer und CEO der Firma AboutFaceDigital, einer Social-Media-Marketing-Agentur, die sich auf Facebook-Werbung spezialisiert hat. Er hat sich als Wegbereiter im Online-Marketing einen Namen gemacht und ist außerdem Mitbegründer von Samepoint, einer Limited Liability Company, die im Bereich der Social-Media-Analyse als führend gilt. Bei seiner Arbeit in beiden Unternehmen kommt ihm seine gut zwanzigjährige Berufserfahrung zugute.

Zuvor war Richard Krueger als Leiter der Marketingabteilung für Boonty Inc. tätig, einem weltweit über das Internet agierenden Vertreiber für Casual Games. Noch vor dieser Zeit hatte er den Posten des Vice President für Marketing und Business Development bei der Firma Kasparov Chess Online inne. Er leitete dort für Garry Kasparov, den ehemaligen Schachweltmeister, das Marketing und die Maßnahmen zur Markenlizenzierung. Vor seiner unternehmerischen Laufbahn arbeitete Richard Krueger bei verschiedenen Werbe- und PR-Agenturen in New York City, die zu den zehn besten Agenturen zählen. Er betätigt sich regelmäßig als Blogger und verfasst zahlreiche Beiträge für Fachzeitschriften aus dem Werbe- und PR-Bereich.

Widmung

Dieses Buch ist allen Marketingfachleuten da draußen gewidmet, die gerade Zeuge der wohl größten Veränderungen in der Geschichte des Marketings werden. Als Marketingfachmann befand man sich nie zuvor in einer besseren Position, und Tools wie Facebook schaffen ganz neue Regeln. Über unsere klaren und in kleinen Schritten umsetzbaren Lösungen und der Weitergabe unserer Erfahrungen, die wir im »wahren Leben« in Marketing-Agenturen mit Facebook gemacht haben, möchten wir Sie zu einem Meister Ihres Fachs machen und hoffen, dass Sie dadurch im Marketing ganz neue Maßstäbe setzen können, die man so vorher noch nicht kannte.

Wir hoffen aber gleichzeitig, dass Sie bei all Ihren Marketing-Aktivitäten auf Facebook stets das richtige Maß bewahren und bei Ihnen Familie und Freunde immer an erster Stelle stehen!

Über die Übersetzerin

Barbara Mistol, 1974 am Niederrhein geboren, wuchs in Meerbusch bei Düsseldorf auf und lebt heute in Berlin. Schon zu Schulzeiten entdeckte sie ihre Liebe zu Sprachen. Barbara Mistol studierte »Übersetzen und Dolmetschen« in den Sprachen Englisch und Spanisch an der Fachhochschule Köln und hat dort ihr Diplom erworben. Wenn sie gerade nicht übersetzt, verreist sie gerne und lernt neue Fremdsprachen. Seit ihrem Studium ist sie als freiberufliche Übersetzerin tätig.

Cartoons im Überblick

von Rich Tennant

»Ich weiß, dass das Profil ein bisschen kurz geraten ist, aber ich dachte, »König des Dschungels« sagt doch eigentlich schon alles.«

Seite 27

»Ralf und ich wickeln über Facebook viel Geschäftliches ab. Ach übrigens Ralf, hast du die Verkaufskalkulation und das kleine, blaue Pony, das ich dir geschickt habe, erhalten?«

Seite 69

»Ich weiß, dass Facebook super ist und du dabei sein möchtest. Aber du bist meine Mutter – du kannst nicht mein »Freund« sein.«

Seite 125

»Sind die alten Medien schon im Briefkasten?«

Seite 193

Seite 305

Internet: www.the5thwave.com
E-Mail: richtennant@the5thwave.com

Inhaltsverzeichnis

Einleitung

Mit etwa 900 Millionen aktiven Nutzern und 250.000 Personen, die sich täglich neu registrieren, ist Facebook, virtuell gesehen, bereits zu einer Welt für sich geworden. Ursprünglich hatte der Studienabbrecher Mark Zuckerberg von der Harvard-Universität Facebook während seiner Freizeit in seinem Studentenwohnheim entworfen, um die Print-Ausgabe des beliebten Adressbuchs der Hochschule, in dem alle neu eingeschriebenen Erstsemester verzeichnet sind, um eine Online-Version zu erweitern. Doch mittlerweile hat er daraus ein globales Unternehmen gemacht, das mehr als 2.000 Programmierer, Grafiker und Führungskräfte aus den Bereichen Marketing und Business Development beschäftigt und das über Vertretungen überall in den USA sowie in Dublin, London, Mailand, Paris, Stockholm, Sydney und Toronto verfügt. Heute werden auf Facebook im Durchschnitt mehr als zwei Milliarden Beiträge kommentiert und mit »Gefällt mir« markiert und mehr als 250 Millionen Fotos hochgeladen – und das tagtäglich!

Viele sehen in Facebook ein Gemeinschaftserlebnis, einen Ort, an dem man den Kontakt zu einem alten Kumpel aus Unizeiten wiederbelebt oder einen neuen Freund »anstupst«. Doch im April 2007 führte Mark Zuckerberg eine so revolutionäre Neuerung ein, dass die Konsequenzen noch heute überall in der Internet-Geschäftswelt zu spüren sind. Er gab seine virtuelle Oase frei, um jeden, der über ausreichende Programmierkenntnisse verfügt, Anwendungen entwickeln zu lassen, die sich den *Social Graph* (auch Netzwerkarchitektur genannt) zunutze machen. Da die Plattform Facebook auf diese Weise Software verfügbar machte, ergaben sich für Marketingfachleute, die in sozialen Netzwerken Fuß fassen wollten, ganz neue Regeln, und man kann heute nicht mehr davon ausgehen, dass alles weiter seinen gewohnten Gang gehen wird.

Über dieses Buch

Facebook-Marketing für Dummies bietet Ihnen als Marketingfachmann eine gründliche Analyse aller verfügbaren Strategien, Taktiken und Techniken, um sich die Facebook-Community zunutze zu machen und so Ihre Unternehmensziele erreichen zu können. Wir schlüsseln den Webservice für Sie in seine grundlegenden Features auf. Dazu gehören unter anderem das Erstellen einer Facebook-Seite für Ihr Unternehmen, das Hinzufügen von Anwendungen zu Ihrer Seite, das Ausrichten einer Veranstaltung, das Erstellen einer Facebook-Gruppe, Werbung und die Erweiterung der Facebook-Plattform auf Ihre Website durch soziale Plug-ins. Auf diese Weise schaffen wir ein nutzerfreundliches Konzept für die Vermarktung und die Bewerbung Ihres Unternehmens über Facebook.

Törichte Annahmen über den Leser

Wir gehen von einigen Annahmen über Sie als Marketingfachmann und angehenden Profi in Sachen Facebook-Marketing aus:

- ✔ Sie sind mindestens 14 Jahre alt – auf Facebook Voraussetzung, um ein eigenes Profil erstellen zu können.
- ✔ Sie haben das Konzept eines Computers verstanden und kennen sich mit den grundlegenden Computer-Begriffen aus.
- ✔ Sie haben einen Computer mit Highspeed-Internetzugang.
- ✔ Sie verfügen über Grundkenntnisse beim Thema Internet.
- ✔ Sie haben die Erlaubnis Ihrer Firma, alle von uns hier beschriebenen Techniken anzuwenden.
- ✔ Sie dürfen sämtliche firmeneigenen Fotos, Musiktitel oder Videoaufnahmen verwenden, um damit für das Unternehmen auf Facebook zu werben.

Konventionen in diesem Buch

Um die Lesequalität zu erhöhen, halten wir uns in diesem Buch an ein paar Konventionen. Nichtproportionale Schrift weist Sie auf E-Mail-Adressen oder URLs (wie etwa `www.facebook.de`) hin. Auch wenn Sie Text eingeben sollen, verwenden wir diese Schrift, damit es auf den ersten Blick zu sehen ist. Wenn Sie ein *kursiv* geschriebenes Wort sehen, sollten Sie nach dessen spezieller Definition im Zusammenhang mit Facebook Ausschau halten. Nummerierungen führen Sie durch Aufgaben, die von oben nach unten abgearbeitet werden müssen. Auflistungen mit Bulletpoints (Punkten) oder Häkchen können Sie hingegen aus jeder beliebigen Richtung bearbeiten (von oben nach unten oder von unten nach oben).

Und zu guter Letzt teilen auch wir, die Autoren, Ihnen im ganzen Buch häufig unsere Ansichten mit. Wir, als passionierte Marketingfachleute, nutzen dieses soziale Netzwerk als Medium und hoffen, für Sie beim Marketing sozusagen als verlässliche Fremdenführer zu fungieren, um Ihnen unsere Leidenschaft für Facebook ganz objektiv näherbringen zu können.

Was Sie nicht lesen müssen

Dieses Buch ist ein modular aufgebautes Handbuch für Facebook-Marketing. Sie müssen es also nicht von vorn bis hinten, Kapitel für Kapitel durchlesen, sondern können es eher wie ein Rechercheinstrument verwenden, um Ihr Unternehmen auf Facebook besser vermarkten zu können. Oder Sie suchen einfach anhand des Stichwortverzeichnisses nach genau den Themen, die Sie am meisten interessieren. Damit Sie ein Gefühl dafür bekommen, welche Maßnahmen bei anderen Marketingfachleuten, die sich bereits über Facebook versucht haben, erfolgreich waren und welche nicht, zählen wir Fallbeispiele auf, die es im Bereich Marketing wirklich schon gegeben hat. Im Folgenden finden Sie noch ein paar nützliche Hinweise für die Verwendung dieses Buches:

- ✔ Je nachdem, wie viel Sie bereits über Facebook wissen, möchten Sie vielleicht gleich zu den Teilen und Kapiteln vorblättern, die Sie am meisten interessieren.

- ✔ Falls Sie als Marketingfachmann mit Facebook bereits hinreichend vertraut sind, können Sie die ersten beiden Kapitel auslassen.
- ✔ Sollten Sie eine Seite für Ihr Unternehmen erstellen wollen, blättern Sie am besten gleich zu Kapitel 4 vor.
- ✔ Falls Sie schon über eine Seite verfügen und es ab jetzt mit dem viralen Marketing versuchen möchten, nehmen Sie sich gleich Teil III vor.
- ✔ Für den Fall, dass Sie bereits eine Seite für Ihre Firma erstellt haben und diese nun bekannt machen und bewerben wollen, blättern Sie direkt zu Teil IV vor.
- ✔ Lesen Sie keine Boulevardblätter vom Kiosk. Davon werden Sie garantiert rammdösig.

Wie dieses Buch aufgebaut ist

Wir haben dieses Buch in fünf Teile unterteilt. Jeder Teil und die darin enthaltenen Kapitel sind modular aufgebaut. Sie können also je nach Bedarf von einem Thema zum anderen blättern. Sie finden in jedem Kapitel praktische Marketing-Techniken und -Taktiken, die Sie anwenden können, um Ihr Unternehmen, Ihre Marke, Ihr Produkt oder Ihre Institution in der Facebook-Community zu bewerben. Außerdem enthält jedes Kapitel Schritt-für-Schritt-Anleitungen, die Ihrer Web-Präsenz auf Facebook auf die Sprünge helfen können.

Teil I: Mit Facebook auf Erfolgskurs

Sind Sie bereit, Facebook zu einem Teil Ihres Marketing-Mix zu machen? Bevor Sie diese Frage beantworten können, müssen Sie sich eine Menge durch den Kopf gehen lassen. Teil I verschafft Ihnen einen Überblick über einige der Themen, die wir im Buch im Detail behandeln. Es geht zum Beispiel darum, auf welche Weise und weshalb man sich eine Web-Präsenz in diesem sozialen Netzwerk zulegt; wie man sich Inhalte zunutze macht, um eine Fangemeinde aufzubauen; wie man die Features des viralen Marketings gewinnbringend einsetzt und wie man eine Erfolgsstrategie für das eigene Unternehmen austüftelt. Während Sie diesen Teil lesen, müssen Sie ein wenig umdenken. Und zwar in eine Richtung, die wir nur folgendermaßen beschreiben können: Seien Sie offener und geben Sie mehr von sich preis. In vielen Firmen hat man mit diesem Wandel Schwierigkeiten, doch jene, die ihn sich zu eigen machen, haben bald ein ganz neues Niveau in der Beziehung zu ihren Kunden und potenziellen Kunden erreicht.

Teil II: Die Web-Präsenz auf Facebook erstellen

Sämtliche Marketingfachleute jeder Couleur möchten für ihre Unternehmen, Kleinunternehmen oder Kunden eine Web-Präsenz auf Facebook schaffen. Wir zeigen Ihnen in diesem Teil, wie Sie auch Ihrer Firma ein Plätzchen auf Facebook sichern, wie Sie eine tolle Seite entwerfen und wie Sie Werbeaktionen, Gruppen und Veranstaltungen für sich einspannen. Außerdem erfahren Sie, wie Sie auf Ihrer Seite Cross-Promotion betreiben und die Aktivität und Interaktion Ihrer Fans messen.

Teil III: Mit Kunden und potenziellen Kunden auf Facebook interagieren

Wir befassen uns hier mit Strategien für das Veröffentlichen Ihrer Seite. In diesem Teil erfahren Sie, wie Sie für Ihre Seite werben, die Aufmerksamkeit der Fans auf sich ziehen und den Erfolg Ihrer Werbekampagne auf Facebook messen. Wir zeigen Ihnen ganz bestimmte Strategien und Taktiken, die bewiesenermaßen Ihre Fangemeinde vergrößern und den Bekanntheitsgrad der Seite steigern werden. Sie erfahren außerdem, wie man auf Facebook seinen Erfolg misst, um schnell herausfinden zu können, was funktioniert und was nicht.

Teil IV: Marketing nicht nur mit Facebook-Seiten

Mit Hilfe von Teil IV können Sie für Ihr Unternehmen eine neue Einnahmequelle erschließen. Wir erklären Ihnen, wie man auf Facebook wirbt, indem man eine bestimmte Zielgruppe definiert, Werbeanzeigen erstellt und testet und danach ihren Erfolg misst. Sie erfahren außerdem, wie Sie die beiden Features »Gruppen« und »Veranstaltungen« sowie Werbeaktionen nutzen können, um über Ihre Facebook-Seite hinaus aktiv zu werden. Damit Sie Facebook in Ihre Website integrieren können, erklären wir Ihnen auch, wie man soziale Plug-ins verwendet.

Teil V: Der Top-Ten-Teil

In den Kapiteln dieses Teils finden Sie ein paar kurze Tipps, wie Sie sich auf Facebook am besten verhalten sollten, um Ihre Unternehmensziele zu erreichen, und dazu, welche tollen Anwendungen Sie für Ihr Unternehmen auf Ihrer Facebook-Seite nutzen können. Wir machen Sie außerdem auch mit den häufigsten Fehlern bekannt.

Symbole, die in diesem Buch verwendet werden

Dieses Symbol weist Sie auf technische Informationen hin, die zwar interessant, für Ihr Verständnis des gerade angeschnittenen Themas aber nicht unbedingt notwendig sind.

An diesen Stellen finden Sie Informationen, die Sie sich merken sollten.

Mit diesem Symbol möchten wir Sie auf Dinge hinweisen, die sich negativ auf Ihre Web-Präsenz oder Ihren Ruf auf Facebook auswirken könnten. Lesen Sie also bitte die nebenstehende Information!

Hier finden Sie einen Hinweis, der einen wichtigen Punkt hervorhebt oder verdeutlicht.

Wie es weitergeht

Falls Facebook Neuland für Sie ist und Sie angehender Facebook-Marketingfachmann sind, sollten Sie das Buch wohl von vorne bis hinten durchlesen. Eine Flut an Informationen gespickt mit praktischen Tipps wartet darauf, von Ihnen gelesen zu werden. Blättern Sie einfach um und schon geht's los.

Sie kennen sich mit Facebook und Marketing-Taktiken im Internet schon gut aus? Dann lassen Sie sich überraschen. Wir geben unser komplettes Know-how preis, wie man ein Unternehmen über Facebook vermarktet. Diese Erfahrungen basieren teilweise auf unseren eigenen Irrungen und Wirrungen. Auch wenn Sie eigentlich lieber mit Teil II des Buches beginnen möchten, könnte es daher nicht schaden, als Gedächtnisstütze noch mal einige der Grundlagen aus Teil I auf sich wirken zu lassen und etwas über neue Menüs und Softwarefunktionen zu lesen. Sie werden auf jeden Fall etwas erfahren, was Sie noch nicht wussten.

Sie kennen sich mit Facebook und Marketing-Taktiken im Internet schon gut aus, haben aber nicht viel Zeit (welcher Marketingfachmann hat die schon)? Dann werden Sie sich wahrscheinlich einem bestimmten für Sie interessanten Thema zuwenden und sich gleich darin vertiefen wollen. Da dieses Buch modular aufgebaut ist, brauchen Sie es nicht von vorne bis hinten durchzulesen. Wenn Sie es komplett durchackern, werden Sie aber auf jeden Fall an wichtige Informationen kommen.

Doch ganz egal, wie Sie nun das Buch in Angriff nehmen: Wir sind uns sicher, dass Sie die Lektüre genießen werden.

Bitte beachten Sie, dass es auf Facebook sehr häufig Änderungen gibt. Alle Anleitungen und Abbildungen beziehen sich auf den Zeitpunkt, als dieses Buch publiziert wurde. Doch selbst wenn es zu Neuerungen kommt, werden Sie sich wahrscheinlich gut zurechtfinden, da auf Facebook vieles selbsterklärend ist.

Sollten Sie noch weitergehende Fragen oder Anmerkungen haben, können Sie uns gerne über John Haydons englischsprachige Facebook-Seite unter dem Link `www.facebook.com/inboundzombie` kontaktieren. Wir würden uns sehr freuen, wenn Sie uns Ihre eigenen Anekdoten und Ihre Vorschläge mitteilen, was man bei der nächsten Neubearbeitung dieses Buches noch verbessern könnte. Und im wahren Geiste des Teilens, auf dem Facebook ja schließlich beruht, versprechen wir Ihnen auch, jeden Kommentar zu beantworten.

Und nun zum Wohle – wir stoßen an auf Ihren zukünftigen Erfolg auf Facebook!

Teil I

Mit Facebook auf Erfolgskurs

The 5th Wave — By Rich Tennant

»Ich weiß, dass das Profil ein bisschen kurz geraten ist, aber ich dachte, »König des Dschungels« sagt doch eigentlich schon alles.«

In diesem Teil …

Kann's losgehen mit der Vermarktung Ihres Unternehmens auf Facebook? In Teil I erfahren Sie, was Sie im Hinterkopf behalten sollten, wenn Sie die Welt des Facebook-Marketings betreten: zum Beispiel wie man die Zielgruppe auf Facebook definiert, wie man Facebook zu einem Teil seines Marketing-Mix macht, wie man den Netzwerkeffekt innerhalb dieses sozialen Netzwerks maximiert und wie man einen Marketingplan erstellt, mit dem das eigene Unternehmen auf Facebook optimal beworben wird.

Marketing im Zeitalter von Facebook

1

In diesem Kapitel

- Die Dimensionen von Facebook begreifen
- Das Vermarktungspotenzial von Facebook erkennen
- Entscheiden, ob die eigene Firma momentan eine Facebook-Seite benötigt

Wenn Facebook ein Land wäre, stünde es gleich hinter Indien und China auf Platz 3 der bevölkerungsreichsten Länder der Welt. Zum Zeitpunkt, als dieses Buch erschien, hatten sich weltweit etwa 900 Millionen Nutzer registriert.

Facebook vergrößert sich stetig in einer atemberaubenden Geschwindigkeit, da das Netzwerk sowohl den Bedürfnissen von Verbrauchern als auch von Unternehmen gerecht wird. Verbraucher nutzen Facebook, um mit Freunden in Verbindung zu bleiben, Fotos zu teilen, wieder Kontakt zu Familienmitgliedern aufzunehmen und um sich coole und nützliche Produkte und Dienstleistungen empfehlen zu lassen. Jeder Nutzer von Facebook hat ein Facebook-*Profil*, das ein Hauptbild oder einen Avatar enthält; eine *Pinnwand*, auf der seine neuesten Aktivitäten und Kommentare von Freunden aufgelistet werden; und eine Seitenleiste mit Reitern für Fotos, persönliche Daten und andere Anwendungen. Unternehmen nutzen Facebook, um mit diesen Freundes- und Familien-Netzwerken in Kontakt zu treten. Zu diesem Zweck nutzen sie die Plug-ins der Plattform, um ihre eigenen Websites »sozialer« zu machen, und führen innerhalb der Facebook-Community Werbekampagnen durch, bei denen die Zielgruppe ganz genau definiert wurde. Unternehmen verwenden hier als wichtigstes Instrument die Facebook-*Seite*, die einem Facebook-Profil sehr ähnlich ist, aber zusätzlich einige Features enthält, mit denen Inhalte veröffentlicht werden können, die die Fans ansprechen und sie interagieren lassen und mit denen die »Demografie« eben dieser Fans analysiert werden kann.

Da Facebook sowohl Verbrauchern als auch Unternehmen nützliche Features bietet, hat die Plattform in praktisch allen Branchen an Attraktivität gewonnen. In den Firmen lernt man schnell, wie man Facebook-Seiten, -Anwendungen, -Werbeanzeigen und -Plug-ins verwendet, um ganz bestimmte Unternehmensziele zu erreichen. Zum Beispiel diese:

- ✔ **Bekanntheitsgrad einer Marke erhöhen:** Unternehmen gleich welcher Art und Größe erschließen die riesige Community der Plattform mit Facebook-Anwendungen und -Seiten.
- ✔ **Produkteinführungen:** Markenhersteller nutzen Facebook, um Produkte versuchsweise auf den Markt zu bringen und um auf der Plattform Werbekampagnen als Teil ihrer allgemeinen Strategie zur Produkteinführung durchzuführen.
- ✔ **Kundenservice:** In immer mehr Unternehmen hat man erkannt, dass sich mit Facebook-Seiten eine sehr kostengünstige Methode bietet, um bestehende Kundendienstnetze zu erweitern, da grundlegende Lösungen zu Produktproblemen oder Fragen dazu ganz einfach von einer Vielzahl von Kunden zugleich gelesen werden.

- **Verkauf von Produkten und Dienstleistungen:** Firmen wie etwa Zipcar verkaufen ihre Dienstleistungen über Facebook mit E-Commerce-Anwendungen, die man auf Facebook-Seiten hinzufügen kann.

Sie erfahren in diesem Buch, wie Sie einige dieser Unternehmensziele erreichen können.

Wir verschaffen Ihnen in diesem Kapitel einen Überblick darüber, weshalb Facebook solche riesigen Dimensionen angenommen hat und wie Marketingfachleute sich dieses Potenzial zunutze machen. Außerdem erklären wir Ihnen, weshalb Sie unbedingt eine Facebook-Seite für Ihr Unternehmen erstellen sollten.

Was ist Facebook und warum ist es so beliebt?

Das soziale Netzwerk Facebook wurde 2004 von einem jungen Studenten der Harvard-Universität namens Mark Zuckerberg gegründet. Ursprünglich hieß es »Thefacebook« (Abbildung 1.1) und war nur für Harvard-Studenten oder Personen mit einer auf »harvard.edu« endenden E-Mail-Adresse dieser Hochschule verfügbar. Das soziale Netzwerk verbreitete sich schnell auf Harvard, da sich eben nicht jeder registrieren konnte.

Obwohl es ursprünglich als Netzwerk für Harvard-Studenten gegründet worden war, wurde es schließlich auch für Studenten anderer Universitäten und letzten Endes für jeden, der Zugriff auf einen Computer hat, freigegeben. Und heute, bloß ein paar Jahre später, hat es sich zum größten sozialen Netzwerk der Geschichte gemausert.

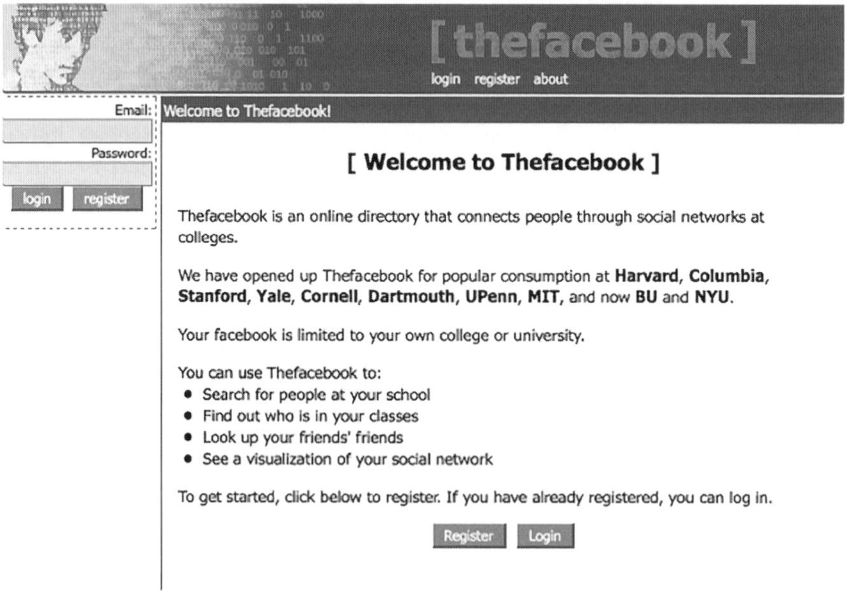

Abbildung 1.1: Screenshot des Netzwerks `TheFacebook.com` von 2004

Doch es handelt sich hier nicht nur um das größte soziale Netzwerk der Geschichte, sondern auch um das mit den meisten aktiven Nutzern. Laut Facebook

- ✔ melden sich 50 Prozent der aktiven Nutzer jeden Tag bei Facebook an
- ✔ hat ein Nutzer durchschnittlich 130 Facebook-Freunde
- ✔ verbringen Nutzer mehr als 700 Milliarden Minuten monatlich auf Facebook

Mittlerweile hat sich wahrscheinlich auch Ihre Mutter auf Facebook registriert. Ebenso wie die meisten Ihrer Freunde. Sie selbst haben wieder Kontakt zu längst verloren geglaubten Freunden von der weiterführenden Schule aufgenommen. Möglicherweise haben Sie ja in diesem Netzwerk Ihren Lebenspartner kennen gelernt oder sogar herausgefunden, wer Ihre leiblichen Eltern sind.

Jetzt fragen Sie sich vielleicht, weshalb es ausgerechnet Facebook und nicht Myspace oder FriendFeed bis zum heutigen Tage so weit gebracht hat. Über dieses Thema könnte man ein ganzes Buch schreiben, doch auch eine kurze Erkundung lohnt sich hier.

Unten finden Sie einige Gründe dafür, weshalb Facebook alle anderen sozialen Netzwerke meilenweit überholt hat:

- ✔ **Auf Facebook hat man den bestehenden Freundes- und Bekanntenkreis genutzt, um für die Plattform zu werben.** Vom ersten Tag an gab es dort beim Registrieren die Möglichkeit, alle einzuladen, denen man jemals eine E-Mail geschrieben hat! Man geht dabei von Folgendem aus: Wenn Sie mit jemand anders E-Mail-Verkehr hatten, ist es sehr gut möglich, dass Sie zu demjenigen bereits vorher irgendeine Art von Beziehung hatten und eher dazu neigen würden, ihn für eine Registrierung auf Facebook einzuladen.
- ✔ **Über Facebook wird in den Mainstream-Medien sehr viel berichtet.** Sei es ein Zeitungsartikel über einen Lehrer, der wegen gedankenloser Kommentare über einen Schüler aus dem Schuldienst entlassen wird, oder ein Fernsehinterview mit zwei Geschwistern, die nach der Geburt getrennt wurden, sich aber über das soziale Netzwerk wiederfanden – es vergeht kein Tag ohne irgendeine Meldung über Facebook.
- ✔ **Mit Facebook bleibt man in Verbindung.** Junge Leute nutzen Facebook bekanntermaßen, um in Kontakt zu bleiben, doch sie sind nicht die Einzigen. Eine der am schnellsten wachsenden Nutzergruppen im Netzwerk ist die der über 55-Jährigen. Viele von ihnen verwenden Facebook, um bei ihren Kindern und manchmal auch Enkeln auf dem neuesten Stand zu bleiben.

Facebook ermöglicht Beziehungen

Karen Graham und Tim Garman sind Geschwister, die sich über Facebook nach 40 Jahren wiedergefunden haben. Sie wurden nach der Geburt getrennt und von zwei verschiedenen Familien adoptiert. Wiedergesehen haben sie sich erst, nachdem ihre jüngere Schwester Danielle anfing, im Netzwerk nach ihnen zu suchen.

Nach drei Monaten und mehr als nur ein paar Rückschlägen entdeckte Danielle schließlich das Facebook-Profil von Karen Grahams Tochter. Sie sandte ihr eine Nachricht mit dem Wortlaut: »Ich glaube, deine Mutter ist die Tochter meiner Mutter«. Und dadurch kam es schließlich zu einem Wiedersehen.

Heute haben Karen Graham und Tim Garman ein sehr enges Verhältnis und kommen an Ferien-, Feiertagen sowie zu anderen Gelegenheiten mit ihrer Familie zusammen.

Natürlich hatten die beiden immer den Wunsch, sich kennen zu lernen, doch es gab einfach keinen Weg, sich zu finden, bis sich durch Facebook eine Gelegenheit für eine Verbindung ergab.

Ganz ähnlich erging es 2011 John Haydon. Er traf einen alten Freund, den er seit seiner Zeit an der weiterführenden Schule nicht mehr gesehen hatte. Dort und vorher in der Mittelstufe galt John Haydon als unbeliebter, schüchterner Außenseiter, der von den »coolen Typen« gehänselt wurde. Man muss wohl nicht erwähnen, dass er sich nicht so besonders gefreut hat, als er von vielen dieser Klassenkameraden Freundschaftsanfragen gesandt bekam.

Doch bei der von Clark dachte er sich: *»Also bei ihm würde ich mich wirklich sehr über ein Wiedersehen freuen!«* Er kannte Clark noch als einen enorm intelligenten und kreativen Kopf. (In der Abbildung sieht man Clark (links) mit John Haydon in Chicago.) Sie hatten anfangs über eine Facebook-Gruppe, die jemand für ihre weiterführende Schule erstellt hatte, Kontakt zueinander aufgenommen. Danach verabredeten sie sich zu einem Treffen in Chicago, wo John Haydon sich gerade wegen einer Geschäftsreise aufhielt.

Das Vermarktungspotenzial von Facebook begreifen

In den Fünfzigerjahren hat sich ein Gerät namens Fernseher in unserer Kultur explosionsartig verbreitet. Zu Beginn dieses Jahrzehnts besaß man einen Schwarz-Weiß-Fernseher und später zum Ende hin fand sich in jedem gutbürgerlichen Wohnzimmer ein Farbfernseher. Als immer mehr Verbraucher anfingen fernzusehen, mussten Marketingfachleute ihre Strategien für das neue Medium übernehmen. Erfolgreiche Führungskräfte aus der Werbebranche und Autoren nahmen sich die Zeit, um zu verstehen, wie sich das Fernsehen in unsere Kultur einfügte. Sie recherchierten, auf welche Weise und weshalb es für Familien jeden Abend zum Mittelpunkt wurde. (Denken Sie mal an Fertiggerichte. Man sagt, sie seien speziell für den Genuss vor dem Fernseher entwickelt worden.) Sie erforschten außerdem, wie Männer und Frauen sich beim Fernsehen unterscheiden und welche Fernsehsendungen Kinder am Samstagmorgen am liebsten sehen.

Erst nachdem sie all dies herausgefunden hatten, waren sie in der Lage, gelungene Fernsehspots zu entwickeln. Sie fanden heraus, wie sie ihre Werbebotschaften für eine Zeitdauer von 30 Sekunden zusammenfassen konnten. Sie drehten Spots mit Jingles, die beliebten Titelmelodien aus Fernsehsendungen nachempfunden waren, und platzierten ihre Produkte wirkungsvoll in beliebten Sendungen.

Und auf dieselbe Weise müssen sich erfolgreiche Werbetreibende der Gegenwart mit Facebook als dem neuen Medium der Gegenwart vertraut machen, um zu verstehen, wie sie es am besten für die Vermarktung ihrer Marken nutzen.

Da Sie dieses Buch lesen, haben Sie sehr wahrscheinlich schon von Markenherstellern wie Harley Davidson und Starbucks sowie von Tausenden anderen kleinen Firmen und gemeinnützigen Organisationen gehört, die über Facebook ihre Produkte und Dienstleistungen vermarkten.

Diese Unternehmen machen sich Facebook mit den unterschiedlichsten Strategien und Taktiken zunutze, um eine Vielzahl von Zielen zu erreichen:

- ✔ Sie steigern den Bekanntheitsgrad ihrer Marken durch Facebook-Werbeanzeigen, bei denen die Zielgruppe ganz genau definiert ist.
- ✔ Sie lernen die wahren Wünsche ihrer Kunden kennen, indem sie täglich mit ihnen kommunizieren.
- ✔ Sie führen neue Produkte und Dienstleistungen mit Hilfe von Facebook-Seiten und passenden, von Facebook entwickelten Anwendungen ein.
- ✔ Sie steigern Neuverkäufe und Wiederholungsverkäufe durch Gutscheine, Angebote zum Gruppenkauf und Treueprogramme.

Der Erfolg dieser Unternehmen ist zum Teil darauf zurückzuführen, dass sie in Facebook nicht nur eine rein statische Website sehen, sondern eine Gelegenheit für Nutzer, sich zu vernetzen und sich einzubringen.

Die Macht der Mundpropaganda nutzen

Ein jedes Geschäft lässt sich am erfolgreichsten per Mundpropaganda vermarkten. Zahlreiche Studien haben sogar gezeigt, dass Verbraucher viel eher eine Kaufentscheidung aufgrund einer Empfehlung von Bekannten treffen als aufgrund der Marketingunterlagen zu einer Marke. Jedes Mal, wenn ein Nutzer auf Facebook bei einem Inhalt auf »Gefällt mir« klickt oder diesen kommentiert oder teilt, verbreitet sich diese Handlung in seinem kompletten Netzwerk an Freunden. So funktioniert Mundpropaganda auf Facebook. (Sehen Sie sich dazu Abbildung 1.2 an.)

Abbildung 1.2: Die Givebox Düsseldorf profitiert von der Mundpropaganda, die durch 37 »Gefällt mir«-Angaben, neun Kommentare und zweimaliges Teilen erzeugt wurde.

Laut einer Studie von 2009 von Econsultancy, einem britischen Branchendienst für digitales Marketing, vertrauen 90 Prozent der Verbraucher im Netz auf Empfehlungen von Bekannten. Und das ist auch völlig verständlich. Denken Sie mal an das letzte Mal, als Sie eine wichtige Kaufentscheidung getroffen haben (bei einem Auto, einem Fernseher oder sogar einem Dienstleister). Was hat Sie damals mehr beeinflusst: eine Werbeanzeige über das Produkt oder die Dienstleistung – oder die Erfahrungen eines Freundes mit diesem Produkt oder dieser Dienstleistung?

Der einflussreichste Aspekt von Facebook sind die innigen Beziehungen zwischen den Nutzern. Das aus Freunden bestehende Netzwerk beruht zum größten Teil auf Beziehungen zu Arbeitskollegen, Familienmitgliedern oder anderen Personen aus dem wahren Leben. Von einigen Marketingfachleuten werden solche Verbindungen *starke Beziehungen* genannt, da sie auch außerhalb von Facebook bestehen. Das Gegenteil davon sind *schwache Beziehungen*, also Verbindungen im Netz, bei denen keine gemeinsamen Interessen oder Ziele angegeben wurden.

Wer hätte größeren Einfluss auf Sie: der Facebook-Freund, der ein ehemaliger Kommilitone ist, oder der Facebook-»Freund«, der Ihnen einfach nur eine Freundschaftsanfrage gesandt hat, weil er Sie letztes Wochenende auf einem Konzert kennen gelernt hat?

Marketing-Instrumente für Unternehmen jeder Art

Für Marketingfachleute bieten sich auf Facebook einige einzigartige Möglichkeiten, mit Kunden und potenziellen Kunden zu interagieren. Folgende Anwendungen sind Beispiele dafür:

- ✔ **Facebook-Seiten, -Gruppen, -Orte und -Veranstaltungen:** Jedes Unternehmen kann die Tools Facebook-Seiten, -Gruppen, -Orte und -Veranstaltungen kostenlos anwenden. Diese Tools verfügen über ein und dieselben sozialen Funktionen (unter anderem Neuigkeiten, Kommentare und die Möglichkeit, Links, Fotos, Videos und Aktualisierungen zu teilen) wie die, die etwa 900 Millionen Nutzer verwenden, um auf Facebook mit ihren Freunden in Verbindung zu bleiben. Anders ausgedrückt: Facebook ermöglicht Unternehmen, mit ihren Kunden in gleicher Weise in Verbindung zu bleiben wie diese Kunden mit ihren eigenen Freunden. Durch dieses »business is personal«-Konzept, bei dem eine Geschäftsbeziehung eine persönliche Beziehung ist, konnte Facebook die Art und Weise, wie Unternehmen sich selbst vermarkten, verändern.
- ✔ **Facebook-Werbeanzeigen:** Facebook-Werbeanzeigen (Abbildung 1.3), die auf Kosten-pro-Klick-Basis (CPC) oder Kosten-pro-Tausend-Impressionen-Basis (CPM) erworben werden können, erfreuen sich immer größerer Beliebtheit, da Marketingfachleute damit je nach Wunsch eine engere oder breitere Zielgruppe erreichen können. Und das häufig für einen Bruchteil des Preises, den sie bei anderen Medienkanälen im Internet wie etwa Google AdSense zahlen müssten. Da Facebook-Nutzer freiwillig Angaben über ihre persönlichen Interessen und Beziehungen (oder über Freunde) machen, verfügt das soziale Netzwerk über eine Fülle an Daten über seine Mitglieder, die Werbetreibende mühelos nutzen können.

Durch das neue Facebook-Marketing-Konzept ergeben sich ganz neue Regeln. Während Marketingfachleute sich um das Wissen reißen, wie man sich diesen leistungsstarken neuen Kommunikationsweg am besten zunutze macht, riskieren jene, die auf diesen Zug nicht aufspringen, auf dem Abstellgleis zu landen.

Abbildung 1.3: Facebook-Werbeanzeigen wie diese hier stellen eine sehr kostengünstige Möglichkeit dar, auf Grundlage verschiedener Faktoren den Zielkunden exakt zu definieren.

Weshalb Ihr Unternehmen eine Facebook-Seite braucht

Die optimale (und einfachste) Methode, um Ihrem Unternehmen auf Facebook ein Gesicht zu geben, besteht in der Erstellung einer Facebook-Seite.

Für Ihre Firma ist eine Seite zugleich ein Zuhause und ein Ort, um für Nutzer bevorstehende Veranstaltungen anzukündigen, die Öffnungszeiten und Kontaktdaten bekannt zu geben, Neuigkeiten anzuzeigen und sogar Fotos, Videos, Texte und andere Arten von Inhalten zu präsentieren.

Über Seiten können Sie außerdem Unterhaltungen mit Ihren Kunden und potenziellen Kunden führen – eine neue Möglichkeit, herauszufinden, was diese sich von Ihrer Firma wünschen.

Facebook-Seiten sind im Internet für jeden Nutzer sichtbar, unabhängig davon, ob der Einzelne sich auf Facebook registriert hat oder nicht. Aufgrund dieser Tatsache können Suchmaschinen wie etwa Google oder Bing von Microsoft Ihre Seite finden und indizieren. Dadurch kann der Rang Ihres Unternehmens in den Suchergebnissen dieser Websites verbessert werden.

Hier finden Sie einige wichtige Elemente, die Facebook-Seiten zum zentralen Marketing-Instrument für jede Art von Unternehmen machen:

- ✔ **Pinnwand:** Die Pinnwand ist der zentrale Bestandteil einer Seite. Sie können dort Inhalte wie etwa Fotos, Videos, Links und Notizen hochladen. Durch solche Handlungen werden Aktualisierungen erzeugt, die als Meldungen in den Neuigkeiten Ihrer Fans erscheinen.
- ✔ **»Gefällt mir«-Schaltfläche:** Wenn ein Nutzer auf die »Gefällt mir«-Schaltfläche Ihrer Facebook-Seite klickt, bringt er damit zum Ausdruck, dass ihm die Seite gefällt. Er wird dadurch zum Fan Ihrer Seite und eine Meldung darüber erscheint in seinen Neuigkeiten. Die Meldung verbreitet sich dann unter seinen Freunden und die Wahrscheinlichkeit steigt, dass diese bei Ihrer Seite ebenso auf »Gefällt mir« klicken.
- ✔ **Herausgeber:** Damit meinen wir das Kästchen, in dem »Schreib etwas …« steht. Wenn Sie eine Werbebotschaft loswerden möchten, können Sie eine Statusmeldung versenden.

Bei Seiten können Sie, als der Seitenadministrator, einen unbegrenzten Datenstrom mit Statusmeldungen (also kurze Nachrichten, die bis zu 420 Zeichen lang sein können) versenden, die wiederum in den Neuigkeiten Ihrer Fans erscheinen.

- ✔ **Info-Reiter:** An dieser Stelle findet man genauere Informationen über Ihre Firma wie etwa den Standort oder die Webadresse.
- ✔ **Anwendungen:** Sie können Ihre Seite über eine Vielzahl von Anwendungen individuell anpassen. Facebook bietet eine große Auswahl an Anwendungen, die Sie für Ihre Seite nutzen können. Von Anwendungen für Gewinnspiele und welchen für Werbeaktionen bis hin zu RSS-Feeds von Ihrer Lieblingspresseagentur ist alles dabei. (In Kapitel 12 gehen wir genauer auf Anwendungen ein.)

Freunde von Kunden als neue Fans gewinnen

Auf Facebook-Seiten gibt es eine Pinnwand, auf der Sie Inhalte veröffentlichen und mit Facebook-Nutzern interagieren können, um aus Fans leichter Neukunden zu machen.

Marketingfachleute können Aktualisierungen für die Pinnwand (auch *Meldungen* genannt) nutzen, um mit Fans bei aktuellen Diskussionen zu interagieren. Diese Aktualisierungen erscheinen in den Neuigkeiten der Fans. Die Fans können sie dann dort entweder kommentieren, teilen oder auf »Gefällt mir« klicken. (Sehen Sie sich dazu Abbildung 1.4 an.)

Abbildung 1.4: Meldungen von Facebook-Seiten wie diese hier erscheinen in den Neuigkeiten der Fans.

Diese Handlungen der Fans in Form von »Gefällt mir«-Angaben oder Kommentaren tauchen sowohl in ihren eigenen Facebook-Profilen als auch in den Neuigkeiten ihrer Facebook-Freunde auf.

Wenn Nicht-Fans diese Meldungen von Ihrer Seite in ihren Neuigkeiten sehen, können sie dabei ebenfalls auf »Gefällt mir« klicken, sie kommentieren oder sogar direkt Ihre Seite besuchen, um dort mit anderen Meldungen zu interagieren, selbst Fan zu werden oder sich damit zu verbinden.

Aus Neukunden Stammkunden machen

Um beim Marketing erfolgreich zu sein, muss man in erster Linie die Aufmerksamkeit auf sich ziehen und dauerhaft im Gespräch bleiben. Auf Facebook sieht es da nicht anders aus. Dieser Grundsatz gilt sowohl für Ihre derzeitigen als auch für Ihre potenziellen Kunden.

Nachdem ein Kunde bei Ihrer Facebook-Seite auf »Gefällt mir« geklickt hat, ist es Ihre Aufgabe, die Beziehung zu ihm zu pflegen und zu vertiefen, indem Sie einen echten Mehrwert bieten. Anders ausgedrückt: Sie müssen Ihre Facebook-Seite dazu verwenden, den Nutzen, den Kunden aus Geschäften mit Ihnen ziehen, noch zu erhöhen. Und das erreichen Sie durch das stetige Posten von interessanten und aktuellen Inhalten auf Ihrer Seite. Darauf kommen wir in Kapitel 8 zurück. Um aus Neukunden Kunden fürs Leben zu machen, könnte ein Autohaus auf seiner Facebook-Seite zusätzlich zu Rabatten auf Ölwechsel und andere Dienstleistungen zum Beispiel Tipps zur Wagenpflege und Reisetipps geben.

Die Zielgruppe erforschen und verstehen

2

In diesem Kapitel

- Die Zielgruppe definieren
- Die Zielgruppe verstehen
- Mit Personas Marketing-Methoden und Werbekampagnen planen
- Die idealen Kunden auf Facebook erforschen

Clevere Marketingfachleute wissen, dass man mit der Definierung von Zielgruppen unabhängig vom Werbemedium Zeit, Geld und andere Ressourcen sparen kann. Inhaber von Kleinunternehmen wissen, dass die Buchung einer ganzseitigen Anzeige in einer bundesweit erhältlichen Zeitschrift oder das Zeigen eines dreißigminütigen Fernsehspots im Regionalfernsehen keine kostengünstigen Methoden darstellen, um bestimmte Zielgruppen zu erreichen. Der clevere Marketingfachmann weiß, wer in der Vergangenheit zu seinen Kunden zählte. Er kennt dessen Alter, seinen Wohnort, seinen Lebensstil und viele andere Dinge. Und mit diesem Wissen kann er sich – egal mit welchem Werbemedium – ähnliche Personen zur Zielgruppe nehmen.

Wir erklären Ihnen in diesem Kapitel, wie man eine Zielgruppe definiert, was dieses Wissen für Facebook bedeutet und wie man sich starke und schwache Beziehungen innerhalb dieser Zielgruppe zunutze macht.

Die Zielgruppe definieren

Ihre *Zielgruppe* ist eine von Ihnen ausgewählte, bestimmte Gruppe von Verbrauchern, auf die Ihr Unternehmen seine Marketing-Maßnahmen ausrichtet. Wenn Sie sich mal die gesamte Weltbevölkerung vorstellen, erkennen Sie, dass Sie es durch die Definierung einer Zielgruppe vermeiden, unnötig Geld zu verschwenden, da Sie dann keine Personen ansprechen, die doch niemals zu Kunden werden.

Den Sales Funnel verstehen

Es gibt ein praktisches Modell, mit dem Sie Ihre Zielgruppe leichter verstehen und definieren können: den *Sales Funnel*. Dort sehen Sie, zu welchen Kategorien Ihre Kunden gehören, und erfahren, welchen Bezug diese Kategorien zueinander haben. Die so genannten *Evangelists* oder *Advocates* stellen zum Beispiel eine Untergruppe Ihrer treuen Stammkunden dar und Ihre Stammkunden wiederum eine Untergruppe der Laufkundschaft. Die Kunden werden im Sales Funnel anhand der Faktoren, wie sehr diese Ihnen vertrauen, mit Ihnen Geschäfte machen und Ihre Produkte oder Dienstleistungen weiterempfehlen, in fünf Kategorien eingeteilt. (Sehen Sie sich dazu Abbildung 2.1 an.)

Beispiel für einen Sales Funnel

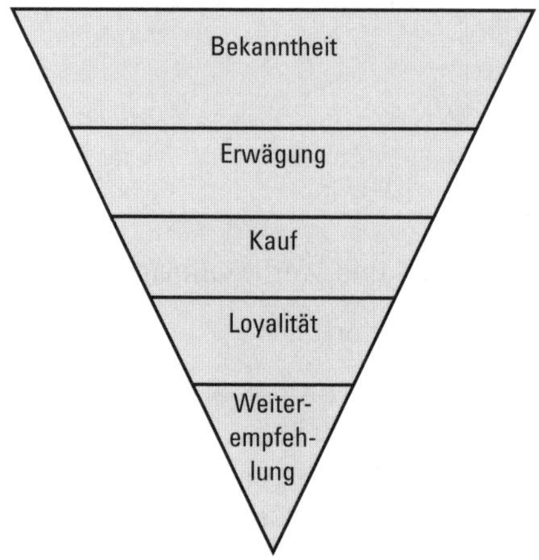

Abbildung 2.1: Grafische Darstellung des Sales Funnel

Mit dem Sales Funnel können Marketingfachleute leichter gezielte Marketing-Strategien für potenzielle Kunden, Neukunden, Stammkunden und begeisterte Fans entwickeln. Ein Autohändler könnte beispielsweise für die verschiedenen Kundenkategorien unterschiedliche Werbekampagnen durchführen. Neukunden wie etwa frischgebackenen Eltern, die einen Van kaufen möchten, könnte er in diesem Fall von der Facebook-Seite des Autohauses aus Nachrichten senden, die Fernsehspots, Zeitungswerbung und andere Inhalte enthalten. Bestandskunden würden dagegen E-Mails oder Direktwerbung erhalten, in der Rabatte auf Ölwechsel und andere Sonderangebote zu finden sind.

Beim Sales Funnel wird der Markt in folgende fünf Verhaltenskategorien oder auch Stufen unterteilt:

- **Bekanntheit:** Personen auf dieser Stufe kennen Ihr Produkt oder Ihre Dienstleistung, überlegen aber noch, ob sie kaufen werden. Auf Facebook schafft man Bekanntheit durch Werbeanzeigen und durch aus Freunden bestehende Netzwerke.
- **Erwägung:** Personen auf dieser Stufe ziehen Ihr Produkt oder Ihre Dienstleistung in Betracht, haben aber noch nichts gekauft. Gerade jetzt sollten dem potenziellen Kunden Belege, Aussagen zufriedener Kunden, Garantien und alle anderen vertrauenerweckenden Dinge vorgelegt werden, die ihn zur nächsten Phase übergehen lassen.
- **Kauf:** Personen auf dieser Stufe haben sich entschlossen, Ihr Produkt oder Ihre Dienstleistung zu kaufen. In diesem Moment ist das Risiko am größten, dass diejenigen Kaufreue empfinden. Hier sollten Sie zusätzlich zum Anbieten Ihrer üblichen Kundendienstnetze (einschließlich des Kontakts per E-Mail und Telefon) sorgfältig die Pinnwand Ihrer Facebook-Seite auf Fragen und Rückmeldungen der Kunden überprüfen.
- **Loyalität:** Personen auf dieser Stufe haben sich dazu entschieden, Ihr Produkt oder Ihre Dienstleistung noch einmal zu erwerben, weil die Ware hochwertig ist und man Ihnen vertraut.

✔ **Weiterempfehlung:** Personen auf dieser Stufe empfehlen Ihr Produkt oder Ihre Dienstleistung tatkräftig an andere weiter. Clevere Marketingfachleute, die auf Facebook werben, wissen, dass solche Leute mit Gold nicht aufzuwiegen sind, und bieten ihnen Sonderangebote und zusätzliche Rabatte, erwähnen sie lobend und zeigen ihnen ihre Dankbarkeit.

Die High-Value-Kunden definieren

Einer der ersten Schritte bei der Entwicklung einer Zielgruppenstrategie ist die Analyse des derzeitigen Kundenstamms.

Denken Sie bei all Ihren Kunden mal an Ihre Stammkunden, also an diejenigen, die anderen immer wieder von Ihrem Unternehmen erzählen. Wäre es nicht toll, noch mehr von dieser Sorte Kunden anzulocken?

Na klar!

Diese Kunden haben bereits gezeigt, dass sie für Ihre Produkte oder Dienstleistungen gerne die Kreditkarte zücken oder Bargeld auf den Tresen legen. Außerdem wissen Sie bereits, dass ein Riesenunterschied zwischen jemandem, der Ihre Ware mag, und jemanden, der Ihre Ware kauft, besteht.

Aus diesem Blickwinkel betrachtet können Sie anfangen, Ihre Zielgruppe als »die idealen Personen, denen Sie Ihr Produkt oder Ihre Dienstleistung zeigen möchten« zu definieren. Diese Zielgruppe verfügt im Grunde über die gleichen Eigenschaften wie Ihre High-Value-Kunden.

Stellen wir uns zum Beispiel mal einen Händler für Vespa-Roller in einer Universitätsstadt vor. Er findet durch eine einfache Suche heraus, dass seine High-Value-Kunden die Eltern von Studenten sind, die an den Hochschulen nahe seines Standorts studieren.

Anstatt sich nun jeden, der im Umkreis von 80 km zu seiner Firma wohnt, zur Zielgruppe zu nehmen, wäre es doch schlauer, die Zielgruppe lediglich auf Studenten (und deren Eltern), die Hochschulen vor Ort besuchen, zu begrenzen. Seine Marketing-Ressourcen sollten am besten für Werbeanzeigen in Hochschulzeitschriften, Lokalzeitungen und Facebook-Werbeanzeigen mit genau definierter Zielgruppe genutzt werden.

Demografische Kriterien für die Zielgruppe auswählen

Die folgenden Faktoren sollten Sie bei der Erstellung Ihrer Zielgruppe berücksichtigen:

✔ **Alter:** Es kommt auf die Art Ihres Produkts oder Ihrer Dienstleistung an, welche Rolle das Alter spielt. Wenn Sie beispielsweise Fahrstunden verkaufen, also eine Fahrschule besitzen, werden Sie natürlich die Eltern von Jugendlichen eines bestimmten Alters als Zielgruppe auswählen. Sollten Sie aber Pizza veräußern, ist das Alter dagegen vielleicht nicht ganz so wichtig.

  Hinsichtlich des Alters gilt es aber, einen wichtigen Punkt zu bedenken: Manchmal ist es besser, sich anstelle von Personen mit einem bestimmten Alter eine Altersgruppe zur Zielgruppe zu nehmen. Ein Marketingfachmann, der für Schwangerschaftsmode werben möchte, würde zum Beispiel eine Altersgruppe wählen. Geht es dagegen um private Rentenversicherungen, würde er sich eventuell für Personen eines bestimmten Alters entscheiden.

- **Geschlecht:** Ist Ihr Produkt oder Ihre Dienstleistung besser für eines der beiden Geschlechter geeignet? Das Einzelhandelsunternehmen Anson's verkauft zum Beispiel ausschließlich Herrenmode.

  Falls Sie ein bestimmtes Geschlecht ansprechen müssen, sollten Sie genauestens berücksichtigen, wer eigentlich die Käufer sind (denn es könnte nicht auf den ersten Blick ersichtlich sein). Denkbar sind hier etwa Damen, die Herrenkleidung als Geschenk für ihre Ehemänner kaufen.

- **Ort:** Zählt der Standort Ihres Kunden zu den wichtigen Faktoren? Auch hier gilt: Eine Pizzeria verkauft Pizza vor allem an Personen, die in der Nähe wohnen. Einem Unternehmen wie Amazon.de ist es dagegen egal, wo seine Kunden leben.

- **Interessen:** Es ist unglaublich wichtig, die Interessen der Zielgruppe zu kennen, denn dadurch kann man zusätzliche, verwandte Produkte oder Dienstleistungen an den Mann bringen. Ein Geschäft, das Golfzubehör verkauft, könnte zum Beispiel auch noch Golfunterricht und Golfurlaube vertreiben.

Bei einer demografischen Zielgruppenbeschreibung sollte sowohl der Anwender als auch der Käufer von Produkt oder Dienstleistung berücksichtigt werden. Es handelt sich möglicherweise nicht um ein und dieselbe Person.

Der Zielgruppe durch Personas ein Gesicht geben

Mit den demografischen Daten allein werden Sie nicht erkennen können, was Ihre Kunden und potenziellen Kunden zu einem Kauf veranlasst. Sobald Sie sich erst einmal ein recht gutes Bild von der Demografie Ihrer Zielgruppe gemacht haben, sollten Sie sich auch die Verhaltensweisen und Überzeugungen Ihrer Kunden ansehen und herausfinden, in welchem Lebensabschnitt sie sich befinden. Dadurch werden Sie leichter begreifen, was Ihre potenziellen Kunden dazu bringt, Ihr Produkt oder Ihre Dienstleistung tatsächlich zu kaufen.

Bei frischgebackenen Eltern findet man beispielsweise eher eine ganz bestimmte Reihe von Überzeugungen und Verhaltensweisen. Wenn man Kinder großzieht und lernt, als Elternpaar verantwortungsbewusst zu handeln, muss man sich auf bestimmte Verhaltensweisen konzentrieren oder diese entwickeln. Dazu gehört etwa: Sparsam sein, für ein sicheres Zuhause sorgen, fürsorglich gegenüber der Familie sein und für gesündere Essgewohnheiten sorgen.

Wie Sie sich mit den Verhaltensweisen Ihrer Zielgruppe vertraut machen können? Indem Sie *Personas* verwenden. In Ihrer Werbekampagne stellen Personas die imaginären Freunde dar. Kinder lernen durch das Spielen mit imaginären Freunden, wie man sich gegenüber echten Menschen verhält. Ihre Personas werden Ihnen zeigen, wie man mit einer echten Zielgruppe interagiert. Stellen Sie sich eine Persona wie eine imaginäre Figur vor, die stellvertretend für ein Mitglied Ihrer Zielgruppe steht.

Durch Personas sollen Sie angeregt werden, sich auf kreative Weise Werbekampagnen und -botschaften einfallen zu lassen, die bei Ihren potenziellen Kunden Anklang finden.

Gehen Sie bei der Ausarbeitung von Personas in folgenden Schritten vor:

1. **Werden Sie sich darüber klar, wer Ihre Kunden sind. (Definieren Sie ihre Bedürfnisse, die Demografie, das Einkommen, den Beruf, die Ausbildung und das Geschlecht. Stellen Sie Fragen wie: Arbeiten diese Leute ehrenamtlich? Wie viel spenden sie?)**
2. **Teilen Sie die Kunden, die viele Eigenschaften gemein haben, in Gruppen ein. Erstellen Sie auch Gruppen mit Neukunden und Stammkunden, um besser zu verstehen, weshalb zu Beginn überhaupt und weshalb wiederholt bei Ihnen gekauft wird.**
3. **Bringen Sie die Gruppen je nach Bedeutung in eine Rangfolge.**

   Ein Baumarkt könnte Profis aus dem Baugewerbe beispielsweise höher einstufen als noch unerfahrene Heimwerker.
4. **Erfinden Sie fiktive Personen, die für jede Gruppe stehen. Fügen Sie zum Beispiel folgende Informationen hinzu: Alter, Beruf, Familienstand, Kinder, Hobbys, Interessen, Online-Aktivitäten und Ähnliches. Auch alle anderen Personen, die täglich Kontakt zu Ihren Kunden haben (Verkaufs- und Support-Personal und so weiter), sollten hier Beachtung finden.**
5. **Hauchen Sie diesen Figuren Leben ein, indem Sie Archivbilder von realen Personen verwenden und ihnen Namen geben.**

   Dadurch können Sie leichter Produkte und Werbebotschaften entwickeln, die diejenigen ansprechen. Hier kann man in Versuchung kommen, diesen Schritt auszulassen, aber tun Sie das bloß nicht. Je reeller Sie Ihre Personas gestalten, umso unwiderstehlicher wird Ihr Marketing.
6. **Erfinden Sie als letzten Schritt für jede Persona eine Hintergrundgeschichte.**

   In einer Suppenküche könnte es beispielsweise die folgende Hintergrundgeschichte für »Bettina Müller«, eine der ehrenamtlichen Helferinnen, geben:

   »Bettina Müller ist 55 Jahre alt. Ihre beiden Kinder sind bereits ausgezogen und studieren. Mit ihrer Stelle als Leiterin des Kundenservice in einem Software-Unternehmen ist sie ausgelastet. Sie glaubt aber dennoch, man solle ein ausgeglichenes und sinnvolles Leben führen. Es ist ihr außerdem wichtig, sich in der Gemeinde zu engagieren. Nachdem ihre beiden Kinder für das Studium nach Berlin gezogen sind, hat Bettina Müller angefangen, für die örtliche Suppenküche zu arbeiten. Diese Beschäftigung macht sie unglaublich glücklich. Und das nicht nur, weil sie viel von sozialem Engagement hält, sondern auch, weil sie dort neue Bekanntschaften gemacht hat, die sie zu sich zum Abendessen einlädt. Für Bettina Müller geht es bei ihrer Arbeit in der Suppenküche überhaupt nicht um die Essensausgabe. Es geht ihr um eine sinnvolle Lebensführung.«

Zielgruppen mit Facebooks Ad-Tool erforschen

Das Ad-Tool von Facebook ist in erster Linie für Werbetreibende gedacht, um Werbekampagnen zu entwickeln, zu starten und zu verwalten (Abbildung 2.2). In Kapitel 10 gehen wir sehr detailliert darauf ein, wie man auf Facebook eine Werbeanzeige erstellt. In diesem Kapitel hier erklären wir Ihnen allerdings, wie Sie das Ad-Tool verwenden, um Zielgruppensegmente zu erforschen.

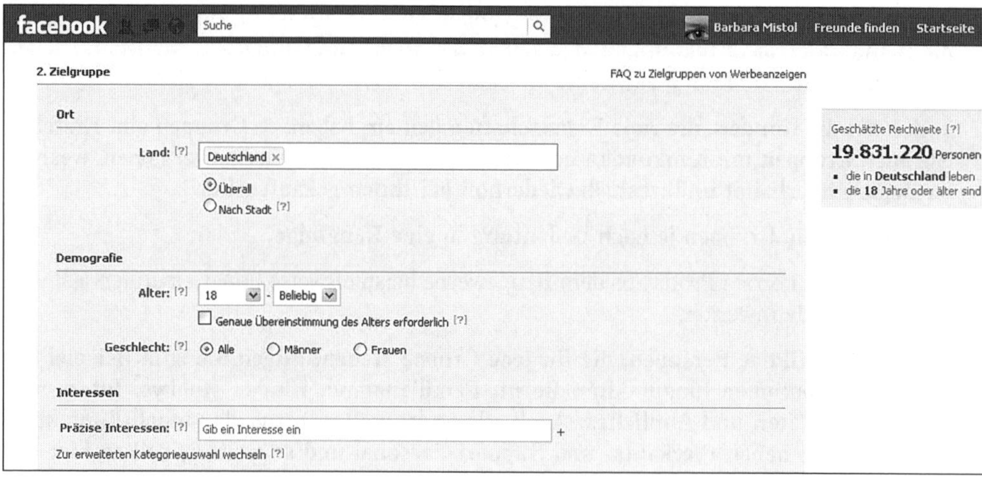

Abbildung 2.2: Mit dem Ad-Tool von Facebook können Sie Ihre Zielgruppe besser kennen lernen.

Wenn Sie den Werbeanzeigenmanager von Facebook als Rechercheinstrument nutzen, finden Sie Antworten auf Fragen wie diese:

- ✔ Wie viele Nutzer von Facebook, die in der Nähe meines Unternehmensstandorts wohnen, sind verheiratet und zwischen 35 und 39 Jahre alt?
- ✔ Wie viele Fans der Facebook-Seite meines Konkurrenten leben in der Nähe meines Unternehmens?
- ✔ Wie viele meiner Zielkunden sind bereits Fan der Facebook-Seite meines Konkurrenten?

In der Liste unten finden Sie verschiedene Kriterien für Zielgruppensegmente, die Sie mit dem Ad-Tool von Facebook erforschen können:

- ✔ **Ort:** Sie können eine Zielgruppe anhand des Wohnorts der Betreffenden untersuchen (Abbildung 2.3). Mit der Länderauswahl können Sie eine breiter gefasste Zielgruppe definieren oder aber mit der Städteauswahl eine engere wählen. Bitte achten Sie auf Folgendes: Falls es in einer bestimmten Stadt keine Facebook-Nutzer gibt, kann diese möglicherweise nicht ausgewählt werden. (Das kommt aber selten vor.)

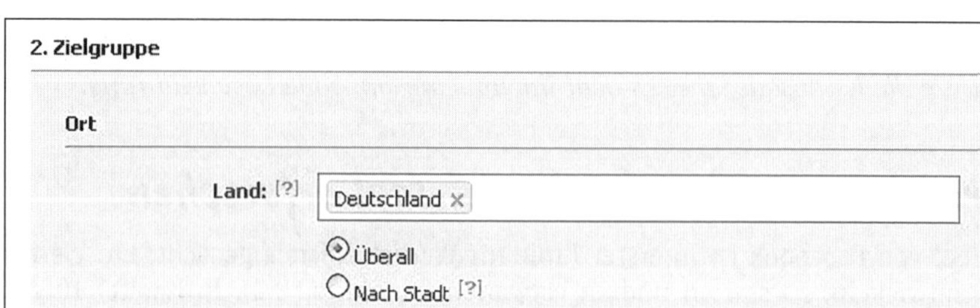

Abbildung 2.3: Auf Facebook können Sie beim Standort eine breiter gefasste oder eine engere Auswahl treffen.

- ✔ **Alter:** Wenn man sich erstmalig auf Facebook registriert, wird das Geburtsdatum abgefragt. Sie können durch diese Angabe feststellen, wie viele Nutzer es in einer bestimmten Altersgruppe oder mit einem bestimmten Alter gibt.

Beginnen Sie immer mit breit gefassten Kriterien wie etwa dem Ort und ergänzen Sie dann speziellere Kriterien wie etwa die Interessen. Sie bekommen dadurch ein Gefühl für die Reichweite der Nutzer, die Sie auf Facebook als Zielgruppe definieren können. Wenn Sie beim Ad-Tool Zielgruppenkriterien hinzufügen oder entfernen, wird die Zahl unter »Geschätzte Reichweite« automatisch aktualisiert (in Abbildung 2.4 zu sehen).

Abbildung 2.4: Während Sie Zielgruppenkriterien wählen, wird die geschätzte Reichweite aktualisiert.

- ✔ **Geschlecht und Sprache (Erweiterte Demografien):** Sie können eine Zielgruppe anhand des Geschlechts oder der Sprache der Betreffenden untersuchen. Bitte achten Sie auf Folgendes: Wenn Sie keine Sprache anklicken, wählt das Ad-Tool als Standardeinstellung automatisch die Amtssprache aus dem Land des Nutzers.
- ✔ **Beziehungsstatus:** Mit dieser Auswahl können Sie untersuchen, wie viele Personen innerhalb einer gewählten Zielgruppe einen bestimmten Beziehungsstatus haben (sehen Sie sich dazu Abbildung 2.5 an).

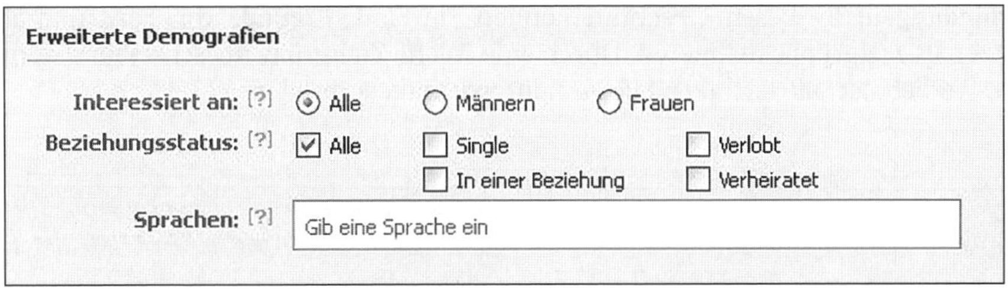

Abbildung 2.5: Sie können Facebook-Werbeanzeigen auf Interessen, den Beziehungsstatus oder Sprachen ausrichten.

- ✔ **»Gefällt mir« und Interessen:** Durch eine Zielgruppenbeschreibung nach »Gefällt mir« und Interessen können Werbetreibende Personen auf Grundlage dessen erreichen, was diese als Aktivitäten und Interessen in ihren Facebook-Profilen eingetragen haben. Dazu gehören zum Beispiel Seiten, deren Fan sie geworden sind, die Erwähnung von Lieblingsfilmstars, -büchern, -filmen oder -fernsehsendungen sowie die politische Einstellung, Arbeitgeber und Berufsbezeichnungen.

Vergessen Sie nicht, dass eine Untersuchung der »Gefällt mir«- und Interessen-Angaben auf Facebook sich sehr von einer mit Suchbegriffen bei Suchmaschinen unterscheidet. Falls Sie zum Beispiel Wanderschuhe vertreiben, würden Sie den Begriff »Wanderstiefel« verwenden, um Suchbegriffe in Suchmaschinen zu untersuchen. Um mehr über verschiedene Zielgruppen auf Facebook herauszufinden, würden Sie allerdings »Wandern« oder »Naturschutzbund Deutschland e. V.« eingeben.

Wenn Sie Suchbegriffe auswählen, um eine Zielgruppe zu definieren, schlägt Facebook Ihnen automatisch weitere »Gefällt mir«- und Interessen-Angaben vor, die bereits von anderen Nutzern eingegeben worden sind. Sollten Sie diese Suchbegriffe dann zu Ihren Kriterien hinzufügen, werden Sie feststellen, dass die Zahl unter »Geschätzte Reichweite« entsprechend Ihrer neuen Suchbegriffe aktualisiert wird.

- ✔ **Vernetzungsziele:** Auf Facebook können Nutzer angeben, weshalb sie sich in diesem Netzwerk in erster Linie mit anderen verbinden. Diese Beweggründe können Sie untersuchen, indem Sie die verschiedenen Auswahlmöglichkeiten unter »Interessiert an« anklicken (sehen Sie sich dazu Abbildung 2.5 noch einmal an). Auch wenn Angaben wie »Partnersuche« oder »Kontakte knüpfen« schon eine sehr breit gefasste Definition für ein Vernetzungsziel sind, können sie Ihnen doch wertvolle Einblicke für Werbebotschaften verschaffen. Haben zum Beispiel die meisten Personen, die gerne wandern, auch ein Interesse an der Partnersuche bekundet, könnten Sie eine Werbebotschaft verfassen, in der das Wandern als Möglichkeit, neue Bekanntschaften zu machen, angepriesen wird.
- ✔ **Ausbildung und Beruf:** Die Zielgruppenbeschreibung nach Ausbildung und Beruf basiert auf Personen, die eine bestimmte Schule oder Hochschule besuchen oder in einem speziellen Unternehmen arbeiten. Sollten Daten zum derzeitigen Bildungsgrad, dem Hauptfach und dem Abschlussjahr vorhanden sein, können Sie die Zielgruppe darüber noch enger eingrenzen.
- ✔ **Verbindungen:** In diesem Abschnitt können Sie Fans, Freunde von Fans und ähnliche Nutzer als Zielgruppe definieren. Durch eine solche Zielgruppenbeschreibung können Sie Ihre Werbebotschaft leichter über Mundpropaganda verbreiten.

Einen Marketingplan für Facebook erstellen

3

In diesem Kapitel

- Bestandteile des Marketingplans festlegen
- Das Alleinstellungsmerkmal herausarbeiten
- Die Zielgruppe kennen lernen
- Die Marketingziele bestimmen
- Fesselnde Inhalte erstellen und deren Wirkung messen
- Offline- und Online-Kampagnen kombinieren

Einer der größten Vorteile von Facebook ist, dass Sie zu einem relativ günstigen Preis oder sogar kostenlos Zugriff auf eine sehr große und stetig wachsende Zielgruppe bekommen. Dafür müssen Sie nur ein wenig Arbeitseinsatz zeigen. Was allerdings nicht bedeutet, dass Sie sich keine Strategie dazu zurechtlegen sollten, was Sie für Ihr Unternehmen erreichen wollen.

Ob Sie nun Inhaber eines Kleinunternehmens, Künstler oder Prominenter sind oder ein bekanntes (oder bald bekanntes) Produkt oder eine bekannte Dienstleistung vertreiben – Sie müssen sich Gedanken darüber machen, wie Ihre Zielgruppe aussieht und welche Bedürfnisse sie hat. Durch die Lektüre dieses Kapitels können Sie leichter entscheiden, welche Werbebotschaft sich für die Zielgruppe eignet und welche Marketing-Taktiken auf Facebook sie dazu bringen, damit zu interagieren.

Welche Schritte gehören in Ihren Marketingplan?

Durch soziale Netzwerke hat sich die Nutzung des Internets verändert. Anstatt lediglich das Netz nach Informationen zu durchforsten, können auf Facebook registrierte Personen nach Gleichgesinnten mit ähnlichen Interessen suchen und mit ihnen interagieren.

Traditionelle Marketing-Methoden wie etwa Print-Anzeigen oder Fernsehspots haben ihre Grenzen, da man damit den Kunden sozusagen nur zurufen kann, dass sie etwas kaufen sollen. Eine solche Herangehensweise zeigt in sozialen Netzwerken wie Facebook keinen Erfolg, weil die Nutzer einen Dialog erwarten. Aus diesem Grund ist »Zurufen« nicht nur weniger effektiv als andere Methoden, sondern könnte einem sogar zum Nachteil gereichen.

Im Laufe der Zeit hat selbst das Marketing in Online-Medien eine dramatische Veränderung erfahren. Früher standen Websites für eine Art einseitige Kommunikation, bei der Besucher der Seiten lediglich Inhalte betrachten konnten. Danach kamen dann Blogs und Foren, in denen man Inhalte kommentieren konnte. Schließlich erschienen Netzwerke wie Myspace und Facebook auf der Bildfläche und Freunden wurde dadurch eine echte Möglichkeit gegeben, sich zu verbinden. Zu guter Letzt konnte man über soziale Netzwerke wie Twitter und Foursquare Echtzeitdialoge mit jedermann (also nicht bloß Freunden) führen und in diesen Dialogen sogar seinen Standort im wahren Leben mitteilen. (Sehen Sie sich dazu Abbildung 3.1 an.)

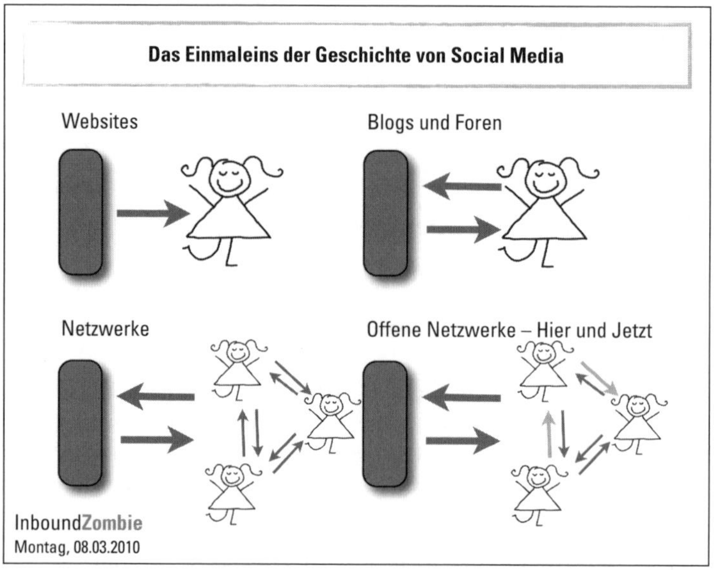

Abbildung 3.1: Durch das Aufkommen sozialer Netzwerke verbindet man sich heute auf andere Weise mit Marken.

Durch Facebook und andere soziale Netzwerke können Sie Technologien nutzen, die Ihr Unternehmen per Mundpropaganda bewerben. Jedes Mal, wenn zum Beispiel ein Facebook-Nutzer Fan der Seite Ihrer Firma wird, seine Teilnahme an einer von Ihnen auf Facebook veröffentlichten Veranstaltung bestätigt oder Ihre Anwendung in seinem Profil hinzufügt, erscheinen diese Handlungen automatisch als Meldungen an seiner Pinnwand. Der Nutzer leitet also im Grunde Ihre Werbebotschaft an andere auf Facebook registrierte Personen weiter und steigert so den Bekanntheitsgrad Ihres Unternehmens per Mundpropaganda – ohne dass Sie etwas dafür tun müssen.

Doch bevor Sie die Vermarktungskraft von Facebook in vollem Umfang nutzen können, müssen Sie einen *Marketingplan* für Facebook erstellen, also strukturiert vorgehen, um Ihre Strategien auf Ihre Ziele auszurichten. Im Allgemeinen geht man bei der Erstellung des Plans in folgenden Schritten vor:

1. Alleinstellungsmerkmal herausarbeiten
2. Zielgruppe kennen
3. Marketingziele definieren

4. Content-Strategie entwickeln
5. Seitenaktivität überprüfen und messen
6. Online- und Offline-Kampagnen kombinieren

Im restlichen Kapitel erklären wir Ihnen jeden dieser Schritte detailliert. Wenn Sie die Schritte in die Tat umsetzen, können Sie am Ende des Kapitels anfangen, Ihre Marketing-Strategie anzuwenden.

Das Alleinstellungsmerkmal herausarbeiten: Warum sollten Kunden Ihre Ware kaufen?

Bei der Erstellung eines offiziellen Marketingplans müssen Sie als Erstes über das *Alleinstellungsmerkmal* Ihrer Firma nachdenken. Damit wird beschrieben, auf welche Weise sich Ihr Unternehmen von der Konkurrenz abhebt und weshalb man mit Ihnen Geschäfte machen sollte. Sie können unterschiedliche Alleinstellungsmerkmale für die einzelnen Zielgruppensegmente, die Sie ansprechen, oder für die einzelnen Produkte oder Dienstleistungen, die Sie anbieten, herausarbeiten. In Ihrem Marketingplan sollten die Methoden, mit denen Sie Ihrer Zielgruppe diese Merkmale vermitteln möchten, genau beschrieben werden.

Um sich über Ihr Alleinstellungsmerkmal klar zu werden, beantworten Sie am besten die folgenden Fragen:

✔ **Worin unterscheiden Sie sich von Ihren Konkurrenten?** Wenn Sie Ihre Konkurrenz kennen und wissen, wodurch sich Ihr Angebot vom restlichen abhebt, können Sie anfangen, Ihren *Produktunterschied* herauszuarbeiten. Dieser ist ein wesentlicher Bestandteil des Alleinstellungsmerkmals. Und, was genau ist so anders – und vor allem so viel besser – an Ihrem Produkt oder Ihrer Dienstleistung gegenüber dem Angebot der Konkurrenz? Die Antwort auf diese Frage ist das, was Sie von der Konkurrenz abhebt. Bieten Sie Ihr Produkt länger kostenlos zur Probe an als die Konkurrenz? Sind Sie in der Lage, Ihre Dienstleistung an die genauen Bedürfnisse Ihres Kunden anzupassen? Wie auch immer der Unterschied aussehen mag, Sie sollten daraus Kapital schlagen.

✔ **Welchen Wert bieten Sie Ihrer Anspruchsgruppe?** Ihre *Anspruchsgruppe* besteht aus Kunden, Aktionären, Mitarbeitern, Geschäftspartnern und allen anderen Personen, auf die Ihr Unternehmen sich auswirkt. Sie müssen den von Ihnen angebotenen Wert kennen, um Ihre Werbebotschaft und Ihre Kommunikationsstrategie entwickeln zu können. Wenn Sie eine ganz genaue Vorstellung davon haben, was Sie mit Ihrem Marketingplan erreichen möchten, schaffen Sie sozusagen eine Welt der unbegrenzten Möglichkeiten für Ihr Unternehmen. Es kommt eben darauf an, dies der Anspruchsgruppe zu vermitteln. Wenn Ihre Mitarbeiter Ihre Markenbotschaft kennen, können sie sie mit Fachwissen und besserem Service an Ihre Kunden übermitteln. Wenn Ihre Anspruchsgruppe weiß, dass Sie einen genauen Schlachtplan haben, wird ihr bei der Marschrichtung für Ihr Unternehmen wohler sein und sie wird Sie dadurch bei zukünftigen Maßnahmen und Plänen noch mehr unterstützen.

- **Wie sehen Ihre langfristigen Ziele aus?** Einige Ziele sind klarer ersichtlich als andere. Vielleicht möchten Sie ja die Umsätze der Firma steigern oder die Besucherzahlen auf Ihrer Website erhöhen. Beides ist machbar, wenn man sein Alleinstellungsmerkmal eindeutig definiert und vermittelt. Doch andere sind nicht so offenkundig. Vielleicht möchten Sie ja den Ruf des Unternehmens verbessern oder für ein vertrauenswürdigeres Image der Marke sorgen. Egal wie Ihre Unternehmensziele aussehen, Sie sollten unbedingt sicherstellen, dass all Ihre Marketingaktivitäten auf Facebook darauf ausgerichtet sind.

Die Zielgruppe kennen

Ungeachtet Ihrer Unternehmensziele sollten Sie über Ihre Zielgruppe immer alle verfügbaren Informationen sammeln. Je besser Sie die Gepflogenheiten und Sichtweisen Ihrer Zielgruppe kennen – was mag sie, was nicht, wo hält sie sich gerne auf und auf welche Informationsquellen vertraut sie –, umso wirkungsvoller können Sie ihre Aufmerksamkeit erregen und Ihre Werbebotschaft vermitteln. Sie müssen sich im Leben Ihrer Kunden und potenziellen Kunden auskennen, um ihnen Ihr Produkt näherzubringen.

Was bewegt Ihre Fans?

Facebook kann Ihnen einige wertvolle Erkenntnisse über Ihre Fans verschaffen. Im Grunde konnte man noch nie zuvor so genau und kostengünstig eine bestimmte Zielgruppe ermitteln und später erreichen. Mit dem Statistiken-Tool der Plattform können Sie mehr darüber erfahren, wer Ihre Facebook-Seite besucht. Unter anderem werden Ihre Fans dort auch nach ihren demografischen Daten und ihrem Interesse aufgeschlüsselt. Durch die Zielgruppenansprache für Facebook-Werbeanzeigen wird es Ihnen relativ einfach gemacht, die Werbebotschaft innerhalb von Facebook an die richtige Zielgruppe zu vermitteln.

Um zu wissen, wer Ihre Fans sind, müssen Sie unbedingt deren psychografische Profile kennen. *Psychografische* Variablen (zum Beispiel Musik, die ein Nutzer gerne hört, oder Politiker oder wohltätige Zwecke, die er unterstützt) bezeichnen sämtliche Eigenschaften, die sich auf Persönlichkeit, Wertvorstellungen, Einstellungen, Interessen oder den Lebensstil eines Nutzers beziehen. Diesen Variablen stehen die *demografischen* Variablen (wie etwa Alter oder Geschlecht) sowie die *verhaltensbezogenen* Variablen (zum Beispiel Verbrauchsrate oder Loyalität) gegenüber. Mit der psychografischen Variablen erhalten Sie genauere Einblicke in die Kundensegmente.

Falls man weiß, wo man suchen muss und wie man es anstellt, ist die Sammlung solcher Daten ziemlich einfach. Sie können zum Beispiel Ihre Kunden bitten, über Ihren Newsletter oder Ihre Website an einer Zufriedenheitsumfrage teilzunehmen oder einen Fragebogen auszufüllen. Oder Sie suchen auf Facebook nach ähnlichen Firmen wie Ihrer und lesen sich die *dort* von Fans geposteten Kommentare durch, um zu sehen, weshalb die Leute bei diesen Unternehmen zu Stammkunden geworden sind.

In jeder Diskussion über soziale Netzwerke spielt die Psychografie immer eine besonders wichtige Rolle, da die Zielgruppe mit einer Seite viel eher anhand von Dingen wie Interessen,

Wertvorstellungen und dem Lebensstil interagieren wird. Dies lässt sich beispielsweise an Facebook-Anwendungen erkennen, die der englischsprachigen Anwendung *iLike* ähneln. Dort wird die Lieblingsmusik von Nutzern registriert und sie erhalten relevante Empfehlungen in ihren Profilen. Ein weiteres Beispiel ist die Firma Tom's of Maine, die Bio-Körperpflegeprodukte wie Zahnpasta und Seife herstellt. Bei Tom's of Maine macht man sich die Tatsache zunutze, dass viele Menschen positive Veränderungen in der Gesellschaft und für die Umwelt herbeiführen möchten und daher auf »Grün« umstellen. Auf der Firmen-Website findet man sogar einen eigenen Bereich, in dem es ausschließlich um die Erfolge des Fundraisings geht. Man hat dort erkannt, dass positive Veränderungen durch den Einzelnen ins Rollen gebracht werden.

In Kapitel 2 erfahren Sie mehr darüber, wie man Personas erstellt, um die Zielgruppe zu verstehen.

Was motiviert Ihre Fans?

Nachdem Sie Ihre Zielkunden kennen gelernt haben, müssen Sie herausfinden, was sie motiviert. Ein Kunde möchte das Gefühl haben, auf Facebook als etwas Besonderes behandelt zu werden. Er will sich sicher sein können, dass seine Unterstützung als Fan Ihnen am Herzen liegt und dass Sie sein Anliegen ernst nehmen. Doch in erster Linie möchte er für die Ihnen geschenkte Aufmerksamkeit und seine Loyalität eine Gegenleistung erhalten. Facebook-Nutzer sind begeistert von kostenlosen Dingen, Sonderrabatten und Werbeaktionen.

Es ist wohl kaum verwunderlich, dass Nutzer sich von Marketingfachleuten auf Facebook einen echten Mehrwert in Form von informativen und fesselnden Inhalten wünschen. Es verhält sich ähnlich wie bei einer Suche über die Suchmaschine Google, bei der Nutzer gerade durch ihre Suche bereits eine stärkere Kaufabsicht zeigen. Facebook-Nutzer halten nicht unbedingt nach bestimmten Produkten oder Dienstleistungen Ausschau. Daher müssen Marketingfachleute ihre Aufmerksamkeit durch Sonderangebote erregen.

Überall auf Facebook findet man Gratisangebote in Form von Werbeanzeigen auf Facebook-Seiten. In Abbildung 3.2 bietet die Firma SC24.com allein dafür, dass man bei ihrer Facebook-Seite auf »Gefällt mir« klickt, einen 35-Euro-Gutschein an.

Obwohl Preisnachlässe für viele schon ein großer Anreiz sind, möchte ein findiger Marketingfachmann den Kunden mit verschiedenen Methoden, die den Wert seines Angebots erhöhen, Nutzen bieten. Der US-amerikanische Fernsehsender Hallmark Channel ließ seine Fans beispielsweise Muttertagsgrüße mit Multimedia-Mitteln gestalten und band diese dann in die Premiere des sendereigenen Films *Meet My Mom* ein. Nutzer konnten über einen eigens angelegten »Meet My Mom«-Reiter auf der Facebook-Seite des Senders (in Abbildung 3.3 zu sehen) die Lobeshymnen über ihre Mütter hochladen. Diese waren dann für alle anderen Nutzer sichtbar und konnten kommentiert werden. Die Werbeaktion wurde auf dem Hallmark Channel und über die Website des Senders sowie seine Facebook-Seite beworben. Innerhalb der ersten Woche der Aktion konnte das Unternehmen einen Zuwachs von 5.000 neuen Fans verbuchen und die Gesamtzahl erhöhte sich dadurch auf mehr als 65.000.

Abbildung 3.2: SC24.com bietet Nutzern einen Gutschein an. Dafür müssen sie aber zunächst Fans der Facebook-Seite werden.

Abbildung 3.3: Der Hallmark Channel bot seinen Fans Tools, mit denen sie Lobeshymnen über ihre Mütter mit Multimedia-Mitteln erstellen konnten, um sie am Muttertag zu beglückwünschen.

Die Marketingziele definieren

Nachdem Sie einen genaueren Einblick gewonnen haben, wie Ihre Zielgruppe auf Facebook zusammengesetzt ist, müssen Sie für Ihre Marketing-Strategie in diesem Netzwerk ein paar Ziele definieren. Für Ihr Unternehmen haben Sie möglicherweise andere Ziele, doch die folgenden vier sind in unseren Augen die gängigsten:

- ✔ Die Markenbekanntheit steigern
- ✔ Die Umsätze steigern
- ✔ Eine Community aus Nutzern, die mit Ihnen gemeinsame Werte teilen, aufbauen
- ✔ Rückmeldungen über Ihre Marke erhalten

Wir gehen in den folgenden Abschnitten auf jedes Ziel genauer ein. Bitte behalten Sie im Hinterkopf, dass diese Ziele sich nicht gegenseitig ausschließen, sondern kombiniert werden können. Sie können mit einer Methode beginnen und Ihre Strategie mit der Zeit in anderen Bereichen weiterentwickeln.

Die Markenbekanntheit steigern

Erste Spuren für das Prinzip des Werbeaufdrucks finden sich schon bei den frühen Römern, doch die eigentliche Praxis, an die man immer denkt, stammt von den ersten Viehzüchtern, die ihrem Vieh ein Brandeisen aufdrückten, damit Bauern und Nachbarn es beim Umherwandern der Tiere auseinanderhalten konnten und jeder wusste, wer der Besitzer war. Durch den Werbeaufdruck konnten sie ihr Produkt von gleich aussehenden unterscheiden.

Heute verhält es sich ganz ähnlich. Mit einer *Marke* definieren Sie Ihr Unternehmen auf eine Art und Weise, die Sie von der Konkurrenz abhebt. Beim Definieren Ihrer Marketingziele ist dies ein wesentlicher Bestandteil. Mit einer Facebook-Seite können Sie die Markenbekanntheit unter Ihren derzeitigen und potenziellen Kunden steigern.

Eine Facebook-Seite stellt für Ihr Unternehmen im sozialen Netzwerk sozusagen das Zuhause dar. Sie sollten bei der Erstellung die Marke und das Image Ihrer Firma im Hinterkopf behalten. Hier können Sie Nutzern bevorstehende Veranstaltungen ankündigen, über Öffnungszeiten und Kontaktdaten informieren, die neuesten Nachrichten posten und sogar Fotos, Videos, Texte und andere Arten von Inhalten veröffentlichen. Durch eine Facebook-Seite

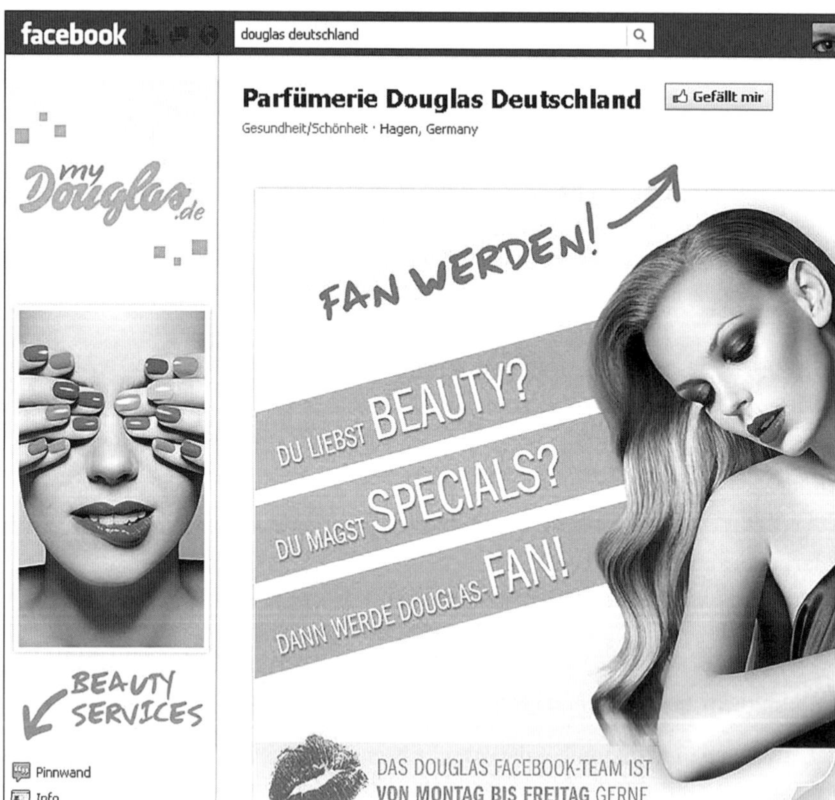

Abbildung 3.4: Auf Facebook können Sie eine Seite erstellen, um Ihr Unternehmen zu vermarkten.

wird eine zweiseitige Kommunikation zwischen Ihnen und Ihren Kunden ermöglicht, bei der die Kunden Nachrichten posten können. Für Sie selbst stellt die Seite außerdem eine praktische Feedback-Schleife dar, über die Sie mehr über die Bedürfnisse Ihrer Kunden erfahren können.

Nachdem Sie eine Facebook-Seite erstellt haben (Abbildung 3.4 zeigt ein Beispiel), können Sie verschiedene Methoden anwenden, um sie bei Nutzern bekannt zu machen und den Bekanntheitsgrad Ihrer Marke zu erhöhen:

- ✔ **Facebook-Freunde kontaktieren.** Mit der Vermarktung Ihrer Facebook-Seite fangen Sie am besten bei Ihren derzeitigen Facebook-Freunden an! Klicken Sie dazu auf der Pinnwand der Seite rechts oben im PUBLIKUM ERWEITERN-Menü auf SEITE TEILEN.
- ✔ **Bestandskunden, Freunde und Kontakte außerhalb von Facebook über Ihre üblichen Vertriebswege kontaktieren.** Lassen Sie diese Leute wissen, dass Ihr Unternehmen jetzt eine Facebook-Seite hat. Sie könnten dazu zum Beispiel ein Mailing per E-Mail durchführen oder die URL der Seite in einem Infobrief oder Flyer erwähnen. Ein einfaches »Jetzt auch auf Facebook!« reicht meist schon.
- ✔ **Auch für Kunden, die bereits über ein Facebook-Profil verfügen, sollten Sie den gerade erwähnten SEITE TEILEN-Link im Menü rechts oben auf der Seite anklicken.** Personen, mit denen Sie im Netzwerk interagieren, möchten zweifellos sehr gerne erfahren, dass Ihre Firma hier eine eigene Seite hat. Seien Sie nicht schüchtern – erzählen Sie es ruhig weiter. Facebook macht es Ihnen schließlich leicht. Also nutzen Sie diesen Link auch.

Um den SEITE TEILEN-Link zu nutzen, klicken Sie einfach im PUBLIKUM ERWEITERN-Menü rechts oben auf Ihrer Seite auf SEITE TEILEN und wählen danach aus, mit wem oder wo Sie die Ankündigung teilen möchten (Abbildung 3.5).

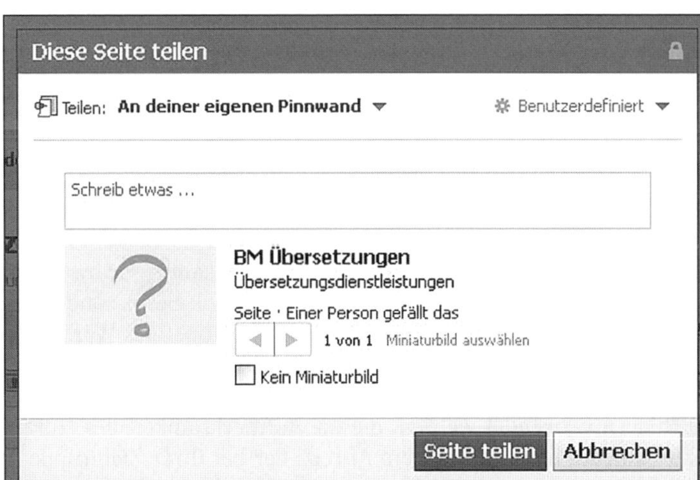

Abbildung 3.5: Nutzen Sie den SEITE TEILEN-Link, um eine Benachrichtigung über Ihre Seite zu posten.

In Kapitel 4 machen wir Sie mit vielen weiteren Strategien und Taktiken bekannt, mit denen Sie Ihre Facebook-Seite vermarkten können.

Die Umsätze steigern

Ob Sie nun ein Unternehmen vor Ort oder ein bundes- oder weltweit agierendes Unternehmen führen, mit Facebook können Sie die Umsätze für Ihr Produkt oder Ihre Dienstleistung steigern. Mit diesem zusätzlichen potenziellen Vertriebsweg können Sie sich das soziale Netzwerk in vielfältiger Weise zunutze machen, um Ihre Umsatzziele zu erreichen:

- **Geben Sie besondere Angebote und Rabatte bekannt und sorgen Sie mit einem einfachen Link zu Ihrer Website für eine mühelose Reise des Kunden bis zum Kaufabschluss.** Einige größere Einzelhändler wickeln den gesamten Einkaufsvorgang über Facebook ab. Wie in Abbildung 3.6 zu sehen, hat die Firma Die Randgruppe GmbH auf ihrer Facebook-Seite beispielsweise einen Shop-Reiter hinzugefügt, der einen direkten Link zu ihrem Online-Shop enthält.

Abbildung 3.6: Die Randgruppe GmbH bietet auf ihrer Facebook-Seite einen Shop-Reiter, der direkt mit dem Online-Shop verlinkt ist.

- **Nehmen Sie Ihre Zielgruppe mit einer Facebook-Werbekampagne ins Visier.** Viele Marketingfachleute erstellen nicht nur eine kostenlose Facebook-Seite, sondern entdecken auch gerade das Potenzial des sozialen Netzwerks als kostengünstiges Werbemedium. Sie können Werbekampagnen mit definierter Zielgruppe ausprobieren und starten, bei denen herkömmliche Techniken des Direktmarketings wie etwa Werbeanzeigen mit einnehmenden Texten und Bildern verwendet werden, die die Aufmerksamkeit des Nutzers fesseln. Das erfolgreichste Angebot besteht in einem Anreiz, der bei Ihrer Zielgruppe Anklang findet. (In den Kapiteln 10 und 11 gehen wir genauer auf Werbung ein.)

✔ **Erstellen Sie eine Facebook-Veranstaltung, damit ein Produkt zum Gesprächsthema wird.** Sie könnten zum Beispiel für potenzielle Kunden eine Produkteinführung als Event aufziehen oder eine Weinprobe organisieren oder ein Event ausschließlich für Ihre Facebook-Fans ausrichten, bei dem diese ebenfalls Kontakte knüpfen können. (In Kapitel 14 erfahren Sie mehr über die Facebook-Anwendung VERANSTALTUNGEN.)

Durch Facebook-Gruppen eine Community schaffen

Einer der besten Verwendungszwecke eines sozialen Netzwerks ist der Aufbau einer *Community,* also einer Gruppe von Personen, die gleiche Interessen haben und leidenschaftlich das gleiche Anliegen verfolgen. Doch unabhängig davon, wie Ihre Marketingziele aussehen, die Schaffung einer Community erfordert ein kleines bisschen Arbeit. Wir empfinden Marketingfachleute, die glauben, eine Community aufbauen zu können, der die Nutzer nur so zuströmen – ganz nach dem Motto »Wenn du es baust, werden sie kommen« –, normalerweise als arrogant. Doch wenn Sie zusätzlich zu Ihrer Facebook-Seite für Ihr Unternehmen auch noch eine Facebook-Gruppe erstellen, könnte dieses Sprichwort durchaus zutreffen.

Eine *Facebook-Gruppe* ist eine Seite, die gemeinsamen Interessen oder Zielen gewidmet ist. Mit der Facebook-Anwendung GRUPPEN können Sie erstens eine Community schaffen, die sich mit einem vorhandenen Anliegen beschäftigt, das wiederum zu Ihren Unternehmenszielen passt. Sie geben damit zweitens Ihren Gruppenmitgliedern ein Werkzeug an die Hand, um auf Facebook miteinander zu kommunizieren. Auch ein anderes Interesse oder Hobby, das Sie außerhalb des Geschäftslebens pflegen und über das Sie sich mit anderen austauschen wollen, kann Grund für eine Gruppengründung sein. Vielleicht besitzen Sie ja einen Baumarkt und zimmern sich leidenschaftlich gerne Möbel. Dann könnten Sie eine Gruppe erstellen, um Leute zusammenzutrommeln, die genauso gerne wie Sie selbst Holz bearbeiten. In einer Gruppe können Sie und andere Gruppenmitglieder hervorragend Tipps und Tricks für die Ausübung Ihres Handwerks austauschen.

Es ist auch möglich, eine Facebook-Gruppe zu einem mit der Marke zusammenhängenden Thema ins Leben zu rufen. Der Fernsehsender RTL hat anlässlich der alljährlich stattfindenden Sendung »RTL-Spendenmarathon« beispielsweise den Verein »Stiftung RTL – Wir helfen Kindern e.V.« gegründet. Abbildung 3.7 zeigt die entsprechende Facebook-Seite. Indem der Sender die Aufmerksamkeit auf eine ihm am Herzen liegende Sache lenkt, zeigt er seinen Zuschauern, dass es nicht immer nur ums Geschäft geht und dass RTL sich die Zeit nimmt, einen wohltätigen Zweck zu unterstützen. Zusätzlich könnte der Sender dazu eine Facebook-Gruppe erstellen, in der sich Spender zum Thema austauschen können.

Da Facebook-Gruppen berühmt dafür sind, dass dort lebhafte Diskussionen geführt werden, sollten Sie jemanden aus Ihrer Firma – vielleicht einen Produktspezialisten oder einen Mitarbeiter aus der PR-Abteilung – wöchentlich, monatlich oder sogar in Abständen von zwei Monaten regelmäßig Diskussionen moderieren lassen. Behalten Sie aber im Hinterkopf, dass Sie vermutlich wollen, dass die Nutzer die Gruppenseite häufiger als einmal im Monat, aber seltener als einmal wöchentlich besuchen. Wöchentliche Aktualisierungen, die von Ihrer Gruppe aus versendet werden, könnten Ihren Fans beispielsweise schon zu viel werden, da die meisten Nutzer bereits eine geballte Ladung an Daten von verschiedenen Quellen wie etwa den Neuigkeiten erhalten und daher lieber nicht mit regelmäßigen Nachrichten bombardiert werden möchten. Erinnern Sie sie – einfach nur, damit ihnen Ihre Gruppe im Gedächtnis bleibt – etwa alle drei Wochen daran, doch mal wieder Ihre Seite zu besuchen.

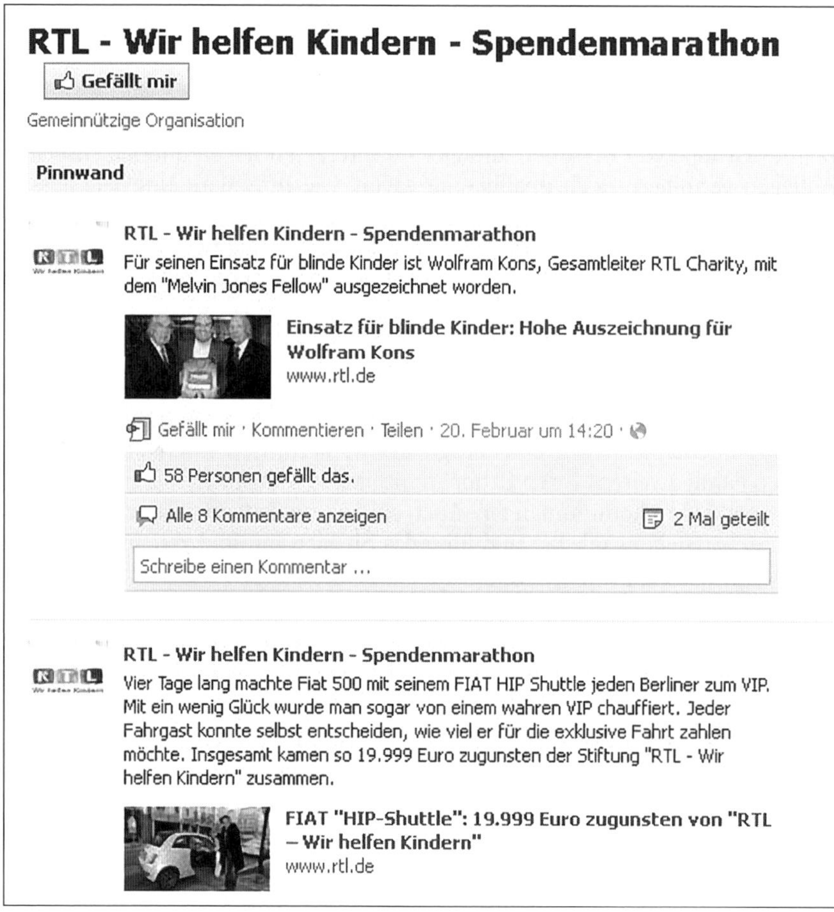

Abbildung 3.7: Die Facebook-Seite des Vereins »Stiftung RTL – Wir helfen Kindern e. V.«

Rückmeldungen erhalten

Es gibt verschiedene Möglichkeiten, Rückmeldungen von Facebook-Nutzern einzuholen:

✔ **Behalten Sie Diskussionen in Ihrer Gruppe im Auge.** Wie bereits oben erwähnt, können Sie mit der Facebook-Anwendung Gruppen eine Community schaffen und in der Gruppe mit den Mitgliedern diskutieren. Bei der Gründung einer Gruppe gibt es aber noch einen bemerkenswerten Nebeneffekt: Sie können Rückmeldungen einholen. Wenn Sie das nächste Mal ein neues Produkt oder eine neue Dienstleistung auf den Markt bringen möchten, könnten Sie vor der Einführung vielleicht Ihre Gruppenmitglieder (zusätzlich zu den Fans Ihrer Facebook-Seite) dazu zu Wort kommen lassen. Und machen Sie sich bloß keine Sorgen, dass Ihr Produkt dadurch verspätet auf den Markt kommt – es dauert bloß ein paar Tage, Rückmeldungen von Mitgliedern zu bekommen. Bevor Sie sich so etwas zunutze machen können, müssen Sie natürlich erst einmal an weitere Mitglieder kommen.

Facebook veröffentlicht Diskussionen innerhalb von Gruppen nicht für Internet-Suchmaschinen. Die Diskussionen werden also nicht in den Suchmaschinenindex aufgenommen, denn ansonsten würde eine Suchmaschine auf diese Weise die Daten aufspüren. Das könnte sich irgendwann ändern, doch momentan können Sie Facebook-Gruppen nicht über eine Internet-Suche finden.

- ✔ **Halten Sie Ausschau, wo über Ihre Marke diskutiert wird.** Facebook bietet den idealen Nährboden für offene und ehrliche Diskussionen über Ihr Unternehmen unter Gleichgesinnten. Geben Sie einfach mal irgendeinen Suchbegriff, der mit Ihrer Firma zu tun hat, in das Suchfeld auf Facebook ein und sehen Sie nach, was angezeigt wird. Vielleicht werden Sie ja eine Überraschung erleben und noch weitere Facebook-Seiten finden, die Ihrer Marke gewidmet sind.

  Um nach Begriffen zu suchen, tippen Sie Ihre Suchbegriffe in das große Suchfeld oben auf `www.facebook.de` ein und filtern die Ergebnisse dann auf der linken Seite nach Seiten und Gruppen.

- ✔ **Sehen Sie sich die Beiträge auf Ihrer Pinnwand noch einmal an.** Facebook-Nutzer können auf der Pinnwand Ihrer Seite Kommentare, Fragen und sogar Vorschläge posten. Auch diese sollten Sie unbedingt genauestens im Auge behalten sowie angemessen und zügig darauf antworten.

Eine Content-Strategie entwickeln

Vergessen Sie nicht: Inhalte sorgen für Interaktionen. Doch wie können Sie Ihre Inhalte so abstimmen, dass sie Ihre Fans ansprechen? Über welche Marketing-Assets (wie etwa Videos, Ratschläge, Aussagen zufriedener Kunden und Ähnliches), die Ihre Marke aufwerten und die den Fans gleichzeitig einen echten Mehrwert bieten, verfügen Sie bereits? Sie brauchen eine Content-Strategie, um Facebook und andere Social Media für Ihr Unternehmen einspannen zu können.

Bei der Entwicklung Ihrer Content-Strategie sollten Sie sich Ihre verschiedenen Kommunikationswege – also Website, Facebook-Seite, Web-Präsenz auf Twitter, Newsletter und so weiter – vornehmen und danach entscheiden, welche Inhalte sich für die einzelnen Kanäle eignen. Vielleicht merken Sie zum Beispiel irgendwann, dass Ihre Follower auf Twitter einen ganz anderen Datenstrom mit Statusmeldungen erhalten möchten als Ihre Facebook-Fans und dass die Besucher Ihrer Website mit häufigeren produktbezogenen Inhalten viel besser bedient wären. Da Sie ja unterschiedliche Interaktionen auf all Ihren Kommunikationswegen auslösen möchten, müssen sich auch die von Ihnen veröffentlichten Inhalte mit den Bedürfnissen und Anliegen jeder einzelnen Zielgruppe beschäftigen.

Unten finden Sie einige Möglichkeiten, wie man auf Facebook eine Content-Strategie entwickeln kann:

- **Posten Sie Beiträge, um die Aufmerksamkeit der Nutzer zu erlangen.** Selbst wenn einige Ihrer Beiträge, zum Beispiel, wenn Sie Ihren Fans eine Werbung über den Preis bekannt geben, rein informativer Art sein werden, dienen *Beiträge zur Interaktion* dazu, bei Ihren Fans Rückmeldungen einzuholen und sie zur Beteiligung anzuregen. Der Trick besteht darin, die Aufmerksamkeit der Fans auf sich zu ziehen und sie um Reaktionen zu bitten, damit man vom viralen Effekt profitieren kann: Jedes Mal, wenn ein Fan einen Kommentar auf Ihrer Facebook-Seite postet, erscheint eine Meldung darüber in seinen Neuigkeiten und schließlich auch in den Neuigkeiten seiner *Freunde*.

  Strategisch gesehen stellen diese Meldungen also einen Link zurück zum ursprünglichen Beitrag dar und sorgen häufig für zusätzlichen Datenverkehr im Hinblick auf den entsprechenden Inhalt. Ihre Fans laden dabei andere Nutzer sozusagen zum Mitmachen ein. Doch es gibt noch einen anderen Grund, weshalb man die Beteiligung der Fans fördern sollte: Man möchte mit jedem einzelnen Kommentar für eine rege Community sorgen.

- **Bieten Sie Rabatte und Sonderangebote an.** Wie bereits weiter vorn erwähnt, sind Marketingfachleute auf Facebook sehr erfolgreich darin, aus Nutzern Fans zu machen, indem sie ihnen Rabatte gewähren und Sonderangebote und Gratisbeigaben anbieten. Werbeanzeigen, die im Netzwerk die meisten Reaktionen hervorrufen, bieten dem Nutzer einen erkennbaren Wert, ohne dass ihm selbst dadurch ein großer Aufwand entsteht. Diese Angebote sind meist an eine Bedingung geknüpft. Man soll zum Beispiel einen Fragebogen ausfüllen oder auf »Gefällt mir« klicken.

  Bei der Entwicklung Ihrer Werbemaßnahme dürfen Sie nicht vergessen, dass das Angebot für Ihre Zielgruppe interessant sein muss. Es muss sich dabei gar nicht immer um etwas Materielles handeln. Es kann sich auch einfach um eine Chance handeln, mal die Lorbeeren einzuheimsen. Abbildung 3.8 zeigt, wie die Firma Hasbro den Wettbewerbsgeist ihrer Fans anspricht, indem sie ihnen Gelegenheit gibt, die eigenen Freunde im Spiel *Monopoly Millionaires* zu schlagen.

- **Bieten Sie Inhalte, die für Ihre Zielgruppe leicht zugänglich sind.** Bedenken Sie bei der Entwicklung Ihrer Content-Strategie unbedingt die Vielzahl der Medien, die Ihnen zur Verfügung stehen. Auf Facebook können Sie Inhalte in einer ganzen Reihe von Formaten (unter anderem auch als Fotos und Videos) veröffentlichen. Dadurch machen Sie die Inhalte durch einen einzigen Mausklick direkt über Facebook zugänglich. Weshalb die Annehmlichkeit eines leicht zugänglichen Speicherorts nicht nutzen?

  Wenn Ihre Fans sich auf der Pinnwand Ihrer Facebook-Seite mit Ihnen unterhalten, sollten Sie auch hier Facebook als Kommunikationsweg beibehalten. Versuchen Sie nicht, den betreffenden Fan über Twitter, LinkedIn oder irgendein anderes soziales Netzwerk zu kontaktieren, falls er Sie nicht explizit darum bittet (Sie wirken sonst womöglich zu aufdringlich). Sie können Ihre Fans auch langfristig binden, wenn Sie bei ihnen konsequent die gleiche Kommunikationsmethode anwenden.

Abbildung 3.8: Die Firma Hasbro hat ein Spiel entwickelt, bei dem Fans dazu aufgefordert werden, den Highscore ihrer Freunde zu knacken.

Die Facebook-Kultur wird von jungen Erwachsenen, die sich in der digitalen Welt gut auskennen, geprägt. Sie erkennen, ob man auf sie einredet oder ob man sich mit ihnen unterhält. Es ist also wichtig, sie nicht durch einen fortlaufenden Nachrichtenstrom zu unterbrechen, sondern stattdessen Inhalte zu verwenden, die zum Mitmachen einladen. Wenn Sie für einen stetigen Strom aus lebendigen Inhalten sorgen, können Sie die Aufmerksamkeit der passenden Zielgruppe auf sich lenken und sie dazu bringen, mit Ihrer Marke zu interagieren. In Kapitel 5 erfahren Sie mehr darüber, wie Sie Ihrer Content-Strategie den letzten Schliff geben und sie umsetzen.

Die Seitenaktivität überprüfen und begutachten

Der letzte Schritt auf dem Weg zum wirksamen Marketingplan besteht darin, sich Zeit für die Überprüfung und Begutachtung der Seitenaktivität zu nehmen. Nur durch eine sorgfältige Analyse können Sie herausbekommen, welche Inhalte bei Ihrer Zielgruppe Anklang finden. Und da Handlungen innerhalb von Facebook messbar sind, können Ihnen die Daten, also die *Key-Performance-Indikatoren* Ihrer Seite, sehr viele Erkenntnisse über die Interaktionen Ihrer Fans mit Ihrer Seite liefern.

Eine Werbekampagne ist nur so gut wie Ihre Fähigkeit, ihre Wirkung zu messen. Eine bestimmte Anzahl von Personen, die bei Ihrer Seite auf »Gefällt mir« klickt, nützt Ihrem Unternehmen überhaupt nichts, wenn Sie nicht die Scheuklappen ablegen, um einen tieferen Sinn in ihren Handlungen zu entdecken. Diese Analyse müssen Sie dann auf gewonnene Erkenntnisse aus der Praxis übertragen und diese wiederum auf Ihre Inhalte anwenden. Wenn Sie bei der Leistung keine Veränderungen bemerken, ist es eventuell an der Zeit, die Content-Strategie noch einmal zu überdenken.

Facebook gibt Ihnen einige leistungsstarke analytische Tools an die Hand, mit deren Hilfe Sie herausfinden können, was wirklich auf Ihrer Seite vor sich geht. In den folgenden Abschnitten bringen wir Ihnen einige der Dinge näher, die man im Hinterkopf behalten sollte, wenn man bei der Analyse seiner Facebook-Seite Bilanz zieht.

Seiten-Statistiken nutzen

Auf Facebook gibt es ein firmeneigenes Analyse-System, durch das Sie einen genaueren Einblick in das Verhalten von Nutzern bei Interaktionen mit Ihrer Seite bekommen. Die Facebook-Statistiken stehen allen Seitenadministratoren kostenlos zur Verfügung. Sie finden sie direkt auf Ihrer Seite und auf der Seite `www.facebook.com/insights`. Wenn Sie die Entwicklungen beim Nutzerzuwachs und bei der Zusammensetzung der Zielgruppe sowie bei der Nutzung von Inhalten und den Interaktionen kennen und analysieren, gewinnen Sie wertvolle Einblicke in die Art und Weise, wie Fans mit Ihrer Seite interagieren. Seien Sie klug und achten Sie auf Ihre Seiten-Statistiken.

Die Facebook-Statistiken befassen sich hauptsächlich mit drei Bereichen von Daten: die Ihrer Fans, die Ihrer Reichweite und die der Art und Weise, wie Facebook-Nutzer mit Ihren Inhalten interagieren. Abbildung 3.9 zeigt ein Beispiel. (In Kapitel 9 gehen wir noch genauer darauf ein.) Die Statistiken bieten Ihnen Informationen über die Demografie Ihrer Zielgruppe und halten den Zuwachs an Fans auf Ihrer Seite und die Anzahl der »Gefällt mir«-Angaben und Kommentare, die es zu Ihren Inhalten gibt, nach. Wenn Sie einige der wichtigen Daten wie etwa den Zuwachs an Fans innerhalb der vergangenen Woche oder die Anzahl der Interaktionen infolge eines bestimmten Beitrags im Auge behalten, bekommen Sie ein Gespür dafür, was funktioniert und was nicht. Merken Sie beispielsweise, dass eine ganze Reihe von Fans

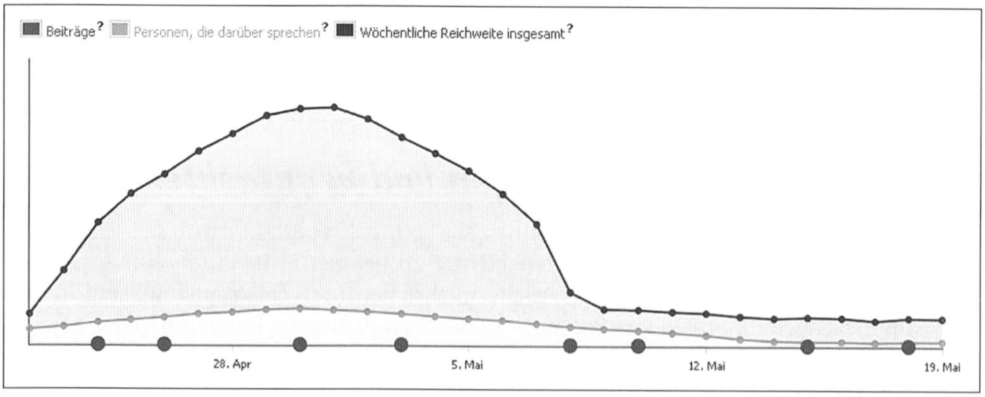

Abbildung 3.9: In den Facebook-Statistiken finden Sie Daten darüber, wie Ihre Fans mit Ihrer Seite interagieren.

nach einem speziellen Beitrag die eigene »Gefällt mir«-Angabe von Ihrer Seite entfernt hat, stellen Sie vielleicht einen Zusammenhang zwischen Ihrem veröffentlichten Inhalt und der Rückgangsrate fest.

Wir empfehlen, die Statistikmetriken regelmäßig durchzusehen und bei den zahlenmäßigen Zuwächsen bei Interaktionen und der Aktivität den Überblick zu behalten. Achten Sie außerdem darauf, auf welche Beiträge die Nutzer reagieren und auf welche nicht. Wenn Sie bei der Leistung keine Veränderungen bemerken, ist es eventuell an der Zeit, die Content-Strategie noch einmal zu überdenken.

Die Statistikkonsole zeigt die Summe der geografischen und demografischen Informationen über Ihre Fans an, und zwar, wen Sie erreichen und wer mit Ihrer Seite interagiert. Wie in Abbildung 3.10 zu sehen ist, werden dabei weder Standort noch Demografie der einzelnen Nutzer angezeigt. Eine tolle Sache, wenn man herausfinden möchte, wie die Zielgruppe aussieht.

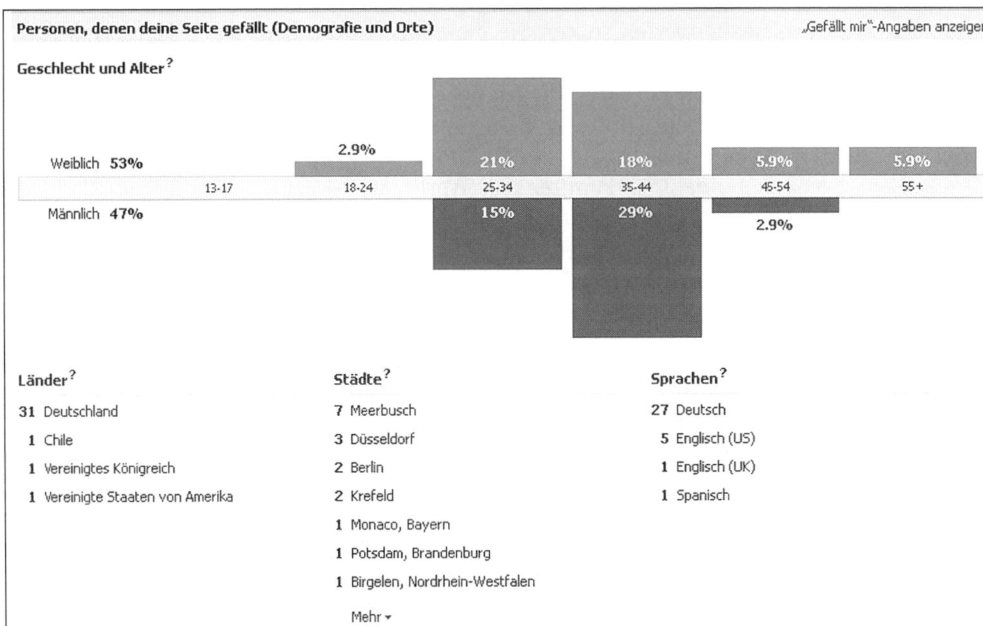

Abbildung 3.10: Die Facebook-Statistiken bieten Ihnen zusätzlich geografische und demografische Daten zur Zusammenstellung Ihrer Zielgruppe.

Nur ein Narr legt bei seinem Marketingplan für Facebook einen Blindflug hin. Je mehr Sie darüber wissen, wie und auf was Ihre Fans reagieren, desto müheloser können Sie Inhalte auf Ihre Zielgruppe zuschneiden und ihr noch mehr von dem bieten, was ihr gefällt.

Bezugswerte festlegen und Ziele setzen

Wie bereits erwähnt, sind Ihre Marketing-Maßnahmen auf Facebook tatsächlich messbar. Sie müssen allerdings zu Beginn einer Maßnahme Ihre Ausgangslage kennen, um vergleichen zu können, wie es nach der Werbeaktion, der Werbekampagne, dem Event oder irgendeiner anderen Aktivität um Sie bzw. Ihr Unternehmen bestellt ist. Wenn Sie *Bezugswerte* oder anders ausgedrückt die Schlüsselindikatoren, die die Anzahl an Aktivitäten auf Ihrer Seite definieren, festlegen, können Sie Ihre Fortschritte beurteilen. Falls Sie nicht wissen, wie viele Fans Ihre Seite vor einer Werbeaktion hatte, wie können Sie dann den Erfolg der Werbekampagne berechnen? Sehen Sie sich beispielsweise mal auf Ihrer STATISTIKEN-Seite die Anzahl an Aufrufen bei jedem einzelnen Reiter Ihrer Seite an. Gibt es bestimmte Reiter wie zum Beispiel den FOTOS-Reiter, die häufiger aufgerufen werden? Aktualisieren Sie die Inhalte bei den anderen Reitern bewusst, um herauszubekommen, ob sie dadurch mehr Aufrufe erhalten. Falls es dort einen Zuwachs gibt, wissen Sie, dass Ihre Fans sich von Ihnen häufigere Aktualisierungen aller Reiter und nicht bloß der Pinnwand wünschen.

Zusätzlichen zu den Bezugswerten sollten Sie Ziele für Ihre verschiedenen Marketing-Maßnahmen auf Facebook setzen. Der japanische Elektronikhersteller JVC hat sich beispielsweise einmal das Ziel gesetzt, innerhalb von 60 Tagen über ein tägliches Gewinnspiel, das mit Facebook-Werbeanzeigen beworben wurde, so viele Fans wie möglich anzulocken. Bei dem Gewinnspiel mussten Nutzer zunächst bei der Facebook-Seite des Unternehmens auf »Gefällt mir« klicken, bevor sie teilnehmen konnten. Die Werbeaktion verlief so erfolgreich, dass JVC innerhalb von 30 Tagen die ursprüngliche Anzahl von weniger als 1.000 Fans zu Beginn des Gewinnspiels auf mehr als 34.000 steigern konnte.

Es ist schwierig, den Erfolg einer Werbekampagne oder eines bestimmten Beitrags vor der jeweiligen Durchführung oder Veröffentlichung vorauszusehen. Wenn Sie das Resultat dennoch prognostizieren, müssen Sie immer die Ausgangslage berücksichtigen. Dadurch können Sie viel eher den Erwartungen Ihrer Kollegen und vor allem denen Ihres Chefs gerecht werden.

Wesentliche Daten im Auge behalten

Es kommt teilweise auf die von Ihnen gesetzten Ziele an, welche der Leistungskennzahlen einer Facebook-Seite für Sie von Bedeutung sind. Besteht Ihr Ziel darin, Besucherströme auf eine externe Website zu locken, ist die Nachverfolgung von Verweisen von Ihrer Facebook-Seite aus für Sie ein wichtiger Indikator. Ähnlich sieht es aus, wenn Sie für mehr Interaktionen sorgen möchten. Dann ist die Anzahl der Kommentare im Zusammenhang mit Ihren Inhalten höchstwahrscheinlich die Kennzahl, die Sie erfassen müssen. Doch damit diese Daten für Sie von Nutzen sind, müssen Sie sie in erster Linie hernehmen und sie in Erkenntnisse für die Praxis umsetzen.

Unten finden Sie neun wesentliche Daten, die man berücksichtigen sollte, wenn man die Leistung seiner Web-Präsenz auf Facebook messen möchte:

- ✔ **Aufrufe:** Eine grundlegende Bewertung ist die Anzahl der Aufrufe oder der Besucher infolge Ihrer Inhalte. Diese Daten finden Sie auf Facebook auf Ihrer STATISTIKEN-Seite. Wenn Sie erst einmal wissen, an welcher Stelle Ihrer Facebook-Seite die Nutzer sich aufhalten, bekommen Sie eine recht gute Vorstellung davon, welche Informationen diesen wichtig sind.

- ✔ **Kommentare:** Anhand der Anzahl der Kommentare, die Sie bei einem bestimmten Beitrag erhalten, lässt sich hervorragend die Leistung messen. Damit können Sie außerdem ermitteln, welche Beiträge bei Ihren Fans Anklang finden. Üblicherweise gilt: Je mehr Kommentare es bei einem Beitrag gibt, desto interessierter sind Ihre Fans an diesem Inhalt. In den Statistiken werden die Kommentaraktivitäten Ihrer Seite in einem übersichtlichen Diagramm dargestellt.

Wenn Sie sich die Anzahl der Kommentare ansehen, dürfen Sie nicht vergessen, auch auf die Stimmung in diesen Antworten zu achten. Wenn es sich ausschließlich um negative Kommentare handelt und Sie weiterhin ähnliche Beiträge verfassen, könnte das Ganze nach hinten losgehen.

- ✔ **Klicks und Downloads:** Wenn Sie Inhalte zum Herunterladen oder Links, die auf eine externe Website verweisen, posten, sollten diese immer auffindbar sein. Verschiedene englischsprachige Kurz-URL-Dienste wie etwa bitly (`http://bit.ly`) oder Tiny.cc (`http://tiny.cc`) zeigen zu jedem Link, den man über sie kürzt, für Dritte die Click-through-Daten an. Eine hervorragende Methode, um das Interesse an einem bestimmten Link oder Download nachzuverfolgen.
- ✔ **Verweildauer:** Die Länge eines Besuchs auf Ihrer Facebook-Seite ist ein deutliches Anzeichen für das Interesse oder eben Desinteresse eines Fans an Ihren Inhalten. Facebook stellt solche Daten in den Statistiken momentan zwar nicht bereit, Sie können auf einer Facebook-Seite aber ein externes Analyse-Tool installieren, das sie Ihnen liefert. Google Analytics (mehrsprachige Website unter `www.google.com/analytics`) bietet Ihnen zum Beispiel ein kostenloses Web-Analyse-Tool, das Sie mit wenig technischem Wissen in Ihre Seite integrieren können. In Kapitel 9 erfahren Sie Genaueres.
- ✔ **Geteilte Inhalte:** Falls Ihre Inhalte bei Ihren Fans ankommen, werden die Fans jene Inhalte, die sie nützlich finden, aller Wahrscheinlichkeit nach mit ihrem eigenen Netzwerk an Freunden teilen. Wenn Sie (mit Hilfe der Statistiken) überwachen, wie häufig ein von Ihnen geposteter Inhalt geteilt wird, bekommen Sie ein sicheres Gefühl dafür, was die Fans interessiert.
- ✔ **Eingehende Links:** Man findet Verweise zwar meist auf externen Websites, doch auch Blogger, Medienkanäle, Suchmaschinen und Nutzer, die sich ganz allgemein für Ihre Facebook-Seite interessieren, verweisen darauf. Wenn Sie auf Google die URL Ihrer Facebook-Seite als Suchbegriff eingeben, erfahren Sie, wie viele Websites darauf verlinken. Als Faustregel gilt: je mehr Links, desto besser.
- ✔ **Einmalige Aufrufe und erneute Aufrufe:** An der Anzahl von *einmaligen* (also neuen) und erneuten Aufrufen können Sie sehr gut ablesen, inwieweit Inhalte als so nützlich angesehen werden, dass man Ihre Seite wiederholt besucht. Achten Sie besonders auf einen langfristigen Zuwachs bei der Anzahl der erneuten Aufrufe, denn dadurch erfahren Sie, ob Ihre Content-Strategie sich bezahlt macht. Auch diese Kennzahl können Sie mit Google Analytics nachverfolgen.
- ✔ **Markenerwähnungen:** Wenn Sie bei der Vermarktung Ihres Unternehmens auf Facebook ganze Arbeit leisten, wird sich das höchstwahrscheinlich auch auf anderen sozialen Netzwerken bemerkbar machen. Es gibt eine Reihe von kostenlosen Suchmaschinen

für Social-Media-Inhalte wie etwa social mention (englischsprachige Website: `http://socialmention.com`) oder OneRiot (englischsprachige Website: `www.oneriot.com`), die Markenerwähnungen nachverfolgen. Suchen Sie auf diesen Websites in regelmäßigen Abständen bewusst nach Ihrem Firmennamen. Haben Sie ein Auge darauf, was Nutzer außerhalb von Facebook über Ihre Marke sagen – es liefert Ihnen zahlreiche Erkenntnisse über die Wirksamkeit Ihres Marketings.

- **Conversions:** Eine *Conversion* findet statt, wenn ein Besucher die gewünschte Handlung vornimmt. Er könnte beispielsweise ein Geschäft über Ihre Website abschließen, ein Anmeldeformular ausfüllen, sich für Ihren Newsletter registrieren oder sich für eine Veranstaltung anmelden. Conversions gehören zu den aussagekräftigsten Kennzahlen, die man messen und nachverfolgen kann. Stellen Sie es sich mal als das Verhältnis der Gesamtanzahl der Besucher zu den Besuchern vor, die eine bestimmte Handlung vorgenommen haben. Dann gilt: je höher der Prozentsatz der Personen, die sich wie gewünscht verhalten, desto besser.

Eine der wichtigsten Kennzahlen, die oben nicht aufgelistet wird, ist die gute, alte Sitte, den Fans einfach zuzuhören. Wenn Sie ihre Kommentare, Diskussionen und Mitteilungen sorgfältig im Auge behalten, können Sie Ihre Content-Strategie besser auf die Interessen der Fans ausrichten. Sie können so etwas nicht analysieren, weil Sie solche hilfreichen Rückmeldungen gar nicht bekommen? Dann bitten Sie Ihre Fans doch einfach darum. Fans teilen Marketingfachleuten unheimlich gerne ihre Gedanken und Meinungen mit. Manchmal muss man da nur ein wenig nachhaken.

Offline- und Online-Kampagnen kombinieren

Wenn Sie Ihre Marketing-Strategie Gestalt annehmen lassen, könnten Sie sich fragen, welche Entscheidungsunterstützungssysteme und Ressourcen Sie benötigen werden, oder könnten sich Gedanken darüber machen, wie Sie Ihre Marketing-Strategie für das soziale Netzwerk am besten mit Ihrem bestehenden Marketingplan kombinieren. Wir geben Ihnen in diesem Abschnitt einige Tipps, wie Sie die Marketing-Maßnahme betreuen, ohne sich selbst und das Marketing-Team zu überlasten.

Es spricht nichts dagegen, Ihre derzeitigen Offline-Kampagnen auch in einem sozialen Netzwerk wirksam einzusetzen. Sie müssen diese Kampagnen allerdings unbedingt auf die richtige Art und Weise in Facebook integrieren, das heißt, all ihre Bestandteile sollten im sozialen Netzwerk enthalten sein. Falls Sie zum Beispiel eine Veranstaltung auf die Beine stellen oder eine Werbekampagne durchführen, können Sie es gegenüber Ihren Facebook-Fans erwähnen. Heute kann man so gut wie all seine Unterlagen digitalisieren und für die Facebook-Seite nutzen.

Unten finden Sie einige Möglichkeiten, wie man Offline-Kampagnen und Marketingaktivitäten auf Facebook kombinieren kann:

- **Machen Sie Werbung für Ihre Veranstaltungen.** Die Leute sollen doch nur so auf Ihre Veranstaltung strömen, oder? Dann erwähnen Sie sie auf Ihrer Seite und setzen dort auch noch Links zu sämtlichen Informationen, die Sie, zum Beispiel auf Ihrer Website, dazu veröffentlicht haben. Oder erstellen Sie im Idealfall sogar eine Facebook-Veranstaltung. Bei all den Zu- oder Absagen, die Ihnen dabei über Ihre Facebook-Seite ins Haus flattern werden, legen Sie beim Zählen der Gäste glatt einen Kavalierstart hin. (In Kapitel 12 erfahren Sie mehr darüber, wie man Veranstaltungen auf einer Facebook-Seite erstellt.)

- ✔ **Passen Sie Ihre Werbekampagnen für Facebook-Werbeanzeigen an.** Achten Sie einfach darauf, dass der Ton in der Kampagne auf zwischenmenschliche Interaktionen ausgelegt ist und freundlich klingt, indem Sie kurze, aufmerksamkeitserregende Überschriften entwerfen und ins Auge fallende Bilder verwenden. Denken Sie daran: In einer Facebook-Werbeanzeige steht Ihnen nur eine begrenzte Anzahl an Zeichen zur Verfügung. Also muss jedes davon sitzen.
- ✔ **Verkaufen Sie Ihre Produkte über Facebook Marketplace.** Damit meinen wir den Kleinanzeigenmarkt auf der Facebook-Plattform. Sie finden ihn unter `http://apps.facebook.com/marketplace`. Geben Sie dort Ihren Standort an, um Kleinanzeigen aus der Umgebung zu sehen. Sie können dort Stellenanzeigen oder gewerbliche Anzeigen veröffentlichen und alles Mögliche von Sammlerstücken über Häuser bis hin zu Fahrzeugen anbieten. Und das Beste daran ist, dass es einen Reiter für den Marketplace gibt, den Sie mühelos auf Ihrer Facebook-Seite hinzufügen können, damit all Ihre Fans – ohne den Marketplace besuchen und herumstöbern zu müssen – genau wissen, wie Ihr Angebot aussieht.
- ✔ **Passen Sie Werbeaktionen so an, dass sie soziale Elemente enthalten und den Bekanntheitsgrad Ihrer Marke steigern.** Kostenlose Dinge mag jeder und Nutzer sahnen gerne in Gewinnspielen ab. Wenn Ihre Fans wissen, dass bei Ihnen eine Werbeaktion mit einem coolen Hauptpreis läuft, steigt nicht nur die Wahrscheinlichkeit, dass sie sich daran beteiligen, sondern auch, dass sie ihren Freunden die Seite empfehlen.
- ✔ **Vergleichen Sie Untersuchungen über Marketing-Maßnahmen auf Facebook mit denen von Offline-Kampagnen.** Haben Sie bemerkt, dass Sie bei Ihren Marketingaktivitäten auf Facebook eine höhere Response Rate haben als beim, sagen wir einfach mal, Versenden von Direktwerbung? Haben Sie herausgefunden, dass Ihre Website aufgrund eines Ihrer Beiträge auf Ihrer Seite mehr Besucher anlockt als Anrufe von potenziellen Kunden infolge der Direktwerbung eingehen? Nehmen Sie sich ein wenig Zeit, um sowohl die Ergebnisse der Online- als auch der Offline-Kampagne durchzusehen. Auf diese Weise erhalten Sie einen genauen Einblick, was funktioniert und was nicht. Nachdem Sie all diese Daten gesammelt haben, können Sie sich verstärkt auf die Dinge konzentrieren, die Ihnen die meisten Ergebnisse eingebracht haben.

In den folgenden Abschnitten erfahren Sie, wie man sein Medienbudget einschätzt und eine Bestandsaufnahme bei bereits vorhandenen Inhalten macht.

Ein Medienbudget festlegen

Ob Sie es glauben oder nicht, Technologien, die im Marketing in sozialen Netzwerken Anwendung finden, sind nicht teuer. Zum Beispiel kostet es gar nichts, ein Blog zu beginnen. Ein Podcast kann bis zu 1.500 Euro, ein Wiki bis zu 5.000 Euro und ein Video bis zu 12.000 Euro kosten. Ihre Facebook-Seite ist kostenlos, doch eine eigene Anwendung für eine bestimmte Marke kann auf Facebook bis zu 76.000 Euro kosten.

Ganz anders als bei den klassischen Medien (Printmedien, Fernsehen und Hörfunk), die richtig ins Geld gehen können, sind die Vorlaufkosten in sozialen Netzwerken sehr gering. Der Beginn eines Blogs oder die Erstellung einer Facebook-Seite ist kostenlos, doch die wahren (und unter Umständen hohen) Kosten entstehen, wenn man für einen stetigen Strom an lebendigen Inhalten sorgt, um diese neuen Medienkanäle zu füllen.

Sie können auch einen Budgetrechner aus dem Internet wie zum Beispiel den unter `http://www.henryklippert.com/seo-roi-marketingbudget-rechner-calculator` verwenden, um einfacher bestimmen zu können, wie viel Prozent Ihres Marketingbudgets Sie für Online-Werbeanzeigen, Social-Media-Optimierung und Suchmaschinenoptimierung ausgeben sollten.

Wir empfehlen Ihnen, bis zu 25 Prozent Ihres üblichen Medienbudgets für Werbung abseits der klassischen Medien anzulegen. So verfügen Sie über ein stattliches Budget, um Werbung, Anwendungen und Werbeaktionen ausprobieren und um Inhalte, die Sie in sozialen Netzwerken zum Beispiel auf einer Facebook-Seite auf die Erfolgsspur bringen, erstellen zu können.

Einen Internet-Texter beauftragen

Um für einen stetigen Strom an lebendigen Inhalten zu sorgen, der die richtige Zielgruppe anlockt, sollten Sie einen zusätzlichen und vielleicht sogar eigens dafür beauftragten Texter für das Verfassen all Ihrer sozialen Inhalte parat haben.

Das so genannte Social Texting erfordert besonderes Können, da die Texte einen freundlichen Ton haben sollen. Die Überschriften müssen provokant formuliert sein und den Leser derart ködern, dass er mehr darüber erfahren möchte. Doch in erster Linie muss der Fließtext umgangssprachlich klingen und darf keinerlei Ausdrücke aus der Vertriebs- oder Marketingsprache aufweisen.

Falls Sie selbst dazu nicht in der Lage sind, empfehlen wir Ihnen, einen speziellen Texter für Marketing-Inhalte für soziale Netzwerke zu beauftragen. Die meisten Leute glauben, sie könnten denselben Texter für das Verfassen von Forschungsartikeln, Datenblättern, Broschüren, Website-Texten, E-Mails und sozialen Inhalten einsetzen. Doch das ist eine Gratwanderung. Wenn Ihnen jemand zur Seite steht, der dieses Medium wirklich kennt, können Sie bestehende Inhalte besser anpassen. Durch das Schreiben neuer Inhalte sorgen Sie dafür, dass Sie sich immer von der besten Seite zeigen. Suchmaschinen eignen sich hervorragend, um Internettexter zu finden.

Teil II

Die Web-Präsenz auf Facebook erstellen

The 5th Wave By Rich Tennant

»Ralf und ich wickeln über Facebook viel Geschäftliches ab. Ach übrigens Ralf, hast du die Verkaufskalkulation und das kleine, blaue Pony, das ich dir geschickt habe, erhalten?«

In diesem Teil ...

Sämtliche Marketingfachleute suchen nach Möglichkeiten, Facebook für ihre Unternehmen, Kleinunternehmen oder Kunden zu nutzen. In Teil II erfahren Sie, wie Sie eine Facebook-Seite für Ihre Firma erstellen, Reiter hinzufügen, die die Aufmerksamkeit Ihrer Fans auf sich ziehen, und wie Sie Ihre Seite bewerben, um an mehr »Gefällt mir«-Angaben zu kommen. Wir erklären Ihnen außerdem, wie Sie für Ihr Unternehmen eine langfristige Content-Strategie entwerfen, um mehr Dialoge führen und mit potenziellen Kunden interagieren zu können.

Sie werden in diesem Teil auch lernen, wie Sie Ihre Fangemeinde auf der kompletten Facebook-Plattform mit Hilfe des viralen Marketings vergrößern. Wir stellen überdies vor, wie man Anwendungen nutzt, um die Facebook-Seite mit zusätzlichen Funktionen zu erweitern.

Erste Schritte mit der Facebook-Seite

4

In diesem Kapitel

- Alles über Facebook-Seiten für Ihr Unternehmen
- Facebook-Seiten erstellen und individuell einrichten
- Facebooks Marketing-Ressourcen optimal nutzen
- Das eigene Unternehmen und Facebooks Nutzungsbedingungen kennen

Durch die Facebook-Anwendung SEITEN wird für Ihre Firma in diesem Netzwerk eine Web-Präsenz ermöglicht, über die Sie Ihre Produkte und Dienstleistungen bewerben können. Eine Facebook-Seite stellt sozusagen das Gegenstück aus der Geschäftswelt zu einem Nutzerprofil dar. Nutzer können Fans Ihrer Facebook-Seite werden, sich dort über Sonderangebote und Werbeaktionen informieren, Inhalte (Fotos, Videos und Links) hochladen und mit Hilfe von Kommentaren mit anderen Nutzern diskutieren. Sie können dort außerdem individuelle Reiter mit mehreren Funktionen für eine bestimmte Marke hinzufügen, um die Aufmerksamkeit von Kunden auf sich zu lenken, an E-Mail-Adressen zu kommen oder sogar Ihre Produkte oder Dienstleistungen zu verkaufen. In Abbildung 4.1 sehen Sie ein Beispiel dafür, wie man es bei der Marke Labello, einem Lippenpflegestift, gemacht hat. Es ist auch möglich, Aktualisierungen für die Verbindungen Ihrer Seite (Nutzer, die bei Ihrer Seite auf »Gefällt mir« geklickt haben) zu posten, um sie zu binden und regelmäßig zu informieren. Aufgrund all dieser Features und der Sichtbarkeit für Tausende von potenziellen Kunden ist die Facebook-Seite für Tausende von Markenherstellern zum wichtigsten Instrument im Marketing geworden.

Sie erfahren in diesem Kapitel, worum es bei Facebook-Seiten überhaupt geht und was all das für Ihr Unternehmen bedeutet. Wir zeigen Ihnen Schritt für Schritt, wie man eine solche Seite erstellt, und geben Ihnen Tipps, wie Sie sie so einrichten, dass Sie häufiger Besucher zu Fans machen. Wir möchten außerdem erreichen, dass Sie verstehen, wie man die Marketing-Ressourcen auf Facebook optimal nutzt.

Unterschiede zwischen Seiten, Profilen und Gruppen verstehen

Wenn Unternehmen anfangen, Facebook zu verwenden, machen sie meist den Fehler, das falsche Tool zu nutzen. Viele erstellen erst mal ein *Profil*, doch so etwas ist eigentlich für den Austausch persönlicher Daten von Nutzern gedacht. Wieder andere gründen als Erstes eine *Gruppe*, die ursprünglich für Nutzer eingerichtet wurde, die sich aufgrund sehr konkreter Ziele und Interessen miteinander verbinden.

Abbildung 4.1: Die Marke Labello wurde durch eine Anwendung für individuelle Reiter aufgewertet.

Jedes dieser Facebook-Tools dient einem anderen Zweck:

- **Profile:** Durch ein Profil wird eine Person repräsentiert. Facebook-Nutzer können sich darüber mit Freunden verbinden und Videos und Fotos hochladen und teilen. Außerdem werden in Profilen die Aktivitäten eines Nutzers im Verlauf der Zeit aufgezeichnet. Wenn Sie Facebook für private Zwecke verwenden möchten, sollten Sie das Profil wählen.
- **Seiten:** Seiten repräsentieren Unternehmen, Marken, gemeinnützige Organisationen, öffentliche Personen und Prominente. Über eine Seite können Sie innerhalb der Facebook-Community den Bekanntheitsgrad Ihres Produkts oder Ihrer Dienstleistung erhöhen, mit Kunden und Produkten interagieren und sogar Produkte und Dienstleistungen verkaufen.
- **Gruppen:** Mit Gruppen können sich Personen (in Form von Profilen) aufgrund gemeinsamer Ziele und Interessen zusammenschließen. Personen können Gruppen beitreten – eine Seite kann es hingegen nicht.

Viele Unternehmer wählen zu Beginn das falsche Facebook-Tool. Vielleicht tun sie es, weil sie sich an die Nutzung eines Profils gewöhnt haben und keine Erfahrungen mit anderen Bereichen haben oder weil von Facebook oder einem Marketingfachmann keine klare Struktur vorgegeben wurde. Was haben Sie für ein Glück, dass Sie gerade dieses Buch lesen!

Profile sind etwas Persönliches, nichts Geschäftliches

Anders als bei Profilen (bei denen die Anzahl der Freunde auf 5.000 beschränkt ist) begrenzt Facebook die Anzahl der Nutzer, die bei Ihrer Seite auf »Gefällt mir« klicken können, nicht. Und das ist auch sinnvoll, denn kein Mensch könnte wirklich mit einer unbegrenzten Anzahl von Personen befreundet sein. Für ein Unternehmen könnte sich eine solche Einschränkung dagegen nachteilig auswirken. Sie können für Ihre Firma jederzeit Aktualisierungen an der Pinnwand Ihrer Seite posten und müssen sich überhaupt keine Gedanken darüber machen, ob die Anzahl derer, die Sie damit erreichen können, begrenzt ist. Aus Sicht Ihres Unternehmens sind die *Verbindungen* Ihrer Seite (also die Fans Ihrer Seite) so etwas wie E-Mail-Abonnenten und Facebook bietet Ihnen die Infrastruktur, um diese Abonnenten über interne Benachrichtigungs-E-Mails, aktualisierte Nachrichten und Aktualisierungen für die Pinnwand erreichen zu können.

Hier listen wir Ihnen vier weitere der größten Unterschiede zwischen Facebook-Seiten und Facebook-Profilen auf:

- **Für Profile gibt es keine Marketing-Analyse.** Bei Facebook-Seiten wird Marketingfachleuten mit den Statistiken ein leistungsstarkes Instrument an die Hand gegeben, um nachverfolgen zu können, wie Nutzer mit einer Seite interagieren.

- **Das Anfreunden mit einem Profil unterscheidet sich sehr stark vom »Gefällt mir«-Klick bei einer Seite.** Wenn Facebook-Nutzer Freundschaftsanfragen versenden, bitten sie den Empfänger damit im Grunde um Zugriff auf seine Fotos, seine Freundesliste, seine Telefonnummer, den Beziehungsstatus und andere sehr persönliche Daten. Bei Facebook-Seiten können Marketingfachleute diese Grenze der Privatsphäre nicht unwissentlich überschreiten, da es eine solche Funktion nicht gibt. Ein Facebook-Nutzer möchte Ihrem Unternehmen seine Daten nicht preisgeben. Doch wenn Sie ihn bitten, Fan Ihrer Seite zu werden, überschreiten Sie damit auch keine dieser Grenzen (Abbildung 4.2 zeigt ein Beispiel).

  Auf Facebook kann man auf seinem Profil neuerdings ein Abonnieren-Feature aktivieren, über das Nutzer öffentliche Aktualisierungen dieses Profils abonnieren können. (In Kapitel 8 erfahren Sie mehr darüber, wie man die Aufmerksamkeit der Fans auf sich zieht.)

- **Die Nutzung eines Profils für die Vermarktung eines Unternehmens verstößt gegen die Nutzungsbedingungen von Facebook (`https://www.facebook.com/legal/terms`).** Insbesondere verbietet Facebook die Verwendung von Profilen, um »nicht genehmigte Werbekommunikationen« zu posten, und legt außerdem in den Nutzungsbedingungen fest: »Du wirst dein persönliches Profil nicht für kommerzielle Zwecke verwenden.«

  Anders ausgedrückt: Selbst nachdem Sie eine Menge Ressourcen aufgewendet haben, um eine große Anzahl an Freunden – sagen wir mal 5.000 – zusammenzubekommen, kann Facebook Ihr Profil kurzerhand löschen.

- **Facebook-Profile werden von Suchmaschinen nicht so leicht gefunden.** Und der letzte wichtige Unterschied zwischen Facebook-Seiten und -Profilen besteht darin, dass Facebook-Seiten standardmäßig auf »öffentlich« eingestellt sind. Jede beliebige Person kann also über die Facebook-Suche oder über eine Internet-Suchmaschine (wie etwa Google

Abbildung 4.2: Auf Facebook-Profile erhält man über eine Freundschaftsanfrage Zugriff. Bei Facebook-Seiten müssen Nutzer bei der Seite auf »Gefällt mir« klicken.

oder Yahoo!) nach Ihrer Seite suchen und diese auffinden. Dadurch kann der Bekanntheitsgrad Ihres Unternehmens gesteigert und Ihre Zielgruppe auch auf Personen außerhalb von Facebook ausgedehnt werden.

Sie haben ein Profil erstellt, um Ihre Firma zu vermarkten, und möchten das Ganze nun auf eine Seite übertragen? Dann haben wir gute Nachrichten für Sie: Auf Facebook können Sie Ihr bestehendes Profil in eine Seite umwandeln. Dabei bleibt Ihr Profilbild erhalten und all Ihre Freunde werden zu Fans der neuen Seite.

Bei der Umwandlung eines Profils in eine Seite werden allerdings alle anderen Daten gelöscht. Falls Sie sich also dazu entscheiden, sollten Sie unbedingt sämtliche Aktualisierungen für die Pinnwand, Videos, Fotos und andere Arten von Inhalten auf Ihrer Festplatte speichern, damit Sie sie später auf der neuen Seite posten können.

Nachdem Sie ein Profil in eine Seite umgewandelt haben, können Sie es nicht mehr rückgängig machen.

Für eine Änderung vom Profil zu einer Seite besuchen Sie `https://www.facebook.com/pages/create.php?migrate` und folgen danach den Anweisungen zur Erstellung einer Facebook-Seite weiter hinten in diesem Kapitel (Abbildung 4.3).

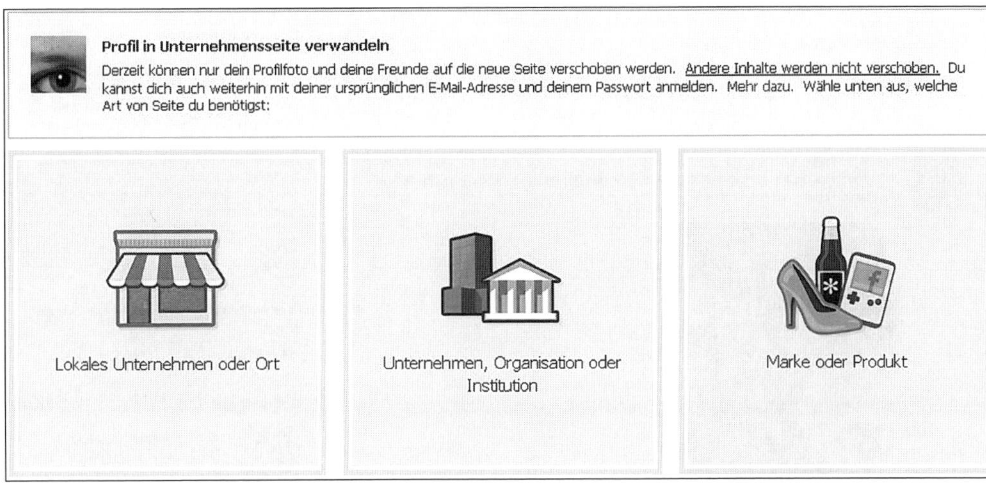

Abbildung 4.3: Wandeln Sie ein Profil in eine Seite um.

Gruppen sind für Zusammenschlüsse, nicht für Werbung gedacht

Sehr häufig machen Unternehmer auch den Fehler, für die Vermarktung ihrer Produkte oder Dienstleistungen eine Facebook-Gruppe zu erstellen. Die Schwierigkeit dabei ist, dass Gruppen für Nutzer gedacht sind, die sich miteinander verbinden, aber keinerlei Benachrichtigungen über Werbeaktionen oder neue Produkte erhalten möchten.

Vor einiger Zeit hat die Firma Facebook einige sehr interessante Informationen über die Verwendung von Gruppen veröffentlicht: Die meisten Gruppen sind sehr klein und werden für die Kommunikation mit Personen des sozialen Umfelds aus dem wahren Leben genutzt. Eine Großfamilie kann die Facebook-Anwendung Gruppen beispielsweise als zentralen Ort verwenden, an dem leichter der Kontakt zueinander aufrechterhalten werden kann.

Wir wollen damit aber nicht ausdrücken, dass Gruppen für Unternehmen tabu sind. Der Angelreisenveranstalter Silversides Fishing Adventures hat eine Gruppe mit ähnlichem Namen gegründet, um den Kontakt zu Kunden auch nach der Reise aufrechtzuerhalten (Abbildung 4.4). Kunden können sich dort unter anderem untereinander austauschen und Fotos ihrer Fänge hochladen.

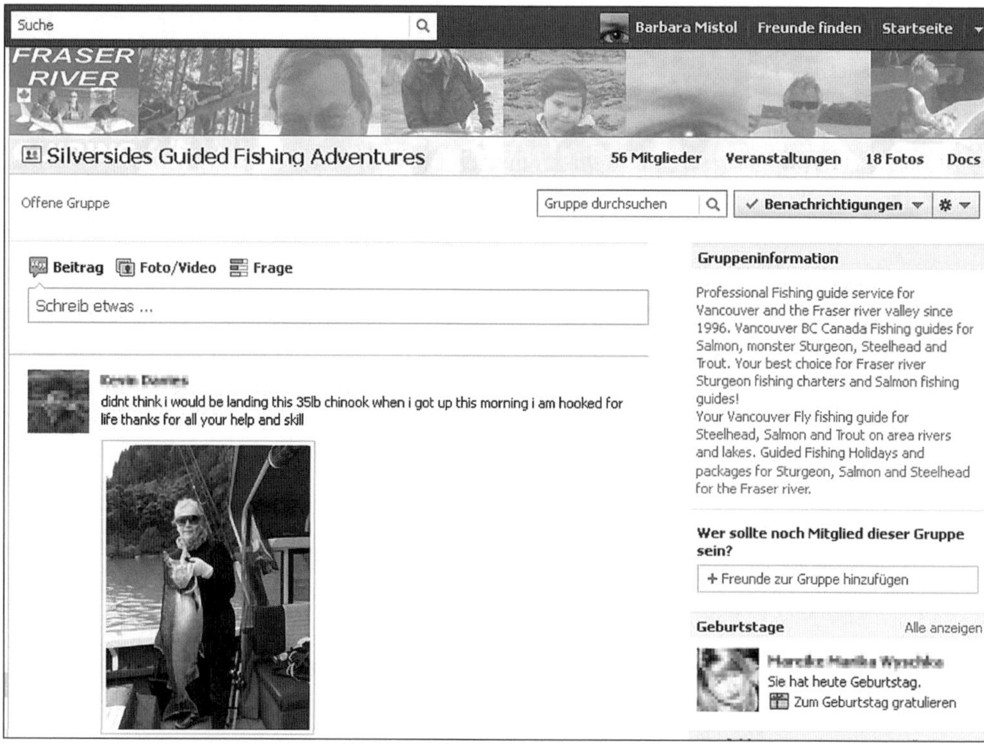

Abbildung 4.4: Silversides Fishing Adventures hat eine offene Facebook-Gruppe gegründet, um mit Kunden in Kontakt zu bleiben und ihnen ein Forum zu bieten.

Gruppen können also nützlich sein. Doch hier finden Sie noch drei weitere Gründe, weshalb Facebook-Seiten für Ihr Unternehmen besser geeignet sind als Facebook-Gruppen:

- **Bei Gruppen kann man keine individuellen Anwendungen hinzufügen.** Viele mögen Facebook-Seiten vor allem deswegen, weil man dort unter anderem eine ganze Reihe von individuellen Reitern für Befragungen hinzufügen, Fotowettbewerbe durchführen und E-Mail-Adressen generieren kann, um mit potenziellen Kunden und Kunden in Verbindung zu bleiben. Sie können auf einer Facebook-Seite sogar Anwendungen für Online-Shops hinzufügen!
- **Bei Gruppen finden sich kaum Features für virales Marketing.** Wenn ein Facebook-Nutzer einer Gruppe beitritt, möchte er seine Aktivitäten innerhalb dieser Gruppe nicht zwangsläufig mit all seinen Freunden teilen. Postet er in der Gruppe eine Statusmeldung, erscheint diese nicht automatisch ebenfalls an seiner Pinnwand (wie es bei dem Posten auf Seiten der Fall ist).
- **In Gruppen gibt es keine Hierarchien.** Alle Mitglieder einer Facebook-Gruppe werden üblicherweise als gleichwertige Nutzer betrachtet, die ein gemeinsames Anliegen oder Interesse verfolgen. Bei Facebook-Seiten sieht es anders aus. Dort gibt der Markenhersteller

die Richtung vor. Daher sollten in Gruppen die Mitglieder und nicht die Markenhersteller entscheiden, welche Themen diskutiert werden.

Wir gehen in Kapitel 12 detailliert auf Facebook-Gruppen ein. Merken Sie sich fürs Erste einfach, dass sie für die Vermarktung Ihres Unternehmens nicht die erste Wahl sind.

Facebook-Seiten erstellen – erste Schritte

Hier finden Sie eine Anleitung für die Erstellung einer Facebook-Seite. Am besten lesen Sie sich die einzelnen Schritte durch, bevor Sie anfangen.

1. **Besuchen Sie die Seite `www.facebook.com/pages/create.php`.**
2. **Wählen Sie die Geschäftsart aus, die Ihr Unternehmen am besten beschreibt.**

   Sie können unter sechs Arten von Facebook-Seiten wählen (Abbildung 4.5):

   - *Lokales Unternehmen oder Ort:* Seiten für lokale Unternehmen sind für Firmen gedacht, die von einer starken Marktpräsenz vor Ort profitieren würden: Frühstückscafés, Pizzerien oder Werbeagenturen.
   - *Unternehmen, Organisation oder Institution:* Diese Seiten wurden für größere, bundesweit agierende Unternehmen konzipiert. Auch gemeinnützige Organisationen und Großunternehmen könnten sich hier eintragen. Apple und Audi sind perfekte Beispiele

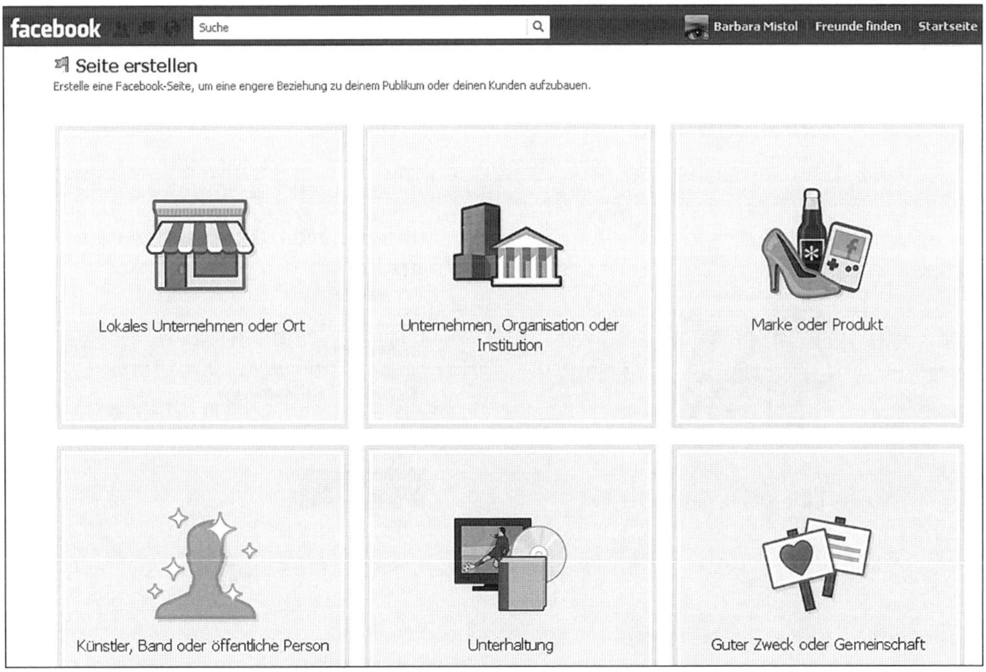

Abbildung 4.5: Facebook bietet Ihnen sechs Arten von Seiten zur Auswahl an.

für Unternehmen aus dem Business-to-Consumer-Bereich, Avaya und Oracle für den Business-to-Business-Bereich.

- *Marke oder Produkt:* Diese Seiten eignen sich für bekannte Marken wie etwa Starbucks oder Coca-Cola.
- *Künstler, Band oder öffentliche Person:* Politiker, Künstler, Prominente aus dem Fernsehen oder auch Bands finden an dieser Stelle die passende Seite. Mario Barth, Angela Merkel und Lady Gaga haben sich zum Beispiel eine solche Seite erstellt.
- *Unterhaltung:* Diese Seiten sind für Marken und Unternehmen aus der Unterhaltungsindustrie wie etwa bekannte Musicals oder Kabelfernsehsender gedacht.
- *Guter Zweck oder Gemeinschaft:* Gemeinschaftsseiten sollen von Fans genutzt werden, denen ein bestimmtes Thema oder ein Erlebnis gefällt. Sie sind im Besitz der gesamten Community, die sich damit verbunden hat. Unter `https://www.facebook.com/pages/Fu%C3%9Fball/108110462544365?sk=info` sehen Sie ein Beispiel für eine Gemeinschaftsseite. Da Sie Ihre Geschäftspräsenz auf Facebook selbst verwalten sollten, raten wir Ihnen davon ab, Ihr Unternehmen in diesem Netzwerk primär über eine Gemeinschaftsseite zu vermarkten.

3. **Geben Sie Ihren Firmennamen in das Feld Name des Unternehmens ein, um diesen Namen auf Facebook für Ihre Firma zu sichern (Abbildung 4.6).**

Sobald Sie 100 Fans für Ihre Seite gefunden haben, kann der Name der Seite nicht mehr geändert werden. Wählen Sie also unbedingt einen, den Ihre Fans und Kunden mit Ihrem Unternehmen assoziieren sollen. Der Name Ihrer Seite sollte bereits genau aussagen, um was für ein Unternehmen es sich handelt. Ist dies nicht der Fall, fügen Sie am besten noch ein oder zwei Wörter hinzu, um den Zweck zu vermitteln.

Abbildung 4.6: Wählen Sie einen Namen und eine Kategorie für Ihre Facebook-Seite.

4. **Wählen Sie eine Kategorie für Ihre Seite aus.**

   Je nach gewählter Seitenart (sehen Sie sich dazu noch einmal Abbildung 4.5 an), steht Ihnen nun eine große Auswahl an Seitenkategorien zur Verfügung. Wählen Sie die Kategorie anhand der Vorstellung, die Ihre Kunden von Ihrem Unternehmen haben, und nicht Ihrer eigenen. Für ein interaktives, auf Wissenschaften ausgelegtes Museum wurde beispielsweise die Kategorie »Museum« ausgesucht, obwohl sein Geschäftsführer es eher als gemeinnützige Organisation ansehen könnte. Dies wäre aber eine andere Kategorie.

Obwohl Sie später immer noch die Kategorie Ihrer Facebook-Seite ändern können, sollten Sie möglichst von Anfang an die richtige wählen.

5. **Setzen Sie im Auswahlkästchen unterhalb des Namens einen Haken, um den Richtlinien von Facebook zuzustimmen.**

   Durch die Zustimmung bestätigen Sie, dass Sie offizieller Vertreter des Unternehmens, der Institution, des Objekts oder der Person, die Gegenstand der Facebook-Seite ist, sind und dass Sie über die erforderlichen Rechte, die Seite erstellen und verwalten zu dürfen, verfügen (Abbildung 4.6).

6. **Klicken Sie auf die Schaltfläche LOS GEHT'S.**

Glückwunsch! Sie haben soeben eine Facebook-Seite erstellt. In den nächsten Abschnitten erfahren Sie, wie man ein Hauptbild hochlädt und seine Unternehmensdaten hinzufügt.

Schritt 1: Profilbild hochladen

Der erste Schritt beim Erstellen einer Seite besteht im Hochladen eines Profilbilds. Um Ihre Seite von Beginn an einzigartig zu gestalten, laden Sie idealerweise Ihr Firmenlogo oder ein Foto von Ihrem Produkt hoch. Mit diesem Bild repräsentieren Sie Ihr Unternehmen auf Facebook – also wählen Sie ein gutes aus. Sollten Sie ein Dienstleistungsunternehmen führen, können Sie Fotos mit glücklich aussehenden Personen, die gerade Ihre Dienstleistung in Anspruch nehmen, verwenden.

Sie können nur Fotos im JPG-, GIF- oder PNG-Format hochladen. Die Bilder werden in der Größe auf 180 Pixel Breite und 540 Pixel Höhe angepasst. Um ein scharfes Bild zu erhalten, sollte Ihr Foto also mindestens diese Maße aufweisen. Die maximale Dateigröße beträgt 4 MB.

Folgen Sie diesen Schritten, um das erste Bild für Ihre Seite hochzuladen:

1. **Klicken Sie beim SCHRITT 1-Reiter auf VOM COMPUTER HOCHLADEN.**

   Das Dialogfeld DATEI HOCHLADEN erscheint (Abbildung 4.7).

2. **Durchsuchen Sie Ihre Festplatte nach dem gewünschten Bild, markieren Sie es und klicken Sie dann auf die ÖFFNEN-Schaltfläche, um den Hochladevorgang zu starten.**

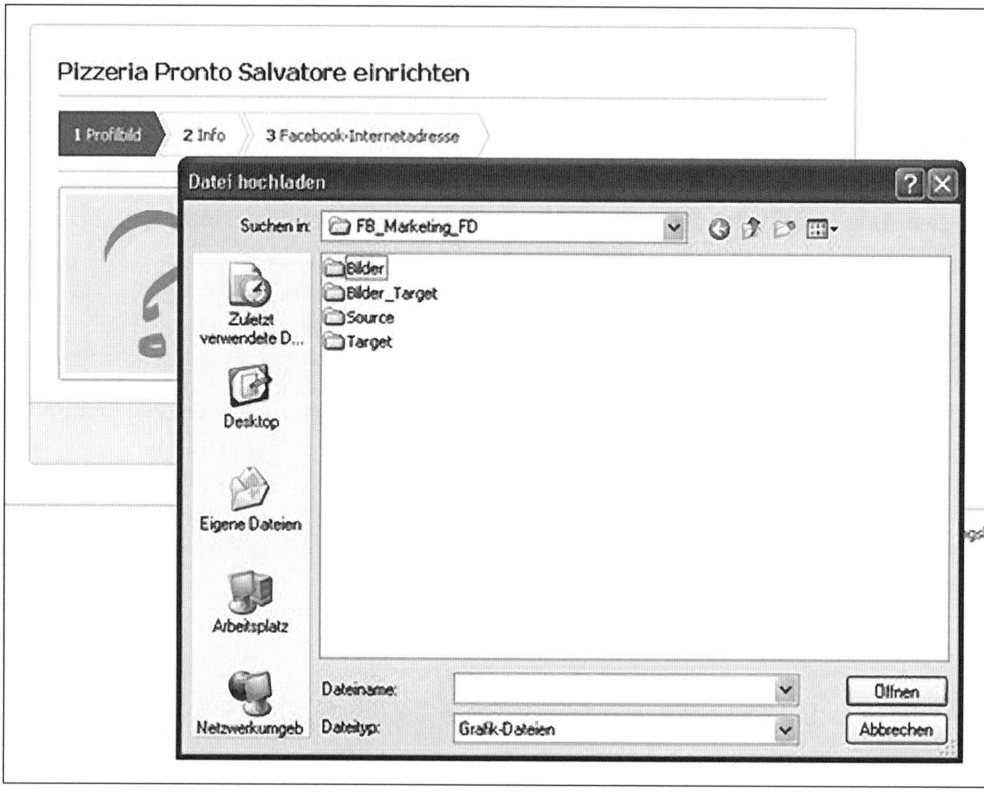

Abbildung 4.7: Das Hochladen Ihres Avatars ist genauso leicht wie das Hochladen von Fotos auf allen anderen Websites.

Sie können auch ein Foto direkt von Ihrer Website importieren. Klicken Sie dazu einfach auf den Link VON DER WEBSITE IMPORTIEREN, geben Sie die URL Ihrer Website (Abbildung 4.8 zeigt ein Beispiel) ein und klicken Sie danach auf IMPORT.

Es wird automatisch ein Miniaturbild Ihres Profilbilds erstellt. Da es überall auf Facebook erscheinen wird, sollte es natürlich super aussehen. Durch die automatische Erstellung wird Ihr Foto im Miniaturbild aber nicht immer richtig platziert werden.

Später (nachdem Sie Schritt 2 erledigt haben) können Sie Ihr Foto noch skalieren, damit es besser in das Miniaturbild passt. Im nächsten Abschnitt »Das Miniaturbild Ihrer Facebook-Seite bearbeiten« erfahren Sie mehr darüber.

Schritt 2: Eine Beschreibung hinzufügen

Der zweite Schritt beim Erstellen Ihrer Seite besteht darin, Ihre Website-URL (falls Sie ein Bild von Ihrer Website importiert haben, ist dies natürlich schon erledigt) und eine kurze Be-

Abbildung 4.8: Auf Facebook können Sie ein Bild direkt von Ihrer Website importieren.

schreibung zum Angebot Ihres Unternehmens einzugeben. Füllen Sie das Feld für die Beschreibung zunächst einmal aus, so gut Sie können. Weiter hinten im Abschnitt »Über den Info-Reiter Unternehmensdaten bekannt geben« beschäftigen wir uns eingehender mit diesem und anderen Themen.

Abbildung 4.9: Tragen Sie Ihre Website-URL ein und beschreiben Sie kurz, was Ihr Unternehmen oder Ihre Institution anbietet.

Das Miniaturbild Ihrer Facebook-Seite bearbeiten

Zu Beginn bei der Erstellung Ihrer Seite wird automatisch ein Miniaturbild Ihres Profilbilds erstellt. Dieses Miniaturbild ist nicht unwichtig: Da es überall auf Facebook erscheinen wird, sollte es natürlich super aussehen. Durch die automatische Erstellung wird Ihr Foto im Miniaturbild aber nicht immer richtig platziert werden. Sie können es aber skalieren, so dass es besser in das Miniaturbild hineinpasst. Befolgen Sie dazu einfach diese Schritte:

1. **Fahren Sie mit dem Mauszeiger über Ihr Profilbild und klicken Sie auf BILD ÄNDERN.**

   Klicken Sie auf der nächsten Seite auf MINIATURBILD BEARBEITEN unter Ihrem Profilbild und bewegen Sie das Bild im Popup-Fenster an die gewünschte Stelle (Abbildung 4.10 zeigt ein Beispiel).

2. **Wenn Sie Ihr Miniaturbild wie gewünscht platziert haben, klicken Sie auf SPEICHERN.**

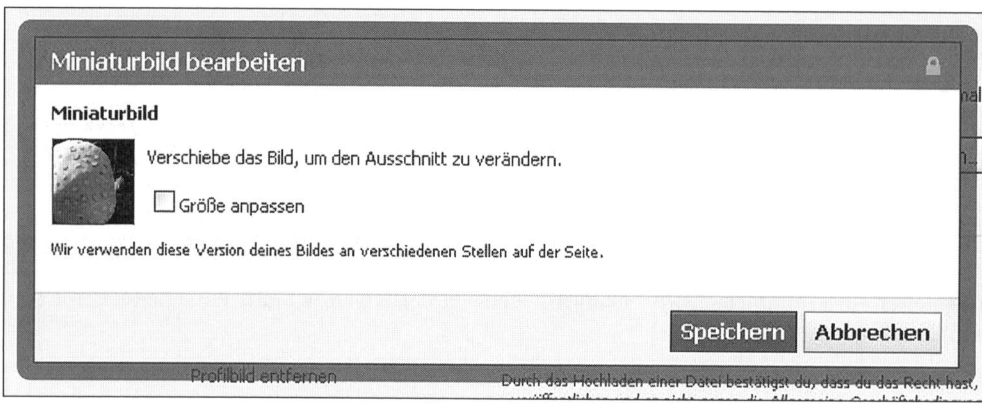

Abbildung 4.10: Sie können die Miniaturbildversion Ihres Avatars bearbeiten.

Vor Freigabe Zugriff auf die Seite einschränken

Bevor Sie Ihre Seite in Betrieb nehmen, werden Sie den Zugriff darauf eventuell auf Seitenadministratoren begrenzen wollen, bis Sie bereit zur Freigabe sind.

Klicken Sie dazu oben rechts in der Dropdown-Liste VERWALTEN auf SEITE BEARBEITEN und setzen Sie danach beim GENEHMIGUNGEN VERWALTEN-Reiter einen Haken im Auswahlkästchen VERÖFFENTLICHUNG DER SEITE ZURÜCKNEHMEN (Abbildung 4.11). Wenn Sie Ihre Seite auf unveröffentlicht einstellen, wird sie vor sämtlichen Nutzern, also auch Kunden und potenziellen Kunden, verbor-

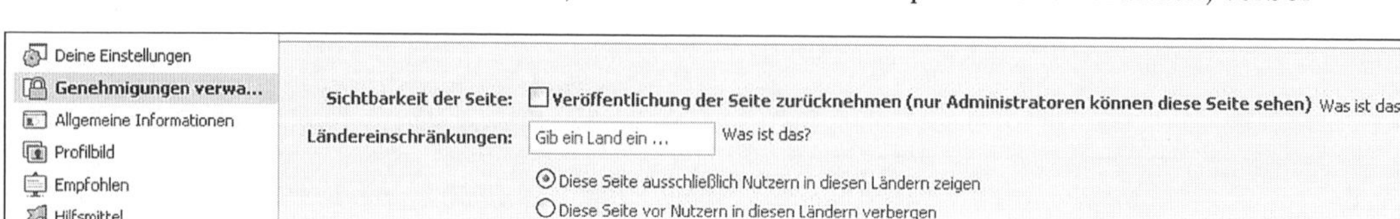

Abbildung 4.11: Wenn Sie VERÖFFENTLICHUNG DER SEITE ZURÜCKNEHMEN wählen, können Sie Ihre Seite unsichtbar machen.

gen. Während sie unveröffentlicht ist, ist sie nur für die Seitenadministratoren sichtbar. Ihre Seite kann von Nutzern nicht gesehen werden, bevor Sie diese Einstellung rückgängig machen und sie als veröffentlicht deklarieren.

Über den Info-Reiter Unternehmensdaten bekannt geben

Im Info-Reiter findet man detaillierte Informationen über Ihr Unternehmen. Es hängt von der bei der Erstellung der Seite zuvor gewählten Kategorie und Geschäftsart ab, welche Daten im Einzelnen dort zu sehen sind. Um Informationen über Ihre Firma hinzuzufügen oder zu bearbeiten, klicken Sie einfach oben rechts auf Ihrer Seite in der Dropdown-Liste Verwalten auf Seite bearbeiten und wählen dann den Reiter Allgemeine Informationen im Administratorbereich (Abbildung 4.12).

Hier listen wir Ihnen einige Abschnitte dieses Reiters auf:

✔ **Der obere Abschnitt:** Geben Sie hier Ihre wichtigsten Kontaktdaten wie etwa die Firmenadresse und die Telefonnummer sowie die Öffnungszeiten ein. Eine Band könnte an dieser Stelle zum Beispiel die Namen der Bandmitglieder und die Musikrichtung veröffentlichen.

✔ **Beschreibung:** Diese Stelle eignet sich für einen Abbinder über Ihre Firma, der darüber informiert, wer Sie sind und was Sie machen. Um Ihrer Seite etwas mehr Individualität zu verleihen, können Sie aber auch Inhalte einfügen, die eher ein soziales Element enthalten und weniger unternehmerisch klingen.

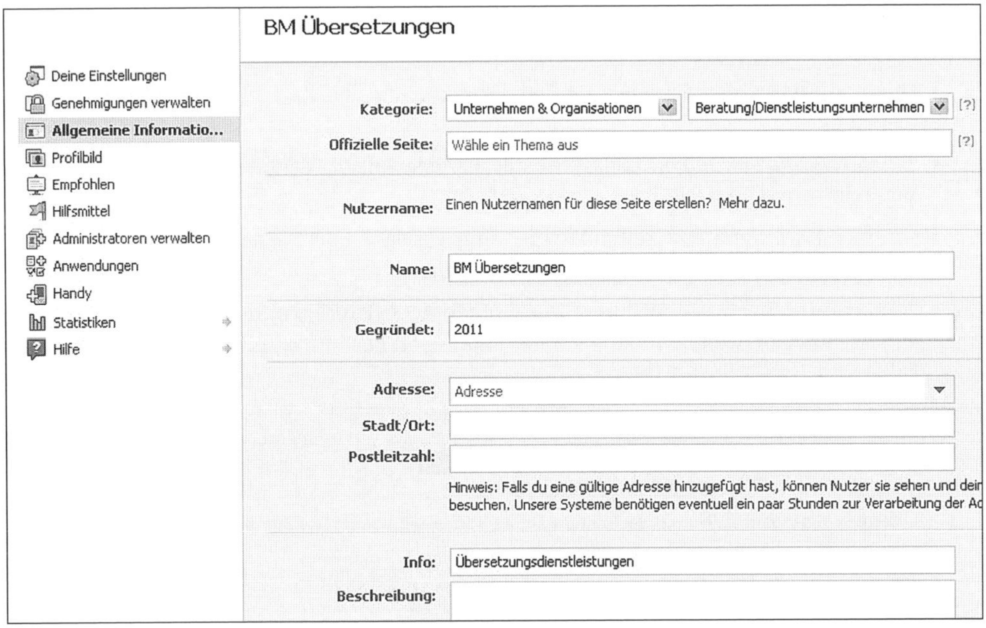

Abbildung 4.12: Sie können Ihre Daten beim Reiter Allgemeine Informationen im Administratorbereich Ihrer Seite ändern.

- **Aufgabe:** Fügen Sie Ihr Leitbild ein. Falls Sie keins haben, müssen Sie auch keins eingeben. Sie können sich für dieses Feld aber auch etwas Provokatives ausdenken.
- **Produkte:** Listen Sie hier Ihre Produkte oder Dienstleistungen auf.
- **Webseite:** Hier geben Sie Ihre URL ein.

Nachdem Sie alle Daten eingegeben haben, sollten Sie keinesfalls vergessen, auf ÄNDERUNGEN SPEICHERN zu klicken.

Facebook-Seiten sind für die Öffentlichkeit sichtbar und diese Felder können nützlich für die Suchmaschinenoptimierung Ihrer Seite sein. Geben Sie dort also Inhalte mit Suchbegriffen ein, unter denen Sie bei einer Suchmaschine gefunden werden möchten.

Sie können die Einstellungen für die Seite bearbeiten und den Zugriff auf Ihre Facebook-Seite auf Länder begrenzen: Deutschland, USA, Kanada, Großbritannien, Frankreich und viele andere. Man kann außerdem den Zugriff für bestimmte Altersgruppen mit folgenden Optionen beschränken: ALLE (13+), PERSONEN, DIE 17, 18, 19 ODER 21 JAHRE UND ÄLTER SIND sowie BEZUG ZU ALKOHOL (diese Option steht für das Mindestalter für Alkoholkonsum im Land des jeweiligen Nutzers). Falls Sie eine Kneipe führen oder eine Tabakmarke vertreiben, möchten Sie solche Altersbeschränkungen vielleicht ins Auge fassen.

Und so gelangen Sie an die Stelle, an der man solche Einstellungen vornehmen kann:

1. **Klicken Sie oben rechts auf Ihrer Seite in der Dropdown-Liste VERWALTEN auf SEITE BEARBEITEN.**
2. **Klicken Sie im Menü links auf den Reiter GENEHMIGUNGEN VERWALTEN. (Sehen Sie sich dazu noch einmal Abbildung 4.11 an.)**
3. **Wählen Sie unter den folgenden Einstellungen, um den Zugriff auf Ihre Seite einzuschränken:**
   - *Ländereinschränkungen:* Listen Sie alle Länder auf, bei denen Sie beim Zugriff etwas verändern möchten.
   - *Altersbeschränkungen:* Treffen Sie hier eine Auswahl, falls Sie den Zugriff auf Ihre Seite anhand des Alters der Nutzer eingrenzen wollen.
   - *Pinnwand-Reiter zeigt:* Wählen Sie zwischen ALLE BEITRÄGE und NUR BEITRÄGE DER SEITE, um festzulegen, welche Inhalte standardmäßig an der Pinnwand angezeigt werden (Abbildung 4.13).

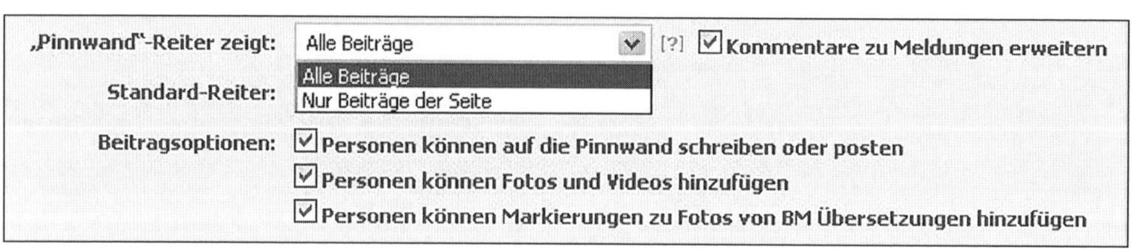

Abbildung 4.13: Ihre Fans können an der Pinnwand entweder nur die Beiträge Ihrer Seite oder alle sehen – es kommt ganz auf Ihre Einstellungen an.

- *Standard-Reiter:* Legen Sie per Auswahl über die Dropdown-Liste fest, welchen Reiter ein Nutzer zuerst zu sehen bekommt (Abbildung 4.14).

Standardmäßig ist hier die Pinnwand eingestellt. Sie können es aber für jeden beliebigen Reiter umstellen. Mit dieser Einstellung kann man optimal verschiedene Landingpages testen, um herauszufinden, welche die wirksamste ist.

Abbildung 4.14: Sie können für Ihre Seite einen Standard-Reiter festlegen.

- *Beitragsoptionen:* Setzen Sie einen Haken in diesem Auswahlkästchen, wenn jeder Nutzer Kommentare, Fotos und Videos an Ihre Pinnwand posten darf. Sie können hier außerdem bestimmen, dass Fans andere Nutzer in Fotos auf Ihrer Pinnwand markieren dürfen (Abbildung 4.15).

Abbildung 4.15: Sie können unter einer Vielzahl von Möglichkeiten wählen, wie Ihre Fans mit Ihrer Seite interagieren oder Inhalte an Ihre Pinnwand posten können.

Wir raten Ihnen, Ihren Fans so viele Interaktionen wie möglich zu gestatten. Setzen Sie in diese Auswahlkästchen also unbedingt einen Haken. Sollten Sie jedoch in einer Branche mit strengen Einschränkungen tätig sein und die spezielle gesetzliche Vorgabe haben, stets einen Überblick über Ihre Werbebotschaft behalten zu müssen, dann möchten Sie die Beitragsmöglichkeiten für Besucher Ihrer Seite vielleicht lieber eingrenzen.

4. **Klicken Sie auf Änderungen speichern.**

Sie können diese Einstellungen jederzeit ändern.

Reiter auf der Facebook-Seite hinzufügen

Auf Facebook können Sie mit Reitern Ihre Seite mühelos noch individueller gestalten. *Reiter* sind im Grunde zusätzliche Seiten, mit denen Sie Ihre Web-Präsenz auf Facebook aufwerten. Sie finden auf Facebook einige voreingestellte Reiter, die Zusatzfunktionen für Ihre Seite ermöglichen. Es gibt zum Beispiel die Reiter: VERANSTALTUNGEN, VIDEO, LINKS, NOTIZEN.

Befolgen Sie die Schritte unten, um einen dieser Reiter auf Ihrer Seite hinzuzufügen:

1. **Klicken Sie in der Dropdown-Liste VERWALTEN oben rechts auf Ihrer Facebook-Seite auf SEITE BEARBEITEN.**
2. **Wählen Sie im Administratorbereich Ihrer Facebook-Seite ANWENDUNGEN aus.**
3. **Um eine der dort aufgeführten Anwendungen zu Ihrer Seite hinzuzufügen und sie später in der linken Seitenleiste erscheinen zu lassen, klicken Sie zuerst auf EINSTELLUNGEN BEARBEITEN und danach im neuen Popup-Fenster auf HINZUFÜGEN (Abbildung 4.16).**

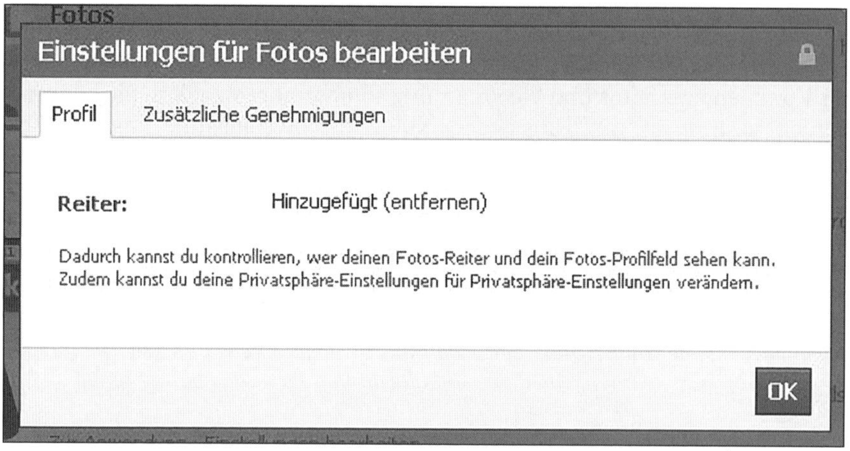

Abbildung 4.16: Auf Ihrer Facebook-Seite können Sie Reiter hinzufügen oder entfernen.

Reiter von der Facebook-Seite entfernen

Wenn Sie eine bestimmte Anwendung auf Ihrer Facebook-Seite überhaupt nicht verwenden, entfernen Sie den zugehörigen Reiter am besten von der Seitenleiste Ihrer Seite. Es ist kinderleicht: Befolgen Sie einfach die gleichen Schritte wie im Abschnitt oben und klicken Sie bei Schritt 3 lediglich auf ENTFERNEN anstatt auf HINZUFÜGEN.

Anwendungen zur Facebook-Seite hinzufügen

Sie können nicht nur unter den Anwendungen, die bereits auf Ihrer Facebook-Seite enthalten sind (Fotos, Video, Notizen, Links), wählen, sondern auch noch unter Tausenden von kostenlosen, hochwertigen Anwendungen, die auf dem Markt verfügbar sind. Mit solchen Anwendungen könnten Sie auf Ihrer Seite Zusatzfunktionen wie etwa Werbeaktionen, Videos oder einen Online-Shop anbieten. Sie können eine Anwendung nutzen, indem Sie zum

Beispiel auf Facebook danach suchen und sie dann auf Ihrer Seite hinzufügen. Gehen Sie in diesen Schritten vor:

1. **Tippen Sie den Namen der Anwendung auf Facebook in das Suchfeld oben auf Ihrem Bildschirm ein.**

   Sollte Ihnen noch keine bestimmte Anwendung vorschweben, dann suchen Sie einfach nach der Art der gesuchten Anwendung. Geben Sie beispielsweise das Wort *Video* ein, um Video-Anwendungen zu finden. Wählen Sie dann WEITERE ERGEBNISSE FÜR VIDEO ANZEIGEN, um alle Ergebnisse zu sehen, und filtern Sie danach über den linken Bereich die Anwendungen heraus (Abbildung 4.17).

2. **Klicken Sie auf ZUR ANWENDUNG.**

3. **Folgen Sie auf der Profilseite der Anwendung den Anweisungen zum Hinzufügen zu Ihrer Seite. Falls Sie Administrator von mehr als einer Seite sind, können Sie nun eine aus allen von Ihnen verwalteten Seiten auswählen.**

4. **Besuchen Sie Ihre Seite und konfigurieren Sie die Anwendung. Dieser Vorgang wird bei jeder Anwendung anders gestaltet. (Bei einer Video-Anwendung werden Sie zum Beispiel eventuell gefragt, ob Sie die URLs der Videos hinzufügen möchten oder ob mehrere Videos in Form einer Tabelle oder lieber ein einzelnes angezeigt werden soll.)**

Ausführlichere Informationen zu Anwendungen finden Sie in Kapitel 6.

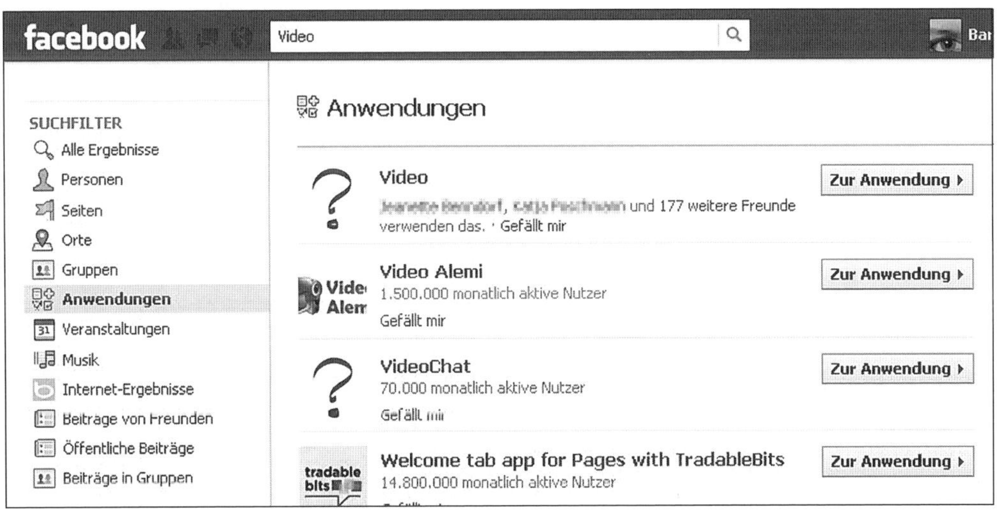

Abbildung 4.17: Anwendungen bei einer Suche herausfiltern

Reiter auf der Facebook-Seite bearbeiten

Sie können die in der linken Seitenleiste Ihrer Facebook-Seite erscheinenden Reiter auf verschiedene Arten bearbeiten: Namen der Reiter ändern, Reiter entfernen oder ihre Reihenfolge verändern. Wir beschreiben Ihnen im folgenden Abschnitt, wie es geht.

Namen der Reiter einer Facebook-Seite ändern

Es hängt von der einzelnen Anwendung ab, ob Sie den Namen des entsprechenden Reiters auf Facebook ändern können. Zum Beispiel lassen sich die Reiter von maßgeschneiderten externen Anwendungen meist anpassen, während bei den Reitern der herkömmlichen Anwendungen für Facebook-Seiten (wie etwa Fotos, Notizen oder Links) eine Namensänderung nicht erlaubt ist.

Um den Namen eines Reiters auf einer Facebook-Seite zu ändern, klicken Sie auf Ihrer Seite oben rechts in der Dropdown-Liste VERWALTEN auf SEITE BEARBEITEN. Auf diese Weise gelangen Sie zum Administratorbereich. Befolgen Sie dann diese Schritte:

1. **Wählen Sie ANWENDUNGEN.**
2. **Klicken Sie bei der Anwendung, deren Reiter Sie umbenennen möchten, auf EINSTELLUNGEN BEARBEITEN.**
3. **Ändern oder bearbeiten Sie im Popup-Fenster im Feld BENUTZERDEFINIERTER NAME FÜR TAB den Namen des Reiters (Abbildung 4.18).**
4. **Klicken Sie zuerst auf SPEICHERN und danach auf OK, um das Fenster zu schließen.**

Abbildung 4.18: Sie können die Namen zahlreicher individueller Reiter und externer Anwendungen bearbeiten.

Reiter einer Facebook-Seite entfernen

Es könnte sein, dass Sie irgendwann einmal Reiter von Ihrer Facebook-Seite entfernen möchten. Vielleicht hatten Sie ja beschlossen, eine externe Anwendung für die Durchführung eines Fotowettbewerbs auszuprobieren, haben dann für diesen Zweck aber eine bessere Anwendung entdeckt. Anwendungen und Reiter lassen sich von einer Facebook-Seite relativ einfach entfernen:

Klicken Sie oben rechts auf Ihrer Facebook-Seite in der Dropdown-Liste VERWALTEN auf SEITE BEARBEITEN, um zum Administratorbereich zu gelangen. Befolgen Sie dann diese Schritte:

1. **Wählen Sie ANWENDUNGEN.**
2. **Klicken Sie auf das X rechts neben dem Reiter oder der Anwendung, die Sie entfernen möchten.**
3. **Es erscheint ein Popup-Fenster zur Bestätigung. Klicken Sie dort auf die ENTFERNEN-Schaltfläche.**

Nachdem Sie eine Anwendung über das Backend Ihrer Facebook-Seite entfernt haben, verschwindet der zugehörige Reiter automatisch aus der Seitenleiste Ihrer Seite.

Reiter einer Facebook-Seite neu anordnen

Um die Reihenfolge der Reiter auf Ihrer Facebook-Seite zu ändern, klicken Sie einfach auf BEARBEITEN unterhalb der aufgelisteten Reiter unterhalb des Profilbilds Ihrer Seite und verschieben Sie sie dann mit der Maus in die gewünschte Abfolge (Abbildung 4.19).

Abbildung 4.19: Ordnen Sie die Reiter auf Ihrer Seite durch Verschieben neu an.

PINNWAND-, INFO- und AKTIVITÄTEN VON FREUNDEN-Reiter können nicht neu angeordnet werden und sind daher im BEARBEITEN-Modus deaktiviert.

Weitere Administratoren hinzufügen

Eine Facebook-Seite kann mehrere Administratoren haben. Es gibt verschiedene Gründe, weshalb wir Ihnen den Einsatz von mehr als einem Administrator empfehlen:

- ✔ Zusätzliche Administratoren können sich die Arbeit bei der Verwaltung einer Facebook-Seite teilen.

- ✔ Durch mehr als einen Administrator für die Seite stellt man sicher, dass Kommentare schnell beantwortet werden. Sie wollen ja schließlich keinen Nutzer so lange warten lassen, bis der einzige Administrator der Seite aus dem Urlaub zurückkommt, oder?
- ✔ Zusätzliche Administratoren können durch ihre eigenen Netzwerke an Freunden und Bekannten für Ihre Facebook-Seite werben.

Sie müssen nur drei Schritte befolgen, um Ihrer Seite einen Administrator hinzuzufügen:

1. **Besuchen Sie den Administratorbereich (indem Sie auf Ihrer Seite in der Dropdown-Liste VERWALTEN auf SEITE BEARBEITEN klicken).**
2. **Wählen Sie den Reiter ADMINISTRATOREN VERWALTEN (Abbildung 4.20).**

Abbildung 4.20: Durch zusätzliche Administratoren lässt sich eine Facebook-Seite leichter verwalten.

3. **Geben Sie die E-Mail-Adresse der Person ein, die als Administrator hinzugefügt werden soll. (Falls derjenige bereits Ihr Facebook-Freund ist, geben Sie einfach seinen Namen ein.)**

Da Administratoren mit allen Rechten für Ihre Seite ausgestattet werden, sollte Ihnen derjenige wirklich bestens bekannt sein!

Facebooks Marketing-Ressourcen optimal nutzen

Für Marketingfachleute ist die englischsprachige Marketing-Solutions-Seite (`https://www.facebook.com/marketing`) die wahrscheinlich hilfreichste Ressource auf Facebook. Die Seite bietet mehrere Reiter mit nützlichen Informationen, zum Beispiel einen Reiter VIDEOS mit großartigen, lehrreichen Videos, einen Reiter API-DEVELOPERS für API-Entwickler und einen Reiter RESOURCES mit Hilfsmitteln für Otto Normalverbraucher. Im Reiter RESOURCES sind die folgenden Bereiche enthalten:

- **Educational Videos:** Ganz oben im Reiter RESOURCES finden Sie die neuesten Videos über Marketing auf Facebook.
- **Facebook for Business:** An dieser Stelle gelangen Sie zu einer lehrreichen Seite für Unternehmer, die Hilfsmittel für die Nutzung von Facebook-Seiten und die Verwendung von sozialen Plug-ins von Facebook enthält.
- **Webinar Center:** Hier finden Sie einen Bereich, in dem Sie sich für Webinare auf Abruf zu einer Vielzahl von Themen rund ums Facebook-Marketing registrieren können.
- **Getting Started:** Hier werden Sie bei Ihrer Suche nach nützlichen Links und Schritt-für-Schritt-Anleitungen für verschiedene Themen fündig.
- **Guides:** Überall auf dem Reiter RESOURCES finden Sie Links zu PDF-Dokumenten zum Herunterladen zu den unterschiedlichsten Dingen. Dazu gehören zum Beispiel: die erfolgreichsten Marketing-Methoden, die Nutzung von Facebook-Werbeanzeigen, ein Leitfaden für die Krisenbewältigung und die Verwendung der Facebook-Statistiken.

Doch Sie sollten sich nicht nur auf Facebook schlaumachen, sondern sich auch andere toll gemachte Websites ansehen. Zum Beispiel diese hier:

- **Social Media Examiner:** Auf dieser Website lernen Unternehmer soziale Netzwerke wie Facebook, Twitter, Google+ und LinkedIn kennen, über die man sich mit Kunden verbinden, für einen höheren Bekanntheitsgrad einer Marke sorgen und seine Umsätze steigern kann. Die Beiträge auf der Website wurden von Visionären beim Thema Facebook-Marketing wie etwa Mari Smith oder Amy Porterfield verfasst. Besuchen Sie die Seite `www.socialmediaexaminer.com` (englischsprachig).
- **Inside Facebook:** Eine weitere toll gemachte Online-Ressource für Entwickler und Marketingfachleute im Bereich Facebook. Täglich werden zwei bis drei Beiträge von den unterschiedlichsten Facebook-Experten veröffentlicht. Besuchen Sie die Seite `www.insidefacebook.com` (englischsprachig).
- **The Nonprofit Facebook Guy:** Mitautor John Haydon hat diese Website für kleine und mittlere gemeinnützige Organisationen ins Netz gestellt. Besuchen Sie die Seite `www.nonprofitfacebookguy.com` (englischsprachig).

Facebooks Nutzungsbedingungen kennen

Falls Sie Unternehmer sind, möchten Sie Ihre Firma natürlich nicht nur vermarkten, sondern sie auch vor Schaden bewahren. Daher müssen Sie die Nutzungsbedingungen von Facebook kennen. Sie finden Sie unter `www.facebook.com/terms.php`.

Die Nutzungsbedingungen legen Richtlinien für einige der folgenden Bereiche fest:

- Sie sind für Ihre eigenen auf Facebook geposteten Inhalte sowie für jegliche Urheberrechtsverletzungen oder sonstige Rechtsfolgen verantwortlich.
- Personen unter 13 Jahren dürfen Facebook nicht nutzen.
- Sie werden Ihre Beziehung zu Facebook anderen gegenüber nicht falsch darstellen.

- Sie dürfen Nutzern keine unerwünschten Beiträge schicken.
- Falls Sie gegen die Nutzungsbedingungen verstoßen, behält sich die Firma Facebook das Recht vor, sämtliche Ihrer Inhalte oder sogar Ihr Konto zu löschen.

Wenn Sie sich die Nutzungsbedingungen durchgelesen haben und ein integres Geschäftsgebaren an den Tag legen, wie es der gesunde Menschenverstand nahelegt, dann müssen Sie sich überhaupt keine Sorgen machen. Sollte dies bei Ihnen der Fall sein (hoffentlich), dann brauchen Sie die Nutzungsbedingungen nicht weiter zu beachten und können sich vollkommen auf Ihre Marketing-Maßnahmen konzentrieren, um Ihr Unternehmen mit Hilfe von Facebook voranzubringen.

Der Facebook-Content-Strategie auffallen

5

In diesem Kapitel

- Wie Facebook-Nutzer Inhalte herausfiltern
- Sinnvolles Posten
- Eine Interaktionsstrategie entwickeln

Beim neuen Facebook-Marketing-Konzept beginnen Unternehmer erst allmählich zu begreifen, dass nicht nur ihre Produkte und Dienstleistungen, sondern auch Informationen zu ihrem Kernangebot zählen. Genau genommen könnten die Informationen sogar der wichtigste Teil davon sein. Beim Facebook-Marketing müssen Sie Ihren Kunden in erster Linie wertvolle und nützliche Informationen bieten. Sie stellen für einen Marketingfachmann in sozialen Netzwerken sozusagen die neue Währung dar.

Daher kommt der Content-Strategie beim Marketing auf Facebook wohl die größte Bedeutung zu. Eine *Content-Strategie* besteht aus dem Plan, den Zielen und den Taktiken, die man anwendet, um zu entscheiden, welche Inhalte auf der Seite gepostet werden sollen, wann das am besten geschieht und wie die Wirksamkeit des Ganzen gemessen werden soll.

Sie werden in diesem Kapitel erfahren, weshalb Inhalte so wichtig sind und wie man außergewöhnliche Inhalte erstellt.

Wie Content-Marketing auf Facebook funktioniert

Um zu verstehen, was Marketing-Inhalte auf Facebook sind, müssen Sie zunächst das Prinzip der Neuigkeiten begriffen haben. In Abbildung 5.1 sehen Sie die Startseite eines Nutzers, auf der man sich täglich für die Kontaktaufnahme zu beliebten Freunden und Unternehmen anmeldet. Sie können dort auch erkennen, dass Meldungen von Seiten in den Neuigkeiten dieser Startseite angezeigt werden.

Wenn Sie Inhalte auf einer Website veröffentlichen, müssen Besucher die spezielle Webseite (also eine einzelne Seite der Website) erst einmal aufsuchen, um diese Inhalte betrachten zu können. Doch wenn Sie eine Aktualisierung (auch »Meldung« genannt) auf einer Facebook-Seite posten, sehen die Fans diese nicht auf einer einzelnen, statischen Seite (vgl. Abbildung 5.2). Stattdessen erscheint sie in ihren Neuigkeiten, wo sie mit Aktualisierungen von anderen Unternehmen (also von Facebook-Seiten) und Statusmeldungen von Freunden der Fans um einen freien Platz rangelt. Laut der Studie »Social Essentials« des Marktforschungsunternehmens comScore von Mai 2011 ist die Wahrscheinlichkeit, dass Nutzer mit Inhalten in ihren Neuigkeiten interagieren, anstatt die eigentlichen Facebook-Seiten aufzusuchen, sogar 40- bis 150-mal höher.

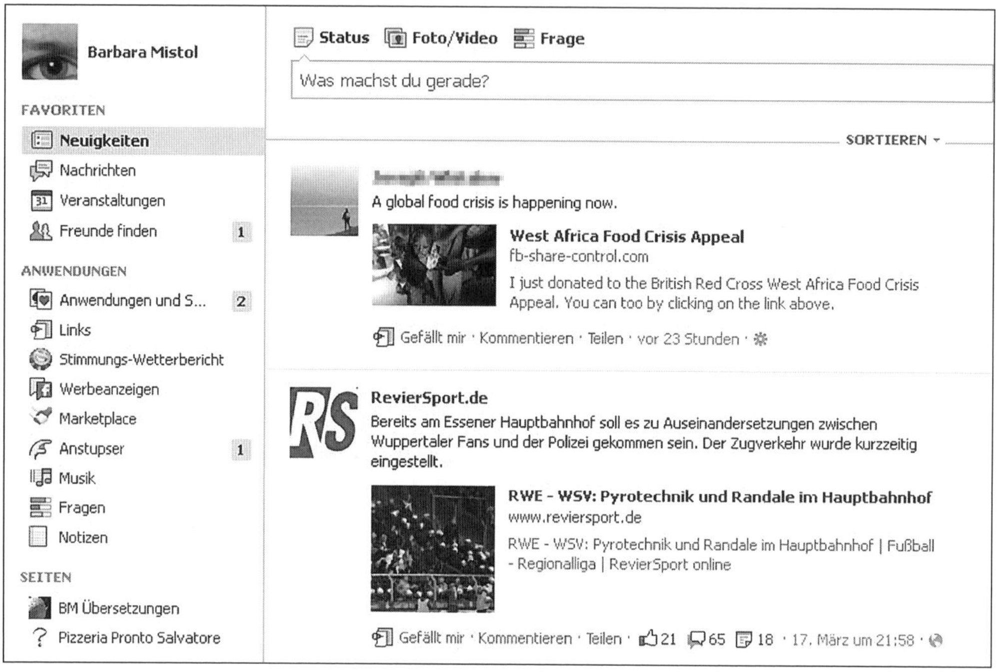

Abbildung 5.1: Facebook-Nutzer sehen sich in ihren Neuigkeiten hauptsächlich Statusmeldungen von Freunden und Aktualisierungen von Seiten an.

Die Studie von comScore zeigt außerdem auf, dass das Teilen von Inhalten bei Facebook-Nutzern mit einer Häufigkeit von 27 Prozent in den Neuigkeiten geschieht, wodurch die Tatsache bekräftigt wird, dass dieser Ort für Nutzer der Ausgangspunkt ist (Abbildung 5.3).

Unten finden Sie einige Gründe, weshalb Nutzer ihre Neuigkeiten zu ihrem Ausgangspunkt auf Facebook machen:

- ✔ **Die Startseite:** Meldet sich ein Nutzer an, sieht er auf Facebook als Erstes die Neuigkeiten vor sich.
- ✔ **Zweckmäßigkeit:** An dieser einen Stelle können Facebook-Nutzer gleichzeitig Inhalte teilen und sich über Aktualisierungen von Seiten, deren Fans sie sind, sowie über Statusmeldungen von Familienmitgliedern, Kollegen und Freunden informieren.
- ✔ **Filterfunktion:** Facebook-Nutzer können in ihren Neuigkeiten Inhalte anhand von Freundeslisten herausfiltern. Sie können zum Beispiel bestimmen, dass sie nur Meldungen von engen Freunden sehen möchten. Bei einer Herausfilterung anhand von Freundeslisten werden ihnen Meldungen über Ihre Seite gezeigt, die Freunde erstellt haben (indem sie Beiträge kommentiert oder bei Ihrer Seite auf »Gefällt mir« geklickt haben oder Ähnliches).

Falls Sie schon längere Zeit bei Facebook registriert sind, wird Ihnen wahrscheinlich aufgefallen sein, dass in Ihren Neuigkeiten ein ganz schöner Radau gemacht wird. Mit *Radau* meinen wir die *ungeheure Menge an Informationen, die für Sie gar nicht interessant sind.*

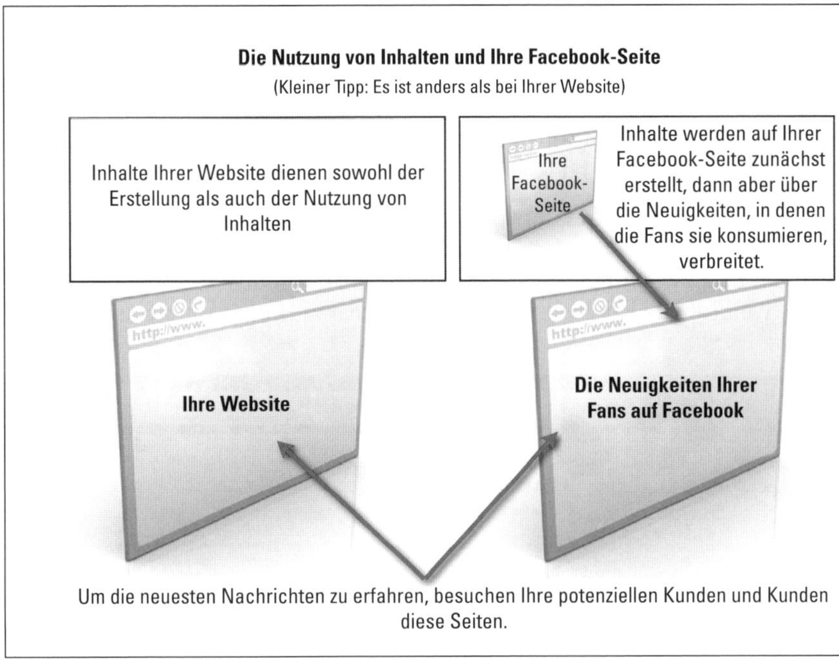

Abbildung 5.2: Inhalte werden auf Facebook anders konsumiert als auf herkömmlichen Websites.

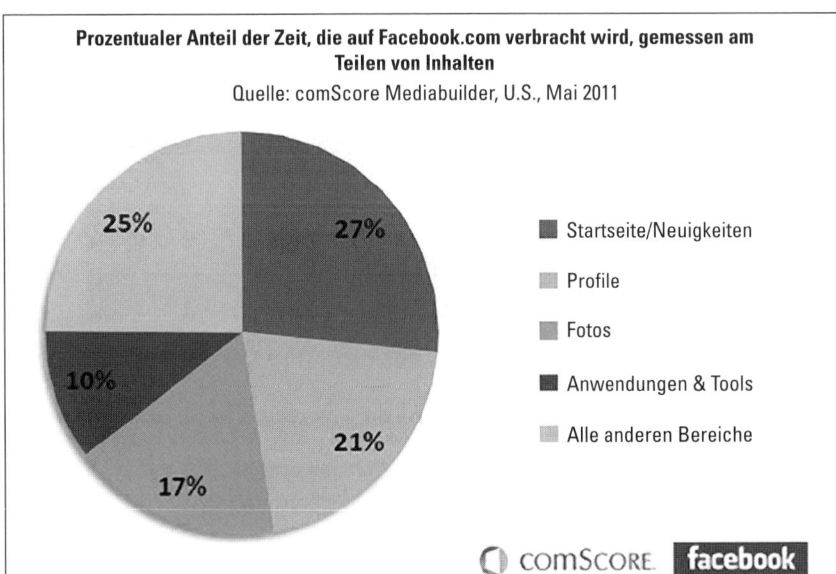

Abbildung 5.3: Nutzer verbringen mit dem Teilen von Inhalten in ihren Neuigkeiten 27 Prozent ihrer auf Facebook verbrachten Zeit.

Wir haben doch alle so einen alten Schulfreund von der weiterführenden Schule (nennen wir ihn mal »Thomas«), der uns Jahre später über Facebook aufgespürt hat und der nun wahre Salven an Fotos, Videos und Kommentaren über seine neuesten gehäkelten Kunstwerke auf unsere Facebook-Seite loslässt. Da wir ja alle nette Menschen sind und ihn nicht kränken möchten, »entfreunden« wir uns nicht von ihm. Stattdessen lernen wir mit der Zeit, bei Thomas Statusmeldungen auf Facebook einfach »nicht mehr zuzuhören«.

Solche Missstände haben eine Gesamtwirkung hervorgerufen: Es ist eine Gesellschaft mit Personen entstanden, die über eine fortgeschrittene Fähigkeit zum Herausfiltern verfügen. Es handelt sich um Leute wie Ihre Kunden und potenziellen Kunden, die unentwegt an ihrer Fähigkeit feilen, Web-Inhalte lediglich nach den brauchbaren Dingen durchzusehen. Ihre poten-

Abbildung 5.4: Facebook-Nutzer können ihre Neuigkeiten filtern, indem sie bestimmte Freundeslisten auswählen.

ziellen Kunden werden also Ihren 1.000-Wörter-Beitrag nicht vollständig durchlesen, sondern wahrscheinlich bloß

- ✔ den Titel lesen
- ✔ die Zwischenüberschriften überfliegen
- ✔ nachsehen, ob jemand den Beitrag empfohlen hat
- ✔ den ersten Absatz überfliegen
- ✔ den letzten Absatz überfliegen
- ✔ die Bilder ansehen

Nutzer wenden beim Filtern von Inhalten auf Facebook die gleichen Strategien an, doch anstatt eine einzelne Webseite mit ein paar zusammengehörigen Beiträgen (sprich Ihre Website) zu betrachten, überfliegen sie Fotos, Videos, Links und Statusmeldungen zu Themen, die keinen Bezug zueinander haben. Hinzu kommt der zusätzliche Druck, dass all diese Inhalte mit jedem Moment, der verstreicht, in den Neuigkeiten ja weiter nach unten rutschen. Sie werden jetzt langsam verstehen, dass auf Facebook die wichtigsten Erfolgsfaktoren beim Erlangen der Aufmerksamkeit von Kunden und potenziellen Kunden kurze, aktuelle und interessante Inhalte sind.

Neuigkeiten filtern

Nachdem ein Nutzer sich bei Facebook angemeldet und seine Neuigkeiten betrachtet hat, kann er dort bestimmte Arten von Inhalten herausfiltern. Wie in Abbildung 5.4 zu sehen ist, kann ein Facebook-Nutzer festlegen, dass er nur Inhalte von bestimmten Freundeslisten angezeigt bekommt.

Facebook-Nutzer können nicht nur zwischen Statusmeldungen von ihren Freunden und Aktualisierungen von Seiten, deren Fan sie sind, wählen, sondern ganz oben in ihren Neuigkeiten auch noch bestimmen, ob standardmäßig Hauptmeldungen oder Neueste Meldungen angezeigt werden sollen (Abbildung 5.5).

Falls ein Nutzer sich für Hauptmeldungen entscheidet, werden ihm von Facebook in seinen Neuigkeiten die interessantesten Inhalte angezeigt. Wählt er dagegen Neueste Meldungen, sieht er ganz einfach die jüngsten Beiträge von Seiten und Freunden vor sich.

Wie der EdgeRank sich auf die Sichtbarkeit auswirkt

Bloß weil jemand Fan Ihrer Seite geworden ist, heißt das noch lange nicht, dass er auch die Inhalte derselben in seinen Neuigkeiten sieht. Das ist so wichtig, dass wir es noch einmal wiederholen müssen: *Jemand, der Fan Ihrer Seite wird, sieht die Inhalte derselben nicht automatisch in seinen Neuigkeiten.* Zum Beispiel wird es ein Sportartikelhersteller, der zwar neue Fans im Gegenzug für 20 Prozent Rabatt auf seine Produkte anlockt, danach aber keine für sie interessanten und fesselnden Aktualisierungen postet, schwer haben, eine lebhafte Fangemeinde aufzubauen und zu vergrößern. Seine Aktualisierungen werden aufgrund des EdgeRank-Algorithmus von Facebook nach und nach aus den Neuigkeiten seiner Fans verschwinden.

Abbildung 5.5: Facebook-Nutzer können oben in ihren Neuigkeiten auswählen, ob HAUPTMELDUNGEN *oder* NEUESTE MELDUNGEN *standardmäßig in ihren Neuigkeiten zu sehen sein sollen.*

Der *EdgeRank* ist ein Wert, den Facebook verwendet, um festzulegen, welchen Rang Inhalte in den Neuigkeiten eines Nutzers einnehmen werden. Die Firma Facebook hat die Formel, mit der man diesen Wert berechnet, bis heute nicht veröffentlicht. Im Allgemeinen ist es aber so: Aktualisierungen mit einem niedrigen EdgeRank-Wert werden (wenn überhaupt) in den Neuigkeiten eines Nutzers weiter unten angezeigt als solche mit einem höheren Wert, und Aktualisierungen mit einem hohen EdgeRank-Wert tauchen eventuell in seinen Hauptmeldungen auf.

Der EdgeRank wird durch drei Faktoren bestimmt:

- ✔ Wie interessant sind die Inhalte Ihrer Seite? Anders ausgedrückt: Wie oft wurde eine bestimmte Meldung einer Seite geteilt und wie viele »Gefällt mir«-Angaben und Kommentare gab es dazu?
- ✔ Wie sieht es mit der Mischung an verschiedenen Arten von Interaktionen bei Ihren Inhalten aus? Folgten nach einer Meldung beispielsweise Hunderte von »Gefällt mir«-Angaben, aber keine Kommentare?
- ✔ Wie regelmäßig posten Sie Aktualisierungen und vor wie langer Zeit erschien die letzte?

Im Hinblick auf das Marketing bedeutet das, dass Sie nicht nur an Fans kommen, sondern diese auch noch bei der Stange halten müssen – und das ist nicht immer einfach.

Fesselnde Inhalte für die Facebook-Seite erstellen

Durch das Erstellen, Zusammenfassen und Verbreiten von Informationen auf Ihrer Facebook-Seite schaffen Sie eine Vertrauensbasis zwischen sich und Ihren Kunden. Weichen diese Informationen allerdings vom Thema ab oder sind sie unbedeutend, kann dies das Vertrauen schwächen. Relevanz ist hier der Schlüssel zum Erfolg. Sind Sie zum Beispiel Antiquitätenhändler, dann sollten Sie keine Links zu Blog-Einträgen über Kochrezepte posten – auch wenn so etwas Ihr Steckenpferd ist. Auf Facebook können Sie aber ganz einfach herausfinden, nach welchen Arten von Inhalten Ihre Kunden Ausschau halten: Wenn Sie erreichen möchten, dass Ihre Seite von größerem Nutzen für Ihre Kunden ist, können Sie bei ihnen jederzeit direkt nachfragen, welche Arten von Inhalten erwünscht sind.

Vergessen Sie nicht, dass die Erstellung von relevanten Inhalten, die bei Ihrer Zielgruppe Anklang finden, teils Wissenschaft, teils Kunst ist:

- ✔ Von der wissenschaftlichen Seite her gesehen, gibt es die *Facebook-Statistiken*, eine Reihe von Kennzahlen, die in Zahlen ausdrücken, inwieweit Nutzer mit Ihren Inhalten interagieren. Falls ein Beitrag aufgrund der dadurch hervorgerufenen Reaktionen als wirksam eingestuft wird, dann – nur zu – erstellen Sie noch mehr solcher Inhalte. (In Kapitel 9 gehen wir sehr detailliert auf die Facebook-Statistiken ein.)
- ✔ Von der künstlerischen Seite her gesehen, erfordert Ihre Content-Strategie auch ein gewisses Maß an Kreativität. Selbst wenn Sie lediglich die Inhalte Fremder zu einem anderen Zweck nutzen (zum Beispiel, indem Sie auf Beiträge oder Videos verlinken wie in Abbildung 5.6 zu sehen), müssen Sie bei der Entscheidung, bei welchen Inhalten sich das Teilen mit Kunden lohnt, schon künstlerisches Geschick beweisen.

Abbildung 5.6: Um nützliche Informationen zu teilen, wurde auf einen relevanten Artikel verlinkt.

Die Zielgruppe kennen

Bevor Sie Inhalte posten können, die das Leben der Kunden betreffen, müssen Sie sich über die Psychografie und die Demografie Ihrer Zielgruppe schlaumachen. Wer sind diese Leute? Wofür interessieren sie sich und was wirkt motivierend auf sie? Welches Wissen können sie von Ihnen erlangen, das sie in ihren eigenen Unternehmen aufwertet?

Bei der Bewertung, ob Ihre Inhalte dem Image entsprechen und für Ihre Zielgruppe relevant sind, sollten Sie sich folgende Fragen stellen:

- ✔ Beziehen sich die Inhalte auf die Fragen, Anliegen und Bedürfnisse Ihrer Zielgruppe?
- ✔ Motivieren oder unterhalten die Inhalte Ihre gewünschte Zielgruppe?
- ✔ Helfen die Inhalte Nutzern, bestimmte Aufgaben zu erledigen?
- ✔ Werden die Inhalte eine Entscheidungsfindung beeinflussen?
- ✔ Wirken die Inhalte in irgendeiner Weise motivierend auf die Nutzer?
- ✔ Beleben die Inhalte Ihre Marke oder stellen sie in irgendeiner Weise als positiv dar?

In Kapitel 2 erfahren Sie mehr darüber, wie man sich mit seiner Zielgruppe vertraut macht.

Inhalte und Dialoge können erheblich dazu beitragen, dass es zu einer Conversion kommt, Nutzer also dazu gebracht werden, einer Handlungsaufforderung, wie etwa der Anmeldung für einen Newsletter oder dem »Gefällt mir«-Klick bei einer Seite, nachzukommen.

Dauerhaft dem Image entsprechen

Beim klassischen Marketingmodell geht man davon aus, dass Bekanntheit und Kenntnis von einem Produkt zu einem Kaufwunsch und zu einer Handlung führen. Aufgrund von Facebook gelten aber neue Regeln. Da sämtliche Nutzer und Objekte miteinander verbunden sind, bleiben all Ihre Interaktionen auf Ihrer Seite dauerhaft bestehen. Nachdem Sie dort etwas gepostet haben, können Nutzer entweder auf Ihren Ratschlag hören oder die von Ihnen hochgeladenen Videos an andere weiterleiten. Sie müssen daher in all Ihren Aktualisierungen eine einheitliche Werbebotschaft oder ein einheitliches Thema beibehalten, um die sich selbst im Marketingplan für Facebook gesetzten Ziele – sei es nun Markenbekanntheit oder eine Umsatzsteigerung – jederzeit garantiert erreichen zu können.

Es ist ganz einfach, den Fans gegenüber dauerhaft dem Image zu entsprechen. Erstellen Sie zu jeweils verschiedenen Themen einen Tageskalender für Beiträge. Eine Autowerkstatt könnte zum Beispiel Beiträge auf Grundlage des folgenden Zeitplans posten:

- ✔ **Montag:** Tipps zur Sicherheit im Straßenverkehr

  Ermutigen Sie Ihre Fans, auch eigene Tipps zu posten.
- ✔ **Dienstag:** Heimwerkertipps für Reparaturen

  Bitten Sie Ihre Fans per Kommentar, Fragen dazu zu stellen.
- ✔ **Mittwoch:** Rabatte und Sonderangebote
- ✔ **Donnerstag:** Tipps für Tagesausflüge am Wochenende

  Bringen Sie Ihre Fans dazu, ihre eigenen Lieblingsziele ebenso zu posten.
- ✔ **Freitag:** Schätzchen vorzeigen

  Bitten Sie Ihre Fans, Fotos von ihren coolen Autos zu posten.

Veröffentlichen Sie Inhalte, die sich auf die Bedürfnisse und Wünsche der Nutzer und nicht auf die des Unternehmens beziehen.

Beitragsziele definieren

Nutzer sehen sich die Inhalte auf Facebook aus verschiedenen Gründen an. Einige möchten einen Rabatt erhalten. Andere konsumieren und empfehlen Inhalte (oder klicken dabei auf »Gefällt mir«), die ihnen Informationen verschaffen oder die sie unterhaltsam finden. Und wieder andere werden durch Aktualisierungen angelockt, die mehr Anekdoten enthalten oder die sich mit dem Alltagsleben beschäftigen. Doch eines ist klar: Selbst in einer Gruppe von Gleichgesinnten gehen die Meinungen darüber, welche Arten von Inhalten gefallen und geteilt werden, auseinander.

Fesselnde Inhalte erscheinen aber nicht wie von Zauberhand. Dazu braucht es Planung, Kreativität und ein Ziel. Durch wahllose Inhalte werden Sie nicht mehr Produkte verkaufen, den Bekanntheitsgrad erhöhen oder für Ihre Marke werben können.

Ihre Inhalte müssen auf die Unternehmensziele Ihrer Firma ausgerichtet sein. Grundlegende Unternehmensziele könnten zum Beispiel diese sein:

- Besucherströme auf die Website locken
- Markenbekanntheit steigern
- Kunden-Service verbessern
- Leads generieren
- Werbeeinnahmen erhöhen
- Als Teil der Marketing-Maßnahmen im Internet einen Online-Shop hinzufügen

Falls Ihre Content-Strategie Anreize wie etwa Gutscheine, Gratisbeigaben oder Werbeaktionen vorsieht, müssen Sie dies in einer wirklich unmissverständlichen, schnörkellosen Handlungsaufforderung (oder mit einem Ziel) verdeutlichen. Sie können mit einem Beitrag auch mehrere ähnliche Ziele verfolgen. Zum Beispiel könnten Sie die Nutzer über eine Veranstaltung informieren und gleichzeitig jenen, die ihre Teilnahme zusagen, einen Anreiz bieten.

Im folgenden Abschnitt beschäftigen wir uns mit einigen Motivationszielen, die Sie beim Posten von Inhalten auf Ihrer Facebook-Seite berücksichtigen sollten.

Interaktionen bei Fans fördern

Auf Facebook dreht sich alles um Interaktionen. *Interaktion* bedeutet, dass Sie Ihre Fans um eine Reaktion oder eine Handlung bitten. Dabei könnte es sich um Kommentare oder einen »Gefällt mir«-Klick bei einem Beitrag, einen Beitrag zu einer Diskussion oder das Posten von Fotos oder Videos handeln. Sie möchten, dass die Fans aus den folgenden Gründen mit Ihrer Seite interagieren:

- Durch Dialoge und Diskussionen können Sie zu Ihren Fans eine Beziehung aufbauen.
- Je mehr Aktivitäten Sie auf Ihrer Seite forcieren, desto mehr Meldungen erscheinen in den Neuigkeiten Ihrer Fans, wodurch die ursprüngliche Handlung bekannter wird, was wiederum zum viralen Effekt beiträgt.

Wie Sie Ihre Fans denn nun dazu bringen sollen, mit Ihrer Seite zu interagieren? Es ist ganz von Ihrer Zielgruppe und dem Thema Ihrer Seite abhängig. Unten finden Sie ein paar nützliche Tipps, wie man durch Inhalte die Interaktionen von Fans fördern kann:

- **Zeigen Sie Ihre menschliche Seite.** Immer nur Geschäftliches und niemals etwas für die Freizeit – so eine Seite wirkt langweilig. Nutzer veröffentlichen gerne etwas über die menschliche Seite des Lebens. Viele nehmen beispielsweise an Aktionen wie »Kinder am Arbeitsplatz« oder »Hunde am Arbeitsplatz« teil. Falls Sie sich selbst an so etwas beteiligen, könnten Sie ein Foto Ihres Kindes oder Hundes posten und per Kommentar anmerken, dass der Sprössling oder der Vierbeiner Mama, Papa oder Herrchen ganz toll bei der Arbeit geholfen hat. Fragen Sie Ihre Fans, ob noch jemand an dieser Aktion teilgenommen hat, und ermutigen Sie sie, selbst Fotos davon zu posten.

- ✔ **Fragen Sie Ihre Fans nach ihrer Meinung.** Das Facebook-Marketing-Konzept sieht vor, dass Seitenadministratoren alle, die sich mit ihrer Seite verbunden haben, aktiv um Rückmeldungen bitten. Gehen Sie ganz direkt vor und fragen Sie Ihre Fans, was sie von Ihrem Unternehmen oder neuen Produkt halten oder wie ihre Meinung zu einem Thema aussieht. DerWesten, das Onlineportal einer Mediengruppe, fragt seine Facebook-Fans zum Beispiel regelmäßig nach ihrer Meinung (Abbildung 5.7).
- ✔ **Sagen Sie Ihren Fans, wie sehr Sie sie schätzen.** Unterschätzen Sie nicht, wie sehr man Ihnen mit Wohlwollen begegnen wird, wenn Sie sich bedanken. Unter den Nutzern in sozialen Netzwerken wird es sehr gerne gesehen, wenn man sich bei seinen Fans für Fragen bedankt oder sie für ihre Kommentare lobt. Das US-amerikanische Textileinzelhandelsunternehmen Lands' End ist für seinen einzigartigen Kundenservice bekannt und die Fans der Firma scheuen sich auch nicht, es hinauszuposaunen. Lands' End hat an der »National Customer Service Week«, einer alljährlichen Veranstaltung, um den Kunden-

Abbildung 5.7: DerWesten fragt seine Fans nach ihrer Meinung.

service ins Bewusstsein zu rücken, teilgenommen und die Reaktionen der Fans darauf waren überwältigend. Das Unternehmen hat sich bei seinen Fans auf Facebook dafür bedankt. Abbildung 5.8 zeigt ein Beispiel aus Deutschland, bei dem das Hilfsprojekt »Schenke eine Ziege« sich über Facebook bei seinen Fans für die Unterstützung bedankt.

Abbildung 5.8: Das Hilfsprojekt »Schenke eine Ziege« bedankt sich bei seinen Fans für die Stimmabgabe bei einer Prämierung.

- ✔ **Heben Sie Erfolgsgeschichten hervor.** Eine weitere Taktik, mit der Sie der Eitelkeit schmeicheln können, ist das Hervorheben des Erfolgs eines Gleichgesinnten. Derjenige wird sich bei Ihnen sicherlich für diese Aufmerksamkeit bedanken. Ihre übrigen Fans werden gerne davon hören, dass einer der Ihren es geschafft hat. Viele Unternehmen veranstalten »Fan des Monats«-Werbeaktionen und forcieren durch die Bitte um Vorschläge Interaktionen.
- ✔ **Geben Sie Ihre Tipps und Erkenntnisse weiter.** Man sucht doch ständig nach Informationen, mit denen man seinen Beruf leichter ausüben kann. Stellen Sie Ihr wertvolles Wissen und das, was Sie mit Nutzern teilen können, nicht unter den Scheffel. Sie engagieren sich am stärksten, wenn Sie nützliche Tipps weitergeben.
- ✔ **Posten Sie Links zu relevanten Beiträgen und Forschungsartikeln.** Sie müssen kein erfolgreicher Schriftsteller sein, um Ihren Fans Nützliches zu bieten. Durch das Posten von Links zu relevanten Beiträgen, Videos, Hilfsmitteln und Forschungsartikeln gewinnt Ihr Unternehmen an Glaubwürdigkeit als Anlaufstelle für Inhalte.

- ✔ **Fragen Sie Ihre Fans nach ihrer Meinung zu einem Thema und testen Sie ihr Wissen mit Quizspielen und Befragungen.** Populäre Taktiken auf Facebook, um das Ego zu streicheln, sind Quizspiele und Befragungen. Auf der Facebook-Seite der Kekssorte Oreo wurden die Fans vor Kurzem gefragt, wie viele solcher Kekse sie übereinanderstapeln können. Diese Frage hatte Hunderte von Antworten zur Folge, wurde mehrmals geteilt und erhielt Hunderte von »Gefällt mir«-Klicks. Durch diese Befragung konnten Fans sich untereinander austauschen (Abbildung 5.9).

Abbildung 5.9: Auf der Facebook-Seite der Kekssorte Oreo wurde eine Befragung durchgeführt.

In Kapitel 8 erfahren Sie mehr über Interaktionen.

Facebook-Seiten durch Anwendungen aufwerten

6

In diesem Kapitel

- Facebook-Anwendungen kennen lernen
- Anwendungen finden
- Anwendungen zu einer Facebook-Seite hinzufügen

Mittlerweile stellen Facebook-Anwendungen für Marketingfachleute ein leistungsstarkes Hilfsmittel dar. Nach dem Hinzufügen auf einer Facebook-Seite können Sie eine Vielzahl von Funktionen erfüllen. Und die Web-Präsenz Ihres Unternehmens auf Facebook wird dadurch wirklich reizvoller.

Durch die Facebook-Plattform sind in diesem sozialen Netzwerk bis heute mehr als sieben Millionen Anwendungen und Websites integriert worden. Die meisten davon sind von Einzelpersonen und externen Unternehmen entwickelt worden. Pro Monat verwenden mehr als 500 Millionen Menschen eine Anwendung auf Facebook oder nutzen die Facebook-Plattform auf anderen Websites. Sollten Sie auf Facebook jemals an einem Gewinnspiel teilgenommen oder sich virtuell an einer Unterschriftensammlung beteiligt haben, dann haben Sie eine Facebook-Anwendung genutzt.

Es gibt Hunderte, wenn nicht gar Tausende von Facebook-Anwendungen, die eigens dafür entwickelt wurden, Ihre Seite um ganz bestimmte Funktionen zu erweitern. Ob Sie nun eine Präsentation mit der SlideShare-Anwendung hinzufügen oder Inhalte aus einem Blog-Eintrag, den Sie verfasst haben oder der Ihnen gefällt, mit der NetworkedBlogs-Anwendung posten möchten, durch eine Anwendung können Sie Ihre Facebook-Seite individuell gestalten.

Anwendungen innerhalb von Facebook entwickeln sich außerdem mehr und mehr zu einem wichtigen Instrument für die Markenpolitik und als Werbemedium. Marken wie Burger King haben Anwendungen erstellt, die von jedem der Franchisenehmer verwendet werden können (Abbildung 6.1). Da die Firma Facebook eine einfach zu handhabende Plattform für Anwendungen eingerichtet hat, können sich Unternehmen aus mehr und mehr Branchen Facebook zunutze machen.

Wir führen Sie in diesem Kapitel in die Welt der Facebook-Anwendungen ein, erklären Ihnen, wie Sie nützliche Anwendungen finden und wie Sie sie zu Ihrer Facebook-Seite hinzufügen.

Abbildung 6.1: Burger King hat seine Marke durch Anwendungen mit individuellen Reitern aufgewertet.

Was sind eigentlich Facebook-Anwendungen?

Bei *Facebook-Anwendungen* handelt es sich einfach um Softwaremodule, die Sie auf Ihrer Facebook-Seite hinzufügen können und die diese um eine ganz bestimmte Funktion erweitern, damit Sie die Aufmerksamkeit der Fans noch stärker auf Ihre Marke lenken können.

Auf Facebook-Seiten werden solche zusätzlichen Funktionen meist durch einzelne Reiter angezeigt und verbergen sich dahinter. In Abbildung 6.2 sieht man, dass der Sportartikelhändler 11teamsports.de auf seiner Seite einen Shop-Reiter hinzugefügt hat, der ganz offensichtlich nicht dem Standard entspricht – der also bei der Erstellung einer Facebook-Seite nicht vorhanden ist. (Im Abschnitt »Individuelle Reiter von externen Anbietern für die Facebook-Seite nutzen« weiter hinten im Kapitel erfahren Sie mehr über Reiter.)

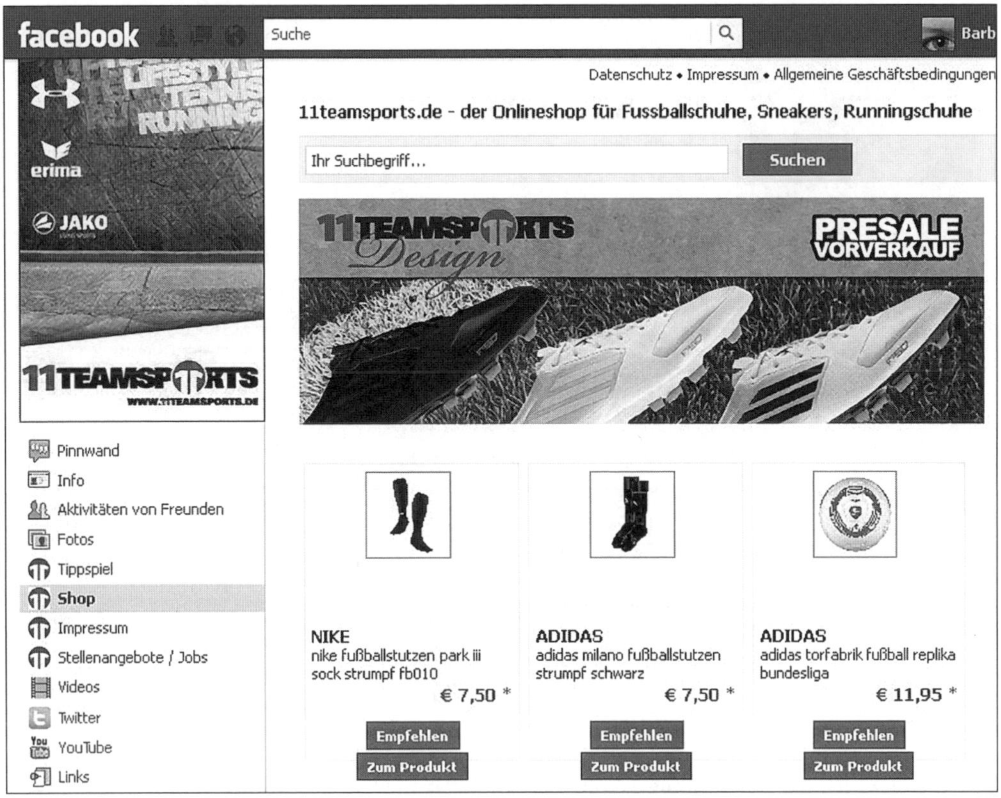

Abbildung 6.2: 11teamsports.de hat seine Facebook-Seite durch einen Shop-Reiter aufgewertet.

Es gibt die unterschiedlichsten Anwendungen, von Video-Playern über Visitenkarten bis hin zu Werbeaktionen ist alles dabei. Auf Facebook finden Marketingfachleute zahllose Anwendungen, die Business-Lösungen bieten und gewerbliche Unternehmen unterstützen.

Einige Anwendungen wurden entwickelt, um Websites oder Blogs bewerben, Live-Videokonferenzen übertragen oder eine individuelle Anfahrtsbeschreibung zu Firmen anzeigen zu können. Externe Entwickler lassen sich außerdem für den Absatzmarkt gedachte Anwendungen lizenzieren und verkaufen sie. Dabei handelt es sich beispielsweise um Werbe-Anwendungen von Wildfire Interactive, Anwendungen für die Lead-Generierung von Involver, Kundenservice-Anwendungen von Parature oder Anwendungen von Buddy Media und TabSite, die die Nutzerbeteiligung fördern.

Unten finden Sie einige Beispiele für Anwendungen, mit denen Sie Ihre Facebook-Seite um nützliche Marketing-Funktionen erweitern können:

✔ **YouTube-Anwendung:** Falls Ihr Unternehmen Verkaufsvideos, Videobotschaften vom Firmenchef oder Videos zu Produktvorführungen bei YouTube eingestellt hat, sollten Sie sie zu Ihrer Seite hinzufügen, damit jeder sie sehen kann. Eine der besten Anwendungen, um dies zu bewerkstelligen, ist »YouTube for Pages« von Involver (Abbildung 6.3 zeigt ein Beispiel).

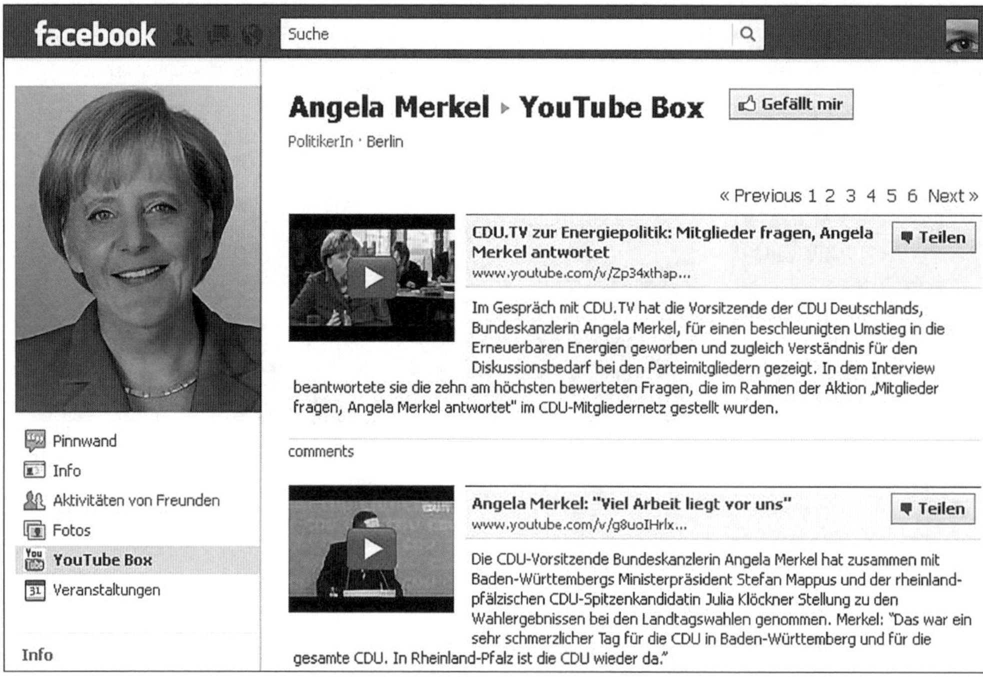

Abbildung 6.3: Die YouTube-Anwendung auf der Facebook-Seite von Angela Merkel

- **NetworkedBlogs-Anwendung (englischsprachig):** Bewerben Sie Ihre jüngsten Blog-Einträge (oder die von jedem anderen Blog) mit einem individuellen Reiter auf Ihrer Facebook-Seite. Dadurch werden außerdem Beiträge in Ihren Neuigkeiten erstellt. In Abbildung 6.4 kann man sehen, dass die neuesten Blog-Beiträge eines Nutzers auf seiner Facebook-Seite angezeigt werden.
- **Sweepstakes Applet (englischsprachig):** Mit dieser Anwendung können Seitenadministratoren Gewinnspiele erstellen und verwalten. Von der Erstellung der Vorlage für das Gewinnspiel bis hin zur Durchsicht der teilnehmenden Nutzer – mit dem Sweepstakes Applet von GOSO wird die Verwaltung zu einem Kinderspiel. Besuchen Sie die englischsprachige Seite `www.goso.com/applets` und erfahren Sie mehr.
- **Gutscheine von Woobox (englischsprachig):** Marketingfachleute können mit dieser Anwendung Gutscheine anbieten, die Fans vorbehalten sind. Man kann sogar bestimmen, dass Nutzer zunächst Fan mehrerer Seiten werden müssen, bevor sie einen Gutschein erhalten. Auf der englischsprachigen Seite `http://woobox.com/vouchers` finden Sie weitere Einzelheiten (Abbildung 6.5).
- **Woobox Group Deals:** Woobox bietet für Seiten auch noch eine hervorragende Anwendung, die ähnliche Rabatt-Angebote wie bei der Firma Groupon ermöglicht. Sie können sich dort außerdem Gutschein-Codes für Ihren Warenkorb erstellen lassen. Besuchen Sie die Seite `http://woobox.com/groupdeals` und lesen Sie Näheres.

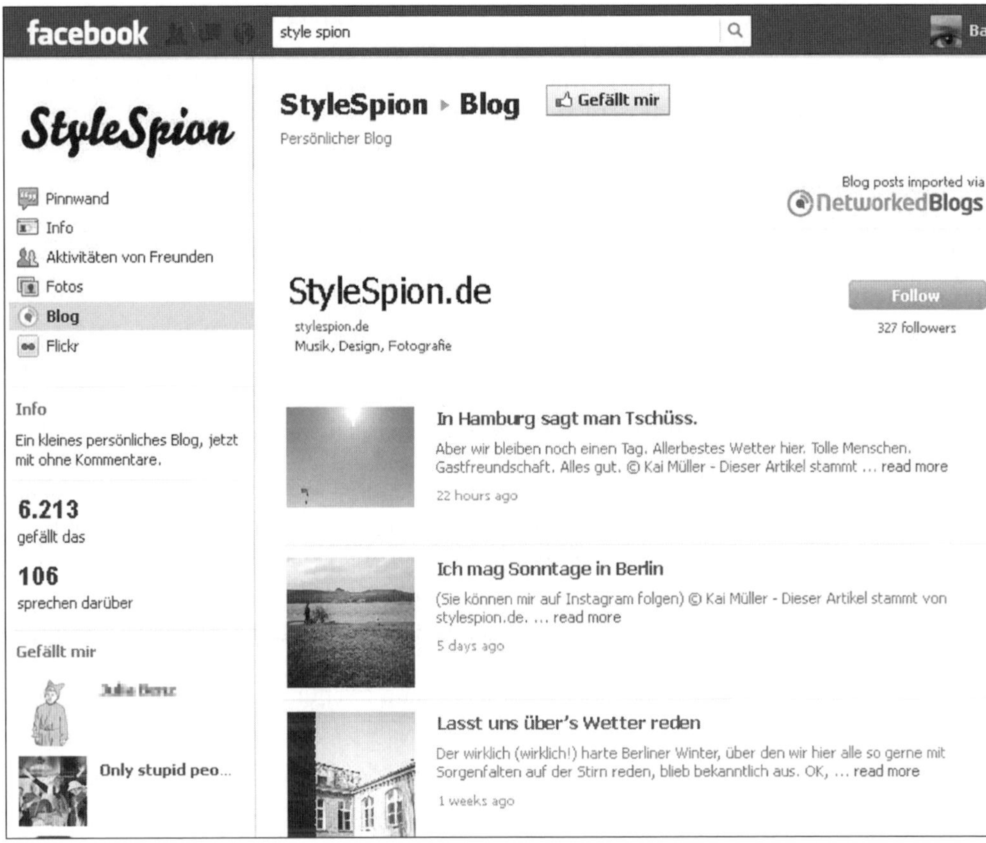

Abbildung 6.4: Die NetworkedBlogs-Anwendung erscheint auf der Seite eines Nutzers.

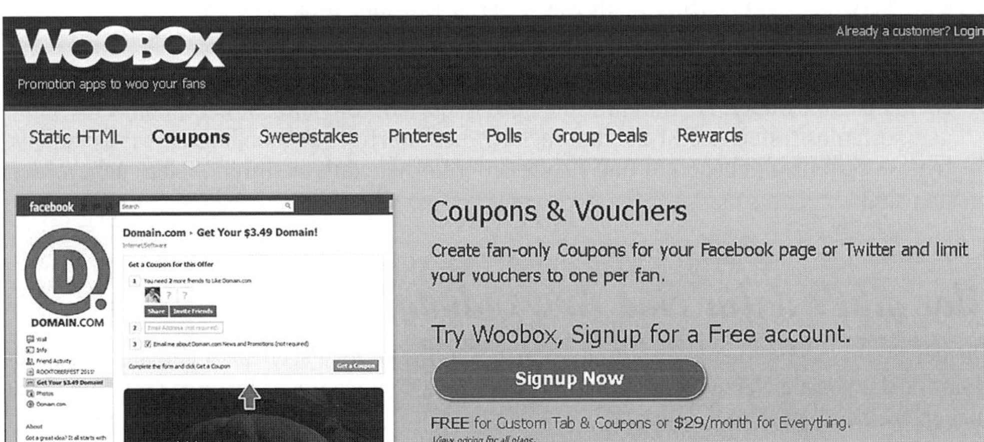

Abbildung 6.5: Die Webseite von Woobox

- **Fan-Gates:** Fan-Gates sind Reiter, über die Seitenadministratoren Inhalte vor Nicht-Fans verbergen können. Erst wenn ein Nutzer zum Fan der Seite wird, werden die Inhalte für ihn angezeigt. Von Beiträgen über Gutscheine bis hin zu hochwertigen Videos können alle möglichen Inhalte verborgen werden. Solche Anwendungen gehören normalerweise zum Repertoire der meisten Anbieter von externen Anwendungen.

Um ihre Web-Präsenz auf Facebook von der der Konkurrenz abzuheben und um fesselnde Elemente hinzuzufügen, mit denen ihre Fans interagieren können, bauen viele Marketingfachleute auf Anwendungen. (Im Abschnitt »Anwendungen für Online-Shops für die Seite auswählen« weiter hinten im Kapitel finden Sie weitere Beispiele dazu.)

In Kapitel 3 betonen wir, dass Sie die Ziele für Ihre Facebook-Seite klar definieren sollten, bevor Sie Zeit und Geld in zusätzliche Anwendungen investieren. Eine gemeinnützige Organisation, die das Ziel hat, über ihren Facebook-Auftritt Spendengelder zusammenzubekommen, sollte beispielsweise in erster Linie eine Anwendung hinzufügen, die für dieses Ziel gedacht ist. Für ein Museum, das die Aufmerksamkeit der Fans auf seine aktuellen Exponate lenken möchte, wäre dagegen für die Facebook-Seite eine Anwendung angebracht, mit der man Fotos der beliebtesten Kunstwerke posten kann, über die Nutzer sich dann austauschen können.

Und hier noch eine kleine Warnung zum Thema »zu viele Anwendung hinzufügen«: Wenn es Ihnen wie den meisten Leuten geht, dann möchten Sie immer gerne die neuesten, raffinierten Anwendungen zu Ihrer Seite hinzufügen. Erst eine, dann zwei und – schwupps – bevor man sich versieht, sieht die Seite plötzlich wie ein Schilderwald aus!

Behalten Sie beim Hinzufügen von Anwendungen Folgendes im Hinterkopf:

- **Weniger ist mehr.** Zu viele Anwendungen könnten Besucher abschrecken, da die Vielzahl der leuchtenden Dinge ihnen den Blick verstellt oder sie ganz verwirrt.

  Wenn ein Besucher nicht weiß, was er tun soll, verlässt er die Seite wieder.

- **Nichts ist von Dauer.** Hier kommt die gute Nachricht: Sie können Facebook-Anwendungen kostenlos testen (selbst bei den meisten hochwertigen Anwendungen wird eine kostenlose Testphase angeboten) und sie wieder entfernen, falls sie Ihren Zielen nicht förderlich sind.

Klar gibt's dafür eine Anwendung! Aber wo?

Mit der Suche nach einer Anwendung können Sie direkt auf Facebook anfangen. Durchsuchen Sie das soziale Netzwerk, nehmen Sie Facebook-Gruppen genauer unter die Lupe oder suchen Sie bei AppBistro.

Es ist schon verrückt, wie einfach es ist, auf Facebook nach einer Anwendung zu suchen und sie zur eigenen Seite hinzuzufügen. So geht's:

1. **Tippen Sie den Namen der Anwendung in das Suchfeld oben auf Ihrem Bildschirm ein.**

   Falls Ihnen noch keine bestimmte vorschwebt, suchen Sie einfach nach der Art der gewünschten Anwendung. Geben Sie beispielsweise `Video` ein, um Video-Anwendungen aufzustöbern.

   Eine Liste mit möglichen Treffern wird angezeigt (Abbildung 6.6).

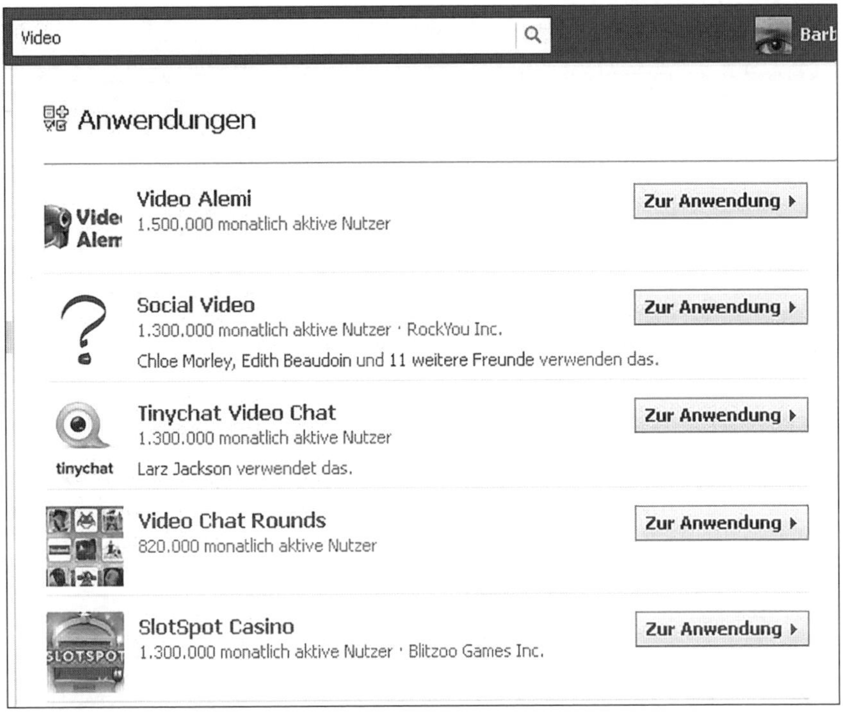

Abbildung 6.6: Man kann nützliche Anwendungen mühelos zu einer Seite hinzufügen.

2. **Klicken Sie auf ZUR ANWENDUNG.**
3. **Folgen Sie auf der Profilseite der Anwendung den Anweisungen zum Hinzufügen zu Ihrer Seite. Falls Sie Administrator von mehr als einer Seite sind, können Sie nun eine aus allen von Ihnen verwalteten Seiten auswählen.**
4. **Besuchen Sie Ihre Seite und konfigurieren Sie die Anwendung. Dieser Vorgang wird bei jeder Anwendung anders gestaltet.**

Es gibt auf Facebook einige lebhafte Gruppen, die speziell für Marketingfachleute gedacht sind, die den Umgang mit Facebook-Seiten erlernen möchten. Wir können die englischsprachige Gruppe Facebook Fan Page Owners (`www.facebook.com/groups/pageowners`) empfehlen. Sie können über die Suchfunktion der Gruppe nach Diskussionen über nützliche Anwendungen für Facebook-Seiten suchen (Abbildung 6.7 zeigt die Gruppe).

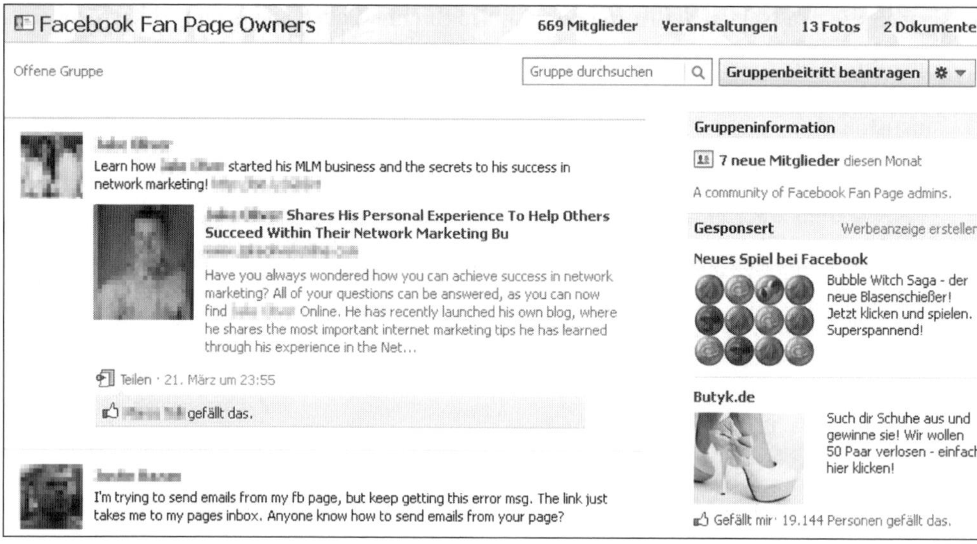

Abbildung 6.7: Für die Empfehlung von Anwendungen eignen sich Facebook-Gruppen meist hervorragend.

Die englischsprachige Website AppBistro (`http://appbistro.com`) ist ein Online-Marktplatz für Anwendungen für Facebook-Seiten. Dort werden Anwendungen von Nutzern und den Mitarbeiten der Website bewertet und überprüft. Außerdem werden Vorschauen und Installationsanweisungen angeboten. Einige der dort vorgestellten Anwendungen sind kostenlos, andere kostenpflichtig (Abbildung 6.8).

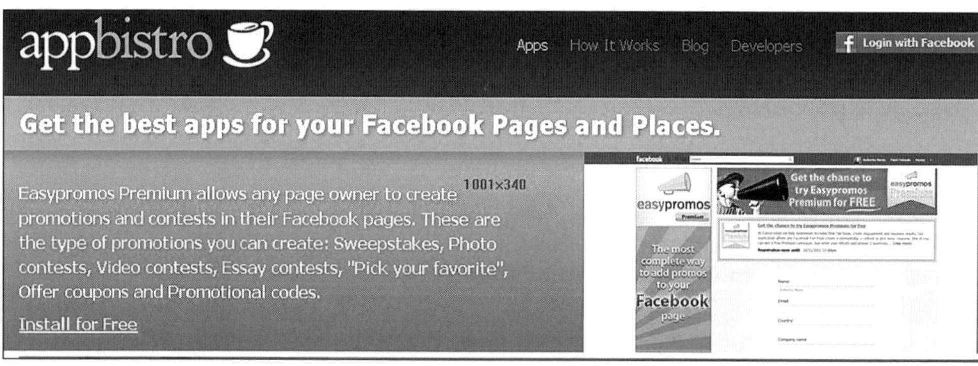

Abbildung 6.8: AppBistro, ein auf Unternehmen ausgerichteter Marktplatz für Anwendungen, bietet externe Anwendungen, mit denen man seine Facebook-Seite individuell gestalten kann.

Individuelle Reiter von externen Anbietern für die Facebook-Seite nutzen

Seit den letzten Jahren sind Hunderte von Firmen am Markt vertreten, die Online-Dienstleistungen anbieten und individuelle Reiter für Facebook-Seiten erstellen. Viele dieser Firmen offerieren zahlreiche Marketing-Instrumente wie die oben genannten, die man zu einem individuellen Reiter hinzufügen kann.

Online-Dienstleister für die Erstellung individueller Reiter wie etwa FanPageEngine (englischsprachige Website: `http://fanpageengine.com`) oder Pagemodo (englischsprachige Website: `www.pagemodo.com`) bieten meist Tools oder Assistenten, mit denen man individuelle Reiter für Facebook-Seiten auch ohne Kenntnisse von HTML oder anderen komplizierten Web-Technologien erstellen kann. Die Preisspanne für solche Dienstleistungen kann von 4 Euro bis hin zu 190 Euro monatlich reichen. Es kommt ganz darauf an, wie viele Facebook-Fans Sie haben, welche Anwendungen Sie nutzen möchten und Ähnliches.

Folgende Dienstleister werden zum Beispiel gerne genommen:

- ✔ **FanPageEngine:** Individuelle Reiter für Facebook-Seiten können Sie hier ganz leicht mit einem Assistenten per Drag&Drop-Technik erstellen. Man kann außerdem Fotos, Videos und HTML hinzufügen und sich ein Fan-Gate einrichten. Auf der englischsprachigen Website `http://fanpageengine.com` erfahren Sie Näheres.
- ✔ **ShortStack:** Bei diesem Dienstleister können Sie sowohl individuelle Reiter mit Wettbewerben, Gewinnspielen, Videos, Fotos, HTML als auch Widgets für Präsentationen erstellen. Zudem kann man die Sichtbarkeit von Reitern und Bereichen innerhalb von Reitern für Fans, Nicht-Fans und sogar Seitenadministratoren regulieren. Weitere Details finden Sie auf der englischsprachigen Website `www.shortstack.com`.
- ✔ **Pagemodo:** Aufgrund der wirklich guten, professionell gemachten Vorlagen beim Tool dieses Anbieters können Nutzer ganz mühelos und schnell toll aussehende individuelle Reiter erstellen. Erfahren Sie mehr darüber auf der englischsprachigen Website `www.pagemodo.com`.
- ✔ **TabSite:** Hier können Sie individuelle Reiter über einen Assistenten per Drag&Drop-Technik erstellen. Außerdem wird eine Vielzahl von Widgets zum Beispiel für RSS-Feeds oder Google Maps sowie ein E-Mail-Anmeldeformular angeboten. Informieren Sie sich auf der englischsprachigen Website `www.tabsite.com`.

Die Preisspanne bei solchen Business-Lösungen reicht von 0 bis 230 Euro monatlich. Zahlreiche Faktoren spielen beim Preis eine Rolle: die Anzahl der Fans, die Anzahl der Anwendungen, die zur Seite hinzugefügt werden sollen, und die Komplexität der Features. Bei der Entscheidung, welche Firma man beauftragt, kommt es in erster Linie auf die angebotenen Funktionen und Designs an. Alle genannten Anbieter verfügen aber über Web-Galerien und Kundenlisten.

Anwendungen für Online-Shops für die Seite auswählen

Markenhersteller begreifen langsam, dass Facebook nicht nur eine leistungsstarke Marketing-Plattform ist, sondern auch die Riesenchance bietet, durch Anwendungen für Online-Shops direkt an den Facebook-Nutzern zu verdienen. Wenn Sie eine solche Anwendung auf Ihrer Seite nutzen, können Sie außerdem Ihren Return on Investment ganz leicht berechnen.

Folgende Anwendungen für Online-Shops auf Facebook werden zum Beispiel gerne genommen:

- ✔ **Ecwid:** Hier handelt es sich um einen kostenlosen Warenkorb, der sowohl auf Facebook-Seiten als auch auf Websites hinzugefügt werden kann. Momentan nutzen mehr als 100.000 Verkäufer diesen Dienst. Bei Ecwid kann man über eine einzige webbasierte Schnittstelle mehrere Warenkörbe verwalten. Auf der englischsprachigen Website `www.ecwid.com` erfahren Sie mehr darüber.
- ✔ **Payvment:** Diese Business-Lösung für Online-Shops auf Facebook führt Käufer und Verkäufer in einem virtuellen Einkaufszentrum zusammen. Die Anwendung bietet Ihnen einen Administratorbereich im Backend Ihrer Facebook-Seite, damit Sie den Online-Shop-Reiter, die Produkte und die Verkäufe verwalten können. Mehr als eine Million Facebook-Nutzer vertrauen auf Payvment. Besuchen Sie die englischsprachige Website `www.payvment.com`, um sich zu informieren.
- ✔ **ShopTab:** Diese Anwendung für Online-Shops auf Facebook wurde für Seitenadministratoren und Kunden benutzerfreundlich gestaltet. Kunden werden dabei von Facebook direkt auf Ihre Website geschickt. Auch für gemeinnützige Organisation wird eine Anwendung, bei der mehrere Spendenstufen angezeigt werden können, angeboten. Weitere Details sind auf der englischsprachigen Website `www.shoptab.net` zu finden.
- ✔ **VendorShop:** Hier handelt es sich um eine kostenlose Warenkorb-Anwendung, die Administratoren direkt auf ihrer Facebook-Seite einrichten können. Für Bezahlungen wird eine PayPal-Kasse verwendet und Sie können Rabatte nur für Fans anbieten. Weitere Einzelheiten sind auf der englischsprachigen Website `www.vendorshopsocial.com` verfügbar.

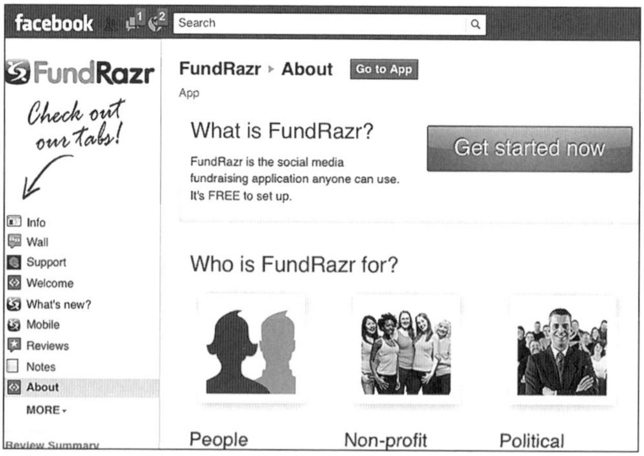

Abbildung 6.9: Die Spenden-Anwendung von FundRazr

✔ **FundRazr:** Mit dieser Anwendung für Online-Shops können gemeinnützige Organisationen, Sportvereine und andere Institutionen über eine Facebook-Seite Spenden sammeln (Abbildung 6.9). Man kann darüber aber auch Eintrittskarten für Veranstaltungen verkaufen, Kunden verwalten und seinen Fans ermöglichen, eine Spendenaktion mit Freunden zu teilen. Auf der englischsprachigen Website `http://fundrazr.com` erfahren Sie mehr.

Anwendungen den Zugriff gestatten

Facebook schreibt vor, dass bei externen Anwendungen Nutzer zunächst um Erlaubnis für den Zugriff auf ihre E-Mail-Adressen, die Neuigkeiten und andere wichtige Daten gebeten werden müssen. Außerdem werden sie darüber informiert, auf welche Daten die Anwendung Zugriff erhalten wird (Abbildung 6.10 zeigt ein Beispiel).

Falls Sie mehr als eine Seite verwalten, werden die diversen Seiten aufgelistet und Sie werden gefragt, auf welcher davon Sie die Anwendung hinzufügen möchten.

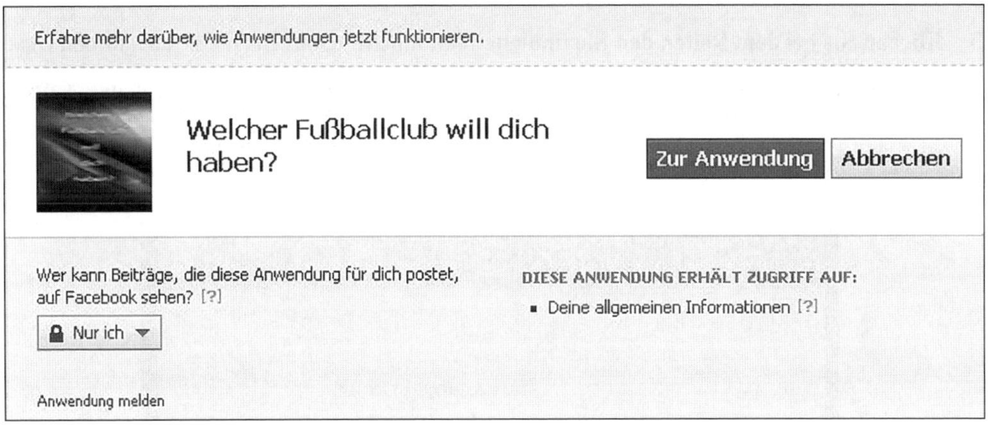

Abbildung 6.10: Bei externen Anwendungen werden Nutzer informiert, auf welche Daten Zugriff erteilt wird.

Falls Sie nicht möchten, dass eine Anwendung Zugriff auf Ihre Daten erhält, müssen Sie auf ABBRECHEN klicken. Wenn Sie keine Erlaubnis erteilen, können Sie die Anwendung aber auch nicht verwenden.

Nachdem Sie auf ZUR ANWENDUNG geklickt und die Seite, auf die die Anwendung hinzugefügt werden soll, ausgewählt haben, müssen Sie zusätzliche Installationsanweisungen befolgen, die bei jeder Anwendung anders gestaltet sind.

Anwendungsreiter auf der Facebook-Seite konfigurieren

Sie können die Anwendungsreiter in der linken Seitenleiste Ihrer Facebook-Seite auf verschiedene Arten bearbeiten. Sie können die Reiternamen ändern, Reiter löschen und die Reihenfolge der Reiter ändern.

Reiternamen ändern

Nun gut, es geht nicht immer. Es kommt auf die Anwendung an, ob man den Namen ihres Reiters auf Facebook wirklich ändern kann. Bei individuellen Reitern von externen Anwendungen ist es häufig möglich, doch bei Anwendungen wie Fotos, Notizen und Links, mit denen eine Facebook-Seite standardmäßig ausgestattet ist, funktioniert es nicht.

Und so ändern Sie den Namen von Reitern auf einer Facebook-Seite:

1. **Klicken Sie rechts oben auf Ihrer Seite in der Dropdown-Liste VERWALTEN auf SEITE BEARBEITEN, um zum Administratorbereich zu gelangen.**
2. **Wählen Sie den Reiter ANWENDUNGEN.**
3. **Klicken Sie bei dem Reiter, den Sie umbenenen möchten, auf EINSTELLUNGEN BEARBEITEN.**
4. **Bearbeiten Sie im Popup-Fenster im Feld BENUTZERDEFINIERTER NAME FÜR TAB den Namen des Reiters (Abbildung 6.11).**
5. **Klicken Sie zuerst auf SPEICHERN und danach auf OK, um das Fenster zu schließen.**

Abbildung 6.11: Sie können die Namen von zahlreichen individuellen Reitern und externen Anwendungen ändern.

Anwendungen von der Facebook-Seite entfernen

Befolgen Sie zum Entfernen einer Anwendung diese Schritte:

1. **Klicken Sie rechts oben auf Ihrer Seite in der Dropdown-Liste VERWALTEN auf SEITE BEARBEITEN.**
2. **Klicken Sie auf der Seite, die danach erscheint, links auf den Reiter ANWENDUNGEN.**

3. **Suchen Sie rechts im Bereich Hinzugefügte Anwendungen nach der Anwendung, die Sie entfernen möchten, und klicken Sie danach auf die X-Schaltfläche ganz rechts neben der jeweiligen Anwendung (Abbildung 6.12).**

Abbildung 6.12: Klicken Sie auf die X-Schaltfläche, um eine Anwendung zu entfernen.

Facebook fragt Sie danach über ein Dialogfeld, ob Sie sicher sind, dass Sie die Anwendung entfernen möchten.

4. **Klicken Sie unten im Popup-Fenster auf entfernen, um die Anwendung zu entfernen.**

Einige Facebook-Anwendungen wie etwa Video, Notizen oder Fotos können Sie nicht von Ihrer Seite entfernen. Diese zentralen Anwendungen sind von entscheidender Bedeutung für das Nutzererlebnis in diesem sozialen Netzwerk und es handelt sich um firmeneigene Entwicklungen der Firma Facebook.

Die Reihenfolge von Reitern ändern

Sie können die Reihenfolge von Reitern auch direkt unter dem Hauptbild Ihrer Seite löschen oder bearbeiten, indem Sie auf Bearbeiten unterhalb der Links in der Seitenleiste klicken. Nachdem Sie auf Bearbeiten geklickt haben, können Sie einen Reiter durch einen einfachen Klick auf das X rechts neben ihm entfernen. Sie können die Reiter außerdem verschieben, indem Sie sie mit der Maus in die gewünschte Abfolge bringen.

Mit HTML individuelle Reiter auf Facebook erstellen

Falls Sie sich mit Web-Technologien sehr gut auskennen und sich eigene individuelle Reiter ganz neu erstellen möchten, können Sie das über eine dieser beiden Methoden erledigen:

- ✔ **Verwenden Sie die *Static HTML: iframe tabs-Anwendung*.**
- ✔ **Binden Sie eine individuell gestaltete Webseite per iFrame-Anwendung auf Ihrer Facebook-Seite ein.**

In den folgenden zwei Abschnitten beschreiben wir beide Methoden genauer.

Einen individuellen Reiter auf Facebook mit der »Static HTML: iframe tabs«-Anwendung erstellen

Selbst wenn Sie nur HTML-Grundkenntnisse besitzen, wird Ihnen die Erstellung eines individuellen Reiters mit der *Static HTML: iframe tabs*-Anwendung (englischsprachig: `www.facebook.com/apps/application.php?api_key=190322544333196`) leichtfallen. Bei dieser Anwendung können Sie auf Ihrer Facebook-Seite einen individuellen Reiter hinzufügen, indem Sie den HTML-Code direkt in die Anwendung eingeben, nachdem Sie sie zu Ihrer Seite hinzugefügt haben (Abbildung 6.13 zeigt ein Beispiel). Klicken Sie dazu auf der Profilseite der Anwendung auf die jeweilige Schaltfläche oder den Link zum Hinzufügen zu Ihrer Seite. Befolgen Sie danach die weiteren Anweisungen.

Abbildung 6.13: Der individuelle Reiter »Autobiografie« wurde über die Static HTML: iframe tabs-Anwendung erstellt.

Einen gehosteten individuellen Reiter auf Facebook erstellen

Bei der zweiten Methode zur Erstellung Ihres eigenen individuellen Reiters müssen Sie eine gehostete Webseite per iFrame-Anwendung auf Ihrer Facebook-Seite einbinden. Befolgen Sie diese Schritte, um einen individuellen iframe-Reiter zu Ihrer Facebook-Seite hinzuzufügen:

Sie müssen sich sehr gut mit PHP, HTML und den Entwicklertools von Facebook auskennen, wenn Sie eine selbst gehostete, individuelle Facebook-Anwendung zu Ihrer Seite hinzufügen möchten. Wenn Sie hier nicht wissen, was zu tun ist, empfehlen wir Ihnen, sich von jemandem helfen zu lassen.

1. **Erstellen Sie eine HTML- oder eine PHP-Datei und laden Sie sie auf Ihren Webserver hoch. Achten Sie darauf, dass die Webseite in der Breite nicht mehr als 520 Pixel misst. Durch eine iFrame-Anwendung von Facebook wird diese Webseite dann in Form eines Reiters auf Ihrer Facebook-Seite angezeigt.**
2. **Besuchen Sie die größtenteils englischsprachige Entwickler-Webseite von Facebook (`http://developers.facebook.com`), erstellen Sie – falls Sie es noch nicht getan haben – ein Konto und klicken Sie dann oben auf ANWENDUNGEN.**

   Danach erscheint eventuell eine Genehmigungsanfrage. Klicken Sie dort auf ZULASSEN, wenn Sie der Anwendung den Zugriff auf Ihre Daten gestatten möchten.
3. **Klicken Sie oben rechts auf + NEUE ANWENDUNG ERSTELLEN.**
4. **Geben Sie den Namen Ihrer Anwendung im Feld APP NAME ein (Abbildung 6.14).**

   Vergeben Sie hier einen eindeutigen Namen für die Anwendung, die Sie erstellen werden. Da diese Information nur für Sie selbst sichtbar ist, können Sie hier einfach den Namen Ihres individuellen Reiters verwenden.

   Geben Sie im Moment noch nichts im Feld APP NAMESPACE ein. (Sie können es später jederzeit noch erledigen.)
5. **Klicken Sie auf WEITER.**
6. **Lösen Sie das Captcha in der nächsten Bildschirmansicht und klicken Sie dann auf ABSENDEN.**

   Danach müssen Sie eventuell durch die Eingabe von Kreditkartendaten oder Ihrer Handy-Nummer noch Ihr Konto bestätigen.

Abbildung 6.14: Der erste Schritt bei der Erstellung einer Facebook-Anwendung besteht in der Namenseingabe.

Abbildung 6.15: Füllen Sie bei Ihrer Anwendung das Feld Namensraum der Anwendung *aus.*

7. **In der nächsten Bildschirmansicht (Abbildung 6.15) füllen Sie das Feld Namensraum der Anwendung aus (gemeint ist das oben erwähnte Feld App Namespace, an dieser Stelle verwendet Facebook bereits die deutsche Bezeichnung), damit Sie die Anwendung vom Anwendungsverzeichnis Ihrer Facebook-Seite ausgehend bearbeiten können.**

8. **Klicken Sie (im Menü unten auf der Seite) auf Anwendung auf Facebook.**

   Wie in Abbildung 6.16 zu sehen, erscheinen zwei Felder: Canvas-URL und Sichere Canvas-URL.

9. **Geben Sie im Feld Canvas-URL die URL zu dem Verzeichnis, in dem sich die in Schritt 1 erstellte Webseite befindet, ein.**

   Falls sich die Webseite in einem Ordner mit dem Namen `MeineFacebookAnwendung` befindet, lautet die URL für das Verzeichnis

   `ihredomain.de/meinefacebookanwendung/`

   Geben Sie den Namen Ihrer Webseite noch nicht in die URL ein. (Das machen wir gleich.)

10. **Geben Sie im Feld Sichere Canvas-URL die sichere URL für die in Schritt 1 erstellte Webseite ein.**

11. **Klicken Sie auf Seitenreiter unten auf der Seite (Abbildung 6.17).**

12. **Geben Sie im Feld Page Tab Name den Namen für den Reiter auf Ihrer Facebook-Seite ein.**

    Dieser Reitername wird für die Facebook-Nutzer sichtbar sein.

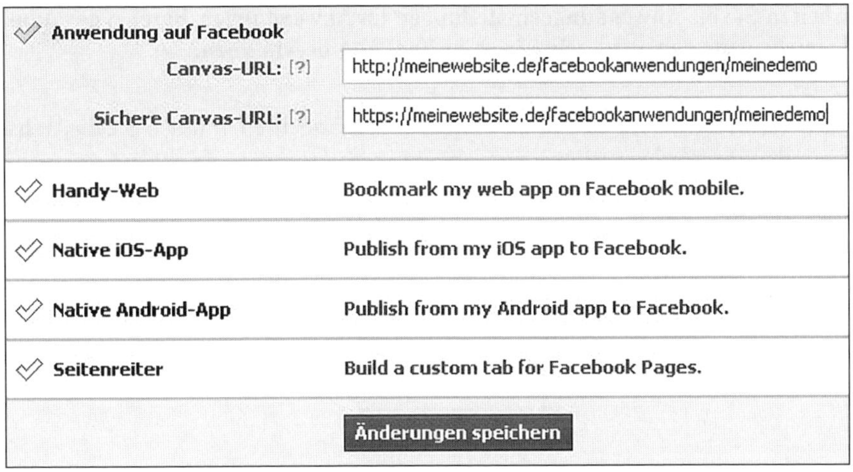

Abbildung 6.16: Füllen Sie die Canvas-URL-Felder aus.

13. **Geben Sie im Feld Page Tab URL die vollständige URL für die in Schritt 1 erstellte Webseite ein.**

    Zum Beispiel:

    `ihredomain.de/meinefacebookanwendung/CooleSeiteReiter.html`

14. **Geben Sie im Feld Secure Page Tab URL die sichere URL für die in Schritt 1 erstellte Webseite ein.**
15. **Klicken Sie auf Änderungen speichern.**
16. **Klicken Sie unter Verwandte Links (links auf der Seite Ihrer Anwendung) auf den entsprechenden Link, über den Sie sich die Profilseite der Anwendung ansehen können.**
17. **Fügen Sie die Anwendung auf der Profilseite der Anwendung zu Ihrer Facebook-Seite hinzu, indem Sie die gleichen Schritte befolgen, die wir weiter oben im Kapitel für das Hinzufügen der »Static HTML: iframe tabs«-Anwendung zu einer Seite aufgelistet haben.**

Abbildung 6.17: Geben Sie den Reiternamen und die URLs der Facebook-Seite ein.

18. **Bearbeiten Sie die Anwendungseinstellungen im Anwendungen-Bereich des Administratorbereichs ganz genau so, wie wir es in Kapitel 4 beschreiben.**

Wenn Sie die Inhalte dieses Reiters ändern möchten, müssen Sie die Webseite auf dem Server bearbeiten.

Teil III

Mit Kunden und potenziellen Kunden auf Facebook interagieren

»Ich weiß, dass Facebook super ist und du dabei sein möchtest. Aber du bist meine Mutter – du kannst nicht mein »Freund« sein.«

In diesem Teil ...

In Teil III befassen wir uns mit Strategien für die Veröffentlichung Ihrer Seite, für die zugehörige Werbung, für Interaktionen mit Fans und für das Messen des Erfolgs Ihrer Werbekampagne auf Facebook. Sie lernen, wie Sie Inhalte für Ihre spezielle Fangemeinde optimieren, Ihre Seite bewerben und wie Sie Ihre Werbeanzeigen auf eine ganz bestimmte Zielgruppe ausrichten. Und natürlich erfahren Sie auch, wie Sie diese Anzeigen dann erstellen und ausprobieren, um ihren Erfolg zu gewährleisten. Wir zeigen Ihnen die Tools von Facebook, mit denen Sie Ihre Werbekampagne messen und optimieren können und die Ihnen Einblicke in die Interaktionen Ihrer Kunden mit Ihrer Facebook-Seite verschaffen.

Die Facebook-Seite veröffentlichen

7

In diesem Kapitel

- Die Seite auf ihren großen Auftritt vorbereiten
- Für leichte Auffindbarkeit der Facebook-Seite sorgen
- Über das bestehende Netzwerk an Freunden schnell an Fans kommen
- E-Mail-Marketing, Webinare und gesponserte Meldungen in Werbeanzeigen nutzen

Nachdem Sie eine zufriedenstellende Facebook-Seite erstellt haben, ist es an der Zeit, sie zu bewerben. Bei der Nutzung einer Facebook-Seite für das Marketing liegt die eigentliche Vermarktungskraft im Social Graph – also der Vernetzung von Personen und Dingen, die ihnen gefallen. Sie verfügen allerdings momentan noch über gar keine Web-Präsenz auf Facebook und fangen daher bei null an.

Wir zeigen Ihnen in diesem Kapitel, wie Sie bestehende Marketing-Assets wie etwa die Direktwerbung, einen Verteiler oder die eigene Website nutzen, um gleich so in Schwung zu kommen, dass Ihre Seite ins Facebook-Universum katapultiert wird. Sie erfahren, weshalb Sie unbedingt tolle Inhalte, die für Facebook-Nutzer optimiert sind, erstellen sollten und warum Sie einzigartige Inhalte für Ihre Seite erstellen müssen. Und zu guter Letzt lernen Sie, wie Sie auch über andere Kanäle wie beispielsweise Blogs oder YouTube Ihre nigelnagelneue Facebook-Seite bewerben können.

Eine Markteinführungsstrategie für die Facebook-Seite ausarbeiten

Im Englischen bezeichnen viele Marketingfachleute die Anfangsphase einer Werbeaktion als *launch*, also Abschuss – egal, ob es dabei um ein Buch, das neueste Automodell oder eine Veranstaltung geht. Bei einem Launch kann es sich zum Beispiel um die Ankündigung eines mit Spannung erwarteten Produkts handeln, die ein großes Medieninteresse hervorgerufen hat, wie es etwa beim neuesten iPhone der Fall war. Es könnte aber auch um kostenlose Produktproben gehen, mit denen für die Eröffnung eines Restaurants vor Ort geworben werden soll. Doch in jedem Fall stellt ein Launch einen Anfang dar – sozusagen die Geburt.

Wenn man es sich vor Augen führt, ist *lauch* beziehungsweise Abschuss auch ein passender Begriff. Der Start einer Facebook-Seite ist dem Abschuss einer Rakete sehr ähnlich, da bei beiden die grundlegenden Phasen gleich sind:

✔ **Vorbereitung:** Wie bei einer Rakete benötigt man bei einer Facebook-Seite eine Strategie, um sie auf Kurs zu halten. Die Seite braucht ein Hauptbild, Anwendungen und einen Willkommen-Reiter, der für Facebook-Nutzer eine Funktion erfüllt und ihnen Features bietet.

- **Countdown:** Sie sollten sich für Ihre Seite Ziele setzen und sich einen Termin überlegen, wann Sie sie starten möchten. Dadurch werden Sie praktisch gezwungen, sich vorzubereiten und alles für den großen Erfolg bereitzustellen.
- **Anfangsschub:** Wenn Sie bei Ihrer Facebook-Seite mit null Fans beginnen, dann ist das fast wie bei einer Rakete, die gegen die Schwerkraft ankämpft, wenn sie sich vom Boden abstößt. In dieser Phase könnten Sie Marketing-Assets einsetzen. Denkbar wäre etwa der Einsatz Ihres riesigen Verteilers oder die Ankündigung bei einer Konferenz, dass auf Ihrer Seite eine Werbeaktion stattfindet, die Besuchern vorbehalten ist. Wir zeigen Ihnen in diesem Kapitel mehrere Strategien, wie man sich vorhandene Marketing-Assets zunutze macht.
- **Schub der zweiten Stufe:** Nachdem Sie eine ansehnliche Anzahl an Facebook-Fans für Ihre Seite angelockt und für ein gesundes Maß an Interaktionen auf der Seite gesorgt haben, können Sie weitere Steuerraketen zünden. Hierzu gehören Dinge wie die Nutzung von gesponserten Meldungen in Werbeanzeigen auf Facebook, um sich den Social Graph Ihrer Fans zunutze zu machen, oder die gemeinsame Durchführung einer Cross-Promotion-Kampagne mit einer anderen Facebook-Seite.
- **Orbit:** In dieser Phase kämpfen Sie nicht mehr gegen die Schwerkraft an. Stattdessen haben Sie den kritischen Punkt vor Kurzem hinter sich gelassen. Jetzt kommt es ganz darauf an, ob Sie in der Lage sind, zu steuern und kontinuierlich neue Akzente in Sachen Haltung und Kreativität zu setzen, damit Sie das Interesse der Fans nicht verlieren.

Mit der eigenen Facebook-Seite verzaubern

Wenn man sich eine Web-Präsenz auf Facebook zulegt, schafft man sich zunächst eine Identität in Form einer Facebook-Seite. Sie sollten all die Ratschläge, die wir Ihnen dazu in Kapitel 4 geben, sorgfältig befolgen und außerdem über eine wohldurchdachte Content-Strategie verfügen. Anders ausgedrückt: Sie sollten mit Ihrer Facebook-Seite die Fans derart verzaubern, dass diese wie selbstverständlich Lust dazu haben, sie mit anderen zu teilen.

Für das Mercedes-Benz-Museum hat man auf der zugehörigen Facebook-Seite (`https://www.facebook.com/mercedesbenzmuseum`) eine Anwendung hinzugefügt, über die Facebook-Nutzer ihre eigene Mercedes-Benz-Ausstellung erstellen und mit Freunden teilen können (Abbildung 7.1). Eine solche Werbekampagne sorgt für mehr Interaktionen bei Fans und lockt mehr Besucher auf die Website.

Hier finden Sie einige Fragen, die Sie sich stellen sollten, wenn Sie Ihre Facebook-Seite von Ihren übrigen Vertriebswegen abheben möchten:

- Wie können Sie die einzigartigen Ansichten Ihres Unternehmens auf persönliche und fesselnde Weise lebendig werden lassen?
- Auf welche Weise nehmen Ihre derzeitigen Kunden momentan am liebsten Kontakt zu Ihrem Unternehmen auf? Welche Inhalte finden sie nützlich, wertvoll oder interessant?
- Wie wichtig ist Ihnen – neben Ihrem Ziel, den Bekanntheitsgrad Ihres Unternehmens zu steigern – das Ziel, mit Facebook die Umsätze zu steigern?

Je eindeutiger Ihre Antworten auf diese Fragen ausfallen, desto eindeutiger wird auch Ihre Markenbotschaft für Facebook-Nutzer sein.

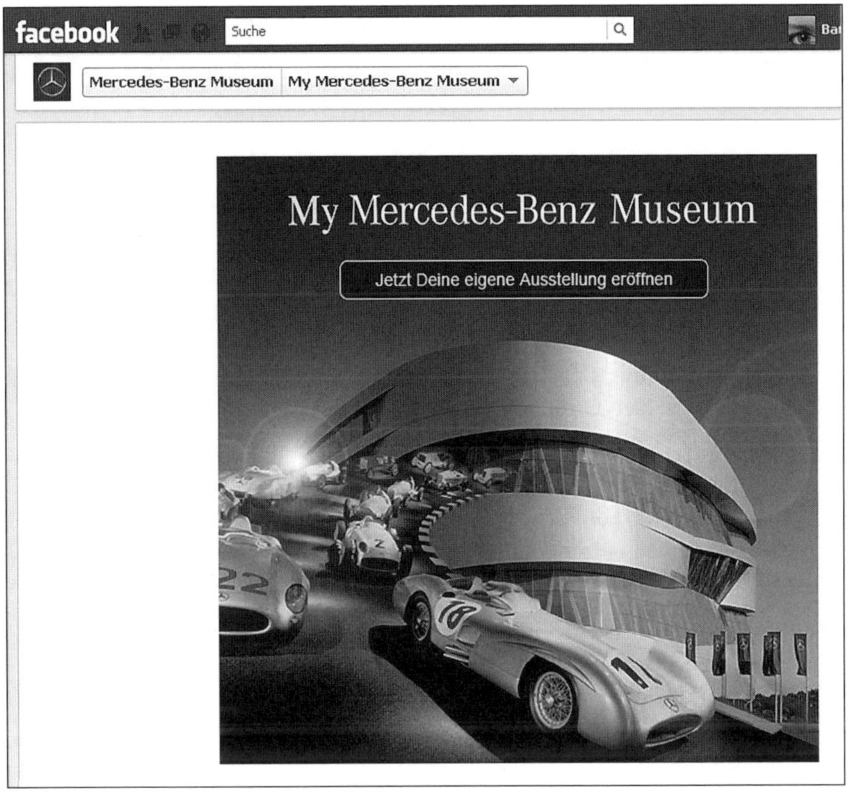

Abbildung 7.1: Das Mercedes-Benz-Museum lenkt die Aufmerksamkeit der Fans mit der JETZT DEINE EIGENE AUSSTELLUNG ERÖFFNEN-Anwendung auf sich.

Facebook-Seite: Auf die Plätze, fertig, los?

Bevor Sie Ihre Seite starten, sollte dort alles für einen guten ersten Eindruck bereitstehen, denn häufig gibt es nur eine Chance für den ersten Eindruck. Am besten lesen Sie sich Kapitel 4 noch einmal durch, damit Sie auch wirklich bei Ihrer Seite an Folgendes gedacht haben:

- ✔ **Gehen Sie bei der Namensauswahl für Ihre Seite clever vor.** Sie können Ihre Platzierung in Suchmaschinen verbessern, wenn Sie einen Seitennamen wählen, der den Namen Ihrer Marke enthält.
- ✔ **Zeigen Sie einen ansprechenden Avatar oder ein Hauptbild, das die Marke widerspiegelt.**
- ✔ **Wählen Sie als Standard-Reiter einen individuellen WILLKOMMEN-Reiter.** Vergessen Sie nicht: Durch einen individuellen WILLKOMMEN-Reiter sorgen Sie für viel mehr Fan-Conversions.
- ✔ **Entfernen Sie alle Reiter, die Sie nicht nutzen.**

- **Legen Sie sich auf der Seite `http://facebook.com/username` eine kurze URL zu.**
- **Posten Sie auf Ihrer Seite einige Beiträge.** Auf diese Weise finden Fans, die Ihre Seite besuchen, gleich etwas zum Interagieren vor.

Vor der Freigabe Inhalte hinzufügen

Bevor Sie Ihre Facebook-Seite erstmalig bewerben, müssen Sie sie mit Fotos, Videos und Links garnieren, die neue Fans kommentieren und bei denen sie auf GEFÄLLT MIR klicken können. Wir betonen es noch einmal: Wenn Fans mit den Meldungen Ihrer Seite interagieren, erfahren deren Freunde von dieser Aktivität. Dies trägt wesentlich dazu bei, dass sich die Bekanntheit Ihres Unternehmens nach und nach (aber ganz sicher) im riesigen Netzwerk an Facebook-Nutzern durchsetzen wird.

In der STATISTIKEN-Anwendung geben zwei Grafiken die Beziehung zwischen den Interaktionen von Fans mit Aktualisierungen Ihrer Seite und der Sichtbarkeit dieser Aktivitäten mit deren Freunden wieder. Das Diagramm PERSONEN, DIE DARÜBER SPRECHEN (in Abbildung 7.2 auf der linken Seite) zeigt die Anzahl an Facebook-Nutzern, die mit Ihrer Seite interagieren. Das Diagramm VIRALE REICHWEITE (auf der rechten Seite) stellt die Sichtbarkeit bei deren Freunden dar.

In Kapitel 9 erfahren Sie mehr über die Statistiken-Anwendung.

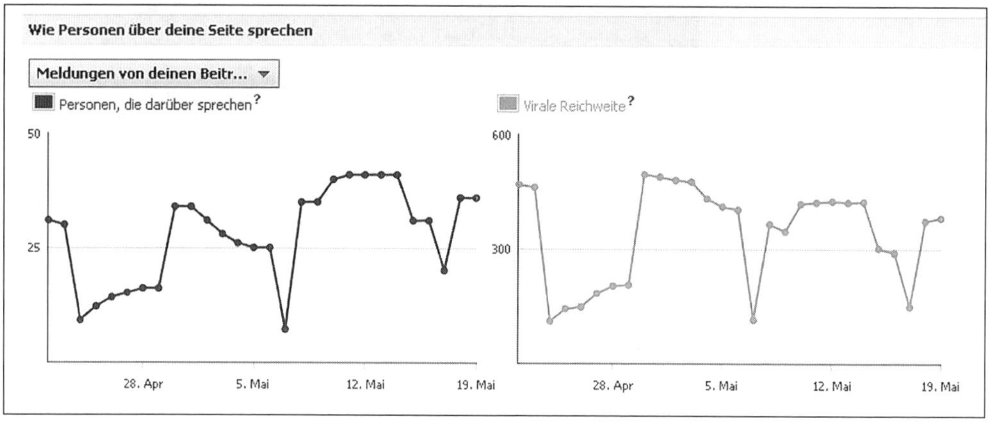

Abbildung 7.2: Sie können deutlich erkennen, wie Freunde der Fans, die mit den Inhalten Ihrer Seite interagieren, diese Inhalte sehen.

Fotos hinzufügen

Auf Facebook können Sie auf Ihrer Seite eine unbegrenzte Anzahl an Fotoalben und bis zu 200 Fotos pro Album hochladen. Sie können Fotos neu anordnen, sie drehen und andere Facebook-Nutzer würdigen, indem Sie sie in einem Foto *markieren* (also identifizieren). Weiter hinten im Abschnitt »Als Werbung für die Seite Nutzer in Fotos markieren« erklären wir Ihnen, wie man jemanden in einem Foto markiert.

Befolgen Sie diese Schritte, wenn Sie ein Foto hochladen möchten:

1. **Klicken Sie auf den Fotos-Link oben links auf Ihrer Seite.**
2. **Klicken Sie auf + Fotos hochladen und danach auf + Fotos zum Hochladen auswählen.**

   Sie werden nun von Facebook aufgefordert, Bilder, die Sie hochladen möchten, auszuwählen (Abbildung 7.3). Danach können Sie über einen Namen für das Fotoalbum entscheiden und den Ort eingeben, an dem die Fotos aufgenommen wurden.

Abbildung 7.3: Neue Fotos für eine Seite hochladen

Verwenden Sie Bilder und Fotos, die vermitteln, wer Sie sind und zu welcher Branche Ihr Unternehmen gehört, und die Ihrer Seite Persönlichkeit verleihen. Laden Sie unbedingt solche Fotos hoch, die potenzielle Kunden sehen sollen, und nicht die von der letzten Weihnachtsfeier, bei der alle ein paar Bierchen zu viel intus hatten!

3. **Nun können Sie Bildunterschriften für die Fotos eingeben, Nutzer darin markieren, die Fotos eines Albums ordnen oder die Informationen über das Album (auch Titel und Ort) bearbeiten.**

   Geben Sie dazu oben links im Feld Albumtitel einen Titel für das Album ein. Im Feld Sag etwas über dieses Album ... darunter können Sie noch weitere Informationen hinzufügen. Rechts oben im Feld Wo wurden diese aufgenommen? kann entsprechend der Ort der Aufnahme eingetragen werden.

Sie können mit einer Kamera ein Bild aufnehmen und es sofort auf Facebook hochladen, falls diese Kamera an Ihren Computer angeschlossen ist oder falls Sie ein Smartphone verwenden, das eine Kamera hat.

Videos hinzufügen

Ein Video lässt sich auf Facebook genauso mühelos wie ein Foto hinzufügen (wie im vorhergehenden Abschnitt beschrieben). Man kann ein Video entweder hochladen oder aufnehmen. Wir erklären Ihnen in diesem Abschnitt beides. Das Anzeigen eines Videos ist eine wunderbare Methode, um zum Beispiel sich selbst und die Angestellten mit kurzen Interviews oder Aufnahmen vom letzten Betriebsfest oder der letzten Messe vorzustellen. Wir betonen es noch einmal: Achten Sie unbedingt darauf, dass sämtliche Inhalte im Video Ihre Firma in einem positiven Licht erscheinen lassen!

Sie können ein Video von Ihrer Festplatte, einer CD-ROM oder einem anderen Datenträger aus zu Ihrer Pinnwand hinzufügen. Ein Video darf nicht größer als 1024 MB und nicht länger als 20 Minuten sein. Sie müssen beim Hochladen auch den Nutzungsbedingungen von Facebook zustimmen, die vorschreiben, dass das von Ihnen im Netzwerk hochgeladene Video Ihr eigenes ist.

Wenn Sie ein Video, während Sie es aufnehmen, veröffentlichen möchten, brauchen Sie eine Webcam, die an Ihren Computer angeschlossen ist, oder ein Smartphone, über das Sie das Video aufzeichnen und hochladen können. Viele Computer verfügen über eine integrierte Webcam. Aber machen Sie sich keine Sorgen, falls das bei Ihrem nicht zutrifft. Über die mitgelieferten Kabel können Sie eine Webcam dort ganz leicht anschließen.

Befolgen Sie diese Schritte, wenn Sie eine vorhandene Videodatei auf Ihrer Seite hochladen möchten:

1. **Klicken Sie auf Fotos oben links auf Ihrer Seite und danach auf der Pinnwand Ihrer Seite neben Alle anzeigen auf Videos.**
2. **Klicken Sie auf + Video hochladen und durchsuchen Sie danach Ihre Festplatte nach der Videodatei, die Sie hochladen möchten.**

   Während die Datei hochgeladen wird, können Sie einen Titel, den Ort der Aufnahme und eine Beschreibung hinzufügen.
3. **Klicken Sie auf Informationen speichern.**

Falls Sie ein eigenes Video aufnehmen möchten, benötigen Sie eine Webcam und ein Mikrofon von guter Qualität, das entweder in den Computer integriert ist oder daran angeschlossen wird. Sollte Ihr Computer damit ausgestattet sein, müssen Sie diese Schritte befolgen:

1. **Klicken Sie auf Fotos oben links auf Ihrer Seite und danach auf der Pinnwand Ihrer Seite neben Alle anzeigen auf Videos.**
2. **Klicken Sie auf Aufnehmen.**

   Sie werden nun in einem Dialogfeld gefragt, ob Sie Facebook den Zugriff auf Ihre Kamera und Ihr Mikrofon erlauben möchten. (Sie finden außerdem die Option, dass dieses Dialogfeld in Zukunft nicht mehr angezeigt werden soll.)

3. **Klicken Sie auf ZULASSEN und danach auf SCHLIESSEN, um dieses Dialogfeld zu schließen und zum Kamerafenster zu gelangen.**
4. **Um die Aufnahme zu beginnen, klicken Sie auf die rote Schaltfläche mit dem weißen Punkt, die direkt unterhalb Ihres Webcam-Bildschirms zu sehen ist.**
5. **Zum Beenden der Aufnahme klicken Sie auf die schwarze Schaltfläche mit dem weißen Punkt.**
6. **Klicken Sie zum Abspielen des Videos auf die schwarze Schaltfläche mit dem weißen Dreieck oder auf ZURÜCKSETZEN. Mit der ZURÜCKSETZEN-Schaltfläche können Sie das Video neu aufnehmen.**
7. **Durch einen Klick auf SPEICHERN gelangen Sie zu einer Bildschirmansicht, auf der Sie Markierungen, einen Titel, den Ort der Aufnahme und eine Beschreibung für das Video hinzufügen können. Man kann dort außerdem ein Miniaturbild auswählen, das das Video auf der Seite repräsentieren wird.**
8. **Klicken Sie auf SPEICHERN, wenn Sie alle Einstellungen bearbeitet haben.**

Sie haben Ihr Video erfolgreich auf Ihrer Seite gepostet und all Ihre Fans können sich daran erfreuen!

Für eine bessere Auffindbarkeit der Seite sorgen

Jeder, egal ob Facebook-Nutzer oder nicht, hat Zugriff auf Ihre Facebook-Seite. Man kann Ihre Seite über die Facebook-Suche sowie über Suchmaschinen wie Google oder Bing von Microsoft finden. Doch es gibt etwas, das Ihnen vielleicht neu ist: Eine Facebook-Seite kann sogar für eine bessere Platzierung in Suchmaschinen sorgen und sowohl Ihre Facebook-Seite als auch Ihre Website sind dadurch für Nutzer leichter auffindbar.

Da alle Facebook-Seiten veröffentlicht werden, können sie von Suchmaschinen wie Google in den Suchmaschinenindex aufgenommen werden. Verschaffen Sie Ihrer Marke ein positives Image und lenken Sie die Aufmerksamkeit der Nutzer auf sich, damit diese mit Ihrer Seite interagieren und sie häufig aufsuchen.

Wenn Sie auf Facebook einen stetigen Strom an Links zu Blog-Einträgen Ihres Unternehmens und zu anderen Webseiten Ihrer Unternehmens-Website veröffentlichen, sind Sie für Suchmaschinen leichter auffindbar. Dieses Vorgehen nennt man auch *Suchmaschinenoptimierung*. Sie müssen lediglich über eine Facebook-Seite verfügen und erhöhen damit schon die Anzahl relevanter Links zu Ihrer Website und sorgen so für eine bessere Suchmaschinenoptimierung der Website.

Es reicht allerdings nicht, bloß beliebige Links zur Facebook-Seite hinzuzufügen, denn diese müssen relevante Suchbegriffe enthalten, die sich auf Ihr Unternehmen beziehen. Auch die Inhalte im verlinkten Beitrag sollten relevante Suchbegriffe aufweisen. Eine Autowerkstatt würde auf ihrer Facebook-Seite zum Beispiel Links zu Beiträgen über Heimwerkertipps für Reparaturen posten. Anders ausgedrückt: Um für eine tolle Seite zu sorgen, müssen Sie mehr tun, als bloß ein paar Suchbegriffe zu kombinieren.

Achten Sie unbedingt darauf, dass die Suchbegriffe, die für ein optimales Erscheinen in Suchmaschinen sorgen, auf Ihrer Seite sehr häufig vorkommen. Falls Sie zum Beispiel hauptberuflich als Fotograf tätig sind, müssen Sie Suchbegriffe wie etwa *Hochzeitsfotografie* oder *Architekturfotografie Berlin* verwenden, um das Interesse der Personen zu wecken, die Bedarf an eben diesen Dienstleistungen haben. Gerade im INFO-Reiter und in sämtlichen Notizen, die Sie posten, können Sie die Suchbegriffe optimal unterbringen. Vergessen Sie auch keinesfalls alle erforderlichen Kontaktdaten wie etwa die Firmenadresse sowie die Unternehmens-Website und die Blog-Adresse anzugeben.

Netzwerke an Freunden für den Start der Seite nutzen

Wie bereits zu Beginn des Kapitels erwähnt, stehen Sie bei einer nigelnagelneuen Facebook-Seite unter anderem vor der Herausforderung, dass innerhalb von Facebook noch niemand Ihre Seite kennt. Viele Seitenadministratoren machen sich daher beim Start ihrer Seite als Erstes ihr bestehendes Netzwerk an Freunden zunutze. Dabei kann man persönliche Freundschaften nutzen, die man mit E-Mail-Verkehr oder über sein persönliches Facebook-Profil vertieft hat.

Freunde bitten, die Seite mit eigenen Freunden zu teilen

Über den TEILEN-Link, der sich bei allen Seiten rechts oben in einer Dropdown-Liste befindet, können Nutzer ihre Facebook-Freunde oder eine Freundesliste an Facebook-Freunden dazu einladen, sich Ihre Seite anzusehen.

Freunden eine Seite empfehlen

Nutzer, die sich mit Ihnen auf Facebook angefreundet haben, wissen eventuell noch gar nicht, dass Sie eigens für Ihr Unternehmen eine Seite erstellt haben. Doch auf Facebook können Sie als Seitenadministrator ihnen die guten Nachrichten ganz mühelos übermitteln.

Befolgen Sie dazu diese Schritte:

1. **Klicken Sie rechts oben auf Ihrer Seite in der Dropdown-Liste auf TEILEN.**

   Wie in Abbildung 7.4 zu sehen, erscheint das Dialogfeld DIESE SEITE TEILEN.

2. **Im Dialogfeld finden Sie neben dem TEILEN-Symbol eine Dropdown-Liste mit folgenden Auswahlmöglichkeiten: AN DEINER EIGENEN PINNWAND, AN DER PINNWAND EINES FREUNDES, IN EINER GRUPPE, AUF DEINER SEITE und IN EINER PRIVATEN NACHRICHT. Außerdem können Sie in einer weiteren Dropdown-Liste rechts oben im Feld für die Privatsphäre Folgendes anklicken: ÖFFENTLICH, FREUNDE, NUR ICH, BENUTZERDEFINIERT und – falls Sie so etwas bereits erstellt haben – Ihre einzelnen Freundeslisten. Treffen Sie die gewünschte Auswahl.**

3. **Klicken Sie unten im Dialogfeld auf SEITE TEILEN.**

Danach erscheint eine kurze Meldung, dass Sie die Seite erfolgreich geteilt haben. Bereiten Sie sich schon mal auf die ganzen »Gefällt mir«-Angaben vor, die Ihnen gleich ins Haus geflattert kommen werden!

Abbildung 7.4: Mit dem TEILEN*-Feature die eigene Seite mit Freunden teilen*

Personen, bei denen Sie Werbung für Ihre Seite machen, die aber noch nicht Facebook-Nutzer sind, müssen sich zunächst registrieren, bevor sie bei Ihrer Seite auf GEFÄLLT MIR klicken oder dortige Beiträge kommentieren können.

Seiten über das eigene Profil bewerben

Über den TEILEN-Link aus der Dropdown-Liste rechts oben auf Ihrer Seite können Sie außerdem eine Beschreibung und einen Link zu sämtlichen Facebook-Seiten (selbst wenn diese nicht von Ihnen selbst erstellt worden sind) in Ihrem persönlichen Profil posten, um all Ihre Facebook-Freunde darüber zu informieren. Sie können dort auch in einer privaten Nachricht Ihre Meinung über die entsprechende Seite kundtun. (Dazu müssen Sie natürlich in Ihrem eigenen Profil angemeldet sein.) Nehmen wir an, Ihre Zielkunden sind zum Beispiel Unternehmen. Dann gibt es doch einfach keine bessere Methode, Ihre Arbeiten vorzustellen, als für die Facebook-Seite der Firma, mit der Sie zusammengearbeitet haben, zu werben und dann mit Hilfe einer Nachricht noch einen Schritt weiterzugehen. Zum Beispiel so:

> *Ich hatte die Ehre, für die Firma ABC die Katalogfotos für das Produkt XYZ erstellen zu dürfen. Eine Firma mit wirklich sehr kompetenten Mitarbeitern!*

Befolgen Sie diese Schritte, um eine Seite auf Ihrem Profil zu posten:

1. **Klicken Sie auf Ihrer Seite rechts oben in der Dropdown-Liste auf TEILEN.**

   Das Dialogfeld DIESE SEITE TEILEN erscheint.

2. **Wählen Sie neben dem TEILEN-Symbol in der Dropdown-Liste AN DEINER EIGENEN PINNWAND aus. Geben Sie im Feld SCHREIB ETWAS ... Ihre Nachricht über die Seite ein.**

   Ihre Nachricht kann zwar bis zu 800 Zeichen lang sein, doch wir raten Ihnen, sich kurzzufassen. Eine Länge von weniger als 80 Zeichen ist optimal!

3. **Klicken Sie auf SEITE TEILEN.**

Facebook-Seiten mit dem Feature »E-Mail-Kontakte einladen« bewerben

Wenn Ihre Seite noch neu ist, können Sie bis zu 5.000 Einladungen, Fan Ihrer Seite zu werden, versenden, indem Sie sich mit Hilfe des Features E-MAIL-KONTAKTE EINLADEN Ihre derzeitigen E-Mail-Kontakte zunutze machen. Von Webmail-Anbietern, die unterstützt werden, können Sie Ihre Kontakte direkt importieren und sie über eine Kontaktdatei hochladen. Dieses Feature steht Seitenadministratoren von neuen Seiten oder Seiten mit wenigen Fans zur Verfügung. Unternehmen können damit Personen aus ihrer über Jahre aufgebauten E-Mail-Datenbank zu einer Zielgruppe auf Facebook machen.

Befolgen Sie die Schritte hier, wenn Sie auf Ihrer Seite das Feature E-MAIL-KONTAKTE EINLADEN nutzen möchten:

1. **Klicken Sie auf Ihrer Facebook-Seite rechts oben auf SEITE BEARBEITEN und danach in der linken Seitenleiste auf HILFSMITTEL.**

2. **Klicken Sie auf E-MAIL-KONTAKTE EINLADEN. Wählen Sie einen der Anbieter (Abbildung 7.5).**

   Falls Sie ANDERE FUNKTIONEN anklicken, werden Sie aufgefordert, eine Kontaktdatei von Microsoft Outlook Express, Thunderbird, Apple Mail oder anderen Anbietern hochzuladen.

3. **Loggen Sie sich bei Ihrem Anbieter – sofern er unterstützt wird – ein und klicken Sie danach auf FREUNDE FINDEN.**

   Das Feld KONTAKTE IMPORTIEREN erscheint, in dem der Fortschritt angezeigt wird. Falls Sie über sehr viele Kontakte verfügen, könnte der Vorgang etwas länger dauern.

4. **Importieren Sie entweder alle Kontakte oder wählen Sie bestimmte Freunde aus (Abbildung 7.6). Klicken Sie danach auf VORSCHAU DER EINLADUNG.**

5. **Machen Sie in der Vorschau der Einladung alle erforderlichen Angaben und klicken Sie anschließend auf SENDEN.**

Als Werbung für die Seite Nutzer in Fotos markieren

Durch das *Markieren* (also Identifizieren und Mit-Namen-Beschriften) eines Fans in einem Foto, Video oder in einer Notiz wird Ihre Seite direkt mit einem einzelnen Facebook-Nutzer verbunden. Wenn Sie jemanden markieren, wird derjenige darüber benachrichtigt. Je nach seinen Einstellungen im Profil kann es sich dabei entweder um eine Benachrichtigung von Facebook, eine Benachrichtigungs-E-Mail oder beides handeln. Der Nutzer kann dann die Markierung zulassen oder ablehnen.

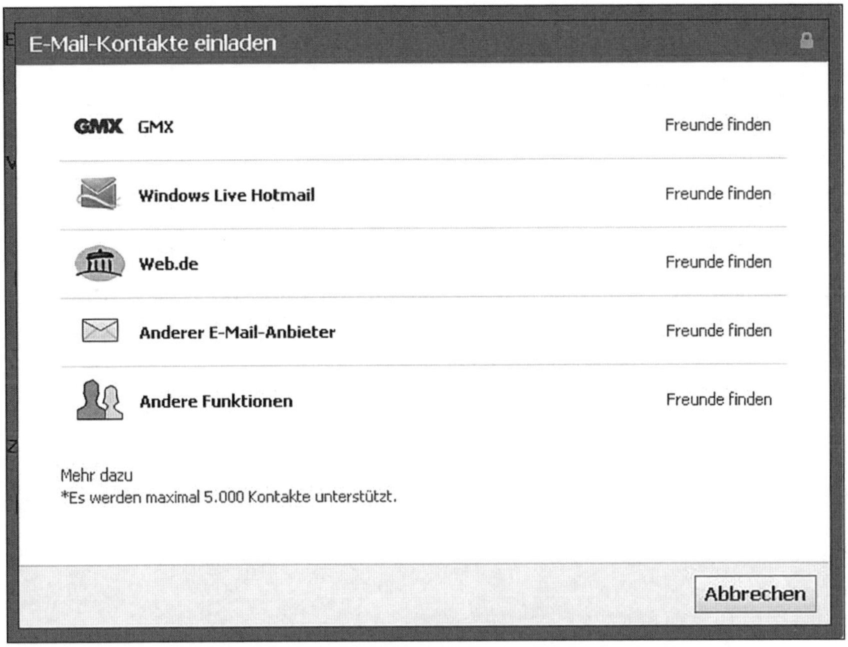

Abbildung 7.5: Auf Facebook können Sie Anfragen, ob man Fan Ihrer Seite werden möchte, über Skype, Yahoo! und andere Anbieter versenden.

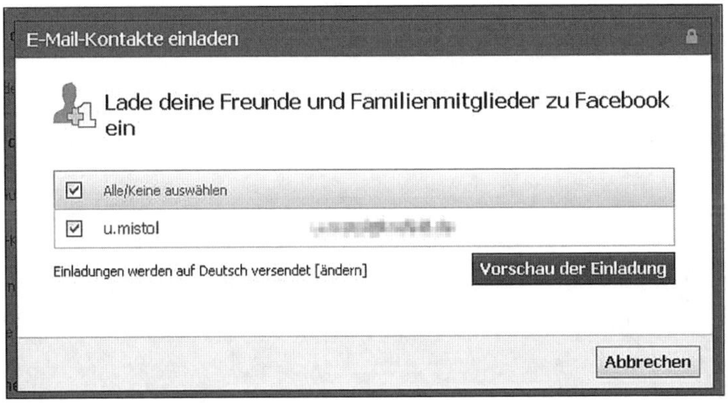

Abbildung 7.6: Wählen Sie aus, wen Sie auf die Facebook-Seite aufmerksam machen wollen.

Sie teilen die Markierung hier aber nicht nur mit Ihren eigenen Fans. Sie erscheint außerdem auf den Pinnwänden aller Freunde Ihrer Fans, was Ihnen bei diesen Personen wiederum sofortige Glaubwürdigkeit verschafft.

Um einen Freund oder einen Fan in einem Foto oder Video zu markieren, zeigen Sie das Foto oder Video an und befolgen dann diese einfachen Schritte:

1. **Klicken Sie rechts daneben auf FOTO MARKIEREN (oder VIDEO MARKIEREN).**

   Der Cursor verwandelt sich in ein Pluszeichen.

2. **Klicken Sie auf das Gesicht der Person oder auf die Seite, die Sie markieren möchten.**

   Unterhalb des Cursors erscheint ein Feld, in dem Sie anfangen können, den Namen eines Freundes einzutippen. Anhand der ersten eingegebenen Buchstaben werden Ihnen dazu von Facebook Vorschläge gemacht (Abbildung 7.7).

Abbildung 7.7: Markierungen in Fotos auf Facebook-Seiten vornehmen

3. **Wählen Sie den Namen eines im Bild oder Video gezeigten Freundes oder einer Seite aus und klicken Sie danach auf FERTIG MARKIERT.**

Machen Sie auf realen Veranstaltungen unbedingt so viele Fotos wie möglich und filmen Sie so viel Sie können, damit Sie später andere in den Fotos und Videos markieren können.

Falls Sie an ein passendes Foto für Ihre Facebook-Seite kommen möchten, können Sie eine Werbeaktion durchführen, bei der das beste neue Produkt oder die beste Service-Idee oder sogar die kreativste Nutzung Ihrer Produkte prämiert werden soll. Fotografieren Sie dann im Anschluss den Gewinner mitsamt Ihrem Firmenchef und markieren Sie den Gewinner in dem Foto auf Facebook. (In den Kapiteln 11 und 12 erfahren Sie, wie Sie eine eigene Werbeaktion auf Facebook auf die Beine stellen können.)

Nachdem Sie einen Fan in einem Foto markiert haben, kann er das Foto von seinem Profil löschen, indem er auf den ENTFERNEN-Link rechts neben dem Foto klickt.

Bestehende Marketing-Assets für den Start der Seite nutzen

Nachdem Sie wie im vorhergehenden Abschnitt beschrieben durch eigene Freunde den Anstoß für einen Initialschub für Ihre Facebook-Seite gegeben haben, wird es Zeit, die Seite mit Hilfe anderer Taktiken zu bewerben.

Die E-Mail-Signatur nutzen

Stellen Sie sich mal vor, jede von Ihnen während eines Arbeitstages versandte E-Mail würde einen Link zu Ihrer Facebook-Seite enthalten! Bei den meisten E-Mail-Programmen wie zum Beispiel Outlook, Gmail oder dem Programm Mail von Apple lässt sich ein Anker-Link, der eine Verbindung zur Facebook-Seite herstellt, relativ einfach zur E-Mail-Signatur hinzufügen. Gmail-Nutzer können dazu ein hervorragendes Add-in für Firefox von WiseStamp (`http://www.wisestamp.com/tr/de-wisestamp-email-signaturen-die-fur-dich-arbeiten`) verwenden, durch das die E-Mail-Signatur um eine GEFÄLLT MIR-Schaltfläche erweitert wird. Der Empfänger der E-Mail kann dann durch einen Klick gleichzeitig Fan der Seite werden und weiterlesen.

Ob jemand Fan Ihrer Seite wird, hängt unter anderem davon ab, wie viele Fans Sie momentan bereits vorweisen können. Wenn Sie für eine möglichst große Fangemeinde sorgen, schaffen Sie für diese Fans in spe eine Art soziale Bestätigung.

Über den Verteiler an mehr Fans kommen

Sie können Ihre Facebook-Seite mit vielen verschiedenen Methoden bewerben, doch am leichtesten kommen Sie an neue Verbindungen, wenn Sie Ihren Verteiler nutzen – ein Marketing-Asset, das Sie über die Jahre (hoffen wir zumindest) aufgebaut haben.

Facebook-Nutzer möchten mit ihren Freunden nützliche Informationen teilen und bei Seiten, auf denen sie so etwas finden, klicken sie auf GEFÄLLT MIR. Doch wenn sie eine E-Mail erhalten, in der »Wir sind jetzt auch auf Facebook. Bitte werden Sie Fan unserer Seite« steht, werden sie sie wahrscheinlich löschen, falls sie nicht ohnehin schon zu den allergrößten, eingefleischten und begeisterten Anhängern Ihres Unternehmens zählen.

Behalten Sie folgende Ratschläge im Hinterkopf, wenn Sie Personen aus Ihrem bestehenden Verteiler per E-Mail über die Facebook-Seite informieren:

- ✔ Legen Sie den Schwerpunkt auf den Wert für den Empfänger, nicht den fürs Unternehmen.
- ✔ Sprechen Sie den Kunden direkt an.
- ✔ Stellen Sie die Vorteile kurz und bündig in Form einer Aufzählung vor.
- ✔ Lassen Sie die Empfänger wissen, dass sie auf der Facebook-Seite Kontakt zu anderen mit ähnlichen Interessen und Ideen haben werden. Dadurch geben Sie ihnen das Gefühl, Teil einer Community zu werden und nicht bloß Fan einer weiteren Facebook-Seite.

Gedruckte Marketingunterlagen nutzen

In gedruckten Unterlagen (zum Beispiel der Weihnachtspost oder Infobriefen) können Sie Ihre Facebook-Seite am besten mit einer individuellen URL bewerben. (In Kapitel 4 erfahren Sie, wie man eine erstellt.) Eine individuelle URL ist viel kürzer als die standardmäßig vergebene URL einer Facebook-Seite, bei der sich niemand je die Zeit nehmen würde, sie von einem Blatt Papier abzutippen.

Am besten verwenden Sie Ihre individuelle URL auf sämtlichen gedruckten Unterlagen.

Facebook-Seiten mit Hilfe eines Blogs bewerben

Verfassen Sie zunächst einen Blog-Eintrag, in dem Sie näher auf den Start Ihrer Facebook-Seite eingehen, und später eine ganze Reihe, in denen Sie einen Kommentar, den jemand auf Ihrer Pinnwand gepostet hat, ausführlicher beschreiben. Fügen Sie auch noch einen Link zu Ihrer Seite beziehungsweise einen Kommentar ein.

Webinare für den Start der Facebook-Seite nutzen

Falls in Ihrem Unternehmen regelmäßig Webinare durchgeführt werden, beantworten Sie daran anknüpfende Fragen am besten auf der Pinnwand Ihrer Facebook-Seite.

Die Piratenpartei beantwortet beispielsweise auf ihrer Facebook-Seite Fragen von Nutzern. Die Seite hat bereits über 49.000 Facebook-Fans. Abbildung 7.8 zeigt ein Beispiel für die Beantwortung einer Frage.

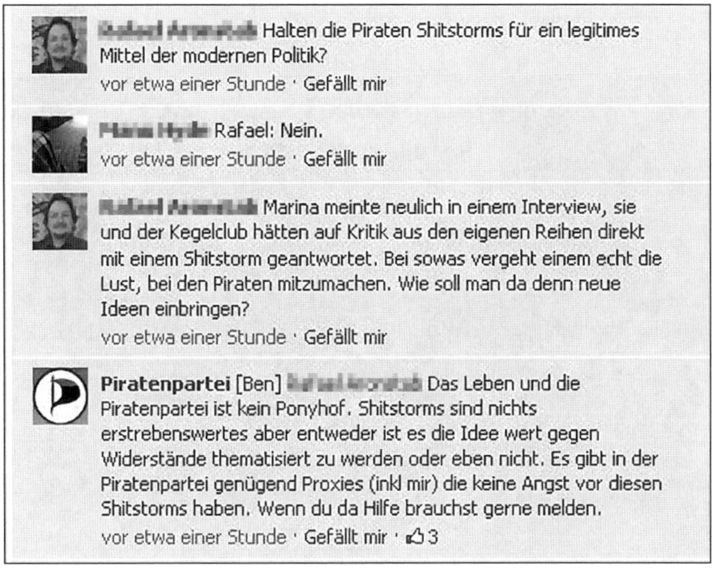

Abbildung 7.8: Die Piratenpartei beantwortet auf ihrer Facebook-Seite Fragen von Nutzern.

Mit YouTube für die Facebook-Seite werben

Ihnen ist vielleicht bekannt, dass YouTube die am häufigsten genutzte Video-Sharing-Website der Welt ist. Wenn Sie dort ein Video posten, können Sie damit vor Millionen Menschen für Ihr Unternehmen werben. Falls Sie bereits über eine Web-Präsenz auf YouTube verfügen, können Sie diesen Auftritt nutzen, um Besucher auf Ihre Facebook-Seite zu locken.

Das Unternehmen hagebau wirbt beispielsweise in einer Reihe von amüsanten Videos mit dem Sänger Mike Krüger für seine Baumärkte. Viele der Videos sind auch auf YouTube zu finden. Wie in Abbildung 7.9 zu sehen ist, spricht Mike Krüger in einem der Videos auf der Facebook-Seite des Unternehmens (`https://www.facebook.com/photo.php?v=374874412536743&set=vb.253490518020883&type=2&permPage=1`) die Facebook-Gemeinde direkt an.

Falls Sie selbst über einen Markenkanal auf YouTube verfügen, können Sie zu dem Video den Link zu Ihrer Facebook-Seite per Kommentar einfügen.

Im Laden für die Seite werben

Wenn jemand bei Ihnen einkauft und dort sehr gute Erfahrungen macht, möchte er natürlich seinen Freunden davon berichten. Diese Form von Mundpropaganda gibt es schon seit Ewigkeiten. Sie sollten den Start Ihrer Facebook-Seite unbedingt auch in Ihrem Laden bewerben. Wenn Kunden in Ihrem Geschäft auf ihren mobilen Endgeräten die Funktion Ich bin hier verwenden, sorgen die zugehörigen Beiträge für zusätzliche Erwähnungen Ihres Unternehmens in den Neuigkeiten. (In Kapitel 11 erfahren Sie mehr über die Ich bin hier-Funktion.)

Abbildung 7.9: hagebau nutzt YouTube, um für seine Facebook-Seite zu werben.

Hier finden Sie ein Beispiel für eine so genannte In-Store Promotion, mit der für eine Facebook-Seite geworben wird:

Wie Abbildung 7.10 zeigt, veranstaltet das Einrichtungszentrum Kröger ein Gewinnspiel, an dem man auch über die Facebook-Seite teilnehmen kann.

In Facebook können Sie auch direkt am Gewinnspiel teilnehmen. Einfach das Formular ausfüllen!

Besuchen Sie uns hier auf Facebook!

Abbildung 7.10: Auf der Website des Einrichtungszentrums Kröger wird auf die Facebook-Seite hingewiesen.

Sie sollten unbedingt die Seite `https://www.facebook.com/username` besuchen und dort eine individuelle URL mit dem Nutzernamen für Ihre Seite erstellen. Eine solche kurze URL nimmt weniger Platz in Werbeunterlagen und auf anderen Werbeträgern in Anspruch.

Gesponserte Meldungen in Werbeanzeigen für den Start der Seite nutzen

Sie können auch an Fans kommen, indem Sie gesponserte Meldungen in Werbeanzeigen auf Facebook nutzen und dadurch Ihre Seite bei den Freunden Ihrer derzeitigen Fans bewerben.

Gesponserte Meldungen sind Facebook-Werbeanzeigen, die in den Neuigkeiten von Facebook-Nutzern erscheinen. Auf Facebook sind gesponserte Meldungen in Werbeanzeigen so effektiv, weil man sich dabei den Social Graph – also die Netzwerke an Freunden auf Facebook – zunutze macht. Die Werbeanzeigen werden auf verschiedenen Seiten in Facebook in der rechten Spalte angezeigt. Unter anderem gibt es diese Arten von Anzeigen: Meldungen über GEFÄLLT MIR-Angaben auf einer Seite, Meldungen über Seitenbeiträge und Meldungen über GEFÄLLT MIR-Angaben zu dem Beitrag einer Seite.

Gesponserte Meldungen in Facebook-Werbeanzeigen unterscheiden sich in vier Punkten von herkömmlichen Facebook-Werbeanzeigen:

- ✔ Bei gesponserten Meldungen kann man die Freunde der derzeitigen Fans als Zielgruppe definieren. Man macht sich hier das Prinzip »Gleich und gleich gesellt sich gern« zunutze.
- ✔ Bei gesponserten Meldungen werden die Freunde eines Nutzers, die bereits Fan Ihrer Seite geworden sind, angezeigt. Zum Beispiel so: »Thomas, Hans und Lisa gefällt Sportschau.« Wenn Facebook-Nutzer sehen, dass ihre Freunde bereits etwas Bestimmtes getan haben, steigt die Wahrscheinlichkeit, dass sie selbst es auch tun werden.
- ✔ Nutzer können direkt in der gesponserten Meldung durch einen Klick zum Fan der Seite werden. Auf diese Weise wird vermieden, dass Nutzer den Vorgang des Entdeckens der Meldung bis hin zum Fan-Werden der Seite (die darüber angezeigt wird) nicht abbrechen.
- ✔ Die Anzahl der gewonnenen Fans wird in den Facebook-Statistiken angezeigt. Sie können dadurch die gesponserten Meldungen besser mit anderen Methoden der Fangewinnung vergleichen.

In Kapitel 10 erfahren Sie mehr über gesponserte Meldungen in Werbeanzeigen.

Mit Fans interagieren

8

In diesem Kapitel

- Was Interaktionen für Ihr Unternehmen bedeuten
- Interaktionen auf Facebook messen
- Strategien und Taktiken, die Interaktionen fördern

Nachdem Sie eine Facebook-Seite erstellt haben (in Kapitel 4 erfahren Sie, wie es geht), können Sie damit anfangen, eine große Fangemeinde für die Seite aufzubauen. In sozialen Netzwerken gilt das Prinzip *Die Masse macht's*. Die Zeit, die Sie mit dem Vernetzen verbringen, hat einen großen Einfluss auf die Ergebnisse, die Sie erhalten. So gesehen unterscheidet sich die Nutzung von Facebook gar nicht so sehr vom Vernetzen im wirklichen Leben. Wenn Sie zum Beispiel an einem Networking-Event teilnehmen, werden Sie in der Gruppe wahrscheinlich glaubwürdiger werden und an neue Kontakte kommen.

Doch auf Facebook gilt auch das Prinzip *Qualität währt am längsten*. Nehmen wir einmal an, Sie würden 50 Veranstaltungen und nicht nur eine besuchen. Wenn Sie anderen dort keine nützlichen Informationen bieten und nicht mit ihnen interagieren, werden diese keine Lust haben, Sie bei Ihren Zielen zu unterstützen, und werden sich überhaupt nicht an Sie erinnern. Falls Sie lediglich Ihre Visitenkarte an so viele Leute wie möglich verteilen, werden diese sich nur an den Moment erinnern, an dem jemand sie unterbrochen hat.

Wenn Sie stattdessen eine Lösung für ein Problem parat haben, das andere während Ihres Gesprächs erwähnt haben, werden Sie ihnen nicht nur in Erinnerung bleiben, sondern sie werden sich eventuell auch damit revanchieren, dass sie Ihr Unternehmen weiterempfehlen. Daher ist die Erstellung von nützlichen Inhalten und das Führen von Dialogen auf der Facebook-Seite ein Marketing-Konzept von höchster Priorität.

Wir zeigen Ihnen in diesem Kapitel die Strategien und Taktiken, mit denen Sie Dialoge fördern, anstatt unwissentlich für nervige und unangenehme Unterbrechungen zu sorgen. Durch diese Taktiken erreichen Sie Folgendes: Kunden und potenziellen Kunden zuhören, für Markenbekanntheit sorgen, die Umsätze steigern und eine Community an Nutzern aufbauen, die Ihre Werte und Ihr Unternehmen mit ihren Freunden teilen.

Wir gehen auch darauf ein, wie man optimale Meldungen für die Pinnwand erzeugt, indem man aktuelle Meldungen in Textform verfasst, Fotos und Videos hinzufügt und Diskussionen ins Rollen bringt. Und zu guter Letzt zeigen wir Ihnen, wie man sich sowohl innerhalb als auch außerhalb von Facebook bestehende Freunde und Kunden zunutze macht und wie man in der Facebook-Community weitere potenzielle Kunden für sein Unternehmen findet.

Interaktionen – was heißt das eigentlich?

Falls Sie sich bereits in das Thema »Wie vermarkte ich mein Unternehmen mit Social Media?« eingelesen haben, werden Sie zweifellos über das Wort *Interaktionen* gestolpert sein. Genau wie das Wort *Liebe* ist Interaktionen eines der Wörter, die immer mehr an Bedeutung verlieren, je häufiger man sie verwendet.

Einige sehen in Interaktionen das Posten von interessanten und kreativen Inhalten, ohne dabei groß seine Kunden oder potenziellen Kunden verstehen zu wollen oder ihnen zuzuhören. Für andere geht es bei Interaktionen vor allem um Dialoge: Fragen stellen, auf Kommentare antworten, den Fans seine Dankbarkeit zeigen und so weiter.

In Wahrheit geht es um beides. Sie müssen interessante Inhalte posten, müssen aber auch wissen, für was sich Ihre Fans interessieren.

Interaktionen und die Mundpropaganda

Bevor wir genauer auf dieses Thema eingehen, möchten wir Sie daran erinnern, dass gute Interaktionen nichts anderes als gute Kommunikation sind. Genau wie bei Networking-Events oder -Konferenzen im wirklichen Leben kosten Interaktionen – Kunden treffen, sie kennen lernen und sie anregen, eine Handlung vorzunehmen – Zeit und Mühe. Ob online oder im wahren Leben: Es handelt sich immer noch um menschliche Wesen. Sie dürfen also beim Aufbau einer positiven Beziehung zu Kunden und potenziellen Kunden nicht schludern. Doch davon abgesehen sind Interaktionen für jeden der Beteiligten etwas anderes.

Aus Ihrer Sicht sind für Interaktionen Strategien notwendig, die Ihre Kunden dazu anregen, über Ihr Unternehmen zu sprechen. Sie möchten (hoffentlich) außerdem erreichen, dass sie Ihnen so weit vertrauen, dass sie mit Problemen an Sie herantreten oder Ihnen mitteilen, dass sie von Ihrer Firma begeistert sind.

Sie möchten aus zweierlei Gründen, dass Fans mit Ihrer Seite interagieren:

- ✔ Über Dialoge und Diskussionen können Sie eine Beziehung zu Ihren Fans aufbauen.
- ✔ Je mehr Aktivitäten auf Ihrer Seite generiert werden, desto mehr Meldungen werden in den Neuigkeiten Ihrer Fans veröffentlicht, was wiederum die eigentliche Handlung bekannt macht und für einen viralen Effekt sorgt.

Sie sollten stets dem Image entsprechen, also sicherstellen, dass die Inhalte auf irgendeine Weise mit Ihrem Unternehmen im Zusammenhang stehen. Und achten Sie auch darauf, dass von Ihnen gepostete Links zu positiven Inhalten führen. Es muss nicht unbedingt sein, dass man mit Ihrer Firma negative Schlagzeilen assoziiert.

Weshalb Nutzer auf Facebook mit Unternehmen interagieren

Eine Studie der Zeitung *The New York Times* hat vor Kurzem ergeben, dass Verbraucher viel eher bei Markenherstellern und Unternehmen kaufen, bei denen sie das Gefühl haben, dass man ihnen im Bereich Social Media zuhört oder besser ausgedrückt mitliest. Aus der Sicht

Ihrer Kunden bedeuten Interaktionen einfach nur, dass sie Gehör finden. Auf Facebook und in allen anderen sozialen Netzwerken wird es Kunden ermöglicht, Markenhersteller und Unternehmen direkt anzusprechen. Gibt es bei einem Kunden ein Problem mit Ihrem Produkt oder Ihrer Dienstleistung, möchte er das Gefühl haben, dass hinter der Facebook-Seite eine real existierende Person steckt, die sich sein Anliegen anhört.

Durch Facebook-Statistiken Interaktionen messen

In gewissem Sinne stellt eine Interaktion ein Gefühl der Verbindung zwischen Kunde und Unternehmen dar. Anhand von Gefühlen allein können Sie aber nicht festmachen, dass Ihre Marketing-Maßnahmen Ihnen auch die erwarteten Erträge einbringen – daher müssen Sie messen.

In der Praxis zeigt sich die Bedeutung von Interaktionen sowohl in Klicks und Besuchen auf einer Website als auch in Dialogen auf der Pinnwand, Erwähnungen Ihrer Seite in Statusmeldungen, Antworten in Kommentar-Threads und im allgemeinen Stimmungsbild, das sich durch alle Handlungen abzeichnet. All diese Interaktionen können mit dem auf jeder Facebook-Seite enthaltenen Analyse-Tool der STATISTIKEN-Anwendung gemessen. In Abbildung 8.1 ist beispielsweise der Seitenbeiträge-Bericht zu sehen, mit dem Sie herausfinden können, wie einzelne Beiträge abgeschnitten haben.

In diesem Abschnitt wollen wir Ihnen zunächst einen Überblick über den Nutzen der Statistiken geben, die besonders für das Messen der Interaktion auf Ihrer Seite hilfreich sind. Umfassendere Informationen zu den Statistiken finden Sie in Kapitel 9.

Datum ?	Beitrag ?	Reichweite ?	Eingebundene Nutzer ?	Personen, die darüber sprechen ?	Viralität ?
18.5.2012	Heute gibt es mal wieder eine schwi...	1.946	52	17	0,87%
18.5.2012	Heute gibt es mal wieder eine schwi...	1.946	52	17	0,87%
15.5.2012	Heutiger Astronomie-Fakt: Die Sonn...	3.000	46	19	0,63%
10.5.2012	Wisst ihr wie Backpulver unter Einwi...	2.259	81	12	0,53%
8.5.2012	Jetzt ist euer ganzes chemisches W...	2.545	111	30	1,18%
3.5.2012	Bei der jährlich stattfindenden Nob...	2.037	16	6	0,29%
30.4.2012	Lust auf eine Knobelaufgabe? Dann...	2.926	138	21	0,72%
26.4.2012	Interessiert ihr euch auch für Exper...	2.810	38	10	0,36%

Abbildung 8.1: Messen Sie, wie viele Interaktionen der Fans jede einzelne Aktualisierung Ihrer Seite hervorgerufen hat.

Beachten Sie, dass Ihnen die Facebook-Statistiken erst zur Verfügung stehen, wenn Ihre Seite mindestens 30 Fans hat.

Für Marketingfachleute bietet sich auf Facebook der enorme Vorteil, dass man die Interaktionen anhand einer Kombination der folgenden Handlungen messen kann:

- **Bei der Meldung von einer Seite auf GEFÄLLT MIR klicken, sie teilen oder kommentieren.** Wie Abbildung 8.1 zeigt, können Sie sich in der Spalte PERSONEN, DIE DARÜBER SPRECHEN weitere Einzelheiten über GEFÄLLT MIR-Angaben und Kommentare ansehen, indem Sie auf einen beliebigen Datenpunkt klicken.
- **Ein Video abspielen oder ein Foto ansehen.** Wie Abbildung 8.1 zeigt, können Sie sich in der Spalte EINGEBUNDENE NUTZER weitere Einzelheiten über das Abspielen von Videos, Fotoaufrufe und andere Dinge ansehen, indem Sie auf einen beliebigen Datenpunkt klicken.
- **Antworten auf Veranstaltungseinladungen, die im Zusammenhang mit Ihrer Seite stehen**
- **Markierungen Ihrer Seite in einer Aktualisierung (auch *Erwähnungen* genannt).** Wie Abbildung 8.1 zeigt, können Sie sich in der Spalte PERSONEN, DIE DARÜBER SPRECHEN die Erwähnungen ansehen, indem Sie einen beliebigen Wert anklicken.
- **Einladungen an Freunde, Fan Ihrer Seite zu werden**

Unten listen wir Ihnen vier Berichte aus den Facebook-Statistiken auf, an denen Sie ablesen können, wie eingebunden Ihre Fans sind. (In Kapitel 9 gehen wir sehr detailliert auf die Facebook-Statistiken ein.) Sie sollten es sich zur Gewohnheit machen, diese vier Berichte auf Ihrer Seite regelmäßig durchzusehen.

Abbildung 8.2: Jede Facebook-Seite hat ein STATISTIKEN-Tool, auf das man direkt von der Seite aus zugreifen kann.

Um die Berichte einzusehen, klicken Sie zunächst direkt auf Ihrer Facebook-Seite im Feld STATISTIKEN rechts auf ALLE ANZEIGEN. Dadurch haben Sie unter anderem Zugriff auf die folgenden vier Berichte (Abbildung 8.2):

- ✔ **Das Diagramm PERSONEN, DIE DARÜBER SPRECHEN:** Klicken Sie oben auf PERSONEN, DIE DARÜBER SPRECHEN, scrollen Sie ein bisschen herunter bis zum Bereich WIE PERSONEN ÜBER DEINE SEITE SPRECHEN und wählen Sie danach in der Dropdown-Liste MELDUNGEN VON DEINEN BEITRÄGEN aus (Abbildung 8.3). Das daraufhin erscheinende Diagramm zeigt Ihnen an, wie viele Facebook-Nutzer innerhalb eines bestimmten Zeitraums bei einer Meldung Ihrer Seite entweder auf GEFÄLLT MIR geklickt oder sie kommentiert haben.
- ✔ **Das Diagramm VIRALE REICHWEITE:** Mit Hilfe des rechten Diagramms können Sie die *virale Reichweite* erkennen, also die Anzahl der Personen, die die Handlungen, die im linken Diagramm angezeigt werden, gesehen haben. Durch die beiden Diagramme in Abbildung 8.3 können Sie ganz genau feststellen, wie Interaktionen sich innerhalb von Facebook verbreiten – ganz wie bei einem Ton und seinem Echo.

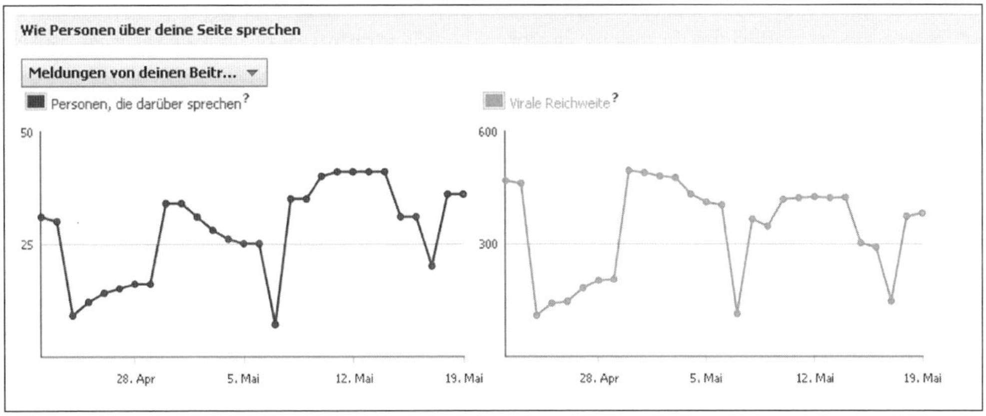

Abbildung 8.3: Die Berichte PERSONEN, DIE DARÜBER SPRECHEN und VIRALE REICHWEITE spiegeln die Interaktionen im Zusammenhang mit Ihrer Seite wider.

- ✔ **Der ÜBERSICHT-Bericht:** Klicken Sie noch einmal direkt auf Ihrer Facebook-Seite im Feld STATISTIKEN rechts auf ALLE ANZEIGEN. Daraufhin wird ein Diagramm angezeigt (Abbildung 8.4), an dem Sie ablesen können, wie sich Interaktionen und Bekanntheit infolge von Aktualisierungen Ihrer Seite steigern. Die violetten Blasen am Fuß des Diagramms zeigen an, wie häufig Sie an einem bestimmten Tag Aktualisierungen gepostet haben. Die grüne Linie (in der Mitte) zeigt, wie viele Personen mit Inhalten auf Ihrer Seite interagiert haben und die blaue Linie oben, wie viele Personen Inhalte gesehen haben, die im Zusammenhang mit Ihrer Seite stehen. Mit Hilfe dieses Diagramms können Sie erkennen, wie die Aktualisierungen Ihrer Seite Nutzer darauf reagieren lassen (zum Beispiel durch Kommentare, Teilen und so weiter) und wie diese Reaktionen dann später von den Freunden dieser Nutzer gesehen werden.

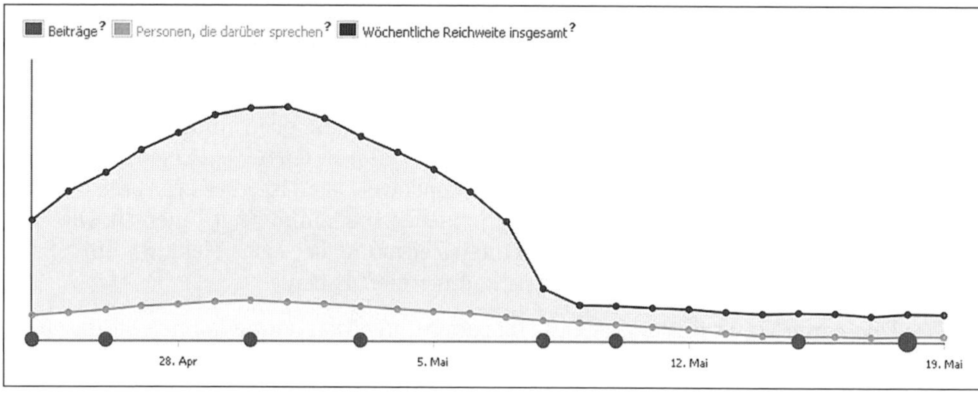

Abbildung 8.4: Der Übersicht*-Bericht zeigt den Zusammenhang zwischen Inhalten, Interaktionen und Bekanntheit.*

✔ **Seitenbeiträge-Bericht:** Scrollen Sie unter dem Diagramm Übersicht weiter nach unten bis zu einem Bericht, in dem die neuesten Aktualisierungen Ihrer Seite und einige Statistiken über ihr Abschneiden aufgelistet werden. In diesem Seitenbeiträge-Bericht (Abbildung 8.5) gibt es mehrere Spalten, die zum Beispiel folgende Informationen enthalten: das Datum, an dem Sie die Aktualisierung gepostet haben; die Anzahl der Nutzer, die damit interagiert haben; und wie viele Personen »darüber gesprochen« haben. Die Spalte ganz rechts zeigt die Viralität an, also den Prozentsatz an Personen, die Ihre Aktualisierung gesehen haben und daraufhin aktiv geworden sind. (Anders ausgedrückt: Der Virali-

Datum ? ▾	Beitrag ?	Reichweite ?	Eingebundene Nutzer ?	Personen, die darüber sprechen ?	Viralität ?
18.5.2012	Heute gibt es mal wieder eine schwi...	1.949	52	17	0,87%
18.5.2012	Heute gibt es mal wieder eine schwi...	1.949	52	17	0,87%
15.5.2012	Heutiger Astronomie-Fakt: Die Sonn...	3.000	46	19	0,63%
10.5.2012	Wisst ihr wie Backpulver unter Einwi...	2.259	81	12	0,53%
8.5.2012	Jetzt ist euer ganzes chemisches W...	2.545	111	30	1,18%
3.5.2012	Bei der jährlich stattfindenden Nob...	2.037	16	6	0,29%
30.4.2012	Lust auf eine Knobelaufgabe? Dann...	2.926	138	21	0,72%
26.4.2012	Interessiert ihr euch auch für Exper...	2.810	38	10	0,36%
24.4.2012	...Für Dummies hat gefragt: Welche...	5.121	183	124	2,42%

Abbildung 8.5: Sehen Sie nach, welche der Aktualisierungen Ihrer Seite die meisten Kommentare und Gefällt mir*-Angaben nach sich gezogen hat.*

tät-Wert ist der »Personen, die darüber sprechen«-Wert geteilt durch den Reichweite-Wert.) Wenn Sie diese Liste durch einen Klick auf den Spaltenkopf anhand der Viralität anordnen, können Sie schnell herausbekommen, welche Aktualisierungen für Nutzer am fesselndsten waren, und durch dieses Wissen können Sie wiederum langsam Trends für Inhalte auf Ihrer Seite deuten, auf die Nutzer am meisten reagieren.

Je aktiver Facebook-Nutzer im Zusammenhang mit Ihrer Seite sind – sprich je mehr Beiträge sie sich ansehen, dabei auf Gefällt mir klicken, sie kommentieren und so weiter –, desto weiter wird sich Ihre Werbebotschaft auf Facebook verbreiten. Bei den Freunden Ihrer Facebook-Fans, die noch nicht zu Fans Ihrer Seite geworden sind, wird Ihre Seite jedes Mal erwähnt, sobald einer ihrer Freunde (der Fan ist) dort etwas kommentiert oder bei Ihren Aktualisierungen auf Gefällt mir klickt.

Da wahre Interaktionen mit Fans sich über einen langen Zeitraum entwickeln, sollten Sie in den Statistiken Wochen oder Monate als Datenbereiche auswählen. Anders ausgedrückt: Sie müssen sich nicht die Mühe machen, jeden Tag die Daten zu kontrollieren.

Facebook nutzt den EdgeRank-Algorithmus, der festlegt, ob Fans Ihre Inhalte in ihren Neuigkeiten sehen werden. Einer der wichtigsten Faktoren bei diesem Algorithmus ist die Häufigkeit der Kommentare und Gefällt mir-Angaben bei jeder einzelnen Meldung Ihrer Seite. In den Facebook-Statistiken erfahren Sie, wie Sie Aktualisierungen posten, die mehr Gefällt mir-Angaben und Kommentare hervorrufen.

Durch Einstellungen für die Pinnwand der Seite ein Maximum an Interaktionen ermöglichen

Fans können Ihre Meldungen auf der Facebook-Seite nicht nur kommentieren und dabei auf Gefällt mir klicken, sondern dort auch ihre eigenen Statusmeldungen posten und Personen in Fotos Ihrer Seite markieren. Dies funktioniert allerdings nur, wenn Sie entsprechende Einstellungen für Ihre Pinnwand vorgenommen haben. Falls Sie entscheiden, dass Fans keine Inhalte auf Ihrer Facebook-Seite teilen dürfen, begrenzen Sie den Umfang, inwieweit Fans sich mit Ihnen auf Facebook verbinden können, und dies wird sich negativ auf Ihren EdgeRank auswirken.

Befolgen Sie einfach diese Schritte, um Ihre Pinnwand so einzustellen, dass Fans dort Inhalte posten können:

1. **Melden Sie sich auf Facebook an und besuchen Sie Ihre Facebook-Seite.**
2. **Klicken Sie rechts oben auf Ihrer Seite auf Seite bearbeiten.**
3. **Klicken Sie im Administratorbereich Ihrer Facebook-Seite auf Genehmigungen verwalten.**
4. **Setzen Sie im Bereich Beitragsoptionen in jedem Kasten ein Häkchen (Abbildung 8.6).**

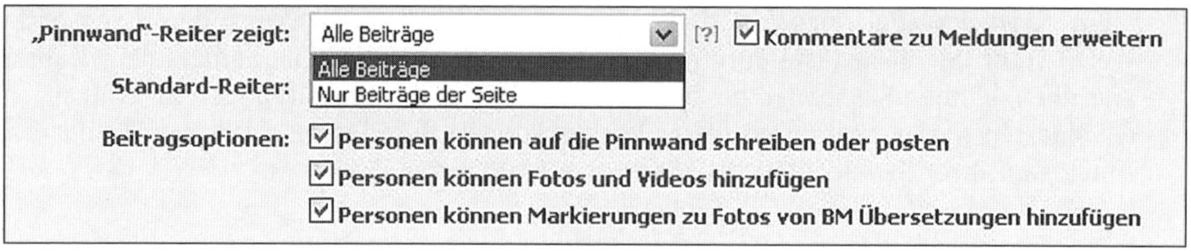

Abbildung 8.6: Einstellungen für die Pinnwand Ihrer Facebook-Seite nehmen Sie hier vor.

Falls Sie mit Ihrer Firma im Social Media Marketing gerade die ersten Schritte unternehmen, könnte die Vorstellung, jedem Facebook-Nutzer das Posten von Inhalten auf Ihrer Seite zu gestatten, Furcht einflößend sein. Ein nachvollziehbarer, doch häufig unnötiger Gedanke. Wenn Sie direkt auf Ihrer Facebook-Seite Kritik zulassen, werden Sie merken, dass Sie dadurch Ihrer Marke ein positives Image verleihen. Wir werden später auch noch erörtern, dass es Methoden gibt, um Obszönitäten und beleidigende Ausdrücke auf der eigenen Facebook-Seite auf ein moderates Maß zu reduzieren.

Neue Aktualisierungen auf der Seite posten

Wenn Sie für einen stetigen Strom an Inhalten sorgen, können Sie neue Mitglieder der Facebook-Community leichter anlocken und mit ihnen interagieren. Durch solche neuen Inhalte binden Sie zudem Ihre derzeitigen Fans und bleiben weiterhin für sie interessant. Außerdem zeigt Facebook bei jeder neuen Aktualisierung auf Ihrer Seite eine Meldung darüber in den Neuigkeiten an.

Aktualisierungen über den Herausgeber senden

Am häufigsten werden Aktualisierungen auf einer Facebook-Seite ganz oben auf der Pinnwand der Seite veröffentlicht. Sie können vier verschiedene Arten von Aktualisierungen posten.

- ✔ **Status:** Im Herausgeber ganz oben auf Ihrer Facebook-Seite können Sie eine Aktualisierung für Ihre Fans verfassen. Nutzen Sie dafür das Feld, in dem SCHREIB ETWAS … steht (Abbildung 8.7). Man kann dort außerdem einen Link eingeben, der mitsamt zugehörigen Kommentaren an der Pinnwand der Facebook-Seite geteilt wird (Abbildung 8.8).

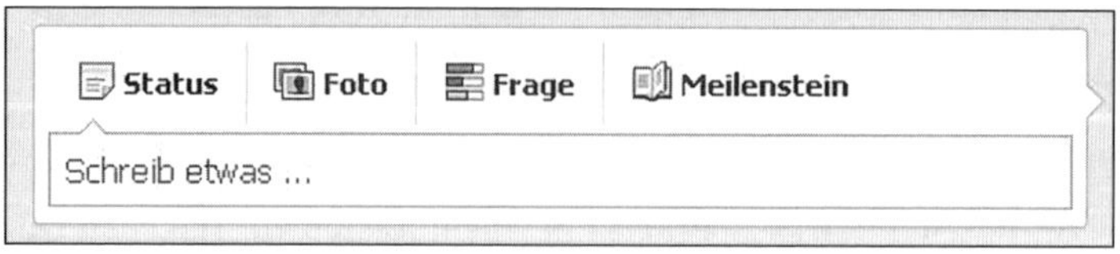

Abbildung 8.7: Auf Facebook können Administratoren und Fans Meldungen in Textform an der Pinnwand einer Facebook-Seite veröffentlichen.

Abbildung 8.8: Seitenadministratoren und Fans können Links teilen.

- **Foto:** Durch einen Klick auf den FOTO-Link über dem Herausgeber können Sie Fotos oder Videos sofort auf Ihrer Facebook-Seite veröffentlichen. Das Foto oder Video können Sie direkt von Ihrem Computer aus hochladen oder direkt mit Ihrer Webcam aufnehmen oder – falls Sie mehrere Fotos haben – zu einem Album zusammenstellen. In Abbildung 8.9 sehen Sie die Optionen in der FOTO-Anwendung.

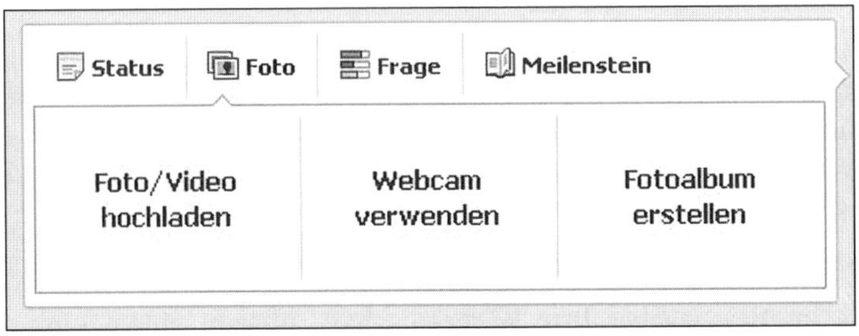

Abbildung 8.9: Es gibt viele Methoden für Seitenadministratoren und Fans, Fotos zu teilen.

- **Frage:** Facebook ermöglicht es Seitenadministratoren außerdem, über das FRAGE-Feature auf ihrer Seite Umfragen zu veröffentlichen (Abbildung 8.10). Um eine Frage zu posten, klicken Sie einfach auf das FRAGE-Symbol oben in Ihrem Herausgeber, geben eine Frage ein, tippen eine Auswahl an Antworten ein, entscheiden, ob Fans ihre eigenen Antworten hinzufügen dürfen, und veröffentlichen danach die Frage.

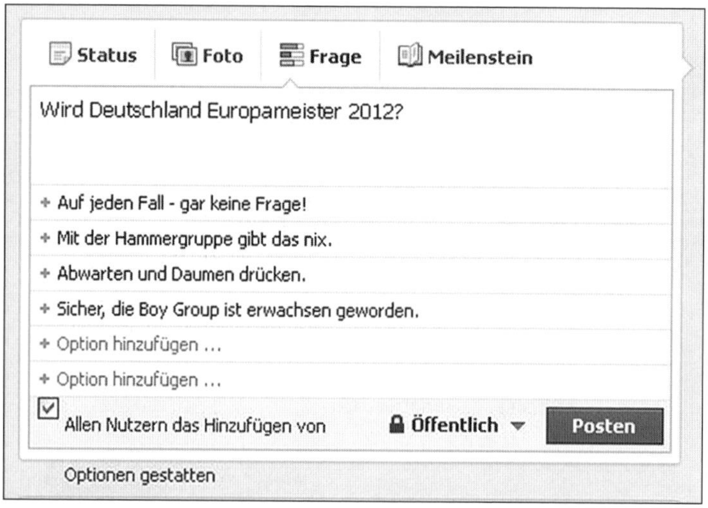

Abbildung 8.10: Seitenadministratoren können auf Facebook mit Hilfe der FRAGE-Anwendung einfache Umfragen erstellen.

- **Meilenstein:** Meilensteine sind Schlüsselmomente, die Sie auf Ihrer Seite hervorheben können. Meilensteine sind für jeden sichtbar, der Ihre Seite besucht. Hier könnten Sie vielleicht das Gründungsdatum Ihrer Firma oder wichtige Jubiläen eintragen. Klicken Sie dazu auf das MEILENSTEIN-Symbol. Es öffnet sich ein Feld (Abbildung 8.11), in dem Sie verschiedene Optionen finden. Man kann dort unter anderem den Titel des Ereignisses, das zugehörige Datum und Fotos hinzufügen.

Wenn man eine Statusmeldung als Nur-Text-Beitrag veröffentlicht, werden keine weiteren Objekte geteilt. Beim Teilen von Fotos, Videos, Links und Meilensteinen hingegen können Sie die Inhalte auch noch kommentieren. Man kann solche Beiträge aber nicht nur mit einem Kommentar versehen, sondern zusätzlich festlegen, wer ihn sehen wird. Befolgen Sie diese Schritte, um ganz genau darüber zu bestimmen, wer einen Beitrag sieht:

1. **Klicken Sie über dem Herausgeber auf STATUS, FOTO oder MEILENSTEIN.**
2. **Geben Sie im Herausgeber Ihre Werbebotschaft mitsamt einem Link ein, laden Sie ein Foto oder Video hoch, nehmen Sie ein Video auf oder fügen Sie einen Meilenstein hinzu.**

Abbildung 8.11: Geben Sie an dieser Stelle wichtige Meilensteine Ihres Unternehmens an.

Falls Sie ein Foto oder Video hochladen, müssen Sie angeben, welche Foto- oder Videodatei es sein soll. Durchsuchen Sie dazu in dem Fenster, das erscheint, Ihren Computer nach der richtigen Datei und doppelklicken Sie darauf.

3. **Klicken Sie bei Fotos, Videos und Links auf POSTEN.**
4. **Wenn Sie möchten, dass all Ihre Fans die Inhalte sehen, müssen Sie auf POSTEN klicken.**

Aktualisierungen der Seite nur einigen Fans zeigen

Sie können festlegen, dass Aktualisierungen Ihrer Seite nur mit Fans geteilt werden, die an einem bestimmten Standort wohnen oder die eine bestimmte Sprache sprechen. Eine Hotelkette, die Häuser im gesamten Bundesgebiet hat, würde Werbeaktionen zu einem speziellen Ort beispielsweise nur mit Fans in der Stadt teilen, in der das entsprechende Hotel steht.

So etwas erreichen Sie, indem Sie Aktualisierungen für eine bestimmte Gruppe unter Ihren Facebook-Fans veröffentlichen. Befolgen Sie dazu einfach diese Schritte:

1. **Klicken Sie in der Dropdown-Liste ÖFFENTLICH auf STANDORT/SPRACHE (Abbildung 8.12).**

   Das Fenster WÄHLE DEIN PUBLIKUM AUS erscheint (Abbildung 8.13).

2. **Falls Sie eine Aktualisierung für Fans an einem bestimmten Standort veröffentlichen möchten, geben Sie diesen (das Land) in das Feld ORT ein.**

Abbildung 8.12: Seitenadministratoren legen über eine Dropdown-Liste fest, welche Fans Aktualisierungen einer Seite sehen können.

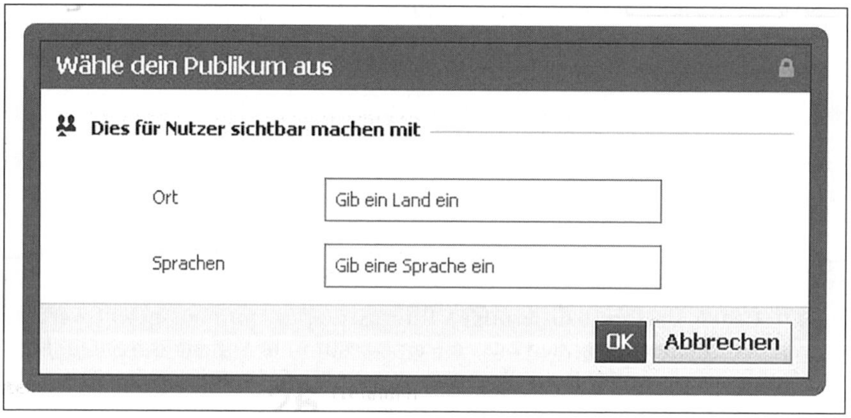

Abbildung 8.13: Beschränken Sie die Sichtbarkeit von Aktualisierungen auf einen bestimmten Standort.

3. **Klicken Sie den gewünschten Radiobutton (Abbildung 8.14) an, um Ihre Zielgruppenbeschreibung nach einem Staat beziehungsweise Bundesland oder einer Stadt einzugrenzen.**

   - *Überall:* Hier veröffentlichen Sie den Beitrag für alle Fans in diesem Land.
   - *Nach Stadt:* Hier veröffentlichen Sie den Beitrag für alle Fans in einer bestimmten Stadt.

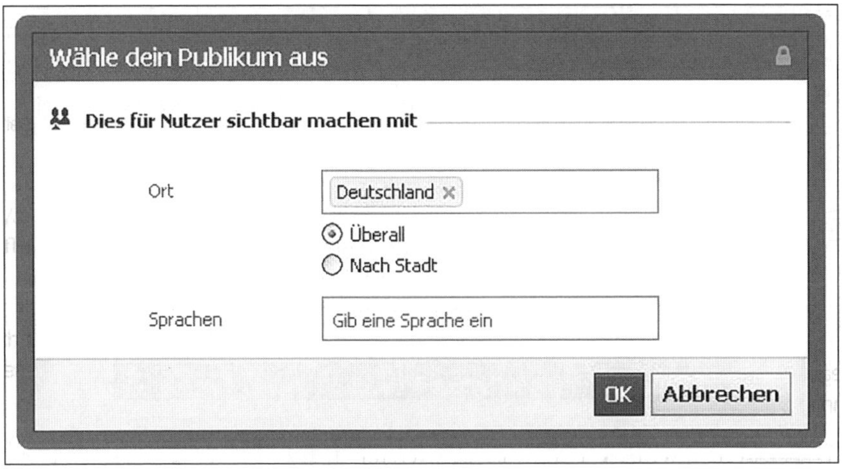

Abbildung 8.14: Nehmen Sie sich Fans von Ihrer Pinnwand zur Zielgruppe, indem Sie nach Stadt eingrenzen.

Bitte beachten Sie, dass an dieser Stelle je nach ausgewähltem Land andere Optionen wie etwa NACH STAAT/BUNDESLAND erscheinen können.

Häufig müssen Sie bei der Auswahl einfach nur anfangen, den Namen des Bundesstaats beziehungsweise Bundeslands oder der Stadt einzutippen. Irgendwann erscheint dann eine Liste mit Vorschlägen, aus der Sie auswählen können.

4. **Wenn Sie die Aktualisierung für Fans veröffentlichen möchten, die auf Facebook als Muttersprache etwas anderes als Deutsch angegeben haben, müssen Sie den Namen der Sprache in das Feld SPRACHEN eingeben.**

   Auch an dieser Stelle tippen Sie die ersten Buchstaben der Sprache ein und wählen dann aus der erscheinenden Liste mit Vorschlägen aus.

5. **Klicken Sie auf OK.**

Vom Profil oder der Seite posten?

Bei Facebook-Seiten können Administratoren auswählen, ob sie Inhalte in Namen der Seite oder des persönlichen Profils posten möchten. Dadurch können sie flexibel vorgehen und sowohl als Sprachrohr der Marke fungieren als auch ihre persönliche Meinung wiedergeben.

Die Administratoren der englischsprachigen Facebook-Seite National Wildlife Federation interessieren sich auch außerhalb ihres Arbeitsplatzes für Themen des Naturschutzes und engagieren sich in diesem Bereich. Sie nehmen am Wochenende und nach Feierabend an entsprechenden Aktivitäten teil, da ihnen der Schutz die Tierwelt wirklich am Herzen liegt. Als Administratoren der Facebook-Seite können sie Aktualisierungen zu den neuesten Gesetzen im Bereich Tierartenschutz veröffentlichen und bei diesen Beiträgen später eigene Kommentare von ihrem Profil aus hinzufügen.

Vom Posten vom Profil zum Posten von der Seite wechseln

Um etwas von Ihrer Facebook-Seite aus zu posten, besuchen Sie einfach die Seite (dazu müssen Sie sich unbedingt vorher anmelden) und wählen Sie dann in der Dropdown-Liste VERWALTEN ganz oben FACEBOOK UNTER DEM NAMEN [NAME IHRER SEITE] VERWENDEN aus (Abbildung 8.15).

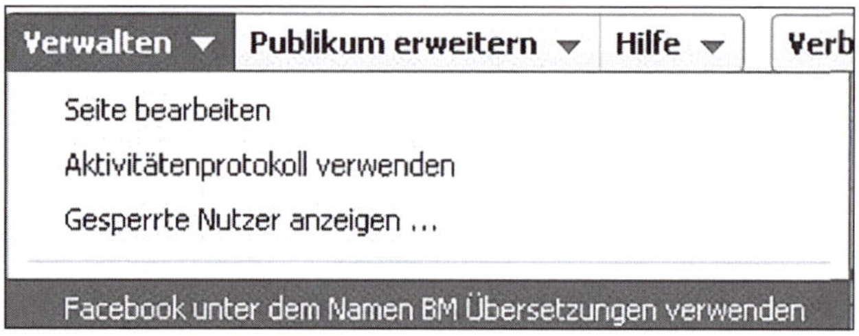

Abbildung 8.15: Auf Facebook-Seiten können Administratoren zwischen dem Posten von der Seite aus zum Posten vom Profil aus hin- und herwechseln.

Nachdem Sie auf diese Weise zum Posten von der Seite aus gewechselt haben, können Sie Meldungen anderer Seiten kommentieren oder dabei auf GEFÄLLT MIR klicken (dazu müssen Sie allerdings erst Fan der entsprechenden Seite sein), Sie können auf Seiten, deren Fan Sie sind, Aktualisierungen posten, andere Seiten in Aktualisierungen auf Ihrer Seite erwähnen und andere Seiten in Ihren Fotos markieren.

Verwenden Sie Facebook im Namen Ihrer Seite, können Sie außerdem die Neuigkeiten Ihrer Seite sehen (Abbildung 8.16). In den Neuigkeiten Ihrer Seite, die sich von denen Ihres persön-

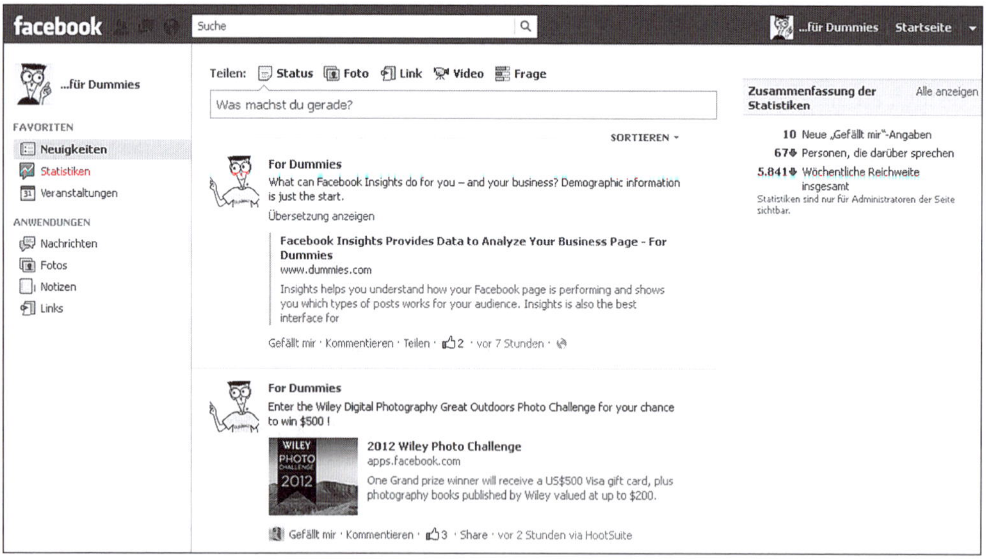

Abbildung 8.16: Wenn Sie sich als Seite angemeldet haben, können Sie die neuesten Aktualisierungen von Seiten, deren Fan Ihre Seite ist, sehen.

lichen Profils unterscheiden, finden Sie die neuesten Aktualisierungen von allen Seiten, deren Fan Ihre Seite geworden ist. Sie können diese Beiträge direkt in den Neuigkeiten Ihrer eigenen Seite kommentieren oder dabei auf GEFÄLLT MIR klicken. Sie gehen dabei genauso vor, als wenn Sie in Ihrem persönlichen Profil eingeloggt wären.

Beachten Sie auch, dass Ihnen in der Menüleiste von Facebook (ganz oben auf jeder Facebook-Seite zu finden) die neuesten Benachrichtigungen über die Aktivitäten der Fans, Benachrichtigungen über neue Fans und Ähnliches angezeigt werden. Handelt es sich um *ungelesene* Benachrichtigungen, erscheint eine kleine Zahl im entsprechenden Symbol in der Menüleiste. Direkt darunter finden Sie aber auch noch einen Überblick über diese Benachrichtigungen (Abbildung 8.17).

Abbildung 8.17: Auf Facebook werden Seitenadministratoren nützliche Informationen angezeigt, wenn sie sich als Seite anmelden.

Posten vom Profil aus – Sie entscheiden selbst

Sie als Seitenadministrator und nicht Ihr Chef sollten darüber entscheiden, ob Sie von Ihrem persönlichen Profil aus etwas posten. Denn wenn man von seinem eigenen Profil aus einen Beitrag auf einer Seite veröffentlicht, erhält man unter Umständen Freundschaftsanfragen von Fans der Seite und so etwas könnte unerwünscht sein. Führungskräfte sollten die Privatsphäre von persönlichen Profilen anderer stets respektieren. Treffen Sie also selbst eine Entscheidung.

Falls ein Administrator sich aber als anerkannter Vordenker, zuverlässiger Experte oder renommiertes Mitglied der Community Ihrer Facebook-Seite einen Namen gemacht hat, wird die Erlaubnis, ihn Beiträge von seinem eigenen Profil aus posten zu lassen, die Beziehung zwischen Fans und Ihrem Unternehmen nur noch vertiefen.

Poste ich Spam oder bin ich hilfsbereit?

Die bloße Tatsache, dass Sie im Namen Ihrer Seite Beiträge auf anderen Seiten posten können, bedeutet noch lange nicht, dass das immer ein kluger Schachzug ist. Ein häufiger Fehler vieler Marketingfachleute auf Facebook besteht darin, dass sie auf fremden Seiten etwas posten, um damit für ihr Unternehmen zu werben. Doch so etwas wirkt wie Spam. Genau wie andere Nutzer, die im E-Mail-Posteingang oder in anderen sozialen Netzwerken Spam vorfinden, tolerieren auch Facebook-Nutzer dies nur bis zu einem gewissen Grad. Zwei Faktoren entscheiden darüber, ob Ihr Beitrag auf einer fremden Seite als Spam wahrgenommen wird:

✔ **Für die Community sind Sie ein unbeschriebenes Blatt.** In Ihrer Eigenschaft als Marketingfachmann, der eine Facebook-Seite verwaltet, denken Sie vielleicht, dass die von Ihnen auf einer anderen Seite geposteten Inhalte doch ganz offensichtlich nützlich sind. Ein Besitzer eines Geschäfts für Heimtierbedarf, der eine Werbeaktion für Katzenfutter durchführt, mag zum Beispiel der Meinung sein, dass es doch nicht schaden kann, Infos über die Aktion auf der Facebook-Seite des örtlichen Tierheims zu posten. Dennoch werden viele der Fans dieser Seite diesen Beitrag als unerwünscht und selbstdarstellerisch empfinden.

✔ **Die Community vertraut Ihnen nicht.** Wenn Facebook-Fans einer fremden Seite Sie nicht kennen, werden sie Ihnen sehr wahrscheinlich auch nicht vertrauen, da sich zwischen beiden Parteien noch kein Vertrauensverhältnis aufgebaut hat.

Es liegt auf der Hand, dass Sie in solchen Fällen zunächst einmal zu einem vertrauenswürdigen Mitglied der Community einer solchen Seite werden müssen, bevor Sie überhaupt daran denken können, dort Ihre eigenen Absichten zu verfolgen.

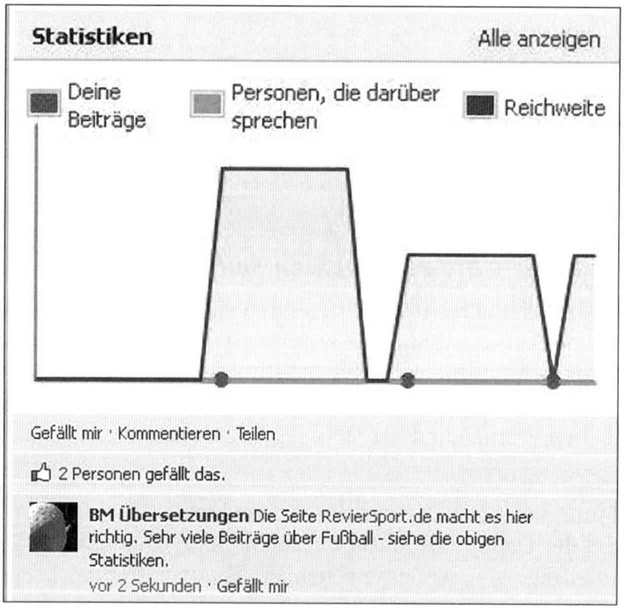

Abbildung 8.18: Erwähnen Sie im Namen Ihrer Seite eine andere Seite in einer Aktualisierung.

Das können Sie erreichen, indem Sie so auf Beiträge dieser Seite antworten, dass Sie damit etwas zum Thema des entsprechenden Beitrags beitragen und gleichzeitig den Zweck der Seite fördern. In unserem Beispiel mit dem Geschäft für Heimtierbedarf könnte der Ladenbesitzer sein Ansehen auf der Facebook-Seite des Tierheims aufwerten, indem er zum Beispiel auf einen Beitrag über einen neuen Hund, der adoptiert werden kann, antwortet und in diesen Kommentar den Fans nützliche Informationen über die jeweilige Hunderasse einfließen lässt. Je länger der Ladenbesitzer diese Strategie verfolgt, desto intensiver werden er (und sein Geschäft) von den Fans dieser Seite wahrgenommen werden.

Eine weitere Methode besteht darin, den Zweck der fremden Seite auf Ihrer eigenen Facebook-Seite zu bewerben, indem Sie diese Seite in einer Aktualisierung erwähnen (Abbildung 8.18).

Bei Aktualisierungen zum Schattenkrieger werden

Auf Facebook lautet die Devise: Interaktionen – Interaktionen – Interaktionen. Und die Markenhersteller, die hier am erfolgreichsten sind, wissen, wie man eine kreative Aktualisierung erstellt. Doch bevor wir uns näher mit den zugehörigen Taktiken und Strategien beschäftigen, sollten Sie sich ansehen, was effektiv ist und was nicht.

Was Facebook-Nutzer interessiert – Untersuchungen

Es wurden bereits zahlreiche Untersuchungen darüber, was auf Facebook wirklich effektiv ist und was nicht, durchgeführt. In der Studie »Strategies for Effective Facebook Wall Posts: A Statistical Review« (englischsprachig: `http://forms.buddymedia.com/whitepaper-form_review-strategies-for-effective-facebook-wall-posts.html`) der US-amerikanischen Social-Media-Agentur Buddy Media, einem statistischen Bericht über Strategien für wirkungsvolle Pinnwandeinträge auf Facebook, wird sehr detailliert darauf eingegangen, welche Arten von Meldungen einer Seite die meisten Interaktionen hervorrufen. Einige bemerkenswerte Schlussfolgerungen aus dieser Studie sind:

- ✔ **Kürzere Meldungen in Textform ziehen mehr Interaktionen nach sich.** Mit der Studie hat man herausgefunden, dass Aktualisierungen mit weniger als 80 Zeichen für eine 27 Prozent höhere Interaktionsrate sorgen als längere Aktualisierungen. Genau wie Sie selbst sind Facebook-Nutzer sehr beschäftigte Leute und haben kaum Zeit dafür, sich langatmi ge Versionen durchzulesen. Das Posten von kürzeren Meldungen gewährleistet, dass man darauf reagieren wird.
- ✔ **Das Posten von Beiträgen außerhalb der üblichen Geschäftszeiten kann für mehr Interaktionen sorgen.** Die Studie deckte auf, dass während dieser Zeit gepostete Meldungen eine 20 Prozent höhere Interaktionsrate aufwiesen. Die meisten Facebook-Nutzer sehen sich die auf ihren Profilen erscheinenden Meldungen von Seiten frühmorgens oder nach Feierabend an. Wenn Sie also genau dann etwas posten, sind Ihre Beiträge ganz sicher im oberen Bereich der Neuigkeiten Ihrer Fans zu finden!
- ✔ **Das Posten von Beiträgen zum Wochenende hin verursacht mehr Interaktionen.** Bei Buddy Media hat man herausgefunden, dass Donnerstage und Freitage bezogen auf Inter-

aktionen die idealen Werktage sind und laut der Firma Facebook ist dies auch die Zeit, zu der der so genannte Facebook Happiness Index seinen Höchststand erreicht. Wie sich Donnerstage und Freitage vom Rest der Woche unterscheiden? Das Wochenende steht vor der Tür! Und wenn man glücklich ist, steht man Interaktionen mit Freunden und Marken auf Facebook sehr viel offener gegenüber.

Durch Fragen an Fans Interaktionen fördern

Durch Fragen bekommen Sie Facebook-Nutzer am leichtesten dazu, Kommentare hinzuzufügen. Sie sollten aber im Hinterkopf behalten, dass Fans auf Facebook sich nicht gerne viel Arbeit machen. Wenn sie bei dem Versuch, eine Frage zu verstehen, schon Zeit aufwenden müssen, sinkt die Wahrscheinlichkeit, dass sie darauf antworten werden. Je konkreter und kürzer Ihre Fragen sind, desto eher werden sie für eine höhere Anzahl an Kommentaren sorgen. Hier listen wir Ihnen einige Beispiele für Arten von Fragen auf, die Fans auf Facebook tendenziell bevorzugen:

- ✔ **Ja oder nein:** Die naheliegendste Art der Frage lässt sich sehr leicht beantworten. Sie dient außerdem dazu, Marktforschungsdaten über eventuelle Angebote zu sammeln.
- ✔ **Wahr oder falsch:** Eine weitere Art von Fragen, die wirklich effektiv ist. Beginnen Sie solche Fragen immer mit *Wahr oder falsch?*. Facebook-Nutzer werden eher darauf antworten, wenn sie wissen, dass hier bloß eine einfache Antwort erforderlich ist.
- ✔ **Fragen zu Fotos:** Teilen Sie ein Foto und bitten Sie Ihre Fans um Kommentare. Eine Tierschutzorganisation könnte zum Beispiel ein Foto posten und fragen: »Wo ist der Fehler in diesem Bild?«
- ✔ **Umfragen:** Mit Hilfe des neuen FRAGE-Features von Facebook können Sie ganz mühelos Umfragen für Ihre Seite erstellen. Hinzu kommt, dass sich mit solchen Umfragen der Bekanntheitsgrad Ihrer Seite leichter steigern lässt als mit Pinnwandeinträgen.
- ✔ **Präferenzfragen:** Was mochten Sie in der Schule lieber: Fragen, die eine ausführliche Antwort erforderten oder Multiple-Choice-Fragen? (Ja, dasselbe dachten wir auch. Die Fragen mit ausführlichen Antworten konnte doch keiner leiden.) Und Facebook-Nutzer sind da nicht anders.
- ✔ **Lückentext:** Auch bei dieser Art von Fragen müssen Facebook-Nutzer nicht viel tun. Beginnen Sie solche Fragen immer mit *Lückentext*. Nutzer werden viel eher auf die Frage antworten, wenn sie erkennen können, was von ihnen erwartet wird. Und wie eine Lückentextaufgabe funktioniert, weiß ja nun wirklich jeder von uns.
- ✔ **Fragen zur Teilnahme:** Fragen Sie nach, wer an einer Veranstaltung teilnehmen wird. Sie können so eine Frage Fans stellen, die in der Nähe des baldigen Veranstaltungsortes wohnen. Idealerweise teilen Sie dazu noch einen Link zu Ihrer Facebook-Veranstaltung.
- ✔ **Schönstes Erlebnis:** Bitten Sie die Teilnehmer, ihr schönstes Erlebnis von der Veranstaltung zu teilen. Falls es sich bei Ihrer Firma um ein bundesweit agierendes Unternehmen handelt und die Veranstaltung in Berlin stattfand, könnten Sie für Ihre Aktualisierung die dortigen Besucher als Zielgruppe definieren und sie bitten, ihre Eindrücke zu teilen. Dadurch werden Sie zwar hauptsächlich Antworten von den eingefleischten Fans erhalten,

verschaffen aber gleichzeitig den weniger aktiven Fans einen tieferen Einblick in Ihre Unternehmenskultur.

✔ **Tipps:** Bitten Sie Ihre Fans um Tipps. So etwas ist sehr hilfreich, wenn Sie bei Ihren Facebook-Fans ein Gemeinschaftsgefühl hervorrufen möchten.

Durch Quizspiele Interaktionen fördern

Fotos, Videos, Links und Meldungen in Textform bieten zwar eine Vielzahl an Inhalten für Fans, doch ab und an sollte man auch mal etwas anderes ausprobieren. Quizspiele und Umfragen stellen auf Facebook beliebte Taktiken dar, um für unterschiedliche und interessante Interaktionen von Fans zu sorgen.

Bei der Marke Labello, einem Lippenpflegestift, werden den Fans auf der Facebook-Seite Labello Deutschland regelmäßig Fragen in Quizform gestellt. Eine dieser Fragen (»Stell dir vor, deine beste Freundin wäre ein Labello. Welche Sorte wäre sie und warum?«) hat für 142 GEFÄLLT MIR-Angaben und 71 Kommentare gesorgt (Abbildung 8.19). Diese Umfrage erfüllte einen

Abbildung 8.19: Führen Sie eine Umfrage durch, um für unterschiedliche und interessante Interaktionen von Fans zu sorgen.

doppelten Zweck: Zum einen konnten Fans ihre Meinung äußern und zum anderen erfuhr das Unternehmen, welche Geschmacksrichtungen ihres Lippenpflegestifts am beliebtesten sind. Das Marketing-Team der Firma kann diese Informationen nutzen, um in Zukunft für Inhalte und Werbeaktionen leichter eine Zielgruppe definieren zu können.

Auf Kommentare und »Gefällt mir«-Angaben reagieren

Wenn Fans Ihnen eine Frage stellen oder sich so sehr für Ihre Beiträge interessieren, dass sie einen Kommentar auf Ihrer Pinnwand posten, dann haben sie sich für die Interaktion Zeit genommen. Antworten Sie ihnen nicht oder nehmen Sie ihre Interaktion in keinster Weise zur Kenntnis, wirkt das wie Ignoranz Ihrerseits. Und wer möchte schon seine Euros bei einer Firma ausgeben, die einen schon ignoriert, bevor man überhaupt etwas gekauft hat? Wenn ein Nutzer Sie etwas fragt, sollten Sie darauf antworten. Wenn man Ihnen ein Kompliment macht, sollten Sie sich bei demjenigen bedanken und Ihr Streben nach hervorragender Kundenzufriedenheit betonen. Wenn Sie einen negativen Kommentar vorfinden, sollten Sie nachfragen, wie Sie die Kundenerfahrung insgesamt verbessern können.

Kurz: Jedes Mal, wenn ein Nutzer mit Ihnen in Kontakt tritt, um mit Ihrer Seite zu interagieren, sollten Sie wiederum mit ihm interagieren. Wenn Sie sich hier nicht erkenntlich zeigen, könnte das nach hinten losgehen oder sich in niedrigeren Umsätzen niederschlagen.

Obwohl man im Allgemeinen innerhalb von 24 Stunden auf Kommentare reagieren sollte, gibt es Fälle – wie zum Beispiel den wütenden Kunden, der mit keiner Ihrer Erwiderungen jemals zufrieden sein wird –, bei denen man ohne eigene Reaktion besser fährt. Wann man reagieren sollte und wann nicht – eine knifflige Entscheidung. Daher kommen hier einige Tipps zur Entscheidungsfindung:

- ✔ **War es ganz klar ein Fehler Ihrerseits, sollten Sie antworten und die Situation umgehend bereinigen.** Eine Entschuldigung kann sehr viel bewirken, sofern Sie dabei betonen, dass die notwendigen Schritte unternommen werden, um das Problem zu bewältigen.
- ✔ **Verfasst jemand einen negativen Kommentar zu einem Vorfall, den es eigentlich nie gegeben hat oder der auf falschen Tatsachen beruht, sollten Sie denjenigen korrigieren.** Gehen Sie dabei immer höflich vor, denn meist merken solche Nutzer nicht, dass der Fehler bei ihnen selbst liegt. Falls Sie gar nicht darauf reagieren, spricht sich das Missverständnis vielleicht herum und die Lage spitzt sich zu.
- ✔ **Versuchen Sie, zu retten, was zu retten ist.** Wenn Sie einen Fehler gemacht haben und glauben, die negative Kundenerfahrung positiv darstellen oder den Kunden zu einer zweiten Chance überreden zu können, dann ist eine Reaktion angebracht, um das von Kunden wahrgenommene Unrecht wiedergutzumachen.
- ✔ **Ein wütender Kunde wird eventuell nie zufriedenzustellen sein.** Da sind Sie vielleicht besser dran, wenn Sie gar nicht reagieren. Manchmal lässt jemand seinen Frust auf die Welt an Ihnen und Ihrer Facebook-Seite aus. Um herauszubekommen, ob Sie es mit einer solchen Person zu tun haben, sehen Sie sich am besten seine anderen Kommentare an.

Möglicherweise werden Sie daraus den Schluss ziehen, dass Sie besser nicht in einem Streit mitmischen, in dem Sie ja doch den Kürzeren ziehen. Stecken Sie Ihre Zeit und Mühe lieber in Angelegenheiten, bei denen Sie ein positives Ergebnis erzielen können.

- **Lassen Sie die Finger von aussichtslosen Streitereien.** Manchmal schadet eine Reaktion mehr, als dass sie nützt. Ein negativer Kommentar oder eine negative Bewertung kann verheerende Auswirkungen auf die Online-Reputation eines Unternehmens haben. Sie sollten allerdings nicht bei einem Geplänkel mitmischen, bei dem sozusagen noch mehr ans Tageslicht kommt. Wie so oft sollte man in solchen Situationen lieber eine passive Rolle einnehmen, anstatt dem Gegenüber an die Gurgel zu gehen.
- **Lassen Sie sich von der Verärgerung nicht beim Antworten beeinflussen.** Obwohl es vom Prinzip her richtig ist, sich zu sagen: »Nimm's nicht persönlich – so ist das eben im Geschäftsleben«, ist das in der Praxis ganz schön schwer umzusetzen. Über abfällige Kommentare auf Facebook kann man sich wirklich aufregen. Anstatt mit einer negativen Erwiderung herauszuplatzen, sollten Sie entweder einen Dritten, den die Sache weniger mitnimmt, antworten lassen oder so lange damit abwarten, bis Sie sich beruhigt haben. Eine wütende Reaktion kann wesentlich dazu beitragen, dass Ihr Verhältnis zum Kunden belastet wird, und kann Auswirkungen auf alle Leser haben.

Durch Fotos und Videos Interaktionen fördern

»Ein Bild sagt mehr als tausend Worte« – Nirgendwo trifft dieses alte Sprichwort eher zu als auf Facebook. Fotos und Bilder sind die beiden Arten von Inhalten, die regelmäßig die meisten Interaktionen verursachen.

Ein tolles Beispiel für eine Facebook-Seite, auf der man durch Fotos Interaktionen fördert, ist Grotifant (`https://www.facebook.com/grotifant`). Die Seite dreht sich um das Maskottchen Grotifant des Fußballvereins KFC Uerdingen 05. Wenn dort Fotos gepostet werden, wird fast immer ein lustiger oder interessanter Kommentar hinzugefügt, der eine Reaktion hervorrufen soll.

Nachdem Sie ein Foto geteilt haben, veröffentlicht Facebook es automatisch in Ihren Neuigkeiten und schafft drei Möglichkeiten, wie Nutzer mit diesem Inhalt interagieren können: GEFÄLLT MIR, KOMMENTIEREN, TEILEN (Abbildung 8.20).

- **Gefällt mir:** Nutzer können bei dem Foto auf GEFÄLLT MIR klicken. Dadurch wird eine Handlung erzeugt, die die Freunde des Nutzers sehen.
- **Kommentieren:** Nutzer können ein Foto kommentieren. Auch dadurch wird eine Handlung erzeugt, die die Freunde des Nutzers sehen.
- **Teilen:** Nutzer können das Foto teilen. Dadurch wird es noch zusätzlich in ihren eigenen Neuigkeiten angezeigt. (Auch Seitenadministratoren können Fotos auf ihrer Seite teilen.)

Abbildung 8.20: Auf der Seite Grotifant werden häufig interessante Fotos gepostet. Facebook-Nutzer können bei Fotos auf GEFÄLLT MIR *klicken, sie kommentieren oder teilen.*

Facebook-Nutzer können außerdem Seiten oder Personen in einem Foto markieren (Abbildung 8.21). Wenn eine Seite oder eine Person markiert wurde, erhält der betreffende Nutzer oder Administrator automatisch eine Benachrichtigung darüber.

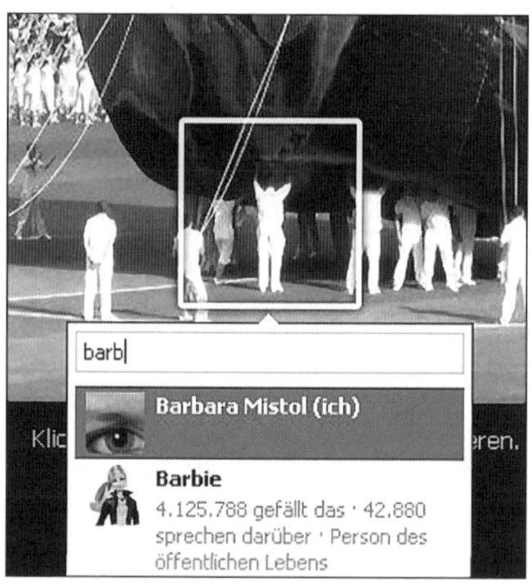

Abbildung 8.21: Facebook-Nutzer können Freunde in Fotos markieren.

Auf der Facebook-Seite »Dancer against Cancer« von einer gemeinnützigen Organisation, die Spendengelder für die Krebshilfe sammelt, werden Fotomarkierungen auf kreative Weise eingesetzt. Nutzer können sich in einem bereits geposteten Foto markieren und nehmen dadurch an einem Gewinnspiel teil (Abbildung 8.22).

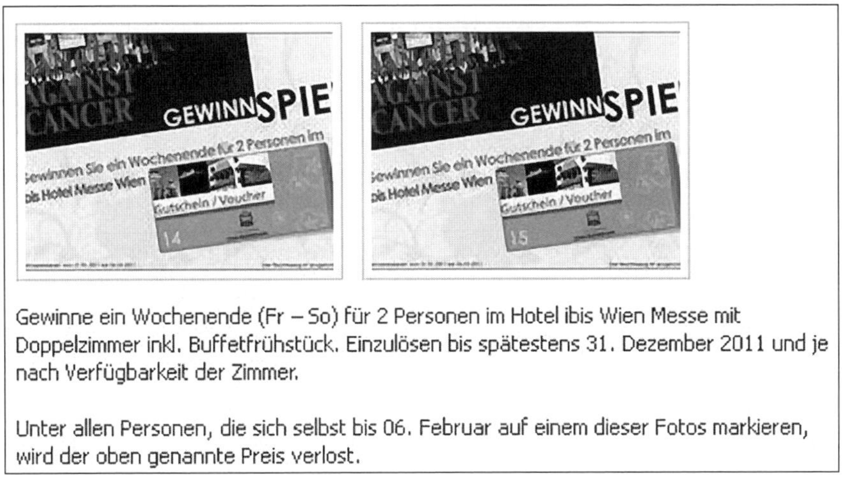

Abbildung 8.22: Auf der Seite Dancer against Cancer werden Fotomarkierungen als Werbestrategie eingesetzt.

Wenn Sie durch Fotos für mehr Interaktionen auf Ihrer Seite sorgen möchten, müssen diese so interessant sein, dass Facebook-Nutzer hinreichend motiviert werden, dabei auf GEFÄLLT MIR zu klicken oder sie zu kommentieren.

Folgendes sollten Sie dabei im Hinterkopf behalten:

- ✔ Fotos müssen gestochen scharf und gut erkennbar sein.
- ✔ Achten Sie unbedingt darauf, dass die Fotos groß genug sind, damit sie in der Auflösung nicht zu pixelig erscheinen. Die Mindestmaße 500 × 500 Pixel werden empfohlen.
- ✔ Fügen Sie immer einen fesselnden Titel hinzu, der das Foto beschreibt.
- ✔ Setzen Sie stets einen Kommentar unter das Foto.

Obwohl es völlig legal ist, auf Facebook Bilder von Personen in öffentlichen Bereichen zu posten, könnte es nicht schaden, die Betreffenden vorher um Erlaubnis zu fragen – gerade, wenn Sie wenig schmeichelhafte Fotos veröffentlichen möchten. Vergessen Sie nicht, dass Sie jeden beliebigen Facebook-Nutzer in einem Bild markieren können. Danach erhält der Nutzer eine Benachrichtigung und wird aufgefordert, die Markierung zu genehmigen.

Durch Webinare eine Fangemeinde aufbauen

Webinare sind von Unternehmen oder Organisationen veranstaltete Online-Seminare oder -Präsentationen, die live übertragen werden und die audiovisuelle Inhalte enthalten. Meist werden sie durchgeführt, um Kunden zu informieren oder um Produkte oder Dienstleistungen bei potenziellen Kunden zu bewerben. Webinare werden in vielen Fällen verwendet, um die Kompetenzen eines Unternehmens bei einem bestimmten Thema herauszustellen. Wenn Sie Ihre Facebook-Seite nach einem Webinar als Ort für Nachfragen nutzen, haben Sie eine effektive Methode gefunden, um sowohl Ihre Fangemeinde im sozialen Netzwerk auszubauen als auch Ihren EdgeRank-Wert zu verbessern. Schließlich bietet ein Webinar Ihrer Firma die Möglichkeit, potenziellen Kunden kostenlose Informationen zukommen zu lassen. Und wie Sie ja wissen, kann das Wörtchen »kostenlos« manchmal für einen großen Motivationsschub sorgen.

Ein tolles Beispiel für die regelmäßige Anwendung dieser Strategie liefert die Seite FRITZ!-Box. Das Unternehmen, ein Anbieter von Routern für das Internet, veranstaltet kostenlose Webinare über die angebotenen Produkte. Interessenten erfahren die neuesten Webinar-Termine auf der Facebook-Seite und können dort im Anschluss daran Kommentare hinterlassen (Abbildung 8.23).

Abbildung 8.23: Die Facebook-Seite FRITZ!Box dient im Anschluss an Webinare als Ort für Nachfragen und lockt so auf effektive Weise mehr Fans an.

Die Administratoren der Seite bitten Teilnehmer der Webinare außerdem um Rückmeldungen zu den Veranstaltungen. Kunden äußern dort ebenfalls konstruktive Kritik und stellen Fragen zu Produkten. Es kommt häufig vor, dass andere Fans sich einschalten und Kundenfragen beantworten.

Durch die Nutzung der Facebook-Seite für diese Art von Interaktionen spart das Unternehmen Ressourcen im Bereich Marktforschung und Kundenservice ein.

Über das Handy mit Fans interagieren

Wenn es Ihnen wie den meisten anderen geht, haben Sie nicht viel Zeit, um Ihre Facebook-Seite zu verwalten, und Sie haben auch nicht ständig Zugang zu einem Computer. Glücklicherweise können Seitenadministratoren auf Facebook Meldungen von ihrer Seite aber auch vom Handy aus posten.

Über Browser für Mobiltelefone Inhalte posten und die Pinnwand der Seite verwalten

Sie können über jedes Handy, das über einen mobilen Internetzugang verfügt, Inhalte posten und auf Aktualisierungen Ihrer Seite und Kommentare zu Meldungen antworten. Um sich die URL für die Installation des Browsers für Mobiltelefone auf Ihr mobiles Endgerät senden zu lassen, müssen Sie die Seite `https://www.facebook.com/mobile/?v=photos` besuchen.

Über Handy-Anwendungen Inhalte posten und die Pinnwand der Seite verwalten

Die Verbindung zu Facebook über mobile Endgeräte gehört zu den am schnellsten wachsenden Methoden unter Nutzern. Und es gibt eine gute Nachricht für Marketingfachleute: Sie können Inhalte auf Ihrer Facebook-Pinnwand über eine ganze Reihe von mobilen Endgeräten teilen. Die Firma Facebook hat Anwendungen für verschiedene Produkte entwickelt. Besuchen Sie die Seite `https://www.facebook.com/mobile`, um zu erfahren, welche es sind (Abbildung 8.24).

Abbildung 8.24: Die Firma Facebook hat mehrere Handy-Anwendungen entwickelt.

Da all diese Anwendungen sehr unterschiedlich gestaltet sind, gehen wir nicht näher darauf ein, wie sie im Einzelnen angewandt werden. Die Nutzung ist aber bei allen kinderleicht und bei den meisten von ihnen können Sie Meldungen in Textform, Fotos, Videos und Antworten auf Kommentare von Fans posten.

Per SMS Inhalte posten und die Facebook-Pinnwand verwalten

Wenn Sie Ihre Facebook-Seite so einrichten, dass sie auf bestimmte Texte reagiert, können Sie darüber Aktualisierungen per SMS versenden. Außerdem ist unter anderem Folgendes möglich: Beiträge auf der Pinnwand posten, Freunden Nachrichten senden oder Freunde hinzufügen. Sie müssen dazu bloß eine SMS an FBOOK (32665) schicken. Sie können dieses Feature auf Ihrer Facebook-Seite in der `Seite bearbeiten`-Ansicht im `Handy`-Bereich konfigurieren. (In Abbildung 8.25 sehen Sie diesen Bereich.)

Per E-Mail Inhalte posten und die Facebook-Pinnwand verwalten

Und zu guter Letzt können Sie Aktualisierungen für Ihre Seite auch noch per E-Mail versenden. Sie müssen dazu für jeden Beitrag jeweils eine E-Mail an eine bestimmte E-Mail-Adresse schicken, die Facebook speziell für Ihr Konto reserviert hat. Da diese Adresse privat ist, sollten Sie sie niemandem außer anderen Seitenadministratoren mitteilen. Befolgen Sie diese Schritte, um die E-Mail-Adresse zu erhalten:

1. **Melden Sie sich bei Ihrer Facebook-Seite an und wählen Sie im Administratorbereich Handy aus (Abbildung 8.25).**
2. **Klicken Sie auf Learn More oben rechts.**

   Ein neues Fenster erscheint (Abbildung 8.26). Dort finden Sie die Hochlade-E-Mail für Ihre Seite.
3. **Speichern Sie diese E-Mail-Adresse auf Ihrem Handy als Kontakt (verwenden Sie dazu den Namen Ihrer Seite).**

Nachdem Sie sich die Adresse gesichert haben, können Sie durch eine einfache E-Mail an diese Adresse Statusmeldungen posten. Sie müssen dazu lediglich Ihre Meldung in die Betreffzeile der E-Mail eingeben. Schreiben Sie keinen Text in die E-Mail. Falls Sie bei Ihrer Statusmeldung ein Foto oder ein Video hinzufügen möchten, hängen Sie die Foto- oder Videodatei an die Nachricht an. Der Text aus Ihrer Betreffzeile wird dann später als Bildunterschrift für das Foto oder Video erscheinen.

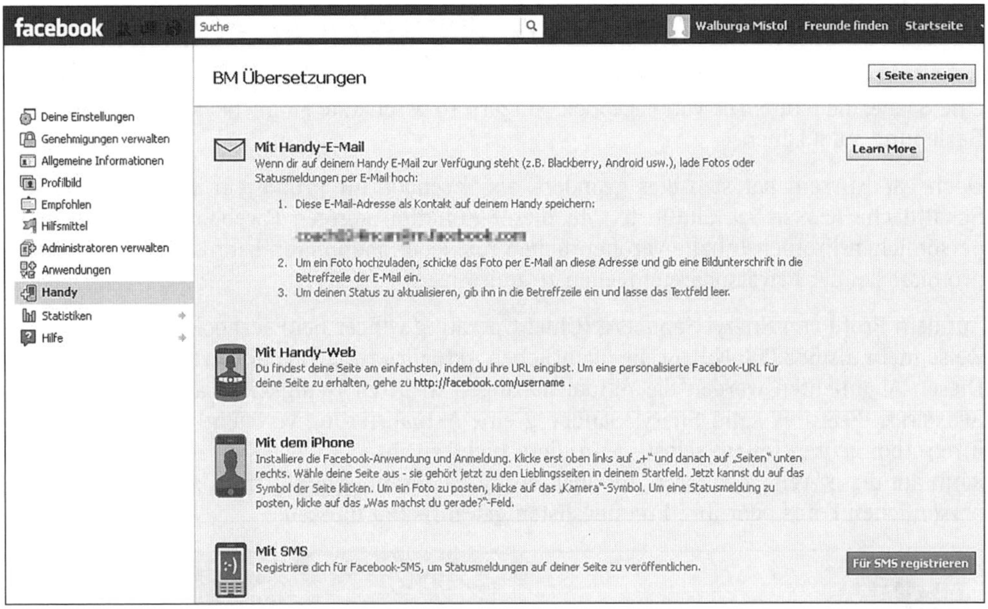

Abbildung 8.25: Im Handy-Bereich Ihrer Facebook-Seite haben Sie Zugriff auf die verschiedenen Methoden für die Nutzung eines mobilen Endgeräts für die Seite.

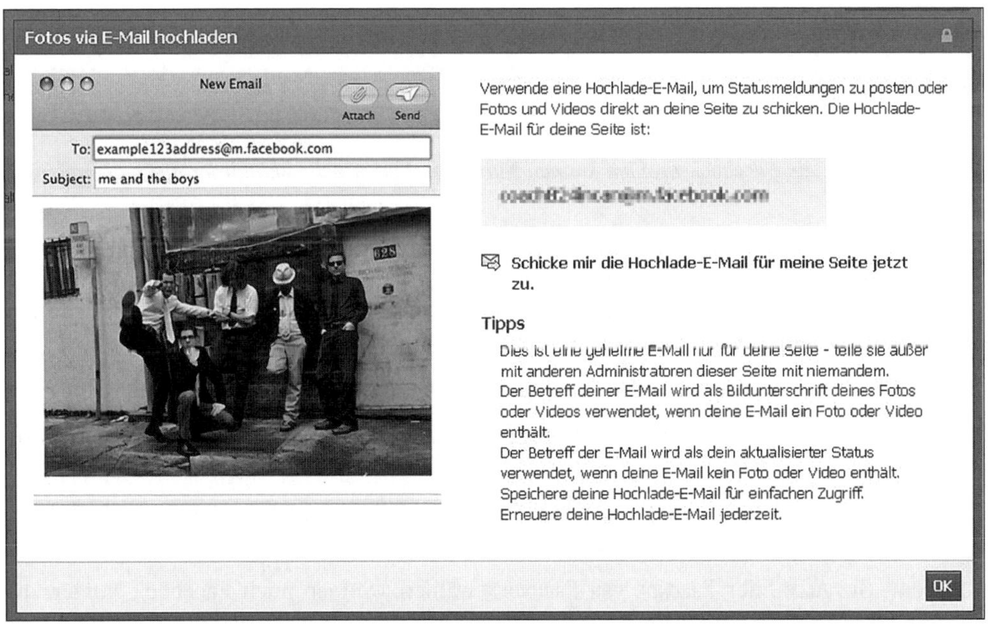

Abbildung 8.26: Im Fenster Fotos via E-Mail hochladen erhalten Sie die Hochlade-E-Mail für Ihre Seite.

Facebooks Schaltfläche »Abonnieren« im Profil nutzen

Bei all den erstaunlichen Features, über die Facebook-Seiten verfügen, gab es doch immer eine Sache, die fehlte: Die von Facebook-Nutzern so geschätzte Möglichkeit, eine persönliche Beziehung aufzubauen.

Doch vor Kurzem hat sich dies geändert, als Facebook für Profile ein neues Feature, die Schaltfläche ABONNIEREN, einführte. Mit dieser Funktion können Facebook-Nutzer in ihren persönlichen Profilen Inhalte veröffentlichen (die jeder abonnieren kann), ohne dabei Kompromisse bei der Privatsphäre eingehen zu müssen.

Auf dem Profil von Sheryl Sandberg (Chief Operating Officer bei Facebook) haben beispielsweise mehr als 683.000 Nutzer die öffentlichen Aktualisierungen abonniert (Abbildung 8.27). Diesen Abonnenten werden die Aktualisierungen in ihren Neuigkeiten angezeigt. Mit den ABONNIEREN-Features kann Sheryl Sandberg eine Aktualisierung veröffentlichen und sie mit ihren Abonnenten teilen, selbst wenn diese nicht zu ihren Facebook-Freunden zählen. Sie kann auf diese Weise mit ihren Abonnenten interagieren, ohne ihnen dabei Zugriff auf ihre persönlichen Fotos oder ihre Freundeslisten gewähren zu müssen.

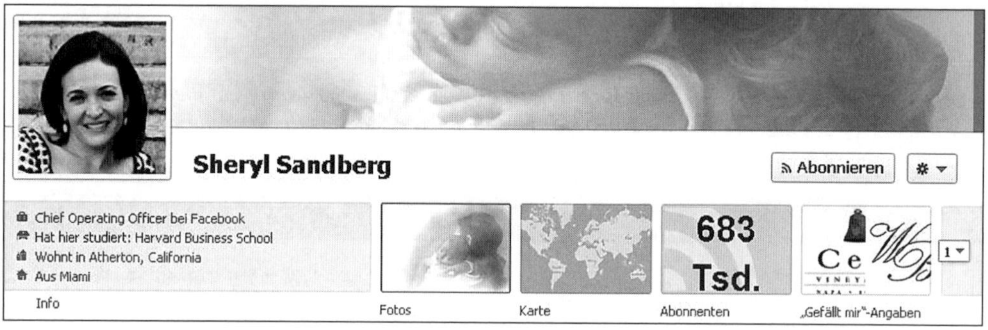

Abbildung 8.27: Auf Facebook-Profilen können Nutzer jetzt öffentliche Aktualisierungen abonnieren.

Letztendlich bedeutet das für Sie, dass Sie im Zusammenhang mit Ihrem Unternehmen auf Facebook für ein intensiveres und persönlicheres Nutzererlebnis sorgen können. Doch schließlich erwarten Verbraucher in der heutigen Konsumkultur auch eine persönliche Beziehung zu Markenherstellern und Unternehmen, mit denen sie Geschäfte machen.

Befolgen Sie diese Schritte, um die Schaltfläche ABONNIEREN für Ihr Profil zu aktivieren:

1. **Klicken Sie in Ihrem Profil auf den Reiter ABONNEMENTS und danach auf ABONNEMENTS ZULASSEN.**
2. **Wählen Sie im neuen Fenster aus, wer Ihre Aktualisierungen kommentieren darf: ALLE, FREUNDE VON FREUNDEN oder FREUNDE.**

   Wenn Sie ALLE oder FREUNDE VON FREUNDEN wählen, können auch Facebook-Nutzer, die nicht zu Ihren Freunden zählen, Ihre öffentlichen Aktualisierungen kommentieren.

3. **Wählen Sie aus, über wessen Aktivität Sie benachrichtigt werden möchten: Alle, Freunde von Freunden oder Niemand.**

   Vergessen Sie nicht: Sie können diese Einstellung für Benachrichtigungen jederzeit bearbeiten.

Nachdem Sie die Schaltfläche Abonnieren aktiviert haben, können Facebook-Nutzer die Anzahl an Personen, die Ihre öffentlichen Aktualisierungen haben, sehen.

Sobald Nutzer Ihre öffentlichen Aktualisierungen abonnieren dürfen, können diejenigen, die diese über Ihr Profil beziehen, alle Aktualisierungen sehen, die von Ihnen als öffentlich gepostet wurden. Denken Sie daran, dass Sie bei jeder von Ihnen in Ihrem Profil veröffentlichten Aktualisierung festlegen können, ob sie öffentlich erscheinen soll.

Die Aktivierung der Abonnieren-Schaltfläche bringt mit sich, dass Sie interessante und wertvolle Informationen teilen sollten. Ihre Content-Strategie sollte also von nun an Methoden umfassen, mit denen die Verantwortlichen in Ihrer Marketingabteilung Inhalte für Facebook optimieren können.

Obwohl über die Abonnieren-Schaltfläche auch neue Nutzer einige Ihrer Inhalte sehen können, ändert das nichts an der Art und Weise der Verbindung mit Ihren eigenen Freunden auf Facebook. Da Ihre Freunde schon immer Zugriff auf Ihre Aktualisierungen hatten (und Sie auf ihre), ist ein gegenseitiges Abonnieren nicht notwendig.

Mit Facebook-Statistiken Erfolge messen

9

In diesem Kapitel

- Mit Facebook-Statistiken Einblicke über Fans gewinnen
- Anhand der Ziele die richtigen Daten messen
- Daten in Tabellenkalkulationsprogramme exportieren
- Externe Analyse-Tools verwenden

Die *Facebook-Statistiken* sind eine Tool-Suite, mit der Sie eine fundierte Entscheidung darüber treffen können, wie Sie Ihre Marketing-Strategie am besten an Facebook anpassen. Sie können damit außerdem leichter festlegen, wofür Sie Ihre Werbeausgaben aufwenden, wie Sie Ihre Content-Strategie verbessern sollten und wie Sie potenzielle Kunden sowie Kunden, die bereits zu Ihren Facebook-Fans zählen, besser verstehen. Doch in erster Linie können Sie durch die Statistiken erkennen, wie sich Ihre Marketing-Maßnahmen in Form von Neu- und Stammkunden bezahlt machen.

Durch die Statistiken (Abbildung 9.1) erhalten Sie Zugriff auf Standardmetriken wie etwa die Anzahl der Seitenbesucher oder die Demografie der Fans, beispielsweise ihren Wohnort und die Art der bevorzugten Meldungen von einer Seite. Die Statistiken werden laufend aktualisiert, damit Sie schnell herausfinden können, was effektiv ist und was nicht, und Ihre Marketing-Strategie dann entsprechend anpassen können.

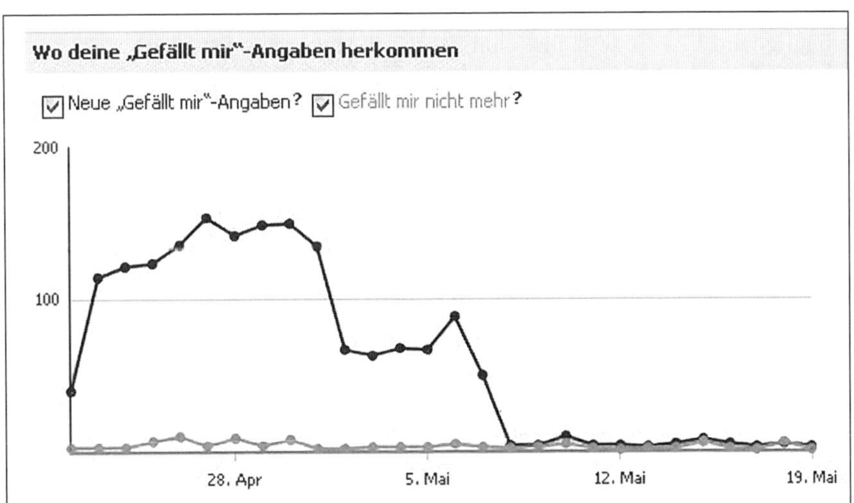

Abbildung 9.1: Die Daten in den Statistiken geben Daten über die Fan-Akquirierung wieder.

Kurz gesagt: Die Facebook-Statistiken sind Auge und Ohr Ihrer Seite.

Wir zeigen Ihnen in diesem Kapitel, wie Sie die Informationen aus den Facebook-Statistiken nutzen, um Ihre Seite zu optimieren. Wir bringen Ihnen die unterschiedlichen Metriken näher und erklären Ihnen, wie man sie nutzt, um seine Ziele hinsichtlich der Inhalte zu verwirklichen. Außerdem geben wir Ihnen Tipps dazu, wie man externe Analyse-Tools in seine Seite integriert.

Durch die Facebook-Statistiken zum kühlen Rechner werden

Wenn Sie sich mehr und mehr mit dem Marketing auf Facebook beschäftigen, werden Sie langsam ein Gefühl dafür bekommen, was effektiv ist und was nicht. Sie werden feststellen, dass es bei einigen Aktualisierungen Ihrer Seite zu sehr vielen GEFÄLLT MIR-Angaben und Kommentaren kommt, während andere nur sehr wenige verursachen.

Anhand dieser simplen Beobachtungen direkt auf Ihrer Seite werden Sie intuitiv ahnen, welche Art der Meldung Ihrer Seite erfolgreich sein wird, und könnten schließlich sogar geschickter darin werden, solche Meldungen zu posten, die die Interaktionen bei Fans fördern.

Obwohl eine solche nicht-analytische Analyse – das Bauchgefühl – für Neulinge auf diesem Gebiet eine wirksame Methode sein kann, um zu verstehen, wie Fans auf Werbebotschaften reagieren, erhält man damit keine Einblicke in andere wichtige Daten, die man kennen muss, um zum wirklich erfolgreichen Marketingfachmann auf Facebook zu werden. Welche Daten wir meinen? Sehen Sie sich die folgende Liste an. Dort finden Sie einige Fragen, die Sie durch ein bloßes Beobachten der Aktivitäten an Ihrer Pinnwand nicht werden beantworten können:

- ✔ Wie häufig wird Ihre Seite täglich von Facebook-Nutzern aufgerufen?
- ✔ Wie viele Facebook-Nutzer (Fans und Nicht-Fans) haben in diesem Monat bereits mit Ihrer Seite interagiert?
- ✔ An welchen drei Tagen innerhalb eines bestimmten Zeitraums gab es die meisten Beitragskommentare?
- ✔ Wie viele Ihrer Fans kehren mehr als einmal auf die Seite zurück?
- ✔ Wie viele Fans haben Sie an einem bestimmten Tag verloren?
- ✔ Wie viele Nutzer sind an einem bestimmten Tag Fan Ihrer Seite geworden?
- ✔ Wie viele Nutzer sind über ein GEFÄLLT MIR-Feld zum Fan Ihrer Seite geworden?
- ✔ Wie viele Fans verbergen die Meldungen Ihrer Seite in ihren Neuigkeiten?

Wir möchten damit aber nicht sagen, dass Sie nicht auf Ihre Intuition hören sollten. Vertraut man auf sein Bauchgefühl, kann man an erstklassige Informationen kommen. Da ist es doch aber ein kluger Schachzug, sich seine Intuition *bestätigen* zu lassen. Außerdem können Sie über die Statistiken Trends innerhalb Ihrer Facebook-Seite erkennen, die Sie bei einem bloßen Herunterscrollen auf der Pinnwand Ihrer Seite niemals bemerken würden. Das Wissen, dass die meisten der neuen Fans den Weg über GEFÄLLT MIR-Felder und gesponserte Meldungen in Werbeanzeigen gegangen sind, ist zum Beispiel sehr viel wertvoller, als die bloße Anzahl der neuen Fans zu kennen. Wenn Sie Ihre hauptsächlichen GEFÄLLT MIR-Quellen kennen, können Sie Ihre Strategie zur Fan-Akquirierung auf Grundlage dessen, was wirklich effektiv ist, anpassen, anstatt sie mit Schätzungen und wildem Herumprobieren zu begründen.

Facebook-Statistiken nutzen

Sie erfahren in den folgenden Abschnitten, wie man auf die Facebook-Statistiken zugreift und sie nutzt. Vergessen Sie nicht, dass nur Seitenadministratoren Zugriff darauf haben.

Die zwei Arten von »Gefällt mir«-Angaben auf der Seite verstehen

Bevor Sie sich völlig in die Analyse, wie effektiv die Maßnahmen für Ihre Facebook-Seite sind, vertiefen, müssen Sie verstanden haben, dass es auf Ihrer Seite zwei Arten von GEFÄLLT MIR-Angaben gibt:

- ✔ **Nutzer klicken bei Ihrer Seite auf GEFÄLLT MIR.** In diesem Fall werden die Nutzer zu einem Fan beziehungsweise zu einer Verbindung Ihrer Seite. Facebook-Nutzer können bei Ihrer Seite auf GEFÄLLT MIR klicken (also Fan werden, indem Sie auf die GEFÄLLT MIR-Schaltfläche klicken) oder auf GEFÄLLT MIR NICHT MEHR klicken.
- ✔ **Nutzer klicken bei Ihren Inhalten auf GEFÄLLT MIR.** In diesem Fall klicken sie auf GEFÄLLT MIR, nachdem sie einen bestimmten Beitrag oder eine bestimmte Meldung der Seite, die von Ihnen auf der Pinnwand veröffentlicht wurde, gelesen haben. Facebook-Nutzer können außerdem eine einzelne Meldung oder alle Meldungen Ihrer Seite in ihren Neuigkeiten verbergen.

Auf die Seiten-Statistiken zugreifen

Sie können auf zwei verschiedenen Wegen auf die Seiten-Statistiken Ihrer Facebook-Seite zugreifen:

- ✔ **Direkt von Ihrer Seite aus:** Klicken Sie oben auf Ihrer Seite im Feld STATISTIKEN rechts auf ALLE ANZEIGEN. (Bitte beachten Sie, dass dieses Feld nur für Seitenadministratoren zu sehen ist.)
- ✔ **Von der Seite `www.facebook.com/insights` aus:** Falls Sie mehr als eine Seite verwalten, können Sie für die Webseite, auf der all Ihre Seiten aufgelistet werden, zur späteren Verwendung ein Lesezeichen setzen. Besuchen Sie die Seite `www.facebook.com/insights` (Abbildung 9.2) und wählen Sie die Facebook-Seite aus, die Sie gerne analysieren möchten.

Abbildung 9.2: Greifen Sie auf der Seite `www.facebook.com/insights` *auf die Statistiken zu.*

Die Seiten-Statistiken einer Facebook-Seite kennen lernen

In den Facebook-Statistiken für Seiten finden Sie erstens entscheidende Daten über die Aktivität im Zusammenhang mit Ihrer Seite, die zum Beispiel aufgezeichnet wird, wenn jemand Fan wird. Zweitens werden dort Daten über die Aktivität im Zusammenhang mit Meldungen Ihrer Seite gesammelt. Die Aktivität könnte beispielsweise darin bestehen, dass Nutzer solche Meldungen kommentieren oder dabei auf GEFÄLLT MIR klicken.

Auf Facebook wird die Analyse in fünf Berichte unterteilt:

- **Der KONSOLE-Bericht:** Ein Überblick darüber, wie Ihre Seite an einzelnen Tagen abschneidet.
- **Der »GEFÄLLT MIR«-ANGABEN-Bericht:** Ein Bericht über die Facebook-Nutzer, die Fans Ihrer Seite geworden sind.
- **Der REICHWEITE-Bericht:** Ein Bericht über die Facebook-Nutzer, die die Inhalte Ihrer Seite sehen.
- **Der PERSONEN, DIE DARÜBER SPRECHEN-Bericht:** Ein Bericht über die Facebook-Nutzer, die Inhalte über Ihre Seite erstellen.
- **Ein Bericht über die Facebook-Nutzer, die Ihren Facebook-Ort besuchen.**

In den folgenden Abschnitten gehen wir näher auf die einzelnen Berichte ein.

Den Konsole-Bericht verstehen

Der KONSOLE-Bericht, also der erste Bericht, den Sie sehen, wenn Sie im Feld STATISTIKEN rechts auf ALLE ANZEIGEN klicken, verschafft Ihnen einen Überblick über Ihre Seite. Er zeigt Ihnen an, wie mit Ihren Beiträgen interagiert wird und wie viele Personen die Meldungen Ihrer Seite sehen. Diesen Bericht sollten Sie sich täglich ansehen.

Ganz oben in diesem Bericht finden Sie die folgenden Daten (Abbildung 9.3):

- ✔ **»Gefällt mir«-Angaben insgesamt:** Damit ist einfach nur die Anzahl an Personen gemeint, die (seit dem vergangenen Tag) Fans Ihrer Facebook-Seite geworden sind.
- ✔ **Freunde von Fans:** Hier sehen Sie die Gesamtanzahl an Freunden all Ihrer Facebook-Fans. Gemeinsame Freunde werden dabei berücksichtigt. Wenn von Ihnen zurzeit eine gesponserte Meldung in einer Werbeanzeige angezeigt wird, ist diese Zahl sehr nützlich, da sie die Gesamtanzahl an Personen wiedergibt, die diese Anzeige sehen könnten. Die Zu- oder Abnahme in Prozent neben dieser Zahl gibt den Vergleich zum vorherigen Siebentageszeitraum wieder.
- ✔ **Personen, die darüber sprechen:** Gemeint ist die Anzahl an Personen, die innerhalb der letzten sieben Tage mit Ihrer Seite interagiert haben. Diese Zahl umfasst Folgendes: Nutzer, die Fan Ihrer Seite geworden sind; Nutzer, die bei einer Meldung Ihrer Seite auf Gefällt mir geklickt, sie kommentiert oder geteilt haben; Nutzer, die eine von Ihnen auf der Seite gestellte Frage beantwortet haben; Nutzer, die Ihre Seite in einer Aktualisierung oder in einem Foto markiert haben, und Nutzer, die auf eine Veranstaltung Ihrer Seite geantwortet haben. Die Zu- oder Abnahme in Prozent neben dieser Zahl gibt den Vergleich zum vorherigen Siebentageszeitraum wieder.
- ✔ **Wöchentliche Reichweite insgesamt:** Hier finden Sie die Anzahl an Personen, die innerhalb der letzten sieben Tage Inhalte gesehen haben, die in Zusammenhang mit Ihrer Seite stehen. (Enthalten sind auch sämtliche Werbeanzeigen oder gesponserte Meldungen, die auf Ihre Seite verweisen.) Neben dieser Zahl können Sie gegebenenfalls die Zu- oder Abnahme in Prozent im Vergleich zum vorherigen Siebentageszeitraum sehen.

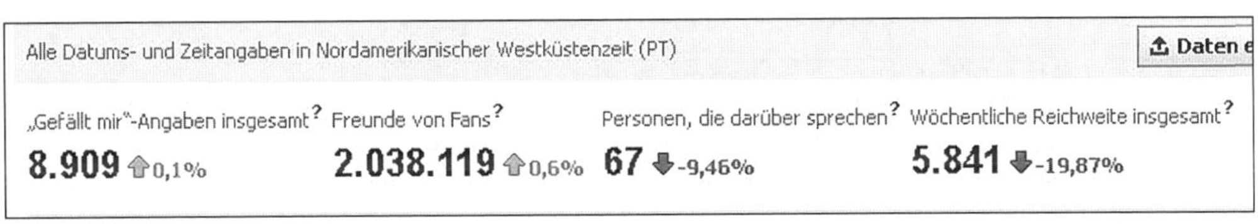

Abbildung 9.3: Der obere Bereich des Konsole-Berichts

In dem Diagramm unterhalb dieser vier Datenpunkte wird angezeigt, wie häufig Facebook-Nutzer die Meldungen Ihrer Seite sehen und damit interagieren (Abbildung 9.4). Die Daten für das Diagramm stammen aus den rollierenden wöchentlichen Werten des vergangenen Monats für Personen, die darüber sprechen und Wöchentliche Reichweite insgesamt.

Wenn Sie mit dem Mauszeiger über einen beliebigen Punkt des Diagramms fahren, erscheint ein kleines Fenster, in dem der zeitliche Rahmen für die entsprechenden Daten angezeigt wird. In Abbildung 9.5 wurden beispielsweise zwischen dem 30.04.2012 und dem 06.05.2012 ganze 57.080 Personen erreicht. Jeder Tag, an dem Sie auf Ihrer Seite etwas gepostet haben, wird außerdem durch eine Blase dargestellt (die Größe der Blase gibt die Anzahl der Beiträge an diesem Tag wieder).

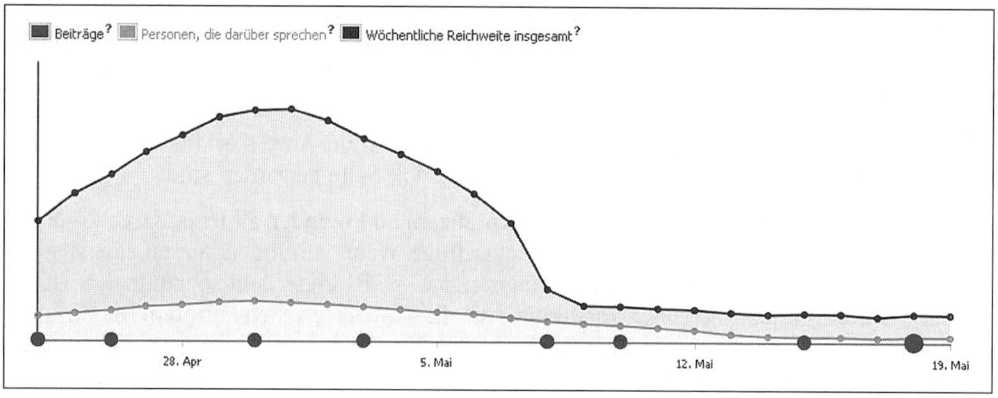

Abbildung 9.4: Die Daten im oberen Bereich des Konsole*-Berichts zeigen Ihnen, wie viele Personen in dieser Woche mit Ihrer Seite interagiert haben.*

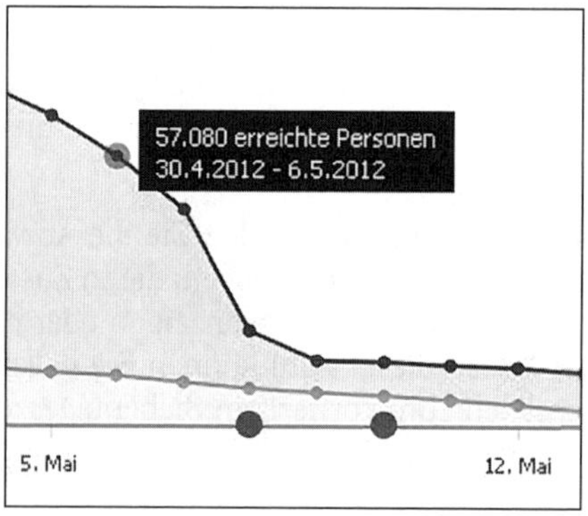

Abbildung 9.5: Im Konsole*-Diagramm können Sie sich weitere Details zu den einzelnen Datenpunkten ansehen.*

Den Seitenbeiträge-Bericht verstehen

Unterhalb dieses Diagramms sehen Sie eine Tabelle, die Informationen darüber enthält, wie Facebook-Nutzer mit den neuesten Aktualisierungen Ihrer Seite interagiert haben (Abbildung 9.6). Sie können diese Tabelle nach einzelnen Spalten sortieren und sogar bestimmte Beitragsarten herausfiltern. (Klicken Sie zum Herausfiltern oben links auf Alle Beitragsarten.)

Im Einzelnen verfügt die Tabelle über folgenden Spalten:

- **Datum:** Das Datum, an dem Ihr Beitrag veröffentlicht wurde.
- **Beitrag:** Die Art des Beitrags (Meldung in Textform, Foto, Video, Link, Plattform-Beitrag) und ein Auszug des Beitrags.

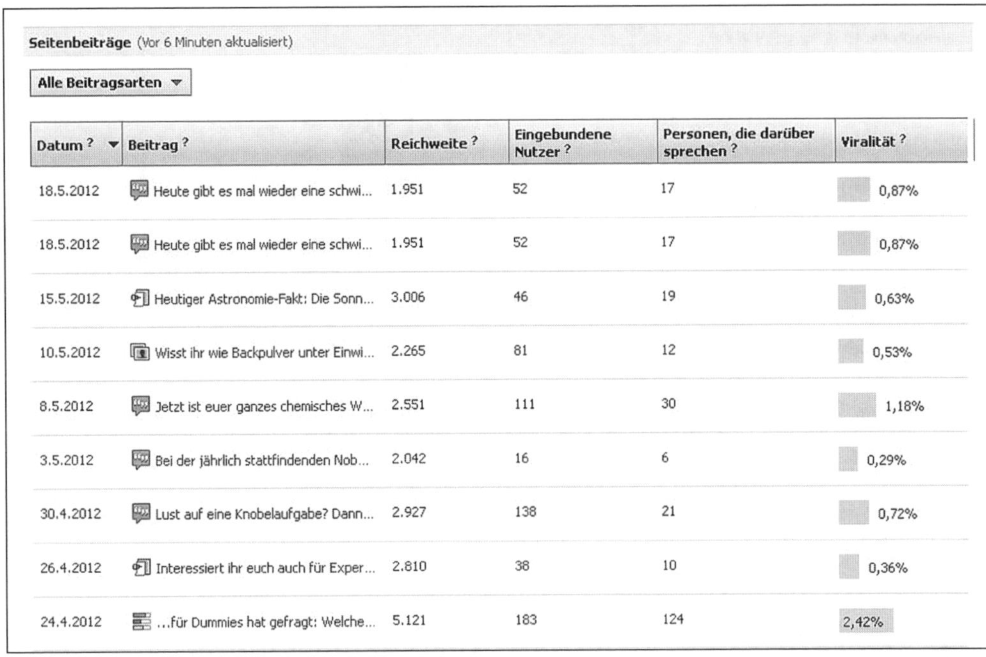

Seitenbeiträge (Vor 6 Minuten aktualisiert)

Alle Beitragsarten

Datum ?	Beitrag ?	Reichweite ?	Eingebundene Nutzer ?	Personen, die darüber sprechen ?	Viralität ?
18.5.2012	Heute gibt es mal wieder eine schwi...	1.951	52	17	0,87%
18.5.2012	Heute gibt es mal wieder eine schwi...	1.951	52	17	0,87%
15.5.2012	Heutiger Astronomie-Fakt: Die Sonn...	3.006	46	19	0,63%
10.5.2012	Wisst ihr wie Backpulver unter Einwi...	2.265	81	12	0,53%
8.5.2012	Jetzt ist euer ganzes chemisches W...	2.551	111	30	1,18%
3.5.2012	Bei der jährlich stattfindenden Nob...	2.042	16	6	0,29%
30.4.2012	Lust auf eine Knobelaufgabe? Dann...	2.927	138	21	0,72%
26.4.2012	Interessiert ihr euch auch für Exper...	2.810	38	10	0,36%
24.4.2012	...für Dummies hat gefragt: Welche...	5.121	183	124	2,42%

Abbildung 9.6: Im SEITENBEITRÄGE-Bericht finden Sie Daten darüber, wie jede einzelne Meldung Ihrer Seite abgeschnitten hat.

- ✔ **REICHWEITE:** Die Anzahl an Personen, die eine bestimmte Aktualisierung gesehen haben, oder die Häufigkeit, mit der diese Aktualisierung angezeigt wurde.
- ✔ **EINGEBUNDENE NUTZER:** Die Anzahl an Personen, die an einer beliebigen Stelle auf Ihren Beitrag geklickt haben.
- ✔ **PERSONEN, DIE DARÜBER SPRECHEN:** Die Anzahl an Personen, die eine Meldung über Ihren Beitrag generiert haben.
- ✔ **VIRALITÄT:** Die Anzahl an Personen, die Ihr Beitrag erreicht hat und die »darüber sprechen«. (Dieser Wert wird errechnet, indem der REICHWEITE-Wert durch den PERSONEN, DIE DARÜBER SPRECHEN-Wert geteilt wird.)

Um sich weitere Details zu einem bestimmten Datenpunkt in der Tabelle anzusehen, müssen Sie bloß auf den entsprechenden Datenpunkt klicken. Klickt man beispielsweise auf einen Datenpunkt in der EINGEBUNDENE NUTZER-Spalte, wird ein Tortendiagramm wie in Abbildung 9.7 angezeigt.

Wenn Sie die Daten zu Seitenbeiträgen analysieren, können Sie besser sehen, mit welchen Arten von Inhalten Facebook-Nutzer am meisten interagieren. Sie können außerdem nach und nach feststellen, welche Arten von Inhalten am häufigsten kommentiert und geteilt werden und welche die meisten GEFÄLLT MIR-Angaben verursacht. Anders ausgedrückt: Durch die Informationen aus diesem Bericht verbessern Sie Ihre Fähigkeit, die Interaktionen bei derzei-

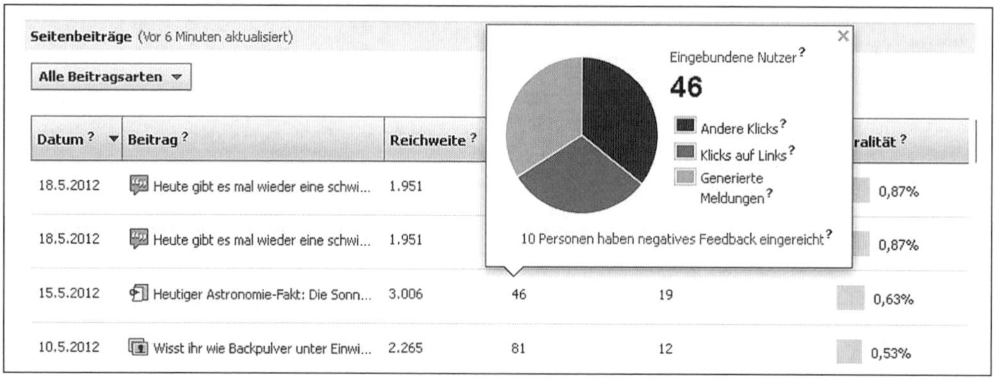

Abbildung 9.7: Details zu den Daten zu Seitenbeiträgen werden durch einen Klick auf einen beliebigen Datenpunkt in der Tabelle sichtbar.

tigen Fans zu fördern, neue Fans anzulocken und den Bekanntheitsgrad Ihres Unternehmens überall auf Facebook zu steigern.

Den »Gefällt mir«-Angaben-Bericht verstehen

Um sich den »Gefällt mir«-Angaben-Bericht anzusehen, müssen Sie im Feld Statistiken rechts auf Alle anzeigen und danach auf den »Gefällt mir«-Angaben-Link klicken. In diesem Bericht finden Sie die Orte, an denen bei Facebook-Nutzern die Gefällt mir-Angabe für Ihre Seite stattgefunden hat (also die Neuigkeiten, das Gefällt mir-Feld oder eine andere Quelle), sowie demografische Daten über die Fans Ihrer Seite (Abbildung 9.8). Oben links können Sie den Datumsbereich für alle Daten in diesem Bericht ändern. (Sie können sich maximal 89 Tage anzeigen lassen.)

Unterhalb der demografischen Daten sehen Sie eine Statistik darüber, wo Ihre Fans sich befinden und welche Sprache sie sprechen. Bei Ländern, Städten und Sprachen wird jeweils abstei-

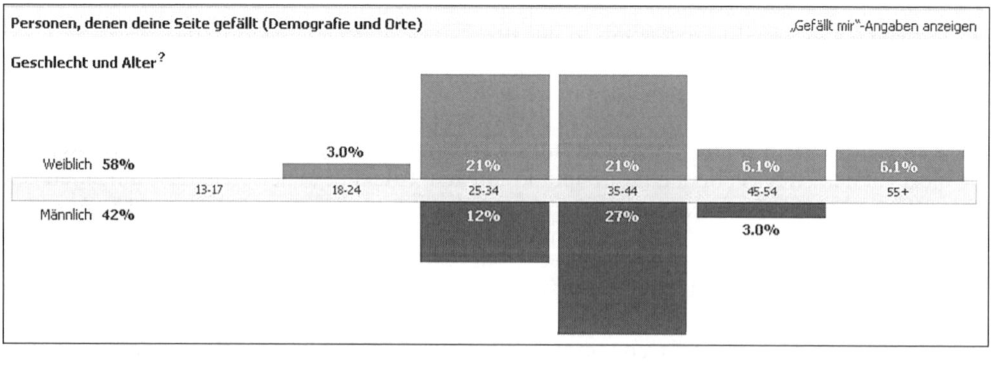

Abbildung 9.8: Mit Hilfe des »Gefällt mir«-Angaben-Berichts können Sie Geschlecht und Alter Ihrer Facebook-Fans analysieren.

gend die Anzahl der Fans angezeigt. Wenn Sie auf den Link MEHR unter den einzelnen Kategorien klicken, können Sie alle Standorte und Sprachen sehen.

Halten Sie beim Betrachten der demografischen Daten und der Standortdaten nach Trends Ausschau. Bei der Demografie in Abbildung 9.8 erkennt man zum Beispiel, dass die Fangemeinde dieser Seite aus mehr Frauen als Männern besteht und dass es nur wenige Fans unter 25 Jahren gibt. Diese Informationen könnte man nutzen, wenn man auf Facebook Inhalte für eine Seite erstellt oder eine Zielgruppe für eine Werbeanzeige definiert.

Wo deine »Gefällt mir«-Angaben herkommen

Die letzte Grafik im »GEFÄLLT MIR«-ANGABEN-Bericht zeigt Ihnen an, wie viele neue Fans Sie gewonnen und verloren haben und von welchen »GEFÄLLT MIR«-Quellen Ihre neuen Fans stammen.

Das Diagramm, das in Abbildung 9.9 zu sehen ist, enthält eine Linie mit mehreren Zacken für NEUE »GEFÄLLT MIR«-Angaben und eine eher flache Linie für GEFÄLLT MIR NICHT MEHR. Wenn Sie Ihre Maus über einen beliebigen Datenpunkt im Diagramm bewegen, erfahren Sie ganz genau, wie viele neue Fans Sie an jedem einzelnen Tag gewonnen (oder verloren) haben.

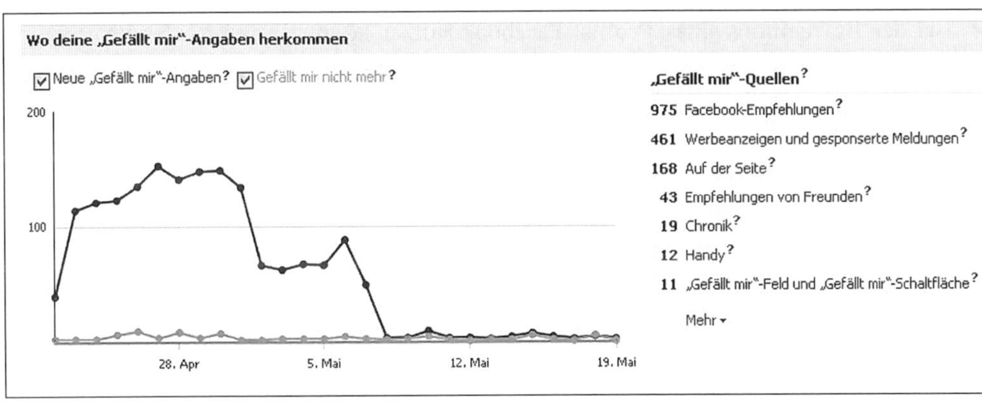

Abbildung 9.9: Im »GEFÄLLT MIR«-ANGABEN-Bericht sehen Sie Ihre Fan-Akquirierung, die Fan-Abgänge und die »GEFÄLLT MIR«-Quellen der Fans.

Die »Gefällt mir«-Quellen verstehen

In Abbildung 9.9 werden auf der rechten Seite die Orte aufgelistet, von denen aus Nutzer zu Fans Ihrer Seite geworden sind. Die größte Quelle wird als Erstes genannt, danach die zweitgrößte und so weiter.

Nutzer finden auf der Facebook-Plattform viele verschiedene Möglichkeiten, um Fan einer Seite zu werden. Zum Beispiel diese hier:

- ✔ **Bei der Neuregistrierung eines Nutzers auf Facebook:** Personen, die sich auf Facebook registrieren, können im Assistenten für die Registrierung Fan einer Seite werden.

- **Bei der Erstellung einer Seite:** Wenn Sie eine Seite erstellen, können Sie neuerdings während des Prozesses auf GEFÄLLT MIR klicken.
- **Ernennung zum Administrator:** Ein Nutzer kann Fan Ihrer Seite werden, wenn Sie ihn zum Administrator ernennen.
- **Feature FREUNDE EINLADEN:** Administratoren können mit Hilfe dieses Features ihre Freunde bitten, zu Fans der Seite zu werden.
- **Auf der Seite:** Nutzer können direkt auf Ihrer Seite zu Fans werden.
- **Gesponserte Meldungen:** Auch über eine gesponserte Meldung in einer Werbeanzeige können Nutzer zum Fan Ihrer Seite werden.
- **Empfehlung:** Wenn ein Nutzer bei Ihrer Seite auf GEFÄLLT MIR klickt, kann er diese dabei auch weiterempfehlen.
- **Handy:** Nutzer können direkt von ihrem iPhone oder anderen mobilen Endgeräten aus zu Fans Ihrer Seite werden.
- **Seiten können Fans fremder Seiten werden:** Nicht nur mit einem Profil, sondern auch mit einer Seite kann man Fan einer anderen Seite werden.
- **Bei der Bearbeitung eines Profils:** Facebook-Nutzer können während der Bearbeitung ihrer Profile Ihre Seite hinzufügen und somit Fan werden.
- **Bei einer Facebook-Suche:** Startet ein Nutzer eine Facebook-Suche und findet Ihre Seite in den Suchergebnissen, kam er dort Fan werden.

Den Reichweite-Bericht verstehen

Um auf den REICHWEITE-Bericht zuzugreifen, müssen Sie zunächst im Feld STATISTIKEN rechts auf ALLE ANZEIGEN und danach oben auf den Link REICHWEITE klicken. Im REICHWEITE-Bericht finden Sie Folgendes: die Anzahl der einmaligen Facebook-Nutzer, die Meldungen Ihrer Seite aufgerufen haben; Veranstaltungen, die im Zusammenhang mit Ihrer Seite stehen, oder gesponserte Meldungen, mit denen für Ihre Seite geworben wird. Der Bericht berücksichtigt sowohl Fans als auch Nicht-Fans. Oben links können Sie den Datumsbereich für alle Daten in diesem Bericht ändern (Sie können sich maximal 89 Tage anzeigen lassen).

Ganz wie beim »GEFÄLLT MIR«-ANGABEN-Bericht finden Sie auch im REICHWEITE-Bericht ganz oben die Demografie, den Ort und Informationen über die Sprache der Facebook-Nutzer, die die Inhalte Ihrer Seite aufgerufen haben (Abbildung 9.10).

Die Reichweite- und Frequenz-Diagramme verstehen

Unterhalb der Informationen über Demografie, Ort und Sprache sind zwei Diagramme zu sehen, die wiedergeben, auf welche Weise Ihre Inhalte Nutzer erreicht haben. Im REICHWEITE-Diagramm (auf der linken Seite) sehen Sie vier Methoden, über die Facebook-Nutzer Ihre Inhalte auf Facebook gesehen haben (Abbildung 9.11):

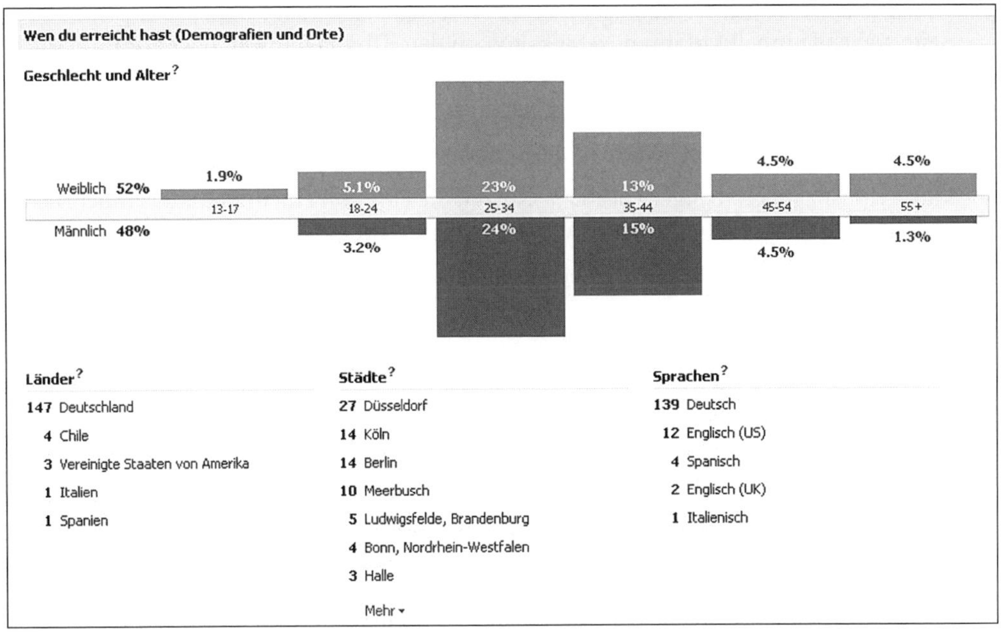

Abbildung 9.10: Sie können sich Demografie, Ort und Sprache der Facebook-Nutzer, die Sie erreicht haben, ansehen.

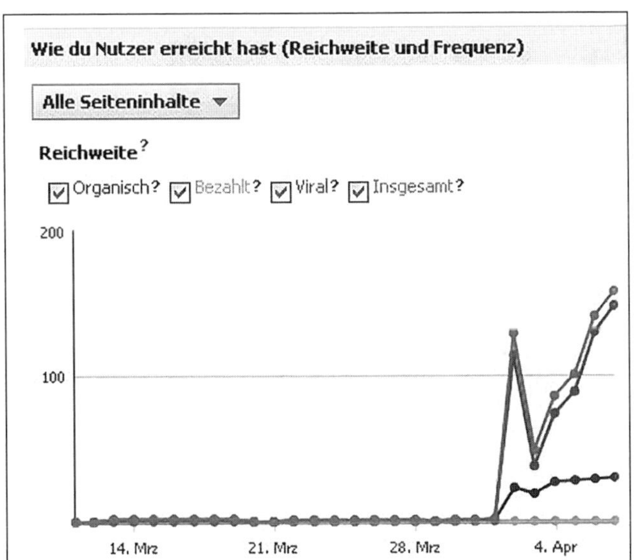

Abbildung 9.11: Im Reichweite-Diagramm erfahren Sie, mit welchen verschiedenen Methoden Sie Nutzer erreichen.

- **Organisch:** Die Anzahl einmaliger Facebook-Nutzer, die in Zusammenhang mit Ihrer Seite stehende Inhalte in ihren Neuigkeiten, in den Kurzmeldungen oder auf Ihrer Facebook-Seite gesehen haben.
- **Bezahlt:** Die Anzahl einmaliger Facebook-Nutzer, die eine Facebook-Werbeanzeige oder eine gesponserte Meldung gesehen haben, die auf Ihre Seite verwiesen hat.
- **Viral:** Die Anzahl einmaliger Facebook-Nutzer, die eine von einem Freund veröffentlichte Meldung über Ihre Seite gesehen haben.
- **Insgesamt:** Die Gesamtanzahl an Facebook-Nutzern, die Sie in einem bestimmten Zeitraum erreicht haben.

Oben links im Reichweite-Diagramm finden Sie eine Dropdown-Liste, über die Sie die Daten filtern können, um sich Alle Seiteninhalte, Deine Beiträge oder Meldungen von anderen anzusehen.

Im Einmalige Nutzer nach Häufigkeit-Diagramm (auf der rechten Seite) sehen Sie, wie häufig Sie in den vergangenen sieben Tagen einmalige Facebook-Nutzer erreicht haben (Abbildung 9.12). Jede Säule im Diagramm gibt wieder, wie häufig Facebook-Nutzer Ihre Inhalte gesehen haben. In Abbildung 9.12 wurden beispielsweise 65 Nutzer ein einziges Mal zwischen dem 01.04.2012 und dem 07.04.2012 erreicht. Durch diesen Bericht können Sie ein Gefühl dafür bekommen, wie häufig Sie Nutzer erreichen – genau genommen die Anzahl an Nutzern, die sich Ihre Inhalte in der vergangenen Woche mehrmals angesehen haben.

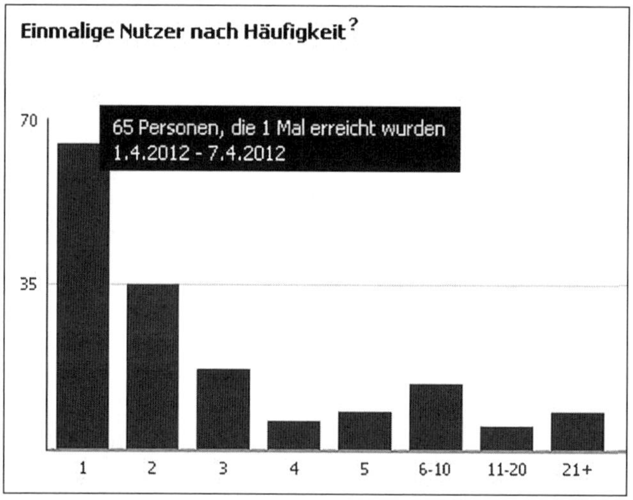

Abbildung 9.12: Im Einmalige Nutzer nach Häufigkeit-Diagramm erfahren Sie, wie häufig Sie in den vergangenen sieben Tage einmalige Facebook-Nutzer erreicht haben.

Den »Besuche deiner Seite«-Bericht verstehen

Und zu guter Letzt können Sie auch noch anhand der folgenden Informationen ablesen, wie Facebook-Nutzer Ihre Seite besucht haben (Abbildung 9.13):

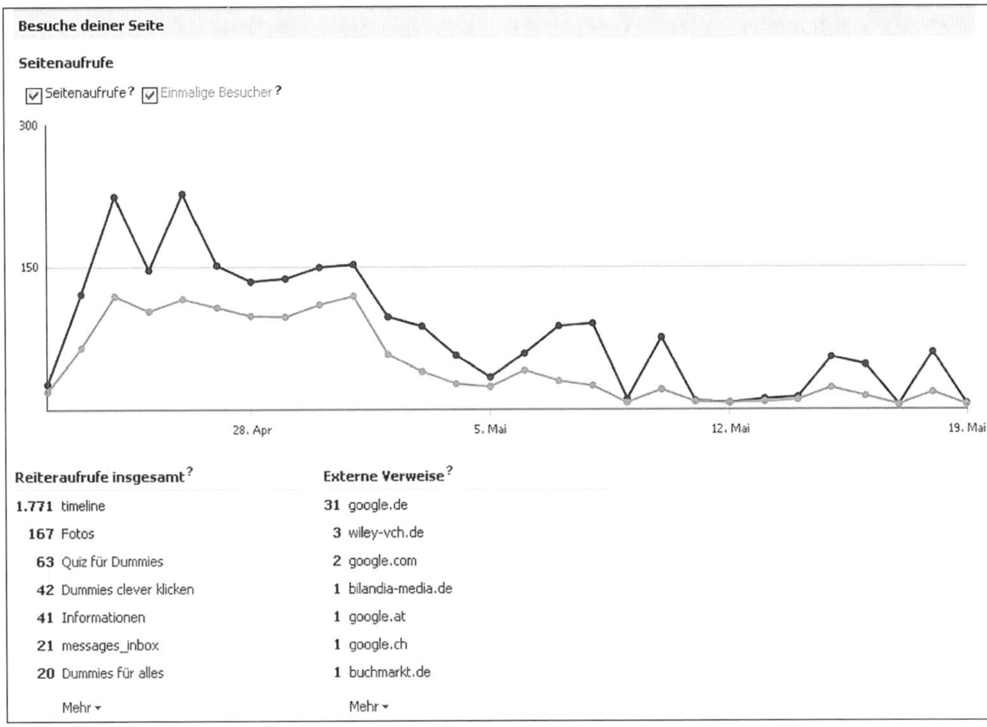

Abbildung 9.13: Im Besuche deiner Seite-Bericht erfahren Sie, wie Nutzer Ihre Facebook-Seite besuchen.

- **Seitenaufrufe:** Dieses Diagramm zeigt Ihnen die Anzahl der Seitenaufrufe und Einmalige Besucher für jeden einzelnen Tag des angegebenen Zeitraums (vergessen Sie nicht, dass Sie den Datumsbereich für alle Daten in diesem Bericht ändern können). In den Seitenaufrufen werden im Gegensatz zum Einmalige Besucher-Wert auch Nutzer berücksichtigt, die Ihre Seite mehr als einmal aufgerufen haben. Falls Hans Müller Ihre Facebook-Seite also dreimal an einem Tag besucht, bekämen Sie drei Seitenaufrufe, aber nur einen Einmaligen Besucher angezeigt.
- **Reiteraufrufe insgesamt:** Hier finden Sie eine Auflistung der meistbesuchten Reiter Ihrer Seite. Sie werden nach der Anzahl der Besuche aufgeführt und zwar vom meistbesuchten absteigend.
- **Externe Verweise:** An dieser Stelle wird Ihnen eine Liste mit externen Websites (die nicht Teil von `facebook.com` sind) angezeigt, über die die meisten Besucher auf Ihre Seite gelangt sind. Sie werden nach der Anzahl der Besuche aufgeführt und zwar vom meistbesuchten absteigend.

Den »Personen, die darüber sprechen«-Bericht verstehen

Um auf den PERSONEN, DIE DARÜBER SPRECHEN-Bericht zuzugreifen, müssen Sie zunächst im Feld STATISTIKEN rechts auf ALLE ANZEIGEN und danach oben auf den Link PERSONEN, DIE DARÜBER SPRECHEN klicken. In diesem Bericht wird Ihnen die Anzahl einmaliger Facebook-Nutzer, die über Ihre Seite eine Meldung auf Facebook generiert haben, angezeigt. Wenn Sie wissen, wie Facebook-Nutzer sich über Ihre Seite unterhalten, können Sie leichter herausfinden, welche Arten von Inhalten für die meisten Interaktionen sorgen. Oben links können Sie den Datumsbereich für alle Daten in diesem Bericht ändern. (Sie können sich maximal 89 Tage anzeigen lassen.)

Ganz wie beim »GEFÄLLT MIR«-ANGABEN-Bericht und beim REICHWEITE-Bericht enthält auch der PERSONEN, DIE DARÜBER SPRECHEN-Bericht Informationen über die Demografie, den Ort und die Sprache der Facebook-Nutzer, die »über Ihre Seite sprechen« (Abbildung 9.14).

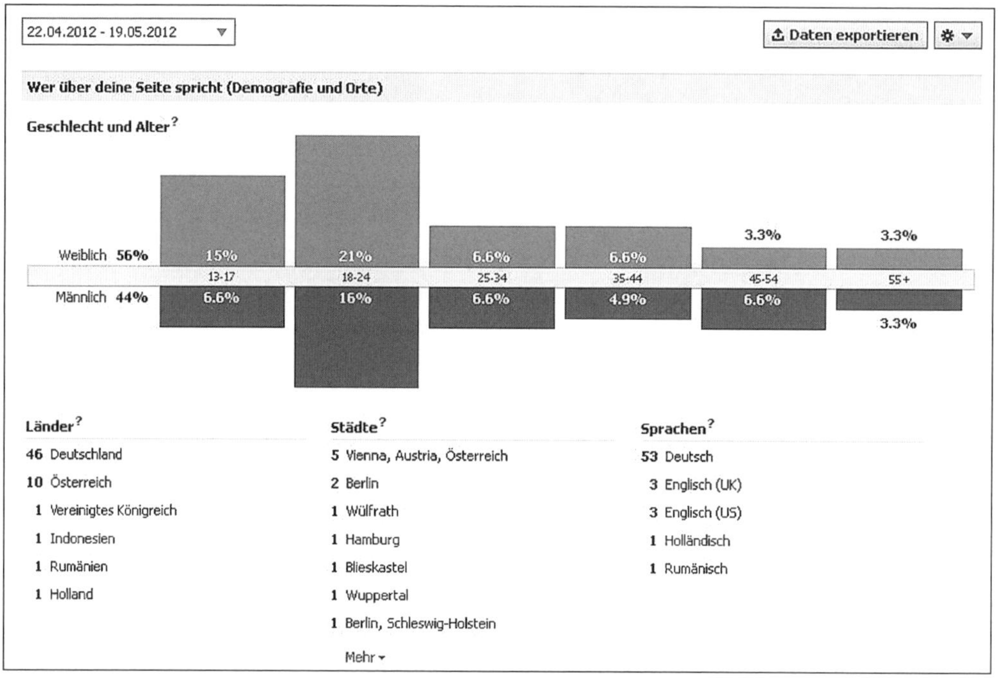

Abbildung 9.14: An dieser Stelle im PERSONEN, DIE DARÜBER SPRECHEN-Bericht können Sie sich Demografie, Ort und Sprache der betreffenden Facebook-Nutzer ansehen.

Unterhalb der Daten über Demografie, Ort und Sprache finden Sie Informationen darüber, auf welche Weise Nutzer über Ihre Seite sprechen (Abbildung 9.15).

Im PERSONEN, DIE DARÜBER SPRECHEN-Diagramm (auf der linken Seite) werden Ihnen die verschiedenen Methoden, wie Facebook-Nutzer andere Nutzer auf Ihre Seite aufmerksam gemacht haben, angezeigt. Jeder Datenpunkt im Diagramm steht für die Anzahl der einmaligen

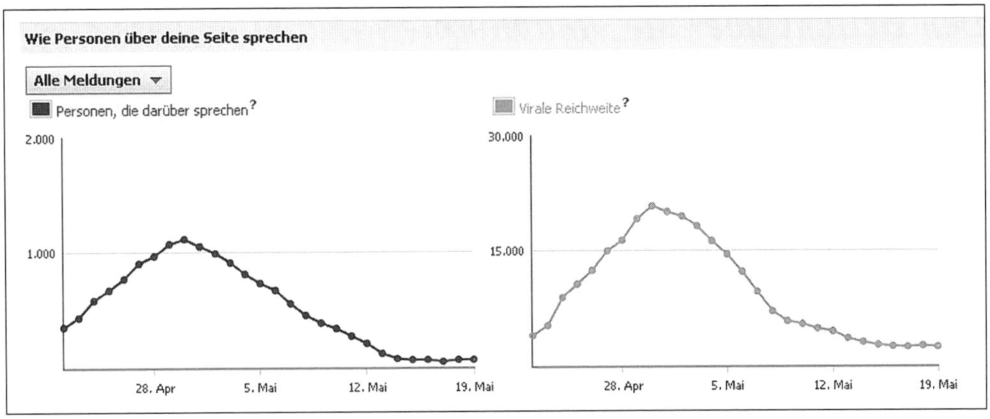

Abbildung 9.15: Das PERSONEN, DIE DARÜBER SPRECHEN*-Diagramm und das* VIRALE REICHWEITE*-Diagramm*

Facebook-Nutzer, die innerhalb der vergangenen sieben Tage »über Ihre Seite gesprochen haben«.

Oben links im Diagramm finden Sie eine Dropdown-Liste, über die Sie die Daten nach folgenden Meldungsarten filtern können:

- **»GEFÄLLT MIR«-ANGABEN AUF SEITEN:** Wenn Facebook-Nutzer Fan Ihrer Seite werden oder auf eine Veranstaltungseinladung antworten, die im Zusammenhang mit Ihrer Seite steht.
- **MELDUNGEN VON DEINEN BEITRÄGEN:** Wenn Facebook-Nutzer Meldungen von Ihrer Seite kommentieren, teilen oder dabei auf GEFÄLLT MIR klicken oder eine Frage beantworten, die Sie auf Ihrer Seite gestellt haben.
- **ERWÄHNUNGEN UND FOTOMARKIERUNGEN:** Wenn Facebook-Nutzer Ihre Seite in einem Foto oder in einer Statusmeldung markieren.
- **BEITRÄGE VON ANDEREN:** Wenn Facebook-Nutzer Inhalte auf Ihrer Seite posten.
- **ALLE MELDUNGEN:** Alle oben genannten Meldungsarten.

Das VIRALE REICHWEITE-Diagramm (in Abbildung 9.15 auf der rechten Seite zu sehen) gibt wieder, wie der Bekanntheitsgrad Ihre Seite gesteigert wurde, als Nutzer darüber sprachen. Die in diesem Diagramm angezeigten Daten entsprechen dem jeweiligen Datensatz, der im PERSONEN, DIE DARÜBER SPRECHEN-Diagramm zu sehen ist. Wenn Sie zum Beispiel »GEFÄLLT MIR«-ANGABEN AUF SEITEN als Datensatz auswählen, zeigt das VIRALE REICHWEITE-Diagramm die Anzahl der einmaligen Freunde von Facebook-Nutzern, die Fan Ihrer Seite geworden sind oder auf eine Veranstaltungseinladung geantwortet haben, die im Zusammenhang mit Ihrer Seite stand.

Den Bericht über die »Ich bin hier«-Funktion verstehen

In diesem Bericht finden Sie Daten über die »Ich bin hier«-Funktion beim Facebook-Orte-Feature. Wenn Sie für Ihr Unternehmen noch keinen Facebook-Ort erstellt haben, erhalten Sie auch keinen Zugriff auf einen solchen Bericht. Falls doch, können Sie sich dort die Herkunftsländer, die Sprache sowie weitere demografische Daten der Fans Ihrer Seite ansehen. Oben links können Sie den Datumsbereich für alle Daten in diesem Bericht ändern (Sie können sich maximal 89 Tage anzeigen lassen).

Unterhalb der demografischen Daten wird ein Diagramm angezeigt, das wiedergibt, mit welcher Methode (über ein mobiles Endgerät oder das Internet) Nutzer Ihren Ort besucht haben. Der Bericht gibt Auskunft darüber, wie viele Nutzer ein mobiles Endgerät anstelle der Website `Facebook.com` dafür verwenden.

Daten aus den Facebook-Statistiken exportieren

Die Firma Facebook hat einige neue Features eingeführt, damit Sie sich die durch die Statistiken gewonnenen Daten auch noch auf andere Weise ansehen können. Mit Hilfe dieser Features können Sie Folgendes tun:

- ✔ **Exportieren Sie die Daten als Bilddatei.** Klicken Sie einfach mit der rechten Maustaste auf das Diagramm, das Sie speichern möchten, und wählen Sie Grafik speichern unter.
- ✔ **Exportieren Sie die Daten als Excel-Datei oder als Textdatei mit durch Kommata getrennten Werten.** Sie können dann später in Ihrem Tabellenkalkulationsprogramm mit den Daten arbeiten. Sie müssen lediglich auf Daten exportieren oben rechts auf der Facebook-Seite klicken und einen Datenbereich und ein Dateiformat für Ihren Export auswählen und können sich die Daten danach auf einer einzigen Seite ansehen (Abbildung 9.16).

Wöchentliche Informationen über die Seite per E-Mail empfangen

Seitenadministratoren erhalten von Facebook jede Woche eine E-Mail, in der die wesentlichen Daten hervorgehoben werden und die direkte Links zu wichtigen Funktionen für Seitenadministratoren beinhaltet. Sollten Sie als Administrator mehr als eine Seite verwalten, sind Statistiken für jede einzelne Seite in der E-Mail enthalten. Durch diese E-Mail können Sie unheimlich viel Zeit sparen, da Ihnen schon ein kurzes Überfliegen Einblicke in das Abschneiden Ihrer Seite verschafft.

Externe Analyse-Tools in die Seite integrieren

Obwohl die Facebook-Statistiken für das Nachhalten der Seitenaktivität von unschätzbarem Wert sind, wünschen Sie sich vielleicht doch manchmal, dass Ihnen einige Zusatzinforma-

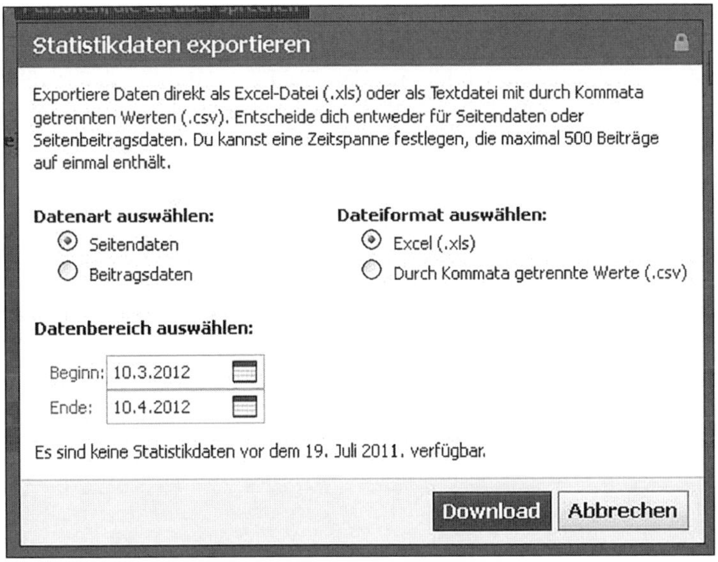

Abbildung 9.16: Sie können die Daten aus den Statistiken als Excel-Datei oder als Textdatei mit durch Kommata getrennten Werten exportieren.

tionen wie etwa die Suchbegriffe, die Nutzer eingeben, um Ihre Seite zu finden, oder die durchschnittliche Verweildauer der Nutzer auf Ihrer Seite zur Verfügung stünden.

Facebook hat die Daten der Seiten-Statistiken durch das Open-Graph-Protokoll für externe Analyse-Tools zugänglich gemacht. Eine ganze Reihe von Unternehmen hat diese Daten bereits in ihre bestehenden Dienste integriert. Führende Web-Analytics-Anbieter wie zum Beispiel Webtrends oder IBM Coremetrics haben damit begonnen, neben ihren aktuellen Produkten für die Analyse von Websites neue Angebote, die Facebook-Daten enthalten, auf den Markt zu bringen. Hier listen wir Ihnen einige dieser Firmen auf:

- ✔ **Webtrends:** Hier wird Ihnen ein Web-Analytics-Paket mit sehr vielen Einzelinformationen geboten, das Sie entweder selbst bei sich installieren oder über die Firma Webtrends nutzen. Es handelt sich um eine kostenpflichtige Dienstleistung. Um Pauschalpreise für ein auf Ihren Bedarf abgestimmtes Angebot zu erfragen, müssen Sie sich direkt an das Unternehmen wenden. Mehr über dieses Produkt erfahren Sie auf der englischsprachigen Website `www.webtrends.com/products/analytics/facebook/`.
- ✔ **IBM Coremetrics:** IBM Coremetrics bietet nicht nur die herkömmliche Analyse von Websites an, sondern unterstützt Sie auch dabei, den Return on Investment auf Facebook nachzuverfolgen. Auf der Website `www.ibm.com/de/de` erfahren Sie mehr.

- **HootSuite:** In diesem Fall geht es um ein Social-Media-Management-Tool, mit dem Nutzer Beiträge für eine Vielzahl von Social-Media-Plattformen (wie etwa Facebook, Twitter oder LinkedIn) zeitlich einplanen können. Das Tool enthält außerdem ein Berichtsmodul, bei dem Sie auswählen können, welche Daten der Seiten-Statistiken von Facebook Sie nachverfolgen möchten. Für Führungskräfte sind solche Berichte hervorragend geeignet, da die Daten in leicht verständlicher Weise dargeboten werden. Auf der mehrsprachigen Website `www.hootsuite.com` können Sie mehr über das Produkt herausfinden.

Auf Social-Media-Management-Plattformen von Firmen wie etwa Buddy Media (englischsprachig: `www.buddymedia.com`) oder Involver (englischsprachig: `www.involver.com`) sind Analysen zu Statistiken von Facebook-Seiten zudem bereits enthalten. Seitenadministratoren bietet sich somit ein kompletter Service für das Posten und das Überwachen und Messen ihrer Aktivitäten auf Facebook.

Teil IV

Marketing nicht nur mit Facebook-Seiten

The 5th Wave By Rich Tennant

»Sind die alten Medien schon im Briefkasten?«

In diesem Teil …

Falls Sie die vorhergehenden Teile dieses Buches gelesen haben, schweben Ihnen wahrscheinlich schon ein paar tolle Konzepte für den Aufbau Ihrer Web-Präsenz auf Facebook vor. Doch es gibt einige Strategien und Taktiken, durch die Sie noch präsenter werden können. Wir stellen in diesem Teil eine Vielzahl an Strategien vor, mit denen Sie Ihr Unternehmen auf Facebook besser vermarkten können. Wir zeigen Ihnen, wie man auf Facebook am besten werben sollte und wie man Werbeaktionen und Veranstaltungen erstellt. Und in einem Kapitel gehen wir sogar darauf ein, wie man über Facebook seine Firma vor Ort bewirbt.

Sie werden außerdem erfahren, wie Sie für Ihr Unternehmen mit Hilfe von Facebook Cross-Promotion betreiben und wie Sie soziale Plug-ins verwenden, um die Vorteile von Facebook auch auf Ihrer eigenen Website zu nutzen.

Mit Facebook-Werbung für das Unternehmen werben

10

In diesem Kapitel

- Die Facebook-Werbekampagne planen
- Fesselnde Werbeanzeigen entwerfen
- Die Werbeanzeige erstellen
- Eine Landingpage festlegen
- Facebook-Werbeanzeigen mit dem Werbeanzeigenmanager verwalten und ihren Erfolg messen

Bei etwa 900 Millionen Facebook-Nutzern weltweit können Facebook-Werbeanzeigen ein Publikum erreichen, das sechsmal größer ist als das Fernsehpublikum beim Finale der US-amerikanischen Football-Meisterschaft. Und falls Sie nicht weltweit werben möchten (was wahrscheinlich der Fall sein wird), können Sie für Ihre Facebook-Werbeanzeigen eine bestimmte Demografie (Ort, Geschlecht, Beziehungsstatus, Ausbildung und so weiter) als Zielgruppe definieren.

Auf der Werbeplattform von Facebook können Sie mühelos eine Werbeanzeige erstellen, Ihre Zielgruppe auswählen, Ihr Tagesbudget festlegen, ein Start- und ein Enddatum bestimmen und das Abschneiden messen. Werbeanzeigen können auf CPM-Basis (auch Kosten-pro-Tausend-Impressionen-Basis genannt) oder auf CPC-Basis (auch Kosten-pro-Klick-Basis genannt) berechnet werden. Werbetreibende können sich auf Facebook, anders als bei Google-Anzeigen, für ihre Anzeigen den Social Graph zunutze machen, der anzeigt, welchen Freunden eine bestimmte Seite, Veranstaltung oder Anwendung ebenso gefällt. Als Hilfestellung für Werbetreibende bietet Facebook auf der Seite `https://www.facebook.com/advertising` einen Überblick darüber, wie man Facebook-Werbeanzeigen nutzt, einen Leitfaden für Facebook-Werbeanzeigen und eine Reihe von Fallbeispielen (Abbildung 10.1).

Wir erklären Ihnen in diesem Kapitel, wie Sie von Facebook-Werbeanzeigen profitieren. Wir machen Sie mit den verschiedenen Optionen bekannt und damit, wie Sie sie nutzen. Wir geben Ihnen Tipps dazu, wie Sie Ihr Werbebudget bewerten, eine Zielgruppe definieren, Werbetexte schreiben, ein wirkungsvolles Bild hochladen und eine Werbeanzeige entwerfen. Und zu guter Letzt helfen wir Ihnen beim Entwerfen einer Landingpage-Strategie und bei der Bewertung ihrer Effektivität im Hinblick auf die Erfüllung Ihrer Marketingziele.

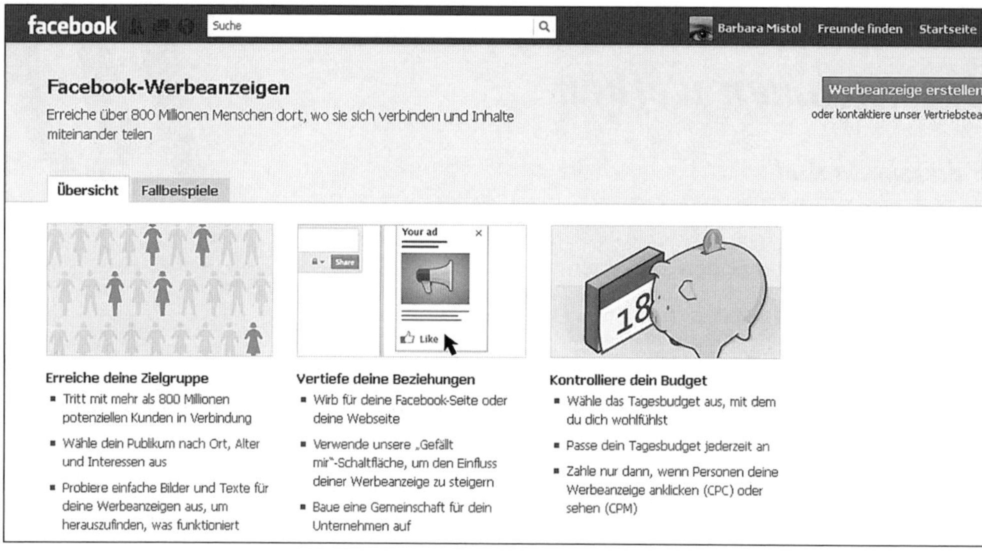

Abbildung 10.1: Die Facebook-Werbeanzeigen-Seite mit Hilfsmitteln für Werbetreibende

Facebook-Werbeanzeigen – eine Einführung

Laut Aussage der Firma Facebook melden sich 50 Prozent der aktiven Nutzer jeden Tag in diesem sozialen Netzwerk an. Außerdem verbringen diese Verbraucher dort pro Besuch mehr Zeit, als sie es bei Yahoo!, MSN und Myspace zusammengenommen tun. In den vergangenen Jahren hat Facebook Google in Bezug auf Website-Besucher regelmäßig übertroffen (Abbildung 10.2).

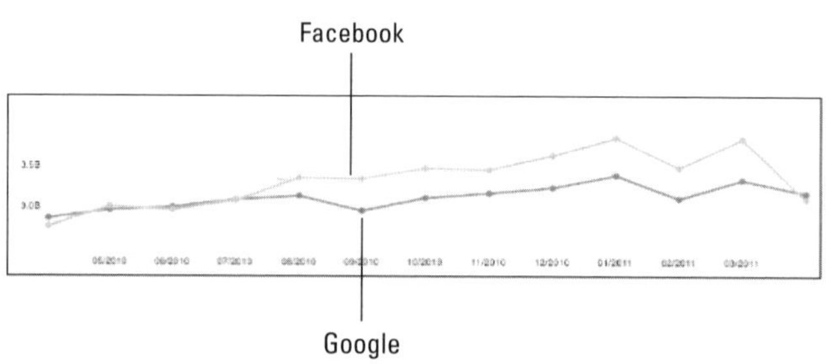

Abbildung 10.2: Bei Besuchen hat Facebook gegenüber Google regelmäßig die Nase vorn.

Facebook-Werbeanzeigen ermöglichen es Ihnen, eine nachhaltige Beziehung zu potenziellen Kunden aufzubauen. Wenn Sie auf Ihre Facebook-Seite verlinken, können Sie Nutzer innerhalb der Facebook-Umgebung binden. Und durch gesponserte Meldungen können Sie diese Interaktionen mit Ihren Fans auf sogar noch mehr Facebook-Nutzer ausweiten, die dann wiederum mit den Inhalten Ihrer Seite interagieren. Bei deren Freunden wird dadurch der Bekanntheitsgrad Ihres Unternehmens gesteigert. Und so geht es immer weiter.

Facebook-Werbeanzeigen Teil Ihres Marketing-Mix werden lassen

Wenn Sie auf Facebook werben, sollten Sie dabei unbedingt Ihre gesamte Marketing-Strategie verfolgen, die hoffentlich zusätzlich zum E-Mail-Marketing, der In-Store Promotion und Radiowerbung noch weitere Vertriebskanäle beinhaltet. Je mehr Sie diese Kanäle innerhalb einer in sich stimmigen Werbestrategie miteinander verknüpfen, desto mehr Resultate wird Ihnen jeder einzelne davon einbringen.

Eine E-Mail-Marketing-Kampagne, mit der eine Facebook-Seite beworben werden soll, wird zum Beispiel effektiver sein, wenn sie mit einer Facebook-Werbeanzeige für Ihre Seite kombiniert wird, die geografisch gesehen auf den Ort ausgerichtet ist, an dem die Mehrheit Ihrer E-Mail-Abonnenten wohnt. Ein Facebook-Nutzer, der keine Verbindung Ihrer Seite darstellt (also kein Fan ist), der jedoch in Ihrem Newsletter-Verteiler ist, wird viel eher Fan Ihrer Seite werden als jemand, der nicht zu den Newsletter-Abonnenten zählt, da die Kampagne ihm gegenüber zweimal erwähnt wird.

Sie können zwei Arten von Werbeanzeigen direkt auf Facebook schalten:

- ✔ **Eine Display-Anzeige**, die lediglich Text und ein Bild enthält. In Abbildung 10.3 finden Sie ein Beispiel.

Abbildung 10.3: Eine Display-Anzeige (rechts) enthält Text und ein Bild.

- ✔ **Eine gesponserte Meldung in einer Werbeanzeige**, mit der Sie sich den Freundes- und Bekanntenkreis im Zusammenhang mit einer Seite, Veranstaltung, Gruppe oder Anwendung zunutze machen können (Abbildung 10.4).

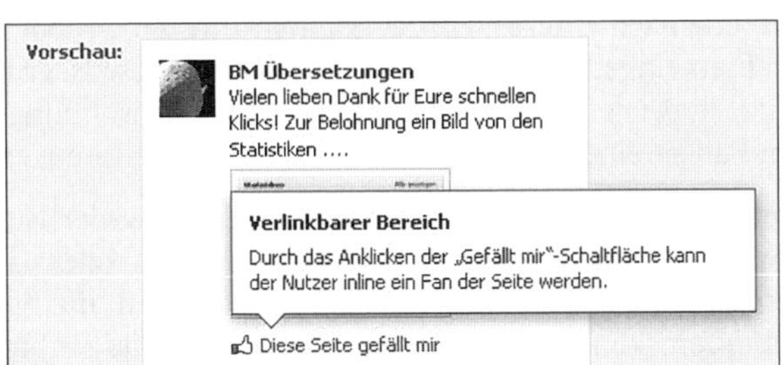

Abbildung 10.4: Auf Facebook können Nutzer bei gesponserten Meldungen in Werbeanzeigen zum Fan einer Seite werden oder deren Meldungen kommentieren.

Facebook-Werbeanzeigen erscheinen auf der Seite eines Nutzers in der Spalte ganz rechts im Anzeigenbereich. Im Anzeigenbereich können bis zu vier Anzeigen angezeigt werden. Sie können allerdings nicht bestimmen, an welcher Stelle Ihre Werbeanzeige auftaucht.

In den folgenden Abschnitten gehen wir genauer darauf ein, wie Sie mit einer Facebook-Werbeanzeige eine bestimmte Zielgruppe erreichen können und wie Sie Ihr Budget festlegen.

Die Zielgruppenoptionen auf Facebook verstehen

Die Definierung der Zielgruppe ist ebenso wichtig wie die Werbeanzeige selbst. Auf Facebook können Sie ganz genau die gewünschte Zielgruppe ansprechen. Um herauszufinden, wen genau Sie sich als Zielgruppe auswählen sollten, entwickeln Sie am besten Personas oder Persönlichkeitseigenschaften, die Ihre Zielgruppe repräsentieren. Mit *Personas* meinen wir einfach imaginäre potenzielle Kunden oder Kunden, für die Sie eine komplette Hintergrundgeschichte, Eigenarten, Aufgaben und einen Bedarf für Ihr Angebot erfinden. Der eigentliche Nutzen von Personas liegt darin, dass Sie sich vorstellen, wie jede von ihnen auf Ihre Produkte oder Dienstleistungen reagiert. Gut konzipierte Personas können Ihnen die wirkungsvolle Definierung einer Zielgruppe für Ihre Werbeanzeigen auf Facebook erleichtern.

Nehmen wir als Beispiel mal Sabine. Sie ist dreißig Jahre alt, berufstätig und wohnt in Berlin-Mitte. Da sie ihren CO_2-Fußabdruck reduzieren möchte, besitzt sie kein Auto. Sie trifft sich aber unheimlich gerne mit ihren Freunden in München für einen Oktoberfestbesuch. Sie ist clever und überlegt sich daher ganz genau, welche Daten sie im Internet preisgibt. Sabine könnte von car2go oder DriveNow als Persona entwickelt worden sein, weil diese Carsharing-Unternehmen auf umweltbewusste Kunden ausgerichtet sind.

Unten finden Sie einige der Methoden, wie man auf Facebook eine Zielgruppe für eine Werbeanzeige definieren kann:

- ✔ **Zielgruppenansprache nach Standort:** Auf Facebook können Sie anhand des Standorts eine sehr spezielle Zielgruppe auswählen. Der Standort wird dabei teilweise an den Informationen in Ihrem Profil festgemacht sowie an der IP-Adresse des Computers, auf dem sich Nutzer anmelden oder ihrem genau angegebenen Land, Staat/Bundesland, der Stadt oder der Postleitzahl. Wenn Sie die Anzeige auf bestimmte Städte ausrichten, erscheint auf Facebook bei den meisten davon die Option, die Zielgruppenbeschreibung auf umliegende Gebiete im Umkreis von 16, 40 oder 80 Kilometern auszuweiten.
- ✔ **Zielgruppenansprache nach Interessen:** Sie können Ihre Zielgruppe auch anhand der in den Facebook-Profilen eingegebenen Begriffe definieren. Diese Begriffe können beispielsweise von den Nutzern bei den Interessen, Aktivitäten, der Ausbildung, Berufsbezeichnungen, Seiten, deren Fan sie sind, oder Gruppen, denen sie angehören, erwähnt worden sein.
- ✔ **Zielgruppenansprache nach Verbindungen:** Sie können entweder Nutzer, die bereits mit Ihrer Facebook-Seite verbunden sind, als Zielgruppe festlegen oder – falls Ihre derzeitigen Fans die Werbeanzeige nicht sehen sollen – jene ansprechen, die noch nicht damit verbunden sind. Außerdem können Sie die Freunde von bereits verbundenen Nutzern als Zielgruppe auswählen. Diese Option ist sehr sinnvoll, da die Wahrscheinlichkeit, dass Freunde von Fans selbst Fans werden, höher ist.

Um die gesamte Reichweite Ihrer Werbekampagne zu maximieren, können Sie zunächst einmal Ihre Fühler in alle Richtungen ausstrecken (also eine allgemeine, breiter gefasste Zielgruppe definieren) und später der Zielgruppenbeschreibung so häufig »den letzten Schliff geben«, bis Sie das optimale Gleichgewicht zwischen den Einzelheiten der Zielgruppenansprache und der Anzahl der als Zielgruppe definierten Personen gefunden haben.

Das Budget festlegen

Die Firma Facebook bedient sich bei ihrem Werbeinventar eines Gebotssystems, das auf Angebot und Nachfrage basiert. Besteht beim Erreichen einer bestimmten Demografie eine stärkere Nachfrage, gibt es üblicherweise höhere Gebote für eine Werbeanzeige. Auf Grundlage der ungefähren Spanne dessen, was andere Anzeigen zum Erreichen dieser Demografie in der Vergangenheit gekostet haben, wird Ihnen von Facebook außerdem ein vorgeschlagenes Gebot angezeigt.

Den Facebook-Werbeanzeigen liegt eine verdeckte Auktion zugrunde. Sie erfahren weder, wie viel andere Nutzer für Werbeanzeigen zahlen, noch können Sie ihre Gebote sehen. Während Sie Ihre Anzeige erstellen, gibt Facebook Ihnen die vorgeschlagene Gebotsspanne bekannt. Solange die Werbeanzeige geschaltet ist, wird diese Spanne ständig aktualisiert.

Zu Beginn geben Sie am besten ein Gebot im unteren Bereich der vorgeschlagenen Spanne ab. Sie können Ihre Werbekampagne danach überprüfen, um herauszufinden, ob das Abschneiden der Anzeige mit dem abgegebenen Gebot übereinstimmt. Man kann außerdem ein maximales Tagesbudget festlegen. (Näheres zum Thema erfahren Sie im Abschnitt »Werbekampagnen mit dem Werbeanzeigenmanager verwalten« weiter hinten im Kapitel.)

Sie müssen sich zwar nicht an den Preisgestaltungsrichtlinien von Facebook orientieren, doch wenn Sie ein zu niedriges Gebot abgeben, wird Ihre Werbeanzeige nicht erscheinen.

Sie sollten Ihre Einkaufsstrategie zumindest teilweise von Ihren Marketingzielen abhängig machen. Auf Facebook können Sie bei der Buchung von Werbeanzeigen unter zwei Arten der Preisgestaltung wählen:

- ✔ **Kosten pro Klick (CPC abgekürzt):** Bei CPC werden Sie jedes Mal, wenn ein Nutzer auf eine Ihrer Anzeigen klickt, zur Kasse gebeten. Falls Ihr Ziel darin besteht, mehr Besucher auf eine bestimmte Seite zu locken, ist die Bezahlung auf CPC-Basis wahrscheinlich ideal für Sie. Stellen Sie sich die Frage: Wie viel bin ich bereit, für einen Klick zu zahlen?
- ✔ **Kosten pro Tausend Impressionen (CPM abgekürzt):** Bei CPM zahlen Sie auf Grundlage der Anzahl der Nutzer, die Ihre Werbeanzeige sehen. Nehmen wir an, Ihr Ziel besteht darin, dass innerhalb Ihrer demografischen Zielgruppe so viele Nutzer wie möglich die Anzeige zwar sehen, danach aber nicht unbedingt zu einer anderen Seite weiterklicken sollen. Dann entscheiden Sie sich wohl am besten für die Bezahlung auf CPM-Basis. Stellen Sie sich die Frage: Wie viel bin ich bereit, für 1.000 Impressionen zu zahlen?

Testen Sie Ihre Werbeanzeigen mit der CPC-Basis, denn über das CPC-System können Sie herausfinden, welche Anzeigen am besten abschneiden, und können eine ungefähre Vorstellung von den Kosten pro Klick bekommen.

Erfolgreiche Werbeanzeigen erstellen

Bevor wir genauer darauf eingehen, wie man auf Facebook eine Werbeanzeige tatsächlich erstellt, möchten wir Ihnen näherbringen, wie Sie fesselnde Anzeigen entwerfen, die Besucherströme anlocken. In den folgenden Abschnitten befassen wir uns mit verschiedenen Methoden, wie man wirkungsvolle Werbetexte schreibt und ein optimales Bild auswählt. Wir erklären Ihnen außerdem, weshalb es so wichtig ist, seine Zielgruppe zu kennen und ihr passende Anreize zu liefern. Letztendlich müssen Sie sich auch noch damit befassen, welche Einschränkungen sich durch die Werberichtlinien von Facebook ergeben, damit Ihre Werbeanzeigen auch genehmigt werden.

Tipps für das Verfassen von Werbetexten

Da Sie für den Titel nur 25 Zeichen und für den Text nur 135 Zeichen zur Verfügung haben, können Sie mit Wörtern nicht verschwenderisch umgehen. Umschreiben Sie Ihr Ziel mit direkten Worten und gehen Sie dabei geradlinig und ehrlich vor. Vergessen Sie nicht, dass es auf Facebook auch darum geht, Vertrauen aufzubauen. Daher muss in Ihrem Text Aufrichtigkeit und der Wille, etwas mit der Zielgruppe zu teilen und sich mit ihr zu verbinden, spürbar sein.

Falls das Thema es erlaubt, sollten Facebook-Werbeanzeigen unterhaltsam sein. Anzeigen mit einer lustigen Werbebotschaft sorgen für eine höhere Interaktionsrate. In der Facebook-Werbeanzeige in Abbildung 10.5 findet man beispielsweise einen lustigen Gegensatz zwischen dem Bild und dem Text.

Abbildung 10.5: In dieser Anzeige versucht man, die Aufmerksamkeit durch Humor auf sich zu lenken.

Unten finden Sie vier Regeln, die Sie im Zusammenhang mit Ihrem Werbetext für Facebook beachten sollten:

- ✔ **Stellen Sie im Titel oder im Text der Anzeige eine Frage.** Trauen Sie sich ruhig, falls notwendig, auch mal ein Fragezeichen zu verwenden.

- **Beziehen Sie sich auf Ihre Zielgruppe.** Dadurch werden Sie eher ihre Aufmerksamkeit erlangen können. Ziehen Sie auch Ausrufe wie etwa »Liebe Hausfrauen …« in Betracht.
- **Sagen Sie es mit direkten Worten.** Vermitteln Sie Ihrer Zielgruppe ganz genau, was sie von ihr erwarten. Zum Beispiel so: »Klicken Sie hier, um sich ein kostenloses T-Shirt zu sichern.«
- **Verwenden Sie Testimonials von Prominenten.** Um für Glaubwürdigkeit zu sorgen, könnten Sie auch die Aussage eines zufriedenen Kunden hervorheben. Zum Beispiel so: »Auch Lukas Podolski benutzt diesen Ball.«

Falls Sie relevante Suchbegriffe verwenden, um Ihre Werbekampagne auf eine Zielgruppe auszurichten, kann es nie schaden, diese Begriffe auch im Werbetext zu erwähnen.

Ein passendes Bild auswählen

Ein Bild sagt mehr als tausend Worte. Daher schneiden Werbeanzeigen, die ein Bild enthalten, auch um so viel besser ab als Textanzeigen.

Verwenden Sie vorzugsweise Bilder, die gut erkennbar sind, die nicht zu viele verzwickte Details zeigen und die in leuchtenden Farben gehalten sind. Verzichten Sie dabei auf Blau, da viele es sofort mit dem Facebook-Logo und dem Farbschema der Navigationselemente assoziieren.

Für die Auswahl des passenden Bildes, das Ihrer Facebook-Werbeanzeigen Aufmerksamkeit verschafft, listen wir Ihnen hier noch fünf weitere Ideen auf:

- **Falls Ihr Bild Personen zeigt, müssen diese die Demografie Ihrer Zielgruppe widerspiegeln.** Nutzer sehen sich gerne Personen an, die wie sie selbst aussehen.
- **Testen Sie zum gleichen Text verschiedene Bilder.** Wenn Sie einzelne Faktoren wie etwa das Bild der Anzeige unter die Lupe nehmen, können Sie leichter herausfinden, welches Bild effektiver ist.
- **Ein Amateur-Foto ist manchmal wirkungsvoller als ein Archivbild vom Profi.** Durch eine personalisierte Herangehensweise können Sie sich von der Masse abheben.
- **Verwenden Sie ein kleineres Bild oder eins mit einem einfarbigen Hintergrund.** Das Bild für eine Werbeanzeige darf zwar maximal 110 × 80 Pixel groß sein, doch bisweilen fallen kleinere Bilder unter all denen in voller Bildgröße, die man normalerweise in Anzeigen auf Facebook sieht, auf. Beim Bild in Abbildung 10.6 hebt sich die Anzeige beispielsweise durch die Verwendung eines dunklen Hintergrunds vom Rest der Seite ab.
- **Lassen Sie Ihr Bild durch eine dekorative Umrahmung aus der Masse herausstechen.** Sie könnten als Rahmen einen Markenaufdruck hinzufügen oder die Anzeige aktualisieren. (In der Weihnachtszeit ergänzen Sie es dann zum Beispiel mit einem dekorativen Rahmen mit Weihnachtsmotiven.)

Abbildung 10.6: Das Bild ist das Herzstück Ihrer Anzeige.

In einfachen Worten das Angebot beschreiben

Da Ihnen nur wenig Platz zur Verfügung steht, um Ihr Angebot über die Facebook-Werbeanzeige zu vermitteln, sollten Sie nicht zu viel schreiben und die Dinge auch nicht zu kompliziert machen. Ihre Handlungsaufforderung muss direkt, klar verständlich und leicht umsetzbar sein. Wie man in Abbildung 10.7 erkennen kann, sind selbst Pfiffigkeit und Witz nicht so wirkungsvoll wie die einfachste Wortwahl.

Abbildung 10.7: Manchmal sind direkte Worte einfach der beste Weg.

Eine Facebook-Werbeanzeige erstellen

Die Erstellung von Facebook-Werbeanzeigen ist kinderleicht. Befolgen Sie dazu einfach diese grundlegenden Schritte:

1. **Besuchen Sie die Seite `www.facebook.com/ads`.**

   Sie landen auf der Facebook-Werbeanzeigen-Seite.

2. **Klicken Sie auf die grüne Werbeanzeige erstellen-Schaltfläche oben rechts auf dem Bildschirm.**

   Die Wirb auf Facebook-Seite erscheint, auf der Sie Optionen für die Erstellung Ihrer Werbeanzeige finden.

Der Erstellungsprozess für Anzeigen ist in drei Schritte gegliedert: Gestalte deine Werbeanzeige, Zielgruppe sowie Kampagnen, Preise und Planung. Wir erklären Ihnen in den folgenden Abschnitten, wie Sie in diesem Drei-Stufen-Prozess alle Informationen eingeben.

Behalten Sie im Hinterkopf, dass sich die verfügbaren Optionen je nach Ihrer speziellen Auswahl während der Erstellung der Werbeanzeige dynamisch verändern. Wenn Sie zum Beispiel eine externe URL als Ziel-URL für Ihre Werbeanzeige angeben, erscheinen die gesponserten Meldungen als Option. Wir machen Sie aber in den folgenden Abschnitten auf all diese Veränderungen aufmerksam.

Schritt 1: Gestalte deine Werbeanzeige

Bevor Sie eine Facebook-Werbeanzeige erstellen, müssen Sie eine Landingpage – also die Seite, auf die ein Nutzer nach dem Klick auf Ihre Anzeige weitergeleitet wird – festlegen. Sie können entweder auf eine externe URL, die einer Facebook-Veranstaltung, einer Facebook-Anwendung oder Ihrer Facebook-Seite verlinken. Wir empfehlen Ihnen, wie auch in den folgenden Schritten beschrieben, eine Ziel-URL innerhalb von Facebook anzugeben. (Im Abschnitt »Eine Landingpage-Strategie für die Anzeige entwickeln« weiter hinten im Kapitel erfahren Sie mehr über die Wahl zwischen internen und externen Ziel-URLs.)

Befolgen Sie bei der Gestaltung Ihrer Werbeanzeigen die folgenden Schritte:

1. **Geben Sie im Feld DESTINATION ein Ziel ein (Abbildung 10.8).**

   Sie können entweder eine externe URL oder Ihre Facebook-Seite, Facebook-Veranstaltung, Ihren Facebook-Ort oder eine Facebook-Anwendung eingeben. In der Dropdown-Liste DESTINATION werden all Ihre Facebook-Seiten, -Veranstaltungen, -Orte und -Anwendungen aufgelistet. Wählen Sie dort aus oder entscheiden Sie sich für eine externe URL, indem Sie im dann erscheinenden URL-Feld die gewünschte URL eintippen.

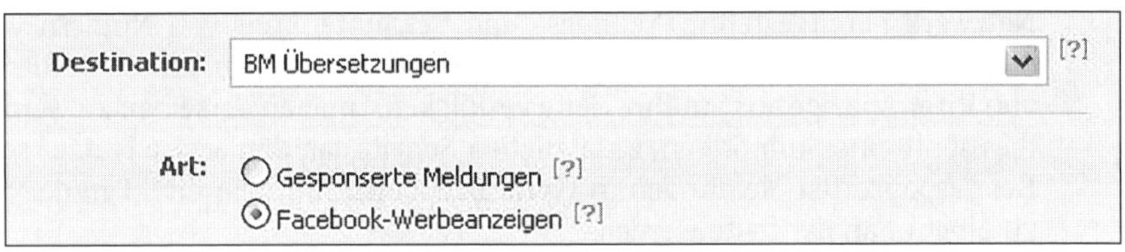

Abbildung 10.8: Bei Facebook-Werbeanzeigen können Sie Nutzer auf eine Seite Ihrer Wahl weiterleiten lassen.

2. **Im Feld ART wählen Sie entweder GESPONSERTE MELDUNGEN oder FACEBOOK-WERBEANZEIGEN aus.**

   - *GESPONSERTE MELDUNGEN*: Hier können Sie noch unter folgenden Meldungsarten wählen: MELDUNG ÜBER »GEFÄLLT MIR«-ANGABEN AUF EINER SEITE (wenn Nutzer zu Fans Ihrer Seite werden, wird ihren Freunden darüber eine Meldung angezeigt) oder MELDUNG ÜBER »GEFÄLLT MIR«-ANGABEN ZU DEM BEITRAG EINER SEITE (wenn Fans bei Ihren Seitenbeiträgen auf »GEFÄLLT MIR« klicken, wird ihren Freunden darüber eine Meldung angezeigt) (Abbildung 10.9).
   - *FACEBOOK-WERBEANZEIGEN*: An dieser Stelle stehen Ihnen zwei Meldungsarten zur Verfügung: WERBEANZEIGE AUS SEITENBEITRAG oder NEUE WERBENACHRICHT.

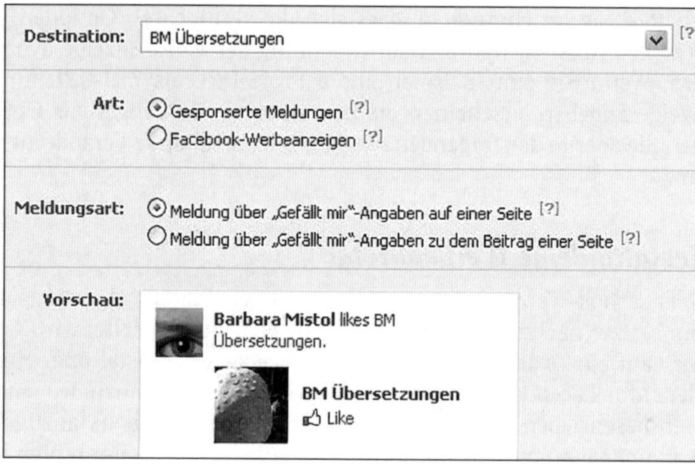

Abbildung 10.9: Bei gesponserten Meldungen auf Facebook können Sie diese Meldungsarten auswählen.

Man hat herausgefunden, dass gesponserte Meldungen für einen höheren Return on Investment sorgen als herkömmliche Facebook-Werbeanzeigen. Laut der Seite »Inside Facebook« (englischsprachig: `http://insidefacebook.com`) haben gesponserte Meldungen in Werbeanzeigen sogar eine 46 Prozent höhere Click-through-Rate als die üblichen Anzeigen auf Facebook. Dies hat einen Grund: Bei gesponserten Meldungen in Werbeanzeigen wird der im Facebook-Netzwerk bereitgestellte Freundes- und Bekanntenkreis von Nutzern wirksam eingesetzt. Bei herkömmlichen Facebook-Werbeanzeigen müssen Nutzer sich von Ihrer Anzeige aus auf Ihre Seite vorklicken, um Fan derselben zu werden und dies stellt einen unnötigen, zusätzlichen Schritt dar, den einige Nutzer scheuen. Bei gesponserten Meldungen in Werbeanzeigen kann man direkt in der Anzeige zu einem Fan der Seite werden.

3. **Falls Sie Werbung für eine externe URL machen möchten, geben Sie im Textfeld Titel den Titel oder eine Überschrift für Ihre Anzeige ein (Abbildung 10.10).**

   Sie können bis zu 25 Zeichen eingeben und müssen sich an die Formatierungsregeln von Facebook halten.

Dieser Schritt bezieht sich nur auf Facebook-Werbeanzeigen, bei denen eine externe URL als Ziel angegeben wird. Falls Sie Werbung für eine Facebook-Seite machen, wird der Seitenname standardmäßig als Titel angezeigt. Diese Einstellung können Sie nicht bearbeiten. Sollten Sie sich für gesponserte Meldungen entschieden haben, wird Ihnen beim Titel keine Option angezeigt, da die Anzeige selbst ein Beitrag Ihrer Seite sein wird.

Abbildung 10.10: Facebook-Werbeanzeigen enthalten Titel, Inhalt und Bild.

4. **Geben Sie im Textfeld Inhalt einen Fließtext mit einer Länge von bis zu 135 Zeichen ein.**

Ihr Text sollte prägnant, fesselnd und auf für den Leser interessante Dinge ausgerichtet sein.

5. **Falls Sie Werbung für eine Facebook-Seite, -Veranstaltung oder -Anwendung machen, können Sie einen Avatar für das Bild der Anzeige wählen. Klicken Sie dazu im Bild-Bereich auf Durchsuchen und klicken Sie sich auf Ihrem Computer bis zu dem Bild vor, das Sie hochladen und in Ihrer Werbeanzeige verwenden möchten.**
6. **Klicken Sie auf Weiter, um zur Zielgruppenbeschreibung zu gelangen.**

Schritt 2: Zielgruppe

Nach dem Entwerfen Ihrer Anzeige müssen Sie Ihre Zielgruppe definieren, indem Sie Zielgruppenkriterien auswählen, und zwar genau so, wie es in Abbildung 10.11 zu sehen ist. Stellen Sie sich eine Zielgruppenbeschreibung wie den Mittelpunkt der Zielscheibe bei einem Bogenschützen vor: Je näher Sie der Mitte kommen, desto enger werden die Kreise und je weiter Sie sich nach außen bewegen, desto größer ist der Bereich. (Weiter oben im Kapitel im Abschnitt »Die Zielgruppenoptionen auf Facebook verstehen« erfahren Sie mehr darüber, wie man eine Zielgruppe für seine Werbeanzeige definiert.)

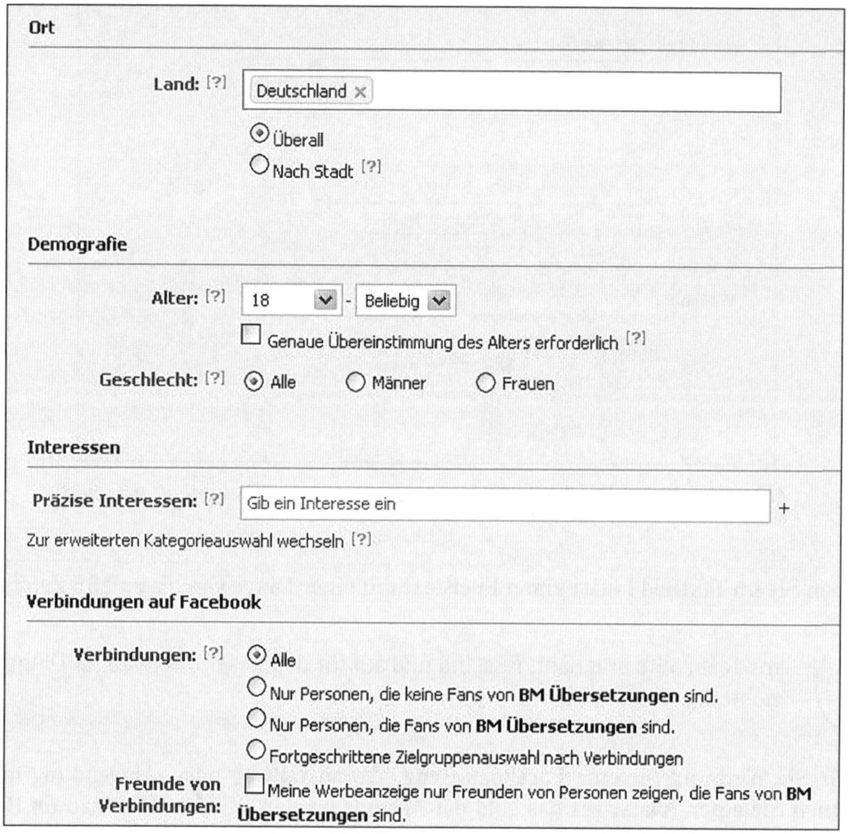

Abbildung 10.11: Richten Sie die Anzeige auf Ort, Demografie und Interessen Ihrer Zielgruppe aus.

Rechts neben dem ZIELGRUPPE-Bereich finden Sie eine Zahl, die die ungefähre Anzahl an Nutzern wiedergibt, die Ihre Anzeige zu sehen bekommen würden (Abbildung 10.12). Wenn Sie während der unten aufgeführten Schritte Zielgruppenkriterien hinzufügen oder entfernen, wird die hier angezeigte Größe der Zielgruppe entsprechend angepasst.

Abbildung 10.12: Facebooks Ad-Tool zeigt Ihnen bei der geschätzten Reichweite Echtzeit-Zahlen an.

Falls Sie eine zu kleine Zielgruppe erreichen, könnte es sein, dass Sie nicht genügend Click-throughs generieren. Fassen Sie in diesem Fall einige Kriterien wie zum Beispiel die Altersgruppe breiter oder fügen Sie bei Ihrer Zielgruppenansprache nach geografischem Radius auch noch die angrenzenden Orte hinzu.

Befolgen Sie diese Schritte, um für Ihre Facebook-Werbekampagne eine bestimmte Zielgruppe zu definieren:

1. **Tippen Sie im Feld Land den Ort, an dem Ihre Werbeanzeige erscheinen soll, ein.**

   Für die Zielgruppe stehen fast 100 Länder zur Auswahl und für jede Anzeige können Sie bis zu 25 Länder angeben. Bitte beachten Sie, dass an dieser Stelle je nach ausgewähltem Land andere Optionen erscheinen. Sie können sich auch eine Auswahl bis auf Staat/Bundesland- oder Stadt-Ebene anzeigen lassen. Bei vielen der Städte findet man die Möglichkeit, zusätzlich einen Umkreis von bis zu 16, 40 oder 80 Kilometer zu wählen.

2. **Wählen Sie in der Dropdown-Liste Alter die Altersgruppe der Zielgruppe aus, die die Werbeanzeige sehen soll.**

   Wenn Sie die ungefähre Altersgruppe Ihrer Zielgruppe kennen, finden Sie hier eine tolle Möglichkeit, sie zu definieren. Falls Sie zum Beispiel seniorengerechte Wohnungen vertreiben, könnten Sie Nutzer, die 55 Jahre oder älter sind, ins Auge fassen. Um die größtmögliche Zielgruppe zu erreichen, belassen Sie es hier bei der Standardeinstellung: Beliebig. Vergessen Sie nicht, dass es auf Facebook nicht erlaubt ist, Nutzer, die jünger als 13 Jahre alt sind, als Zielgruppe zu definieren.

3. **Wählen Sie beim Geschlecht Ihrer Zielgruppe entweder Alle, Männer oder Frauen aus.**

   Sie können sich nur Männer, nur Frauen oder beide Geschlechter zur Zielgruppe nehmen. Die Standardeinstellung lautet Alle. Durch diese Einstellung wird Ihre Werbung der größtmöglichen Anzahl an Nutzern angezeigt.

4. **Im Feld Interessen können Sie entweder »präzise Interessen« oder »breit gefasste Kategorien für Interessen« auswählen. Für die präzisen Interessen geben Sie einfach beliebige Suchbegriffe zu den speziellen Interessen, auf die Sie die Anzeige ausrichten möchten, in das Textfeld Präzise Interessen ein. Um breit gefasste Kategorien für Interessen auszuwählen, klicken Sie auf den Link Zur erweiterten Kategorieauswahl wechseln.**

   Sobald Sie im Textfeld Präzise Interessen anfangen, einen Begriff einzutippen, zeigt Ihnen Facebook eine Auswahl an möglichen Suchbegriffen an. Diese Suchbegriffe stammen aus Nutzerprofilen auf Facebook und dort insbesondere aus folgenden Bereichen: Interessen, Aktivitäten, Ausbildung, Berufsbezeichnung, Seiten, deren Fan sie sind, und Gruppen, denen sie angehören. Falls die Anzahl der Facebook-Profile, in denen der von Ihnen eingegebene Suchbegriff erwähnt wird, zu niedrig ist, ist dieses Interesse statistisch gesehen nicht häufig genug vorhanden, um es für die Zielgruppendefinition zu verwenden. Sie können beliebig viele relevante Suchbegriffe eingeben.

   Sie können für Ihre Werbeanzeige auch die Fans von einer beliebten Facebook-Seite eines Konkurrenten als Zielgruppe definieren, indem Sie den Namen der Seite Ihres Konkurrenten in das Textfeld Präzise Interessen eingeben. Sollten Sie dann zur erweiterten Kategorieauswahl wechseln, müssen Sie im Feld Erweiterte

Kategorien zunächst eine Kategorie auswählen und danach die speziellen gewünschten Unterkategorien wählen (Abbildung 10.13). In diesen Unterkategorien sind die beliebtesten, von Facebook-Nutzern in ihren Profilen verwendeten Begriffe enthalten.

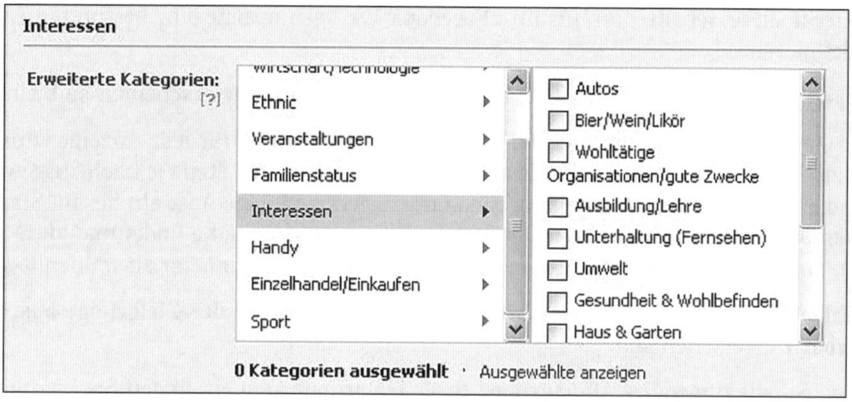

Abbildung 10.13: Auf Facebook können Sie für Ihre Anzeige eine Zielgruppe anhand bestimmter breit gefasster Kategorien definieren.

5. **Im Feld Verbindungen auf Facebook wählen Sie eine der folgenden Optionen (Abbildung 10.14):**

   - **Alle:** Hier nehmen Sie sich, unabhängig von deren Verbindung zu Ihrer Seite, Veranstaltung, Gruppe oder Anwendung, alle Facebook-Nutzer zur Zielgruppe.
   - **Nur Personen, die keine Fans von [Ihre Seite] sind:** Hier richten Sie die Anzeige auf Nutzer Ihrer Anwendung oder Teilnehmer Ihrer Veranstaltung aus, die nicht zu den Fans Ihrer Seite gehören.
   - **Nur Personen, die Fans von [Ihre Seite] sind:** Hier definieren Sie Nutzer Ihrer Anwendung oder Teilnehmer Ihrer Veranstaltung, die zusätzlich Fans Ihrer Seite sind, als Zielgruppe.
   - **Fortgeschrittene Zielgruppenauswahl nach Verbindungen:** Hier können Sie eine Gruppe, Anwendung, Veranstaltung oder Seite auswählen, deren Administrator Sie sind.

   Falls Sie die URL einer externen Website bewerben, stehen Ihnen als Optionen nur Alle oder Fortgeschrittene Zielgruppenauswahl nach Verbindungen zur Verfügung.

   Achten Sie sorgfältig darauf, welche Optionen Sie wählen, um herausfinden zu können, ob diese auch mit Ihren Werbezielen übereinstimmen. Eine Zielgruppenbeschreibung von Nutzern, die nicht Fan Ihrer Seite, Veranstaltung, Gruppe oder Anwendung sind, ist zum Beispiel dann sinnvoll, wenn man neue Fans gewinnen möchte.

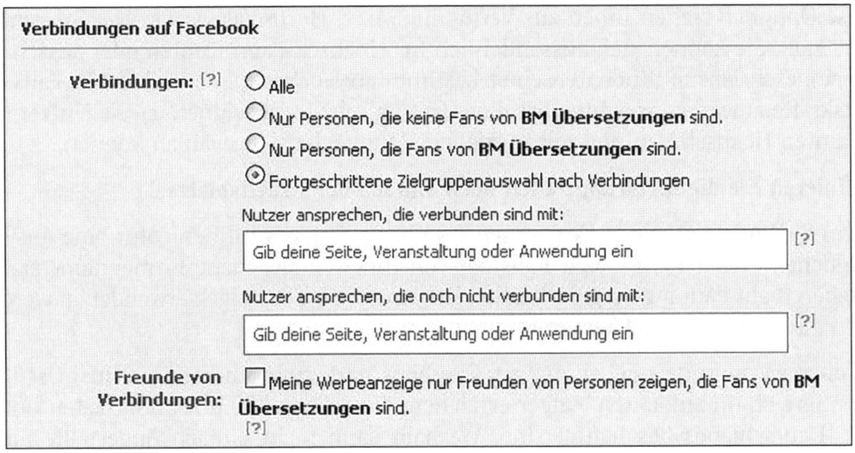

Abbildung 10.14: Auf Facebook können Sie Nutzer als Zielgruppe auswählen, die nicht Fan Ihrer Seite sind, oder welche, die Gruppenmitglieder oder Fans eines von Ihnen verwalteten Objekts sind.

6. **Falls Sie eine gesponserte Meldung in einer Werbeanzeige erstellen, können Sie sich Nutzer zur Zielgruppe nehmen, die mit anderen Nutzern befreundet sind, die selbst mit Ihrer speziellen Seite, Veranstaltung, Gruppe oder Anwendung verbunden sind. Setzen Sie dazu im Feld Verbindungen auf Facebook einen Haken in das Auswahlkästchen bei Freunde von Verbindungen (Abbildung 10.14).**

   Diese Option kann sehr effektiv sein, da Freunde von bestehenden Fans möglicherweise die gleichen Interessen haben und von den bestehenden Fans beeinflusst werden könnten.

7. **Wählen Sie im Feld Erweiterte Demografien die gewünschten Kriterien aus.**

   Treffen Sie eine Auswahl bei Interessiert an (Männern oder Frauen) und Beziehungsstatus (Alle, Single, Verlobt, In einer Beziehung, Verheiratet). Geben Sie im Feld Sprachen die Sprache ein, auf die Sie (falls gewünscht) die Anzeige ausrichten möchten.

Auf Facebook können Sie eine Zielgruppe auch anhand der Muttersprache auswählen. Nie zuvor konnte man so leicht eine bestimmte Bevölkerungsgruppe wie zum Beispiel Türkisch sprechende Deutsche in Berlin erreichen. Falls die Angebote Ihres Unternehmens auf eine ganz bestimmte Bevölkerungsgruppe ausgerichtet sind, ist diese Option für die Definierung Ihrer Zielgruppe besonders wertvoll.

Auf Facebook werden mehr als 100 Sprachen aufgeführt und es werden immer mehr.

8. **Wählen Sie im Feld Ausbildung & Arbeit den gewünschten Bildungsstand Ihrer Zielgruppe aus.**

Diese Optionen stehen Ihnen zur Verfügung: ALLE, HOCHSCHULABSOLVENTIN, STUDENTIN oder SCHÜLERIN. Sie können sich ausschließlich für Hochschulabsolventen oder ausschließlich für eingeschriebene Studenten einer bestimmten Hochschule entscheiden. Falls Sie Arbeitskräfte anwerben möchten, ist diese Option sehr gut geeignet, da Sie Nutzer von bestimmten Hochschulen und mit speziellen Hauptfächern auswählen können.

9. **Definieren Sie die Zielgruppe auch noch anhand des Arbeitsplatzes.**

   Wenn Sie anfangen, einen Firmennamen einzugeben, wird Ihnen dafür eine Auswahl an möglichen Treffern angezeigt. Falls der von Ihnen eingegebene Firmenname statistisch gesehen nicht häufig genug vorhanden ist, um für eine Anzeige verwendet zu werden, erscheinen in diesem Feld keine Vorschläge.

   Nehmen wir zum Beispiel einmal an, Sie seien Marketingfachmann im Business-to-Business-Bereich und möchten Nutzer erreichen, die bei den 500 umsatzstärksten Unternehmen Deutschlands beschäftigt sind. Weshalb dann nicht einfach Angestellte einer bestimmten Firma wie zum Beispiel Volkswagen als Zielgruppe für eine Werbeanzeige definieren und eigens dafür eine Landingpage einrichten? Facebook-Werbeanzeigen machen so etwas heute möglich und es ist zudem sehr kostengünstig realisierbar.

10. **Bearbeiten Sie nun den KAMPAGNEN, PREISE UND PLANUNG-Bereich. Wir gehen als Nächstes darauf ein.**

Schritt 3: Kampagnen, Preise und Planung

Der letzte Schritt bei der Erstellung der Anzeige besteht darin, das Tagesbudget, das Gebot und einen Zeitplan festzulegen (Abbildung 10.15).

In den folgenden Schritten erfahren Sie Einzelheiten dazu, wie man ein Tagesbudget festlegt:

1. **Geben Sie im Textfeld NAME DER KAMPAGNE den Namen Ihrer Werbekampagne ein.**

   Der Begriff *Kampagne* bezieht sich auf eine Gruppe von Anzeigen, denen dasselbe Tagesbudget und derselbe Zeitplan zugrunde liegt. Es kann sich dabei aber um viele einzelne Anzeigen handeln. Die Werbeanzeigen werden in einer einzigen Kampagne zusammengefasst, da es leichter ist, mehrere Kampagnen zu verwalten und dabei zu überprüfen, wie jede einzelne Gruppe von Anzeigen abschneidet.

2. **Legen Sie im Textfeld BUDGET Ihr maximales Tagesbudget fest.**

   Sie können sich auch für ein Laufzeitbudget entscheiden und den Betrag eingeben, den Sie für die gesamte Dauer einer Kampagne ausgeben möchten.

   Das Minimum für den Tagesbetrag beträgt 1 Euro. Sie können eine Facebook-Werbeanzeige also bereits für einen einzigen Euro am Tag schalten. Allerdings wird sie dann nur sehr wenigen Nutzern angezeigt.

3. **Wählen Sie im Feld ZEITPLAN unter zwei Optionen für die Laufzeit der Anzeige aus:**

   - *Falls Sie möchten, dass Ihre Kampagne von heute an für unbefristete Zeit durchgeführt wird,* setzen Sie einen Haken im Auswahlkästchen MEINE KAMPAGNE AB HEUTE DAUERHAFT ANZEIGEN.

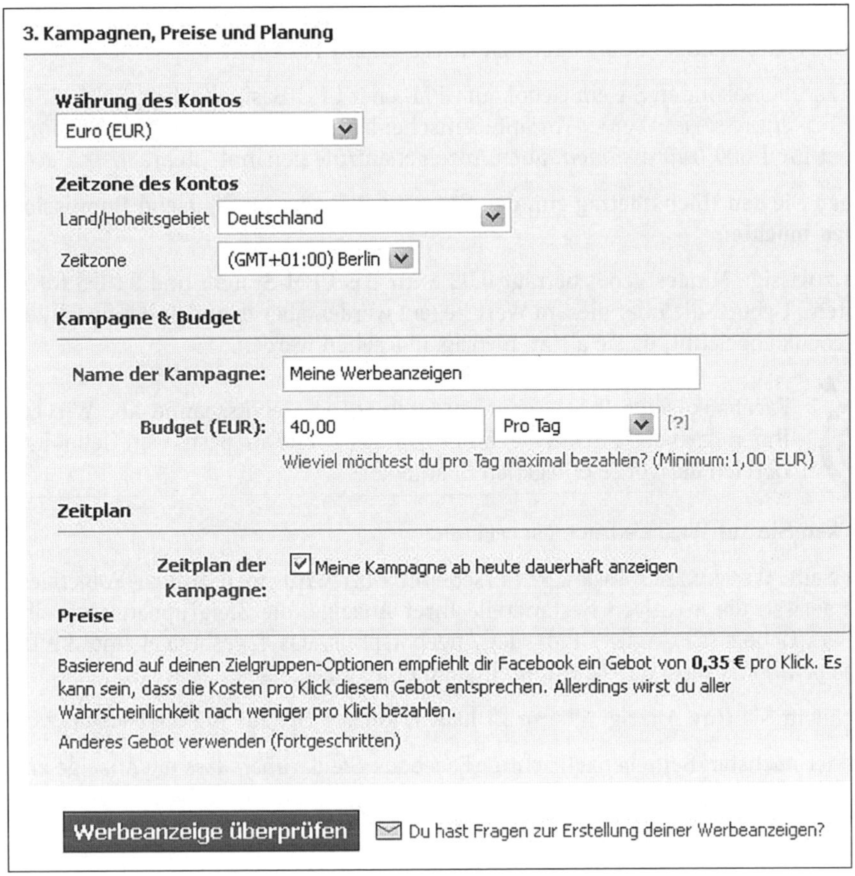

Abbildung 10.15: Der Bereich Kampagnen, Preise und Planung

- *Falls Sie einen bestimmten Datumsbereich festlegen möchten,* entfernen Sie den Haken im Auswahlkästchen Meine Kampagne ab heute dauerhaft anzeigen und geben Start- und Enddatum mitsamt der Uhrzeit ein.

4. Im Feld Preise schlägt Facebook Ihnen einen Gebotsbetrag pro Klick vor. Nehmen Sie das vorgeschlagene Gebot an oder lehnen Sie es ab.

Falls Sie mit dem vorgeschlagenen Gebotsbetrag pro Klick einverstanden sind, machen Sie mit Schritt 7 weiter.

Falls Sie ein anderes Gebot bevorzugen, müssen Sie auf den Link Anderes Gebot verwenden (fortgeschritten) klicken.

5. **Klicken Sie neben dem von Ihnen gewünschten Preisschema den Radiobutton an: Für Impressionen zahlen (CPM) oder Für Klicks zahlen (CPC).**

   Auf Facebook können Sie ein Gebot auf CPM- oder CPC-Basis abgeben. Sollten Sie sich für die Für Impressionen zahlen-Variante entscheiden, müssen Sie daran denken, dass Ihr Gebot für 1.000 *Impressionen*, auch Anzeigenaufrufe genannt, steht.

6. **Geben Sie den Höchstbetrag ein, den Sie pro Klick oder pro Tausend Impressionen ausgeben möchten.**

   Das zulässige Mindestgebot beträgt 0,02 $ für das CPM-System und 0,01 $ für das CPC-System. Gebote, die über diesem Wert liegen, werden aber dennoch häufig von der Firma Facebook abgelehnt, da sie als zu niedrig angesehen werden.

   Facebook zeigt Ihnen eine vorgeschlagene Gebotsspanne an. Wir empfehlen Ihnen dazu diese Strategie: Zu Beginn geben Sie am besten ein Gebot im unteren Bereich der vorgeschlagenen Spanne ab.

7. **Klicken Sie auf Werbeanzeige überprüfen.**

   Die Seite Werbeanzeige überprüfen erscheint. Dort wird noch einmal Folgendes zusammengefasst: die kreativen Bestandteile Ihrer Anzeige, die Zielgruppenbeschreibung, die Art des Gebots (CPC oder CPM), der Angebotspreis, das Tagesbudget und die Dauer des *Anzeigenflights* (also der Zeitraum, in dem eine Anzeige geschaltet ist).

8. **Nachdem Sie Ihre Anzeige überprüft haben, klicken Sie auf Bestellung aufgeben.**

   Auf der nächsten Seite benachrichtigt Facebook Sie darüber, dass die Anzeige erfolgreich erstellt wurde und dass sie nach ihrer Genehmigung, die bis zu 24 Stunden in Anspruch nehmen kann, angezeigt wird. Sie werden gebeten, nach der erfolgten Genehmigung noch einmal nachzusehen, um das Abschneiden zu überprüfen. Ihnen wird mitgeteilt, dass Sie die kreativen Bestandteile Ihrer Anzeige und die Zielgruppenbeschreibung jederzeit bearbeiten können.

9. **Sobald Ihre Anzeige genehmigt wurde, erhalten Sie von Facebook eine E-Mail, die Sie über die Genehmigung informiert und die einen Link zum Werbeanzeigenmanager enthält.**

Mehrere Kampagnen erstellen

Auf Facebook können Sie eine bestehende Werbeanzeige ganz leicht kopieren, eine Reihe von Variablen ändern und dann mehrere, facettenreiche Werbekampagnen starten. Werbetreibende tun dies aus folgenden Gründen:

✔ **Jede Anzeige an eine bestimmte Region anpassen.** Da sich die wirtschaftlichen Präferenzen, die Einstellungen zur Bildung und die persönlichen Vorlieben von Region zu Region unterscheiden, müssen Werbetext und Bild diesen Unterschieden eventuell gerecht werden.

- **Mehrsprachige Zielgruppen erreichen.** Sie können die Zielgruppenansprache nach Sprachen bei jeder einzelnen Anzeige verwenden.
- **Testen, welche Variablen in Anzeigen besser abschneiden.** Wenn Sie Variablen verändern, können Sie effektivere Anzeigen erhalten und so die Kampagne optimieren.
- **Verschiedene Gebote und Modelle (CPC gegenüber CPM) ausprobieren.** Dadurch können Sie herausfinden, welches Modell effizienter ist.

Auf Facebook wird Ihnen die Gestaltung einer neuen Werbeanzeige im Anschluss an die erste sehr leicht gemacht. Bei der Gestaltung Ihrer neuen Anzeige (wie oben im Abschnitt »Schritt 1: Gestalte deine Werbeanzeige« beschrieben) können Sie eine bestehende Anzeige kopieren, indem Sie diese beim Link BESTEHENDE WERBEANZEIGENVORLAGE AUSWÄHLEN markieren. Dadurch öffnet sich ein neues Fenster, wie in Abbildung 10.16 zu sehen ist.

Abbildung 10.16: Kopieren Sie eine bestehende Anzeige, um mehrere Kampagnen mit unterschiedlichen Zielgruppen zu erstellen.

Mit dem Werbeanzeigenmanager bietet Facebook Ihnen eine Vielzahl von Metriken, mit denen Sie das Abschneiden überprüfen können. Da das Kopieren von Anzeigen und das Erstellen unterschiedlicher Durchläufe zum Ausprobieren so leicht funktioniert, avanciert Facebook bei findigen Marketingfachleuten zunehmend zum beliebtesten Werbemedium.

Eine Landingpage-Strategie für die Anzeige entwickeln

Wenn Sie im Online-Marketing zuhause sind, wissen Sie, wie wichtig es ist, mit der Ziel-URL einen guten ersten Eindruck zu machen. Ihre *Landingpage* (wie sie in der Marketingsprache genannt wird) ist die Seite, die sich öffnet, wenn ein Nutzer auf Ihre Werbeanzeige klickt. Dabei kann es sich um eine Facebook-Seite oder eine externe Website handeln. Interaktionen nehmen immer auf der Landingpage ihren Anfang.

Wirkungsvolle Landingpages weisen einen einfachen Konversionspfad auf oder lassen sie, anders ausgedrückt, Ihr Ziel erreichen. Eine Conversion kann zum Beispiel aus Folgendem bestehen: Nutzerdaten mit Hilfe eines Eingabeformulars erfassen, mehr Fans für Ihre Seite anlocken, Nutzer zur Beteiligung an einer virtuellen Unterschriftensammlung bewegen oder einfach etwas verkaufen. Doch unabhängig von Ihrem Ziel gilt: Liefert Ihre Landingpage nicht das gewünschte Ergebnis, ist Ihre Kampagne wertlos.

Auf Facebook können Sie Werbeanzeigen erstellen, die entweder auf eine Facebook-Seite oder eine externe Website (URL) verlinken. Doch pro Anzeige können Sie nur einen Link setzen. Wir erklären Ihnen in den folgenden Abschnitten, wie man eine Ziel-URL für die Werbeanzeige wählt.

Auf einer Facebook-Seite landen

Bei Facebook-Werbekampagnen gehen Sie am besten so vor, dass Sie Ihre Anzeigen mit Facebook-Seiten und nicht mit externen Websites verlinken. Bei Facebook-Werbeanzeigen mit internen Zielen können Sie auf eine Facebook-Seite oder auf eine Anwendungs-, Gruppen- oder Veranstaltungsseite verlinken.

Falls Sie eine Facebook-Seite bewerben, können Sie Nutzer auf einen individuell gestalteten Standard-Reiter innerhalb Ihrer Seite schicken. In Abbildung 10.17 sehen Sie die Landingpage der Allianz Deutschland AG, auf der nach Einlaufkindern für ein Fußballspiel in der Allianz Arena gesucht wird.

Im Grunde geht es hier darum, Besucher auf Ihre Facebook-Seite zu locken, denn dann sind sie nur noch einen Klick davon entfernt, zum Fan zu werden. Und da Sie Zugriff auf die Informationen aus den Profilen Ihrer Fans haben, kann Ihre Fangemeinde zu einem unglaublich wertvollen Marketing-Asset werden.

Auf einer Website landen

Auf Facebook können Sie Ihre Anzeigenbesucher auf eine externe URL verweisen, solange diese nicht gegen die Werberichtlinien der Firma verstößt, die Sie auf der Seite `https://www.facebook.com/ad_guidelines.php` finden. Falls Sie sich für eine externe Website entschieden haben, müssen Sie keinen Beweis erbringen, dass Sie der Domain-Inhaber sind.

Sie könnten mehrere Gründe dafür haben, dass Anzeigenbesucher auf Ihre Website geschickt werden sollen: Durch das Verlinken auf eine externe Website können Sie eine größere Kontrolle über die Inhalte, die Technologie und das Design Ihrer Landingpage ausüben. Vielleicht ver-

Abbildung 10.17: Die Landingpage der Allianz Deutschland AG

fügen Sie ja bereits über ausgeklügelte Landingpages, auf die Sie Besucher, unabhängig vom Ursprung der Besucherströme, am liebsten locken, und können auf Ihrer Website weitaus komplexere Web-Analyse-Tools einsetzen als jene, die momentan auf Facebook verfügbar sind.

Da man Werbeanzeigen auf CPC-Basis buchen kann, können Sie festlegen, dass Sie nur dann bezahlen, wenn ein Nutzer sich bis zu Ihrer Seite weiterklickt – sei es eine Facebook-Seite oder eine externe Website. In Abbildung 10.18 verweist das Unternehmen bonprix durch eine Facebook-Werbeanzeige auf seine Landingpage auf der Website, auf der das gleiche Angebot zu sehen ist, das in der Anzeige hervorgehoben wird.

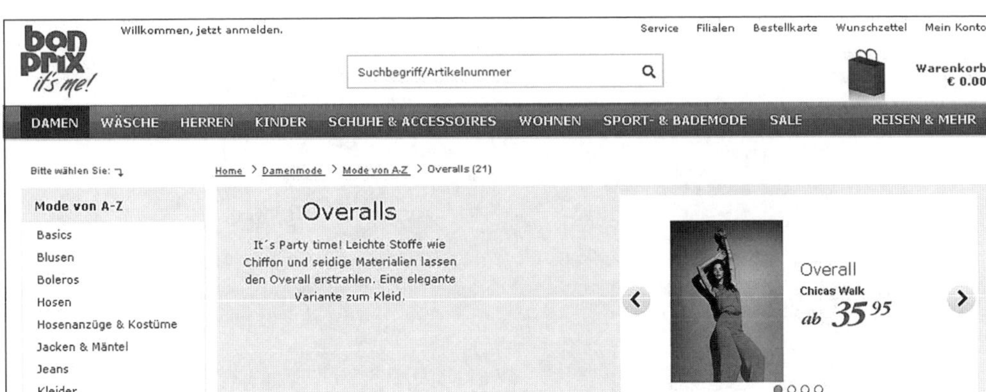

Abbildung 10.18: Die externe Landingpage von bonprix

Inhalte auf der Landingpage enthüllen

Eine neue Technik, die bei Marketingfachleuten auf Facebook immer beliebter wird, ist das Fan-Gate für die Landingpage. Das *Fan-Gate* bietet Ihnen eine tolle Möglichkeit, Ihre Besucher zu einem Klick auf die GEFÄLLT MIR-Schaltfläche zu bewegen und so zum Fan Ihrer Seite zu werden. Mit einem Fan-Gate geben Sie Besuchern einen Grund, Fan zu werden, da Sie ihnen vorher nur einen Teil der Seite, auf der sie landen, zeigen. In Abbildung 10.19 sieht man das Fan-Gate der Firma Blickvang.

Wie dieses Beispiel zeigt, sind Fan-Gates auch im Zusammenhang mit Gutscheinen oder besonderen Werbeaktionen sehr wirkungsvoll. Halten Sie die vom Nutzer benötigten Informationen, um etwas bei einer Werbeaktion einzulösen, so lange unter Verschluss, bis derjenige zum Fan geworden ist.

Wenn Sie ein individuell gestaltetes Fan-Gate hinzufügen, können Sie die Anzahl der Fans Ihrer Seite um ein Vielfaches erhöhen.

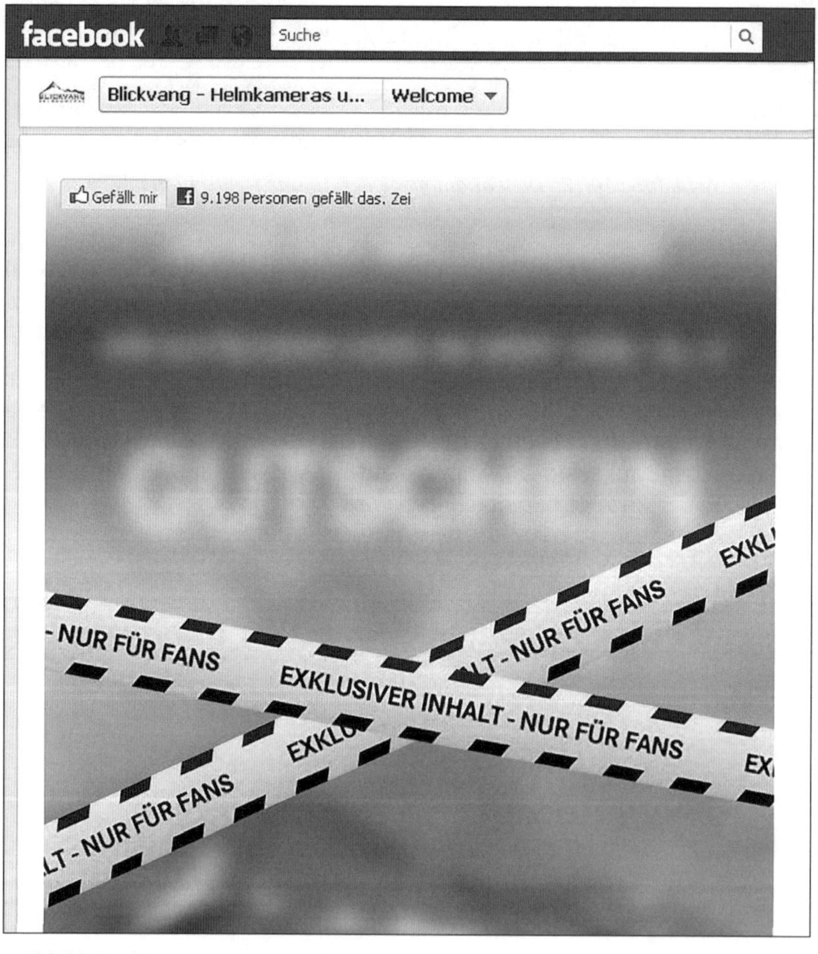

Abbildung 10.19: Die Firma Blickvang nutzt ein Fan-Gate für die Landingpage.

Werbekampagnen mit dem Werbeanzeigenmanager verwalten

Nachdem Sie mit Facebook eine Werbeanzeige erstellt haben, möchten Sie natürlich nachprüfen, wie sie abschneidet. Der Werbeanzeigenmanager von Facebook (Abbildung 10.20) stellt Ihre personalisierte, zentrale Anlaufstelle dar, bei der Sie sich die komplette Anzeigenaktivität ansehen und Werbekampagnen bearbeiten können. Sie können über die Seite `www.facebook.com/ads/manage` darauf zugreifen.

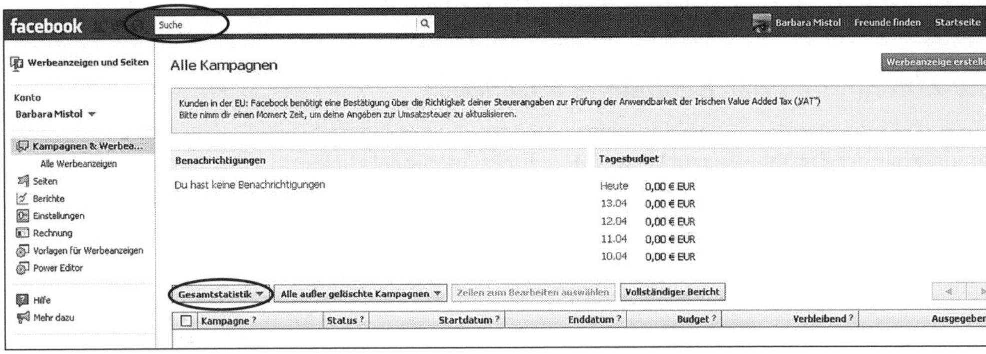

Abbildung 10.20: Mit dem Werbeanzeigenmanager können Sie gezielt nach Ihren Anzeigen und Kampagnen suchen sowie Informationen dazu abrufen.

Leistungsdaten ansehen

Der Werbeanzeigenmanager von Facebook bietet leistungsstarke Features des digitalen Marketings. Dennoch ist er einfach zu handhaben. Sie finden dort sowohl Benachrichtigungen von Facebook – die typischen Nachrichten aus der Werbeabteilung, in denen Sie über die neuesten, Schlag auf Schlag erscheinenden Plattformentwicklungen informiert werden – als auch die jüngsten Daten zu Ihren neuesten Kampagnen. Außerdem werden Ihnen an dieser Stelle Ihre Tagesausgaben der letzten fünf Tage angezeigt.

Auf der Seite ALLE KAMPAGNEN sieht man eine Tabelle (Abbildung 10.21), die die wichtigsten Daten zum Abschneiden Ihrer Kampagne enthält. Hier können Sie auf einen Blick Folgendes überprüfen:

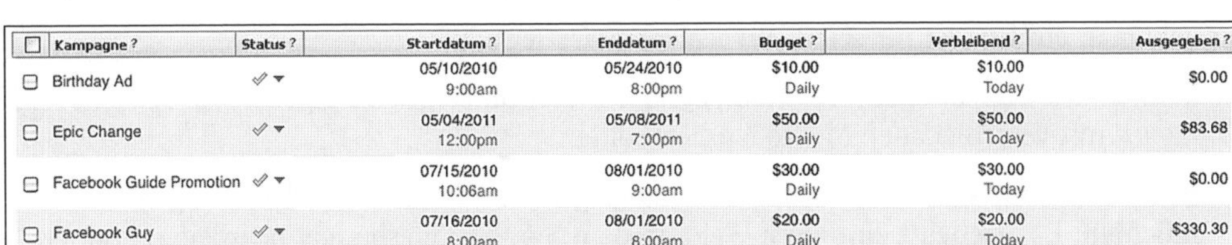

Kampagne ?	Status ?	Startdatum ?	Enddatum ?	Budget ?	Verbleibend ?	Ausgegeben ?
Birthday Ad	✓ ▾	05/10/2010 9:00am	05/24/2010 8:00pm	$10.00 Daily	$10.00 Today	$0.00
Epic Change	✓ ▾	05/04/2011 12:00pm	05/08/2011 7:00pm	$50.00 Daily	$50.00 Today	$83.68
Facebook Guide Promotion	✓ ▾	07/15/2010 10:06am	08/01/2010 9:00am	$30.00 Daily	$30.00 Today	$0.00
Facebook Guy	✓ ▾	07/16/2010 8:00am	08/01/2010 8:00am	$20.00 Daily	$20.00 Today	$330.30

Abbildung 10.21: Tabelle zur Verwaltung Ihrer Anzeigen. Man kann sie nach Spalten sortieren und Daten anhand des Datums oder des Status herausfiltern.

- **Kampagne:** Der Name, den Sie Ihrer Anzeige (oder Ihren Anzeigen) gegeben haben
- **Status:** Ein Haken zeigt Ihnen an, ob die Anzeige geschaltet oder angehalten ist
- **Startdatum:** Das Datum, an dem Ihre Kampagne begonnen hat
- **Enddatum:** Das Datum, an dem Ihre Kampagne geendet hat
- **Budget:** Ihr Gesamtbudget pro Tag oder pro Kampagne
- **Verbleibend:** Ihr verbleibendes Budget pro Tag oder pro Kampagne
- **Ausgegeben:** Der bis jetzt ausgegebene Gesamtbetrag

Die Einzelheiten der Kampagne ansehen

Um auf die Einzelheiten der Kampagne zuzugreifen, müssen Sie lediglich auf den Kampagnennamen in der Tabelle zur Verwaltung Ihrer Anzeigen klicken. In der darauf erscheinenden Bildschirmansicht sehen Sie Diagramme und eine Tabelle mit den Daten der entsprechenden Werbekampagne.

Vergessen Sie nicht, dass Sie eine Anzeige nur bearbeiten können, während sie geschaltet ist. Danach geht es nicht mehr.

Da eine Kampagne auf Facebook üblicherweise eine Click-through-Rate von 0,15 Prozent aufweist, sollten Sie eine größtmögliche Zielgruppenreichweite wählen. Auf diese Weise können Sie Ihre Ausgaben pro Werbeanzeige optimal nutzen.

Das Tagesbudget ändern

Wenn Sie Ihr Kampagnenbudget festlegen, sollten Sie Ihre Tagesausgaben und die Leistungsergebnisse im Auge behalten. Mit *Tagesausgaben* meinen wir den Höchstbetrag, den Sie für Ihr Kampagnenbudget festgelegt haben. Besorgen Sie sich einige Bezugswerte für das Abschneiden Ihrer Kampagne. Sollten Sie herausfinden, dass Ihre Click-through-Rate höher als ein Prozent ist, könnten Sie eventuell ein niedrigeres Gebot ins Auge fassen, da einer leistungsstärkeren Anzeige vor leistungsschwachen der Vorzug gegeben wird. Je nach Höhe Ihrer Gesamtausgaben können ein paar Cent schon einen großen Unterschied ausmachen. Daher sollten Sie Ihre Gebote kontinuierlich anpassen, um Ihren Return on Investment zu maximieren. Im Abschnitt »Das Budget festlegen« weiter vorn im Kapitel erfahren Sie Näheres darüber, wie man ein Budget für seine Werbeanzeige festlegt.

Sie können das Tagesbudget Ihrer Kampagne im Werbeanzeigenmanager in der Ansicht Alle Kampagnen mit verschiedenen Methoden bearbeiten:

- **Klicken Sie auf den Budgetbetrag der Kampagne, bei der Sie eine Änderung vornehmen möchten.** Es erscheint ein Popup-Feld, in dem Sie Ihr Tagesbudget bearbeiten können.
- **Setzen Sie einen Haken in dem Auswahlkästchen links neben der gewünschten Kampagne.** Klicken Sie auf die Option # Zeilen bearbeiten über der Liste mit den Kampagnen, um Name, Status oder Budget der ausgewählten Kampagne zu ändern.

Sie können das Budget und weitere Daten Ihrer Kampagne auch in der Ansicht für individuelle Kampagnen ändern, indem Sie auf das Bleistiftsymbol neben »Tagesbudget« über den Einzelheiten der Kampagne klicken. Dadurch öffnet sich ein neues Fenster, in dem Sie Ihr Budget und die Daten zur Laufzeit bearbeiten können. Die Änderungen treten innerhalb von ein paar Minuten in Kraft. Sämtliche an diesem Tag bereits für die Anzeige ausgegebene Beträge werden in das neue Budget mit einbezogen, damit Ihrem Konto nicht zu viel berechnet wird.

Weitere Features des Werbeanzeigenmanagers verstehen

Der Werbeanzeigenmanager von Facebook beinhaltet eine ganze Reihe an Features und Hilfsmitteln, mit denen Sie Zeit sparen und noch bessere Resultate mit Ihren Werbeanzeigen erzielen können. Wir geben Ihnen im Folgenden einen kurzen Überblick über einige dieser Features und Hilfsmittel, die im Werbeanzeigenmanager in der linken Seitenleiste zu finden sind (Abbildung 10.22).

Abbildung 10.22: Der Werbeanzeigenmanager von Facebook enthält verschiedene zusätzliche Hilfsmittel für Marketingfachleute.

Über den Werbeanzeigenmanager auf die Facebook-Seite zugreifen

Durch einen Klick auf das SEITEN-Symbol gelangen Sie auf eine Seite, auf der all Ihre Facebook-Seiten aufgelistet werden (`https://www.facebook.com/ads/manage/pages.php`). Dort können Sie auf Statistiken und Benachrichtigungen für Ihre Seite zugreifen und sich im Namen Ihrer Seite anmelden.

Werbeanzeigenberichte auf Facebook erstellen und planen

Um sich Berichte per E-Mail zusenden zu lassen, müssen Sie auf das BERICHTE-Symbol klicken und diese Schritte befolgen:

1. **Wählen Sie in der Dropdown-Liste BERICHTART eine der folgenden Berichtarten aus (Abbildung 10.23):**

   - **LEISTUNG DER WERBUNG:** Enthält Informationen über die Leistung wie etwa Impressionen, Klicks, die Click-through-Rate und Kosten.
   - **DEMOGRAFIE DER ANTWORTENDEN:** Enthält demografische Daten über Nutzer, die Ihre Anzeige sehen und sie anklicken.
   - **BESUCHSAKTIONEN NACH IMPRESSIONSZEIT:** Zeigt die Anzahl der Conversions aufgelistet nach der Dauer der Zeit, während der Ihre Anzeige zu sehen war (Impressionen).
   - **INLINE INTERAKTIONEN:** Enthält Daten wie Impressionen, Klicks und Aktivitäten wie zum Beispiel GEFÄLLT MIR-Angaben, Fotoaufrufe oder das Abspielen von Videos, die unmittelbar durch die Werbeanzeige hervorgerufen wurden.

2. **Wählen Sie in der Dropdown-Liste ZUSAMMENFASSEN NACH aus, auf welche Weise Ihr Bericht zusammengefasst werden soll (nach Konto, Kampagne oder Werbeanzeige).**
3. **In der Dropdown-Liste FILTERN NACH filtern Sie aus Ihrem Bericht das Gewünschte heraus, indem Sie Anzeigen oder Kampagnen wählen, die enthalten sein sollen.**

Abbildung 10.23: Berichte erstellen und planen im Werbeanzeigenmanager von Facebook

4. **Wählen Sie im Feld Zeitübersicht und im Feld Datumsbereich eine Zeitübersicht und einen Datumsbereich aus.**
5. **In der Dropdown-Liste Format bestimmen Sie das Format, in dem Ihr Bericht Sie erreichen soll.**

   Sie können zwischen HTML und Excel (CSV) wählen.
6. **Klicken Sie auf Bericht erstellen.**

Auf der folgenden Seite können Sie den Bericht exportieren. Außerdem finden Sie dort die Option, den Bericht zu planen.

Weitere Nutzer zum Werbekonto auf Facebook hinzufügen

Wenn Sie auf das Einstellungen-Symbol klicken, können Sie Ihre Adresse ändern, Einstellungen für Benachrichtigungs-E-Mails vornehmen und der Firma Facebook mitteilen, wie Ihre Anzeigen verwendet werden (beruflich oder privat). Sie können dort außerdem festlegen, dass andere Facebook-Nutzer Zugriff auf Ihr Werbekonto auf Facebook erhalten sollen. Diesen zusätzlichen Nutzern können Sie allgemeinen Zugriff auf Ihr Konto gewähren oder bestimmen, dass sie sich nur Berichte ansehen können. Hinzugefügte Nutzer können nicht auf Ihr persönliches Facebook-Profil oder auf andere Werbekonten zugreifen.

Falls es in Ihrem Unternehmen mehr als einen Verantwortlichen im Bereich Marketing gibt oder falls Sie mit einem Marketing-Berater zusammenarbeiten, könnten Sie diese Personen eventuell als Nutzer für Ihre Facebook-Werbeanzeige hinzufügen.

Um zu Ihrem Konto einen weiteren Nutzer hinzuzufügen, klicken Sie auf Einstellungen und folgen dann dort den Anweisungen.

Zahlungen nachverfolgen

Klicken Sie auf das Rechnung-Symbol, um sich die Zahlungen für jede Ihrer Kampagnen anzusehen. Wenn Sie auf den Link Finanzierungsquelle in der linken Seitenleiste klicken, können Sie außerdem Ihre Finanzierungsquelle ändern.

Werbeanzeigenvorlagen verwalten

Klicken Sie auf das Vorlagen für Werbeanzeigen-Symbol, um Werbeanzeigenvorlagen aus der Vergangenheit zu bearbeiten, anzusehen oder sich eine Vorschau anzeigen zu lassen. Nutzen Sie dafür die drei Schaltflächen, die sich neben jeder Vorlage befinden. Man kann beispielsweise den Namen der Werbeanzeigenvorlagen ändern oder sich eine Vorschau ansehen, bei der die Anzeige in der rechten Seitenleiste des eigenen Profils (wo Anzeigen üblicherweise erscheinen) angezeigt wird. Zudem gibt es eine Schaltfläche, über die man eine Werbeanzeigenvorlage erneut verwenden kann. Wenn Sie sich für diese Option entscheiden, werden Sie zum Ad-Tool von Facebook weitergeleitet. Dort wurde Ihre Anzeige bereits eingeladen und für die Erstellung Ihrer neuen Kampagne bereitgestellt.

Mehr über Lösungen für Unternehmen erfahren

Durch einen Klick auf den Link MEHR DAZU werden Sie auf eine Übersicht weitergeleitet, auf der Sie sämtliche Lösungen von Facebook für Unternehmen finden: Seiten, Werbeanzeigen, gesponserte Meldungen und die Plattform (Abbildung 10.24).

Abbildung 10.24: Die Firma Facebook klärt Werbetreibende über sämtliche Lösungen für Unternehmen auf.

Facebook-Marketing für Unternehmen vor Ort

11

In diesem Kapitel

- Facebook-Orte für Ihr Unternehmen
- Facebook-Orte im Vergleich zu anderen Location-Based Services
- Eine Orte-Seite erstellen, um das Unternehmen zu bewerben

Social Media umfasst weit mehr als eine Reihe von Online-Tools und Netzwerken. Social Media – und Facebook besonders – steht für eine monumentale kulturelle Veränderung der Art und Weise, wie man sein Leben mit anderen teilt. Und nirgendwo sonst ist diese Veränderung in jüngster Zeit deutlicher geworden als bei der Einführung der Location-Based Services.

Location-Based Services, auch standortbezogene Dienste genannt, sind Mobilfunkanwendungen, mit deren Hilfe man einen Ort, den man betritt (ein Geschäft, ein Restaurant, eine Disco oder Ähnliches), *besuchen*, also *die* ICH BIN HIER-*Funktion verwenden* kann, um Freunde darüber zu informieren, wo man sich befindet. Durch diese Dienste können Nutzer außerdem mühelos feststellen, ob Freunde die Funktion am selben Ort oder in der Nähe verwendet haben.

Nehmen wir als Beispiel mal Sabine: Sie könnte ein Café besuchen, um sich mit einer Freundin zu treffen. Bei ihrer Ankunft könnte sie über eine Anwendung auf ihrem iPhone die ICH BIN HIER-*Funktion* für das Café als Ort *verwenden* (also ihren derzeitigen Standort im Internet bekannt geben). Dadurch würde sie ihren Facebook-Freunden ohne große Umstände mitteilen, wo sie sich befindet und was sie gerade macht. Sie könnte zudem die neuesten Besuche Ihrer Freunde angezeigt bekommen und so wissen, wer sich in der Nähe aufhält.

Im August 2010 hat die Firma Facebook mit Facebook-Orte einen eigenen Location-Based Service eingeführt, über den Nutzer – nach einer firmeneigenen Beschreibung – Momente erleben können, in denen sie und ihre Freunde zur gleichen Zeit am gleichen Ort sind.

Wir erklären Ihnen in diesem Kapitel, was Facebook-Orte sind, auf welche Weise Nutzer ihre Aktivitäten aus dem wahren Leben mit ihren Freunden teilen und ob eine Orte-Seite für Ihr Unternehmen das Richtige ist. Wir zeigen Ihnen außerdem, wie man Orte-Seiten und ein Facebook-Besuchsangebot erstellt und verwaltet.

Alles über Facebook-Orte

Auf Facebook-Orte, eine spezielle Art von Facebook-Seiten, greift man über eine Anwendung auf einem Smartphone (wie etwa ein iPhone oder eins der vielen Geräte, die auf der Android-Plattform ausgeführt werden) oder über die Seite für Facebook-Handy (touch.facebook.com) zu. Die einzelnen angezeigten Orte werden anhand der GPS-Koordinaten (des Ortes) des Mobilfunkgeräts ermittelt.

Facebook-Nutzer können einen Facebook-Ort auch über ihren Computer besuchen und so vor und nach einem reellen Besuch eines Facebook-Ortes Inhalte teilen, die damit im Zusammenhang stehen (Abbildung 11.1). Nehmen wir einmal an, dass Sabine nach dem Treffen mit ihrer Freundin in dem Café nach Hause geht und die während ihres Besuchs geschossenen Fotos auf Facebook hochlädt. Sie kann danach das Café in ihrer Statusmeldung markieren und die Meldung dann teilen.

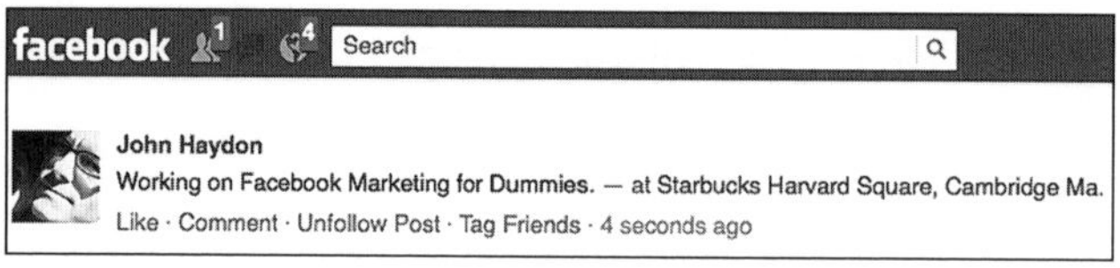

Abbildung 11.1: Facebook-Nutzer können von ihrem Computer aus in einer Statusmeldung eine Orte-Seite besuchen oder markieren.

Wir geben Ihnen noch ein Beispiel dafür, wie Nutzer das Facebook-Orte-Feature nutzen können: Gehen wir einmal davon aus, dass Julia und Andreas sich mit Freunden auf einem Udo-Lindenberg-Konzert treffen möchten. Als sie dort ankommen, verwendet Julia ihr Smartphone, um den Facebook-Ort des Veranstaltungsortes zu besuchen, und markiert dort Andreas, um im Internet mitzuteilen, dass er ebenfalls auf das Konzert geht. Ihr wird außerdem angezeigt, dass mehrere ihrer Freunde dort die Ich bin hier-Funktion genutzt und Kommentare auf der Pinnwand des Facebook-Ortes des Veranstaltungsortes gepostet haben. Julia und Andreas haben sich das Facebook-Orte-Feature zunutze gemacht, um ganz mühelos ihre Freunde aufzuspüren, so dass sie alle gemeinsam ein tolles Konzert erleben können. Am nächsten Morgen können beide Fotos vom Konzert auf ihren persönlichen Facebook-Profilen hochladen und den Veranstaltungsort des Konzerts darin markieren.

Wie Sie sich sicherlich vorstellen können, bietet sich hier für Unternehmen vor Ort und gemeinnützige Organisationen eine tolle Möglichkeit, den Bekanntheitsgrad ihrer Marke sowohl durch virtuelle als auch durch Aktivitäten aus dem wahren Leben ihrer Kunden zu erhöhen.

Die Bedeutung des Standorts für den Marketingplan verstehen

Je nachdem, welche Art von Unternehmen Sie bewerben möchten, wird der Standort eine wichtige Rolle – oder auch gar keine – beim Marketing einnehmen. Ein Software-Haus, das Online-Spiele vertreibt, verkauft seine Spiele beispielsweise nicht an einer Kasse im Foyer der Firmenzentrale. So eine Firma macht mit ihren Kunden ausschließlich über das Internet Geschäfte und dort spielt der Standort des Unternehmens kaum eine Rolle. Im Gegensatz dazu ist der Standort einer Pizzeria ein wesentlicher Faktor für ihren wirtschaftlichen Erfolg oder Misserfolg. Sie ist daher ein Paradebeispiel für einen Facebook-Ort. Kunden können dort die

Ich bin hier-Funktion verwenden, wenn sie vorbeischauen, um sich etwas zum Mittag- oder Abendessen zu holen.

Damit Ihnen die Entscheidung, ob ein Facebook-Ort das Richtige für Ihr Unternehmen ist, leichter fällt, sollten Sie sich einen Moment Zeit nehmen und sich vor Augen führen, wie Kunden momentan mit Ihnen interagieren:

- ✔ Besuchen meine Kunden und potenziellen Kunden persönlich meinen Firmenstandort?
- ✔ Erscheinen meine Kunden vor ihren Freunden in einem positiven Licht, wenn sie sich mit meinen Unternehmen verbinden?
- ✔ Bringen meine Kunden und potenziellen Kunden Freunde und Familienmitglieder an meinen Firmenstandort mit?
- ✔ Verschaffen mir Rabatte oder andere Werbeaktionen mehr Neukunden oder mehr Stammkunden?

Falls Sie eine oder mehrere dieser Fragen mit »ja« beantwortet haben, ist das Facebook-Orte-Feature für Ihre Firma geeignet.

Hier kommen einige Beispiele für Unternehmen, für die Facebook-Orte geradezu ideal sind:

- ✔ Museen
- ✔ Nagelstudios
- ✔ Konzertsäle
- ✔ Kletterhallen
- ✔ Kinos
- ✔ Kleiderboutiquen

Alle oben genannten Beispiele haben zwei Gemeinsamkeiten:

- ✔ Kunden schauen persönlich vorbei, um Geschäfte zu tätigen.
- ✔ Wenn Kunden diese Firmen besuchen, stehen sie vor ihren Freunden cool da (oder hoffen es zumindest).

Weshalb Ihre Kunden Location-Based Services nutzen

Die Funktionsweise vom Facebook-Orte-Feature zu verstehen – das ist nur halb so wichtig, wie die entsprechenden Beweggründe der Nutzer zu kennen. Und dies ist der Grund: Sie verwenden Tools wie Facebook-Orte oder Foursquare, da es ihnen einen Mehrwert bietet. Wir nennen Ihnen hier zumindest drei der Gründe, weshalb Nutzer solche Dienste aktivieren:

- ✔ Sie erhalten gerne Rabatte oder Bonuspunkte von den Firmen, die diese gewähren.
- ✔ Sie mögen den Coolness-Faktor, der sie umgibt, wenn sie als frühzeitiger Anwender des neuesten sozialen Mediums dastehen.
- ✔ Technologien wecken im Allgemeinen einfach ihre Neugierde.

Mittlerweile verstehen Sie wahrscheinlich, dass es beim Marketing mit dem Facebook-Orte-Feature um mehr geht als um den bloßen Standort Ihres Unternehmens. Es ist ebenso wichtig, wie sich Kunden beim Besuch Ihrer Firma fühlen. Es gibt einen guten Grund dafür, weshalb man niemanden die ICH BIN HIER-Funktion in Praxen für Botox-Behandlungen verwenden sieht.

Da Facebook-Orte eine standortbezogene Anwendung ist, kommt noch hinzu, dass Administratoren bei der Erstellung des Ortes den Standort eines Unternehmens angeben müssen. (Wenn man eine Facebook-Seite erstellt, sind dagegen keine Angaben über den Standort erforderlich.) Im Abschnitt »Erste Schritte beim Facebook-Orte-Feature« weiter hinten im Kapitel erfahren Sie, wie man einen Ort erstellt.

Weitere Location-Based Services

Der Hauptunterschied zwischen dem Facebook-Orte-Feature und anderen Location-Based Services besteht in der Anzahl der potenziellen Nutzer. Facebook-Orte – wenn auch unter der Mehrheit der Facebook-Nutzer noch nicht weit verbreitet – verfügt über ein gewaltiges Potenzial, gängigster Dienst am Markt zu werden.

Dafür gibt es einen einfachen Grund: Auf Facebook gibt es derzeit etwa 900 Millionen aktive Nutzer. Diese Nutzer verwenden Facebook nicht nur als soziales Netzwerk, sondern als eine zentrale Methode, um mit ihren Freunden in Verbindung zu bleiben. Da Facebook sich durch Allgegenwärtigkeit auszeichnet, wird man dort alles daransetzen, die Nutzung des Facebook-Orte-Features voranzutreiben.

Der zweite enorme Vorteil, den Facebook gegenüber anderen Location-Based Services vorzuweisen hat, liegt darin, dass Nutzer Veranstaltungen und Orte vor beziehungsweise nach ihrem dortigen Besuch markieren können. In unserem Beispiel konnten Julia und Andreas Fotos vom Udo-Lindenberg-Konzert *nach* ihrem Konzertbesuch mit Freunden teilen. So etwas ist bei der Anwendung Foursquare beispielsweise nicht möglich. Auch an dieser Stelle hat die Firma Facebook erkannt, dass Verbraucher es vorziehen, wenn ihnen zahlreiche Möglichkeiten, sich mit Marken und Unternehmen zu verbinden, offenstehen.

Facebook-Orte im Vergleich zu Foursquare

Foursquare (Abbildung 11.2) und Facebook-Orte sind beides standortbezogene Anwendungen, die Nutzern den Besuch von Orten ermöglichen. Bei beiden können Marketingfachleute Besuchsangebote und andere Sonderangebote offerieren, um mehr Neu- und Stammkunden anzulocken.

Foursquare wurde als Erstes auf den Markt gebracht und verfügt über eine große und lebhafte Nutzergemeinde. Laut Angaben des Unternehmens gab es dort im November 2011 750 Millionen Besuche.

Bei Foursquare gibt es zudem mehr Arten von Sonderangeboten als bei Facebook-Orte:

- ✔ **Flash Specials:** Diese Angebote können zeitlich beschränkt sein und gelten für die ersten Nutzer, die während des festgelegten Zeitraums einchecken.

Abbildung 11.2: Ein Foursquare-Venue (also ein Ort auf Foursquare) im Internet

- ✔ **Friends Specials:** Wenn Nutzer mit mehreren Freunden gleichzeitig einchecken, können Sonderangebote für sie freigegeben werden.
- ✔ **Swarm Specials:** Die Nutzer erhalten das Angebot, wenn eine Mindestanzahl an Nutzern innerhalb eines dreistündigen Zeitfensters eincheckt. Dieses Angebot kann nur einmal täglich pro Venue freigegeben werden.
- ✔ **Newbie Specials:** Mit diesem Angebot werden Nutzer bei ihrem allerersten Check-In belohnt.
- ✔ **Loyalty Specials:** Für Nutzer, die einen Venue häufiger frequentieren, kann eine Prämie freigegeben werden.
- ✔ **Mayor Specials:** Der Nutzer, der in den vergangenen 60 Tagen am häufigsten in einem Venue eingecheckt hat, kann den Titel des allergrößten Fans in Anspruch nehmen.
- ✔ **Check-In Specials:** Unternehmen können die Bedingungen für einen einfachen Check-In festlegen, bei dem häufige Nutzer belohnt werden sollen.

Auf Foursquare können Nutzer *Badges*, also Abzeichen, sammeln. Damit sind Grafiken gemeint, die für das Erreichen bestimmter Meilensteine stehen. Zum Beispiel solche: mehr als 1.000 Check-Ins oder der Besuch einer bestimmten Anzahl von Flughäfen, Starbucks-Filialen oder renommierter Restaurants. Durch die üblichen Badges auf Foursquare heimst man lediglich die Lorbeeren ein. Einen eigentlichen Nutzen haben sie nicht. Marketingfachleute können sie dennoch verwenden und den Personen, die so etwas gesammelt haben, Gratisangebote vorschlagen.

Und zu guter Letzt finden Unternehmer auf Foursquare mehr Fallbeispiele und Erfolgsgeschichten als beim Facebook-Orte-Feature. Die US-amerikanische Firma RadioShack konnte durch Besuchsangebote mit dem Newbie Special und dem Loyalty Special beispielsweise die Anzahl ihrer Check-Ins über Foursquare verdoppeln.

Erste Schritte beim Facebook-Orte-Feature

Auf den nächsten Seiten zeigen wir Ihnen Schritt für Schritt, wie man einen Facebook-Ort erstellt. Am besten lesen Sie sich den Abschnitt erst komplett durch und durchlaufen danach den Erstellungsprozess für einen Facebook-Ort. Anders ausgedrückt: Lassen Sie sich ruhig Zeit.

Bevor Sie bei einem Ort ganz vorn vorne anfangen, sollten Sie auf Facebook nachsehen, ob er bereits existiert. So vermeiden Sie Doppelungen.

Sie haben sich dazu entschieden, für Ihr Unternehmen lieber eine Facebook-Seite zu erstellen? Es gibt gute Gründe, weshalb Sie dennoch einen Ort beanspruchen sollten:

- ✔ Sie erhalten die Administratorenrechte für den Ort.
- ✔ Sie können die Anschrift, die Öffnungszeiten und andere wichtige Daten für den Ort bearbeiten.
- ✔ Sie können festlegen, welches Profilbild für Ihren Ort verwendet werden soll.
- ✔ Sie können die Seite löschen, nachdem Sie den Ort beansprucht haben.

Einen Facebook-Ort beanspruchen

Um den Facebook-Ort Ihres Unternehmens beanspruchen zu können, müssen Sie Inhaber oder offizieller Vertreter dieser Örtlichkeit sein.

Befolgen Sie diese Schritte, um einen Facebook-Ort zu beanspruchen:

1. **Melden Sie sich bei Facebook an und geben Sie den Namen der Örtlichkeit in das Suchfeld ganz oben auf der Seite ein.**
2. **Drücken Sie danach nicht die Eingabetaste, sondern klicken Sie auf WEITERE ERGEBNISSE FÜR [IHR SUCHBEGRIFF] ANZEIGEN.**
3. **Filtern Sie die Ergebnisse, indem Sie links von den Suchergebnissen Seiten auswählen.**
4. **Wenn Sie Ihr Unternehmen oder Ihre Örtlichkeit gefunden haben, wählen Sie das Objekt aus und klicken dann auf IST DAS DEIN UNTERNEHMEN? im Menü rechts oben.**
5. **Bestätigen Sie, dass Sie berechtigt sind, das Unternehmen zu beanspruchen.**
6. **Füllen Sie das Formular auf der folgenden Bildschirmansicht aus. Geben Sie dort die Firmenadresse, die Telefonnummer, die Website sowie den Eintrag Ihres Unternehmens beim Online-Bewertungsportal Yelp ein und erklären Sie, in welcher Beziehung Sie zu dem Ort stehen.**
7. **Authentifizieren Sie Ihr Unternehmen. Sie können dabei unter zwei Methoden zur Verifizierung wählen:**
   - Eine offizielle E-Mail-Adresse des Unternehmens
   - Das Hochladen eines Bildes im JPG- oder PNG-Format eines offiziellen Dokuments oder einer Gas-, Wasser- oder Stromrechnung, auf der Ihr Firmennamen zu sehen ist
8. **Bestätigen Sie, dass Sie autorisierter Vertreter des Unternehmens sind.**

Danach erscheint ein Fenster mit einer Benachrichtigung, in der der Eingang Ihrer Anfrage bestätigt wird. Jetzt müssen Sie nur noch abwarten, bis die Firma Facebook Ihren Antrag überprüft. So etwas dauert normalerweise zwei bis sieben Tage.

Einen Facebook-Ort erstellen

Facebook-Orte sind bestimmte Arten von Facebook-Seiten. Wenn Sie auf einem mobilen Endgerät eine Örtlichkeit besuchen, wird diese als Ort bezeichnet. Suchen Sie sie über das Internet auf, spricht man dagegen einfach von einer Seite. Man macht den Unterschied zwischen beiden daran fest, wie ein Facebook-Nutzer mit der Seite interagiert. Sucht er sie persönlich auf oder interagiert er mit den Meldungen der Seite von seinem Laptop aus?

Jeder Facebook-Nutzer, auf dessen Smartphone oder dessen Browser für Mobiltelefone das Facebook-Orte-Feature zu finden ist, kann einen Facebook-Ort erstellen. Ganz ähnlich, wie man eine Facebook-Seite erstellt, kann man einen Facebook-Ort aber auch über einen Laptop und das Internet kreieren. Wir erstellen in diesem Abschnitt einen Facebook-Ort mit Hilfe des Internets.

Falls Sie wie oben beschrieben nach Ihrem Unternehmen gesucht haben, es aber immer noch nicht finden konnten, erstellen Sie einfach einen komplett neuen Facebook-Ort.

Befolgen Sie zur Erstellung eines Facebook-Orts diese Schritte:

1. **Suchen Sie die Seite `http://facebook.com/pages/create.php` auf und wählen Sie dort Lokales Unternehmen oder Ort aus.**

   Die Seite Seite erstellen (Abbildung 11.3) erscheint.

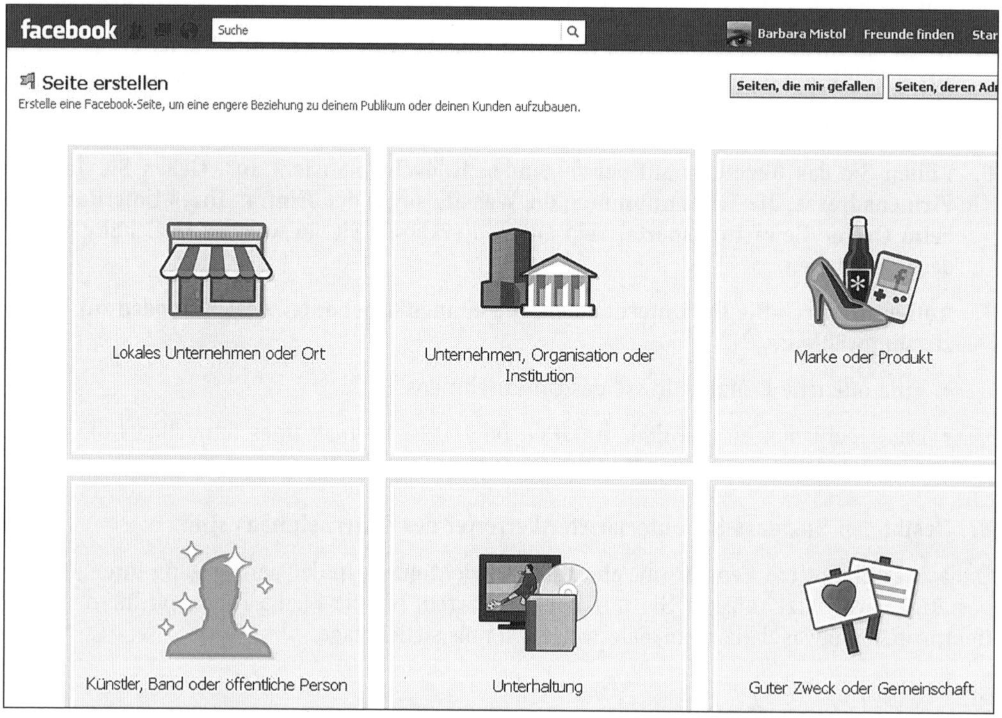

Abbildung 11.3: Auf dieser Seite fangen Sie mit der Erstellung Ihres Facebook-Ortes an.

2. **Wählen Sie in der Dropdown-Liste Wähle eine Kategorie aus eine Kategorie aus (Abbildung 11.4).**

   Einige Kategorien wie etwa »Kunst/Unterhaltung/Nachtleben« oder »Club« sind sich sehr ähnlich. Entscheiden Sie sich einfach für das, was Sie am ehesten nach Ansicht Ihrer Kunden darstellen. Sie können die Kategorie zwar später jederzeit noch ändern, sollten sich hier aber etwas aussuchen, bei dem Sie bleiben werden.

3. **Geben Sie die Adresse und Telefonnummer Ihrer Firma in den entsprechenden Feldern ein. Alle Felder müssen ausgefüllt werden.**

4. **Lesen Sie sich die Richtlinien für Facebook-Seiten durch und stimmen Sie ihnen zu.**

   Widerstehen Sie der Versuchung und lesen Sie sich die Richtlinien für Facebook-Seiten wirklich durch. Am besten nehmen Sie sich ein bisschen mehr Zeit, um sich mit ihnen vertraut zu machen. Sie möchten ja wohl nicht Zeit und Geld investieren, um Ihr Unter-

Abbildung 11.4: Kategorien- und Ortsauswahl für einen Facebook-Ort

nehmen auf Facebook zu bewerben, nur um dann ein gelöschtes Konto vorzufinden, bloß weil Sie unwissentlich gegen diese Richtlinien verstoßen haben, oder?

Jetzt können Sie ein Profilbild hochladen, eine Fangemeinde aufbauen und die allgemeinen Informationen über Ihre Firma eingeben. Gehen Sie dabei genauso vor, wie Sie es bei einer Facebook-Seite machen würden. Näheres über diesen Erstellungsprozess erfahren Sie in Kapitel 4.

Das Unternehmen mit Hilfe von Besuchsangeboten bewerben

Ebenso wie durch die herkömmlichen Programme mit Rabattangeboten und durch Treueprogramme können Sie durch Besuchsangebote von Facebook den Bekanntheitsgrad Ihrer Marke erhöhen, für eine bessere Frequentierung Ihres Ladens sorgen und die Kundenbindung stärken. Sie können mit Hilfe dieser Besuchsangebote außerdem die Vermarktungskraft Ihres Facebook-Ortes erhöhen, um den Kundenzulauf und die altbewährte Mundpropaganda zu steigern und für mehr Kundenbindung zu sorgen.

Wir machen Sie in diesem Kapitel mit den Strategien und Taktiken bekannt, die man bei der Nutzung der Besuchsangebote von Facebook als Marketing-Instrument für das eigene Unternehmen anwendet. Außerdem verschaffen wir Ihnen einen Überblick über die vier Arten von Facebook-Besuchsangeboten und zeigen Ihnen, wie Sie jedes davon für Ihre Firma verwenden können.

Facebook-Besuchsangebote verstehen

Auf Facebook gibt es mehr als 250 Millionen aktive Mobilfunknutzer. Das sind Menschen wie du und ich. Sie besuchen Restaurants, kaufen Kleidung, sehen sich Sportveranstaltungen an und fahren im Sommer mit ihren Familien in den dringend benötigten Urlaub. Für viele dieser Mobilfunknutzer gehört es bei solchen Aktivitäten einfach dazu, Facebook-Orte zu besuchen.

Wenn sie dies von ihren Handys aus tun, werden ihnen all die verschiedenen Facebook-Orte, die sich zufällig in der Nähe befinden, und die von den zugehörigen lokalen Unternehmen offerierten Facebook-Besuchsangebote angezeigt. Sie sehen außerdem, welche Orte ihre Freunde besucht haben und ob diese ein bestimmtes Facebook-Besuchsangebot genutzt haben.

Facebook-Besuchsangebote stellen ein Feature für Werbemaßnahmen innerhalb von Facebook-Orte dar, mit dem Sie Ihre Kunden für den Besuch auf Facebook belohnen. Wenn ein Nutzer mit Hilfe seines Handys Ihren Facebook-Ort besucht, kann er für die Freigabe der von Ihnen angebotenen Werbeaktion sorgen und das Besuchsangebot beanspruchen.

Ein Café könnte beispielsweise ein Besuchsangebot erstellen, bei dem Facebook-Nutzer beim zehnten Besuch eine Tasse Kaffee kostenlos bekommen. Beim zehnten Besuch wird das Besuchsangebot automatisch für den Nutzer freigegeben, damit er das Gratisgetränk erhalten kann (Abbildung 11.5).

Abbildung 11.5: Kunden mit einem Facebook-Besuchsangebot in Ihr Café locken

Diese vier Arten von Besuchsangeboten gibt es momentan:

- ✔ **Individuelles Angebot:** Mit diesem Angebot belohnen Sie Kunden, wenn sie Ihr Unternehmen aufsuchen. Strategisch gesehen möchte man die Leute hier einfach ermutigen, den Firmenstandort aufzusuchen. Ein Rabatt oder ein Geschenk zum Kauf ist bei diesem Besuchsangebot ideal geeignet.

- **Freundschaftsangebot:** Hier werden Gruppen von Kunden bei einem gemeinsamen Besuch belohnt. Als Geschäftsstrategie macht man sich hier die Mundpropaganda zunutze, damit sich das Unternehmen schneller herumspricht und so letztendlich die Leistungsfähigkeit gesteigert wird. Da Sie die Kunden hier um einen Besuch außer der Reihe bitten und auch noch eine Gruppe ihrer Freunde einladen, eignet sich für dieses Angebot ein deutlicher Preisnachlass oder ein ansprechendes Geschenk (das nicht an einen Kauf gebunden ist) am besten.
- **Treueangebot:** Kunden werden bei diesem Angebot für die Häufigkeit, mit der sie Ihr Unternehmen innerhalb eines bestimmten Zeitraums besucht haben, belohnt. Die Geschäftsstrategie besteht hier darin, Stammkunden zu gewinnen. In diesem Fall bieten Sie am besten etwas an, was frühere Einkäufe sinnvoll verknüpft. Eine Weinhandlung könnte beispielsweise nach einer bestimmten Anzahl an Besuchen ein kostenloses Weinregal offerieren.
- **Wohltätigkeitsangebot:** Hier handelt es sich um eine Spendenzusage (Ihrerseits) an eine von Ihnen bestimmte gemeinnützige Organisation, die Sie beim Besuch von Kunden in Ihrem Unternehmen wahr machen. Strategisch gesehen sollen hier Neukunden (die höchstwahrscheinlich Befürworter dieser Organisation sind) angelockt werden und es soll für einen noch besseren Ruf Ihrer Marke gesorgt werden. Meistens wird die Summe bereits vorher festgelegt und die Spendenhöhe ist begrenzt. Das könnte sich zum Beispiel so anhören: »Wir spenden 10 Euro für jeden Besuch bis zu einer Höhe von 5.000 Euro.«

Die Mundpropaganda zählt immer noch zu den effektivsten Methoden, um ein Unternehmen zu bewerben. Durch Facebook-Orte macht man sich die Mundpropaganda augenblicklich zunutze, da hier Freunde Empfehlungen von Personen erhalten, die sie kennen und denen sie vertrauen.

Hier finden Sie drei Möglichkeiten, wie Facebook-Nutzer automatisch über Besuchsangebote informiert werden:

- Sie sehen Ihr Besuchsangebot auf ihrem mobilen Endgerät, wenn sie einen nahegelegenen Facebook-Ort besuchen.
- Sie werden in ihren Neuigkeiten über Ihr Besuchsangebot benachrichtigt, nachdem Sie es auf der Pinnwand Ihrer Orte-Seite gepostet haben. (Bevor ein Nutzer Ihre Aktualisierungen in seinen Neuigkeiten sehen kann, muss er allerdings erst Fan Ihrer Seite werden.)
- Sie sehen eine Erwähnung Ihres Besuchsangebots in ihren Neuigkeiten, wenn einer ihrer Freunde Ihren Facebook-Ort besucht. (Dieses Feature könnte blockiert sein. Es kommt auf die Privatsphäre-Einstellungen des Freundes an, ob es verfügbar ist.)

Ein Facebook-Besuchsangebot erstellen

Um ein Facebook-Besuchsangebot zu erstellen, müssen Sie zunächst einmal Ihren Facebook-Ort im sozialen Netzwerk aufsuchen. Befolgen Sie danach diese Schritte:

1. **Klicken Sie oben rechts in der Dropdown-Liste Verwalten auf Seite bearbeiten und klicken Sie danach auf den Link für Besuchsangebote am linken Bildrand.**

2. **Wählen Sie eine Besuchsangebotsart aus.**

   Folgende Arten stehen zur Auswahl:

   - Individuelles Angebot: Damit werden Kunden für den Besuch Ihres Unternehmens belohnt.
   - Freundschaftsangebot: Hier erhalten Gruppen von Kunden eine Belohnung, wenn sie gemeinsam einen Ort besuchen. (Gilt nur für Gruppen von bis zu acht Personen.)
   - Treueangebot: Kunden werden bei diesem Angebot für die Häufigkeit, mit der sie Ihr Unternehmen innerhalb eines bestimmten Zeitraums besucht haben, belohnt. (Dabei darf es sich nicht um weniger als zwei und nicht um mehr als 20 Besuche handeln.)
   - Wohltätigkeitsangebot: Hier handelt es sich um eine Spendenzusage (Ihrerseits) an eine von Ihnen festgelegte gemeinnützige Organisation, die Sie beim Besuch von Kunden in Ihrem Unternehmen wahr machen.

3. **Unterhalb der vier Besuchsangebotsarten können Sie Ihr Besuchsangebot genauer beschreiben (Abbildung 11.6).**

   Sie finden dort verschiedene Felder. Geben Sie in dem einen eine Werbebotschaft für die Bewerbung des Angebots ein und fassen Sie sich dabei so kurz wie möglich – Ihnen stehen dafür nur 50 Zeichen zur Verfügung. In dem anderen Feld können Sie genaue Anweisungen für die Einlösung des Angebots einfügen. Üblicherweise gibt man hier an, dass das freigegebene Angebot an der Kasse oder bei einem Verkäufer vorgezeigt werden muss (hier haben Sie Platz für 100 Zeichen).

4. **Geben Sie einen Datumsbereich für Ihr Besuchsangebot ein, indem Sie ein Start- und ein Enddatum für Ihre Werbeaktion wählen, und fügen Sie Einschränkungen für das Angebot hinzu.**

Sie sollten Ihr Besuchsangebot mindestens 48 Stunden im Voraus erstellen, da alle Angebote von der Firma Facebook zunächst überprüft werden.

Falls Sie es zum ersten Mal mit einem Besuchsangebot versuchen, empfehlen wir Ihnen dafür einen Zeitraum von zwei Wochen. Dieser Zeitraum ist lang genug, um ein Ergebnis zu erhalten, und gleichzeitig kurz genug, um alles umzuorganisieren und die Strategie noch einmal zu überdenken. Vergessen Sie nicht: Wenn Sie Facebook optimal nutzen möchten, müssen Sie ein paar unterschiedliche Strategien testen, um herauszubekommen, welche für Ihr Unternehmen geeignet ist.

Zum Zeitpunkt, als dieses Buch geschrieben wurde, konnte man auf Facebook als maximale Anzahl an Einlösungen (also die Häufigkeit, mit der das Angebot wahrgenommen wird) 100 oder eine unbegrenzte Anzahl angeben. Wahlweise können Sie Nutzern aber auch gestatten, das Angebot einmal innerhalb von 24 Stunden oder ein einziges Mal wahrzunehmen. (Beim Treueangebot gibt es diese Option allerdings nicht.)

5. **Erstellen Sie das Besuchsangebot mit einem letzten Klick auf die entsprechende Schaltfläche. Gleichzeitig reichen Sie es damit zur Genehmigung ein.**

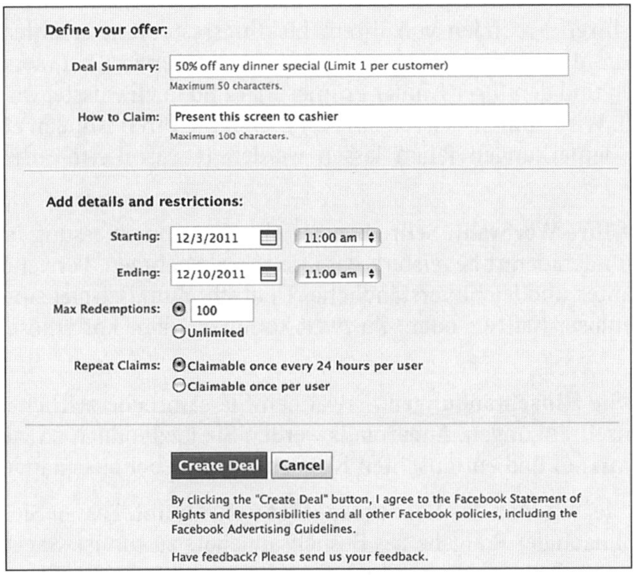

Abbildung 11.6: Kriterien für ein Besuchsangebot festlegen

Nachdem Sie das Angebot erstellt haben, wird es Ihnen in einer neuen Bildschirmansicht noch einmal zusammengefasst angezeigt. Bitte beachten Sie, dass rechts auf den Bildschirm der Schriftzug »Wird überprüft« erscheint. Damit ist gemeint, dass die Firma Facebook das Besuchsangebot zunächst noch genehmigen muss, bevor Sie damit werben können.

Es dauert normalerweise 24 bis 48 Stunden, bis ein Besuchsangebot bestätigt oder abgelehnt wird.

Besuchsangebote optimal nutzen

Wenn Sie Facebook-Besuchsangebote als wirksamen Bestandteil Ihrer Marketing-Strategie nutzen möchten, müssen Sie logischerweise nicht nur den Erstellungsprozess kennen, sondern mehr darüber wissen. Genau wie bei jeder anderen Werbestrategie sind letztendlich die Werbebotschaft und das Angebot entscheidend dafür, ob das Besuchsangebot ein Erfolg oder ein Flop wird. Ansonsten wären Einkaufsgutscheine nur deswegen ein Marketing-Hit, weil der Ladenbesitzer das richtige Papier für ihren Ausdruck gewählt hat.

Denken Sie also daran und beachten Sie unsere neun Tipps, wie man noch mehr aus Facebook-Besuchsangeboten herausholt:

- **Bieten Sie etwas Bemerkenswertes an.** Wenn man einen echten Mehrwert bietet, macht man Kunden glücklich, doch offeriert man ihnen erst einen bemerkenswerten Wert, werden sie so begeistert sein, dass sie ihren Freunden davon erzählen. Überlegen Sie mal, weswegen Sie Ihren Freunden von Ihrem Lieblingsrestaurant erzählen würden. Nicht, weil der Restaurantbesitzer Ihnen einen guten Tisch reserviert hat, sondern weil er sich an Ihren Namen und den Ihrer Kinder erinnert hat und noch wusste, wo Sie letzte Woche gesessen haben. Wir betonen es noch einmal: Bieten Sie Ihren Kunden etwas, worüber sie bei Freunden Bemerkungen fallen lassen werden (etwas B-e-m-e-r-k-e-n-s-w-e-r-t-e-s sozusagen).

- **Achten Sie auf Ihre Wortwahl.** Schreiben Sie eine Zusammenfassung über das Besuchsangebot, das Kunden derart begeistert, dass sie es wahrnehmen. Verwenden Sie dabei unbedingt prägnantes und leicht verständliches Deutsch. Zum Beispiel so: »Nur zehn Besuche – ein kostenloser Kaffee!« oder »Zu zweit kommen – eine kostenlose Vorspeise genießen!«

- **Verdeutlichen Sie Einschränkungen.** Erwähnen Sie sämtliche zeitlichen Begrenzungen und andere Einschränkungen. Andernfalls werden Sie letztendlich zu viel Zeit damit verplempern, verwirrten und enttäuschten Kunden das Angebot auseinanderzusetzen.

- **Verdeutlichen Sie, wie man das Besuchsangebot wahrnimmt.** Lassen Sie sie nicht herumraten, was wohl nach der Freigabe des Besuchsangebots zu tun ist. Sagen Sie ihnen klipp und klar, wie der nächste Schritt aussieht. Zum Beispiel so: »Zeigen Sie dem Verkäufer Ihr Handy.«

- **Erstellen Sie immer wieder neue Besuchsangebote.** Wenn Sie ein Angebot zu lange laufen lassen, werden die Kunden das Interesse daran verlieren. Vergessen Sie nicht: Sie möchten sie glücklich machen und erreichen, dass sie Freunden davon erzählen.

- **Bieten Sie nicht zu viele Besuchsangebote gleichzeitig an.** Das führt unter Kunden und Angestellten nur zu Verwirrung.

- **Schulen Sie Ihre Angestellten.** Stellen Sie sicher, dass all Ihre Mitarbeiter die Bedingungen des Angebots verstanden haben und wissen, wie man es wahrnimmt und was der Kunde dabei erhält. Sagen Sie ihnen auch klar und deutlich, wie mit Kunden umzugehen ist, die sich nach einem bereits abgelaufenen Besuchsangebot erkundigen. Möchten Sie das Besuchsangebot auch Personen gewähren, die zwar nicht Nutzer des Facebook-Orte-Features sind, aber von Freunden, die Nutzer sind, davon gehört haben?

- **Achten Sie auf einen guten Lagerbestand.** Ihr Angebot sollte unbedingt in ausreichender Anzahl zur Verfügung stehen, damit alle Besuchsangebote während der Laufzeit eingelöst werden können.

- **Seien Sie herzlich.** Ihre Kunden sollten unbedingt herzlich behandelt werden, wenn sie ein Angebot wahrnehmen. Sie wollen ja wohl nicht, dass ein Kunde das Gefühl bekommt, das Verkaufspersonal würde das Besuchsangebot nur widerstrebend einlösen. Seien Sie herzlich. Das könnten wir jetzt noch drei Mal wiederholen und es würde immer noch nicht reichen.

Ein Besuchsangebot bewerben

Nachdem Sie ein Besuchsangebot erstellt haben, sollten Sie dafür sorgen, dass Sie das betreffende Produkt in ausreichender Menge auf Lager haben, um auch alle Angebote einlösen zu können. Bereiten Sie außerdem Ihre Angestellten auf das Angebot vor. Erst danach können Sie anfangen, die Aufmerksamkeit auf Ihr Besuchsangebot zu lenken, indem Sie es bewerben.

Ein Besuchsangebot über Facebook-Seiten bewerben

Vielen Ihrer potenziellen Kunden gegenüber wird Ihr Unternehmen durch ihre Freunde auf Facebook angezeigt werden. Und so funktioniert es: Einer Ihrer Fans kommentiert einen Beitrag Ihrer Seite oder klickt dabei auf GEFÄLLT MIR. Diese Aktivität wird dann in den Neuigkeiten seiner Freunde geteilt. Und Sie können Ihr Besuchsangebot ebenso bekannt geben, indem Sie Meldungen darüber auf der Pinnwand Ihrer Facebook-Seite posten.

Wir listen Ihnen hier einige wirkungsvolle Methoden auf, um das Besuchsangebot über die eigene Pinnwand zu bewerben:

✔ **Kündigen Sie das Besuchsangebot mehrere Male auf der Pinnwand an.** Falls bei dem Angebot ein Produkt eine Rolle spielt, laden Sie davon ebenfalls ein Foto hoch. Stellen Sie in dieser Aktualisierung eine verlockende Frage. Zum Beispiel so eine: »Kostenlose Vorspeisen – wem knurrt schon der Magen danach?«

✔ **Sorgen Sie für Dialoge, falls sich eine Gelegenheit ergibt.** Wenn jemand ein Besuchsangebot wahrnimmt, könnten Sie es beispielsweise auf Ihrer Pinnwand erwähnen: »Claudia hat sich gerade den Krabbencocktail geholt! Wer will noch einen?« Damit fordern Sie Ihre Fans und deren Freunde auf, Kommentare auf Ihrer Pinnwand zu hinterlassen, und steigern so den Bekanntheitsgrad Ihres Besuchsangebots.

Doch dies sind bloß ein paar Beispiele, um Ihnen die ersten Schritte zu erleichtern. Behalten Sie im Hinterkopf, dass Ihrer Kreativität bei der Nutzung der Facebook-Seite als Marketing-Instrument keine Grenzen gesetzt sind.

Einige Werbemaßnahmen sind auf Facebook verboten. Bevor Sie Ihr Besuchsangebot bewerben, sollten Sie sich unbedingt noch mal die Richtlinien für Facebook-Seiten unter `https://www.facebook.com/terms_pages.php` ansehen.

Ein Besuchsangebot über Facebook-Werbeanzeigen bewerben

Sie können Ihr Besuchsangebot auch über Facebook-Werbeanzeigen mit ganz genau definierter Zielgruppe bewerben. Man kann bei der Erstellung der Anzeige sowohl geografische Zielgruppenkriterien als auch demografische Daten wählen. Sie sollten die Zielgruppenkriterien anhand Ihrer Kenntnisse über die Zielgruppe und daran, wer in der Nähe Ihres Firmenstandorts der ideale Kunde wäre, festlegen. Bei Facebook-Werbeanzeigen können Sie eine Zielgruppenansprache nach geografischem Radius sogar bis auf einzelne Städte vornehmen. (In Kapitel 10 erfahren Sie mehr darüber.)

Ein Besuchsangebot über andere Vertriebswege bewerben

Zusätzlich zu Ihrer Orte-Seite auf Facebook sollten Sie natürlich auch noch andere Vertriebswege für die Bewerbung des Besuchsangebots nutzen. Viele Ihrer Kunden mögen zwar nicht zu den sehr aktiven Facebook-Nutzern zählen, wären aber dennoch interessiert daran, sich in diesem sozialen Netzwerk mit Ihrem Unternehmen zu verbinden und Ihr Angebot zu nutzen.

E-Mail-Marketing

In vielen Unternehmen gibt es einen Verteiler. Kündigen Sie Ihr Besuchsangebot per E-Mail an und behalten Sie dabei diese Tipps im Hinterkopf:

- ✔ **Verfassen Sie eine verlockende Überschrift, die die Aufmerksamkeit des Lesers erregt.** Idealerweise handelt es sich dabei einfach um eine Zusammenfassung Ihres Besuchsangebots.
- ✔ **Der Inhalt Ihrer E-Mail sollte kurz und bündig sein.** Wenn ein Leser die E-Mail öffnet, haben Sie nur ein paar Sekunden Zeit, um sich seine Aufmerksamkeit zu sichern. Vermitteln Sie die wichtigsten Informationen über Ihr Besuchsangebot mit möglichst wenigen Worten.
- ✔ **Fügen Sie ein Bild ein.** Erinnern Sie sich an den oben genannten Punkt und daran, dass ein Bild mehr sagt als die berühmten tausend Worte. Verwenden Sie ein Bild von Ihrem Produkt oder Ihrer Dienstleistung.
- ✔ **Bitten Sie den Leser um einen Klick.** Geben Sie in der Mitte und am Ende der E-Mail ganz genau an, was Sie vom Leser möchten. Zum Beispiel so: »Hier klicken, um Fan unseres Facebook-Ortes zu werden.« Wird er Fan, können Sie ihn auch weiterhin an Ihr Besuchsangebot erinnern.

In-Store Promotion

Sie sollten Ihr Besuchsangebot nicht nur per E-Mail und über Ihre Orte-Seite bewerben, sondern es auch über Poster im Laden, Erwähnungen an der Kasse und andere typische Werbemethoden der In-Store Promotion bekannt geben.

Weshalb man ein Angebot bewerben sollte, dass doch für stärkeren Kundenzulauf im eigenen Laden sorgen soll? Der entscheidende Punkt bei der Nutzung von Facebook-Orte und Facebook-Besuchsangeboten besteht darin, dass man nicht nur die Zahl der Kunden erhöhen möchte, sondern gleichzeitig den Bekanntheitsgrad des Unternehmens steigert, wenn Nutzer den Ort besuchen und Besuchsangebote wahrnehmen.

Erinnern Sie sich noch an das Beispiel von oben, in dem ein Café das Treueangebot verwendet? Wenn dieses Besuchsangebot für die Kunden freigegeben wird, wird vielen ihrer Facebook-Freunde das Café angezeigt. Einige von ihnen werden zu neuen Fans werden und einige von ihnen werden sich persönlich zum Café aufmachen, um es über das Facebook-Orte-Feature besuchen zu können.

Gruppen gründen, Werbeaktionen und Veranstaltungen erstellen

12

In diesem Kapitel

- Facebook-Gruppen nutzen
- Eine eigene Gruppe gründen
- Eine Werbeaktion durchführen
- Eine Veranstaltung auf die Beine stellen

Das Facebook-Seiten-Feature ist als zentraler Ort für die Interaktionen von Kunden und potenziellen Kunden gedacht. Durch Facebook-Seiten behalten Facebook-Nutzer das Interesse an Ihrem Unternehmen und durch Facebook-Werbeanzeigen wird der Bekanntheitsgrad Ihrer Produkte und Dienstleistungen gesteigert. Doch um Ihre Firma erfolgreich auf Facebook zu bewerben, sollten Sie noch einen Schritt weitergehen – und zwar mit Werbeaktionen, Facebook-Gruppen und Veranstaltungen.

Wir gehen in diesem Kapitel darauf ein, wie man Gruppen, Werbeaktionen und Veranstaltungen nutzen kann, um seine Zielgruppe zu etwas zu bewegen und sie zu erweitern, indem man die Markenbekanntheit fördert und eine Community aufbaut. Außerdem zeigen wir Ihnen, wie Sie Ihre eigene Gruppe zu einem Thema gründen, das die Aufmerksamkeit potenzieller Geschäftskunden auf sich lenkt, und wie man diese Gruppe bewirbt, um Mitglieder und potenzielle Kunden anzulocken. Wir erklären Ihnen auch noch, wie man auf Facebook eine Werbeaktion durchführt. Und zu guter Letzt erklären wir, wie man eine Veranstaltung erstellt, bei Fans dafür wirbt, sie auflistet, verwaltet und später daran anknüpft.

Facebook-Gruppen entdecken

Gruppen unterscheiden sich von Seiten und Profilen, da sie sich weniger um ein Unternehmen oder eine Person drehen, sondern eher um ein gemeinsames Interesse oder ein Anliegen. Gruppen stellen bei der Vermarktung Ihrer Firma eine eher personenbezogene Option dar, weil Sie damit aufgrund eines Anliegens oder einer Angelegenheit vor Ort, die Ihrem Unternehmen wichtig ist, eine Beziehung zu einer Zielgruppe aufbauen. Dadurch sind Nutzer leichter bereit, sich einzubringen.

Sie könnten einer Facebook-Gruppe aus mehreren Gründen beitreten wollen, um Ihre Firma besser bewerben zu können. Umgekehrt könnten Sie aber genauso gut sogar eine eigene Facebook-Gruppe gründen wollen, die eigens für Diskussionen über firmenfremde Themen dienen soll oder die gleichzeitig zu Ihrer Facebook-Seite vorhanden ist.

In Abbildung 12.1 sieht man zum Beispiel die Gruppe »Erzieher & Sozialpädagogen«, die unter anderem gegründet wurde, um mit anderen Fachleuten in Kontakt zu treten und um über wichtige Themen zu diskutieren. Diese Gruppe eignet sich hervorragend zum Beitritt, da man online Kollegen kennen lernen und Tipps austauschen kann.

Abbildung 12.1: Eine Facebook-Gruppe bietet Mitgliedern eine zentrale Seite im Internet für den Meinungsaustausch zu einem Thema.

Beginnt man gerade erst, sein Unternehmen zu bewerben, bietet sich eine Facebook-Seite an. Doch eine fortgeschrittenere Marketing-Taktik umfasst das Gründen, Beitreten und aktive Einbringen in Gruppen, die mit der eigenen Firma in Zusammenhang stehen.

Wir gehen in den folgenden Abschnitten näher auf die Unterschiede zwischen Gruppen und Seiten ein und erklären Ihnen, wie Sie Gruppen finden, gründen und sich dort einbringen, um Ihr Unternehmen zu bewerben. (Wenn Sie wissen möchten, was es mit der Gründung von Gruppen auf sich hat, sollten Sie sich direkt den Abschnitt »Eine eigene Gruppe gründen« weiter hinten im Kapitel ansehen.)

Unterschiede zwischen Facebook-Gruppen und Facebook-Seiten

Nur ein offizieller Vertreter eines Unternehmens, einer gemeinnützigen Organisation, eines Künstlers oder einer Persönlichkeit des öffentlichen Lebens kann eine Facebook-Seite erstellen und als ihr Seitenadministrator, auch kurz Administrator genannt, fungieren. Seiten dienen mehreren Zwecken: allgemeine Informationen über ein Unternehmen liefern, Bausteine zum Aufbau einer Community (wie beispielsweise Diskussionen und Kommentare) bieten, nutzergenerierte Inhalte hochladen und Bewertungen posten.

Im Gegensatz dazu kann jeder beliebige Facebook-Nutzer eine Gruppe zu jedem beliebigen Thema gründen. Gruppen dienen für ihre Mitglieder als die zentrale Anlaufstelle, um seine Meinung zu äußern und über ein Thema zu diskutieren.

Wenn ein Administrator eine Gruppenseite aktualisiert, erscheint der Name des Gruppenadministrators in den Neuigkeiten. Bei Seiten werden Aktualisierungen hingegen der Seite zugeschrieben und der Name des Administrators wird niemals angezeigt. Bei Gruppen können Sie Statusmeldungen sogar über den Herausgeber posten. Und genau wie bei Seiten können Sie dort Links, Videos und Fotos posten und selbst eine Veranstaltung direkt über den Herausgeber erstellen.

Dies sind die Hauptunterschiede zwischen Facebook-Gruppen und Facebook-Seiten:

✔ **Als Administrator einer Facebook-Gruppe können Sie bestimmen, inwieweit die Mitgliedschaft in der Gruppe frei zugänglich ist.** Gruppenadministratoren können die Mitgliedschaft beschränken, indem sie festlegen, dass die Mitgliedschaft genehmigt werden muss. Bei Seiten können Administratoren bei Fans Beschränkungen nur hinsichtlich eines bestimmten Alters oder Standorts vornehmen. Diese Zugangsstufen für Gruppen stehen Ihnen zur Verfügung:

- Offen für alle Facebook-Nutzer.
- Geschlossen, so dass Inhalte nur für Facebook-Nutzer, deren Beitrittsanfrage vom Gruppenadministrator genehmigt worden ist oder die von einem Freund hinzugefügt worden sind, zu sehen sind.
- Geheim, das heißt, die Mitgliedschaft erfolgt nur durch Hinzufügen und die Gruppe kann über eine Facebook-Suche nicht gefunden werden.

✔ **Sie können bei Seiten Anwendungen hinzufügen, nicht aber bei Gruppen.** Bei Seiten werden sehr intensive Interaktionen ermöglicht und interaktive Medien mitsamt Anwendungen können hinzugefügt werden. Bei Facebook-Gruppen ist eine Integration von Anwendungen nicht vorgesehen.

✔ **Ihre Freunde können all ihre eigenen Freunde mühelos zur Gruppe hinzufügen, indem sie rechts oben auf der Gruppenseite deren Namen im Feld + Freunde zur Gruppe hinzufügen eintragen.** Man fügt derzeitige Freunde hinzu, indem man auf das danach erscheinende Profilbild klickt.

Ziehen Sie eine Gruppe in Betracht, wenn Sie ernsthaft über ein Anliegen diskutieren möchten. Sie könnten zum Beispiel eine Gruppe gründen, wenn Sie starke Vorbehalte und eine feste Meinung zu den Privatsphäre-Einstellungen auf Facebook und dortigen Änderungen haben und eine fortlaufende Diskussion mit anderen Marketingfachleuten zum Thema in Gang bringen möchten.

Der Schlüssel zum Erfolg liegt darin, dass man die Diskussionen unter den Gruppenmitgliedern am Leben erhalten muss. Treten Sie also zunächst ein paar Gruppen bei, um herauszufinden, wie so etwas funktioniert, bevor Sie gleich losstürzen und eine eigene gründen.

Im nächsten Abschnitt erklären wir Ihnen, wie Sie Gruppen aufspüren, die für Ihr Unternehmen von Interesse sein könnten.

Gruppen finden

Es ist gar nicht so schwer, eine Gruppe ausfindig zu machen. Begeben Sie sich zum Suchfeld und befolgen Sie einfach die folgenden Schritte:

1. **Geben Sie im Suchfeld ganz oben auf Ihrem Bildschirm den gewünschten Namen oder Titel ein und klicken Sie danach unterhalb der Liste auf WEITERE ERGEBNISSE FÜR [IHR SUCHBEGRIFF] ANZEIGEN.**

   Nehmen wir zum Beispiel mal an, Ihre Firma würde personalisierte T-Shirts herstellen. Dann könnten Sie nach einer Gruppe suchen, die mit Mode zu tun hat. Verwenden Sie in diesem Fall die Suchbegriffe *Mode, Designerkleidung* oder *Trends*, um Gruppen angezeigt zu bekommen, denen Sie eventuell beitreten und wo Sie sich einbringen können.

2. **Klicken Sie bei den Suchergebnissen auf den GRUPPEN-Reiter am linken Bildrand, damit Ihnen nur Gruppen angezeigt werden.**

   In Abbildung 12.2 sieht man zum Beispiel die Ergebnisse, die die Facebook-Suche beim Suchbegriff *T-Shirts* für Gruppen ausspuckt.

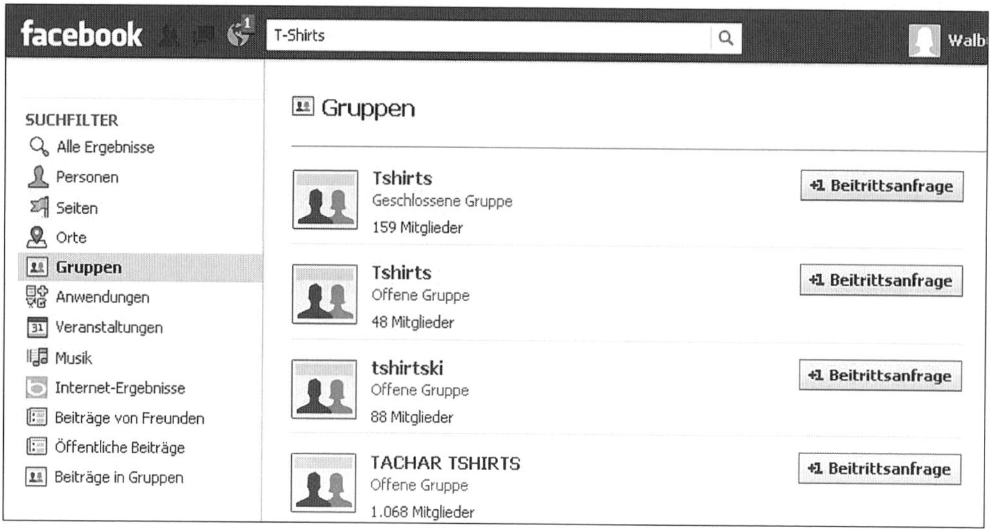

Abbildung 12.2: Ergebnisse einer Suche nach Gruppen, die mit T-Shirts zu tun haben

3. **Durchsuchen Sie die Ergebnisse so lange, bis Sie eine Gruppe gefunden haben, die Sie sich ansehen möchten, und klicken Sie danach auf das Bild oder den Link mit dem Gruppennamen.**

Machen Sie sich in den Suchergebnissen unbedingt mit der Anzahl der Mitglieder und der Art der Gruppe vertraut.

Achten Sie auf der Startseite der Gruppe auf die neuesten Aktivitäten (Statusmeldungen, neue Fotos oder Videos) an der Pinnwand. Bei einigen Gruppen findet man oben unter den Fotos der Mitglieder eine Beschreibung.

Der zentrale Bestandteil einer Gruppe ist ihre Pinnwand – dort spielt die Musik.

Treten Sie einer Gruppe bei, um ein Gefühl dafür zu bekommen, wie aktiv sie ist, und um festzustellen, ob Sie dort etwas beitragen möchten. Lesen Sie dazu den folgenden Abschnitt »Einer Gruppe beitreten«.

Einer Gruppe beitreten

Nachdem Sie eine Gruppe gefunden haben, die Ihre Interessen widerspiegelt und die für Ihre Ziele aktiv genug ist, treten Sie ihr bei und interagieren dort mit den anderen Mitgliedern.

Um einer geschlossenen Gruppe beizutreten, klicken Sie in den Suchergebnissen einfach auf Beitrittsanfrage rechts neben dem Gruppennamen. In Abbildung 12.3 sehen Sie ein Beispiel. (Wenn Sie wissen möchten, wie man eine Gruppe aufspürt, sollten Sie sich den Abschnitt »Gruppen finden« weiter vorn im Kapitel durchlesen.) Alternativ können Sie dort von einem Facebook-Freund hinzugefügt werden.

Bei offenen Gruppen können Sie von einem Facebook-Freund hinzugefügt werden oder selbst eine Beitrittsanfrage stellen.

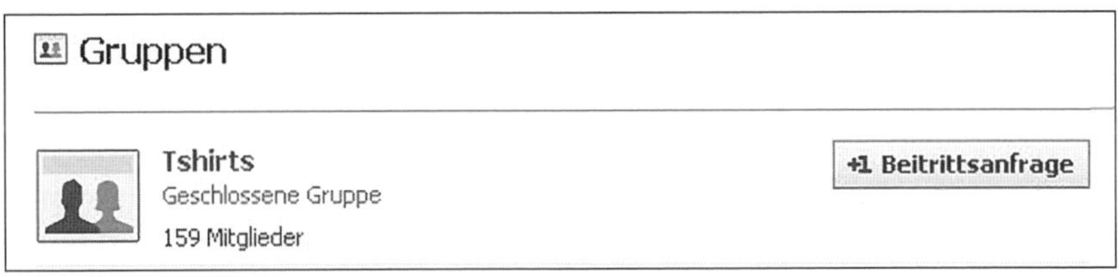

Abbildung 12.3: Der Beitritt zu einer Facebook-Gruppe funktioniert so kinderleicht wie ein Klick auf Beitrittsanfrage.

Auf Gruppen zugreifen, denen Sie bereits beigetreten sind

Gruppen, denen Sie vor Kurzem beigetreten sind, werden auf Ihrer Startseite aufgelistet.

Um auf Gruppen zuzugreifen, die in der Auflistung auf Ihrer Startseite nicht sofort erscheinen, müssen Sie diese Schritte befolgen:

1. **Fahren Sie in der linken Seitenleiste mit der Maus über das Wort »Gruppen«. Klicken Sie auf den dann erscheinenden Link Mehr.**

Dazu müssen Sie auf Facebook angemeldet sein.

Sie gelangen dadurch auf die Gruppen-Seite (Abbildung 12.4), auf der Sie auf alle Gruppen zugreifen können, bei denen Sie Mitglied sind.

2. **Klicken Sie auf den Link mit dem Gruppennamen.**

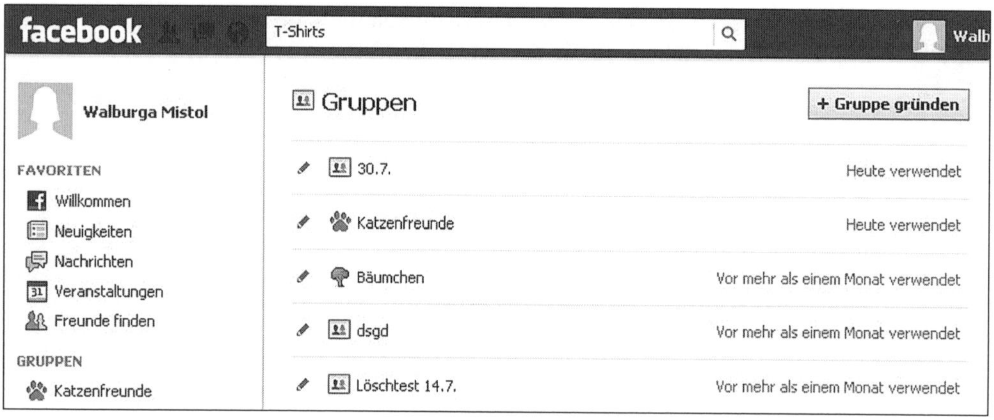

Abbildung 12.4: Greifen Sie auf Gruppen zu, denen Sie beigetreten sind.

Sich in Gruppen einbringen

Eine der goldenen Regeln in sozialen Netzwerken und anderen Formen von Social Media lautet: Nimm dir zunächst etwas Zeit, um die Dialoge im Auge zu behalten und zu lesen. Bevor du hineinplatzt und etwas veränderst, solltest du ein Gefühl für den Tonfall in den Dialogen der Gruppe bekommen haben.

Sie werden feststellen, dass sich lediglich ein Teil der Gruppenmitglieder aktiv einbringt. Viele Mitglieder lesen nur mit. Das ist völlig legitim – lassen Sie sich davon nicht von Ihrer Beteiligung abhalten. Wenn Sie wirklich mehr über Gruppen erfahren wollen, sollten Sie den ersten Schritt wagen und sich in ein Gespräch einschalten. Dies ist tatsächlich die beste (und einzige) Methode, um herauszufinden, wie soziale Netzwerke funktionieren.

Für den Anfang suchen Sie sich am besten ein Thema, über das Sie viel wissen, und beantworten dann sämtliche Fragen, die dort aufkommen. So haben Sie nicht nur einen einfachen und ungezwungenen Weg gefunden, sich als Neuling bei einer Gruppe einzubringen, sondern positionieren sich auch in hohem Maße als hilfsbereites Gruppenmitglied und Spezialist für bestimmte Themen.

Versuchen Sie nicht gleich, Ihre Produkte oder Dienstleistungen an den Mann zu bringen. An einem solchen Schauplatz sind aggressive Verkaufsstrategien nicht gern gesehen und man könnte Sie sogar als Spammer abstempeln.

Sie werden eventuell die Erfahrung machen, dass Nutzer in einigen der größeren Gruppen versuchen, das Gespräch an sich zu reißen, indem sie Links zu ihren eigenen Gruppen oder verwandten Websites posten. Versuchen Sie es nicht mit dieser Taktik. Im Grunde handelt es sich hier um Spam, und Spammer werden unter Facebook-Nutzern kaum toleriert. Profile von Nutzern, die sich des Spammens schuldig machen, werden von der Firma Facebook gesperrt. Selbst wenn nirgendwo auf der Seite Richtlinien über Spammen veröffentlicht wurden, ist dieses Vorgehen unter Gruppenmitgliedern, beim Gruppenadministrator und natürlich bei der Firma Facebook selbst weitgehend verpönt.

Eine eigene Facebook-Gruppe erstellen

Sobald Sie erst einmal auf den Trichter gekommen sind, wie Gruppen funktionieren, werden Sie vielleicht eine eigene Gruppe für Ihr Unternehmen gründen wollen. So eine Gründung ist eigentlich ziemlich einfach und Gruppen enthalten ähnliche Bestandteile wie Facebook-Seiten.

Einen Gruppennamen sichern

Bevor Sie jetzt losstürzen und eine eigene Gruppe gründen, sollten Sie nach dem gewünschten Gruppennamen suchen, um herauszubekommen, ob bestehende Gruppen oder Seiten bereits diesen Namen tragen. (Im Abschnitt »Gruppen finden« weiter vorn erfahren Sie mehr darüber.) Es ist nicht erforderlich, sich einen Titel zu suchen, der auf Facebook noch nie verwendet worden ist, doch durch einen unverwechselbaren Namen können Sie sich besser abheben. Außerdem können Sie sich in diesem sozialen Netzwerk einen Gruppennamen nicht auf dieselbe Weise wie eine Webadresse (eine URL) reservieren lassen. Auch andere Nutzer können auf Facebook Namen verwenden, die anderen Namen ähnlich oder sogar damit identisch sind.

Eine eigene Gruppe gründen

Nachdem Sie sich für einen Gruppennamen entschieden haben, erstellen Sie die Gruppe:

1. **Klicken Sie auf der Gruppen-Seite oben (`www.facebook.com/bookmarks/groups`) auf + Gruppe gründen.**

   Wie in Abbildung 12.5 zu sehen, erscheint das Dialogfeld Neue Gruppe erstellen.

2. **Geben Sie die allgemeinen Informationen über Ihre Gruppe ein.**

   Diese Informationen beinhalten Folgendes:

   - Gruppenname: Da Sie sich ja im Abschnitt »Einen Gruppennamen sichern« weiter vorn bereits schlaugemacht haben, können Sie loslegen und den gewünschten Namen eingeben.
   - *Symbol für die Gruppe:* Die Wahl eines Symbols ist Ihnen freigestellt. Man findet sie in der Dropdown-Liste neben dem Gruppennamen. Sie können damit die Art Ihrer Gruppe genauer kennzeichnen. Wenn Sie zum Beispiel eine Gruppe gründen, die mit Tieren zu tun hat, könnten Sie eventuell das Symbol mit dem Pfotenabdruck oder das mit dem Hundeknochen auswählen.
   - Mitglieder: An dieser Stelle fügen Sie Freunde als Gruppenmitglieder hinzu. Fangen Sie einfach an, einen Namen im Feld einzutippen. Von Facebook wird Ihnen dann der Name eines Freundes, der dazu passt, angezeigt.

Abbildung 12.5: Das Dialogfeld NEUE GRUPPE ERSTELLEN

- PRIVATSPHÄRE: Sie können eine offene, eine geschlossene oder eine geheime Gruppe gründen.

  Und hier noch einige Hinweise zu Ihren Privatsphäre-Einstellungen:

  Offene Gruppen können über eine Suche von jedem Facebook-Nutzer gefunden werden. Jeder kann eine Beitrittsanfrage stellen, hinzugefügt werden und die Pinnwand sehen.

  Geschlossene Gruppen sind dasselbe wie offene Gruppen mit dem Unterschied, dass zwar jeder die Gruppenbeschreibung sehen kann, die Pinnwand aber nur für Mitglieder sichtbar ist.

  Geheime Gruppen sind weder über eine Suche auffindbar noch in den Nutzerprofilen der Mitglieder sichtbar – sie sind eben wirklich geheim. Da die Mitgliedschaft nur durch Hinzufügen erfolgen kann, können auch nur Mitglieder die Pinnwand sehen.

Alle Gruppenmitglieder können Kommentare, Fotos, Videos, Links, Veranstaltungen und Dokumente, also die Gruppenvariante von Notizen, posten. Behalten Sie dies im Hinterkopf, wenn Sie Ihre Privatsphäre-Einstellungen vornehmen.

Je nachdem wie Ihre Bedürfnisse aussehen oder wie weit Ihre Gruppe fortgeschritten ist, könnten Sie die Gruppe auch so lange als geheim deklarieren, bis alles für ihren Start vorbereitet ist.

3. **Klicken Sie auf Erstellen.**

   Herzlichen Glückwunsch! Sie haben Ihre erste Gruppe gegründet! Bevor Sie Inhalte auf der Pinnwand Ihrer Gruppe posten können, müssen Sie aber noch einen letzten Schritt unternehmen: eine E-Mail-Adresse für die Gruppe einrichten. Die komplette Gruppe erhält sämtliche Nachrichten, die an diese Adresse gesendet werden.

Und so richten Sie die E-Mail-Adresse ein:

1. **Klicken Sie oben rechts auf der Seite (in der Dropdown-Liste, die wie ein Zahnrad aussieht) auf Gruppe bearbeiten.**

   Sie werden die Stelle eventuell wiedererkennen. Hier finden Sie die allgemeinen Informationen, die Sie vorher eingegeben haben. Jetzt können Sie allerdings auch noch eine E-Mail-Adresse einrichten.

2. **Klicken Sie auf E-Mail-Adresse für Gruppe einrichten.**

   An dieser Stelle können Sie eine personalisierte E-Mail-Adresse wählen. Alle E-Mail-Adressen für Gruppen enden auf `@groups.facebook.com`. Nehmen wir mal an, Ihr Gruppenname sei »Berliner T-Shirts« und Sie würden sich eine ähnliche E-Mail-Adresse wünschen. Dann würden Sie sich vielleicht `berliner_t_shirts@groups.facebook.com` aussuchen.

Sie haben nur Platz für 50 Zeichen – treffen Sie also eine clevere Auswahl!

3. **Nachdem Sie sich für eine Adresse entschieden haben, klicken Sie auf E-Mail erstellen.**

   Sie kehren auf die Seite zur Eingabe der allgemeinen Informationen zurück.

4. **Klicken Sie zum Fertigstellen auf Speichern.**

Gruppen löschen

Auf Facebook können Administratoren keine Gruppen mehr löschen. Diese werden vom System allerdings automatisch gelöscht, sobald sie kein Mitglied mehr aufweisen. Falls Sie die Gruppe gegründet haben, können Sie sie löschen, indem Sie alle Mitglieder und zuletzt sich selbst entfernen. Und so entfernen Sie Mitglieder: Klicken Sie bei der Gruppe auf der rechten

Seite auf den Link [Anzahl der Mitglieder] Mitglieder und klicken Sie danach auf das X neben dem Namen von jedem Mitglied.

Eine Werbeaktion auf Facebook durchführen

Werbeaktionen (manchmal auch »Gewinnspiele« genannt) und Gratisbeigaben haben im Konsumgütermarketing traditionell schon immer eine große Rolle gespielt. Von Müsliherstellern über Modehändler bis hin zu Autohändlern und anderen – die Aussicht, ganz kostenfrei etwas Wertvolles zu gewinnen, übt einen enormen Reiz aus. Ob gestützt durch eine Medienkampagne, auf der Verpackung eines Produkts beworben oder beim letzten Verkaufsmeeting mit Mitarbeitern angekündigt, Werbeaktionen wirken motivierend und fördern Interaktionen.

Und die gleichen Gratisangebote wie etwa Ziehungen und Auslosungen, die Marketingfachleute bereits vor dem Facebook-Zeitalter genutzt haben, funktionieren auch heute noch auf Facebook. Bei Werbeaktionen mit hochwertigen Preisen kommt es meist zu mehr Aktivitäten. Die Anziehungskraft Prominenter und Angebote mit limitierter Auflage sind auch immer hilfreich. Selbst wenn es Ihnen nicht möglich ist, teure Preise zu vergeben, können Sie dennoch eine angemessene Belohnung anbieten. (Wir selbst haben schon ein Formular ausgefüllt, um ein T-Shirt zu gewinnen, weil es eben richtig toll aussah.)

Das Beste am Facebook-Marketing ist, dass man kein bekannter Markenhersteller sein muss, um eine erfolgreiche Werbeaktion zu veranstalten (obwohl es natürlich nicht schaden kann). Und Sie brauchen auch keine Tonne Geld, um eine erfolgreiche Werbeaktion durchzuführen (obwohl es hier natürlich auch nicht schaden kann). Jeder, der über eine Facebook-Seite verfügt, kann eine Werbeaktion erstellen und bewerben. Obwohl die Firma Facebook selbst keine Anwendung für Werbeaktionen bietet, können Sie die Anwendungen für Werbeaktionen von externen Entwicklern durchsehen, um die ideale Lösung für Ihre Werbeaktion zu finden. Durchsuchen Sie dazu das Anwendungsverzeichnis auf Facebook nach *Werbeaktionen* oder *Promotions*. Sie können auch im Internet nach Anwendungen für *Werbeaktionen, die mit Facebook kombiniert werden können* suchen. In Kapitel 6 erfahren Sie mehr darüber, wie man Anwendungen hinzufügt.

Facebooks Richtlinien für Werbeaktionen verstehen

In Facebooks Richtlinien für Promotions werden die Regeln für die Nutzung von Werbeaktionen auf der Facebook-Plattform aufgelistet. Da Spam von Werbeaktionen abgegrenzt werden soll, dienen die Richtlinien dem Schutz der Informationen in Nutzerprofilen vor einer Nutzung von Markenherstellern zu deren eigenem Vorteil. Die Firma Facebook schränkt außerdem für Unternehmen die Möglichkeiten ein, Markenname und -logo in Verbindung mit der Werbeaktion zu verwenden.

Falls Sie regelmäßig Werbeaktionen auf Ihrer Facebook-Seite durchführen, sollten Sie sich bei den Richtlinien von Facebook auf dem Laufenden halten. Wenn Sie eine Werbeaktion auf die Beine stellen und den Namen von Facebook darin verwenden, sollten Sie Folgendes im Hinterkopf behalten: Sie müssen dabei einen bestimmten Wortlaut verwenden. Die Firma Facebook gibt ausdrücklich an, dass Sie den exakten Wortlaut direkt neben allen Stellen im Teilnahmeformular der Werbeaktion, bei denen persönliche Daten abgefragt werden, einfügen müssen. Sie haben dem Teilnehmer genau mitzuteilen, wie seine persönlichen Daten genutzt werden und dass Sie dabei zum Beispiel seine E-Mail-Adresse für Marketingzwecke speichern. Und zu guter Letzt müssen Sie denjenigen, der an Ihrer Werbeaktion teilnimmt, auch noch darüber aufklären, dass diese weder von Facebook durchgeführt noch unterstützt wird.

Marketingfachleute dürfen auf Facebook Folgendes mittlerweile nicht mehr tun:

- ✔ Fotoaktionen durchführen, bei denen Teilnehmer auf irgendeine Weise Änderungen an ihren Profilen wie zum Beispiel das Hochladen eines Fotos vornehmen müssen
- ✔ Werbeaktionen rund um Statusmeldungen durchführen, bei denen für die Teilnahme Statusmeldungen gepostet werden müssen
- ✔ Nutzer, nachdem sie zu Fans geworden sind, automatisch für Werbeaktionen eintragen

Nachdem Sie Kontakt zu einem Vertreter der Firma Facebook aufgenommen haben, wird derjenige sicherstellen, dass Ihr Unternehmen auf der Facebook-Plattform Werbeaktionen mit einer zertifizierten Anwendung erstellt. Zu den beliebten Anwendungen aus diesem Bereich zählen Wildfire Interactive, Fan Appz und Vitrue. Im Abschnitt »Anwendungen für Werbeaktionen von externen Entwicklern nutzen« weiter hinten im Kapitel erfahren Sie mehr darüber.

Selbstverständlich können Sie jederzeit von Ihrer Facebook-Seite aus einen Link zu einer Werbeaktion auf Ihrer eigenen Website setzen und brauchen in diesem Fall Facebooks Richtlinien nicht zu beachten. Sie müssen aber dennoch vorsichtig mit der Verwendung des Namens Facebook sein. Wahrscheinlich ist es am besten, ihn im Zusammenhang mit Ihrer außerhalb vom sozialen Netzwerk durchgeführten Aktion gar nicht zu gebrauchen.

Eine Werbeaktion erstellen

Für die Durchführung von Werbeaktionen oder das Verteilen von Gratisbeigaben von Ihrer Seite aus bietet Facebook eine spannende Umgebung. Sie können entweder von Ihrer Seite als Ausgangspunkt zu Ihrer Website mit den Teilnahmebedingungen der Werbeaktion verlinken oder die komplette Werbeaktion innerhalb der Facebook-Community ablaufen lassen.

Werbeaktionen können anspruchsvoll gestaltet werden und dort kann sehr viel Kreativität gefragt sein. Sie können aber auch eine einfache Ja/Nein-Frage beinhalten. Man kann Nutzer durch eine Aktion dazu anregen, ein Video hochzuladen oder bloß ein Kontaktformular auszufüllen. Bei einigen Werbeaktionen braucht man eine Jury aus angesehenen Personen, um den Gewinner zu bestimmen, bei anderen werden die Gewinner per Verlosung ermittelt. Und wieder andere lassen die Nutzer über das Ergebnis abstimmen.

Obwohl Werbeaktionen so einzigartig sind wie die durchführenden Unternehmen, geben wir Ihnen hier einige Tipps, wie Sie dabei Ihre Erfolgschancen verbessern können. Hier finden Sie die erfolgreichsten Methoden für die Erstellung von Werbeaktionen und die Verteilung von Gratisbeigaben über Facebook:

- **Bieten Sie einen attraktiven Preis.** Je attraktiver der Preis, desto mehr Reaktionen wird er hervorrufen. Eine Packung Kekse wird einfach kein großes Interesse wecken. Damit ein Preis als attraktiv gilt, muss er nicht unbedingt eine Menge kosten. Die besten Preise sind meist die, die für Geld nicht zu haben sind wie etwa die Möglichkeit, einen Prominenten zu treffen, das Mitwirken in einem Fernsehspot oder die Teilnahme an einer Pre-Release-Party für ein Produkt. Außerdem gibt es keine bessere Methode, die Öffentlichkeit zum Ausprobieren Ihrer Produkte und Dienstleistungen zu bewegen, als diese als Preise auszuloben!

- **Nutzen Sie bestehende Kunden und Kontakte, um die Sache ans Laufen zu bringen.** Bei Werbeaktionen auf Facebook besteht der schwierigste Teil immer darin, an die ersten Einsendungen zu kommen. Gerade in diesem Moment müssen Sie Ihr Netzwerk an Familienmitgliedern und Freunden kontaktieren. Versuchen Sie, über die Adressenliste Ihre Kunden mit einer freundlichen Einladung zu erreichen. Bewerben Sie die Aktion auf Twitter, LinkedIn, Myspace und (selbstverständlich auch auf) Ihrer eigenen Facebook-Seite. Nutzen Sie all Ihre Kontakte, sozialen Netzwerke, E-Mail-Kontaktadressen und Instant Messenger, um andere zur Teilnahme zu bewegen.

- **Betreiben Sie Cross-Promotion über Ihre Website.** Sie müssen Ihre Werbeaktion auf Facebook über all Ihre Vertriebswege bewerben, um auf eine maximale Teilnehmerzahl zu kommen. Dazu zählt auch Ihre Website. Das Hinzufügen eines Werbebanners mitsamt einer Verlinkung auf Ihre Facebook-Seite ist schon mal ein guter Anfang, doch es gibt noch viel mehr Möglichkeiten, die Werbeaktion zu bewerben. Veröffentlichen Sie zum Beispiel eine Pressemitteilung über eine der zahlreichen Nachrichtenagenturen oder fügen Sie bei Ihrer automatischen Telefonvermittlung eine Nachricht hinzu. Es gibt zahllose Möglichkeiten.

- **Führen Sie keine komplizierten Werbeaktionen durch.** Damit meinen wir alle Bereiche der Aktion: Die Teilnahmebedingungen sollten nicht zu verzwickt sein. Je weniger Fragen in einem Formular zu beantworten sind, desto mehr Nutzer werden es vollständig ausfüllen. Der erste Preis sollte ein einzelnes, wertvolles Objekt sein, die zweiten Preise mehrfach vorhanden und weniger wertvoll.

Je weniger Klicks man für die Teilnahme an der Werbeaktion benötigt, desto besser.

- **Stellen Sie keine zu hohen Anforderungen.** Falls Sie die Teilnehmer um eine originelle Kreation bitten, sollten Sie die Anforderungen auf ein Minimum beschränken. Bei Werbeaktionen, bei denen ein Text eingereicht werden soll, geben Sie dann beispielsweise keine Mindestwortzahl an oder verlangen in Runde eins der Einsendungen keine Videos, da deren Erstellung viel Arbeit erfordert.

- **Lassen Sie die Werbeaktion für mindestens einen Monat laufen.** Dinge wie Mundpropaganda brauchen ihre Zeit. Je länger Sie sich mit der Werbung für die Werbeaktion beschäftigen, desto mehr Einsendungen werden Sie erhalten. Je mehr Sie die Begeisterung entfachen, indem Sie die Werbeaktion vor den Augen Ihrer Fans ablaufen lassen, desto häufiger werden sie sie bemerken und umso mehr werden sie sich auf den großen Tag freuen, an dem der Gewinner bekannt gegeben wird!

- ✔ **Kombinieren Sie Ihre Werbeaktion mit einer Medienkampagne.** Facebook-Werbeanzeigen sind die ideale Ergänzung für Werbeaktionen. Wenn Sie eine Facebook-Werbekampagne mit einer Werbeaktion kombinieren, maximieren Sie den viralen Effekt und erhöhen die Interaktionsrate. (In Kapitel 10 erfahren Sie mehr über Facebook-Werbung.)
- ✔ **Ihre Werbeaktion sollte amüsant und interessant sein und eindeutig für Ihr Unternehmen stehen.** Bei der Planung einer Werbeaktion auf Facebook sollte man in erster Linie im Hinterkopf behalten, dass der Nutzer unterhalten werden möchte. Werbeaktionen sollten Raum zur Selbstdarstellung bieten, Interaktionen bei Nutzern fördern, sie zum Teilen mit Freunden ermutigen und etwas Einzigartiges über Ihre Marke vermitteln.

Anwendungen für Werbeaktionen von externen Entwicklern nutzen

Die Firma Facebook selbst bietet keine Anwendung für Werbeaktionen an, doch es sind mehrere Anwendungen von externen Entwicklern verfügbar. Einige sind kostenlos, andere, mit denen ausgefeiltere Werbeaktionen und Gewinnspiele ermöglicht werden, sind kostenpflichtig.

Die Anwendung Wildfire Interactive ist für Werbeaktionen auf Facebook gedacht, kostet weniger als einen Euro am Tag und bietet Marketingfachleuten, die auf ihrer Facebook-Seite eine Werbeaktion durchführen oder eine Gratisbeigabe verteilen möchten, eine Direktlösung. Auch an dieser Stelle kommt das virale Marketing ins Spiel. Wenn ein Fan an Ihrer Werbeaktion teilnimmt, kann er die Aktion dabei mit seinen Freunden teilen und verschafft Ihnen so möglicherweise noch mehr Fans und Einsendungen. Diese Anwendung bietet Ihnen alles, was für die Erstellung und Durchführung einer Werbeaktion auf Ihrer Facebook-Seite notwendig ist. Besuchen Sie die englischsprachige Website der Anwendung (Abbildung 12.6) unter `http://wildfireapp.com`, um sich eingehender zu informieren und sich anzumelden.

Wenn Sie auf der Suche nach einer Anwendung für Werbeaktionen für Ihre Seite sind, bietet sich außerdem Fan Appz (englischsprachig: `http://fanappz.com`) an. Man kann über Fan Appz nicht nur Werbeaktionen laufen lassen, sondern auch noch Quizspiele und Umfragen erstellen, die später auf die Pinnwand eines Fans gepostet werden können, so dass alle seine Freunde sie sehen … und möglicherweise selbst an Ihrem Quizspiel (oder Ihrer Umfrage) teilnehmen werden! Eine tolle Methode, um Besucher auf Ihre Seite zu locken! Und zu guter Letzt gibt es auch noch Vitrue (englischsprachig: `www.vitrue.com`). Im Anwendungspaket von Vitrue sind Lösungen für Werbeaktionen, aber auch andere Anwendungen für Interaktionen von Fans enthalten. Ein kompletter Service, der all Ihre Marketing-Anforderungen auf Facebook erfüllt!

Eine Facebook-Veranstaltung durchführen

Auf Facebook stellt eine *Veranstaltung* eine Methode für Nutzer dar, in ihrer Community ein bevorstehendes gesellschaftliches Beisammensein – wie etwa eine Party, einen Ausflug, eine Tagung oder ähnliche Events – bekannt zu geben. Mit Facebook-Veranstaltungen können Sie Nutzer für die Förderung Ihres Unternehmens, Ihrer Marke oder Ihres Produkts virtuell oder

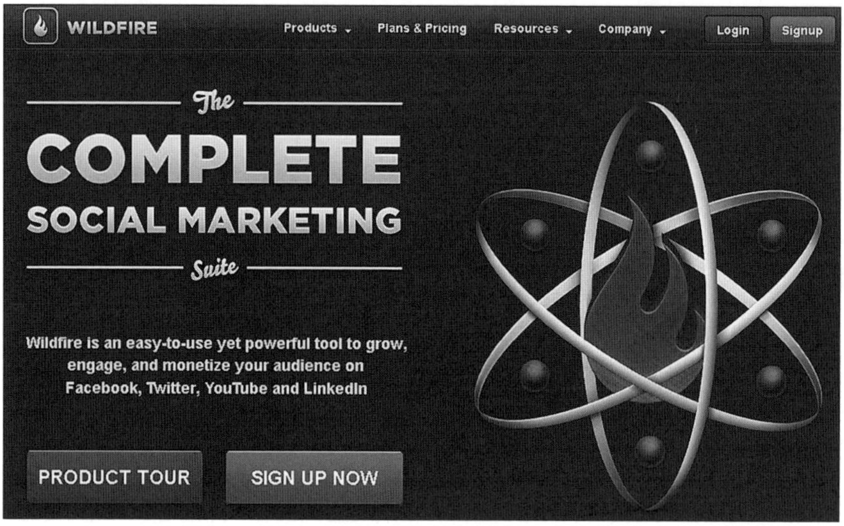

Abbildung 12.6: Wildfire Interactive ist eine von vielen Firmen, die Anwendungen für Werbeaktionen auf Facebook anbieten.

persönlich zusammentrommeln. Im Veranstaltungen-Feature finden Sie außerdem eine kostengünstige Methode, Informationen auch über Kontakte, die über die übliche, firmeneigene Marketing-Liste hinausgehen, zu verbreiten, indem man Fans der Facebook-Seite oder Mitglieder der Facebook-Gruppe einlädt. Auch Ihre Fans können Ihnen bei der Werbung für Ihre Facebook-Veranstaltung behilflich sein, indem sie die Veranstaltung – falls in ihren Augen nützlich – mit einer Gruppe von Freunden teilen.

Eine von Ihnen erstellte Facebook-Veranstaltung besteht für die Ewigkeit, auch lange, nachdem die eigentliche Veranstaltung (oder eine Online-Variante) beendet ist. Über Facebook-Veranstaltungen können Sie mit Teilnehmern und selbst den Ferngebliebenen in Kontakt bleiben, indem Sie einen stetigen Strom an Fotos, Videos und Meldungen posten, die die Veranstaltung noch einmal zusammenfassen. Wenn Sie die Teilnehmer ermutigen, eigene Bilder, Videos und Kommentare zu posten, verschaffen Sie all jenen auf der Gästeliste ein sehr viel interaktiveres und lebendigeres Nutzererlebnis.

Eine Veranstaltung erstellen

Durch das Veranstaltungen-Feature können Sie die Feinheiten bei der Erstellung und Durchführung Ihrer eigenen Veranstaltung leichter bewältigen. Veranstaltungen wie etwa Spendenläufe oder Konferenzen können in der Realität stattfinden. Veranstaltungen wie Webinare oder Live-Streaming-Events finden dagegen online statt.

Auf Ihrer Facebook-Seite sollten Sie im Allgemeinen jegliche Veranstaltungen aufführen, die Sie üblicherweise auch auf Ihrer Unternehmens-Website bekannt geben würden. Ist die Veranstaltung eine Erwähnung auf Ihrer Unternehmens-Website wert, dann posten Sie sie auch auf Facebook. Entscheiden Sie zunächst darüber, welchen Zweck Ihre Veranstaltung erfüllen soll. Für den Anfang eignen sich Networking-Events, auf denen Nutzer sich miteinander bekannt machen und auch außerhalb von Facebook interagieren können. Sobald Sie sich erst mal als hervorragender Veranstalter von Business-Events einen Namen gemacht haben, können Sie Ihre Aktivitäten auch auf andere Marketing-Veranstaltungen ausweiten. Denkbar wäre hier eine Produkteinführung oder die Einführung einer neuen Dienstleistung als Event oder eine Willkommensfeier, falls Sie für Ihre Verkaufsmannschaft gerade neue Mitarbeiter eingestellt haben. In diesem Fall schlagen Sie zwei Fliegen mit einer Klappe: Sie bewerben Ihre Marke und geben gleichzeitig den neuen Mitarbeitern Gelegenheit, sich mit derzeitigen und potenziellen Kunden zu vernetzen.

Nachdem Sie erst einmal mehrere Veranstaltungen erstellt haben, wird Ihnen dieser Prozess leicht von der Hand gehen. Falls Sie eine Veranstaltung für Ihre Facebook-Seite durchführen möchten, suchen Sie diese auf und befolgen zur Erstellung dann diese Schritte:

1. **Klicken Sie auf Ihrer Seite auf den Link VERANSTALTUNGEN, der rechts von der Mitte zu sehen ist.**
2. **Klicken Sie auf Link VERANSTALTUNG ERSTELLEN, um zur Seite VERANSTALTUNG ERSTELLEN zu gelangen (Abbildung 12.7).**
3. **Geben Sie folgende Details Ihrer Veranstaltung ein:**
   - NAME DER VERANSTALTUNG: der Name, Zweck oder Grund der Veranstaltung
   - DATUM UND UHRZEIT: Datum und Uhrzeit der Veranstaltung
   - ORT: der Ort, an dem die Veranstaltung stattfinden wird
   - DETAILS: Hier geben Sie zusätzliche Einzelheiten an, die Sie gerne mitteilen möchten.
   - WER IST EINGELADEN: Sie können bestimmen, dass die Gästeliste der Veranstaltung angezeigt werden soll und dass Gäste an die Pinnwand schreiben dürfen. Falls Sie sich das Leistungsvermögen von Facebooks Social Graph zunutze machen möchten, sind diese Einstellungen empfehlenswert.

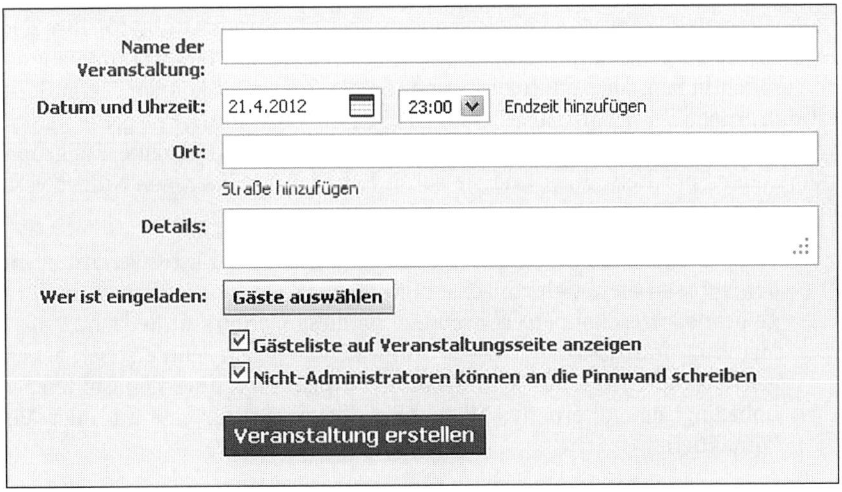

Abbildung 12.7: Geben Sie die Details Ihrer Veranstaltung ein.

Verwenden Sie möglichst viele aussagekräftige Suchbegriffe in den Feldern NAME DER VERANSTALTUNG und DETAILS, da Facebook-Veranstaltungen von Suchmaschinen in den Suchmaschinenindex aufgenommen werden. Dadurch könnten sich mehr Besucher für die Seite Ihrer Veranstaltung einstellen.

4. **Klicken Sie auf GÄSTE AUSWÄHLEN, um Gäste zu Ihrer Veranstaltung einzuladen.**

   Man muss keine Freunde zur Veranstaltung einladen. Sie können sie auch einfach veröffentlichen und auf das Beste hoffen. Auf Facebook wird Ihnen das Einladen von Freunden allerdings so leicht gemacht, dass man kaum widerstehen kann. Außerdem kann es auch nicht schaden, die Sache ans Laufen zu bringen, da Sie die Veranstaltung ja schließlich abhalten, um Ihr Unternehmen auf irgendeine Weise zu bewerben. Weshalb dann keine Leute einladen, um es weiterzuerzählen und Werbung für die Veranstaltung zu machen?

5. **Laden Sie im daraufhin erscheinenden Dialogfeld FREUNDE EINLADEN (Abbildung 12.8) mit einer der folgenden Methoden Freunde ein:**

   - Wählen Sie Freunde direkt anhand der Filterliste aus.
   - Suchen Sie über das Suchfeld über der Liste nach Freunden.
   - Laden Sie eine komplette Freundesliste oder eine *intelligente Liste* ein. Eine intelligente Liste ist eine Freundesliste, die anhand von ähnlichen Informationen in Ihrem Profil und denen Ihrer Freunde erstellt wird. Dazu könnten zum Beispiel Daten zum Arbeitsplatz, zur Schule oder zu Familienmitgliedern gehören.
   - Laden Sie nicht auf Facebook registrierte Personen zu Ihrer Veranstaltung ein, indem Sie ihre E-Mail-Adressen (getrennt durch Kommata) im Feld PER E-MAIL-ADRESSE EINLADEN eingeben.

Nachdem Ihre Veranstaltung auf der Pinnwand Ihrer Facebook-Seite gepostet wurde, können Ihre Fans sich dort gleich an Ort und Stelle eintragen!

Sie können auch zukünftige Aktualisierungen über die Veranstaltung für Ihre Facebook-Fans (nicht für Ihre Gäste) posten, indem Sie einen Link zur Veranstaltung auf der Pinnwand veröffentlichen. Diese Aktualisierung für die Pinnwand können Sie außerdem auf eine Untergruppe Ihrer Fans ausrichten. Klicken Sie dazu im Herausgeber auf die Dropdown-Liste ÖFFENTLICH. Dort können Sie für die Aktualisierung eine Zielgruppe nach Standort oder Sprache wählen und sie somit lediglich für Facebook-Nutzer veröffentlichen, die in der Nähe des Veranstaltungsortes wohnen.

Wenn Sie nicht auf Facebook registrierte Personen zu Ihrer Veranstaltung einladen, müssen diese sich zunächst auf Facebook registrieren, bevor Sie Ihre Anfrage beantworten können. Verwenden Sie diese Option mit Bedacht. Falls Sie der Meinung sind, dass einige dieser von Ihnen eingeladenen Personen bei einer Registrierung einzig und allein für diesen Zweck zögern werden, sollten Sie ihnen unbedingt eine alternative Möglichkeit bieten, Sie für eine Zu- oder Absage zu kontaktieren.

Abbildung 12.8: Schicken Sie Ihre erste Ladung Einladungen los.

Nachdem Sie Ihre Veranstaltung veröffentlicht haben, erscheint sie sowohl auf der Pinnwand als auch im VERANSTALTUNGEN-Reiter Ihrer Seite. Sie können Ihren Gästen Informationen zukommen lassen, indem Sie auf den Link NACHRICHT AN GÄSTE SCHICKEN klicken. Sie finden ihn in der Dropdown-Liste neben dem Zahnrad-Symbol ganz oben rechts auf der Seite Ihrer Veranstaltung. Dort finden Sie zwei Optionen: die Nachricht an alle Gäste oder an Gäste mit einem bestimmten Status der Zu- oder Absage (NEHME TEIL, NEHME VIELLEICHT TEIL, NOCH KEINE ANTWORT) senden.

Sollten Sie die Veranstaltung über Ihre Seite (und nicht über Ihr persönliches Profil) erstellt haben, können Sie Ihren Gästen keine Nachrichten senden. In diesem Fall können Sie sie nur über die Absage der Veranstaltung benachrichtigen.

Sobald es bei Ihrer Veranstaltung mehr als 5.000 Gäste gibt, können Sie Ihren Fans keine Nachrichten mehr senden. Es ist allerdings möglich, Aktualisierungen an der Pinnwand der Veranstaltung und an der Pinnwand Ihrer Facebook-Seite zu posten.

6. **Geben Sie im Feld Nachricht senden die gewünschten Informationen ein. Klicken Sie danach auf Senden.**

Sie können auf Facebook zu einer Veranstaltung eine unbegrenzte Anzahl an Teilnehmern einladen, allerdings immer nur 100 Personen auf einmal. Außerdem dürfen jeweils nur 300 Einladungen für eine Veranstaltung unbeantwortet sein.

Sie kehren auf die Seite Veranstaltung erstellen zurück.

7. **Setzen Sie auf der Seite Veranstaltung erstellen bei den restlichen zwei Optionen einen Haken oder entfernen Sie ihn:**

   - Gästeliste auf Veranstaltungsseite anzeigen: Zeigt die Gästeliste an. Wenn Sie in diesem Auswahlkästchen einen Haken setzen, ist die Gästeliste auf der Seite der Veranstaltung sichtbar.
   - Nicht-Administratoren können an die Pinnwand schreiben: Die Eingeladenen können etwas an der Pinnwand posten. Wenn Sie in diesem Auswahlkästchen einen Haken setzen, können Ihre Gäste ihre eigenen Inhalte auf der Pinnwand hinzufügen.

Als Nächstes sollten Sie auf der Seite Ihrer Veranstaltung durch ein Bild, das die Aufmerksamkeit auf sich zieht, mal etwas Leben in die Bude bringen. Falls Sie keins auswählen, wird ein Kalenderblatt angezeigt.

8. **Klicken Sie auf + Veranstaltungsfoto hinzufügen auf der linken Seite der Seite Veranstaltung erstellen.**

Das Dialogfeld Veranstaltungsfoto hinzufügen öffnet sich (Abbildung 12.9).

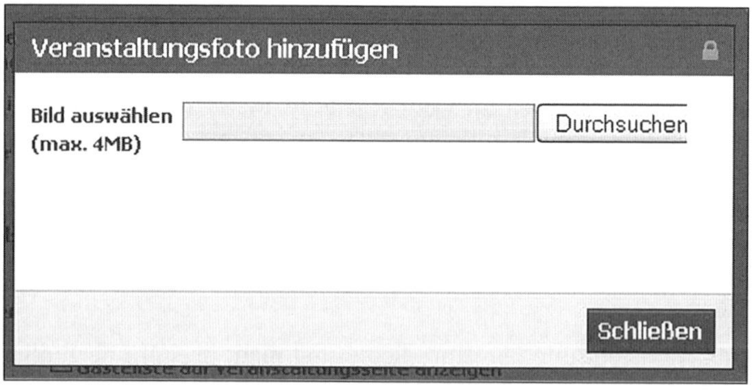

Abbildung 12.9: Laden Sie ein Bild für Ihre Veranstaltung hoch.

9. **Klicken Sie auf Durchsuchen, um auf Ihrem Computer nach einer Grafikdatei zu suchen. Wählen Sie das gewünschte Bild aus und klicken Sie danach auf Schliessen.**

Fügen Sie ein Foto hinzu, das Ihre Veranstaltung optimal wiedergibt. Da Logos langweilig wirken können, sollten Sie sich Zeit nehmen und ein Bild aufstöbern, das Ihre Veranstaltung optisch so darstellt, dass man als Nutzer daran teilnehmen möchte. Die Dateigröße darf 4 MB nicht überschreiten.

Wie bei allen Bildern auf Facebook müssen Sie das Recht haben, das Bild zu verbreiten. Im Internet gibt es zahlreiche Quellen für lizenzfreie Bilder. Eine davon ist Fotolia (`www.fotolia.com`). Verwenden Sie also unbedingt ein solches Bild, falls Ihnen selbst kein firmeneigenes Bild Ihres Unternehmens zur Verfügung steht.

Sie werden nun wieder auf die Seite der Veranstaltung weitergeleitet, auf der Sie und Ihre Fans die Veranstaltung durch das Hinzufügen von Fotos, Videos und Links im entsprechenden Herausgeber noch weiter verschönern können.

10. **Nachdem Sie alle relevanten Informationen zu Ihrer Veranstaltung eingegeben haben, klicken Sie auf Veranstaltung erstellen.**

Ihre Veranstaltung erscheint an der Pinnwand.

Veranstaltungen bearbeiten

Änderungen an der Seite einer Veranstaltung lassen sich ganz einfach durchführen. Klicken Sie dazu einfach auf den Namen der Veranstaltung und danach rechts oben auf Bearbeiten. Dort können Sie fast alle Informationen über die Veranstaltung bearbeiten, selbst den Ort. Es ist außerdem möglich, die Teilnehmer über etwaige Änderungen zu benachrichtigen, indem man eine Nachricht an der Pinnwand postet oder eine Nachricht über den Link Nachricht an Gäste schicken oben rechts in Bearbeiten auf der Seite der Veranstaltung verschickt. (Wie in Abbildung 12.10 zu sehen, müssen Sie auf das Zahnrad-Symbol klicken, um auf den Link Nachricht an Gäste schicken zuzugreifen.)

Abbildung 12.10: Hier können Sie Ihre Veranstaltung bearbeiten oder exportieren oder den Gästen eine Nachricht schicken.

Veranstaltungen exportieren

Wählen Sie im Zahnrad-Symbol-Menü (das in Abbildung 12.10 zu sehen ist) Veranstaltung exportieren. Sie können Ihre Facebook-Veranstaltung dann in einen Kalender auf Ihrem Computer oder in einen webbasierten Kalender exportieren (Abbildung 12.11).

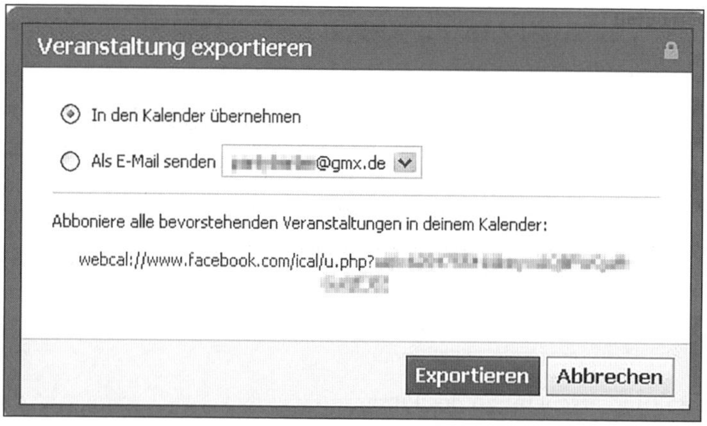

Abbildung 12.11: Auf Facebook können Sie Ihre Veranstaltung in einen Kalender exportieren.

Nach Veranstaltungen in Verbindung bleiben

Clevere Marketingfachleute nutzen Facebook-Veranstaltungen auch noch, nachdem sie beendet sind, um nach der Veranstaltung eine Community aufzubauen und das Ganze aufzuwerten. Falls es zu einer sehr nützlichen Diskussion kam, in der viele Fragen aufgetaucht sind, könnten Sie für Teilnehmer oder sogar Personen, die nicht erschienen sind, eine Abschrift davon im Notizen-Bereich posten. Wenn einige Fragen aus Zeitmangel nicht beantwortet wurden, könnten Sie die Antworten aufschreiben und diese ebenfalls an die Teilnehmer senden.

Es gehört zum guten Ton, den Teilnehmern zumindest ein kurzes Dankesschreiben per E-Mail oder über eine Facebook-Nachricht zukommen zu lassen. Ebenso gehört es sich, denjenigen, die nicht erschienen sind, eine »Schade, dass Sie nicht dabei waren«-Nachricht zu senden und dort eventuell auch noch eine Zusammenfassung beizufügen. Um andere Personen möglichst zu erreichen, machen Sie im Idealfall einige Fotos von der Veranstaltung und posten sie. Wenn Sie Fotos schießen, Teilnehmer per Namen darin markieren und die Bilder dann posten, können Sie sich den viralen Effekt der Facebook-Plattform zunutze machen. (In Kapitel 7 erfahren Sie, was es mit dem Hinzufügen und Markieren von Fotos auf sich hat.)

Cross-Promotion für die Seite betreiben

13

In diesem Kapitel

- Facebook ins Marketing integrieren
- Fans durch andere Methoden der Online-Kommunikation auf die Seite locken
- Facebook-Seiten über Offline-Kampagnen bewerben
- Facebook-Seiten suchmaschinenfreundlich gestalten

Im Idealfall nutzt man bei der Facebook-Werbung derzeitige Marketingaktivitäten, um Cross-Promotion für die Facebook-Seite zu betreiben. Wenn Sie Nutzer über andere Werbemedien auf Ihre Facebook-Seite locken, können Sie Vorteile aus all den anderen, großartigen Marketing-Maßnahmen ziehen, die Sie außerhalb von Facebook durchführen.

Viele Marketingfachleute locken Besucher von ihren Websites aus auf ihre Facebook-Seiten, um sich die Fähigkeit dieses sozialen Netzwerks zunutze zu machen und quasi ohne Kosten in der IT-Infrastruktur sofort eine Community rund um ihre Marken aufzubauen. Wenn Sie über Ihre Unternehmens-Website Cross-Promotion für Ihre Facebook-Seite betreiben, können Sie außerdem für eine bessere Suchmaschinenoptimierung sorgen, da sie die Platzierung Ihrer Website in Suchmaschinen beeinflusst. Falls Nutzer eine Suchmaschine verwenden, können sie sowohl Ihre Facebook-Seite als auch Ihre Website leichter finden, wenn Sie mehr relevante Links von Ihrer Seite hin zu Ihrer Website erstellen.

Wir gehen in diesem Kapitel auf die Strategien ein, die Sie anwenden können, um Ihre Facebook-Seite auch außerhalb dieses sozialen Netzwerks zu bewerben. Überlegen Sie sich, wie Sie Ihre Facebook-Seite am besten in Ihr bestehendes Marketing-Programm integrieren. Wir sehen uns außerdem an, wie Unternehmen ihre E-Mail-Marketing-Kampagnen, Websites und Blogs mit Facebook kombinieren, und machen Sie mit Tipps und Tricks für den Bereich Suchmaschinenmarketing bekannt.

Facebook Teil des Marketing-Mix werden lassen

Nachdem Sie Ihre Facebook-Seite erstellt haben, müssen Sie sie vor Ihren Bestandskunden bewerben, um eine Facebook-Community von Fans aufbauen zu können. Auf Facebook können Sie für Marketingzwecke ein Netzwerk erschaffen, das Sie sich beim Teilen von Objekten zunutze machen können. Sie können für Ihr Unternehmen für Markenbekanntheit sorgen, indem Sie einen stetigen Strom derart informativer, relevanter und fesselnder Inhalte veröffentlichen, dass Fans Ihre Seite immer wieder besuchen, was letzten Endes Verkäufe, Abonnements und die Befolgung weiterer Handlungsaufforderungen verursachen könnte.

Ermutigen Sie Ihre Kunden, mit Ihrer Facebook-Seite zu interagieren und dort auf GEFÄLLT MIR zu klicken. Wenn ein Nutzer bei Ihrer Seite auf GEFÄLLT MIR klickt, also zum Fan wird, erklärt er sich bereit, Informationen über Ihr Unternehmen zu beziehen. Es ist so, als würde er darum bitten, in Ihrem Verteiler aufgenommen zu werden. Außerdem gilt: Je mehr Fans mit Ihrer Seite interagieren, desto mehr Meldungen generiert Ihre Seite und desto mehr darüber wird in den Neuigkeiten Ihrer Fans angezeigt. Diese Meldungen werden von den Freunden der Fans in deren eigenen Neuigkeiten gesehen und das erzeugt wiederum den viralen Effekt.

In den nächsten Abschnitten erklären wir Ihnen, wie Sie bei einer Cross-Promotion für Ihre Facebook-Seite die ersten Schritte unternehmen.

Einen individuellen Nutzernamen auf Facebook wählen

Bevor Sie nun anfangen, die sehr lange und nicht sehr konkrete URL, die Facebook Ihrer Seite zugewiesen hat, zu bewerben, sollten Sie sich überlegen, ob Sie nicht lieber einen individuellen (personalisierten) Nutzernamen für Ihre Seite erstellen. Dieser Name erscheint in der Adresse nach `facebook.com`, wenn jemand Ihre Seite aufruft. Der Nutzername der Seite »Apple iTunes« lautet beispielsweise einfach »itunes«:

`facebook.com/itunes`

Ursprünglich musste eine Facebook-Seite mehr als 1.000 *Fans* (also Nutzer, die dort auf GEFÄLLT MIR geklickt haben) vorweisen können, um einen individuellen Nutzernamen, also eine personalisierte URL, erhalten zu können. Doch diese Restriktion gibt es auf Facebook nicht mehr. Zudem dürfen Seitenadministratoren mittlerweile `fb.com` als Domain verwenden. Die URL der Facebook-Seite von iTunes könnte also auch `fb.com/itunes` lauten. Fans können sich dadurch den Namen Ihrer Seite leichter merken und die Seite leichter finden:

`fb.com/itunes`

Bevor Sie sich einen Nutzernamen für die Seite Ihres Unternehmens sichern, müssen Sie sich zunächst registrieren, um einen für Ihr Profil erstellen zu können.

Ein individueller Nutzername lässt sich ganz leicht erstellen. Suchen Sie dazu einfach wie in den Schritten hier beschrieben die entsprechende Seite auf:

1. **Melden Sie sich bei Facebook an und besuchen Sie die Seite:** `facebook.com/username`

   Es erscheint eine Seite, die der in Abbildung 13.1 ähnlich sieht.

2. **Wählen Sie in der Dropdown-Liste NAME DER SEITE die Seite aus (falls Sie Administrator für mehrere Seiten sind), für die Sie einen Nutzernamen erstellen möchten.**

3. **Geben Sie in dem leeren Textfeld rechts neben NAME DER SEITE einen für Ihre Marke und Ihre Fans sinnvollen Nutzernamen ein und klicken Sie auf VERFÜGBARKEIT PRÜFEN.**

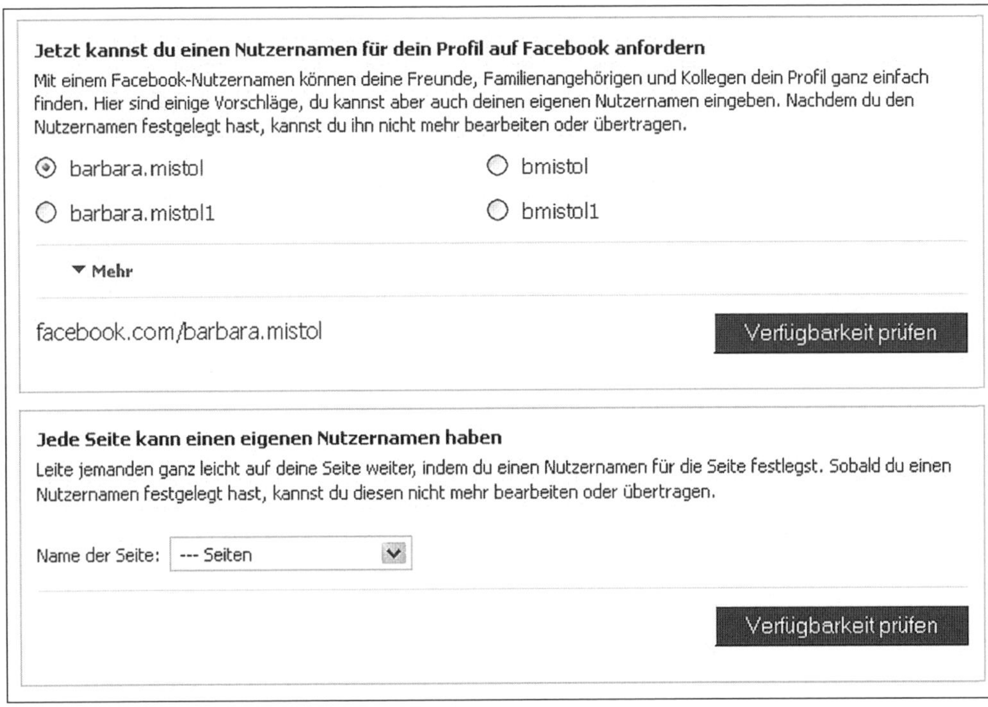

Abbildung 13.1: Legen Sie eine personalisierte URL für Ihre Facebook-Seite fest.

Wählen Sie den Namen mit Bedacht. Nachdem Sie einen individuellen Nutzernamen für Ihre Seite festgelegt haben, *können Sie ihn unter gar keinen Umständen mehr ändern*. Entscheiden Sie sich also unbedingt für einen Namen, der Ihr Unternehmen oder Ihre Institution möglichst treffend beschreibt. Am besten ist hier natürlich Ihr Firmenname geeignet, doch falls dessen Verwendung nicht möglich ist, sollten Sie einen branchenbezogenen Suchbegriff ins Auge fassen.

Es könnte einen Moment dauern, bis die Verfügbarkeit des Namens von Facebook überprüft worden ist.

4. **Falls Sie eine Nachricht bekommen, dass Ihr gewünschter Name verfügbar ist, klicken Sie auf Bestätigen, um diesen Namen in Anspruch zu nehmen.**

   Wenn Sie benachrichtigt werden, dass Ihre Seite nicht berechtigt sei, müssen Sie vielleicht noch einen Nutzernamen für Ihr Profil erstellen oder jemand anders verwendet bereits den von Ihnen gewählten Nutzernamen.

   Falls Sie alles richtig gemacht haben, erscheint das Dialogfeld Erfolg, das so ähnlich wie in Abbildung 13.2 aussieht. Jetzt können Sie vor aller Welt die URL Ihrer Facebook-Seite bekannt geben – ganz so, wie wir es in den folgenden Abschnitten beschreiben.

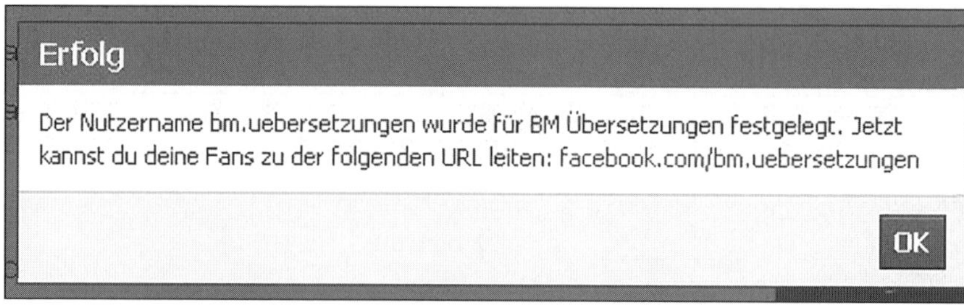

Abbildung 13.2: Hier wird der Nutzername für Ihre Facebook-Seite bestätigt.

Cross-Promotion für die Seite betreiben

Die URL, also Internetadresse, Ihrer Facebook-Seite stellt für Ihre Kunden einen neuen Berührungspunkt dar. Falls aber niemand weiß, wo Sie auf Facebook zu finden sind, verlaufen all Ihre schönen Marketing-Maßnahmen auf Facebook für Ihr Unternehmen im Sande. Daher müssen Sie sämtliche Bereiche, sowohl in der Realität als auch im Internet, mit der URL Ihrer Facebook-Seite zupflastern: Ihre Website, Ihre Werbeunterlagen, Ihr Schaufenster oder Ihr Schlagzeug (falls Sie Musiker sind). Sie sollten die URL Ihrer Seite im Grunde überall dort bewerben, wo Nutzer hinsehen.

Durch Social Media können Sie tatsächlich den Bekanntheitsgrad Ihres Unternehmens und die Markenbekanntheit steigern, doch das Ganze hat einen Haken: Viele Unternehmen haben es letzten Endes mit fragmentierten Medien zu tun. Sie müssen daher für diese Websites bewusst Cross-Promotion betreiben. Sie haben mehrere Möglichkeiten, dies zu tun.

Wenn Sie Ihre verschiedenen Websites überall bekannt geben möchten, sollten Sie dabei zumindest die grundlegenden Möglichkeiten ausschöpfen. Unten finden Sie ein paar Methoden, wie man diese Nachricht verbreiten kann:

- ✔ Listen Sie in Ihrer E-Mail-Signatur und auf der Startseite Ihrer Website alle Wege auf, über die der Leser zu Ihnen Kontakt aufnehmen kann.
- ✔ In Ihrem Blog sollten Sie Ihre Seite in einem speziellen Bereich Social Links erwähnen oder dafür das Facebook-Plug-in für das Feld Gefällt mir verwenden, mit dem man Aktualisierungen direkt von einer Seite in das Blog integrieren kann (in Kapitel 14 erfahren Sie mehr darüber).

Wir geben Ihnen in den folgenden Abschnitten ein paar Denkanstöße, wie Sie für Ihre Facebook-Seite Cross-Promotion betreiben können, indem Sie Nutzer dazu bringen, Ihre verschiedenen Websites zu entdecken, von wo aus sie dann wieder auf Ihre Facebook-Seite geschickt werden. Facebook bietet Ihnen außerdem eine Reihe von Anwendungen, mit denen Sie Ihren Blog-Feed, Ihren Twitter-Feed, Delicious-Lesezeichen und RSS-Feeds in Ihre Seite einbinden können.

Die Firma Facebook bietet Ihnen zudem die Nutzung der sozialen Plug-ins von Facebook auf Ihrer Website, wodurch dort die gleichen Funktionen ermöglicht werden, die Facebook so beliebt gemacht haben. Dazu gehören zum Beispiel diese: das Kommentieren, die Gefällt mir-

Schaltfläche (auf die wir in Kapitel 14 genauer eingehen) und die Möglichkeit für Nutzer, sich mit ihrer E-Mail-Adresse und dem Facebook-Passwort anzumelden. In Kapitel 14 erfahren Sie mehr über soziale Plug-ins von Facebook.

Die Web-Präsenz auf Facebook über E-Mails, Websites und Blogs wirksam einsetzen

Sehr wahrscheinlich verfügt mehr als die Hälfte der Personen, zu denen Sie beruflich E-Mail-Kontakt haben, über ein Facebook-Konto. Da jede Facebook-Seite eine eigene URL hat, können Sie die URL Ihrer Seite in Ihre geschäftlichen E-Mails hineinkopieren und so Kunden und potenzielle Kunden aus Ihrer E-Mail-Datenbank dazu einladen, Fans Ihrer Seite zu werden.

Hier kommt eine noch bessere Methode: Sie können ein Facebook-Profilbanner oder eine Gefällt mir-Schaltfläche in HTML-E-Mails oder auf Ihrer Website oder Ihrem Blog einfügen. Wir beschreiben diesen Vorgang in den folgenden Abschnitten. Ein Profilbanner stellt ein Facebook-Logo dar, das einen direkten Link zu Ihrer Seite enthält.

Es existieren ein paar externe Anwendungen wie zum Beispiel WiseStamp, mit denen Sie einen kleinen Teil von Facebook in Ihre E-Mail-Signatur hineinbringen können. Dabei wird automatisch Ihre letzte Aktualisierung auf Facebook am Ende der E-Mail angezeigt. Dadurch bietet sich die Gelegenheit, die Aufmerksamkeit der E-Mail-Empfänger, die die jüngste Aktualisierung Ihrer Facebook-Seite eventuell interessant finden, automatisch auf sich zu lenken. Unter folgenden Link erfahren Sie, was dafür zu tun ist (englischsprachig):

`http://wisestamp.com/goodies/how-to/create-your-personal-facebook-signature/`

Sie müssen selbst entscheiden, was Teil Ihrer Online-Kommunikation sein soll, doch am besten ermutigen Sie Ihre Fans, Gebrauch von diesen sozialen Funktionen zu machen, und verdeutlichen ihnen dadurch, dass sich ein Besuch Ihrer Facebook-Seite lohnt. Je mehr Möglichkeiten Sie für Ihre Fans schaffen, Inhalte zu teilen und zu konsumieren, desto mehr Inhalte werden sie auch teilen und konsumieren. Wenn Sie Facebook in Ihr E-Mail- und Website-Marketing integrieren, bietet sich Ihnen ein viraler Kanal wie kein zweiter.

Wir empfehlen, für die Website ein Feld Gefällt mir und kein Profilbanner zu verwenden, da Besucher dann direkt von Ihrer Website aus zu Fans Ihrer Seite werden können und Sie über die Seiten-Statistiken nachverfolgen können, wie viele neue Fans Ihre Seite gewonnen hat. In Kapitel 9 erfahren Sie Näheres über dieses Thema.

Ein Facebook-Profilbanner für die Website oder den Newsletter erstellen

Bei Facebook-Profilbannern können Sie einen kurzen Code auf Ihrer Webseite oder Ihrem Blog oder sogar in E-Mails einbinden. Die Profilbanner erscheinen dann im gewünschten Format zusammen mit dem Profilbild Ihrer Seite. Jeder, der Ihre Website besucht oder eine Ihrer E-Mails liest, kann dann auf das Profilbanner klicken und Fan Ihrer Seite werden. Sie können entweder ein Profilbanner für Ihr Profil oder eines für Ihre Seite erstellen.

Befolgen Sie diese Schritte, um ein Profilbanner zu erstellen:

1. **Besuchen Sie die Seite `www.facebook.com/badges/page.php` und klicken Sie auf den Link Dieses Profilbanner bearbeiten auf der rechten Seite.**

   Bitte beachten Sie, dass Profilbanner-Versionen für alle von Ihnen verwalteten Seiten angezeigt werden.

2. **Entscheiden Sie, welche Informationen auf Ihrem Profilbanner enthalten sein sollen – ganz so, wie es in Abbildung 13.3 zu sehen ist.**

Abbildung 13.3: Der erste Schritt bei der Erstellung eines Profilbanners für Ihre Seite

   Folgende Einstellungen können Sie bei Profilbannern vornehmen:

   - *Layout:* Vertikal, Horizontal und 2 Spalten
   - *Elemente:* Name (der Name Ihrer Seite), Status (der derzeitige Status auf Ihrer Seite), Bild (das Bild Ihrer Seite) und Fans (die Anzahl der Fans, über die Ihre Seite verfügt)

3. **Klicken Sie auf Speichern.**

   Die ursprüngliche Seitenbanner-Seite erscheint wieder und Sie werden benachrichtigt, dass das Banner erfolgreich aktualisiert wurde.

4. **Legen Sie fest, zu welcher Plattform das Profilbanner hinzugefügt werden soll, indem Sie diese Profilbanner in eine HTML-E-Mail, einen Newsletter oder eine Webseite einbinden:**

   a. Klicken Sie auf Other (Abbildung 13.4).

   b. Kopieren Sie den Code, der im Textfeld unterhalb der Schaltfläche erscheint.

   c. Fügen Sie ihn dort ein, wo er in Ihrer E-Mail, Ihrem Newsletter oder Ihrer Webseite erscheinen soll.

Abbildung 13.4: Hier erhalten Sie den einbettbaren HTML-Code für Ihr individuelles Facebook-Profilbanner.

Das Feld »Gefällt mir« von Facebook zur Website hinzufügen

Unten listen wir Ihnen drei Gründe auf, weshalb das Feld Gefällt mir für Facebook-Seiten eine der effektivsten Methoden ist, um aus Website-Besuchern Facebook-Fans zu machen:

✔ **Sie können damit mehr Nutzer zu Fans machen.** Da Website-Besucher direkt im Feld Gefällt mir zu Fans Ihrer Seite werden können, werden sämtliche Rückgänge vermieden, zu denen es ansonsten beim Surfen auf Facebook kommen könnte.

✔ **Sie können sich den Social Proof, also die soziale Bewährtheit, zunutze machen.** Wenn Besucher Ihr Feld Gefällt mir sehen, werden sie die Gesichter ihrer Freunde, die bereits zu Fans Ihrer Seite geworden sind, entdecken. Durch diese sozialen »Autoritätspersonen« steigt die Wahrscheinlichkeit, dass auch sie sich anschließen.

✔ **Sie können es messen.** Durch die Facebook-Statistiken bekommen Sie genau angezeigt, wie viele Personen über ein Gefällt mir-Feld zu Fans geworden sind. Links oder Schaltflächen von Ihrer Website werden dagegen nicht genau angegeben. (In Kapitel 9 erfahren Sie mehr über die Facebook-Statistiken.)

Ein Gefällt mir-Feld lässt sich genauso mühelos wie ein Profilbanner zur Seite hinzufügen (wie im vorhergehenden Abschnitt beschrieben):

1. **Besuchen Sie die englischsprachige Seite `http://developers.facebook.com/docs/reference/plugins/like-box`.**

2. **Geben Sie im Feld Facebook Page URL (Abbildung 13.5) die URL Ihrer Facebook-Seite ein.**

   Auf der rechten Seite erscheint eine Vorschau Ihres Gefällt mir-Feldes.

3. **Nehmen Sie die folgenden Einstellungen beim Gefällt mir-Feld vor:**

   - *Width:* Mit dieser Angabe legen Sie die Breite Ihres Gefällt mir-Feldes in Pixeln fest.
   - *Height:* Hier geben Sie die Höhe des Feldes in Pixeln an. Dieses Feld müssen Sie nicht ausfüllen.
   - *Color Scheme:* Sie können zwischen light (hell) und dark (dunkel) wählen.
   - *Show Faces:* Wenn Sie hier einen Haken setzen, wird eine begrenzte Anzahl an Fans im Gefällt mir-Feld angezeigt.

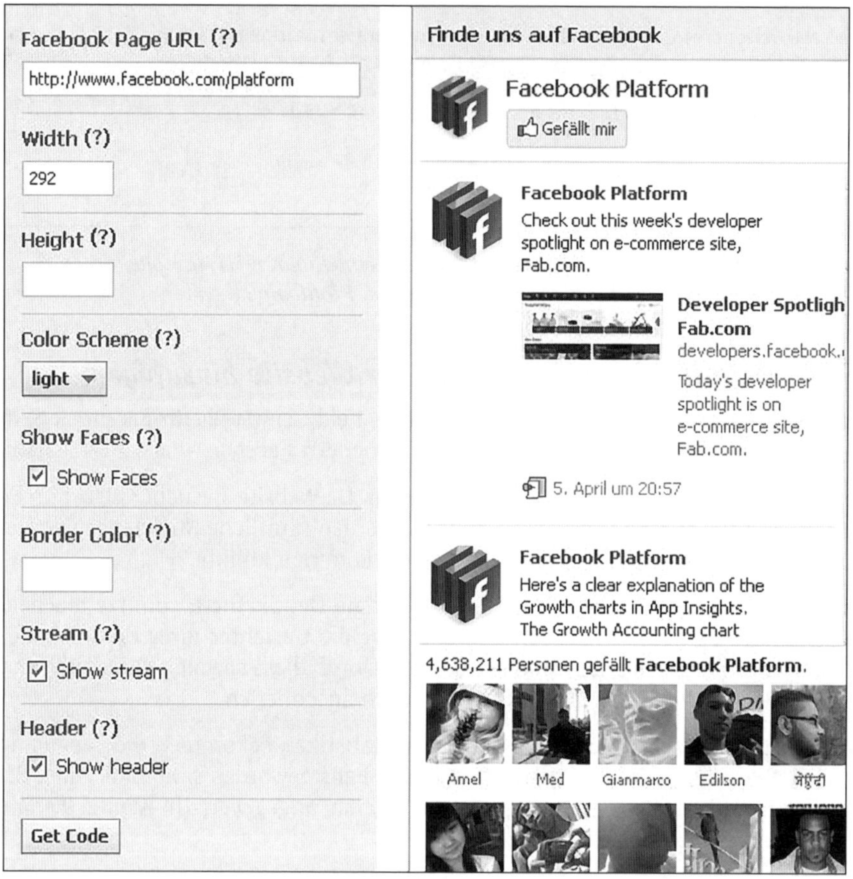

Abbildung 13.5: Erstellen Sie ein individuelles Gefällt mir-Feld.

- *Border Color:* Sie können die Farbe der Umrahmung individuell gestalten (bezogen auf Webfarben).
- *Show Stream:* Setzen Sie hier einen Haken, wenn Sie möchten, dass die jüngsten Meldungen Ihrer Seite angezeigt werden.
- *Show Header:* Durch einen Haken an dieser Stelle erscheint der Schriftzug »Finde uns auf Facebook«.

4. **Klicken Sie auf Get Code.**

   Sie können unter HTML5, XFBML und iframe wählen. Falls Ihnen das nichts sagt, erkundigen Sie sich am besten bei Ihrem Webmaster danach.

Die Web-Präsenz auf Facebook über Offline-Kampagnen bewerben

In Unternehmen wird ein Großteil des Marketingbudgets in Offline-Kampagnen wie etwa Events, Direktmarketing oder Außenwerbung investiert. Marketing-Maßnahmen von Offline-Kampagnen verbessern mehr und mehr die Online-Ergebnisse. Bewerben Sie Ihre Facebook-Seite in der Realität also, wo Sie nur können. Geben Sie beispielsweise die URL Ihrer Seite bei jeglichen nicht-virtuellen Mitteilungen an.

Jeder, vom Politiker über Prominente und Inhabern von Kleinunternehmen bis hin zu Vertretern der 500 weltweit umsatzstärksten Unternehmen, macht sich die Realität zunutze, um für seine Web-Präsenz auf Facebook zu werben, und zwar aus einem einfachen Grund: Die sozialen Funktionen von Facebook machen aus diesem Netzwerk einen Ort, der sich hervorragend eignet, um auf eine völlig neuartige Weise eine Beziehung zu Verbrauchern aufzubauen und mit ihnen zu interagieren. Auch die viralen Aspekte der Facebook-Plattform sind ideal, um eine Nachricht auch über die ursprüngliche Anlaufstelle hinausgehend weiterzuverbreiten.

Selbst wenn wir in diesem Kapitel zahlreiche tolle Online-Strategien für die Verbesserung Ihrer Web-Präsenz auf Facebook vorstellen, können Sie Ihre Seite auch über Offline-Kampagnen bewerben, was vielleicht auch eher im Einklang mit Ihren herkömmlichen Marketing-Maßnahmen steht und was, ganz abgesehen davon, für viele auf Facebook werbende Kleinunternehmen, Geschäfte, Restaurants und Ortsgruppen eventuell viel wirkungsvoller ist. Die Abstimmung des Marketings im Online- und Offline-Bereich kann manchmal so einfach sein: Stellen Sie zum Beispiel in Ihrem Laden ein Schild auf, auf dem steht, dass Sie jetzt auch auf Facebook zu finden sind und auf dem Sie den Namen der Seite angeben.

Einige Firmen unternehmen alles, um ihre Facebook-Seite in der Realität zu bewerben. Um auf Ideen zu kommen, sollten Sie sich mal die Abbildung 13.6 und Abbildung 13.7 ansehen.

Abbildung 13.6: Eine örtliche Handelskammer aus Wisconsin/USA mit Sitz in Crandon bewirbt ihre Facebook-Seite durch eine überdimensionale Plakatwerbung.

Abbildung 13.7: Beim Kaudragee Skittles wird auf jeder Verpackung des Produkts für die Seite geworben.

In der Realität vernetzen

Bauen Sie Ihr Netzwerk sowohl im wahren Leben als auch im Internet aus: Treten Sie Business-Netzwerk-Gruppen bei, besuchen Sie Konferenzen und Messen Ihrer Branche und bringen Sie sich bei Unternehmen vor Ort ein, die regelmäßige Veranstaltungen organisieren. Wenn Sie Berufsverbänden beitreten und branchenbezogene Veranstaltungen besuchen, können Sie sich in einer bestimmten Nische Glaubwürdigkeit verschaffen. Sie können außerdem Kontakt zu den anderen Entscheidungsträgern und Machern der Branche aufnehmen. Knüpfen Sie Kontakte, wo Sie nur können – sei es bei Fachveranstaltungen oder einem zwanglosen Beisammensein. Denn schließlich gibt es doch keine bessere Gelegenheit, die eigene Visitenkarte zu verteilen, auf der die URL der Facebook-Seite steht, oder?

Falls jemand mehr über Ihr Unternehmen wissen möchte, sollten Sie ihn auf Ihre Facebook-Seite verweisen. Geben Sie Interessierten all Ihre Web-Präsenzen in den sozialen Medien bekannt, und zwar nicht nur auf Facebook, sondern auch auf Twitter, LinkedIn, YouTube, Flickr, SlideShare und so weiter. Laden Sie Ihr soziales Netzwerk aus dem wahren Leben ein, sich mit Ihnen im Internet zu verbinden.

Das Facebook-Logo auf Schildern und im Schaufenster platzieren

Falls Sie ein Restaurant, ein Geschäft oder eigene Büroräume besitzen, sollten Sie einen Aufkleber im Schaufenster anbringen oder eine Reklametafel an der Kasse aufstellen, auf denen Sie um einen Besuch Ihrer Facebook-Seite bitten. Jeder, der Ihre Räume betritt, muss das Schild zu sehen bekommen. Machen Sie Ihren Kunden klar, dass ihnen auf der Facebook-Seite ein Mehrwert geboten wird. Ermutigen Sie sie, bei Ihrer Seite auf GEFÄLLT MIR zu klicken und Fan zu werden.

Teilen Sie Ihren Kunden mit, dass Sie vorhaben, sie für den Besuch Ihrer Facebook-Seite zu belohnen. Gewähren Sie ihnen einen Rabatt oder lassen Sie ihnen einen Gutschein oder besondere Inhalte (wie etwa Rezepte, falls Sie Restaurantbesitzer sind) zukommen. Häufig zählen diejenigen, mit denen Sie im wahren Leben tagtäglich zu tun haben, wahrscheinlich zu Ihren größten Anhängern auf Facebook. Laden Sie Ihre Kunden aus dem wahren Leben dazu ein, sich mit Ihnen auf Facebook zu verbinden, und vergessen Sie nicht, diese Kunden Ihrerseits zu kontaktieren und sie für ihre anhaltende Unterstützung zu belohnen.

In sämtlichen Werbeanzeigen und Produktunterlagen auf die Seite verweisen

Wecken Sie das Interesse an Ihrer Facebook-Seite und verbreiten Sie deren URL, wo Sie nur können. Fügen Sie die URL auf allen Werbeunterlagen Ihres Unternehmens ein. Präsentieren Sie das Facebook-Logo und den Link zu Ihrer Seite auf Ihren Visitenkarten, im Briefkopf, in Direktmarketing-Kampagnen, in Print-Anzeigen, in der Radiowerbung, in Fernsehspots, Katalogen, in One-Pagern, in Fallbeispielen mit Kunden, in Pressemitteilungen, in Infobriefen, auf Kaffeetassen, Regenschirmen, T-Shirts, Mauspads und Werbegeschenken zu Weihnachten. Sie sollten die URL Ihrer Facebook-Seite im Grunde überall dort platzieren, wohin ein Blick fallen könnte.

Denken Sie auch daran, Ihre Mitarbeiter beim Bekanntmachen Ihrer Web-Präsenz auf Facebook einzubinden. Sie sollten Ihre Angestellten unbedingt über Ihre Facebook-Seite informieren, denn sie könnten zu Ihren wichtigsten Markenbotschaftern werden.

Die Seite optimieren

Sie müssen Ihre Seite unbedingt optimieren, damit sie in den Suchergebnissen der Facebook-Suche und bei Google ganz oben angezeigt wird. Durch eine nicht indizierte Seite können Ihnen eine Menge Chancen flöten gehen, da Nutzer Ihre Seite einfach nicht finden können.

In den Suchergebnissen auf Facebook werden neuerdings neben den Ergebnissen in Profilen, Seiten, Gruppen und Anwendungen auch zu Ihrer Suchanfrage passende Statusmeldungen, Fotos, Links, Videos und Notizen von Freunden eines Nutzers (sowie Seiten, deren Fan er ist) angezeigt.

Falls sich jemand dazu entschieden hat, seine Inhalte für jedermann verfügbar zu machen, können Nutzer nach seinen Statusmeldungen, Links und Notizen suchen. Dazu müssen beide Parteien nicht befreundet sein. In den Suchergebnissen sind wie gehabt Nutzerprofile und relevante Facebook-Seiten, Gruppen und Anwendungen enthalten. Nutzer können die Ergebnisse filtern, so dass ihnen entweder nur die Neuigkeiten von Freunden oder die Neuigkeiten von allen Personen, die die Privatsphäre-Einstellung »Öffentlich« gewählt haben, angezeigt werden. In Abbildung 13.8 sieht man beispielsweise die Ergebnisse einer ÖFFENTLICHE BEITRÄGE-Suche mit dem Suchbegriff *Eurovision Song Contest*.

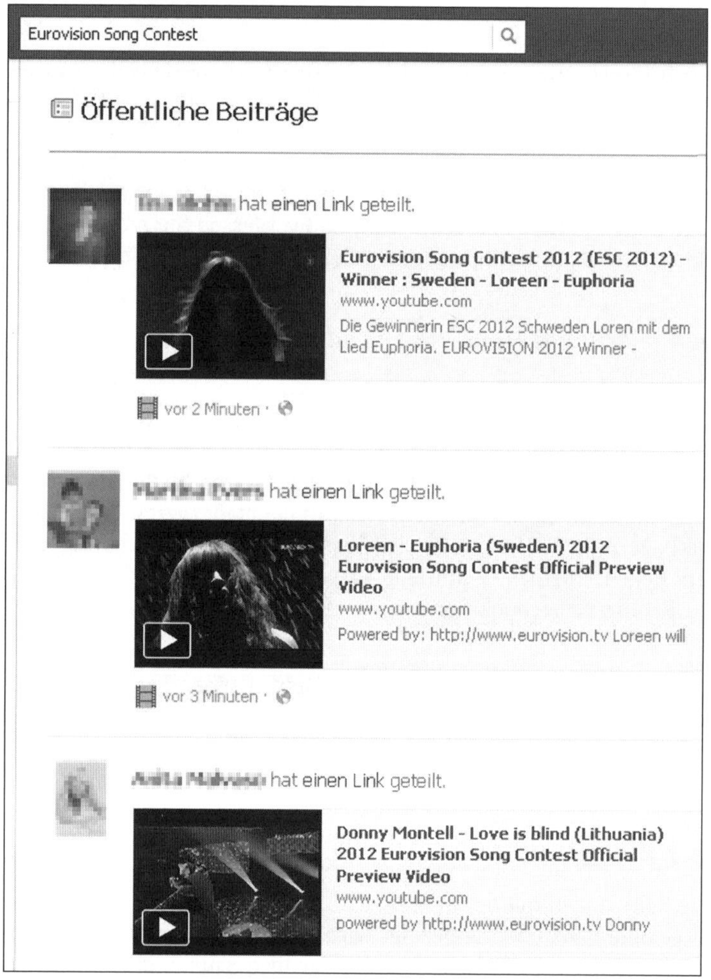

Abbildung 13.8: Die Facebook-Suche zeigt öffentliche Beiträge an, die mit dem Suchbegriff zu tun haben.

Durch Suchmaschinenoptimierung mehr Besucher anlocken

Seiten, die von Facebook gehostet werden, nehmen bei einer Suche nach ihnen in anderen Suchmaschinen wie etwa Yahoo! oder Google meist einen hohen Rang ein. Dies gilt besonders, wenn Nutzer nach Unternehmen oder Personen Ausschau halten. Sie sollten nicht nur dafür sorgen, dass Ihre Inhalte in der Facebook-Suche leicht auffindbar sind, sondern sich auch überlegen, ob Sie sie nicht auch für Google und andere Suchmaschinen aufbereiten, damit sie gefunden und in den Index aufgenommen werden können.

Wir listen Ihnen hier einige Methoden auf, mit denen Sie Ihre Facebook-Seite für alle Suchmaschinen optimieren können:

- ✔ **Der Name ist das A und O.** Wählen Sie den Namen der Seite und den Nutzernamen mit Bedacht. Eine Pizzeria beispielsweise, die sich Luigis Pizza nennt, wird in den Suchergebnissen sozusagen verschüttet werden. Wenn Sie Ihrer Seite allerdings den Namen Luigis Pizza Bochum geben, werden Sie für Nutzer, die nach Pizza in Bochum suchen, in die oberen Ränge der Suchergebnisse katapultiert. (Näheres dazu, wie man sich einen Nutzernamen zulegt, erfahren Sie weiter vorn im Kapitel im Abschnitt »Einen individuellen Nutzernamen auf Facebook wählen«.)
- ✔ **Nehmen Sie Suchbegriffe im Text vorweg.** Wenn Sie im INFO-Reiter Ihrer Seite den Text für die Beschreibung verfassen, sollten Sie beschreibende Suchbegriffe verwenden, nach denen Nutzer wahrscheinlich suchen werden. Um noch mal auf das Beispiel mit der Pizzeria von oben zurückzukommen: Dort sollten Sie unbedingt erwähnen, wofür Ihr Restaurant bekannt ist. Zum Beispiel in etwa so:

  Wir haben die beste Steinofenpizza, die schärfsten gefüllten Peperoni und die netteste Bedienung im ganzen Ruhrgebiet. Schauen Sie doch mal rein in eine unserer drei Filialen: am Hauptbahnhof, an der A 40 und – unser neuestes Schätzcken – gleich am Rewirpowerstadion.
- ✔ **Verwenden Sie individuell gestaltete Inhalte.** Nutzen Sie die iFrame-Anwendung oder HTML. Fügen Sie relevante Suchbegriffe ein, die Ihre Bereiche BESCHREIBUNG und INFO ergänzen. Der Code sollte relevante Links enthalten.
- ✔ **Nehmen Sie Suchbegriffe in Titeln vorweg.** Wenn Sie Inhalte wie Fotos, Gesprächsthemen in Diskussionen oder Statusmeldungen hinzufügen, sollten Sie im Titel entsprechende Suchbegriffe verwenden. Nehmen wir zum Beispiel an, Sie hätten kürzlich kostenlose Pizzas an einer Schule in der Nachbarschaft verteilt. Dann könnten Sie Bilder von den Kindern, die sich über diesen besonderen Leckerbissen freuen, posten und eine Bildunterschrift wie diese hier wählen:

  Die Mitarbeiter von Luigis Pizza Bochum lassen sich ihre Pizza gemeinsam mit den Kindern aus der Grundschule Mühlenstraße schmecken.
- ✔ **Machen Sie von Plug-ins Gebrauch.** Fügen Sie ein oder mehrere soziale Plug-ins von Facebook (mehr dazu in Kapitel 14) auf Ihrer Website oder Ihrem Blog hinzu. Integrieren Sie Facebook-Schaltflächen, TEILEN-Schaltflächen und GEFÄLLT MIR-Schaltflächen, um für mehr Links zu Ihrer Facebook-Seite zu sorgen. (Lesen Sie den Abschnitt »Die Web-Präsenz auf Facebook über E-Mails, Websites und Blogs wirksam einsetzen« weiter vorn im Kapitel, um zu erfahren, wie man solche Schaltflächen erstellt.)

- **Gehen Sie thematisch vor.** Jedes Mal, wenn Sie auf Facebook eine Aktualisierung für Ihre Seite wie etwa ein Gesprächsthema in einer Diskussion erstellen, sollten Sie Themen wählen, nach denen die gewünschte Zielgruppe wahrscheinlich suchen wird. Falls Sie beispielsweise wissen möchten, ob Ihre Fans Interesse an einem ganzen Blech Pizza hätten, stellen Sie diese Frage im Diskussionsforum und betonen einige Vorteile eines ganzen Blechs Pizza für den Party-Bedarf (zum Beispiel der enorme Preisvorteil).

Falls Sie sich ein wenig Zeit nehmen und Ihre Inhalte optimieren, werden Sie die Vorteile dieses Vorgehens an den Besucherzahlen der Seite und an den Interaktionen der Fans ablesen können. Wenn Nutzer Sie schnell und leicht in den Suchergebnissen finden können, weil Sie interessante und fesselnde Informationen gepostet haben, steigt die Wahrscheinlichkeit, dass diese Nutzer auch in Zukunft Ihre Seite besuchen werden. Und zukünftige Besuche bedeuten mehr Fans und amüsante Interaktionen!

Facebook-Fragen verwenden

Die Firma Facebook hat vor Kurzem das Feature *Facebook-Fragen* eingeführt, mit dem man durch das Stellen und Beantworten von Fragen den Social Graph von Nutzern für sich einspannen kann. Durch Facebook-Fragen ergibt sich für Marketingfachleute eine tolle Gelegenheit, entweder durch das Stellen oder durch das Beantworten einer Frage noch präsenter zu werden. Vergessen Sie nicht: Je mehr GEFÄLLT MIR-Angaben Sie für Ihre Facebook-Frage erhalten, desto eher wird sie in den Suchergebnissen angezeigt werden. Forcieren Sie also GEFÄLLT MIR-Angaben, indem Sie beschreibend formulieren, suchen Sie nach Möglichkeiten, die Interaktivität zu fördern, und bewerben Sie die Frage überall in Ihrem Netzwerk. Auf der Seite `www.facebook.com/questions` finden Sie eine Auflistung von Fragen, die Ihre Freunde gestellt haben.

Mehr Fans für Ihre Seite finden

Unternehmen Sie alles, was in Ihrer Macht steht, um Nutzer zu einer GEFÄLLT MIR-Angabe auf Ihrer Seite zu ermutigen? Nun gut, bei Ihnen handelt es sich vielleicht nicht um die deutsche Fußballnationalmannschaft oder um den Fernsehsender RTL, doch Sie können trotzdem wie ein Marketingfachmann vorgehen und die Anzahl der Fans und die Interaktionsrate erhöhen, indem Sie die erfolgreichsten Methoden zum Aufbau von Fangemeinden einsetzen.

Wir listen Ihnen hier fünf Möglichkeiten auf, wie man mehr Fans für seine Facebook-Seite gewinnen kann:

- Verwenden Sie das Facebook-Plug-in für das GEFÄLLT MIR-Feld auf Ihrer Website.
- Erstellen Sie eine individuelle Landingpage, die Besucher dazu bringt, bei Ihrer Seite auf die GEFÄLLT MIR-Schaltfläche zu klicken.
- Führen Sie auf Ihrer Seite Werbeaktionen durch und verwenden Sie dabei einen individuellen Reiter. Falls Sie ein Fotostudio besitzen, könnten Sie beispielsweise eine externe Anwendung wie Promotion Builder (englischsprachig) von Wildfire Interactive nutzen. (Mehr dazu in Kapitel 12.)

- Integrieren Sie Facebooks Plug-ins für die »Aktivitäten«-Meldungen und die Empfehlungen in Ihre Website, um die Aufmerksamkeit Ihrer Besucher durch die ständige Zurschaustellung Ihrer Inhalte in unterschiedlichen Formaten in stärkerem Maße auf sich zu lenken. Falls Sie regelmäßig Veranstaltungen durchführen, sollten Sie Facebooks Plug-in für den Live-Nachrichtenstrom auf Ihrer Website hinzufügen und die Veranstaltung für die Öffentlichkeit per Internet übertragen, um unter den Zuschauern neue Fans zu gewinnen. (In Kapitel 14 erfahren Sie mehr darüber.)
- Überprüfen Sie regelmäßig Ihre Seitenstatistiken, um herauszufinden, wie Ihre Besucher mit Ihren Inhalten interagieren und um nachzuhalten, was Anklang findet und was nicht. (Näheres zu den Statistiken erklären wir Ihnen in Kapitel 9.)

Meldungen, die am frühen Morgen oder ganz kurz vor dem Zubettgehen gepostet werden, weisen eine höhere Interaktionsrate auf, da Facebook-Nutzer ihre Neuigkeiten meistens nach dem Aufstehen, bevor sie zur Arbeit gehen oder abends vor dem Schlafengehen durchsehen.

Facebooks soziale Plug-ins kennen lernen und nutzen

14

In diesem Kapitel

- Ihre Website über soziale Plug-ins mit Facebook verbinden
- Facebook-Statistiken für Ihre Website nutzen
- Auf Ihrer Website Empfehlungen- und Kommentar-Felder für Facebook-Nutzer einrichten
- Besuchern über Facepile Profilbilder von Facebook-Freunden anzeigen, die sich bereits auf Ihrer Website registriert haben
- Den Live-Nachrichtenstrom verwenden, um Nutzer während einer Live-Veranstaltung auf sich aufmerksam zu machen

Auf Facebook gibt es zehn verschiedene Methoden, um eine Verbindung zwischen den sozialen Handlungen auf Facebook und Ihrer Website herzustellen (siehe nächster Abschnitt). Bei jeder davon wird mit den Open-Graph-Daten, die Ihre Seite generiert, anders verfahren. Mit diesen *sozialen Plug-ins* können Sie Ihre Website folgendermaßen einrichten: Jedes Mal, wenn ein Leser mit Ihrer Website interagiert, zum Beispiel indem er einen Kommentar zu einem Blog-Eintrag hinterlässt, erscheint eine Meldung über diese Handlung in seinen Neuigkeiten.

Soziale Plug-ins können eine Menge bewirken: für Ihre Besucher angezeigte Inhalte personalisieren, die Namen von Facebook-Freunden, die die Website besucht haben, auflisten oder Besuchern das Interagieren mit ihren Facebook-Freunden ermöglichen – und all das, ohne sich auf Ihrer Website anmelden zu müssen. Durch das Kombinieren dieser Plug-ins mit Ihrer Website verleihen Sie ihr im Grunde dieselben Fähigkeiten wie Ihrer Facebook-Seite: eine Fangemeinde aufbauen, Interaktionen bei Fans fördern und die Markenbekanntheit steigern.

Sie lernen in diesem Kapitel die verschiedenen sozialen Plug-ins kennen und finden heraus, welche davon Sie installieren können, um Ihre Marketingziele zu erreichen. Wir zeigen Ihnen, wie Sie auf Ihrer Website für ein personalisierteres Nutzererlebnis sorgen, indem Sie das Plug-in für die ANMELDEN-Schaltfläche hinzufügen und wie Sie sich den Social Graph eines Nutzers mit Hilfe des Plug-ins für Empfehlungen zunutze machen. Wir bringen Ihnen die »Aktivitäten«-Meldungen und die Plug-ins für das Kommentarfeld näher, durch die die Aktivitäten auf Ihrer Facebook-Seite auch auf Ihrer Website angezeigt werden, sowie das Plug-in für den Live-Nachrichtenstrom, über das Sie in Echtzeit mit Ihren Besuchern interagieren können. Und zu guter Letzt zeigen wir Ihnen, wie man das Plug-in für die Registrierung einsetzt, um eine Community auf der eigenen Website aufzubauen, und wie man die SENDEN-Schaltfläche nutzt, um es Besuchern zu ermöglichen, Nachrichten über Inhalte Ihrer Website an Facebook-Freunde zu versenden.

Soziale Plug-ins für ein noch besseres Nutzererlebnis auf Facebook

Durch soziale Plug-ins können Besucher Ihrer Website Inhalte sehen, die ihre Facebook-Freunde kommentiert, geteilt oder bei denen sie auf GEFÄLLT MIR geklickt haben. Falls diese Besucher während des Besuchs Ihrer Website gleichzeitig bei Facebook angemeldet sind, können sie dazu beitragen, dass sich bei den Inhalten Ihrer Website auf Facebook der *virale Effekt* einstellt (sie sich also durch das Teilen im Internet sehr schnell großer Beliebtheit erfreuen), ohne dass sie dafür Ihre Website verlassen müssen.

Die Firma Facebook hat innerhalb ihrer Entwickler-Webseite einen gesonderten Bereich (englischsprachig: `https://developers.facebook.com/plugins`) für Folgendes eingerichtet: Erklärung der verschiedenen Plug-ins, Bereitstellung von Tools zur Generierung des erforderlichen Codes für die Einbettung eines einzelnen Plug-ins auf Ihrer Website und Beispiele für außergewöhnliche Ausführungen auf Real-World-Websites (Abbildung 14.1). Die Plug-ins sind für alle Nutzer kostenlos verfügbar. Sie können Ihrer Website damit eine interaktive Komponente verleihen, die Ihre Marketing-Strategie für Facebook ergänzt. Die Plug-ins können einzeln oder in Kombination verwendet werden. Sie erweitern Ihre Website damit um viele Features, an die sich Nutzer innerhalb von Facebook gewöhnt haben.

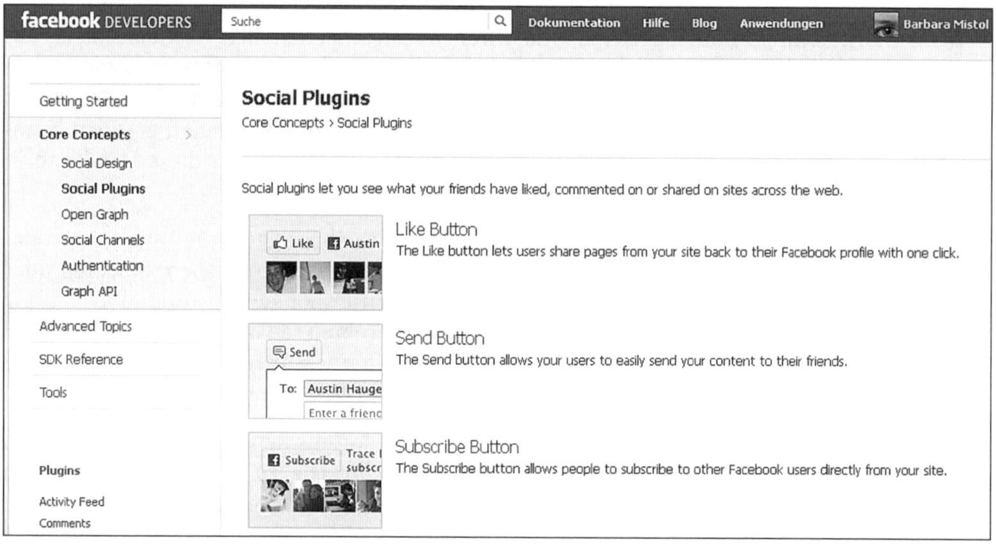

Abbildung 14.1: Der Bereich über soziale Plug-ins auf der Entwickler-Webseite von Facebook

Die Entscheidung, welches Plug-in (oder welche Kombination von Plug-ins) Sie in Ihre Website integrieren sollten, kann ein bisschen schwierig sein, da sich einige der Funktionen überschneiden. Damit Sie leichter bestimmen können, welches Plug-in für Ihre Bedürfnisse geeignet ist, finden Sie hier für jedes Plug-in eine kurze Beschreibung und Beispiele:

- **Gefällt mir-Schaltfläche:** Sie verfügt über eine einfache Form mit nur einer Schaltfläche. Jeder Nutzer, der gerade bei Facebook angemeldet ist, kann damit anzeigen, dass ihm ein Inhalt gefällt. In Abbildung 14.2 sehen Sie eine Gefällt mir-Schaltfläche kombiniert mit einem Zähler. Die Ziffer im Zähler für die Gefällt mir-Angaben erhöht sich mit jedem Klick eines weiteren Nutzers.

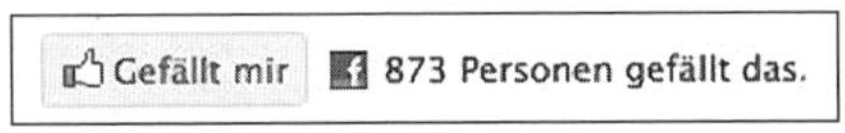

Abbildung 14.2: Ein Beispiel für eine Gefällt mir-Schaltfläche im Internet

Wenn ein Nutzer auf die Gefällt mir-Schaltfläche klickt, wird eine Meldung darüber in seinen Neuigkeiten veröffentlicht und in dieser Meldung ist wiederum ein Link zu den Inhalten der Website enthalten. Falls es auf Ihrer Website zahlreiche Inhalte gibt, bei denen Nutzer jeweils auf Gefällt mir klicken können (wie etwa in einem Katalog, Blog, einer Medien-Website oder einer Produktbeschreibung), können Sie über die Gefällt mir-Schaltfläche optimal mehr Möglichkeiten schaffen, sich mit Nutzern zu verbinden. Sollte es Ihnen eher darum gehen, Gefällt mir-Angaben für Ihr Unternehmen oder Ihre Website zu generieren (und nicht für einen bestimmten einzelnen Inhalt), eignet sich das Plug-in für das Gefällt mir-Feld (weiter hinten in dieser Liste beschrieben) wahrscheinlich besser für Sie.

- **Senden-Schaltfläche:** Hier können Nutzer Inhalte Ihrer Website mit bestimmten Freunden oder Facebook-Gruppen teilen. Website-Besucher können Website-Inhalte über dieses Plug-in außerdem per E-Mail versenden. Sie können die Senden-Schaltfläche außerdem mit der Gefällt mir-Schaltfläche kombinieren, indem Sie `send=true` als Attribut zur XFBML-Version der Gefällt mir-Schaltfläche hinzufügen (oder `data-send="true"` zur HTML5-Version). Dadurch werden die Gefällt mir- und die Senden-Schaltfläche nebeneinander auf Ihren Webseiten angezeigt (Abbildung 14.3).

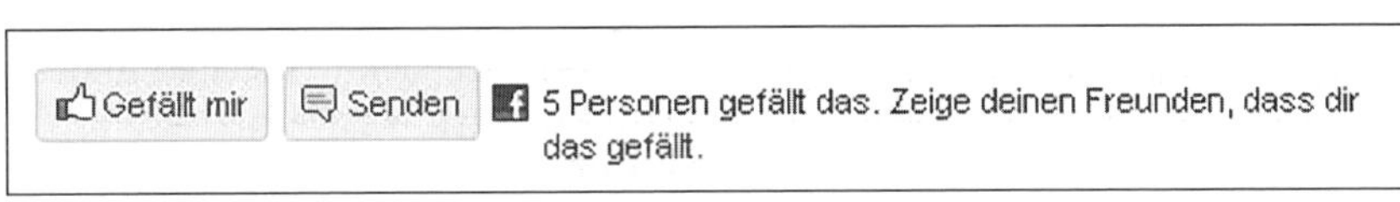

Abbildung 14.3: Leser können bei einem Beitrag im Internet entweder auf Gefällt mir klicken oder ihn teilen.

- **Kommentarfeld:** Hier können Sie ein Kommentarfeld zu Ihrer Website hinzufügen, damit Facebook-Nutzer Kommentare eingeben können. Abbildung 14.4 zeigt ein Beispiel. Bei diesem Plug-in können Nutzer festlegen, ob ihre Kommentare in ihren Neuigkeiten auf Facebook veröffentlicht werden sollen. In diesen neu veröffentlichten Kommentaren ist dann später ein Link enthalten, der wiederum zu den Kommentaren auf Ihrer Website führt. Bei Inhalten, die sich für Kommentare von Nutzern nicht eignen, wie etwa einer Produktinformation verwenden Sie dieses Plug-in am besten nicht. Bei Blogs oder eher wertenden Inhalten kann Ihnen die zusätzliche Erwähnung in den Neuigkeiten allerdings sehr wohl ein Plus an Besuchern bescheren.

Sie können negative Kommentare entfernen oder melden, müssen dies allerdings manuell erledigen.

Abbildung 14.4: Durch das Plug-in für das Kommentarfeld können Besucher einen Kommentar auf Ihrer Website hinzufügen.

- **»Aktivitäten«-Meldungen:** Hier werden die neuesten Facebook-bezogenen Aktivitäten im Zusammenhang mit Ihrer Website angezeigt. Dabei wird beispielsweise angezeigt, wie viele Personen bei Ihren Inhalten auf GEFÄLLT MIR geklickt oder sie geteilt haben. Wie in Abbildung 14.5 zu sehen, werden durch dieses Plug-in die Aktivitäten von Facebook-Freunden des Besuchers wiedergegeben. Werden jedoch nicht genügend, ausschließlich von Freunden verfasste Inhalte gefunden, werden zusätzlich weitere allgemein gehaltene, neueste Aktivitäten von Facebook-Nutzern, die der Besucher nicht kennt, angezeigt. Mit diesem Plug-in können Sie die Erwähnungen Ihrer Website ganz enorm steigern, falls Sie über eine Anhängerschaft auf Facebook verfügen, die sehr aktiv ist, und falls Sie regelmäßig aktualisierte Inhalte, zum Beispiel in Form eines Blogs, veröffentlichen.

  Die »Aktivitäten«-Meldungen stellen ein leistungsstarkes Plug-in dar, mit dem Sie Ihre Besucher über Themen Ihrer Website auf dem Laufenden halten. Da sich seine Funktion ein wenig mit der des Plug-ins für Empfehlungen (siehe nächster Punkt in dieser Liste) überschneidet, sollten Sie sich unbedingt noch mal die einzelnen Optionen durch den Kopf gehen lassen, bevor Sie sich für die Installation eines bestimmten Plug-ins entscheiden.

Abbildung 14.5: Das Plug-in für »Aktivitäten«-Meldungen zeigt die Interaktionen der Facebook-Freunde eines Besuchers mit der Website an.

- **Empfehlungen:** Das Plug-in für Empfehlungen führt für Besucher Ihrer Website eine personalisierte Liste mit Inhalten von Ihrer Website auf, die deren Facebook-Freunde empfohlen haben. Ist ein Facebook-Nutzer zeitgleich im sozialen Netzwerk angemeldet, werden vom Plug-in dort vorzugsweise Freunde angezeigt, mit denen er am meisten interagiert hat (Abbildung 14.6). Dieses Plug-in unterscheidet sich vom Plug-in für »Aktivitäten«-Meldungen, da es lediglich Empfehlungen und nicht, wie bei Letzteren, alle Aktivitäten von Facebook-Nutzern im Zusammenhang mit Ihren Website-Inhalten (geteilte Inhalte, Kommentare, Gefällt mir-Angaben und so weiter) aufführt.
- **Gefällt mir-Feld:** Ganz ähnlich wie bei der Gefällt mir-Schaltfläche bietet das Plug-in für das Gefällt mir-Feld (in Abbildung 14.7 am Beispiel der WZ (Westdeutsche Zeitung) zu sehen) einen One-Click-Button. Die Gefällt mir-Angabe bezieht sich hier allerdings auf Ihre Facebook-Seite und nicht auf die Inhalte auf Ihrer Website. Durch das Plug-in wird außerdem die Meldung, dass jemand Fan Ihrer Facebook-Seite geworden ist, direkt in den Neuigkeiten der Nutzer angezeigt. Bei der individuellen Gestaltung des Gefällt mir-Feldes für Ihre Website können Sie Profilbilder von Facebook-Nutzern, die bereits zu Fans Ihrer Seite geworden sind, einfügen und den Nachrichtenstrom der Pinnwand Ihrer Seite zeigen. Dieses Plug-in kann sehr hilfreich sein, wenn Sie durch eine Verbindung von Website und Facebook-Seite auf Ihrer Seite eine Fangemeinde aufbauen möchten. Beim Gefällt mir-Feld sieht der Leser die Möglichkeit, Fan Ihrer Seite zu werden, direkt vor sich. Er muss nicht mehr auf Facebook selbst nach Ihrer Seite suchen, um Fan zu werden.

Abbildung 14.6: Das Plug-in für Empfehlungen hebt Inhalte hervor, die Nutzern am besten gefallen haben.

Abbildung 14.7: Die Westdeutsche Zeitung möchte, dass Sie Fan Ihrer Facebook-Seite werden.

- ✔ **ANMELDEN-Schaltfläche:** Über diese Schaltfläche, die das blau-weiße Facebook-Logo und den Schriftzug »Login« zeigt, können Nutzer sich mit ihrer E-Mail-Adresse und ihrem Passwort für Facebook auf Ihrer Website anmelden (Abbildung 14.8). Durch dieses Plug-in werden außerdem die Facebook-Profilbilder der Freunde eines Nutzers, die sich ebenfalls registriert haben, angezeigt. Wenn Sie auf Ihrer Website die Anzahl der Neuregistrierungen von Nutzern erhöhen möchten, stellt dieses Plug-in eine gute Wahl dar. Da Sie dem Nutzer zeigen, welche seiner Freunde sich bereits für Ihre Website registriert haben, sorgen Sie für mehr Interaktionen. Sie können das Plug-in in der Größe anpassen, damit es sich optimal in das Website-Design einfügt. Die Größe passt sich dann – je nach Anzahl der bereits angemeldeten Freunde – dynamisch an. Wie bei den meisten Plug-ins wird der Nutzer um eine Genehmigung gebeten, beim Anmelden auf seine Profildaten zugreifen zu dürfen.

Abbildung 14.8: Auf der Website kochbar werden Nutzer gebeten, sich über das Plug-in für die ANMELDEN-Schaltfläche (das blau-weiße Facebook-Logo mit dem Schriftzug »Login«) anzumelden.

- ✔ **Registrierung:** Hier können Facebook-Nutzer sich mit Hilfe ihres Facebook-Kontos auf Ihrer Website registrieren. Sind Nutzer zeitgleich bei Facebook angemeldet, sehen sie ein Formular, in dem bereits ihre Facebook-Daten eingetragen wurden. Durch dieses Plug-in können Sie flexibel vorgehen und um zusätzliche Daten, wie etwa den Namen der Lieblingsband oder des Lieblingsfilms des Besuchers, bitten. Selbst Besucher, die Facebook nicht nutzen, können dieses Plug-in verwenden, um sich auf Ihrer Website anzumelden.
- ✔ **Facepile:** Durch dieses Plug-in werden Ihren Besuchern die Profilbilder ihrer Freunde, die bereits auf Ihrer Website registriert sind, angezeigt. Die Freunde müssen dabei weder zeitgleich bei Facebook noch bei ihren bereits bestehenden Konten auf Ihrer Website angemeldet sein. Falls keiner der Freunde eines Besuchers sich in der Vergangenheit registriert hat, erscheinen auch keine Profilbilder. In Kombination mit der ANMELDEN-Schaltfläche von Facebook kann dieses Plug-in die Zahl der Neuregistrierung von Nutzern auf Ihrer Website enorm erhöhen, da Nutzer, die Bilder von bereits registrierten Freunden vor sich sehen (vgl. Abbildung 14.7), sich viel eher selbst auf Ihrer Website registrieren werden.

Falls es auf Ihrer Website einen Bereich gibt, der einen separaten Anmeldeprozess umfasst, können Sie über das Plug-in für Facepile die Facebook-Freunde des Besuchers, die sich bereits registriert haben, sehr gut hervorheben. Genau wie beim Plug-in für die ANMELDEN-Schaltfläche (weiter vorn in dieser Liste beschrieben) passt sich die Größe je nach Anzahl der bereits angemeldeten Freunde dynamisch an.

- ✔ **Live-Nachrichtenstrom:** Gestatten Sie Nutzern, auf Ihrer Website in Echtzeit Kommentare zu hinterlassen (Abbildung 14.9). Dieses Plug-in eignet sich gut, wenn auf Ihrer Website eine Live-Veranstaltung wie etwa eine Videoübertragung gezeigt wird und Sie Ihren Besuchern zeitgleich zu den angebotenen Live-Inhalten einen Chat offerieren möchten. Das Plug-in für den Live-Nachrichtenstrom wird speziell für Live-Aktivitäten verwendet, die irgendwann enden, und nicht für Inhalte in Textform wie zum Beispiel Blog-Einträge mitsamt den entsprechenden Kommentaren, die zeitlich unbegrenzt existieren können. Falls Sie Kommentare für Ihre statischen Inhalte zulassen möchten, ist das Plug-in für das Kommentarfeld (weiter vorn in dieser Liste beschrieben) die weitaus bessere Alternative.

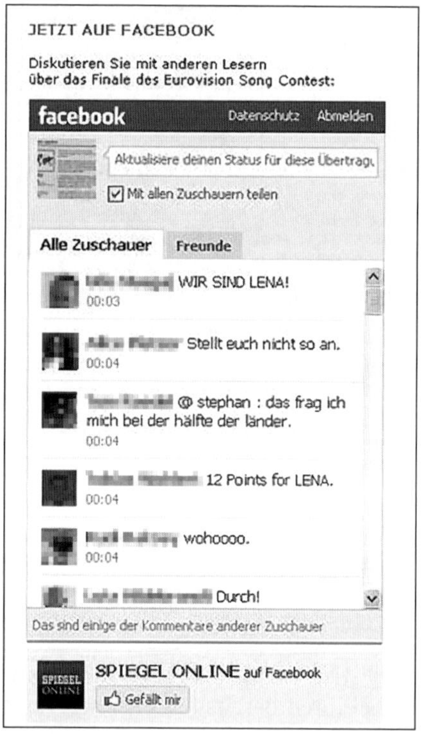

Abbildung 14.9: Weshalb allein fernsehen, wenn man doch über das Plug-in für den Live-Nachrichtenstrom in Echtzeit chatten kann?

Selbst wenn diese sozialen Plug-ins es Ihrer Website gestatten, die persönlichen Facebook-Daten der Besucher anzuzeigen, werden diese Daten eigentlich nicht auf Ihre Website übertragen, Sie können sie also nicht erfassen, manipulieren oder in einer Datenbank speichern. Zudem sind die Profilbilder und Kommentare der Besucher nur sichtbar, wenn sie bei Facebook angemeldet sind.

Facebook-Statistiken für soziale Plug-ins verwenden

Die Nutzung von sozialen Plug-ins hat einen großen Vorteil: Sie können dabei messen, wie diese Plug-ins verwendet werden und anhand von demografischen Daten feststellen, wer sie nutzt.

Auf Facebook können Sie mit den Facebook-Statistiken herausbekommen, wie Besucher Ihrer Website mit den sozialen Plug-ins von Facebook interagieren, die Sie auf Ihrer Website installiert haben. Wenn ein Nutzer auf Facebook beispielsweise über das Plug-in für Empfehlungen einen zu Ihrer Website führenden Link teilt, können Sie diese Handlung in einem Bericht in den Facebook-Statistiken über Ihre Website nachverfolgen.

Wir erklären Ihnen in den nächsten Abschnitten, wie man dabei vorgeht.

Die eigene Website als Facebook-Anwendung einrichten

Um auf die Daten aus den Statistiken für Ihre Website zugreifen zu können, müssen Sie zunächst eine Facebook-Anwendung erstellen. Durch die Erstellung dieser Anwendung können Sie mit jedem sozialen Plug-in auf Ihrer Website eine Anwendungskennnummer verbinden, wodurch Facebook wiederum nachverfolgen kann, wie Nutzer mit diesem Plug-in interagieren. Die Erstellung einer Anwendung ermöglicht Ihnen den Zugriff auf die Statistiken für jedes einzelne Ihrer Plug-ins.

Befolgen Sie diese Schritte, um eine Anwendung zu erstellen:

1. **Besuchen Sie die Seite `https://developers.facebook.com/apps` oder klicken Sie auf + Neue Anwendung erstellen rechts auf der Seite.**

   Falls Sie zum ersten Mal eine Anwendung erstellen, müssen Sie Facebook zunächst die Genehmigung erteilen, auf Ihre allgemeinen Informationen zugreifen zu dürfen.

2. **Geben Sie die gewünschten Informationen ein (Abbildung 14.10):**

   - *App Name:* Hier handelt es sich um einen eindeutigen Namen für die Anwendung, die Sie erstellen. Da diese Information nur für Sie selbst sichtbar ist, können Sie einfach den Namen Ihrer Website oder den des sozialen Plug-ins, für das Sie die Anwendung erstellen, verwenden.

   - *App Namespace:* Dieses Feld ist für unseren Zweck unerheblich. Daher kann es fürs Erste leer bleiben.

3. **Wenn Sie fortfahren, stimmen Sie automatisch den Richtlinien zur Facebook-Plattform zu. Auf der englischsprachigen Seite `https://developers.facebook.com/policy` erfahren Sie mehr über diese Richtlinien.**
4. **Klicken Sie auf WEITER.**

Abbildung 14.10: Das Fenster NEUE ANWENDUNG ERSTELLEN

5. **Geben Sie in der nächsten Bildschirmansicht das Captcha so ein, wie Sie es sehen, und klicken Sie danach auf ABSENDEN.**

   Die Bildschirmansicht GRUNDLEGEND erscheint. In dieser Bildschirmansicht sehen Sie zahlreiche Felder, von denen einige bereits ausgefüllt sind (Abbildung 14.11). Im Rahmen unseres Beispiels hier reicht es, wenn wir Ihnen lediglich die Felder näherbringen, die Sie für den Erhalt einer Facebook-Anwendungskennnummer für Ihre Website benötigen:

   - *ANZEIGENAME DER ANWENDUNG:* Hier handelt es sich um den Namen, den Sie oben bei Schritt 2 unter APPNAME erstellt haben.
   - *NAMENSRAUM DER ANWENDUNG:* Haben Sie in Schritt 2 unter APP NAMESPACE etwas eingegeben, erscheint es hier.
   - *KONTAKT-E-MAIL-ADRESSE:* Dies ist Ihre E-Mail-Adresse, die standardmäßig angezeigt wird. Sie können hier aber stattdessen jede beliebige E-Mail-Adresse eingeben, die von Facebook verwendet werden soll.
   - *ANWENDUNGSDOMAIN:* Geben Sie die Domain-URL Ihrer Website ein.
   - *KATEGORIE:* (Optional) Wählen Sie in der Dropdown-Liste eine Kategorie aus.

6. **Geben Sie im Bereich WÄHLE AUS, WIE SICH DEINE ANWENDUNG IN FACEBOOK INTEGRIERT im Feld ADRESSE DER WEBSEITE die URL Ihrer Website ein (Abbildung 14.12).**
7. **Klicken Sie auf ÄNDERUNGEN SPEICHERN.**

Sie haben Ihre Facebook-Anwendung erstellt! Jetzt müssen Sie den HTML-Code in Ihrer Website, die mit Ihrer Anwendung und insbesondere mit Ihrer Anwendungskennnummer kombiniert werden soll, bearbeiten.

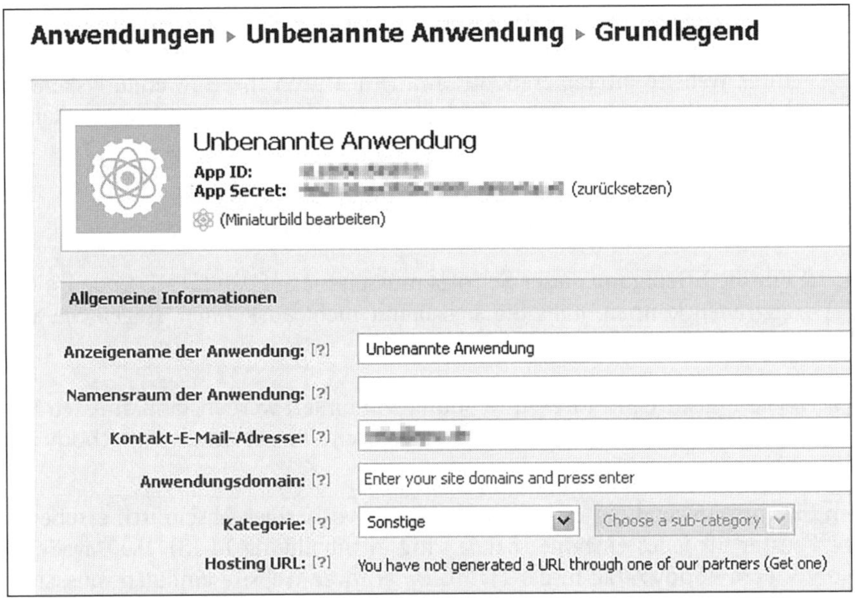

Abbildung 14.11: Der obere Teil der Bildschirmansicht GRUNDLEGEND *bei einer Facebook-Anwendung*

Abbildung 14.12: Der untere Teil der Bildschirmansicht GRUNDLEGEND *bei einer Facebook-Anwendung*

Der Zweck dieser Übung besteht darin, der Facebook-Plattform zu ermöglichen, Informationen über die Art und Weise, wie Nutzer mit den sozialen Plug-ins auf Ihrer Website interagieren, zu sammeln. Durch Ihre Anwendungskennnummer können Facebook und Ihre Website später dann sozusagen »miteinander sprechen«.

Facebooks Software in Ihre Website integrieren

Für die Erledigung dieses Schritts müssen Sie auf den HTML-Code Ihrer Website zugreifen können. Falls Sie sich damit nicht auskennen, fragen Sie am besten einen Fachmann um Rat.

Damit Facebooks Software mit Ihrer Anwendung kombiniert werden kann, müssen Sie das JavaScript-SDK für das soziale Plug-in auf Ihrer Webseite direkt unter dem `<body>`-Tag einfügen.

Nachdem Sie Ihre Anwendung erstellt haben (siehe vorheriger Abschnitt), erscheint sie im GET CODE-Fenster für jedes einzelne soziale Plug-in (Abbildung 14.13). Das JavaScript-SDK, das Sie unter dem `<body>`-Tag in der HTML-Datei Ihrer Website einfügen müssen, beginnt mit `<div id="fb-root">`.

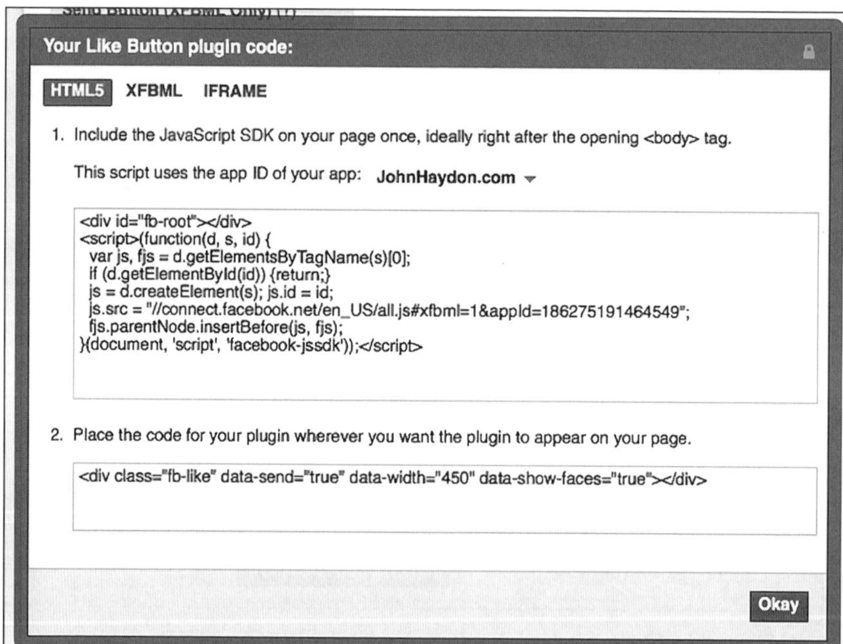

Abbildung 14.13: In dem GET CODE-Fenster jedes sozialen Plug-ins wird der entsprechende JavaScript-SDK für Ihre Website angezeigt.

Fügen Sie anschließend den Code für Ihr Plug-in dort ein, wo es auf Ihrer Website erscheinen soll. Um weitere Plug-ins zu installieren, fügen Sie wiederum einfach den zugehörigen Code an der gewünschten Stelle ein.

Nachdem Sie alles hinzugefügt haben, wird das Plug-in auf Ihrer Website aktiviert! Denken Sie noch daran, Ihre neue HTML-Datei zu speichern, und laden Sie sie, falls notwendig, auf Ihre Website hoch.

In den folgenden Abschnitten dieses Kapitels erfahren Sie, welche einzelnen Schritte Sie befolgen müssen, um den Code für die unterschiedlichen sozialen Plug-ins zu generieren.

Mit der »Gefällt mir«-Schaltfläche den Bekanntheitsgrad steigern

Über die Gefällt mir-Schaltfläche können Besucher Inhalte Ihrer Website mit ihren Facebook-Freunden teilen. Klickt ein Nutzer die Gefällt mir-Schaltfläche auf Ihrer Website an, erscheint eine Meldung darüber in den Neuigkeiten der Freunde dieses Nutzers. Die Meldung enthält einen Link, der zurück zu Ihrer Website führt. Um die Gefällt mir-Schaltfläche von Facebook mit Ihrer Website zu kombinieren, müssen Sie diese Schritte befolgen:

1. **Besuchen Sie die englischsprachige Seite `https://developers.facebook.com/plugins` und klicken Sie auf den Link Like Button.**
2. **Geben Sie die gewünschten Informationen ein, um Ihre Schaltfläche individuell anzupassen (Abbildung 14.14). Gehen Sie wie folgt vor:**
   - *URL to Like:* Geben Sie die exakte URL ein, bei der Besucher auf Gefällt mir klicken sollen.
   - *Send Button (XFBML Only):* Setzen Sie in diesem Auswahlkästchen einen Haken, um die Features der Senden-Schaltfläche zum XFBML-Code hinzuzufügen.
   - *Layout Style:* Hier können Sie unter drei Optionen wählen (Standard, Button Count, Box Count). Sie können sich jede davon in der Vorschau rechts ansehen.
   - *Width:* Geben Sie die gewünschte Breite der Gefällt mir-Schaltfläche in Pixeln an.
   - *Show Faces:* Durch einen Haken in diesem Auswahlkästchen legen Sie fest, dass bei der Gefällt mir-Schaltfläche die Gesichter von Nutzern angezeigt werden, die auf diese Schaltfläche geklickt haben.
   - *Verb to display:* Wählen Sie unter Like und Recommend.
   - *Color Scheme:* Treffen Sie eine Auswahl unter light und dark.
   - *Font:* Wählen Sie in der Dropdown-Liste die gewünschte Schriftart aus.

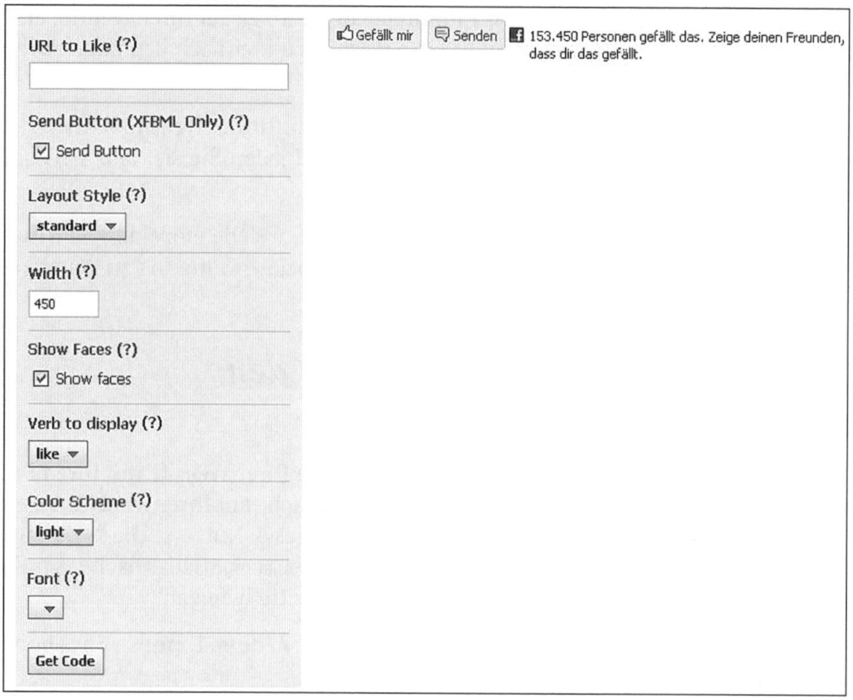

Abbildung 14.14: Die Gefällt mir-Schaltfläche individuell anpassen

3. Klicken Sie auf Get Code.

Kopieren Sie den Code und fügen Sie ihn an der Stelle Ihres HTML-Codes ein, an der das Plug-in erscheinen soll. Falls Sie sich mit HTML nicht auskennen oder keinen Zugriff auf den HTML-Code Ihrer Website haben, lassen Sie sich bitte von einem Fachmann helfen. Falls Sie die Möglichkeit zur Messung, wie Nutzer dieses Plug-in verwenden, erhalten möchten, müssen Sie zunächst eine Facebook-Anwendung für Ihre Website erstellen. Im Abschnitt »Facebook-Statistiken für soziale Plug-ins verwenden« weiter vorn im Kapitel finden Sie eine Anleitung dazu.

Privates Teilen über die »Senden«-Schaltfläche ermöglichen

Über die Senden-Schaltfläche können Besucher Ihrer Website Ihre Inhalte mit Freunden teilen. Sie können dabei einen Link mitsamt einer kurzen Notiz in Form einer Facebook-Nachricht, eines Facebook-Gruppenbeitrags oder einer E-Mail versenden. Der Unterschied zur Gefällt mir-Schaltfläche ist der, dass Nutzer dort zwar auch Inhalte mit ihren Freunden teilen, diese Inhalte aber in ihren Profilen oder Neuigkeiten gepostet werden.

Sie können die Features der SENDEN-Schaltfläche in eine GEFÄLLT MIR-Schaltfläche integrieren, indem Sie `send=true` als Attribut zur XFBML-Version der GEFÄLLT MIR-Schaltfläche hinzufügen (oder `data-send="true"` zur HTML5-Version).

Um die SENDEN-Schaltfläche von Facebook mit Ihrer Website zu kombinieren, müssen Sie diese Schritte befolgen:

1. **Besuchen Sie die englischsprachige Seite `https://developers.facebook.com/plugins` und klicken Sie auf den Link SEND BUTTON.**
2. **Geben Sie die gewünschten Informationen ein, um Ihre Schaltfläche individuell anzupassen (Abbildung 14.15):**
   - *URL TO SEND:* Geben Sie die exakte URL ein, die Besucher teilen sollen.
   - *FONT:* Wählen Sie in der Dropdown-Liste die gewünschte Schriftart aus.
   - *COLOR SCHEME:* Treffen Sie eine Auswahl unter LIGHT und DARK.
3. **Klicken Sie auf GET CODE.**

Kopieren Sie den Code und fügen Sie ihn an der Stelle Ihres HTML-Codes ein, an der das Plug-in erscheinen soll. Falls Sie sich mit HTML nicht auskennen oder keinen Zugriff auf den HTML-Code Ihrer Website haben, lassen Sie sich bitte von einem Fachmann helfen. Falls Sie die Möglichkeit zur Messung, wie Nutzer dieses Plug-in verwenden, erhalten möchten, müssen Sie zunächst eine Facebook-Anwendung für Ihre Website erstellen. Im Abschnitt »Facebook-Statistiken für soziale Plug-ins verwenden« weiter vorn im Kapitel finden Sie eine Anleitung dazu.

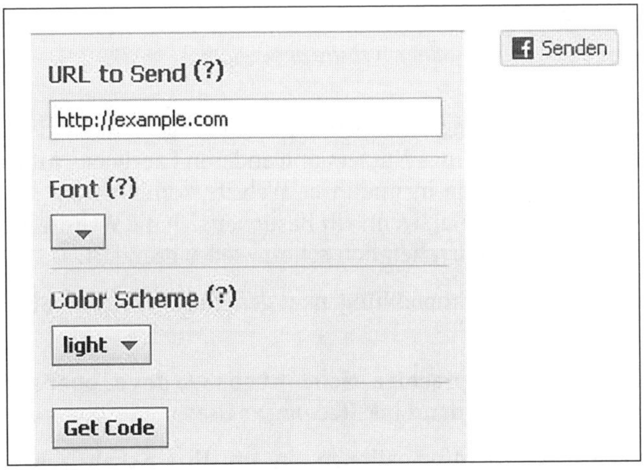

Abbildung 14.15: Die SENDEN-Schaltfläche individuell anpassen

Beliebte Inhalte über das Plug-in für Empfehlungen für sich nutzen

Wenn Sie das Plug-in für Empfehlungen auf Ihrer Website verwenden, wird Besuchern, die bei Facebook angemeldet sind, eine Liste mit Inhalten, die auf Ihrer Website für die meisten Gefällt mir-Angaben gesorgt haben, angezeigt. Ihre Website wird dadurch für Besucher relevanter. Wie Abbildung 14.16 zeigt, können Besucher einer Website Artikel, die andere Nutzer empfohlen und mit ihren Freunden in Echtzeit geteilt haben, sofort sehen.

Abbildung 14.16: Besuchern werden die beliebtesten Inhalte einer Website angezeigt.

Sie können sich das Plug-in für Empfehlungen wie eine Facebook-Version einer Top-Ten-Liste vorstellen, die von den Freunden eines Nutzers und anderen Facebook-Nutzern zusammengestellt wurde. Wenn Sie dieses Plug-in mit Ihrer Website kombinieren, sehen Besucher die Empfehlungen in Echtzeit. Jedes Mal, wenn ein Besucher sich die Website ansieht, haben sich die Empfehlungen also höchstwahrscheinlich schon wieder geändert.

Um den Code für das Plug-in für Empfehlungen zu generieren, müssen Sie diese Schritte befolgen:

1. **Besuchen Sie die englischsprachige Seite `https://developers.facebook.com/plugins` und klicken Sie auf den Link Recommendations.**
2. **Geben Sie die gewünschten Informationen ein, um Ihre Schaltfläche individuell anzupassen (Abbildung 14.17):**
   - *Domain:* Geben Sie die Domain (die URL) ein, an der das Plug-in erscheinen soll.
   - *App ID:* Geben Sie hier die Anwendungskennnummer ein.
   - *Action:* An dieser Stelle kann die gewünschte Art der Handlung festgelegt werden.

- *WIDTH:* Geben Sie die gewünschte Breite des Plug-ins in Pixeln an.
- *HEIGHT:* Geben Sie die gewünschte Höhe des Plug-ins in Pixeln an.
- *HEADER:* Setzen Sie im Auswahlkästchen SHOW HEADER einen Haken, falls Sie möchten, dass im Plug-in eine Überschrift angezeigt wird.
- *COLOR SCHEME:* Treffen Sie für das Farbschema, das beim Plug-in verwendet werden soll, eine Auswahl unter LIGHT und DARK.
- *LINK TARGET:* Bestimmen Sie, wie der Link geöffnet werden soll. Standardmäßig öffnen sich alle Links in einem neuen Browserfenster (_BLANK). Falls Sie aber möchten, dass die Contentlinks sich im selben Browserfenster öffnen, wählen Sie _TOP oder _PARENT.
- *BORDER COLOR:* Geben Sie hier als Farbe der Umrahmung für das Plug-in zum Beispiel `red` oder `blue` ein.
- *FONT:* Wählen Sie die Schriftart aus, die im Plug-in verwendet werden soll.

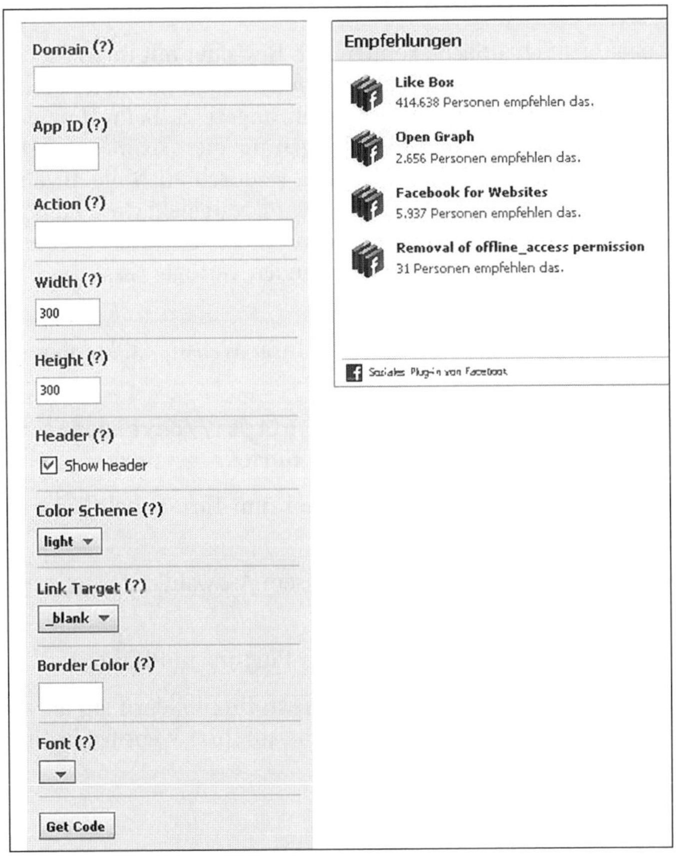

Abbildung 14.17: Geben Sie die Attribute ein, um den Code für das Plug-in für Empfehlungen zu generieren.

3. Klicken Sie auf Get Code.

Kopieren Sie den Code und fügen Sie ihn an der Stelle Ihres HTML-Codes ein, an der das Plug-in erscheinen soll. Falls Sie sich mit HTML nicht auskennen oder keinen Zugriff auf den HTML-Code Ihrer Website haben, lassen Sie sich bitte von einem Fachmann helfen. Falls Sie die Möglichkeit zur Messung, wie Nutzer dieses Plug-in verwenden, erhalten möchten, müssen Sie zunächst eine Facebook-Anwendung für Ihre Website erstellen. Im Abschnitt »Facebook-Statistiken für soziale Plug-ins verwenden« weiter vorn im Kapitel finden Sie eine Anleitung dazu.

Platzieren Sie das Plug-in für Empfehlungen auf der Startseite Ihrer Website, damit Sie sofort eine Verbindung zu Ihren Website-Besuchern herstellen und für ein personalisierteres Nutzererlebnis sorgen können.

Facebooks »Anmelden«-Schaltfläche integrieren

Über Facebooks Anmelden-Schaltfläche können sich Besucher mit ihren Facebook-Zugangsdaten auf Ihrer Website anmelden. Außerdem werden die Profilbilder aller Freunde des Nutzers, die sich bereits auf Ihrer Website angemeldet haben, angezeigt. Beim Hinzufügen dieses Plugins auf Ihrer Website können Sie die Einstellungen für die maximale Länge und Breite des später erscheinenden Feldes individuell anpassen, wodurch auch die Anzahl der Profile von Freunden, die in jeder Zeile und Spalte angezeigt wird, festgelegt wird. Falls Sie allerdings angeben, dass vier Spalten an Bildern gezeigt werden sollen, ein Nutzer hier aber nur über zwei Spalten an auf Ihrer Website angemeldeten Freunden verfügt, passt das Plug-in sich dynamisch an und es erscheinen zwei Spalten.

Um die Anmelden-Schaltfläche von Facebook mit Ihrer Website zu kombinieren, müssen Sie diese Schritte befolgen:

1. **Besuchen Sie die englischsprachige Seite `https://developers.facebook.com/plugins` und klicken Sie auf den Link Login Button.**
2. **Geben Sie die gewünschten Informationen ein, um Ihre Schaltfläche individuell anzupassen (Abbildung 14.18).**
   - *Show Faces:* Setzen Sie einen Haken in diesem Auswahlkästchen, wenn Sie möchten, dass Profilbilder angezeigt werden.
   - *Width:* Geben Sie die gewünschte Breite des Plug-ins in Pixeln an.
   - *Max Rows:* Geben Sie die Anzahl der Spalten an Profilbildern an, die angezeigt werden sollen. Die Anzahl ist abhängig von der Fläche auf Ihrer Website, die Sie für dieses Plugin reservieren möchten.

3. Klicken Sie auf Get Code.

Kopieren Sie den Code und fügen Sie ihn an der Stelle Ihres HTML-Codes ein, an der das Plug-in erscheinen soll. Falls Sie sich mit HTML nicht auskennen oder keinen Zugriff auf den

HTML-Code Ihrer Website haben, lassen Sie sich bitte von einem Fachmann helfen. Falls Sie die Möglichkeit zur Messung, wie Nutzer dieses Plug-in verwenden, erhalten möchten, müssen Sie zunächst eine Facebook-Anwendung für Ihre Website erstellen. Im Abschnitt »Facebook-Statistiken für soziale Plug-ins verwenden« weiter vorn im Kapitel finden Sie eine Anleitung dazu.

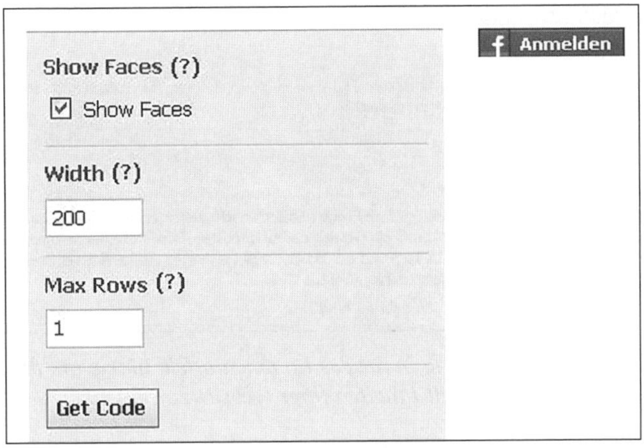

Abbildung 14.18: Eine eigene Version von Facebooks ANMELDEN-Schaltfläche zu erstellen ist kinderleicht.

Überlegen Sie sich, ob Sie das Plug-in für die ANMELDEN-Schaltfläche nicht zusammen mit dem für die »Aktivitäten«-Meldungen (weiter hinten im Kapitel beschrieben) verwenden. Auf diese Weise könnten Sie für eine maximale Anzahl an Erwähnungen sorgen.

Kommentare auf der Website zulassen

Durch das Plug-in für das Kommentarfeld können Sie einen Kommentar-Thread zu jeder beliebigen Seite Ihrer Website hinzufügen, über den auf Facebook angemeldete Besucher Kommentare hinzufügen können (Abbildung 14.19). Nutzer können festlegen, dass ihre Kommentare auch in ihren Facebook-Profilen gepostet werden sollen. Die Kommentare erscheinen dann in den Neuigkeiten dieser Nutzer und sind für all ihre Freunde sichtbar. Wenn Sie dieses Plug-in installieren, ermöglichen Sie es den Nutzern, Kommentare zu hinterlassen und mit Ihnen zu interagieren. Und da deren Freunde diese Aktivitäten sehen, können Sie somit die Besucherzahl auf Ihrer Website erhöhen.

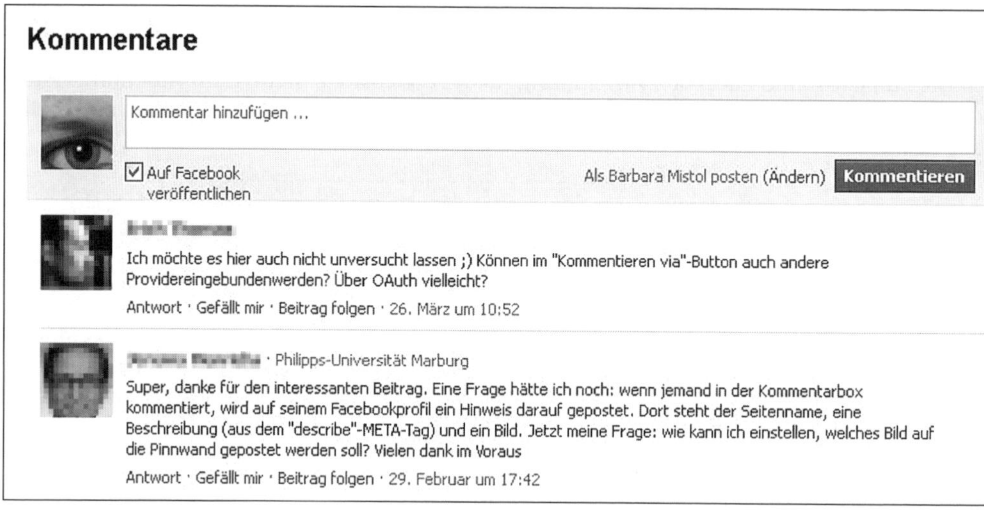

Abbildung 14.19: Fügen Sie das Plug-in für das Kommentarfeld hinzu, um für Interaktionen der Nutzer mit Inhalten Ihrer Website zu sorgen.

Um das Plug-in für das Kommentarfeld hinzuzufügen, müssen Sie diese Schritte befolgen:

1. **Besuchen Sie die englischsprachige Seite `https://developers.facebook.com/plugins` und klicken Sie auf den Link COMMENTS.**

2. **Geben Sie die gewünschten Informationen ein, um Ihre Schaltfläche individuell anzupassen (Abbildung 14.20 zeigt die Stelle).**

   - *URL TO COMMENT ON:* Hier handelt es sich um die eindeutige Identifizierungsnummer für das Plug-in für das Kommentarfeld. Dieses Feld brauchen Sie normalerweise nicht auszufüllen. Der Wert wird von der Webseite generiert, wenn das Feld erstellt wird.

   - *NUMBER OF POSTS:* Geben Sie die Anzahl der Beiträge ein, die angezeigt werden sollen. Standardmäßig erscheinen zwei, doch die tatsächliche Anzahl hängt von der verfügbaren Fläche auf Ihrer Website ab.

   - *WIDTH:* Geben Sie die gewünschte Breite des Plug-ins in Pixeln an.

   - *COLOR SCHEME:* Treffen Sie für das Farbschema, das beim Plug-in verwendet werden soll, eine Auswahl unter LIGHT und DARK.

3. **Klicken Sie auf GET CODE, um den Code zu generieren.**

Kopieren Sie den Code und fügen Sie ihn an der Stelle Ihres HTML-Codes ein, an der das Plug-in erscheinen soll. Falls Sie sich mit HTML nicht auskennen oder keinen Zugriff auf den HTML-Code Ihrer Website haben, lassen Sie sich bitte von einem Fachmann helfen. Falls Sie die Möglichkeit zur Messung, wie Nutzer dieses Plug-in verwenden, erhalten möchten, müssen Sie zunächst eine Facebook-Anwendung für Ihre Website erstellen. Im Abschnitt »Facebook-Statistiken für soziale Plug-ins verwenden« weiter vorn im Kapitel finden Sie eine Anleitung dazu.

Abbildung 14.20: Generieren Sie den Code, um sich ein eigenes Plug-in für das Kommentarfeld zu erstellen.

Sie können das Plug-in für das Kommentarfeld zu jedem einzelnen Inhalt hinzufügen, bei dem Sie die Interaktionen von Nutzern fördern möchten. Überlegen Sie sich, ob Sie es nicht mit Produktbewertungsseiten oder Ihrem Blog kombinieren oder es verwenden, um das Interesse der Nutzer an Website-bezogenen Dingen wie etwa einem neuen Layout abzuschätzen.

Falls Sie das Plug-in für das Kommentarfeld auf Ihrer Website integrieren, müssen Sie die Kommentare sorgfältig im Auge behalten und Spam und bösartige oder offenkundig negative Bemerkungen entfernen.

Nutzeraktivitäten über das Plug-in für »Aktivitäten«-Meldungen anzeigen

Wenn ein Besucher Ihrer Website zeitgleich bei Facebook angemeldet ist, wird das Plug-in für »Aktivitäten«-Meldungen individuell abgestimmt und zeigt Inhalte von den Freunden dieses Nutzers an. Es hebt Inhalte innerhalb Ihrer Website hervor, die Freunde des Besuchers teilen, empfehlen oder kommentieren. Falls die Besucher gerade nicht angemeldet sind, erscheinen allgemeine Empfehlungen von Ihrer Website und keine personalisierten.

Um das Plug-in für »Aktivitäten«-Meldungen hinzuzufügen, müssen Sie diese Schritte befolgen:

1. **Besuchen Sie die englischsprachige Seite `https://developers.facebook.com/plugins` und klicken Sie auf den Link** ACTIVITY FEED.
2. **Geben Sie die gewünschten Informationen ein, um Ihre Schaltfläche individuell anzupassen (Abbildung 14.21):**
   - *DOMAIN:* Geben Sie die Domain der Seite ein, auf der das Plug-in erscheinen soll.

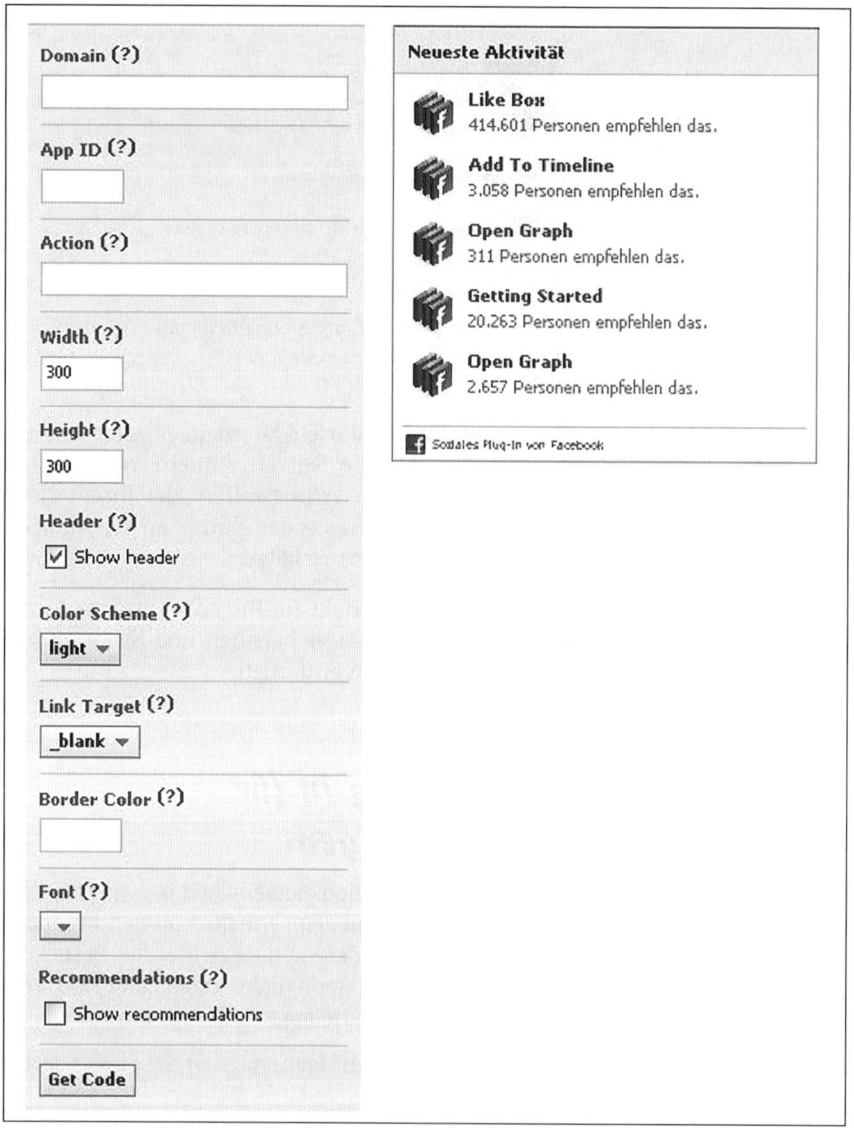

Abbildung 14.21: Geben Sie die gewünschten Informationen ein, um das Plug-in für »Aktivitäten«-Meldungen zu erstellen.

- *App ID:* Geben Sie hier die Anwendungskennnummer ein.
- *Action*: An dieser Stelle kann die gewünschte Art der Handlung festgelegt werden.
- *Width:* Geben Sie die gewünschte Breite des Plug-ins in Pixeln an.
- *Height:* Geben Sie die gewünschte Höhe des Plug-ins in Pixeln an.
- *Header:* Setzen Sie im Auswahlkästchen Show header einen Haken, falls Sie möchten, dass im Plug-in »Neueste Aktivität« als Überschrift angezeigt wird.
- *Color Scheme:* Entscheiden Sie sich für ein Farbschema. (Sie können unter light und dark wählen.)
- *Link Target:* Bestimmen Sie, wie der Link geöffnet werden soll. Standardmäßig öffnen sich alle Links in einem neuen Browserfenster (_blank). Falls Sie aber möchten, dass die Contentlinks sich im selben Browserfenster öffnen, wählen Sie _top oder _parent.
- *Border Color:* Geben Sie hier eine Farbe wie etwa `red` oder `blue` ein.
- *Font:* Wählen Sie die Schriftart aus, die im Plug-in angezeigt werden soll.
- *Recommendations:* Wenn Sie im Auswahlkästchen Recommendations einen Haken setzen, zeigt das Plug-in Empfehlungen in der unteren Hälfte an, falls für ein komplettes Ausfüllen des Feldes nicht genügend Aktivitäten vorhanden sind. Setzen Sie keinen Haken, erscheinen auch keine Empfehlungen. Wir geben Ihnen den Tipp, hier immer einen Haken zu setzen, damit Ihre Seite selbst in Phasen mit wenig Aktivitäten lebhaft wirkt.

3. **Klicken Sie auf Get Code, um den Code zu generieren.**

Kopieren Sie den Code und fügen Sie ihn an der Stelle Ihres HTML-Codes ein, an der das Plug-in erscheinen soll. Falls Sie sich mit HTML nicht auskennen oder keinen Zugriff auf den HTML-Code Ihrer Website haben, lassen Sie sich bitte von einem Fachmann helfen. Falls Sie die Möglichkeit zur Messung, wie Nutzer dieses Plug-in verwenden, erhalten möchten, müssen Sie zunächst eine Facebook-Anwendung für Ihre Website erstellen. Im Abschnitt »Facebook-Statistiken für soziale Plug-ins verwenden« weiter vorn im Kapitel finden Sie eine Anleitung dazu.

Beim »Gefällt mir«-Feld auf »Gefällt mir« klicken

Falls Sie mehr Fans für Ihre Facebook-Seite gewinnen möchten, könnten Sie eventuell das Plug-in für das Gefällt mir-Feld auf Ihrer Website integrieren (Abbildung 14.22). Ohne Ihre Website verlassen zu müssen, können Nutzer dabei mit nur einem Klick zum Fan Ihrer Facebook-Seite werden. Das Gefällt mir-Feld zeigt außerdem den aktuellen Stand an, wie viele Fans es bereits auf Ihrer Facebook-Seite gibt und welche Freunde des Besuchers ebenfalls Fan sind. Im Plug-in für das Gefällt mir-Feld können zudem die neuesten Aktualisierungen, die Sie auf Ihrer Seite veröffentlicht haben, sichtbar gemacht werden.

Abbildung 14.22: Verwenden Sie das Gefällt mir-Feld, um mehr Nutzer zu Fans Ihrer Seite zu machen.

Um das Plug-in für das Gefällt mir-Feld auf Ihrer Website hinzuzufügen, müssen Sie diese Schritte befolgen:

1. **Besuchen Sie die englischsprachige Seite `https://developers.facebook.com/plugins` und klicken Sie auf den Link Like Box.**
2. **Geben Sie die gewünschten Informationen ein, um das Plug-in für das Gefällt mir-Feld individuell anzupassen (Abbildung 14.23).**
   - *Facebook Page URL:* Geben Sie die URL Ihrer Facebook-Seite ein, bei der Nutzer zu Fans werden sollen.
   - *Width:* Geben Sie die gewünschte Breite des Plug-ins in Pixeln an.
   - *Height:* Geben Sie die gewünschte Höhe des Plug-ins in Pixeln an.
   - *Color Scheme:* Sie können zwischen einem hellen und einem dunklen Hintergrund wählen.
   - *Show Faces:* Durch einen Haken in diesem Auswahlkästchen legen Sie fest, dass beim Gefällt mir-Feld die Gesichter von einigen Ihrer Fans angezeigt werden. Dieses Feature ist sehr hilfreich, da die Freunde des Betrachters erscheinen, die bereits zu Fans Ihrer Facebook-Seite geworden sind.
   - *Border Color:* Geben Sie hier als Farbe der Umrahmung für das Plug-in zum Beispiel `red` oder `blue` ein.

- *Stream:* Setzen Sie einen Haken im Auswahlkästchen Show Stream, wenn der neueste Datenstrom mit Statusmeldungen, den Sie auf Ihrer Facebook-Seite veröffentlicht haben, angezeigt werden soll.
- *Header:* Setzen Sie einen Haken im Auswahlkästchen Show Header, damit die Überschrift »Finde uns auf Facebook« ganz oben im Plug-in angezeigt wird.

3. Klicken Sie auf Get Code, um den Code zu generieren.

Kopieren Sie den Code und fügen Sie ihn an der Stelle Ihres HTML-Codes ein, an der das Plug-in erscheinen soll. Falls Sie sich mit HTML nicht auskennen oder keinen Zugriff auf den

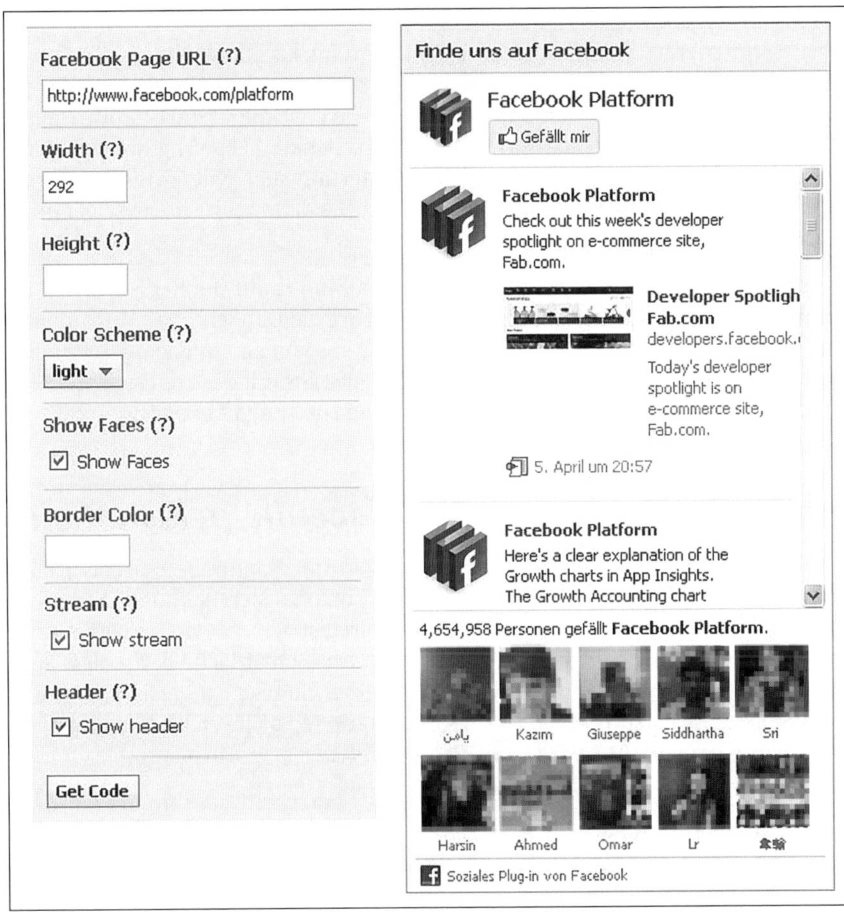

Abbildung 14.23: Code für das Facebook-Plug-in für das Gefällt mir-Feld generieren

HTML-Code Ihrer Website haben, lassen Sie sich bitte von einem Fachmann helfen. Falls Sie die Möglichkeit zur Messung, wie Nutzer dieses Plug-in verwenden, erhalten möchten, müssen Sie zunächst eine Facebook-Anwendung für Ihre Website erstellen. Im Abschnitt »Facebook-Statistiken für soziale Plug-ins verwenden« weiter vorn im Kapitel finden Sie eine Anleitung dazu.

Durch das Plug-in für die Registrierung mühelos registrieren

Über das Plug-in für die Registrierung können Nutzer sich über Ihre Facebook-Konten auf Ihrer Website registrieren. Wenn es installiert ist, wird für Facebook-Nutzer ein Formular angezeigt, in dem ihre Facebook-Daten bereits eingetragen wurden. Sie können das Formular auch so einrichten, dass dabei Zusatzinformationen wie etwa die T-Shirt-Größe (falls Sie zum Beispiel jeder Person, die sich registriert, ein T-Shirt schenken) abgefragt werden können. Außerdem können sich über das Plug-in für die Registrierung auch Nutzer registrieren, die über kein Facebook-Konto verfügen – eine tolle Sache, da Sie dann nicht mehr zwei einzelne Formulare auf Ihrer Website bereitstellen müssen.

Anders als bei den anderen Plug-ins müssen Sie beim Plug-in für die Registrierung über fortgeschrittene HTML-Kenntnisse verfügen und Zugriff auf die Dateien Ihrer Website haben. Wir empfehlen Ihnen, sich bei der Installation dieses Plug-ins von einem Fachmann helfen zu lassen. Die Installationsanweisungen (und den Code) finden Sie auf der englischsprachigen Seite `https://developers.facebook.com/docs/plugins/registration`.

Websites mit dem Plug-in für Facepile personalisieren

Ähnlich wie bei der Anmelden-Schaltfläche (weiter vorn im Kapitel beschrieben) können Sie mit Facepile das Nutzererlebnis auf Ihrer Website personalisieren, indem Sie die Freunde eines Nutzers, die sich ebenfalls auf Ihrer Website registriert haben, anzeigen lassen. Das Plug-in für Facepile unterscheidet sich von der Anmelden-Schaltfläche darin, dass seine Höhe je nach Anzahl der erscheinenden Freunde des Nutzers dynamisch angepasst wird und dass es überhaupt nicht sichtbar ist, falls sich keiner der Freunde auf Ihrer Website angemeldet hat (oder der Nutzer gerade nicht bei Facebook angemeldet ist).

Das Plug-in für Facepile, das Sie bei der Überschrift oder im oberen Bereich der Startseite Ihrer Website oder deren wichtigsten Landingpages hinzufügen können, ermutigt Nutzer, Ihre Website eingehender zu erkunden, da ihnen angezeigt wird, welche Freunde sich ebenfalls auf dieser Website registriert haben.

Um den für die Einbindung auf Ihrer Website erforderlichen Code für das Plug-in für Facepile zu generieren, müssen Sie diese Schritte befolgen:

1. **Besuchen Sie die englischsprachige Seite `https://developers.facebook.com/plugins` und klicken Sie auf den Link Facepile.**

2. **Geben Sie die gewünschten Informationen ein, um das Plug-in individuell anzupassen (Abbildung 14.24).**
    - *URL:* Geben Sie die URL der Domain der Seite ein, auf der das Plug-in platziert werden soll.
    - *Action:* An dieser Stelle kann die gewünschte Art der Handlung festgelegt werden.
    - *Size:* Wählen Sie die Größe der Bilder und des sozialen Kontextes, der angezeigt werden soll.
    - *Num Rows:* Geben Sie die Spaltenanzahl an Profilen an, die erscheinen soll. Machen Sie sich keine Sorgen, falls Sie zu viele festgelegt haben. Wenn nicht genügend Bilder vorhanden sind, um die Spalten zu füllen, passt sich die Größe des Feldes automatisch an.
    - *Width:* Geben Sie die gewünschte Breite des Plug-ins in Pixeln an.
    - *Color Scheme:* Entscheiden Sie sich für ein Farbschema. (Sie können zwischen LIGHT und DARK wählen.)

Abbildung 14.24: Code für das Facebook-Plug-in für Facepile generieren

3. **Klicken Sie auf Get Code, um den Code zu generieren.**

Kopieren Sie den Code und fügen Sie ihn an der Stelle Ihres HTML-Codes ein, an der das Plug-in erscheinen soll. Falls Sie sich mit HTML nicht auskennen oder keinen Zugriff auf den HTML-Code Ihrer Website haben, lassen Sie sich bitte von einem Fachmann helfen. Falls Sie die Möglichkeit zur Messung, wie Nutzer dieses Plug-in verwenden, erhalten möchten, müssen Sie zunächst eine Facebook-Anwendung für Ihre Website erstellen. Im Abschnitt »Facebook-Statistiken für soziale Plug-ins verwenden« weiter vorn im Kapitel finden Sie eine Anleitung dazu.

Durch den Live-Nachrichtenstrom Interaktionen in Echtzeit fördern

Wenn Sie das Plug-in für den Live-Nachrichtenstrom in Ihre Website integrieren, können Besucher in Echtzeit Kommentare lesen und posten. Sie können dieses Tool auch verwenden, um zusätzlich zu von Ihnen angebotenen Live-Inhalten wie etwa Video-Webcasts, Webinaren, Konferenzen und Ähnlichem einen Echtzeit-Chat zu offerieren. Über dieses Plug-in können Besucher sich beim Chat den Datenstrom aller Zuschauer anzeigen lassen oder den ihrer Freunde herausfiltern.

Um den für Ihre Website erforderlichen Code für das Plug-in für den Live-Nachrichtenstrom zu generieren, müssen Sie diese Schritte befolgen:

1. **Besuchen Sie die englischsprachige Seite `https://developers.facebook.com/plugins` und klicken Sie auf den Link Live Stream.**
2. **Geben Sie die gewünschten Informationen ein, um das Plug-in individuell anzupassen (Abbildung 14.25).**
   - *App ID:* Geben Sie in diesem Textfeld Ihre Anwendungskennnummer ein. Wie man eine eindeutige Anwendungskennnummer generiert, erfahren Sie weiter vorn.
   - *Width:* Geben Sie die gewünschte Breite des Plug-ins in Pixeln an.
   - *Height:* Geben Sie die gewünschte Höhe des Plug-ins in Pixeln an.
   - *XID:* Falls auf Ihrer Website mehr als ein Plug-in für einen Live-Nachrichtenstrom enthalten sein soll, müssen Sie eine so genannte *XID number,* also eine eindeutige Identifizierungsnummer, angeben, um die einzelnen Live-Nachrichtenströme auseinanderhalten zu können. Hier können Sie eine beliebige Kombination aus Buchstaben und Zahlen wählen.
   - *Via Attribution URL:* Dies ist die URL, zu der Nutzer weitergeleitet werden, wenn sie in einer Statusmeldung auf den Namen der Anwendung klicken. Dieses Feld müssen Sie nicht ausfüllen, da ein Live-Nachrichtenstrom sowohl für Websites als auch für Anwendungen genutzt werden kann.
   - *Always Post to Friends:* Wenn Sie in diesem Auswahlkästchen einen Haken setzen, wird alles, was ein Nutzer postet, in seinem Facebook-Profil angezeigt. Setzen Sie keinen

Haken, können Nutzer selbst entscheiden, ob sie es in ihrem Facebook-Profil teilen möchten oder nicht.

3. **Klicken Sie auf Get Code, um den Code zu generieren.**

Kopieren Sie den Code und fügen Sie ihn an der Stelle Ihres HTML-Codes ein, an der das Plug-in erscheinen soll. Falls Sie sich mit HTML nicht auskennen oder keinen Zugriff auf den HTML-Code Ihrer Website haben, lassen Sie sich bitte von einem Fachmann helfen. Falls Sie die Möglichkeit zur Messung, wie Nutzer dieses Plug-in verwenden, erhalten möchten, müssen Sie zunächst eine Facebook-Anwendung für Ihre Website erstellen. Im Abschnitt »Facebook-Statistiken für soziale Plug-ins verwenden« weiter vorn im Kapitel finden Sie eine Anleitung dazu.

Abbildung 14.25: Durch das Plug-in für den Live-Nachrichtenstrom können Sie bei Live-Inhalten auf Ihrer Website die Interaktionen bei Nutzern fördern.

Für statische Websites oder solche mit Live-Veranstaltungen, die nur ein sehr kleines Publikum haben, eignen sich Live-Nachrichtenströme nicht, da einfach nicht genügend Aktivitäten vorhanden sind, um ein Interesse zu wecken und die Zuschauer zu binden.

Plug-ins per Debugger überprüfen

Damit Sie Ihre Plug-ins nach dem Hinzufügen auf Ihrer Website überprüfen können, bietet Facebook Ihnen ein Tool namens Debugger. Besuchen Sie die englischsprachige Seite `https://developers.facebook.com/tools/debug`, geben Sie die URL der Webseite an, bei der Sie sich ansehen möchten, ob die Plug-ins auch fehlerfrei installiert wurden, und klicken Sie auf die DEBUG-Schaltfläche. Falls eines Ihrer Plug-ins nicht funktioniert, erhalten Sie eine Warnmeldung, in der Sie darüber informiert werden, wo sich der Fehler befindet. Sie können dann in Ihrem HTML-Code nachsehen und das Problem beheben.

Teil V

Der Top-Ten-Teil

In diesem Teil ...

Die drei Kapitel dieses Teils sind vollgepackt mit kurzen Konzepten und Tipps, durch die Sie mehr aus Facebook herausholen können. In Kapitel 15 erfahren Sie, wie Sie die häufigsten Fehler beim Facebook-Marketing vermeiden. In Kapitel 16 bringen wir Ihnen die Regeln für das eigene Verhalten und die Umgangsformen für das soziale Netzwerk näher. Und in Kapitel 17 lüften wir das Geheimnis, wie man auf Facebook für einen langfristigen Marketing-Erfolg sorgt.

Zehn häufige Fehler beim Facebook-Marketing (und wie man sie vermeidet)

15

In diesem Kapitel

- Unternehmen über ein Profil oder eine Gruppe bewerben
- Fehler beim Posten machen
- Zu aggressive oder fehlende Verkaufsstrategie
- Fans ignorieren

Bloß weil Sie jetzt eine Facebook-Seite für Ihr Unternehmen erstellt haben, heißt das nicht, dass Sie vor Fehlern gefeit sind. Natürlich sind Fehler nicht unbedingt etwas Schlechtes, wenn man daraus lernt, doch es kann nie schaden, sie gleich von Anfang an zu vermeiden! Viele gängige Fehler hängen mit der Unkenntnis zusammen, wie Facebook genutzt wird. Sie sollten beispielsweise kein Facebook-Profil verwenden, um Ihr Unternehmen zu vermarkten, denn Profile sind für Personen gedacht. Ein anderer Fehler äußert sich darin, dass man unwissentlich einen schlechten Eindruck macht, zum Beispiel, indem man zu aufdringlich auftritt.

Wir bringen Ihnen in diesem Kapitel die zehn häufigsten Fehler näher, die Sie auf Facebook tunlichst unterlassen sollten.

Unternehmen über ein Profil bewerben

Wir empfehlen Ihnen, zur Vermarktung Ihrer Firma kein Facebook-Profil zu nutzen. Und dafür gibt es mindestens drei gute Gründe:

- ✔ **Für Facebook-Profile gibt es keine Analyse-Tools**, die Ihnen anzeigen, wie Fans mit Ihren Inhalten interagieren. Fehlen Ihnen diese Informationen bei Ihren Analysetools, werden Sie nie erfahren, welche Strategien auf Facebook funktionieren.
- ✔ **Das Versenden einer Freundschaftsanfrage unterscheidet sich erheblich von der Bitte, Fan Ihrer Seite zu werden.** Wenn Sie von Ihrem Profil aus eine Freundschaftsanfrage verschicken, bitten Sie den Nutzer im Grunde um Zugriff auf seine Fotos, die Freundesliste, Adresse, Telefonnummer und vielleicht auch noch den Beziehungsstatus. Damit würden Sie als Seitenbetreiber die stillschweigend vorausgesetzte Grenze der Privatsphäre überschreiten, die die meisten Nutzer zwischen ihrem persönlichen Leben und den Markenherstellern, mit denen sie Geschäfte machen, ziehen. Es ist zum Beispiel überhaupt nichts daran auszusetzen, wenn Sie Fan einer Pizzeria werden. Doch es ist irgendwie unheimlich, wenn eine Pizzeria Fan von Ihnen wird. Facebook-Nutzer können umgekehrt aller-

dings Fans von Seiten werden, ohne dabei Kompromisse bei der Privatsphäre hinnehmen zu müssen.

- ✔ **Wenn Sie Ihr Unternehmen über ein Facebook-Profil bewerben, könnten Sie damit gegen die Nutzungsbedingungen von Facebook verstoßen.** Das bedeutet im Klartext: Nachdem Sie eine Menge Ressourcen aufgewendet haben, um eine große Anzahl an Freunden – sagen wir mal 5.000 – zusammenzubekommen, kann die Firma Facebook Ihr Profil einfach löschen.

Unternehmen über eine Gruppe bewerben

Ein weiterer gängiger Fehler, den Unternehmer auf Facebook begehen, besteht darin, dass sie ihre Firmen über eine Gruppe vermarkten. Das Problem daran ist, dass Gruppen einzig und allein für Facebook-Nutzer gedacht sind, die sich aufgrund gemeinsamer Interessen oder Ziele und nicht aufgrund einer einzelnen Marke miteinander verbinden möchten. Alle Gruppenmitglieder haben ein Mitspracherecht, wenn es um die Entscheidung geht, was in der Gruppe diskutiert wird und was angebraucht ist (und was nicht). Gruppen, bei denen ein Einzelner die Themen vorgibt, sind normalerweise nicht von Erfolg gekrönt. Außerdem hat die Firma Facebook das Gruppen-Feature nicht für Marketingzwecke eingeführt – dafür sind Facebook-Seiten konzipiert worden!

Wirkungslose Standard-Reiter erstellen

Man kann auf jeder Facebook-Seite einen Standard-Reiter für Nicht-Fans einrichten. Doch häufig wissen Unternehmer über die Existenz dieses Features gar nicht Bescheid und schicken erstmalige Besucher unwissentlich entweder auf den INFO-Reiter oder die Pinnwand. Das Problem dabei ist, dass man mit keinem der beiden Wege Nutzer zu Fans macht, wie es bei einem individuellen WILLKOMMEN-Reiter der Fall ist, da erstmalige Besucher in beiden Fällen für die Entscheidung, ob sie nun Fan dieser Seite werden sollten, erst mal einiges an Zeit aufwenden müssen. Laut der US-amerikanischen Firma BrandGlue (englischsprachig: `www.facebook.com/BrandGlue`) werden bei Seiten mit einem individuellen WILLKOMMEN-Reiter, der eine einfache und eindeutige Handlungsaufforderung beinhaltet, 25 Prozent mehr Nicht-Fans in Fans umgewandelt als bei Seiten ohne einen individuellen Reiter. In Kapitel 6 bringen wir Ihnen mehrere Möglichkeiten näher, wie man einen individuellen WILLKOMMEN-Reiter auf seiner Facebook-Seite hinzufügt.

Verkürzte URLs posten

Ebenso wie neue Trends im Social-Media-Marketing auf den Markt drängen, sind nun auch zahlreiche externe Tools für die Verwaltung mehrerer Social-Media-Plattformen erhältlich. Bei vielen von ihnen wie etwa HootSuite oder TweetDeck werden Kurz-URL-Dienste verwendet, um lange URLs für Beschränkungen bei der Zeichenanzahl, die es zum Beispiel auf Plattformen wie Twitter gibt, anzupassen. Selbst wenn man mit Hilfe dieser Tools Links auf Facebook posten kann, sind sie nicht so flexibel konzipiert, dass auch das Posten einer längeren URL ermöglicht wird, falls keine solchen Beschränkungen bestehen, wie es auf Facebook der Fall ist.

Die US-amerikanische Firma Buddy Media (englischsprachig: `www.facebook.com/buddymedia`) hat über eine Studie von Juli 2011 herausgefunden, dass vollständige URLs dreimal mehr Klicks erhalten als URLs, die gekürzt wurden. Anders ausgedrückt: Die Verwendung verkürzter URLs auf Facebook wirkt sich sogar negativ auf Ihr Bemühen aus, bei Ihrem Unternehmen für Markenbekanntheit zu sorgen! Anstatt verkürzte URLs zu nutzen, sollten Sie Inhalte besser direkt auf Facebook posten oder externe Tools wie Post Planner (englischsprachig: `www.postplanner.com`) verwenden, die eigens für Marketingfachleute auf Facebook gedacht sind, um mehrere, unterschiedliche Arten von Inhalten für Facebook-Seiten zu planen und zu veröffentlichen.

Improvisieren

Marketingfachleute auf Facebook begehen häufig den Fehler, ihre Facebook-Seite mit derselben Lässigkeit zu verwalten, wie sie es bei ihren Profilen tun. Nutzer verfolgen mit ihren Facebook-Profile sehr selten in erster Linie einen wirtschaftlichen Zweck (und sollten es auch nie tun). Im Großen und Ganzen stellt die Nutzung eines Facebook-Profils allein eine zwanglose und amüsante soziale Handlung dar. Bei Seiten sieht es da ganz anders aus.

Es ist sicherlich auch wichtig, eine entspannte Haltung gegenüber der eigenen Facebook-Seite an den Tag zu legen, doch ebenso bedeutsam ist das Verfolgen einer wohlüberlegten Strategie, die Kenntnisse über die Fangemeinde voraussetzt und die das Vermitteln einer einzigartigen Werbebotschaft und das Messen von Ergebnissen beinhaltet. Auf gut Deutsch: Improvisieren Sie nicht einfach.

Zum falschen Zeitpunkt posten

Marketingfachleute für Facebook haben üblicherweise die gleichen Arbeitszeiten wie jeder andere auch: von 9 bis 17 Uhr. Und da es zu ihren Aufgaben gehört, veröffentlichen sie Aktualisierungen mit nützlichen und hoffentlich wohldurchdachten Inhalten auf ihren Facebook-Seiten. Sie bedenken allerdings nicht, dass ihre Facebook-Fans die gleichen Arbeitszeiten haben und während des Tages einfach keine Zeit oder keine Erlaubnis haben, Facebook zu nutzen. Beiträge, die während der üblichen Arbeitszeiten gepostet werden, sind normalerweise nicht so wirkungsvoll wie solche, die am frühen Morgen oder frühen Abend oder zu jeder anderen Zeit, zu der man auf Facebook hineinschaut, erscheinen. Das liegt daran, dass in den Neuigkeiten Meldungen sehr schnell von neueren verdrängt werden. Wenn Sie eine Aktualisierung dann veröffentlichen, wenn Nutzer vor dem Bildschirm sitzen, erhöhen Sie somit die Wahrscheinlichkeit, dass Ihr Beitrag zum Zeitpunkt der Anmeldung der Nutzer ganz oben in den Neuigkeiten angezeigt wird.

Zu aggressive Verkaufsstrategie

Eine zu aggressive Verkaufsstrategie ist unter Marketingfachleuten auf Facebook der wohl am häufigsten begangene Fehler. Nehmen wir mal an, ein solcher Marketingfachmann erstellt eine Seite und fängt an, Inhalte zu posten, in denen es lediglich um das Unternehmen oder die Produkte geht. Das Problem daran ist, dass Facebook-Nutzer sich nichts aus den Produkten oder Dienstleistungen machen. Sie interessieren sich aber sehr wohl für Dinge, die damit zusammenhängen. Wanderer möchten beispielsweise über Gegenden diskutieren, die sich hervorragend für das Wandern eignen, oder Fotos von ihrem jüngsten Abenteuer bei diesem Sport teilen. Ein Sportartikelhersteller, der die neueste Wanderausrüstung mit einem Rabatt bewirbt, wird sich nur so lange die Aufmerksamkeit der Fans sichern können, wie der Rabatt auf der Facebook-Seite gewährt wird.

Fehlende Verkaufsstrategie

Der gegensätzliche Fall, die fehlende Verkaufsstrategie, kommt wahrscheinlich seltener vor, stellt aber dennoch einen Fehler dar. Stellen Sie sich mal vor, unser Freund, der Sportartikelhersteller, hat gemerkt, dass eine zu aggressive Verkaufsstrategie fehl am Platze ist, und konzentriert sich von nun an darauf, was seine Fans interessiert. Diese beginnen zwar zu interagieren, was ja ein gutes Zeichen ist, doch die Umsätze werden nicht gesteigert, da es auf der Seite keinerlei Werbeaktionen oder Handlungsaufforderungen gibt. Facebook-Nutzer unterhalten sich unheimlich gerne über Dinge, die ihnen am Herzen liegen, doch sie machen genauso gerne ein gutes Geschäft!

Langatmige Aktualisierungen veröffentlichen

Die Firma Buddy Media hat in einer weiteren Studie herausgefunden, dass Aktualisierungen mit einer Länge von unter 80 Zeichen 27 Prozent mehr Reaktionen hervorrufen als längere Versionen. Eine Aussage, die Hand und Fuß hat, wenn man bedenkt, wie Facebook genutzt wird und wie schnell Meldungen in den Neuigkeiten von neueren verdrängt werden.

Wenn Sie langatmige Aktualisierungen veröffentlichen, ist das, als ob sie Ihren Fans Hausaufgaben aufgeben. (Und wann hätte man sich jemals über Hausaufgaben gefreut?) Im Gegensatz dazu rufen kurze Aktualisierungen wie etwa Fragen oder schnelle Umfragen mehr Reaktionen hervor, da die Hemmschwelle zur Teilnahme einfach sehr niedrig ist.

Wir wissen, wie groß die Versuchung sein kann, so viele Informationen wie möglich über Ihr neues Produkt oder Ihre neue Dienstleistung in eine Aktualisierung hineinzupacken, doch auf lange Sicht gesehen wird sich ein solches Vorgehen negativ auf Ihren EdgeRank auswirken. In Kapitel 8 erfahren Sie mehr über den EdgeRank.

Kommentare ignorieren

Fans auf Facebook sind Leute wie du (und wir). Wenn sie sich schon die Mühe machen, einen Kommentar zu hinterlassen oder innerhalb eines Threads auf Ihrer Facebook-Seite zu antworten, dann möchten sie auch sicher sein, dass man ihnen zuhört. Seiten, auf denen Beiträge von Fans durchweg ignoriert werden, sind nicht so erfolgreich wie Seiten, bei denen die Seitenbetreiber sich in Kommentar-Threads einbringen. Wenn ein Fan nicht das Gefühl hat, dass man ihn beachtet, sinkt die Wahrscheinlichkeit, dass er die Seite erneut besucht.

Sie sollten auch deshalb auf Beiträge von Fans antworten, weil diese von Facebook über die Antwort benachrichtigt werden, wodurch sie wiederum Ihre Seite aufsuchen! Sie zeigen Ihren Fans dadurch also nicht nur, dass Sie ihnen zuhören, sondern bringen sie auch dazu, weiterhin auf Ihrer Seite Beiträge zu posten.

Zehn Tipps für Umgangsformen auf Facebook-Seiten

16

In diesem Kapitel

- Eine weiße Weste behalten
- Eine professionelle Haltung an den Tag legen
- Wissen, wann man nicht antwortet
- Private Daten unter Verschluss halten

In dem Maße, wie das soziale Netzwerk Facebook wächst, nimmt auch die Anzahl an peinlichen Ausrutschern zu, die sich Einzelpersonen und Unternehmer gleichermaßen leisten. Gelegentliche Versprecher, befremdliche Fotos und natürlich der Klassiker: blamable Markierungen in Notizen, Fotos oder Videos.

Sie können und müssen den Ruf Ihrer Marke auf Facebook schützen sowie den allergrößten Respekt für die Facebook-Community an den Tag legen. Tun Sie es nicht, wiegen die Nachteile schwer: Sie können Ihre Seite, Ihr Profil oder sogar beides verlieren. Sind Sie erst einmal aus dem Netzwerk verbannt worden, wird es schwer, wieder hineinzukommen. Ist es dann so weit, ist von der Zielgruppe, die Sie so mühevoll aufgebaut haben, nichts mehr zu sehen. Daher sollten Sie sich besser an die Tipps und Warnungen halten, die wir Ihnen in diesem Kapitel geben.

Kein Alkohol am Facebook-Steuer

Es sollte eigentlich jedermann bekannt sein: Manchmal wird unsere Kommunikationsfähigkeit durch Alkohol beeinflusst. Na klar – Alkohol und das Verfassen von E-Mails oder Handlungen in sozialen Netzwerken, das passt einfach nicht zusammen. Da melden Sie sich besser gar nicht erst an. Infolge eines einzigen negativen oder etwas unanständigen Pinnwandeintrags können Sie schon bei Facebook gemeldet werden. Nutzer sind eher wachsam, was Dinge angeht, die sie beleidigend finden. Bleiben Sie also standhaft: kein Alkohol am Facebook-Steuer.

Eine weiße Weste behalten und höflich bleiben

Und noch ein No-Go: Facebook-Nutzern bedrohliche, schikanierende oder sexuell explizite Nachrichten senden. Ebenso wenig werden unaufgeforderte Nachrichten toleriert, in denen Produkte oder Dienstleistungen beworben werden. Ein solches Verhalten sollten Sie besser unterlassen, da die Kehrseite der Medaille so aussieht: Sie könnten eine Warnung erhalten, dauerhaft entfernt werden und Ihr Konto könnte schließlich gesperrt werden. Und was noch viel schlimmer ist: Die Firma Facebook wird Ihnen keine Beschreibung und keine Kopie der Inhalte bieten, die als beleidigend beurteilt wurden. Man macht dort keine genauen Angaben zu Vorschriften, die durchgesetzt werden. Gehen Sie lieber auf Nummer sicher, falls Sie sich mal unschlüssig sind.

Treiben Sie es nicht auf die Spitze

Man kann es auf Facebook auf verschiedene Arten übertreiben. Achten Sie also auf solche Fallen – Sie können ganz leicht hineintappen. Erstens: Senden Sie von Ihrem persönlichen Profil aus keine Freundschaftsanfragen an zufällig ausgewählte Personen, weil Sie hoffen, aus diesen Nutzern Fans Ihrer Seite zu machen. Freundschaftsanfragen an zufällig ausgewählte Personen gelten als schlechter Stil und könnten Sie wie einen Stalker dastehen lassen. Lassen Sie auch das Anstupsen sein. Falls ein Nutzer das Anstupsen zulässt, erscheint in seinem Profil der Link [NAME] ANSTUPSEN. Durch die Verwendung dieses Features lässt ein Nutzer einen anderen dezent wissen, dass er an ihn denkt. Es handelt sich hier aber um eine unpersönliche Form der Kommunikation. Es kann lustig sein, einen Freund anzustupsen, doch einen Fremden auf diese Weise zu kontaktieren, gilt als schlechter Stil. Also seien Sie kein Witzbold und vermeiden Sie Anstupser.

Seiten mit Anwendungen herausputzen

Externe Entwickler haben eine schier endlose Fülle an Anwendungen für Facebook erstellt. Eine oder mehrere davon könnten sich hervorragend für Ihr Unternehmen eignen. Finden Sie also eine oder zwei (aber nicht mehr) Anwendungen, mit denen Sie Ihre Seite fesselnder gestalten können. Das Gute daran ist, dass sich Anwendungen leicht installieren lassen und man keine Kenntnisse darüber haben muss, wie sie entwickelt oder abgeändert werden. Da jeder Reiter über eine eindeutige URL verfügt, könnten Sie auch individuelle Reiter für jede der Anwendungen erstellen. Sie können sogar E-Mails an Ihren Kundenstamm versenden, in denen Sie darum bitten, mit Ihrer neuen Anwendung zu interagieren (zum Beispiel bei Umfrage-Anwendungen). Doch seien Sie vorsichtig und übertreiben Sie es damit nicht. (In Kapitel 12 gehen wir näher auf Anwendungen ein.)

Behandeln Sie die Pinnwand wie ein rohes Ei

Ihre Pinnwand ist einer der wichtigsten Bereiche Ihrer Seite. Dort können Ihre Fans Kommentare hinterlassen und sich in Diskussionen zu einem Thema einbringen. Alle Beiträge auf Ihrer Pinnwand sind für jeden Fan Ihres Unternehmens und für jeden Besucher Ihrer Seite sichtbar. Stellen Sie sich Ihre Pinnwand wie ein öffentliches Verzeichnis vor. Verhalten Sie sich also professionell und zuvorkommend jedem gegenüber, der dort einen Beitrag postet. Bedanken Sie sich bei Ihren Fans für ihre Beiträge und sorgen Sie dafür, dass das Ganze für die Fans und andere Nutzer zu einer amüsanten Angelegenheit wird.

Augen auf bei Dialogen mit Fremden

Schriftliche Kommunikation kann schon mal platt und unpersönlich wirken. Achten Sie daher sorgfältig auf Ihre Wortwahl und lesen Sie Ihre Antworten unbedingt noch einmal durch, bevor Sie sie posten. Dies gilt besonders, wenn sich die Situation immer mehr aufheizt. Eine noch bessere Lösung: Falls Sie das Gefühl haben, dass sich die Situation zu sehr zuspitzt, können Sie das Ganz auch gerne außerhalb von Facebook regeln und den Betreffenden per E-Mail kontaktieren.

Fans auch mal ignorieren

Viele meinen, auf sämtliche E-Mails in ihrem Posteingang antworten zu müssen. Ganz ähnlich glauben viele Facebook-Nutzer, dass jeder Kommentar und jeder Beitrag eine Reaktion ihrerseits erfordert. Manchmal schöpfen Fans die verschiedenen Kommunikationsmöglichkeiten auf Facebook übermäßig aus. Neue Fans können gelegentlich von den von Ihnen angebotenen Informationen einfach nicht genug bekommen. Wir empfehlen Ihnen, jeden neuen Fan zu begrüßen und auf Kommentare und Beiträge auf Ihrer Pinnwand innerhalb von 24 Stunden zu antworten. Versuchen Sie aber auch, ein Gefühl dafür zu bekommen, wann man reagiert und wann man das Gespräch lieber ruhen lässt. Wenn beispielsweise ein Fan mehrere Kommentare zu einem einzigen Beitrag hinterlässt, sollte man es bei einer Antwort belassen. Geht es um einen wütenden Fan, sieht die Sache anders aus. Wenn Sie ihn ignorieren, erreichen Sie oftmals das Gegenteil. Im folgenden Abschnitt erfahren Sie mehr darüber.

Mit wütenden Fans umgehen

Wütende Fans stellen in diesem neuen Medium eine der größten Herausforderungen dar. Es gibt mehrere Möglichkeiten, wie man mit einem zornigen Gegenüber verfahren kann:

- ✔ **Beurteilen Sie seinen Standpunkt ganz offen und versuchen Sie, (irgend)etwas zu finden, dem Sie zustimmen können.** Hat man erst einmal einen gemeinsamen Nenner gefunden und sich darauf geeinigt, kann man das Gespräch wieder zurück in die gewünschte Richtung lenken.
- ✔ **Korrigieren Sie sachliche Fehler taktvoll und nett.** Der entsprechende Fan hat vielleicht keinen Zugang zu allen Informationen und ist daher wütend.
- ✔ **Mogeln Sie sich nicht durch, falls Sie keine Lösung für ein bestimmtes Problem parat haben.** Seien Sie ehrlich, versprechen Sie, mehr darüber herauszufinden, und nennen Sie dem Fan einen Zeitpunkt, zu dem Sie sich in dieser Sache wieder an ihn wenden werden.
- ✔ **Vergessen Sie nicht, dass Sie ein Gespräch auch jederzeit außerhalb des Internets weiterführen können.**

An Geburtstagsgrüße denken

Facebook macht es möglich, dass Sie keinen der Geburtstage Ihrer Freunde jemals wieder verschwitzen werden. Weshalb sollte man es sich dann nicht auch zur Gewohnheit machen, täglich nachzusehen, ob einer der Fans der Seite Geburtstag hat? Besuchen Sie einfach die Profile der Fans und posten Sie einen Geburtstagsgruß auf ihrer Pinnwand oder schicken Sie ihnen eine Facebook-Nachricht an ihr Postfach. (Geburtstage von Fans werden Ihnen allerdings nur angezeigt, wenn sie eine Einstellung vorgenommen haben, die diese Information sichtbar macht.) Und falls Ihnen das immer noch nicht reicht, können Sie ihnen auch noch etwas Außergewöhnliches bieten, das einzig und allein Sie selbst an ihrem Geburtstag organisieren können. Fans könnten sich beispielsweise sehr über einen Geburtstagsgruß von einem Restaurant vor Ort freuen, bei dem ihnen angeboten wird, in der betreffenden Woche doch mal vorbeizuschauen und ein kostenloses Getränk oder einen kostenlosen Nachtisch zu erhalten.

Auf dieser Plattform werden solche Möglichkeiten geboten, doch erstaunlich wenige Unternehmer nutzen die Gelegenheit, personalisierte Geburtstagsgrüße zu versenden.

Privates soll auch privat bleiben

Für einige Unternehmer hat die Privatsphäre höchste Priorität. Falls Sie Geschäftsinhaber vor Ort sind – nehmen wir mal an, Sie seien der ortsansässige Juwelier –, dann möchten Sie vielleicht keinerlei persönliche Daten wie etwa Adresse oder Telefonnummer im INFO-Reiter Ihres persönlichen Profils angeben. Achten Sie unbedingt darauf, dass Sie in Ihrem Profil eine andere Einstellung als ÖFFENTLICH wählen. (Diese abweichenden Einstellungen sind heute nicht mehr die Standardeinstellung.) Falls Sie ÖFFENTLICH auswählen, sind Ihre persönlichen Daten mitsamt Ihrer Privatadresse für alle Internet-Suchmaschinen auffindbar und nicht vor neugierigen Blicken geschützt. Überlegen Sie sich auch genau, welchen Gruppen Sie beitreten. Falls einer Ihrer Geschäftskontakte auf Ihrem Profil umstrittene politische, sexuell orientierte oder religiöse Aktivistengruppen entdeckt, könnte er die Geschäftsbeziehungen zu Ihnen abbrechen. Manchmal ist Schweigen eben doch Gold.

Zehn (na gut, acht) Faktoren für den langfristigen Erfolg beim Facebook-Marketing

17

In diesem Kapitel

- Weshalb Facebook-Nutzer etwas teilen
- Ein Vertrauensverhältnis zu Fans auf Facebook aufbauen
- Weshalb man seine Ergebnisse messen sollte
- Kreativ und furchtlos vorgehen

Jeder Marketingfachmann möchte erreichen, dass seine Werbekampagne auf Facebook zum Erfolg wird, doch nicht jeder beweist dabei ein glückliches Händchen. Mit welchen Methoden lässt sich der Erfolg am ehesten garantieren? Wir listen Ihnen in diesem Kapitel die bewährtesten Herangehensweisen auf, mit denen Sie mit Ihrer Kampagne Facebook definitiv voll auskosten.

Man muss mit den Wölfen heulen

Der langfristige Marketing-Erfolg auf Facebook lässt sich am besten sicherstellen, indem man das soziale Netzwerk auch privat verwendet. Na klar, Sie können Bücher oder die neuesten Untersuchungen darüber lesen, weshalb man Facebook nutzt und warum das Netzwerk auch mit etwa 900 Millionen Nutzern immer noch ein erstaunliches Wachstum zu verzeichnen hat. Doch kein Buch dieser Welt wird je das Nutzererlebnis auf Facebook ersetzen können.

Wenn Sie sich registrieren und Facebook verwenden, um Kontakt zu alten Freunden von der weiterführenden Schule aufzunehmen, Fotos mit der Familie zu teilen, neue Musiktitel zu entdecken und in Threads die verschiedensten Themen zu kommentieren, werden Sie langsam verstehen, wie man sich auf eine bessere Art und Weise mit seinen Kunden verbindet. Es ist genau wie in diesem Sprichwort: Wenn du es nicht versuchst, wirst du nie wissen, ob du es kannst.

Weshalb Nutzer etwas teilen

Logischerweise möchten Sie in erster Linie erreichen, dass Ihre Fans auf Facebook Inhalte teilen, die Sie auf Ihrer Facebook-Seite gepostet haben. Wenn Sie erst einmal die Psychologie des Teilens verstanden haben, können Sie Ihre Inhalte für bestimmte »Personas, die gerne teilen« optimieren. (In Kapitel 2 erfahren Sie mehr über Personas.)

Manche Nutzer teilen, um ihre Karriere voranzubringen, und teilen dabei ausschließlich berufsbezogene und »arbeitsplatzsichere« Inhalte. Sie sind im Allgemeinen gebildet, verwenden LinkedIn und wählen für ihr Facebook-Profil Privatsphäre-Einstellungen, bei denen kaum etwas freigegeben wird. Andere Nutzer teilen, weil sie dadurch von ihren Freunden als cool angesehen werden. Sie teilen neue Musiktitel, Eilmeldungen aus dem Bereich Technik, Fotos des neuesten T-Shirts von ihrer Lieblingsmarke, das sie sich zugelegt haben, und wählen sehr wahrscheinlich Privatsphäre-Einstellungen, bei denen sehr viel für die Öffentlichkeit zugänglich ist. Wenn Sie mehr darüber wissen möchten, was Nutzer zum Teilen motiviert, sollten Sie sich die englischsprachige Seite `http://danzarrella.com` von Dan Zarrella ansehen.

Nützlich und hilfsbereit sein

Eines der wichtigsten sozialen Gesetze, das wohl über alle Grenzen von Kulturen und Sprachen hinweg Gültigkeit besitzt, ist das Gesetz der Gegenseitigkeit. Anderen zu helfen nimmt bei unserer Entwicklung als Spezies Mensch eine sehr zentrale Bedeutung ein. Wenn ich Ihnen nach einem heftigen Schneesturm helfe, Ihre Einfahrt freizuschaufeln, werden Sie in Zukunft viel eher bereit sein, mir zu helfen. Nehmen Sie dieses Beispiel, multiplizieren Sie es mit 1.000 und heraus kommt Facebook.

Wenn Sie sich kontinuierlich bemühen, andere gleichgesinnte Unternehmen auf Ihrer Facebook-Seite zu bewerben, werden diese dasselbe für Sie tun. Sie können auch hilfsbereit sein, indem Sie relevanten Facebook-Gruppen beitreten und dort nach Fragen Ausschau halten, die Sie beantworten können.

Schenken Sie Ihren Fans Gehör

Einer der Hauptgründe, weshalb man die sozialen Medien hauptsächlich nutzt, ist der: Man möchte gehört werden. Und die Markenhersteller, die hier sehr erfolgreich sind, schenken den Fans ihrer Facebook-Seite Beachtung.

Ein gutes Beispiel dafür liefert die Facebook-Seite FanPageEngine (englischsprachig: `www.facebook.com/FanPageEngine`). Wenn Kunden dort eine Frage aus dem Bereich Technik an der Pinnwand posten, erhalten sie stets eine schnelle und hilfreiche Antwort. Nehmen Sie auf Ihrer Facebook-Seite unbedingt Einstellungen vor, die Fans dort das Posten von Beiträgen erlauben. Sorgen Sie außerdem dafür, dass Sie schnell darüber benachrichtigt werden, wenn jemand einen Kommentar auf Ihrer Seite hinterlässt. (Wählen Sie dazu auf Ihrer Seite in der Dropdown-Liste Verwalten den Eintrag Seite bearbeiten aus und suchen Sie dann den Reiter Deine Einstellungen.) Diese Einstellungen sind gar nicht so aufwendig, wie sie zunächst wirken, und durch den positiven Effekt für Ihre Marke werden sich Ihre Bemühungen langfristig mehr als bezahlt machen.

Ihre Facebook-Seite stellt im Grunde eine Plattform dar, auf der Sie mit Ihren Kunden und potenziellen Kunden Dialoge führen können. Sie können sie dort um Rückmeldungen zu Ihren Produkten oder Dienstleistungen bitten, wodurch Sie später viel genauer auf ihre Wünsche eingehen können. Doch selbst wenn

Ihnen das nicht möglich sein sollte, können Sie ihnen zumindest zeigen, dass Sie sich Gedanken machen. Und zwar mit einer Antwort wie dieser: »Leider haben wir das nicht im Angebot, aber sehen Sie sich doch hier mal an, was wir führen.« Allein durch die Tatsache, dass man ihnen zuhört, nehmen die Kunden Ihr Unternehmen positiv wahr, und zwar auch dann, wenn Sie ihnen nicht genau das bieten können, was sie sich wünschen.

Regelmäßig einbringen

Sie nutzen Facebook in erster Linie für Ihre Firma, weil Sie sich durch dieses Netzwerk besser mit Ihren Kunden und potenziellen Kunden verbinden können. Sie möchten sie auf Ihr Unternehmen aufmerksam machen, ihr Interesse an einem Kauf wecken und sie schließlich dazu bringen, eine Handlung vorzunehmen. Jeder einzelne Schritt dieses Prozesses setzt ein Vertrauensverhältnis voraus. Doch nichts zerstört das Vertrauen so schnell wie Sprunghaftigkeit. Nachdem Sie einmal damit angefangen haben, Ihre Facebook-Seite als Plattform für Dialoge zu nutzen – dort also schnell auf Fragen antworten und interessante und nützliche Inhalte teilen –, erwarten die Fans Ihrer Seite natürlich eine gewisse Beständigkeit Ihrerseits. Wenn Sie zum Beispiel innerhalb des ersten Monats auf Facebook dreimal täglich etwas posten und Fragen schnell beantworten, in den folgenden Monaten aber nichts mehr von sich hören lassen, werden die Fans nicht nur langsam an Ihrem Engagement in Sachen Facebook zweifeln, sondern auch Ihre Fähigkeit, gute Produkte oder Dienstleistungen zu liefern, infrage stellen.

Fans wahrnehmen und seine Dankbarkeit zeigen

Wenn Sie aus der Masse an Unternehmen auf Facebook herausstechen möchten, müssen Sie sich gezielt darum bemühen, Ihren Fans auf Facebook Ihre Dankbarkeit zu zeigen und sie wahrzunehmen. Denn beide Dinge sind elementare Verlangen, die jeder von uns hat und durch die Fans unmittelbar eine Wertschätzung empfinden und die sie dazu bringen, auch andere wahrzunehmen. Die positive Wahrnehmung, die mit Ihrer Person beginnt, bewirkt, dass Fans Ihr Unternehmen viel eher mit Freunden teilen und sogar mit Ihnen Geschäfte machen werden!

Sie können Ihre Wertschätzung zum Beispiel mit einem einfachen Satz ausdrücken: »Wir haben die besten Fans dieser Welt!« (Achten Sie mal darauf, wie viele Kommentare eine solche Aktualisierung nach sich ziehen wird.) Oder Sie machen es so wie das US-amerikanische Unternehmen Diapers.com – dort werden ganz bestimmte Eltern mit Hilfe eines Avatars auf Facebook hervorgehoben (englischsprachig: `www.facebook.com/diapersdotcom`). Wenn auch Sie einen ganz bestimmten Fan auf Ihrer Facebook-Seite hervorheben, werden sich alle Fans wahrgenommen fühlen. Sie denken dann bei sich: »Toll, wie diese Firma ihre Fans behandelt, und ich gehöre auch dazu!«

Messen und überwachen

Sie sind wahrscheinlich Unternehmer. Und falls Sie schon lange genug dabei sind, werden Sie wissen, wie wichtig es ist, den Return on Investment auszurechnen. Auf Facebook messen Sie im Grunde die Reaktionen auf Ihre Maßnahmen. Über welche Themen freuen sich Nutzer? Welche Strategien zur Fan-Akquirierung sind am wirkungsvollsten? Wenn Fans auf Ihrer Website etwas anklicken, wie viele von ihnen werden dann zu Kunden Ihrer Firma?

Falls Sie diese Fragen nicht beantworten können, werden Sie niemals erfahren, ob Sie Facebook effektiv nutzen. In der heutigen Wirtschaftssituation können Sie es sich nicht erlauben, einfach zu improvisieren. Stellen Sie sich die Messung Ihrer Marketing-Maßnahmen auf Facebook wie ein Navigationsgerät vor, das Ihnen zeigt, wie weit Sie noch von Ihrem Ziel entfernt sind, wann Sie es erreicht haben und wie Sie, falls erforderlich, den Kurs ändern.

Furchtlos und kreativ vorgehen

Jetzt in diesem Moment buhlen Millionen von Unternehmen um die Aufmerksamkeit auf Facebook. Viele von ihnen möchten die Aufmerksamkeit Ihrer derzeitigen Fans im Netzwerk auf sich lenken. Um dieses Ziel zu erreichen, nutzen Ihre Konkurrenten Videos, Fotos, Kommunikationsstrategien und hochgradig interaktive individuelle Reiter. Und jetzt kommt die gute Nachricht: Sie können genauso erfinderisch vorgehen und die Aufmerksamkeit der Kunden ebenso sehr oder in sogar noch höherem Maße auf sich ziehen und diese Kunden binden.

Um weiterhin kreativ agieren zu können, sollten Sie auch in Zukunft Bücher wie dieses hier lesen, an Webinaren zum Thema Facebook-Marketing teilnehmen und die Maßnahmen anderer Markenhersteller im Auge behalten. Doch all dieses Wissen wird keinen Pfifferling wert sein, wenn Sie nicht handeln. Ihre Konkurrenz wartet nicht ab, bis sich das perfekte Konzept ergibt, und Sie sollten es auch nicht tun. Betrachten Sie all Ihre Bemühungen auf Facebook als Entwurf, als eine unendliche Beta-Version. Auf diese Weise bilden Sie sich sowohl ernsthaft weiter, was auf Facebook wirklich funktioniert, und steigern während dieses Prozesses auch noch Ihre Umsätze.

Stichwortverzeichnis

E

F

G

H

I

K

L

Q

R

S

T

U

V

W

Y

Z

FÜR DUMMIES

DAS NETZ DER TAUSEND MÖGLICHKEITEN ENTDECKEN

AdWords für Dummies
ISBN 978-3-527-70444-6

Blogging für Dummies
ISBN 978-3-527-70481-1

Facebook für Dummies
ISBN 978-3-527-70817-8

Facebook und Twitter
für Senioren für Dummies
ISBN 978-3-527-70836-9

Hacken für Dummies
ISBN 978-3-527-70830-7

Internet für Dummies
ISBN 978-3-527-70591-7

Internet für Senioren
für Dummies
ISBN 978-3-527-70626-6

Twitter für Dummies
ISBN 978-3-527-70812-3

Collection pratique

Guide pratique du diabète

Agnès Hartemann
Professeure des universités, cheffe du service de diabétologie, groupe hospitalier Pitié-Salpêtrière, Sorbonne Université, Paris

André Grimaldi
Professeur émérite de Sorbonne Université, groupe hospitalier Pitié-Salpêtrière, Paris

Avec la collaboration de :

C. Amouyal, F. Andreelli, C. Benoit, O. Bourron, C. Ciangura, A. Dufour, A. Gharbi, M. Halbron, S. Jacqueminet, M. Leroy, M. Popelier

7e édition

ELSEVIER
MASSON

ELSEVIER
Elsevier Masson SAS, 65, rue Camille-Desmoulins, 92442 Issy-les-Moulineaux cedex, France

Guide pratique du diabète, 7e édition, de Agnès Hartemann et André Grimaldi.

ISBN : 978-2-294-78315-9
e-ISBN : 978-2-294-78355-5
Campus : 978-2-294-78716-4

Collaborateurs

Chloé Amouyal, maître de conférences universitaire-praticien hospitalier, service de diabétologie, groupe hospitalier Pitié-Salpêtrière, Sorbonne Université Médecine, Paris.

Fabrizio Andreelli, professeur des universités-praticien hospitalier, service de diabétologie, groupe hospitalier Pitié-Salpêtrière, Sorbonne Université Médecine, Paris.

Céline Benoit, diététicienne, service de diabétologie, groupe hospitalier Pitié-Salpêtrière, Sorbonne Université Médecine, Paris.

Olivier Bourron, professeur des universités-praticien hospitalier, service de diabétologie, groupe hospitalier Pitié-Salpêtrière, Sorbonne Université Médecine, Paris.

Cécile Ciangura, praticien hospitalier, service de diabétologie, groupe hospitalier Pitié-Salpêtrière, Sorbonne Université Médecine, Paris.

Amandine Dufour, diététicienne, service de diabétologie, groupe hospitalier Pitié-Salpêtrière, Sorbonne Université Médecine, Paris.

Aicha Gharbi, diététicienne, service de diabétologie, groupe hospitalier Pitié-Salpêtrière, Sorbonne Université Médecine, Paris.

Marine Halbron, praticien hospitalier, service de diabétologie, groupe hospitalier Pitié-Salpêtrière, Sorbonne Université Médecine, Paris.

Sophie Jacqueminet, praticien hospitalier, service de diabétologie, groupe hospitalier Pitié-Salpêtrière, Sorbonne Université Médecine, Paris.

Maud Leroy, diététicienne, Service de diabétologie, groupe hospitalier Pitié-Salpêtrière, Sorbonne Université Médecine, Paris.

Marc Popelier, praticien hospitalier, service de diabétologie, groupe hospitalier Pitié-Salpêtrière, Sorbonne Université Médecine, Paris.

Avant-propos

Au gré de ses éditions successives, ce guide pratique fait le point sur ce qui demeure et ce qui change en diabétologie. Il n'est pas inutile de resituer les avancées dans l'histoire longue de la spécialité et de revoir les débats d'aujourd'hui à la lumière des controverses du passé. Pour mieux entrevoir où l'on va, il peut être utile de savoir d'où l'on vient.

La diabétologie moderne est née en 1921 avec la découverte de l'insuline. En 1922, un premier enfant est traité et cette maladie subaiguë mortelle devient une maladie chronique. Mais l'insulinothérapie est contraignante, responsable alors d'hypoglycémies sévères. Mais après des années d'hyperglycémie apparaissent les complications conduisant à la cécité, à l'insuffisance rénale terminale et aux amputations. Dès lors le choix pour les patients à l'époque va être le suivant : soit accepter les multiples contraintes du traitement et subir de nombreuses hypoglycémies, soit rechercher une vie plus confortable aux prix d'une hyperglycémie chronique mais d'un risque de complications dégénératives. Choisir la vie au présent en essayant de ne pas trop penser à l'avenir ou renoncer à vivre comme tout le monde pour accroître son espérance de vie sans handicap.

Dès lors un débat va diviser la diabétologie mondiale et déboucher en France sur une scission entre la diabétologie d'adulte et la diabétologie pédiatrique. L'hyperglycémie est responsable des complications de la triopathie diabétique – « œil, rein, nerf » –, telle est la conviction profonde de la majorité des diabétologues européens soignant les adultes. Ils s'appuient sur une série d'arguments convergents, cliniques observationnels, expérimentaux, histologiques et biochimiques. À l'opposé, des chercheurs américains et les diabétologues pédiatres français insistent sur les discordances bien réelles entre l'équilibre glycémique et la survenue des complications, sur les dangers des régimes pauvres en glucides, riches en graisses, et surtout sur la gravité des comas hypoglycémiques chez l'enfant pouvant laisser des séquelles cognitives. C'est ainsi qu'en 1954 est créée l'ADL, l'Association des diabétiques libérés, qui deviendra deux ans plus tard l'Aide aux jeunes diabétiques, l'AJD, scission de l'Association française des diabétiques, l'AFD. Tant qu'on ne disposait pas de la mesure objective de l'équilibre glycémique chronique grâce au dosage de l'HbA1c, chacun campait sur ses positions. Le débat va être tranché par la publication en 1993 des résultats de la grande étude américaine randomisée du DCCT qui dût être interrompue prématurément en raison du bénéfice démontré du traitement dit « intensif » : avec un point en moins d'hémoglobine A1c, on venait d'obtenir trente pour cent en moins de rétinopathie, de glomérulopathie et de neuropathie. L'universalité de cette équation fut par la suite validée pour toutes les populations et pour tous les types de diabète, même si elle est par ailleurs modulée par des facteurs génétiques, l'âge de survenue du diabète, la pression artérielle, la taille déterminant la longueur des fibres nerveuses... Le DCCT fut prolongé par une étude de suivi (EDIC) montrant un bénéfice cardiovasculaire mais retardé, et d'autre part une mémoire prolongée du mauvais équilibre glycémique, comme si les années perdues en hyperglycémie ne se rattrapaient pas ou seulement très tardivement (on sait maintenant qu'après une greffe du pancréas permettant la normalisation de la glycémie il faut de 5 à 10 ans pour voir régresser des lésions histologiques de la glomérulopathie diabétique). L'« Evidence Based Medecine » donnait donc raison aux tenants du traitement centré sur la glycémie. Mais les résultats du DCCT avaient été obtenus au prix du triplement du risque d'hypoglycémie sévère. On eut donc les plus grandes difficultés à appliquer dans la pratique courante les règles thérapeutiques issues du DCCT. Avoir 7 % d'HbA1c restait en pratique un résultat difficile à reproduire hors étude, malgré les progrès des insulines, des pompes, des stylos, de l'autocontrôle glycémique. En effet, l'approche par l'*éducation thérapeutique* du patient avait de son côté donné raison aux pédiatres, qui pratiquaient une médecine centrée sur l'enfant et son entourage et non une médecine centrée sur la maladie. Il fallait que le traitement s'adapte à la vie et non la vie au traitement. En 1975, Jean Philippe Assal à Genève avait créé une Unité d'éducation et de traitement où l'éducation était centrée sur l'apprenant comme la médecine était centrée sur le malade. Pour l'aider, il avait fait venir pour travailler avec lui une psychologue et un spécialiste de la pédagogie, deux domaines que n'enseigne pas ou peu la faculté de médecine. Le groupe des cliniciens de Genève insistait sur le fait que l'éducation thérapeutique devait être intégrée aux soins et marcher sur deux jambes : d'une part l'acquisition par le patient de compétences (d'auto-soins et d'adaptabilité sociale) et d'autre part une aide personnalisée à la résilience grâce à la « médecine narrative ». Et pour ce faire ils développèrent des médiations : groupes de parole, ateliers d'écriture, théâtre du vécu, art-thérapie... Le modèle d'éducation thérapeutique intégrée aux soins et centrée sur le patient est devenu le modèle pour tous, celui que les pédiatres avaient historiquement développé. Et le débat historique entre diabétologues d'adultes et pédiatres a été définitivement clos par le développement de l'insulinothérapie fonctionnelle, qui permet en pratique d'adapter le traitement à la vie tout en obtenant un bon équilibre glycémique. L'insulinothérapie fonctionnelle cherche en effet à mimer l'insulinosécrétion physiologique, libérant les patients de la fixité des horaires et des contenus des repas.

L'arrivée de l'enregistrement continu de la glycémie interstitielle par des capteurs permet enfin au patient diabétique de type 1 de voir et de prévoir les effets de ses actions et d'adapter encore mieux son traitement à sa vie. L'arrivée du pancréas artificiel (le capteur gère la pompe) a encore abaissé la charge mentale de la gestion du diabète de type 1, mais la présence de la maladie dans la vie courante reste prégnante.

Le développement de l'éducation thérapeutique, par sa posture centrée sur le patient, a aussi changé les rapports dans la relation de soin, transformant une relation paternaliste en une relation dynamique d'écoute et d'échanges sur un mode adulte/adulte. L'importance de l'expertise des patients et des échanges entre pairs a été mise en lumière par les ateliers d'ETP.

Depuis 2009 et la loi de santé « HPST », l'éducation thérapeutique du patient se développe dans toutes les spécialités et en ville, mais les obstacles sont nombreux : une supervision administrative lourde, un paiement insuffisant, un manque de formation des soignants, aujourd'hui en partie comblé, la surcharge de travail des médecins, le paiement à l'acte, conduisent souvent à transférer totalement l'éducation aux paramédicaux (voire à des plateformes d'éducation !), au risque de dissocier l'éducation du soin. Le modèle des infirmières « Asalée », financées par la Sécurité sociale pour travailler en équipe avec les médecins généralistes, notamment dans les centres de santé et les maisons de santé pluriprofessionnelles, semble toutefois plus adapté à la mise en œuvre d'une réelle médecine intégrée et personnalisée.

À partir de 1998, date de publication de l'étude anglaise de l'UKPDS, la recherche clinique en diabétologie se centra sur le diabète de type 2 qui connaît un développement épidémique. Cette grande étude avait mélangé deux objectifs : la comparaison d'un traitement dit intensif à un traitement dit standard, et la comparaison entre différents médicaments. Ayant duré plus de 10 ans, elle fut entachée de biais de contamination entre les différents sous-groupes. On pouvait cependant retenir des résultats : un bénéfice comparable à celui montré par le DCCT de l'équilibre glycémique sur la microangiopathie, la suggestion (mais non la démonstration) d'un bénéfice spécifique de la metformine pour la prévention des infarctus du myocarde, l'absence d'effets délétères cardiaques des sulfamides et de l'insuline (chez des patients qui étaient en prévention primaire) et un bénéfice très important du traitement de l'hypertension artérielle sur la rétinopathie et sur la glomérulopathie. Là encore le suivi post-étude montra un effet rémanent du mauvais équilibre glycémique, permettant d'atteindre 10 ans plus tard une différence significative en faveur du groupe sous traitement intensif, en matière de survenue d'infarctus du myocarde. Sur le plan physiopathologique, le diabète de type 2 résulte de la conjonction de deux « maladies », l'insulinorésistance due à l'obésité et à la sédentarité, et la carence insulinique s'aggravant au fil du temps. Il semblait démontré avec l'étude UKPDS que l'hyperglycémie était responsable dans le diabète de type 2 comme dans le diabète de type 1 de la survenue de la microangiopathie, au point que pour être éthique toute étude clinique voulant comparer deux groupes de patients devait désormais impérativement chercher à obtenir dans le groupe contrôle une HbA1c inférieure à 8 %. Laisser des patients avec une HbA1c supérieure à 8 % pendant des années n'était plus considéré comme éthique. Des méta-analyses montrèrent que pour réduire la morbidité cardiovasculaire de 10 à 15 % il fallait gagner au moins un point d'HbA1c pendant une durée de 10 ans, sans gain significatif sur la mortalité. Par contre, le traitement intensif des autres facteurs de risque cardiovasculaire présents dans le syndrome métabolique du diabète de type 2 – la pression artérielle et la dyslipidémie – démontrait son efficacité avec une réduction de 50 % de la morbimortaliré cardiovasculaire dans la grande étude monocentrique du Steno memorial hospital de Copenhague, portant sur seulement 180 patients diabétiques microalbuminuriques à haut risque cardiovasculaire. Il suffisait de traiter 5 malades pendant 13 ans pour éviter une mort toute cause, alors que l'hémoglobine A1c du groupe intensif n'était que de 7,7 %. À l'inverse, l'étude ACCORD, qui voulut chercher le bénéfice cardiovasculaire d'un traitement hypoglycémiant très intensif visant à normaliser l'HbA1c (avec plus de 50 % des glycémies préprandiales inférieures à 1 g/l et post-prandiales inférieures à 1,20 g/l, sans se soucier des malaises hypoglycémiques) s'est soldée par une augmentation de la mortalité cardiaque, en particulier chez les patients gardant une HbA1c élevée malgré l'escalade thérapeutique, et par un triplement des hypoglycémies sévères. On avait oublié les conséquences cardiovasculaires connues des hypoglycémies chez les personnes en prévention secondaire.

Mais quelle ne fut pas la surprise des diabétologues français de voir relancer de la part d'un groupe de médecins férus en méthodologie statistique, l'ancien débat sur le non-bénéfice supposé du traitement de l'hyperglycémie, cette fois-ci dans le diabète de type 2, non seulement vis-à-vis du risque cardiovasculaire mais vis-à-vis de la microangiopathie. Voulant à juste titre rappeler la nécessité que la prescription médicale reste indépendante de l'influence de l'industrie pharmaceutique, « Rien n'est prouvé » estimaient-ils.

Ils n'avançaient aucune hypothèse pour expliquer pourquoi l'hyperglycémie chronique serait néfaste pour la rétine, les reins et les nerfs des patients avec un diabète de type 1 et pas pour ceux avec un diabète de type 2.

Sont arrivées depuis quelques années deux classes de médicaments montrant un bénéfice cardiaque et rénal indépendant de leur effet hypoglycémiant. Les inhibiteurs du transport tubulaire rénal du glucose (i-SGLT2) sont maintenant des traitements possibles de l'insuffisance cardiaque et de la néphropathie, et vont améliorer le pronostic sévère de ces deux complications. Les analogues du GLP1 permettent une perte de poids importante, et d'autres classes vont arriver qui seront encore plus spectaculaires de ce point de vue. Pour les patients qui les tolèrent, la qualité de vie s'améliore avec cette perte de poids. Mais il sera impossible de les arrêter, sous peine d'observer l'effet yoyo habituel des régimes. L'insuline dans le diabète de type 2 va donc voir sa place reculer vers le grand âge où il est déconseillé de maigrir.

Reste que la diabétologie est entrée dans l'ère de la santé publique. Le diabète sert de modèle d'organisation et de financement du système de soins dans le plan santé 2022, avec la nécessité affirmée de renforcer le travail en équipe au niveau du premier recours rassemblant médecins généralistes, infirmières et pharmaciens comme le prévoit la réforme du système de santé. Mais, un travail en équipe intégrant l'éducation thérapeutique du patient suppose une remise en cause, au moins pour les pathologies chroniques, du paiement à l'acte, et une délégation de tâches à des infirmières cliniciennes (dites de pratique avancée). Les déserts médicaux laissent aussi un grand nombre de patients hors d'un parcours de soins organisé, et l'hôpital est lui-même mal en point avec son manque de personnel et la réduction historique des lits. Si le tournant ambulatoire de la diabétologie est mal organisé et sous-financé, il risque fort de ressembler à celui dramatique que connaît la psychiatrie, laissant les malades dans la rue. Faute de financer la prévention du diabète par des actions fortes de terrain auprès des populations à risque, et par une pression sur l'industrie agroalimentaire, faute de financer la prévention des complications en accompagnant le premier recours, on continuera à financer les complications rénales, cardiovasculaires et podologiques, qui couvrent déjà plus de 50 % des dépenses médicales des patients diabétiques, soit environ 10 milliards d'euros par an. Et les plus touchés par ces complications seront les plus pauvres.

André Grimaldi et Agnès Hartemann

Table des matières

Abréviations

ACFA	arythmie complète par fibrillation atriale
ADA	*American Diabetes Association*
ADN	acide désoxyribonucléique,
ADO	antidiabétique oral
AET	apport énergétique total
AFD	Association française des diabétiques
AINS	anti-inflammatoire non stéroïdien
ALAT	alanine aminotransférase
AMIR	anomalie microvasculaire intrarétinienne
AMM	autorisation de mise sur le marché
ANSES	Agence nationale de sécurité sanitaire de l'alimentation, de l'environnement et du travail
AOMI	artériopathie oblitérante des membres inférieurs
ARA2	antagoniste des récepteurs de l'angiotensine 2
ARS	agence régionale de santé
ASAT	aspartate aminotransférase
AVC	accident cardiovasculaire
AVK	antivitamine K
BNP	*brain natriuretic peptid*
CETD	centre d'évaluation et de traitement de la douleur
CNAM	Caisse nationale de l'assurance maladie
CPAM	caisse primaire d'assurance maladie
CRAT	Centre de référence sur les agents tératogènes
CRP	*C-reactive protein* ou protéine C-réactive
CSO	centre spécialisés obésité
CV	cardiovasculaire
DCCT	*Diabetes Control and Complications Trial Research Group*
DFG	débit de filtration glomérulaire
DFGe	débit de filtration glomérulaire estimé
DID	diabète insulinodépendant
DMLA	dégénérescence maculaire liée à l'âge
DPP	*Diabetes prevention program research*
DT1	diabète de type 1
DT2	diabète de type 2
EAL	exploration d'une anomalie lipidique

ECBU	examen cytobactériologique des urines
ECG	électrocardiogramme
EMA	*European Medicines Agency* ou Agence européenne des médicaments
EMDR	*Eye Movement Desentitization and Reprocessing*
EMG	électromyogramme
ENTRED	*Échantillon national témoin représentatif des personnes diabétiques*
EPO	érythropoïétine
ETP	éducation thérapeutique du patient
FA	fibrillation auriculaire
FC	fréquence cardiaque
FCE	fréquence cardiaque d'entraînement
FDA	*Food and Drug Administration*
FEVG	fraction d'éjection du ventricule gauche
FITT	fréquence, intensité, temps, et type
GAD	*glutamate decarboxylase*
GDS	gaz du sang
GH	*growth hormone*
GIP	*gastric inhibitory poplypeptide* ou *glucose-dependent insulinotropic polypeptide*
GLP-1	*glucagon like peptide-1*
GMI	*glucose management indicator* ou indicateur de gestion du glucose
GPP	glycémie post-prandiale
HAS	Haute Autorité de santé
HDL	*hight density lipoprotein* ou lipoprotéine de haute densité
HGPO	hyperglycémie provoquée par voie orale
HPLC	high performance liquid chromatography ou chromatographie en phase liquide à haute pression
HTA	hypertension artérielle
HVG	hypertrophie du ventricule gauche
IC	intervalle de confiance
IDE	infirmier diplômé d'État
IDM	infarctus du myocarde
IEC	inhibiteur de l'enzyme de conversion
IG	index glycémique
IM	intramusculaire
IMC	indice de masse corporelle
IPP	inhibiteur de la pompe à protons
IPS	index de pression systolique
IR	insuffisance rénale
IRM	imagerie par résistance magnétique
IV	intraveineux
LADA	*latent autoimmune diabetes in adults*

LCHF	*Low Carb High Fat* (régime)
LDL	*low density lipoprotein* ou lipoprotéine de basse densité
MAPA	mesure ambulatoire de la pression artérielle
MET	*metabolic equivalent task*
MG	matière grasse
MMF	mycophénolate mofétil
MODY	*maturity-onset diabetes of the young*
NAC	neuropathie autonome cardiaque
NFS	numération-formule sanguine
NS	non significatif
OAP	œdème aigu du poumon
OCT	*optical coherence tomography*
OGM	organisme génétiquement modifié
PCC	pancréatite chronique calcifiante
PNDS	Protocole national de diagnostic et de soins
PNNS	programme national nutrition santé
PPR	panphotocoagulation rétinienne
PYY	*peptide tyrosine tyrosine*
RAA	rénine-angiotensine-aldostérone
RAC	rapport microalbuminurie/créatininurie
RCF	rythme cardiaque fœtal
RD	rétinopathie diabétique
SA	semaine d'aménorrhée
SAS	syndrome d'apnées du sommeil
SAU	service d'accueil des urgences
SC	sous-cutané
SFD	Société francophone du diabète
SH	sulfamide hypoglycémiant
SPE	sciatique poplité externe
TA	tension artérielle
TPN	thérapie par pression négative
TSA	tronc supra-aortique
TSH	thyréostimuline
UKPDS	*United Kingdom Prospective Diabetes Study*
VEGF	*vascular endothelial growth factor* ou facteur de croissance de l'endothélium vasculaire
VG	ventricule gauche
VLDL	*very low density lipoprotein* ou lipoprotéine de très basse densité

PARTIE 1

Généralités

FICHE 1

Régulation normale de la glycémie

La glycémie est régulée dans une fourchette de valeurs qui permettent d'éviter les problèmes de santé. La régulation de la glycémie permet ainsi d'éviter les excursions glycémiques trop basses (hypoglycémie) ou trop hautes (définissant alors le diabète en cas de valeurs élevées permanentes). Physiologiquement, la glycémie le matin à jeun est comprise entre 0,72 et 0,99 g/l (de 4,0 à 5,4 mmol/l) et ne dépasse pas 1,40 g/l (7,8 mmol/l) 2 heures après un repas.

Quels facteurs influencent les excursions glycémiques durant la journée ?

De nombreux facteurs peuvent modifier la glycémie : le jeûne, les repas, l'activité physique, les stress (événement cardiovasculaire, infection sévère) ; la grossesse. La régulation de la glycémie dans les valeurs optimales nécessite une réponse immédiate de l'organisme à chacune de ces circonstances. Dans la vie quotidienne, la principale fluctuation des glycémies reste l'alternance jeûne/repas.

À jeun

Loin des repas, la glycémie va s'abaisser. Après une nuit de jeûne (situation d'une analyse sanguine au laboratoire à jeun depuis le dîner de la veille), la glycémie doit être inférieure à 1,10 g/l (6 mmol/l), valeur seuil qui sépare la glycémie normale du prédiabète (ou hyperglycémie modérée à jeun). Plus le jeûne est prolongé, plus la glycémie va diminuer progressivement et peut atteindre des valeurs basses (0,5 g/l ou moins) sans conséquence néfaste. En effet, dans ce cas, la baisse de la glycémie est progressive grâce à des mécanismes d'adaptation de l'organisme.

Lors du repas

Lors des repas, la glycémie va augmenter. Les glucides alimentaires sont les principaux contributeurs de l'augmentation de la glycémie post-prandiale. Contrairement à l'idée reçue que la digestion est un phénomène lent, l'absorption des glucides alimentaires est très rapide car elle s'effectue de manière maximale dans le duodénum, donc immédiatement après l'estomac. Après un repas mixte (contenant des glucides, des lipides et des protéines), l'augmentation de la glycémie est limitée grâce à la sécrétion d'insuline de telle sorte que la glycémie revient à sa valeur préprandiale entre 90 minutes et 2 heures après le début du repas.

Quels mécanismes pour réguler la glycémie ?

Pour réguler la glycémie, le pancréas endocrine est indispensable. L'insuline (seule hormone hypoglycémiante) et le glucagon (une des hormones hyperglycémiantes) sécrétés par les îlots pancréatiques jouent chacun un rôle primordial. Ces deux hormones sont antagonistes pour leur effet sur la glycémie. À jeun, l'insulinosécrétion diminue et la sécrétion de glucagon augmente. Ce profil hormonal permet au foie de libérer dans le sang le glucose (principal sucre du sang) à partir de ses réserves de glycogène, ce qui évite l'hypoglycémie loin des repas.

Lors du repas, c'est l'inverse. L'insulinosécrétion augmente et la baisse de la glucagonémie permet de réduire la production hépatique de glucose. Sous l'effet de l'insuline, le foie capte les glucides alimentaires et reconstitue ses réserves en glycogène. Grâce à l'insuline, les glucides alimentaires non captés par le foie vont être absorbés par les muscles squelettiques et dans une moindre mesure par les adipocytes. La captation des glucides par le foie et les muscles sous l'effet de l'insuline permet ainsi d'éviter une hausse trop importante de la glycémie post-prandiale.

La grossesse

Lors de la grossesse, la régulation de la glycémie présente quelques particularités. En effet, le glucose circulant maternel est dirigé continuellement vers le fœtus pour assurer sa croissance (en plus des autres nutriments). La glycémie des femmes enceintes est physiologiquement plus basse, le plus souvent proche de 0,6 à 0,7 g/l (3,3 à 3,8 mmol/l) le matin à jeun. De même, la glycémie 2 heures après le repas est inférieure à 1,20 g/l (6,7 mmol/l), donc plus basse qu'en situation hors grossesse (tableau 1.1).

Tableau 1.1. Valeurs physiologiques des glycémies à jeun et post-prandiales hors grossesse et au cours de la grossesse.

	Glycémie à jeun	Glycémie 2 heures après un repas
Hors grossesse	De 0,72 à 0,99 g/l (4,0 à 5,4 mmol/l)	< 1,40 g/l (7,8 mmol/l)
Grossesse	De 0,6 à 0,7 g/l (3,3 à 3,8 mmol/l)	< 1,20 g/l (6,7 mmol/l)

En cas de stress

Un événement cardiovasculaire ou une infection sévère ou une pathologie grave nécessitant un séjour en réanimation peuvent s'accompagner d'une glycémie élevée dite « glycémie de stress » qui peut dépasser 2 g/l (11,1 mmol/l). Il s'agit dans ce cas d'une hyperglycémie le plus souvent causée par une sécrétion importante d'hormones de stress (comme l'adrénaline, une hormone aux propriétés hyperglycémiantes). L'hyperglycémie doit alors être traitée et il est nécessaire de contrôler la glycémie à jeun à distance de ces situations aiguës. En effet, dans un certain nombre de cas, l'hyperglycémie disparaît une fois la situation aiguë contrôlée ce qui permet d'arrêter les hypoglycémiants.

FICHE 2

Quand parler de diabète devant une glycémie

Tous les diabètes ont la même définition : une glycémie élevée de manière chronique. Cette définition est basée sur les glycémies veineuses et non pas les glycémies capillaires.

Quelles définitions possibles d'un diabète (hors diabète gestationnel) ?

Sur la glycémie à jeun

La glycémie à jeun normale est définie comme étant inférieure à 1,10 g/l (6 mmol/l). Les diabètes sont définis par une glycémie veineuse à jeun supérieure à 1,26 g/l (7 mmol/l) à deux reprises hors situation d'urgence. Ce taux de glycémie est celui qui est corrélé avec le risque de développer une rétinopathie. Entre 1,10 et 1,26 g/l (entre 6 et 7 mmol/l), il s'agit d'un prédiabète (ou hyperglycémie modérée à jeun).

Sur la glycémie non à jeun

Une autre définition possible des diabètes est une glycémie veineuse supérieure à 2 g/l (11,1 mmol/l) à n'importe quel moment de la journée en présence d'un signe possible de diabète (asthénie ou perte de poids inexpliquée, syndrome polyuro-polydipsique). Dans cette situation, une seule valeur de glycémie veineuse suffit.

Quelle place pour l'hyperglycémie provoquée par voie orale ?

Définir le statut glycémique avec l'hyperglycémie provoquée par voie orale (HGPO) est possible mais ce test a comme contrainte des prélèvements

Tableau 2.1. Définitions possibles des diabètes (hors diabète gestationnel).

	Glycémie veineuse à jeun	Glycémie veineuse HPGO (75 g)
Normal	< 1,10 g/l (6,1 mmol/l)	T0 : < 1,10 g/l
Hyperglycémie modérée à jeun	1,10-1,25 g/l (6,1-6,9 mmol/l)	
Intolérance au glucose		1,40-1,99 g/l (2 h) (7,8-11 mmol/l)
Diabète	> 1,26 g/l (7 mmol/l)	> 2 g/l (2 h) (> 11,1 mmol/l)

Glycémie veineuse > 2 g/l à tout moment de la journée + 1 signe clinique évocateur (asthénie ou perte de poids inexpliquée, syndrome polyuro-polydipsique).

sanguins répétés. L'HGPO consiste à ingérer une solution de 75 g de glucose à jeun. Des prélèvements sanguins sont réalisés jusqu'à 2 heures après l'ingestion de glucose pour définir le statut glycémique. Le diabète est alors défini par une glycémie 2 heures après la charge en glucose > 2 g/l (11,1 mmol/l) (tableau 2.1). À l'inverse, l'HGPO fait partie du dépistage du diabète gestationnel chez les femmes à risque.

Sur l'HbA1c

L'HbA1c (ou hémoglobine glyquée) est un paramètre qui intègre les fluctuations glycémiques durant les 3 mois précédant son dosage (voir fiche 4) et dont la détermination ne nécessite pas d'être à jeun. Ce paramètre est la clé de voûte de la surveillance biologique des diabètes. Certains pays utilisent le dosage de l'HbA1c également pour le diagnostic des diabètes. Le seuil retenu pour définir un diabète est une valeur supérieure à 6,5 %. La France n'a pas validé cette stratégie (essentiellement pour une raison de coût). L'HbA1c en France reste ainsi un paramètre de surveillance des diabètes.

À savoir

- **HbA1c normale** : < 6,0 %.
- **HbA1c en cas de prédiabète** : de 6,0 à 6,4 %.
- **Définition des diabètes** (en dehors de la grossesse) **par l'HbA1c** : > 6,5 %.

Quelle définition pour le diabète gestationnel ?

Ce type de diabète est observé lors de la gestation et disparaît le plus souvent lors de l'accouchement. Du fait d'un transfert permanent du glucose circulant maternel vers le fœtus, la glycémie maternelle baisse physiologiquement jusqu'à

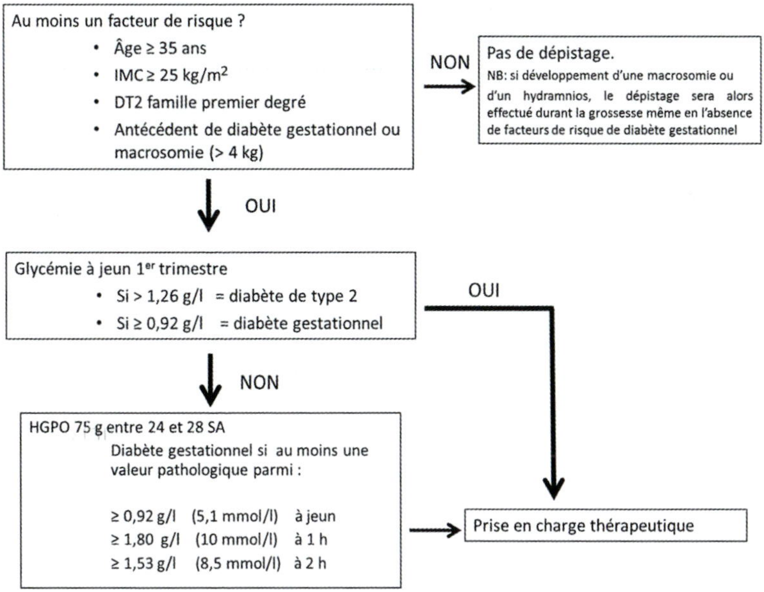

Figure 2.1. Stratégie de dépistage du diabète gestationnel ciblé (sur la base de la présence d'un facteur de risque au moins).
DT2 : diabète de type 2.
Auteurs.

des valeurs de 0,6-0,7 g/l (3,3 à 3,8 mmol/l) le matin à jeun et moins de 1,20 g/l (6,7 mmol/l) 2 heures après un repas. Du fait de cette particularité, la définition du diabète hors grossesse ne pouvait pas s'appliquer au diabète gestationnel. Le diabète gestationnel est défini en deux étapes (figure 2.1).

FICHE

3

Symptômes de l'hyperglycémie

Lorsque la glycémie augmente en permanence, des symptômes peuvent apparaître. Leur présence peut d'ailleurs conduire à vérifier la glycémie en particulier en cas de diabète méconnu.

Un symptôme commun à tous les types de diabète – Le syndrome polyuro-polydipsique

Un signe clinique des diabètes connu depuis l'antiquité est la diurèse abondante. En effet, au-delà de 1,80 g/l (10 mmol/l), le rein ne peut plus réabsorber le glucose en excès et une glycosurie apparaît. Plus la glycémie est élevée, plus la glycosurie (et donc la diurèse) sera abondante. Ce syndrome polyurique peut prendre des proportions importantes (jusqu'à 10 mictions par jour ou plus, en particulier la nuit), ce qui provoque une soif compensatrice qui est la polydipsie. Celle-ci est particulière car aucun liquide n'arrive à l'étancher, la soif est permanente, la bouche reste sèche. Parfois, il est noté une appétence pour les boissons sucrées.

Tant que la soif est tenace et que les boissons compensent les pertes hydriques, la déshydratation est modérée. Si les apports hydriques sont insuffisants, une déshydratation sévère peut apparaître, avec une possible insuffisance rénale fonctionnelle et une hypotension.

Les personnes dépendantes ayant un sens de la soif diminué ou une réduction de l'accès à l'eau peuvent se déshydrater rapidement en cas de diabète déséquilibré et ont un risque important de développer une déshydratation globale majeure (insuffisance rénale aiguë fonctionnelle) avec une glycémie dépassant 10 g/l et des troubles de la conscience : on parle alors de coma hyperosmolaire. Comme la sécrétion d'insuline persiste, il n'y a pas ou peu de corps cétoniques dans les urines ou le sang.

Les symptômes surtout présents en cas de carence en insuline

La perte de poids

Une glycosurie permanente provoque une perte calorique qui peut entraîner une perte de poids. Les glycosuries massives peuvent entraîner une perte de 500 kcal/j.

La polyphagie

L'insuline étant une hormone anabolique, une carence relative (diabète de type 2 insulinorequérant) ou absolue (diabète de type 1) en cette hormone provoque une perte de poids importante comportant une perte hydrique (liée à la polyurie), une perte de masse grasse et une perte de masse musculaire (car l'insuline permet la fixation des protéines sur les muscles). Cette perte de poids entraîne une polyphagie compensatrice qui reste inefficace tant que la carence en insuline persiste. L'association perte de poids-polyphagie est un mode de révélation du diabète de type 1. Son association au syndrome polyuro-polydipsique constitue le syndrome cardinal.

À l'inverse, lors du traitement de la carence en insuline par l'insulinothérapie, la glycémie va diminuer, ce qui a comme conséquence une réduction de la glycosurie et donc des pertes caloriques. Le syndrome polyuro-polydipsique et la polyphagie disparaissent, la masse grasse et la masse musculaire reviennent à leur niveau respectif précédent le déséquilibre du diabète.

Les troubles digestifs et la polypnée

Lorsque la carence en insuline est absolue (comme au diagnostic du diabète de type 1 ou lors de l'arrêt de l'insulinothérapie en cas de diabète de type 1), le tissu adipeux libère ses réserves lipidiques. Celles-ci vont assurer une partie de la couverture énergétique nécessaire à la survie à la place du glucose mal utilisé. Une grande partie des lipides mobilisés sont oxydés dans le foie en corps cétoniques qui, une fois libérés dans la circulation sanguine, vont acidifier le sang (baisse du pH sanguin). L'acidose qui en résulte va stimuler les centres respiratoires, ce qui entraîne une hyperventilation (polypnée de Kussmaul). D'autre part, l'acidose (et sans doute les corps cétoniques eux-mêmes) entraîne des symptômes digestifs (nausées, vomissements, tableau pseudo-chirurgical abdominal) qui témoignent de l'urgence à instaurer l'insulinothérapie.

L'HbA1c

L'HbA1c ou hémoglobine glyquée est une fraction de l'hémoglobine dont le dosage est utilisé pour la surveillance biologique des diabètes. Selon les recommandations actuelles, la valeur de l'HbA1c doit être personnalisée pour chaque patient(e) ce qui permet d'ajuster les traitements hypoglycémiants.

Qu'est-ce que l'HbA1c ?

Le glucose circulant a la capacité de se lier à certains acides aminés des protéines (en particulier la lysine) par une réaction non enzymatique dénommée glycosylation. Plus les fluctuations glycémiques sont élevées et pendant longtemps, plus le taux de glycosylation des protéines sera élevé (tableau 4.1). Ainsi, le dosage de l'HbA1c consiste à mesurer le taux de glycosylation de l'hémoglobine (en particulier de sa chaîne A). Ce dosage ne nécessite pas d'être à jeun. La méthode de mesure de référence pour le dosage de l'HbA1c est l'HPLC (chromatographie en phase liquide à haute pression). La durée de vie du globule rouge étant d'environ 3 mois, le dosage de l'HbA1c permet de refléter les fluctuations glycémiques des 3 mois précédant le dosage. Le dosage est donc trimestriel et la valeur d'HbA1c s'exprime en %. Chez un non-diabétique, l'HbA1c ne dépasse pas 6 %.

Tableau 4.1. Tableau de correspondance entre glycémies moyennes sur 3 mois et HbA1c.

HbA1c	Moyennes glycémiques estimées (g/l)
< 6 %	1,26
7 %	1,54
8 %	1,82
9 %	2,11

D'après HAS. Annexe : Correspondance glycémies/HbA1c. Stratégie médicamenteuse du contrôle glycémique du diabète de type 2. 2013 (https://www.has-sante.fr/upload/docs/application/pdf/2013-03/argumentaire_correspondance_glycemie_hba1c.pdf).

Guide pratique du diabète

À quoi sert le dosage de l'HbA1c ?

Les études prospectives d'envergure concernant le diabète de type 1 (*Diabetes Control and Complications Trial Research Group* ou DCCT) et le diabète de type 2 (*United Kingdom Prospective Diabetes Study* ou UKPDS) ont montré une corrélation positive entre le taux d'HbA1c et le risque de développer les complications (en particulier microvasculaires). Le dosage régulier de l'HbA1c est donc une pièce essentielle de la surveillance des diabètes permettant d'ajuster les traitements pour éviter les complications microvasculaires.

Quelle cible d'HbA1c ?

Toutes les recommandations des sociétés savantes de diabétologie proposent de personnaliser l'HbA1c en tenant compte de l'espérance de vie, du type de diabète, de la présence éventuelle d'une complication grave. Ainsi, on proposera une valeur cible d'HbA1c plus basse chez un sujet jeune sans complication que chez un patient âgé dépendant et présentant de nombreuses comorbidités associées. Une fois la cible d'HbA1c définie pour chaque patient, l'ajustement des thérapeutiques hypoglycémiantes dépendra de l'écart à cette valeur cible (faible écart < 1 %, écart important si > 1 %) selon les recommandations de prise en charge des diabètes.

Les pièges de l'HbA1c

Le dosage de l'HbA1c peut être faussé par un certain nombre de situations. Ainsi, une transfusion sanguine (venant d'un sujet non diabétique) va abaisser l'HbA1c réelle (sous-estimation). Il en est de même de la plupart des pathologies de l'hémoglobine (hémoglobinopathies) ou des situations d'hémolyse. À l'inverse, une splénectomie va allonger la durée de vie des globules rouges, ce qui va augmenter la valeur de l'HbA1c par rapport à sa valeur réelle (surestimation).

À savoir

Personnaliser l'HbA1c +++++

- Découverte DT2, aucune comorbidité cardiovasculaire < 6,5 %
- Personne âgée, dépendante, polypathologique < 9 %
- Complication cardiovasculaire sévère, insuffisance cardiaque, rétinopathie sévère, IR sévère ou terminale ou espérance de vie < 5 ans < 8 %
- Autres < 7 %
- Situation à part = la grossesse :

En préconceptionnel :

- diabète DT1 préexistant < 7 % (voire < 6,5 %)
- diabète DT2 préexistant < 7 % (voire < 6,5 %)

À savoir

HbA1c sous-estimée

- Anémie aiguë, forte réticulocytose, traitement par EPO ou vitamine B12, hémolyse (y compris celle induite par des traitements comme la dapsone, l'interféron, la ribavirine, les antirétroviraux...), hépatopathie chronique avec splénomégalie.
- Hémoglobinopathies dont la drépanocytose (HbS) ou l'hémoglobine C.
- Grossesse.

HbA1c surestimée

- Allongement de la durée de vie des hématies (splénectomie).
- Thalassémie (HbF).
- Insuffisance rénale chronique.

FICHE

5

Pourquoi développe-t-on un diabète de type 2 ?

L'insulinorésistance (défaut d'action de l'insuline sur ses cellules cibles) hépatique et musculaire ainsi que la dysfonction insulinosécrétoire (défaut de sécrétion de l'insuline par rapport à la glycémie observée) correspondent aux traits physiopathologiques principaux observés au cours du diabète de type 2.

Le rôle dans la physiopathologie du diabète de type 2, du tissu adipeux, du tractus gastro-intestinal, des cellules alpha-pancréatiques, du rein et du cerveau est maintenant bien décrit et complète le triumvirat composé du muscle, du foie et de la cellule bêta (figure 5.1).

Le but de cette fiche est de fournir les principales notions clés de physiopathologie qui permettent au praticien de mieux comprendre l'histoire naturelle du diabète de type 2 et de répondre aux patients sur les raisons pour lesquelles on devient diabétique.

Pourquoi devient-on diabétique ? Que dire aux patients ?

- Le risque de diabète de type 2 dépend à la fois de facteurs génétiques et environnementaux.
- La prédisposition génétique au diabète de type 2 confère un surrisque de développer un diabète de type 2 qui n'est pas inéluctable, et les facteurs environnementaux jouent un rôle majeur dans la survenue et/ou l'aggravation du diabète de type 2.
- Les principaux facteurs de risque de diabète de type 2 sont l'indice de masse corporelle (IMC), la répartition androïde des graisses (pour les caucasiens : tour de

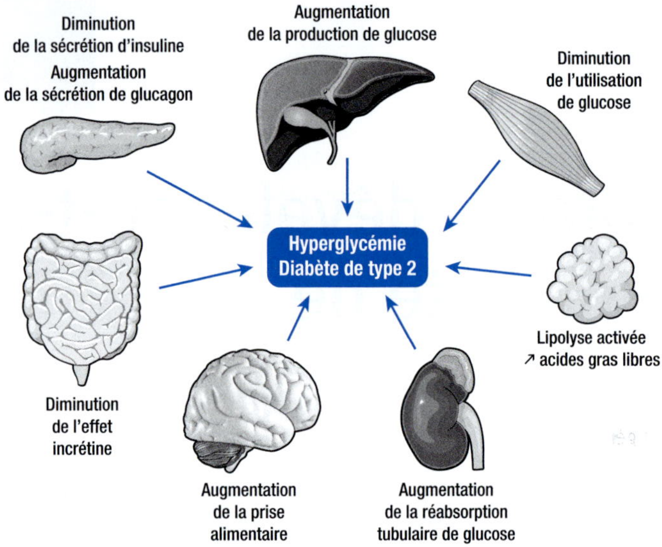

Figure 5.1. Schéma récapitulatif du rôle de chaque organe dans la physiopathologie du diabète de type 2.
Illustratrice Carole Fumat.

taille > 88 cm chez les femmes et 102 cm chez les hommes), l'âge (> 40 ans), les antécédents familiaux de diabète de type 2 au premier degré et l'origine ethnique (Asie, Afrique du Nord).

- Le diabète de type 2 est marqué à la fois par un défaut d'action de l'insuline sur les organes cibles (foie et muscle) et par un défaut de sécrétion de l'insuline (diminution de la capacité de la cellule bêta-pancréatique à sécréter de l'insuline).
- L'insulinorésistance hépatique et musculaire qui se développe de manière parallèle à la prise de poids et à la diminution de l'activité physique va être compensée par une augmentation de la sécrétion d'insuline de manière à maintenir une glycémie normale.
- Avec le temps, la capacité de sécrétion d'insuline des cellules bêta-pancréatiques va s'affaiblir et en conséquence la glycémie va augmenter en parallèle, conduisant à l'apparition d'une intolérance au glucose, d'une hyperglycémie modérée à jeun puis d'un diabète avéré.

Histoire naturelle du diabète de type 2

Il est bien établi que le risque de diabète de type 2 dépend à la fois de facteurs génétiques et environnementaux.

Le poids des gènes

L'héritabilité du diabète de type 2 est estimée entre 20 et 80 % suivant les études. Le risque de développer un diabète de type 2 est de :

- 40 % chez les individus qui ont un parent diabétique de type 2 ;
- jusqu'à 70 % si les deux parents sont affectés par la maladie ;
- 80 % chez les jumeaux monozygotes ;
- alors qu'il n'est que de 20 % chez les jumeaux dizygotes.

L'environnement diabétogène

En réalité, les chiffres exposés précédemment sont assez variables et dépendent des populations étudiées. Ces variations ethniques semblent être attribuables aux facteurs environnementaux et culturels, et dans une moindre mesure à des variants génétiques de prédisposition. Ainsi, le poids des gènes dans la survenue du diabète de type 2 ne représenterait que 10 % du risque. En effet, même s'il existe des gènes de prédisposition à l'insulinorésistance, l'explosion de la prévalence de l'obésité et la diminution généralisée de l'activité physique dans les sociétés occidentalisées favorisent l'émergence de l'insulinorésistance. Les épidémies de diabète et d'obésité dans le monde sont d'ailleurs assez superposables en termes de localisation géographique et temporelle.

Comment l'environnement peut-il faire basculer des personnes prédisposées génétiquement vers le diabète de type 2 ?

- En situation de pléthore énergétique (apports caloriques importants et peu de dépense énergétique), comme on peut l'être dans les pays occidentalisés, la balance énergétique est en faveur d'une prise de poids et d'un stockage dans le tissu adipeux des lipides, peu utilisés dans ce contexte de sédentarité.
- Certaines personnes prédisposées génétiquement vont avoir des **capacités de stockage de leur compartiment adipeux sous-cutané limitées. Les lipides vont alors se stocker de manière dite « ectopique »** au niveau du foie (stéatose hépatique), des muscles et du pancréas. La traduction clinique de ce stockage ectopique est la présence d'une obésité androïde ou viscérale.
- La présence de graisses non utilisées dans les muscles et le foie rend ces organes résistants à l'insuline : le foie produit trop de glucose et les muscles n'en utilisent pas assez (figure 5.2).
- **Les cellules bêta-pancréatiques augmentent leur sécrétion d'insuline et maintiennent ainsi longtemps la glycémie à un niveau normal, avant de s'épuiser.**
- Cette dysfonction insulinosécrétoire est cruciale dans la survenue d'un diabète de type 2, et bien que l'insulinorésistance se mette en place très précocement dans l'histoire naturelle du diabète, celui-ci ne peut se déclarer en l'absence de défaut de sécrétion d'insuline.

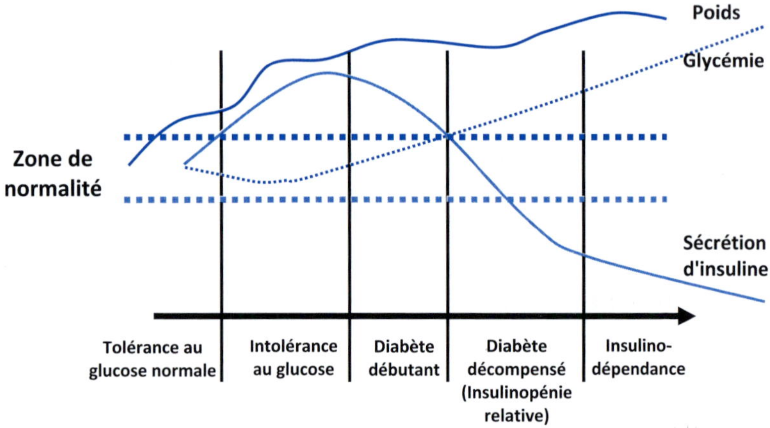

Figure 5.2. Histoire naturelle du diabète de type 2.
Association entre prise de poids/développement de l'insulinorésistance/détérioration de la fonction insulinosécrétoire et survenue des troubles de la régulation du métabolisme glucidique.
Auteurs.

Comment l'environnement impacte-t-il l'expression des gènes de susceptibilité du diabète, rôle de l'épigénétique ?

■ On sait maintenant que les facteurs environnementaux, par des modifications chimiques de l'ADN dites « modifications épigénétiques », peuvent jouer directement sur l'expression des gènes de susceptibilité du diabète.

■ Ceci expliquerait par exemple pourquoi deux jumeaux monozygotes ne développent pas forcément un diabète dans 100 % des cas.

■ Ces modifications peuvent être transmises sur plusieurs générations, concernent le fœtus pendant la grossesse d'une patiente avec un diabète gestationnel ou un diabète de type 2, mais peuvent aussi être réversibles lors d'interventions sur les règles hygiéno-diététiques par exemple.

Le rôle des autres systèmes

■ L'effet incrétine, qui correspond à la potentialisation de la sécrétion d'insuline lorsque le glucose est ingéré par voie orale, est le fait principalement de deux hormones sécrétées par le tractus gastro-intestinal :

- le GLP1 (*glucagon like peptide-1*) sécrété par les cellules L du côlon ;
- et le GIP (*gastric inhibitory poplypeptide*) sécrété par les cellules K duodénales.

Il existe des anomalies touchant les hormones incrétines au cours du diabète de type 2.

- Les concentrations plasmatiques de glucagon sont élevées chez les patients diabétiques de type 2, expliquant en partie l'augmentation de la production hépatique de glucose basale/nocturne caractéristique du diabète de type 2.
- Les reins filtrent plus de 160 g de glucose par jours (32 morceaux de sucre par jour) dont 100 % vont être réabsorbés au niveau du tube contourné proximal par les transporteurs du glucose SGLT1 (10 %) et SGLT2 (90 %). En cas d'hyperglycémie majeure (> 1,80-2 g/l), la capacité de réabsorption rénale du glucose est dépassée et une glycosurie (fuite urinaire de glucose) se met en place. Cependant au cours du diabète de type 2 une réponse adaptative se met en place :
  - surexpression des transporteurs de glucose SGLT2 conduisant à une augmentation par 4 de la capture du glucose au niveau tubulaire ;
  - cette réabsorption tubulaire du glucose organise un véritable cercle vicieux hyperglycémiant.
- Des données suggèrent que comme le foie, le muscle ou le tissu adipeux, le cerveau pourrait aussi être soumis à l'insulinorésistance. L'insuline, physiologiquement, a une fonction satiétogène centrale. On parle d'insulinorésistance cérébrale.

Conclusion

La physiopathologie du diabète de type 2 est un phénomène dynamique se développant sur de nombreuses années et impliquant de nombreux organes. Le diabète de type 2 survient sur un terrain prédisposé génétiquement mais avec une part importante de facteurs environnementaux qui précipitent la survenue de la maladie.

D'où vient le diabète de type 1 ?

Le diabète de type 1 est la conséquence d'une destruction auto-immune des cellules bêta du pancréas.
Ces dernières années, une nouvelle vision de la maladie émerge. On parle désormais d'une évolution de la maladie en trois stades :
- le stade 1 : la phase d'auto-immunité asymptomatique. Caractérisée par la présence d'au moins 2 auto-anticorps dirigés contre la cellule bêta-pancréatique, cette phase évolue vers un diabète de type 1 dans 50 % des cas ;
- le stade 2 : la phase de dysglycémie. Les patients ne présentent pas de symptômes cliniques d'hyperglycémie mais des anomalies de la régulation de la glycémie sont déjà présentes et évolueront vers le diabète. Lorsqu'une hyperglycémie provoquée par voie orale est réalisée, on peut observer un retard de sécrétion d'insuline ou hyperglycémie à des temps précoces ;
- le stade 3 : la phase de maladie clinique qui se manifeste lorsque plus de 80 % des cellules bêta sont détruites. À ce stade, force est de recourir à une insulinothérapie visant à remplacer l'insulinosécrétion physiologique.

Épidémiologie

- Le diabète insulinodépendant représente environ 5 % de l'ensemble de la population diabétique, soit en France un peu plus de 150 000 personnes.
- Il survient à tout âge, mais surtout avant 20 ans avec un pic de fréquence vers 12 ans. L'incidence avant l'âge de 15 ans en France est de 15 pour 100 000 (en 2019, données issues du système national des données de santé).
- Il existe un important gradient nord-sud avec une incidence de 55 pour 100 000 en Finlande. Ce gradient nord-sud s'expliquerait surtout par des facteurs

d'environnement presque totalement inconnus, bien que les virus fassent figure de suspects numéro un.

■ Enfin, il semble exister une augmentation de l'incidence dans le monde d'environ 3-4 % par an sans qu'on en connaisse la raison. Cette augmentation de l'incidence correspond en fait à une « accélération » de la survenue de la maladie plus qu'à une authentique augmentation de la prévalence. Il touche des enfants de plus en plus jeunes (parfois 2 à 3 ans).

Physiopathologie

■ Le diabète de type 1 est dû dans l'immense majorité des cas à une destruction auto-immune des cellules bêta du pancréas.

■ Le processus auto-immun débute plusieurs années (5 à 10 ans, voire plus) avant le début du diabète (phase 1 de la maladie). L'élévation symptomatique de la glycémie suppose une destruction de 80 à 90 % des cellules bêta.

■ La destruction des cellules bêta se fait-elle de façon linéaire ou par accès entrecoupés de rémissions ? En tout cas, la destruction finale des cellules bêta semble se faire très rapidement, car lorsque l'on a cherché dans les études à obtenir une rémission de l'insulinothérapie par une immunothérapie (ciclosporine, anticorps anti-CD3) au tout début de la décompensation cétosique du diabète, il faut intervenir en urgence, et le meilleur facteur pronostique était la durée limitée de la cétose avant l'intervention thérapeutique.

■ La destruction des cellules bêta est essentiellement due à une infiltration des îlots par les lymphocytes T cytotoxiques CD8, mais on ne connaît pas encore l'antigène cible initiateur.

■ Les anticorps, marqueurs de l'insulite pancréatique, sont essentiellement au nombre de 4 :

- les anticorps anti-GAD, présents chez 80 % des patients ;
- les auto-anticorps anti-insuline, retrouvés surtout chez l'enfant ;
- les anticorps anti-IA_2 dirigés contre une tyrosine phosphatase membranaire, présents chez 50 à 75 % des patients ayant un diabète de type 1 ;
- les anticorps anti-ZnT8.

■ Le risque de survenue d'un diabète augmente avec le taux et le nombre des anticorps présentés par le patient. Avec 3 anticorps positifs, le risque est de 80 % à 5 ans.

■ Les marqueurs de l'insulite pancréatique auto-immune sont donc en effet essentiellement des anticorps bien que ceux-ci n'aient pas de rôle pathogène propre. Ainsi, les anticorps anti-îlots d'une femme ayant un diabète gestationnel auto-immun passent la barrière placentaire mais n'ont pas de conséquence pathogénique pour le fœtus, contrairement, par exemple, aux anticorps anti-récepteurs de la TSH d'une maladie de Basedow. Ce passage de la barrière fœtoplacentaire

Tableau 6.1. Risque de survenue d'un diabète insulinodépendant (DID).

Population générale	0,2 %
Personnes HLA-DR3-DR4 (1 % de la population générale)	7 %
Enfant de mère DID	4 %
Enfant de père DID	8 %
Frère ou sœur d'un DID	5 %
Frère ou sœur d'un DID, HLA différent	< 1 %
Frère ou sœur d'un DID, HLA identique	15 %
Frère ou sœur d'un DID, HLA semi-identique	7 %
Jumeau homozygote d'un DID	30-40 %

permettrait possiblement d'immuniser le fœtus et expliquerait pourquoi le risque de développer un diabète de type 1 chez des enfants de mère diabétique est d'environ 4 % alors qu'il est de 8 % si le père est diabétique.

- Cette insulite prédiabétique survient sur un terrain génétique prédisposé, mais il s'agit d'une susceptibilité faible puisqu'on ne retrouve une hérédité familiale de diabète de type 1 chez un nouveau diabétique qu'une fois sur dix (tableau 6.1). La transmission par la mère ne dépend pas du niveau de glycémie de la grossesse.
- Les facteurs d'environnement sont sans doute majeurs car lorsque l'on quitte une région à haut risque (pays du nord de l'Europe, Sardaigne), le risque chute rapidement.
- Les deux hypothèses prédominantes sur ces facteurs d'environnement sont en 2023, le rôle de virus et l'effet délétère d'un environnement trop propre.

Le rôle suspecté des virus

Des faits cliniques, tels que la haute prévalence du diabète (environ 20 %) en cas de rubéole congénitale, et expérimentaux font suspecter un rôle essentiel des virus. Ceux-ci pourraient intervenir de multiples façons.

- Certains virus pourraient présenter un mimétisme antigénique avec des protéines de cellules bêta (peptide commun entre le virus Coxsackie et la GAD, par exemple).
- L'infection virale pourrait être responsable de la sécrétion de cytokines, en particulier d'interféron gamma, entraînant une expression anormale des antigènes de classe II à la surface des cellules présentant les auto-antigènes aux récepteurs des lymphocytes T CD4 et une surexpression des antigènes de classe I au niveau des cellules bêta accélérant le processus de destruction par les lymphocytes cytotoxiques CD8.

- Les virus pourraient également participer à une destruction des cellules bêta par des cytokines toxiques. Les patients à risque pourraient aussi avoir des cellules bêta plus sensibles à l'infection par le virus.
- Enfin, ils pourraient rompre la tolérance immunitaire en activant une insulite quiescente ou en rompant la balance entre les lymphocytes T cytotoxiques et les lymphocytes T reg.

La théorie de l'hygiène

- Les souris élevées dans une animalerie non stérile (présence de parasites comme des oxyures) n'ont plus de diabète de type 1.
- Les régions à développement économique et citadin rapide voient augmenter leur incidence de diabète de type 1 par rapport aux régions restant rurales.
- Pour ces raisons, une théorie suggère que la disparition de l'exposition précoce à des parasites ou bactéries pourrait diminuer nos mécanismes de défense contre les processus auto-immuns.
- Mais de nombreux autres facteurs pourraient être incriminés : pollution, alimentation...

Une susceptibilité plurigénique

Il s'agit en réalité d'une susceptibilité plurigénique avec au moins une dizaine de gènes en cause.

- Le premier, et le principal, se situe sur le **chromosome 6** au niveau des gènes du système HLA de classe II avec un risque relatif de 3 à 5, lorsqu'il existe un antigène HLA-DR3 ou DR4. Le risque relatif atteint 20 à 40 lorsque les deux antigènes DR3 et DR4 sont associés, ce qui veut dire que l'association DR3-DR4 est fréquente dans la population diabétique et exceptionnelle dans la population non diabétique. Ainsi, le risque pour des frères et sœurs peut être précisé en fonction de l'identité HLA avec le diabétique. Le risque est de 15 % lorsque les frères ou sœurs présentent les deux haplotypes HLA en commun avec le diabétique ; il n'est que de 7 % lorsqu'ils n'ont qu'un seul haplotype en commun et il est inférieur à 1 % lorsque les deux haplotypes sont différents.
- La caractérisation moléculaire des gènes des molécules de classe II a permis d'identifier un grand nombre d'allèles nouveaux. Les anciennes spécificités DR et DQ définies sérologiquement ont été divisées en sous-types dont certains sont associés au diabète de type 1, le risque relatif de certains allèles DQ étant supérieur à celui obtenu pour DR.
- On a identifié plusieurs régions contenant des **gènes de prédisposition**, en particulier dans les régions proches du gène de l'insuline sur le chromosome 11 et dans les régions proches du récepteur de l'IGF1 sur le chromosome 15.

■ Enfin, la détermination génétique pourrait influencer l'efficacité de populations lymphocytaires régulatrices (Treg), les rendant moins efficaces à lutter contre l'auto-immunité.

Ces données physiopathologiques ont-elles des conséquences pour le clinicien ?

On peut retenir quatre messages essentiels.

■ **Le risque génétique est faible** : 2 à 3 % lorsque la mère est diabétique, 4 % lorsque le père est diabétique, 4 à 5 % lorsqu'un frère ou une sœur sont diabétiques. Cela implique que, lorsque nous disposerons d'un traitement efficace de la maladie, il faudra dépister les patients à risque de l'ensemble de la population et pas seulement dans la famille des patients diabétiques.

■ Il ne s'agit pas de la transmission d'un gène pathologique responsable par lui-même de l'apparition de la maladie mais seulement de la **transmission plurigénique d'une susceptibilité**, l'apparition de la maladie étant déterminée par des facteurs d'environnement. Ces facteurs d'environnement restent aujourd'hui inconnus.

■ L'**insulite prédiabétique** se développe plusieurs années avant l'apparition du diabète. Les infections ou les chocs psychologiques précédant de quelques semaines ou de quelques mois l'apparition clinique du diabète, souvent incriminés par les malades ou leur entourage, ne peuvent donc jouer à eux seuls le rôle déclenchant.

■ L'**insulite peut être dépistée** par une simple prise de sang à la recherche d'anticorps anti-îlots et/ou d'anticorps anti-GAD. Jusqu'à peu, ce dépistage était discutable dans la mesure où aucune option thérapeutique de prévention n'était validée. Très récemment (novembre 2022), un anticorps monoclonal anti-CD3 a été approuvé par la FDA (teplizumab). Pour que cette molécule soit disponible en France, il faudra attendre les réponses de l'Agence européenne du médicament (EMA) (avant la fin 2023), puis de la Haute Autorité de santé (HAS) et de sa commission de transparence. Les essais montrent que cette molécule permet un recul d'apparition de la maladie de 24 mois chez des patients au stade 2 à partir de 8 ans. L'avènement de cette immunothérapie a été l'occasion de montrer (au cours d'essais cliniques) le bénéfice d'autres immunothérapies déjà disponibles pour d'autres indications sur la préservation du peptide C, l'abatacept (CTLA4-Ig), la Thymoglobuline® et le golimumab (un anti-TNF-alpha). Plusieurs autres stratégies préventives, dont l'objectif est d'induire une tolérance immunitaire avant la phase 1, sont en cours de développement (vaccination prophylactique comportant des Coxsackie virus B inactivés, immunisation par de l'insuline administrée par voie orale).

- **Un dépistage positif** permettrait donc aux personnes de participer à un protocole de recherche d'immunothérapie préventive. Ces protocoles, menés par des équipes ultraspécialisées, nécessitent un dépistage de très larges populations en raison de la faible incidence de la maladie.

- À défaut, il permet **une surveillance rapprochée**, autorisant la mise en route d'une insulinothérapie avant la décompensation cétosique du diabète, le risque d'éclosion d'un diabète dans un délai d'un an étant très élevé chez les sujets présentant des anticorps anti-îlots et/ou anti-GAD et une glycémie à jeun à plusieurs reprises supérieure à 1,10 g/l.

FICHE 7

Première consultation pour une hyperglycémie sans symptômes

À savoir

Éléments à recueillir

- Âge.
- Poids, histoire du poids, localisation du poids (abdominale ?).
- Évolution lente (plusieurs années) ou rapide (quelques semaines) de la glycémie.
- Médicaments, alcool.
- Antécédents de diabète ou de maladie auto-immune dans la famille.
- Signes d'endocrinopathie hyperglycémiante (hyperthyroïdie en particulier).
- Altération de l'état général (anorexie), douleur abdominale, ictère, diarrhée.
- Pression artérielle.

Ces éléments vont permettre de prendre les décisions de prise en charge (figure 7.1).

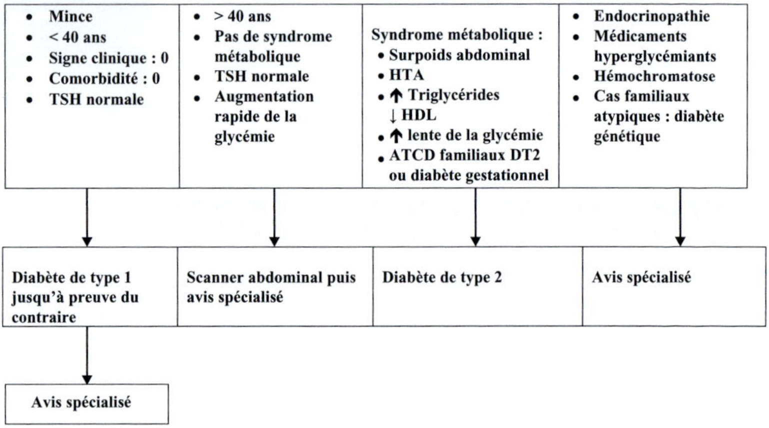

Figure 7.1. Raisonnement et conduite à tenir devant une hyperglycémie sans symptômes.
Auteurs.

Encadré 7.1

Différentes causes de diabète secondaire

- Diabètes pancréatiques :
  - pancréatectomie totale ;
  - cancer du pancréas ;
  - pancréatite chronique calcifiante éthylique ;
  - diabètes tropicaux ;
  - hémochromatose ;
  - mucoviscidose ;
  - pancréatites exocrines auto-immunes.
- Diabètes endocriniens :
  - acromégalie ;
  - hypercorticisme ;
  - phéochromocytome ;
  - hyperthyroïdie ;
  - hyperaldostéronisme ;
  - glucagonome ;
  - somatostatinome.
- Diabètes iatrogènes :
  - corticoïdes ;
  - bêta-2-stimulants (Salbutamol®)
  - diurétiques thiazidiques ;
  - œstrogènes de synthèse ;
  - progestatifs dérivés norstéroïdes ;
  - pentamidine (Lomidine®) ;

- diazoxide (Proglicem®) ;
- antirétroviraux, en particulier les inhibiteurs de la protéase ;
- neuroleptiques, en particulier les antipsychotiques de 2e génération ;
- immunosuppresseurs, anticalcineurines (ciclosporine A et tacrolimus).

- **Immunothérapie anticancéreuse.**
- **Hépatopathies cirrhogènes.**
- **Insuffisance rénale sévère.**
- **Diabète avec *Acanthosis nigricans* sans obésité.**
  - Type A : déficit en récepteurs de l'insuline.
  - Type B : anticorps anti-récepteurs de l'insuline.
  - Type C : défaut post-liaison au récepteur de l'insuline.
- **Insulinopathies.**
- **Diabète MODY** (*maturity-onset diabetes of the young*).
- **Diabète avec surdité** (hérédité maternelle) = diabète mitochondrial.

FICHE 8

Première consultation pour une hyperglycémie avec des symptômes traduisant une carence en insuline

Voir aussi la fiche 3.

Surpoids (ou était en surpoids avant de maigrir) de localisation abdominale ± HTA ± antécédents familiaux de diabète de type 2 (figure 8.1)

↓

C'est un diabète de type 2 en carence insulinique

↓

Recherche acétone sang (lecteur) ou urine (BU)

↙ ↘

Acétonémie ≤ 1,5 mmol/l ou Acétonurie ≤ 1 croix	acétonémie > 1,5 mmol/l ou acétonurie > 1 croix

↓ ↓

Diminuer le(s) : - boissons sucrées - pain - glucides à index élevé	Débuter immédiatement l'insuline basale + bolus Si acétonurie 3 + ou acétonémie > 3 mmol/l : adressage au SAU
Metformine + inhibiteur DPP4 ou sulfamides hypoglycémiants	Diminuer le(s) : - boissons sucrées - pain - glucides à index élevé
Refaire glycémie dans la semaine et ajuster le traitement	Revoir le traitement quand la glycémie sera normalisée

Figure 8.1.
Auteurs.

Pas de surpoids – Était jusque-là en bonne santé (figure 8.2)

↓

C'est un diabète de type 1 jusqu'à preuve du contraire

↓

Recherche acétonémie (lecteur) ou acétonurie (BU)

↙ ↘

Acétonémie ≤ 1,5 mmol/l ou Acétonurie ≤ 1 croix	Acétonémie > 1,5 mmol/l ou Acétonurie > 1 croix

↓ ↓

10 unités d'insuline lente en sous-cutané et contact avec le service spécialisé dans les 24 heures	Adressage immédiat au SAU

Figure 8.2.
Auteurs.

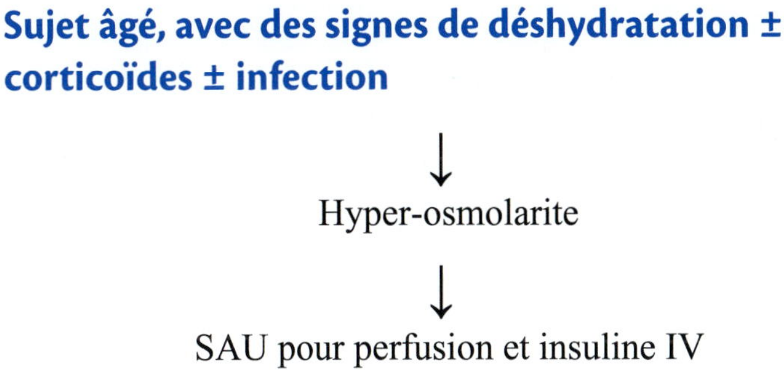

Figure 8.3.
Auteurs.

PARTIE

2

Les médicaments, les insulines et les outils techniques

Médicaments hypoglycémiants par voie orale

En France, six familles d'hypoglycémiants par voie orale sont disponibles : les biguanides, les inhibiteurs de SGLT2 (gliflozines), les inhibiteurs de la DPP-4 (gliptines), les sulfamides hypoglycémiants, les glinides, les inhibiteurs des alpha-glucosidases (tableaux 9.1 et 9.2).

La metformine

- C'est le médicament de première intention dans le diabète de type 2. C'est un biguanide.
- Son mode d'action n'est pas complètement élucidé. Ce que l'on sait c'est qu'elle :
  - inhibe la néoglucogenèse hépatique ;
  - active la glycogénolyse intestinale.
- La baisse de l'HbA1c est de – 1 à – 1,5 %.
- Elle ne donne pas d'hypoglycémie et fait perdre un peu de poids (1 à 2 kg) car elle a un effet légèrement anorexigène.
- Elle a un bénéfice cardiovasculaire montré dans certaines études chez des patients obèses avec les sulfamides comme comparateurs, avec une diminution des infarctus du myocarde.
- Elle doit être prescrite à dose progressive et prise en milieu/fin de repas pour diminuer les effets secondaires digestifs (douleurs abdominales et diarrhées : 30 % des cas).

Tableau 9.1. Les différents traitements par voie orale : posologie, effets secondaires, contre-indications.

Famille	Mécanisme d'action	DCI	Nom Commercial	Posologie existante	Posologie quotidienne max	Effets secondaires	Contre-indications
Biguanides	Diminution de la production hépatique de glucose	Chlorhydrate de metformine	Glucophage®	500/850/1 000 mg	3 000 mg/j	Douleurs abdominales Diarrhées Nausées Carence en vitamine B12	Ins rénale Cl < 30 ml/min Ins cardiaque FE < 30 %
		Embonate de metformine	Stagid®	700 mg	4 cp/j		
Inhibiteur-SGLT2 (gliflozines)	Augmentation de la glycosurie par inhibition de la réabsorption du glucose	Dapagliflozine	Forxiga®	10 mg	1 cp/j	Mycose génitale Hypotension Acidocétose euglycémique Absence d'effet hypoglycémiant si Cl < 45 ml/min	Diabète de type 1 Ins rénale Cl < 25 ml/min
		Empagliflozine	Jardiance®	10/25 mg	1 cp/j		Diabète de type 1 Ins rénale Cl < 20 ml/min
		Dapaglifozine + metformine	Xigduo ®	5 mg/1 000 mg	2 cp/j	CI et effets secondaires de la metformine et des glliflozines	
		Empagliflozine + metformine	Synjardy®	5 mg/1 000 mg, 12,5 mg/1 000 mg	2 cp/j		
Inhibiteurs des DPP-4 (gliptines)	Augmentation du taux de GLP1 actif (*glucagon-like peptide-1*) en bloquant sa dégradation	Sitagliptine	Januvia®, Xelevia®	100/50 mg	1 cp à 100 mg/j		Ins rénale Cl < 30 ml/min

		Vidagliptine	Galvus®	50 mg	2 cp/j	Surveillance du bilan hépatique	Ins hépatique (ASAT, ALAT > 3 N)
		Saxagliptide	Onglyza®	5 mg	1 cp/j		Ins rénale Cl < 30 ml/min
		Sitagliptine + metformine	Janumet®/ Velmetia®	50 mg/1 000 mg	2 cp/j	CI et effets secondaires de la metformine et des antagonistes des DPP-4	
		Vildagliptine + metformine	Eucreas®	50 mg/1 000 mg	2 cp/j	CI et effets secondaires de la metformine et des antagonistes des DPP-4	
		Saxagliptine + metformine	Komboglyse®	50 mg/1 000 mg	2 cp/j	CI et effets secondaires de la metformine et des antagonistes des DPP-4	
Sulfamides hypoglycémiants Et apparentés	Stimulation de l'insulinosécrétion	Glimépiride	Amarel®	1/2/3/4 mg	6 mg/j	Hypoglycémie	Cl créat < 30 ml/min
Sulfamides hypoglycémiants Et apparentés	Stimulation de l'insulinosécrétion	Glicazide	Diamicron®	30 LP/60 LM	4 cp/j	Hypoglycémie	Cl créat < 30 ml/min
Sulfamides hypoglycémiants Et apparentés	Stimulation de l'insulinosécrétion	Glibenglamide	Daonil®	1,25/2,5/5 mg	15 mg/j	Hypoglycémie	Cl créat < 30 ml/min
Sulfamides hypoglycémiants Et apparentés	Stimulation de l'insulinosécrétion	Repaglinide	Novonorm®	0,5/1/2 mg	16 mg/j (4 mg avant chaque repas)	Hypoglycémie	Ins hépatique
Inhibiteur de l'alpha-glucosidase	Ralentissement de l'absorption des amidons	Acarbose	Glucor®	50/100 mg	300 mg	Diarrhée graisseuse Flatulences Douleurs abdominales	Aucune
Inhibiteur de l'alpha-glucosidase	Ralentissement de l'absorption des amidons	Miglitol	Diastabol®	50/100 mg	(100 mg avant chaque repas)	Diarrhée graisseuse Flatulences Douleurs abdominales	Aucune

CI : contre-indication ; Ins : insuffisance ; Cl créat : clairance de la créatinine ; FE : fraction d'éjection

Tableau 9.2. Effets attendus sur l'HbA1c, le poids et le risque d'hypoglycémie, et adaptation des doses, des différents antidiabétiques par voie orale.

Famille	DCI	Efficacité sur HbA1c	Hypoglycémie	Effet pondéral	Insuffisance rénale selon le DFG			
					IR légère > 60 à ≤ 89	IR modérée ≥ 30 à ≤ 59	IR sévère < 30	IR terminale Dialyse
Biguanides	Chlorhydrate de metformine	++ ↓ 1 à 2 points	Non	↓	Pas de changement de dose	Réduction de la dose	Non	
	Embonate de metformine							
Inhibiteur-SGLT2 (gliflozines)	Dapagliflozine	+ ↓ 0,5 à 0,9 point	Non	↓	* Pas de changement de dose	Pas de changement de dose	Pas de changement de dose	Non
	Empagliflozine							
Antagoniste des DPP-4 (gliptines)	Sitagliptine	+ ↓ 0,7 à 0,9 point	Non	Neutre	Pas de changement de dose	Demi-dose entre 30 et 45 ml/min	Non	Non
	Vidagliptine						50 mg/j	50 mg/j
	Saxagliptide						Non	Non

Sulfamides hypoglycémiants Et glinides	Glimépiride	++ ↓ 1 à 1,5 point	Oui Fin de matinée, fin de journée, nuit	↑ 0,5 à 3 kg	Pas de changement de dose	Réduction de la dose	Non	Non
	Glicazide					Réduction de la dose	Non	Non
	Glibenglamide					Réduction de la dose	Non	Non
	Repaglinide	+				Pas de changement de dose	Pas de changement de dose	Pas de changement de dose
Inhibiteur de l'alpha-glucosidase	Acarbose Miglitol	+ ↓ 0,5 à 0,8 point	Non	Neutre	Pas de changement de dose	Pas de changement de dose	Non	Non

*i-SGLT2 : l'effet hypoglycémiant diminue avec l'insuffisance rénale, leur maintien est lié à leur bénéfice cardiorénal.

■ Elle est habituellement bien tolérée sauf chez quelques patients chez qui la diarrhée rend le médicament imprenable.

■ Sa contre-indication principale est l'insuffisance rénale sévère bien que cette molécule ne soit pas néphrotoxique, mais elle risque de s'accumuler avec un risque d'acidose lactique.

À savoir

Metformine et acidose lactique

Risque exceptionnel mais d'une particulière gravité (mortalité 50 %).
Deux situations à haut risque :

- accumulation des biguanides en raison d'une insuffisance rénale sévère, entraînant un blocage de la néoglucogenèse hépatique ;
- augmentation pathologique de la production de lactates.

Contre-indications des biguanides (évitant ces deux situations)

- Insuffisance rénale avec une clairance de la créatinine inférieure à 30 ml/min (car la metformine risque de s'accumuler).
- Insuffisance cardiaque chronique FEVG < 30 %.
- Insuffisance cardiaque, respiratoire, hépatique décompensée et plus généralement toute situation instable mettant enjeu les grandes fonctions.

Précautions d'emploi

- Réduire la posologie de moitié si la clairance de la créatinine est comprise entre 60 et 30 ml/min.
- Arrêter les biguanides le jour d'une intervention chirurgicale ou d'un examen radiologique avec injection de produit de contraste iodé et réintroduction après contrôle de la fonction rénale.

Absence de contre-indication

- Stéatose hépatique : elle est même indiquée.
- Dans les suites d'infarctus du myocarde sans insuffisance cardiaque sévère.

Les inhibiteurs des cotransporteurs sodium-glucose de type 2 (i-SGLT2) ou gliflozines

■ Inhibent la réabsorption du glucose dans le tube proximal du néphron, ce qui entraîne une glycosurie forcée.

■ Baisse de l'HbA1c de 0,5 à 0,9 %.

■ Diminution de l'effet hypoglycémiant avec la baisse du DFG, peu d'effet sur la glycémie si DFG < 45 ml/min.

- Absence de risque d'hypoglycémie.
- Perte de poids (2 à 4 kg en moyenne).
- Bénéfice cardiovasculaire (diminution de l'insuffisance cardiaque, de la maladie coronarienne athéromateuse) et sur l'évolution de la maladie rénale chronique. Ces bénéfices ne sont pas diminués en cas d'altération du DFG et les i-SGLT2 peuvent être introduits dans les indications cardiaque et rénale jusqu'à des DFG entre 20 à 25 ml/mn selon les molécules.

À savoir

i-SGLT2 et risque d'acidocétose euglycémique

Les i-SGLT2 augmentent le glucagon et dans des situations de stress aigu ou de carence insulinique ils peuvent induire une augmentation de la production des corps cétoniques conduisant à une cétoacidose. La glycémie est modérément élevée en raison de la glycosurie.

- Situations à risque d'acidocétose :
  - chirurgie, sepsis sévère ;
  - diabète de type 1 (contre-indication), diabète LADA ;
  - diabète sur pancréatopathie, autres diabètes avec carence en insuline prédominante (patient souvent avec un IMC < 25).
- **Recommandations** : arrêt des gliflozines 3 jours avant une intervention chirurgicale ou lors d'une hospitalisation pour sepsis sévère, respecter les contre-indications concernant le type de diabète.
- Mesurer la cétonémie en cas de signes évocateurs de cétose (nausées, vomissements, douleurs abdominales).

- Mycoses génitales fréquentes en début de traitement, nécessitant un traitement local si besoin.
- Surveillance et adaptation du traitement antihypertenseur en particulier chez le sujet âgé en début de traitement (hypovolémie).
- Des cas exceptionnels de gangrène de Fournier et d'amputation distale des membres inférieurs ont été rapportés.

Les inhibiteurs de la DPP-4

- Augmentent les taux circulants de GLP1 actif par inhibition de l'activité de la dipeptidyl peptidase de type 4 (DPP-4), empêchant ainsi le clivage du GLP1.
- Mode d'action :
  - stimule l'insulinosécrétion uniquement lorsque la glycémie est élevée (effet dit « incrétine »). Donc pas de risque d'hypoglycémie comme avec les sulfamides ;
  - freine la sécrétion de glucagon.

- Baisse de la glycémie à jeun et surtout des glycémies post-prandiales. La baisse de l'HbA1c va de – 0,5 à – 1,2 %.
- Tolérance bonne, peu d'effets indésirables : infections respiratoires hautes (5-6 %) et infections urinaires plus fréquentes que sous placebo. Angiœdème rare en cas de coprescription avec des bloqueurs du système rénine-angiotensine (et en particulier les IEC).
- Un risque de pancréatite aiguë, évoqué en pharmacovigilance, n'a pas été confirmé par les études de registre ou épidémiologiques. Il n'y a donc pas d'indication à doser la lipase avant ou pendant un traitement par i-DPP-4 chez un patient asymptomatique.
- Les études ont clairement montré leur neutralité sur le plan cardiovasculaire : ni bénéfice ni risque.
- Mais augmentation modérée du risque d'hospitalisation pour insuffisance cardiaque avec la saxagliptine.

Les sulfamides hypoglycémiants (SH)

- Stimulation continue de l'insulinosécrétion, quel que soit le niveau de glycémie.
- Liaison à un récepteur spécifique (SUR) présent sur la membrane de la cellule bêta-pancréatique au voisinage du canal potassique ATP-dépendant, dont ils provoquent la fermeture entraînant l'excrétion de l'insuline.
- Baisse de l'HbA1c de – 1 à – 1,5%.
- Prise de poids de 1 à 3 kg.
- Il n'existe aucune étude de sécurité ou de morbimortalité cardiovasculaire. Une étude comparant le glimépiride à un inhibiteur des DPP-4 chez des patients à risque cardiovasculaire ne montrait pas d'augmentation d'événements cardiovasculaires même si les événements hypoglycémiques étaient plus fréquents.
- Pas d'effets secondaires particuliers en dehors du risque d'hypoglycémie parfois sévère.
- Ne doivent pas être associés entre eux, ni aux glinides.

Hypoglycémies et SH

- En périodes de jeûne ; fin de matinée, fin de journée (vers 17 h-18 h), la nuit.
- À rechercher systématiquement par l'interrogatoire et un contrôle de glycémie capillaire à 18 h.
- Impose de diminuer la dose des SH.
- Glibenclamide (Daonil®), sulfamide hypoglycémiant puissant, pourvoyeur de plus d'hypoglycémies que le glimépiride ou le gliclazide.

Hypoglycémies sévères et SH

- Situations à risque : patient âgé, insuffisance rénale ou hépatique, alcool, interactions médicamenteuses, dénutrition.
- Incidence annuelle : 0,2 %.
- 75 % surviennent après 65 ans.
- 3,4 à 10 % de décès ; 5 à 10 % de séquelles cérébrales.
- Les hypoglycémies sévères avec une perte de connaissance imposent une hospitalisation pour mise en route d'un traitement par voie parentérale (sérum glucosé) pendant au moins 48 h, en raison de la demi-vie longue de ces molécules.

Recommandation de prescription

- Commencer par des posologies faibles, augmentation progressive selon l'objectif à obtenir.
- Autosurveillance glycémique pour détecter les hypoglycémies de fin de journée (18 heures).
- Conseiller au malade d'avoir toujours sur lui trois sucres à prendre immédiatement en cas de malaise.
- Recommander au malade de ne pas prendre de sulfamide hypoglycémiant ou d'en diminuer la dose s'il doit sauter un ou plusieurs repas ou s'il a une activité physique inhabituellement intense.
- Vérifier l'absence de contre-indication : insuffisance rénale et hépatique.
- Vérifier la présence de médicaments susceptibles de potentialiser l'action des sulfamides hypoglycémiants : les fibrates (Lipanthyl®, Béfizal®, Lipur®...), les anti-inflammatoires non stéroïdiens (AINS), les AVK, le miconazole (Daktarin®), le triméthoprime-sulfaméthoxazole (Bactrim®).

Les glinides

- Action similaire aux SH en bloquant le canal potassique ATP-dépendant de la cellule bêta, stimule la sécrétion d'insuline quel que soit le niveau de glycémie.
- Puissance d'action un peu inférieure aux SH.
- Demi-vie plasmatique courte à la différence des SH.
- Prise pluriquotidienne avant chaque repas.
- Diminution des glycémies post-prandiales en particulier.
- Risque d'hypoglycémie important, présent à distance des repas, à ne pas sous-estimer en particulier chez le sujet âgé.
- Possibilité de les prescrire en cas d'insuffisance rénale même sévère car élimination biliaire.
- Il n'existe pas d'étude de sécurité ou de morbimortalité cardiovasculaire.
- Pas d'indication à associer glinides et SH.

Les inhibiteurs des alpha-glucosidases

- Inhibition du dernier stade de la digestion des sucres entraînant une diminution de leur absorption, et leur élimination dans les selles.
- Diminution des hyperglycémies post-prandiales.
- Effet sur l'HbA1c de – 0,5 à – 0,8%.
- Pas de prise de poids.
- Effets secondaires très fréquents rendant l'adhésion au traitement difficile : flatulences, douleurs digestives, diarrhée en début de traitement liées la stagnation et la fermentation des sucres non digérés dans l'intestin.
- Débuter par une posologie faible, 50 mg par jour, puis augmentation progressive jusqu'à un maximum de 50 à 100 mg trois fois par jour.

Les analogues du GLP1

Nous disposons à l'heure actuelle de plusieurs classes de traitements hypoglycémiants, en grande majorité sous forme orale. Les traitements injectables comportent deux familles : les insulines et les analogues de GLP1 que nous allons décrire (tableau 10.1).

Qu'est-ce que le GLP1 ?

Le GLP1 (pour *glucagon like peptide-1*) est une hormone sécrétée par l'intestin au moment des repas et dont le rôle principal est d'augmenter la sécrétion d'insuline lorsque la glycémie s'élève. Cette hormone fait partie de la famille des hormones incrétines, famille découverte devant l'observation suivante : la sécrétion d'insuline est plus importante lors de l'administration de glucose par voie orale que par voie veineuse (effet incrétine). Cette observation suggérait qu'un facteur intestinal potentialisait la sécrétion d'insuline et ce facteur intestinal fut identifié comme étant le GLP1. D'autres recherches montrèrent que l'intestin est capable de sécréter d'autres hormones importantes pour le métabolisme comme le GIP (ou *glucose dependent insulinotropic peptide*, autre hormone à effet incrétine), le PYY (ou *peptide tyrosine tyrosine*, hormone de la satiété) et bien d'autres.
Une fois sécrétée par l'intestin, l'hormone GLP1 rejoint la circulation sanguine et se fixe sur des récepteurs présents sur de nombreux tissus avant d'être rapidement dégradée par une enzyme appelée DPP-4 qui clive le GLP1 en un fragment inactif éliminé par voie rénale.

Le GLP1 comme hypoglycémiant

Augmenter la sécrétion d'insuline en particulier lors des repas est un objectif thérapeutique important dans la prise en charge du diabète de type 2. Or, il a été montré que l'effet incrétine, dépendant en particulier du GLP1, est réduit chez un

Tableau 10.1. Les différents analogues du GLP1 et leur posologie.

DCI	Nom commercial	Posologie
Exénatide	Byetta®	5 ou 10 µg × 2/j
Liraglutide	Victoza®	0,6 ou 1,2 ou 1,8 mg/j
Dulaglutide	Trulicity®	0,75 ou 1,5 ou 3 ou 4,5 mg une fois par semaine
Sémaglutide	Ozempic®	0,25 ou 0,5 ou 1 mg une fois par semaine
Insuline dégludec + liraglutide	Xultophy®	16 UI une fois par jour pour débuter, dose à adapter selon les résultats glycémiques

grand nombre de patients atteints de diabète de type 2. Restaurer l'effet incrétine est donc un objectif thérapeutique important.

Il existe deux moyens principaux pour augmenter la disponibilité en GLP1. Le premier est de réduire sa dégradation en inhibant l'enzyme dégradant le GLP1, la DPP-4. Cette classe de composés est dénommée inhibiteurs de DPP-4 et s'emploie par voie orale (voir fiche 9). Le deuxième moyen est d'administrer par voie injectable sous-cutanée un analogue de GLP1 résistant à l'action de la DPP-4. Il existe plusieurs analogues de GLP1 en stylo injectable permettant une administration biquotidienne, quotidienne ou hebdomadaire de GLP1.

Les études cliniques ont effectivement montré que les médicaments qui augmentent la voie GLP1 réduisent de manière significative les fluctuations glycémiques journalières chez la plupart des patients atteints de diabète de type 2 démontrant l'importance de cette hormone dans le contrôle glycémique.

Autres propriétés du GLP1

En plus de ces propriétés sur la sécrétion d'insuline, les autres propriétés reconnues du GLP1 sont :

- ralentissement de la vidange de l'estomac et de la diffusion des glucides alimentaires vers le duodénum (favorisant la réduction de la glycémie postprandiale) ;
- ralentissement de la vidange de l'estomac favorisant la satiété (sans exclure un effet central du GLP1 sur les centres de la satiété ce qui reste discuté) ;
- une réduction de la sécrétion de glucagon qui peut résulter d'un effet direct du GLP1 sur les cellules alpha des îlots pancréatiques (cellules qui sécrètent le glucagon) ou d'un effet indirect (le GLP1 améliorant la sécrétion d'insuline, celle-ci inhibe au sein de l'îlot la sécrétion de glucagon). Cet effet thérapeutique est important car la plupart des diabètes ont une hyperglucagonémie relative qui participe au déséquilibre glycémique ;

- effet cardioprotecteur. Expérimentalement, le GLP1 permet au cœur de résister à l'ischémie réduisant ainsi la taille de l'infarctus du myocarde. Le GLP1 est également un vasodilatateur coronarien. Enfin le GLP1 pourrait favoriser une meilleure répartition des substrats utilisés par le cœur (proportion entre glucides et lipides) améliorant l'efficacité énergétique cardiaque et donc la contractilité myocardique.

Quels effets secondaires et précautions d'emploi avec les analogues de GLP1 ?

Le risque hypoglycémique

La plupart des analogues de GLP1 réduisent l'HbA1c de 0,8 à 1,5 %. Le GLP1 active la sécrétion d'insuline dans les îlots bêta-pancréatiques par une voie moléculaire différente de celle des sulfamides hypoglycémiants. Des études ont montré que contrairement aux sulfamides hypoglycémiants, la sécrétion d'insuline stimulée par le GLP1 se réduit lorsque la glycémie baisse. Cette spécificité explique en partie que le risque d'événement hypoglycémique est réduit de manière très significative avec les médicaments du GLP1 par rapport aux sulfamides hypoglycémiants.

Le risque de pancréatite

L'emploi des analogues de GLP1 s'accompagne d'une augmentation modérée du risque de développer une pancréatite aiguë. Ce risque semble plus élevé pour les analogues d'action courte (injection bi-quotidienne) que pour les analogues d'action prolongée (injection hebdomadaire). Un antécédent de pancréatite aiguë quelle que soit son origine est une contre-indication à l'emploi de cette famille.

Les troubles digestifs

Le ralentissement de la vidange gastrique peut induire des nausées et rarement des vomissements. Une diarrhée motrice est également un événement indésirable parfois associée à des douleurs abdominales (mais très rarement observées). Une posologie progressivement croissante lors de l'initiation d'un traitement par analogue de GLP1 réduit la fréquence des troubles digestifs.

L'adaptation des doses en cas d'insuffisance rénale

Les analogues de GLP1 n'échappent pas aux adaptations de posologie en cas d'insuffisance rénale. En cas d'atteinte modérée de la fonction rénale (clairance de la créatinine de 30 à 50 ml/min), une réduction de posologie est nécessaire pour l'exénatide (Byetta®). Jusqu'à un débit de filtration glomérulaire > 15 ml/min/1,73 m^2, aucun ajustement de dose du dulaglutide (Trulicity®) ou du liraglutide (Victoza®) ou du sémaglutide (Ozempic®) n'est nécessaire.

Quel effet cardiovasculaire des analogues de GLP1 ?

Des études spécifiques à visée cardiovasculaire ont été menées avec les analogues de GLP1. Le liraglutide à la dose de 1,8 mg/j comparé au placebo avait montré une réduction du délai de survenue du critère composite comportant la mortalité cardiovasculaire, l'infarctus du myocarde non fatal ou l'accident vasculaire cérébral non fatal chez des patients diabétiques de type 2 de plus de 50 ans en prévention secondaire et de plus de 60 ans en prévention primaire avec au moins un facteur de risque associé (étude LEADER). Le liraglutide diminuait également la fréquence de survenue d'un critère composite élargi comportant angor instable entraînant une hospitalisation, revascularisation coronaire ou hospitalisation due à une insuffisance cardiaque. Chez les patients atteints de diabète de type 2 et présentant des facteurs de risque cardiovasculaire (CV) multiples ou une maladie cardiovasculaire établie, le dulaglutide (Trulicity®) a démontré une réduction significative du critère composite composé de l'infarctus du myocarde non mortel, de l'accident vasculaire cérébral non mortel et du décès d'origine cardiovasculaire (étude REWIND). Enfin, chez des patients à haut risque cardiovasculaire, le sémaglutide (Ozempic®) a réduit de manière significative contre placebo le critère composite comportant mortalité cardiovasculaire, infarctus du myocarde non fatal ou accident vasculaire cérébral non fatal (étude SUSTAIN).

Associer un analogue de GLP1 à une insuline basale ?

Les analogues de GLP1 ont une efficacité importante sur les glycémies postprandiales et l'insuline basale sur les glycémies à jeun. Il y a donc une logique à associer ces deux classes thérapeutiques dans le diabète de type 2 afin de réguler ces deux paramètres. D'autre part, les analogues de GLP1 présentent un risque hypoglycémique et un risque pondéral plus faibles que les sulfamides hypoglycémiants, ce qui est également un avantage dans leur emploi. Il est donc possible d'associer la metformine avec un analogue hebdomadaire de GLP1 et une injection quotidienne d'insuline lente. Il existe également une association insuline basale dégludec et liraglutide en un seul stylo injecteur (Xultophy®). Comme toutes les associations, le ratio insuline basale/liraglutide est fixe ce qui est parfois inadapté pour certains patients.

FICHE 11

Les insulines

Plusieurs firmes pharmaceutiques commercialisent des insulines de noms différents mais ayant à peu près les mêmes cinétiques (tableau 11.1).

La seule insuline humaine non modifiée est l'Actrapid® (Novo-Nordisk) ou l'Umuline rapide® (Lilly).

Toutes les autres insulines sont des insulines humaines produites par génie génétique, ensuite modifiées pour les rendre plus ou moins lentes ou plus ou moins rapides. On les appelle « analogues ». Ces modifications consistent par exemple en un ou plusieurs changements d'acides aminés, ou en l'ajout d'un acide gras.

Les insulines sont toutes délivrées par voie sous-cutanée, sauf en réanimation où l'insuline rapide est délivrée par voie intraveineuse.

La plupart des insulines sont administrées pures, c'est-à-dire qu'il n'y a qu'une sorte d'insuline dans la cartouche ou le stylo. Mais parfois, les stylos contiennent des mélanges tout faits associant un analogue d'insuline rapide et une insuline semi-lente, la NPH (Umuline NPH® ou Insulatard NPH®). On les appelle « mix ou pré-mix ». Il faut connaître la proportion de chaque insuline dans ce mélange : par exemple la NovoMix 30® contient 30 % d'analogue rapide et 70 % d'Umuline NPH®.

La plupart des insulines sont concentrées à 100 UI/ml. Mais il existe des exceptions. Cela ne change pas l'utilisation que l'on doit faire du stylo (la dose affichée dans la fenêtre du stylo indique toujours le nombre d'unités qui vont être administrées). L'intérêt de ces insulines plus concentrées tient en la diminution du volume d'insuline (l'insuline est plus concentrée donc le volume est moindre). Parfois aussi, le fait d'avoir une insuline plus concentrée modifie légèrement ses propriétés cinétiques : par exemple l'insuline glargine concentrée à 300 unités/ml (Toujeo®) a une durée d'action plus longue que la glargine concentrée à 100 UI/ml.

- L'humalog 200® : 200 unités par ml.
- La glargine 300 (Toujeo®) : 300 unités par ml.
- La dégludec (Tresiba®) stylo jetable : 200 unités par ml.

Tableau 11.1. Les différentes insulines : délai d'action, pic d'action et durée d'action.

Principales préparations	Délai d'action	Durée d'action	Pic d'action
Insulines analogues rapides (les plus utilisées actuellement)			
Insuline lispro (Humalog®)	20-30 min	4 h	60 min
Insuline asparte (NovoRapid®)	20-30 min	4 h	60 min
Insuline glulisine (Apidra®)	20-30 min	4 h	55 min
Insulines analogues ultrarapides			
Fast asparte (Fiasp®)	10 min	4 h	45 min
Insuline lispro (Lyumjev®)	20 min	4 heures	60 min
Insulines rapides			
Actrapid® humaine	20 min	6 h	3 heures
Umuline rapide®	20 min	6 h	3 heures
Insulines pré-mix			
Mixtard® 50 contient 50 % d'Actrapid® et 50 % d'Insulatard®	20 min	12 h-16 h	3 heures
NovoMix® 30, 50, 70 (30 ou 50 ou 70 % de Novorapid®)	15 min	12 h-16 h	30 min
Humalog Mix® 25, 50 (25 ou 50 % d'Humalog®)	15 min	12 h-16 h	30 min
Insulines d'action intermédiaire			
Détémir (Levemir®)	1 h 30	12 h-20 h	Aucun
Umuline® NPH Insulatard® NPH	1 h 30 1 h 30	12-16 h 12-16 h	4 h 4 h
Analogues insulines lentes			
Glargine (Lantus®) Glargine (Abasaglar®) Glargine 300 (Toujeo®)	1 h 30 1 h 30 1 h 30	18 à 24 h 18 à 24 h 20 à 24 h	Aucun Aucun Aucun
Dégludec (Tresiba®)	1 h 30	Plus de 24 h	Aucun

Certains stylos permettent de délivrer des demi-unités (voir fiche 12).
Presque toutes les insulines existent en stylos jetables mais aussi en cartouches à insérer dans un stylo non jetable et en flacons pour les pompes à insuline.
En fonction de leur cinétique, les insulines contrôlent plus ou moins longtemps la glycémie et sont susceptibles d'entraîner un risque d'hypoglycémie sur une période plus ou moins longue (voir fiches 20 et 21).

FICHE 12

Stylos et pompes à insuline

Dans la mesure où l'absence ou la carence de sécrétion d'insuline est la caractéristique essentielle du diabète de type 1, l'administration d'insuline est le traitement du diabète de type 1. Une insulinothérapie peut également être instaurée chez des patients ayant un diabète type 2 soit parce qu'ils ont des contre-indications à l'utilisation des antidiabétiques oraux (par exemple s'il y a une insuffisance rénale sévère), soit parce que les traitements hypoglycémiants n'ont pas permis d'atteindre les objectifs glycémiques. Dans le diabète de type 1, les besoins en insuline varient entre 0,4 et 1 U/kg/j. Ils sont plus variables et peuvent être beaucoup plus importants chez les patients ayant un diabète de type 2.
L'insuline est administrée habituellement par voie sous-cutanée. Elle peut être administrée par voie intraveineuse (via une seringue électrique ou des bolus intraveineux) dans des circonstances métaboliques aiguës, par exemple à l'occasion d'une décompensation acidocétosique. Cette administration parentérale doit s'accompagner d'une surveillance glycémique horaire, ce qui justifie qu'elle ne soit réalisée que dans des unités de soins intensifs.

Présentations et contenu

L'insuline est dispensée sous la forme de stylos préremplis, de cartouches à insérer dans des stylos réutilisables ou de flacons pour remplir les réservoirs des pompes à insuline. Les stylos préremplis ou réutilisables doivent être équipés d'aiguilles à usage unique.

À retenir

Les stylos à insuline

Le stylo permet de faire 1 injection d'insuline beaucoup plus simplement qu'avec une seringue.

Il existe deux types de stylos : les stylos jetables préremplis et les stylos réutilisables. Les stylos préremplis se jettent intégralement lorsqu'il n'y a plus d'insuline à l'intérieur. Les laboratoires ont tous veillé à ce que chaque stylo porte une marque colorée distincte afin d'éviter les confusions lorsque le patient s'injecte plusieurs insulines différentes. Ces stylos sont simples d'utilisation mais peu écologiques.

Dans les stylos réutilisables, seule la cartouche d'insuline est jetée une fois vide. Pour éviter le risque de confusion si le patient possède plusieurs stylos différents, chaque type d'insuline a une cartouche avec un bouchon de couleur différente (figure 12.1).

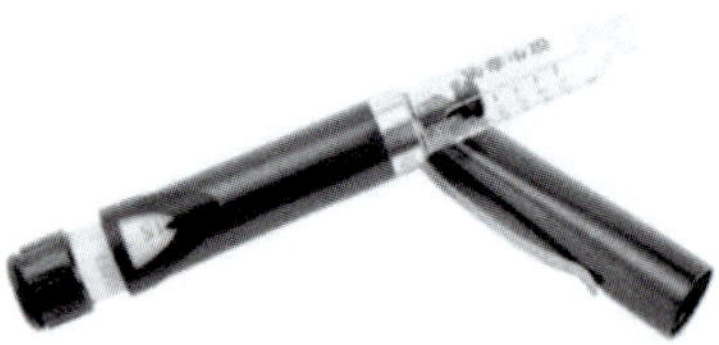

Stylo réutilisable

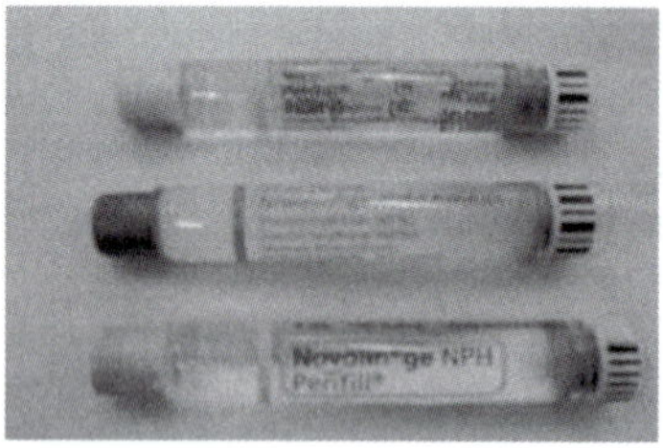

Cartouches pour stylo réutilisable

Stylo jetable

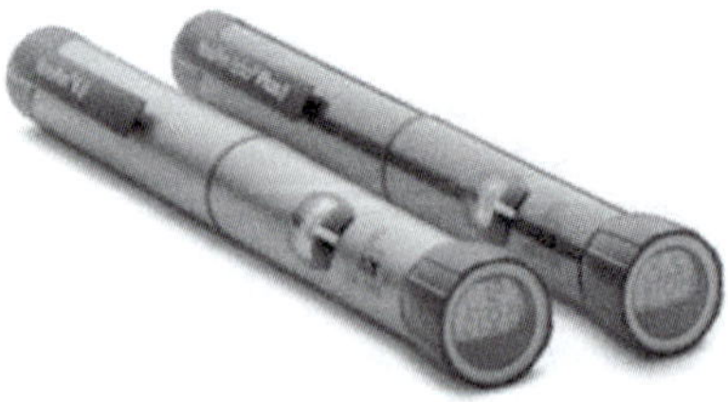

Stylo connecté

Figure 12.1. Exemples de stylos et cartouches.
Avec l'aimable autorisation de Novo Nordisk.

Stylos connectés

Certains stylos réutilisables peuvent se connecter à des applications téléchargées sur le téléphone du patient : cela permet au patient de pouvoir accéder à l'historique de ses injections (et par exemple confirmer s'il s'est bien injecté une dose d'insuline, ou pas) et au soignant d'avoir accès à l'intégralité des doses d'insuline réalisées par le patient. Ces données peuvent constituer un point de départ de discussion lors de la consultation.

Gammes de cartouches et stylos

Tableau 12.1. Tableau des insulines (cartouches et stylos).

Cartouches pour stylos réutilisables	Stylos préremplis
Insulines analogues rapides	
NovoRapid® Penfill® 100 UI/ml cartouches NovoRapid® PumpCart® 100 UI/ml cartouches NovoRapid® 100 UI/ml flacons	Novorapid® Flexpen 100 UI/ml stylos
Humalog® 100 UI/ml cartouches Humalog® 100 UI/ml flacons	Humalog® 100 UI/ml KwikPen® stylos Humalog® 100 UI/ml Junior KwikPen® stylos (graduation par 0,5 UI) Humalog® 200 UI/ml KwikPen® stylos
Apidra® 100 UI/ml cartouches Apidra® 100 UI/ml flacons	Apidra 100 UI/ml SoloStar® stylos
Fiasp® Penfill® 100 UI/ml cartouches Fiasp® PumpCart® 100 UI/ml cartouches Fiasp® Penfill® 100 UI/ml flacons	Fiasp® FlexTouch® 100 UI/ml stylos
Lyumjev® 100 UI/ml cartouches Lyumjev® 100 UI/ml flacons	Lyumjev® 100 UI/ml Junior KwikPen® stylos Lyumjev® 200 UI/ml KwikPen® stylos
Insulines pré-mix	
NovoMix® 30 Penfill® 100 UI/Ml cartouches NovoMix® 50 Penfill® 100 UI/Ml cartouches NovoMix® 70 Penfill® 100 UI/Ml cartouches	NovoMix® 30 FlexPen® 100 UI/Ml stylos NovoMix® 50 FlexPen® 100 UI/Ml stylos NovoMix® 70 FlexPen® 100 UI/Ml stylos
Humalog® Mix 25 100 UI/ml cartouches Humalog® Mix 50 100 UI/ml cartouches	Humalog® Mix 25 100 UI/ml KwikPen™ stylos Humalog® Mix 50 100 UI/ml KwikPen™ stylos
Insulines semi-lentes	
Insuline Umuline® NPH 100 UI/ml flacons Insuline Insulatard® 100 UI/ml flacons Insuline Insulatard® Penfill® 100 UI/ml cartouches	Insuline Umuline® NPH KwikPen™ 100 UI/ml stylos Insuline Insulatard® FlexPen® 100 UI/ml stylos Insuline Insulatard® InnoLet® 100 UI/ml stylos
Insulines lentes	
Abasaglar® 100 UI/ml cartouches	Abasaglar® 100 UI/ml KwikPen stylos
Lantus® 100 UI/ml cartouches Lantus® 100 UI/ml flacons	Lantus® Solostar® 100 UI/ml stylos
	Toujeo® SoloStar®/DoubleStar® 300 UI/ml stylos
Tresiba® 100 UI/ml cartouches	Tresiba® 200 UI/ml stylos

Conservation de l'insuline

Une fois le stylo ou le flacon entamé, il doit être utilisé dans les 6 semaines qui suivent. Les réserves d'insuline doivent, elles, être stockées au réfrigérateur. L'insuline ne doit pas être congelée ni être exposée à des chaleurs extrêmes (+ 30 °C) car ceci pourrait affecter son efficacité et sa durée d'action.

Technique injection en images (figures 12.2 et 12.3)

1. Insérer une aiguille (figure 12.3).
2. Tourner le bouton de dose pour sélectionner la dose requise.
3. Insérer l'aiguille rapidement dans la peau sans trop appuyer.
4. Appuyer sur le bouton de dose en laissant l'aiguille sous la peau pendant au moins 6 secondes afin de permettre à l'intégralité de la dose d'être administrée.
5. Retirer le stylo.

Pour éviter la douleur : il vaut mieux choisir des aiguilles courtes (4 ou 5 mm), utiliser une nouvelle aiguille à chaque injection, éviter d'injecter dans une zone il y a une anomalie de la peau. Il vaut mieux éviter d'injecter dans une cicatrice, un grain de beauté ou à la racine des poils.

Figure 12.2. L'aiguille du stylo.
Illustratrice Carole Fumat.

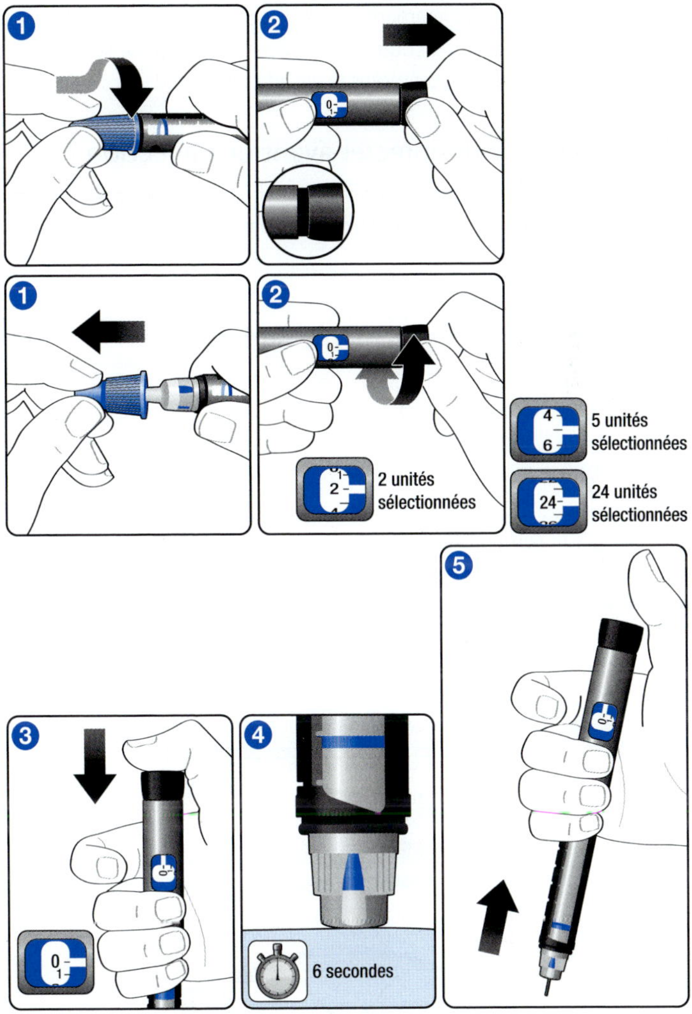

Figure 12.3. Insertion de l'aiguille sur un stylo à insuline.
Illustratrice Carole Fumat.

Questions-réponses

Est-ce nécessaire d'effectuer un pli de la peau ?

Dans l'immense majorité des cas, y compris chez les patients obèses, on privilégiera des aiguilles courtes de 4 ou 5 mm. L'utilisation des aiguilles de 4 ou 5 mm permet de réaliser les injections sans avoir besoin de faire de pli cutané. En revanche, si un patient préfère utiliser une aiguille plus longue (8 ou 12 mm) ou si un patient, adulte ou enfant, est particulièrement mince, il peut être nécessaire de pratiquer un pli cutané. La finalité du pli cutané est d'éviter que l'insuline soit administrée dans la partie musculaire plus ou moins profonde de la peau.

Est-il nécessaire de désinfecter avant une injection ?

En règle générale, il n'est pas nécessaire de désinfecter. Les experts recommandent de ne désinfecter que si le site d'injection n'est pas propre ou lorsque l'injection est effectuée en milieu hospitalier.

Faut-il injecter toujours au même endroit ?

L'absorption de l'insuline peut varier en fonction de plusieurs facteurs, comme la région du corps dans laquelle l'injection est faite. Par exemple, l'insuline est absorbée plus rapidement au niveau de l'abdomen, alors que l'absorption est intermédiaire au niveau des bras et des cuisses et qu'elle est plus lente au niveau des fesses.

On conseille généralement au patient de conserver la même région anatomique pour le même moment de la journée mais de faire varier les zones d'injection en adoptant par exemple une rotation des points d'injection (figure 12.4) au sein

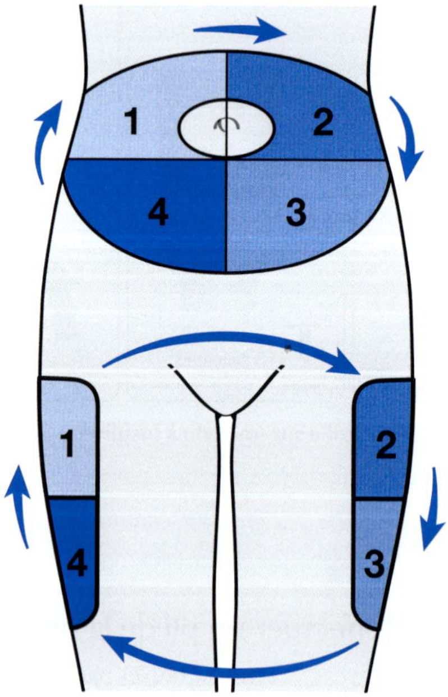

Figure 12.4. La rotation des points d'injection de l'insuline.
Illustratrice Carole Fumat.

de la région anatomique en laissant un espace de 1 à 2 cm entre les points. Pour faciliter la tâche, on peut proposer de diviser une région anatomique utilisée en quatre quadrants et faire une rotation des points d'injection dans un même quadrant pendant 1 semaine. Les régions recommandées contiennent de la **graisse sous-cutanée** : abdomen, cuisses faces latérales, hanches, haut des fesses, et arrière des bras.

Remarque : injecter l'insuline dans une région sollicitée par une activité physique peut accélérer sa vitesse d'action, ce qui peut entraîner une baisse rapide des glycémies (par exemple injecter dans les cuisses avant de partir faire un jogging).

À retenir

Lipodystrophies

C'est un épaississement du tissu graisseux sous-cutané qui se développe dans les régions où les injections sont fréquentes (figure 12.5). Comme les lipohypertrophies diminuent la sensibilité au niveau de la peau, les patients ont tendance à privilégier ces zones pour s'injecter l'insuline car c'est moins douloureux. Le problème vient du fait que l'insuline injectée dans la lipohypertrophie a une résorption variable d'un jour à l'autre. Cela peut entraîner des variations très importantes de la durée d'action de l'insuline avec des répercussions sur la glycémie.

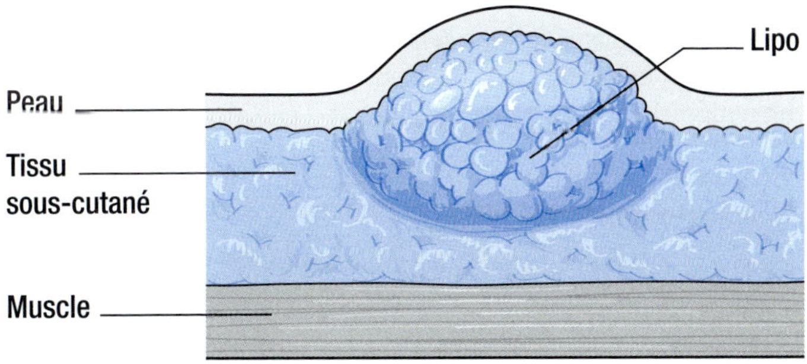

Figure 12.5. Les lipodystrophies.
Illustratrice Carole Fumat.

Les pompes à insuline

La pompe à insuline est une alternative au traitement par multi-injections d'insuline.

Comment cela fonctionne ?

Principe de dispensation de l'insuline par une pompe

Les besoins d'insuline d'une personne peuvent être divisés en :

- besoins de base correspondant à la quantité d'insuline nécessaire pour vivre normalement, au repos, en dehors des apports alimentaires ;
- besoins prandiaux qui correspondent à la quantité d'insuline qui doit être apportée pour permettre l'absorption des glucides de l'alimentation.

Dans le traitement par pompe, les besoins de base d'insuline sont couverts par une perfusion continue d'insuline rapide (au lieu d'être apportés par de l'insuline lente injectée une fois par jour). Comme en réalité ces besoins peuvent varier d'un moment à l'autre de la journée, il est possible, avec la pompe, de faire varier le débit horaire d'insuline en fonction des tranches horaires de la journée. Par exemple, il est fréquent que les besoins en insuline soient plus bas au cours de la nuit mais qu'ils augmentent en fin de nuit. Avec une pompe. Il est possible d'adapter le débit de la pompe aux besoins stricts d'insuline du patient, ce qui conduit à minimiser les risques d'hypoglycémie et d'hyperglycémie (figure 12.6).

Les besoins d'insuline rapide des repas sont assurés en commandant à la pompe d'injecter ponctuellement une dose d'insuline ; c'est ce qu'on appelle un bolus (figure 12.7).

Différentes fonctionnalités des pompes à insuline

- Débit temporaire d'insuline : les patients peuvent moduler le débit de base sur une période de temps limitée. Par exemple, à l'occasion d'une activité sportive, ils peuvent anticiper qu'ils vont avoir une baisse de leurs besoins d'insuline et régler un débit temporaire sur la période entourant l'activité physique.

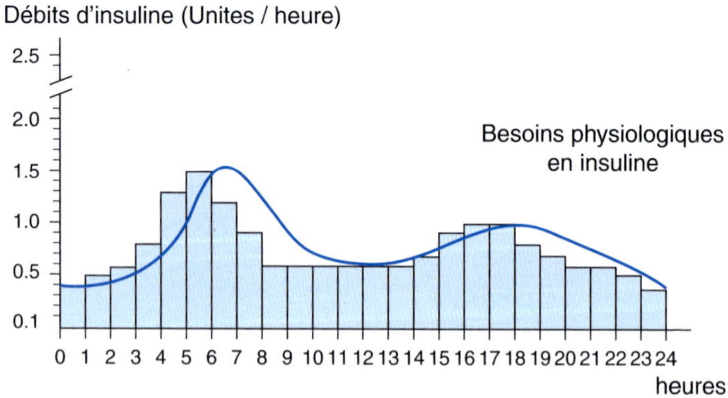

Figure 12.6. Exemple de débits de base variables en fonction des heures de la journée.
Auteurs.

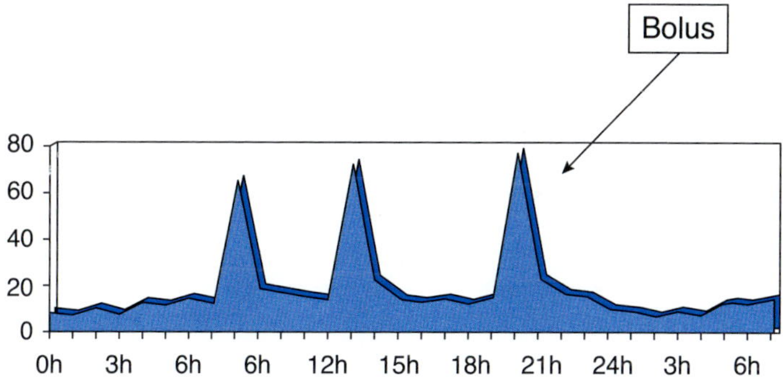

Figure 12.7. Horaires de bolus.
Auteurs.

- Bolus carré ou duo : ils permettent d'administrer la dose d'insuline du repas (bolus) sur une période de temps allongée, beaucoup plus lentement qu'avec un stylo ; ce type d'injections peut être très utile lorsqu'un repas s'éternise sur plusieurs heures (figure 12.8).

Gestion d'une pompe à insuline

Le patient remplit un réservoir qui ne contient que de l'insuline rapide ; le réservoir est ensuite placé dans un boîtier (pompe) au contact d'un piston dont la vitesse de progression est réglée manuellement une fois pour toutes.

L'insuline est libérée de façon automatique via un cathéter que le patient met en place tous les 3 à 7 jours (en fonction du type de pompe). La présence d'une pompe permet donc de diminuer drastiquement la fréquence des « piqûres » puisque le patient ne se pique que lorsqu'il remplace son cathéter.

Lorsque le patient prend un repas, il déclenche une injection supplémentaire (bolus) via sa pompe qui remplace l'ancienne injection d'insuline rapide avec un stylo.

Il existe désormais des petites pompes appelées patch pompes, qui n'ont pas de cathéter extérieur, la pompe se fixant directement à la peau (figure 12.9).

La formation initiale et la mise en route du dispositif doivent être effectuées dans un centre spécialisé (centre initiateur de pompe). Le patient est conjointement suivi par le diabétologue et un prestataire qui assure le suivi sur le plan technique, la manipulation de la pompe et la livraison du matériel.

Intérêts de la pompe à insuline

Des études menées auprès d'enfants et d'adultes diabétiques ont montré que le traitement par pompe à insuline offrait généralement un meilleur contrôle de la glycémie que le traitement par injections multiples, réduisant également les hypoglycémies.

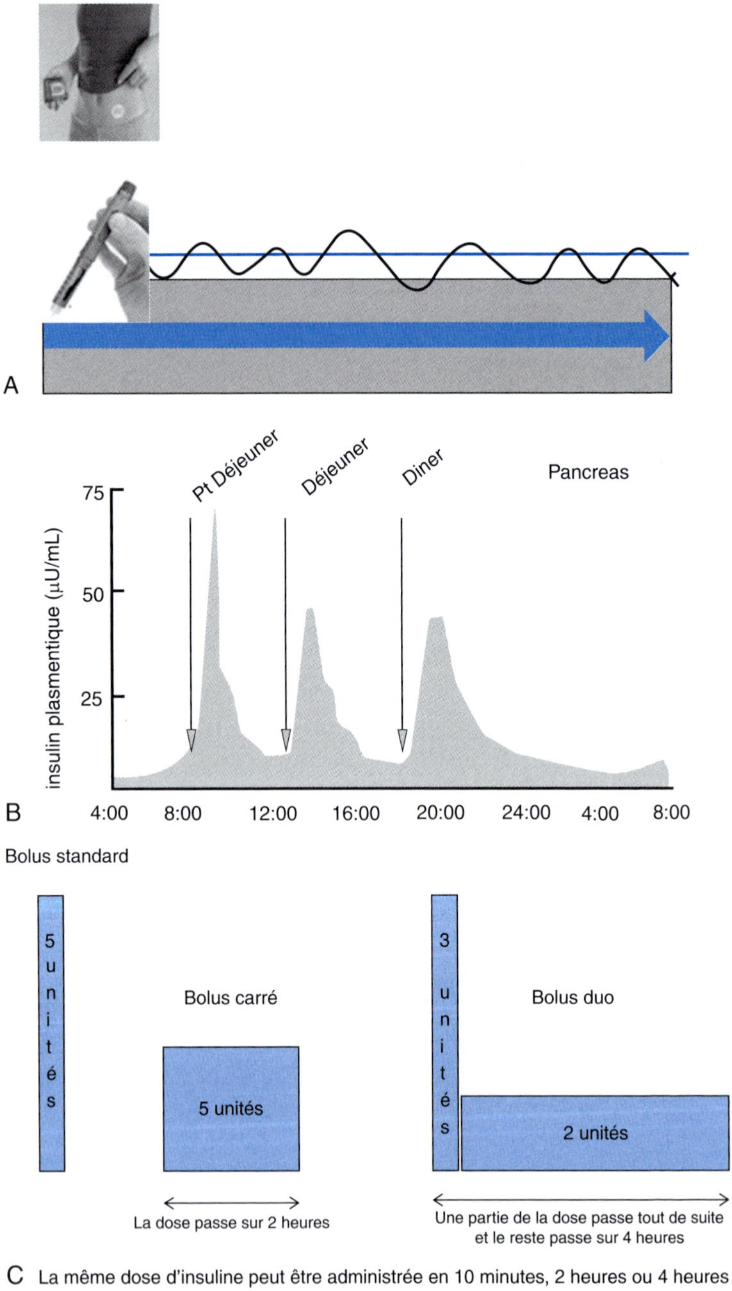

Figure 12.8. A. Besoins de base en insuline. B. Sécrétion insulinique chez les sujets non diabétiques. C. Bolus carré ou duo.
Auteurs.

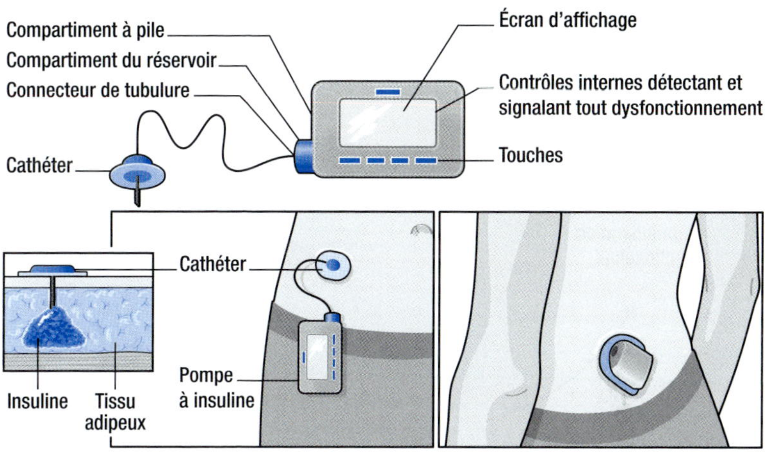

Figure 12.9. Les différents types de pompe : avec cathéter (à gauche) ou pompe patch (à droite).
Illustratrice Carole Fumat.

Une méta-analyse a montré que le traitement par pompe permettait d'abaisser davantage le taux d'HbA1c que le traitement par injections (avec différence de 0,30 % sur le taux d'HbA1c à la limite de la significativité).

La décision d'adopter un traitement par injections ou une pompe à insuline est un choix individuel que l'équipe soignante accompagne.

Dans tous les cas, le patient reste actif dans la gestion de son diabète : c'est lui qui décide des doses à injecter lors d'un repas et qui décide du moment où les injections seront faites. La pose d'une pompe à insuline ne dispense pas du calcul de la dose d'insuline rapide à faire à chaque repas, à partir de la quantification des glucides ingérés et de la mesure de la glycémie.

La pompe à insuline ne fait pas disparaître la maladie. Elle exige une vigilance accrue et une vraie implication du patient dans la mesure où une suspension non programmée du débit d'insuline peut passer inaperçue et être à l'origine d'une élévation très rapide des glycémies. Pour beaucoup de patients, elle constitue néanmoins un gain en qualité et en confort de vie.

Pompes couplées au capteur de glycémie : boucles semi-fermées

Il existe désormais des pompes qui sont couplées à la mesure continue de la glycémie et que l'on appelle boucles semi-fermées. Le couplage des deux fonctions rend possible une relation entre administration d'insuline et glycémie instantanée. Ainsi, lorsque la glycémie s'abaisse, la pompe réduit son débit et peut même s'arrêter complètement pendant un certain temps afin d'éviter la survenue d'une hypoglycémie. Elle redémarre toute seule lorsqu'elle estime que le péril est passé. À l'inverse, en cas d'hyperglycémie, la pompe augmente son débit et peut même envoyer des bolus non programmés

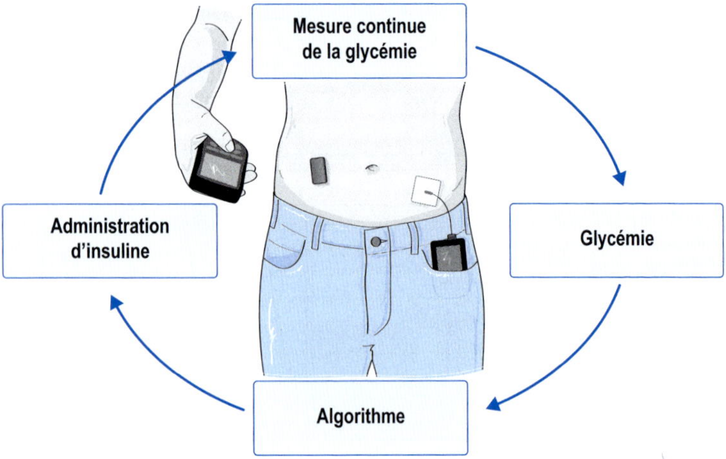

Figure 12.10. Boucle semi-fermée.
Objectif glycémique personnalisable. Adaptation automatique du débit de base en fonction de la prédiction de la glycémie dans les prochaines minutes. Envoi automatique de bolus de corrections en cas d'hyperglycémie.
Illustratrice Carole Fumat.

pour faire redescendre la glycémie. Ces actions s'effectuent en dehors de toute action du patient, mais de façon prévisible dans la mesure où certains paramètres personnalisés ont été préalablement enregistrés dans la pompe. On peut ainsi personnaliser l'objectif glycémique, la sensibilité à l'insuline (de combien 1 unité d'insuline abaisse la glycémie) ou le ratio glucides/insuline (quelle quantité d'insuline est nécessaire pour l'absorption de 10 grammes de glucides). Il est aussi possible de faire varier temporairement, et pendant une certaine durée l'objectif glycémique, comme par exemple au cours d'une activité physique. La seule contrainte restant à la charge du patient est de réaliser son bolus d'insuline (toujours grâce à sa pompe) avant chaque prise alimentaire en quantifiant aussi précisément que possible sa charge en glucides (figure 12.10). Ces pompes connectées aux capteurs permettent à la fois d'améliorer sensiblement l'équilibre glycémique (en moyenne 10 % de temps en plus dans la cible glycémique comprise entre 0,70-1,80 g/l) mais aussi d'apporter un soulagement et une aide très appréciée dans la gestion du diabète au quotidien. La fréquence, par exemple des hypoglycémies nocturnes est très diminuée et les patients rapportent, sous boucles semi-fermées, des nuits au cours desquelles ils ne se réveillent plus pour surveiller leur glycémie et avec un résultat glycémique exceptionnel par sa reproductibilité au réveil. Certaines de ces pompes fonctionnent avec des logiciels intégrant de l'intelligence artificielle, ce qui permet de constamment réajuster les paramètres, les réglages et les débits.
Ces dispositifs sont remboursés uniquement chez les patients diabétiques de type 1 et sous certaines conditions (HbA1c supérieure à 8 %, antécédents d'hypoglycémie sévère).

L'étape suivante sera constituée de la mise en place de boucles totalement fermées pour lesquelles il ne sera même plus nécessaire de signaler si on prend un repas, et quelle est son importance : la pompe compensera toute seule les hyperglycémies relatives aux repas.

Encadré 12.1

Exemple de fonctionnalités des pompes connectées – boucles semi-fermées

Fonction arrêt avant hypoglycémie ou arrêt prédictif avant hypoglycémie

Cette fonction permet d'anticiper la baisse de la glycémie et d'éviter que la glycémie atteigne le seuil bas : la pompe stoppe l'administration d'insuline en amont afin d'éviter que l'hypoglycémie ne survienne (figure 12.11).

L'arrêt de la pompe (dont la durée est limitée à 2 heures pour éviter un rebond hyperglycémique) doit permettre une remontée spontanée des glycémies. Cet arrêt s'accompagne d'une alarme et d'une vibration destinées à prévenir éventuellement l'entourage du patient de la survenue de l'hypoglycémie si celui-ci est inconscient et s'avère incapable de se resucrer tout seul.

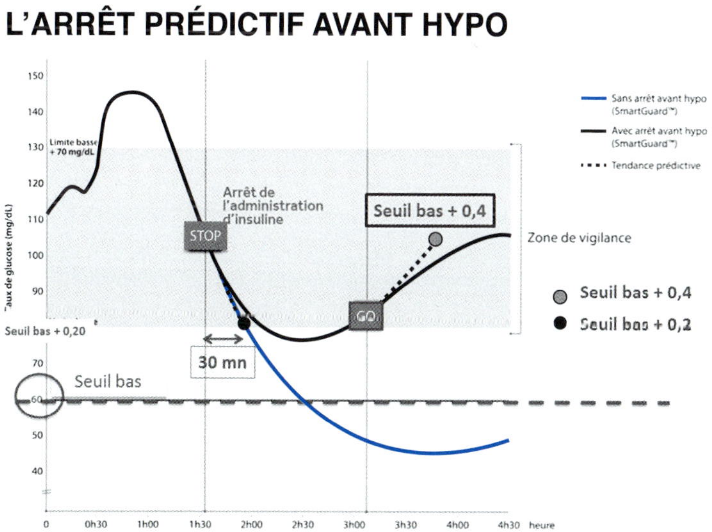

Figure 12.11. Courbe de glycémie en cas d'arrêt prédictif avant une hypoglycémie sous système MiniMed® 640G.
La pompe s'arrête automatiquement si le capteur prédit que la glycémie atteindra la valeur : seuil bas + 0,20 g/l d'ici 30 minutes. La pompe redémarre automatiquement dès que la glycémie repasse au-dessus de cette valeur et que la prédiction annonce une valeur supérieure au seuil bas + 0,40 g/l d'ici 30 minutes.

FICHE 13

Insuline : conservation, transport et technique d'injection

Conservation et transport de l'insuline

- L'insuline est une protéine qui supporte mal la température supérieure à 30 °C et ne supporte pas du tout la congélation.
- Le stock non utilisé est conservé au réfrigérateur entre 4 et 8 °C.
- Les stylos, les flacons ou les cartouches en cours d'utilisation peuvent rester à température ambiante (< 25 °C) pendant plusieurs mois.
- S'il fait moins de 25 °C, on peut donc les transporter sans problème.
- Dans l'avion, ils peuvent être transportés dans le bagage à main ou dans la soute où il fait froid mais où il ne gèle pas.
- Lors d'un voyage dans un pays chaud, à l'arrivée, il faut s'assurer de pouvoir mettre son stock d'insuline non utilisé au réfrigérateur, à défaut dans un endroit à moins de 15 °C.
- Le risque est donc pour l'insuline qui resterait plusieurs heures à plus de 30 °C, d'être moins ou plus du tout active. Il faut dans ce cas prévoir de la transporter dans un thermos, ou dans des systèmes protecteurs en vente en pharmacie ou sur Internet (ex. : systèmes « frio »).

Technique d'injection de l'insuline

- Les insulines limpides n'ont pas à être remuées. Les insulines troubles doivent être agitées, sans être secouées, 10 fois avant l'injection jusqu'à homogénéisation.
- Il faut changer l'aiguille à chaque injection.

- Il faut purger un stylo avant chaque injection : aiguille vers le haut, envoyer 2 unités dans le vide.
- Les injections doivent se faire dans le tissu sous-cutané ou dans les zones où il y a de la graisse : arrière du bras, tiers supéro-externe de cuisse, ventre, hanche, quart supéro-externe de fesse.
- On ne doit pas injecter l'insuline en intramusculaire car cela raccourcirait nettement sa cinétique et accélérerait sa diffusion.
- Il n'est pas nécessaire de désinfecter la peau à l'alcool. Il faut simplement que la peau soit régulièrement lavée comme le reste du corps à l'eau et au savon.
- Taille de l'aiguille : les aiguilles de 4 ou 5 mm sont adaptées pour tous les types de patients : quels que soient l'âge, le sexe, le poids, même pour les patients souffrant d'obésité. Le but de l'injection est que l'insuline se retrouve dans le tissu sous-cutané qui est très peu profond. Il faut expliquer cela au patient.
- L'aiguille est insérée perpendiculairement à la peau (à 90°). Il faut attendre 10 secondes avant de retirer l'aiguille.
- Il n'est pas nécessaire de faire un pli cutané sauf chez les patients très minces (IMC < 19 ou les très jeunes enfants). L'injection doit alors se faire dans le pli et il faut compter jusqu'à 10 avant de retirer l'aiguille et de lâcher le pli.
- L'insuline diffuse plus vite dans le ventre que dans le bras (diffusion intermédiaire) et dans les cuisses (diffusion lente).
- Pour chaque horaire, il faut garder le même site, par exemple arrière du bras le matin, cuisse le midi, ventre le soir. Mais, dans ce site, ne pas piquer toujours au même endroit.
- Éliminer les aiguilles en utilisant un collecteur (figure 13.1). Les collecteurs ne doivent pas être jetés dans la poubelle mais incinérés par un organisme spécialisé ou en pharmacie. Pour tout renseignement : site DASRI (www.dasri.fr). Les officines ont l'obligation depuis novembre 2011 de dispenser des collecteurs de déchets lorsqu'elles dispensent les lancettes, des aiguilles et des seringues.
- Avec le temps, lorsque l'on pique toujours au même endroit, des « lipoatrophies ou lipohypertrophies » sous-cutanées peuvent apparaître ; ce sont des zones fibreuses que l'on palpe sous la peau et qui empêchent la diffusion correcte de l'insuline. Ces lipodystrophies sont à rechercher lorsque les injections d'insuline donnent des effets extrêmement variables d'un jour à l'autre. Les patients ont tendance à piquer dedans car cela fait moins mal. Il s'installe donc un cercle vicieux qui pousse le patient à utiliser systématiquement ces zones non douloureuses, ce qui aggrave les lipodystrophies.
- Que faire devant une lipodystrophie inesthétique ?
  - demander au patient d'arrêter d'injecter l'insuline sur ce site ;
  - masser quotidiennement le site avec la technique du « palper-rouler ».

  Exceptionnellement, en présence d'une lipodystrophie majeure, la chirurgie esthétique peut être indiquée.

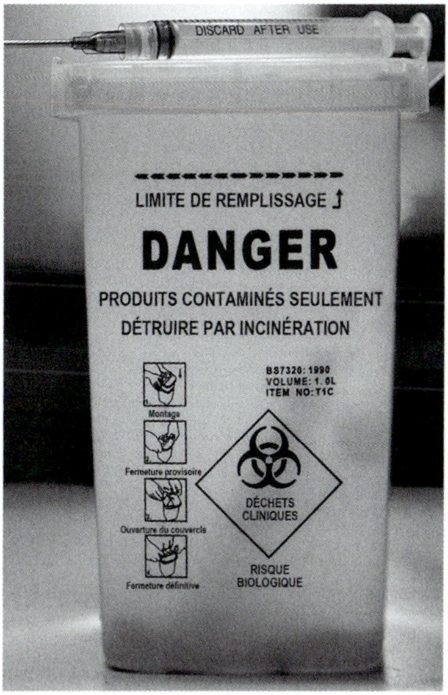

Figure 13.1. Exemple de seau collecteur de déchets.

FICHE

14

Les moyens de suivi de la glycémie : lecteurs et systèmes d'enregistrement continu de la glycémie

Lecteurs de glycémie

Principe : mesurer la glycémie au niveau d'une goutte de sang prélevée au bout du doigt. Le lecteur donne une mesure de la glycémie capillaire.

Les lecteurs permettent de mesurer la glycémie grâce à une réaction enzymatique électrochimique impliquant la glucose oxydase ou la glucose déshydrogénase ; certaines situations telles que l'altitude (au-delà de 3 000 mètres), des températures extrêmes (au-delà de 40 °C) ou l'hypoxie sont susceptibles de fausser les résultats de la mesure (en donnant des résultats sur estimés).

Certains lecteurs de glycémie (Optium Neo®, FreeStyle Libre®), possèdent la double fonctionnalité de mesurer la glycémie ou l'acétonémie : il suffit d'insérer l'une ou l'autre des bandelettes permettant la mesure pour obtenir soit la glycémie capillaire soit l'acétonémie (normale inférieure à 0,5 mmol/l). Ces lecteurs sont particulièrement utiles aux patients ayant un diabète de type 1 traités par pompe à insuline.

La première chose que l'on doit attendre d'un lecteur est sa fiabilité (tableau 14.1).

Tableau 14.1. Norme ISO 15197 de fiabilité des lecteurs glycémiques.

Exactitude acceptable ± 15 % si la glycémie est dans la fourchette euglycémique-hyperglycémique pour 99 % des mesures	Biais maximal de 15 mg/dl pour une glycémie inférieure à 75 mg/dl pour 99 % des mesures

Technique

Avant de mesurer la glycémie, il faut recommander aux patients de se laver les mains (eau chaude ± savon) afin d'éviter de faux résultats qui seraient liés à la présence de reliquats alimentaires ou à la présence de crèmes, lotions ou gels hydro-alcooliques (à proscrire avant une mesure).

Pour mesurer la glycémie il faut avoir :

- un auto-piqueur équipé d'une lancette ;
- une bandelette de test ;
- un lecteur de glycémie.

Piquer plutôt les côtés du doigt que la pulpe et changer de doigt à chaque mesure (figure 14.1).

Tous les lecteurs, sauf un, nécessitent qu'une bandelette nouvelle soit insérée lors de chaque utilisation (figure 14.2). Un lecteur (Accu-Chek® mobile) fonctionne avec un système différent : une cassette qui permet la mesure de 50 glycémies sans avoir besoin d'être rechargée.

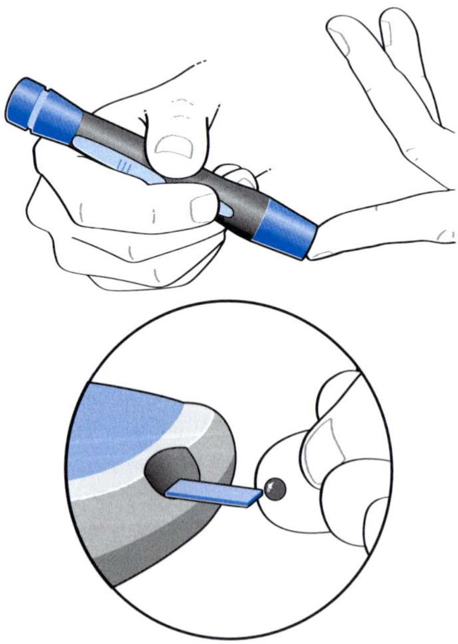

Figure 14.1. Faire une glycémie capillaire.
Illustratrice Carole Fumat.

Figure 14.2. Quelques exemples de lecteurs de glycémies.

1. Accu-Chek® Guide (Roche Diabetes Care), 2. Contour® Next (Ascensia Diabetes Care), 3. One Touch Verio® (Johnson & Johnson), 4. FreeStyle InsuLinx (Abbott Diabetes Care), 5. Accu-Chek® Aviva Expert (Roche Diabetes Care), 6. Contour® next One (Ascensia Diabetes Care), 7. One Touch Select® Plus (Johnson & Johnson), 8. FreeStyle Precision NEO (Abbott Diabetes Care), 9. Accu-Chek® Mobile (Roche Diabetes Care).

© Prof. Manfred Dreyer, Hamburg

Remboursement par la CNAM

- Adultes : 1 lecteur tous les 4 ans et 1 auto-piqueur par an.
- Enfants : 2 lecteurs (1 pour la maison et 1 pour l'école) tous les 4 ans et 2 auto-piqueurs par an.

Remboursement limité à 200 bandelettes par an pour les patients diabétiques de type 2 n'ayant pas d'insuline.

La plupart des lecteurs actuels possèdent une mémoire importante (souvent 90 jours) qui permet d'accéder aux résultats si le patient n'a pas retranscrit ses résultats sur un carnet en temps réel.

Beaucoup de lecteurs sont également connectés, c'est-à-dire qu'ils peuvent transférer les valeurs de glycémies à un smartphone ; la valeur « glycémie » est transférée via une application ou un logiciel. L'application se charge ensuite de traiter les résultats et de les présenter sous une forme de tableau qui permet au médecin et au patient d'en faire l'analyse.

Le fameux « carnet » présenté à chaque consultation a donc du plomb dans l'aile car les rapports présentés par les applications sont souvent plus faciles

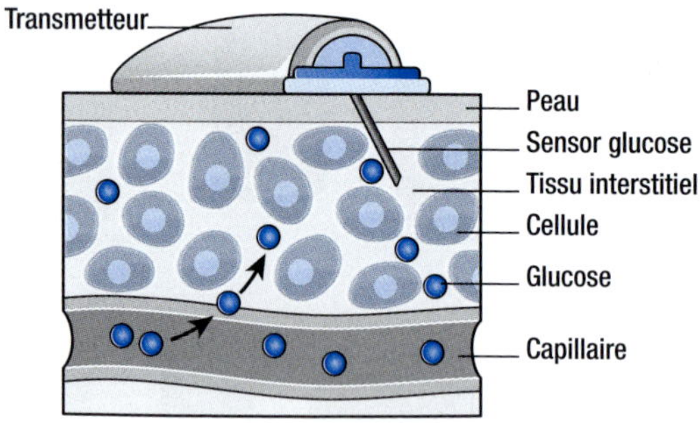

Figure 14.3. Capteur d'enregistrement continu de la glycémie placé sur la peau.
Illustratrice Carole Fumat.

à lire que ceux réalisés à partir des données notées sur les carnets papier. Ces rapports peuvent aussi être utilisés dans le cadre de la télésurveillance ou de la télémédecine.

Mesure continue de la glycémie

Depuis quelques années, les patients diabétiques peuvent bénéficier de dispositifs qui sont capables de mesurer la glycémie en continu au moyen d'une électrode placée dans le tissu interstitiel sous-cutané (figure 14.3 et tableau 14.2). Ces dispositifs remplacent totalement les mesures de la glycémie capillaire au bout du doigt chez l'immense majorité des patients diabétiques de type 1. Cette technologie de la mesure continue de la glycémie est fiable.
La mesure continue de la glycémie permet au patient d'avoir accès en temps réel à la valeur de la glycémie mesurée dans le tissu interstitiel.

Tableau 14.2. Tableau récapitulatif des capteurs disponibles en France permettant une mesure continue de la glycémie en avril 2023.

	Abbott	Dexcom	
Capteurs	Free Style Libre 2®	Dexcom G6®	Guardian G4®
Conditions de remboursement	Patients DT1 Patients DT2 sous une ou plusieurs injections	Patients DT1 > 2 ans HbA1c ≥ à 8 % Ou Antécédents d'hypoglycémie sévère ayant conduit à une intervention médicalisée en urgence Ou Nécessité d'un support à distance pour la gestion du diabète	Patients DT1 > 7 ans Objectif glycémique non atteint malgré une insulinothérapie intensive Ou Antécédents d'hypoglycémie sévère ayant conduit à une intervention médicalisée en urgence Ou Nécessité d'un support à distance pour la gestion du diabète

	Abbott	Dexcom	
Capteurs	Free Style Libre 2®	Dexcom G6®	Guardian G4®
Prescription initiale	Diabétologue Pédiatre Médecin généraliste Prescription initiale max 3 mois Ordonnance simple	Prescription initiale (max 3 mois) et renouvellement dans un centre spécialisé de diabétologie Demande d'entente préalable de la CPAM + ordonnance	Prescription initiale (max 3 mois) et renouvellement dans un centre spécialisé de diabétologie Demande d'entente préalable de la CPAM + ordonnance
Communication des résultats	Si le patient se scanne Lecteur FreeStyle Libre 2 Smartphone ou en continu sur le smartphone	Transmission automatique d'une donnée glycémique toutes les 5 minutes Pompe insuline Smartphone Récepteur indépendant Apple watch	Transmission automatique d'une donnée glycémique toutes les 5 minutes Pompe insuline Smartphone
Calibration	Aucune	Aucune	Aucune
Durée du capteur	14 jours	10 jours	7 jours
Distribution	Pharmacie	Prestataire ou pharmacie	Prestataire

La valeur de la glycémie mesurée dans le tissu interstitiel n'est cependant pas toujours égale à celle qui serait mesurée au même moment à partir d'une goutte de sang capillaire avec un lecteur classique. Il peut exister une petite différence entre ces deux valeurs, surtout si la glycémie est en train de changer rapidement. Le plus souvent, la glycémie interstitielle est en retard par rapport à la glycémie capillaire, ce décalage temporel entre glycémie capillaire et glucose interstitiel est moins marqué avec les systèmes de dernière génération (figure 14.4).

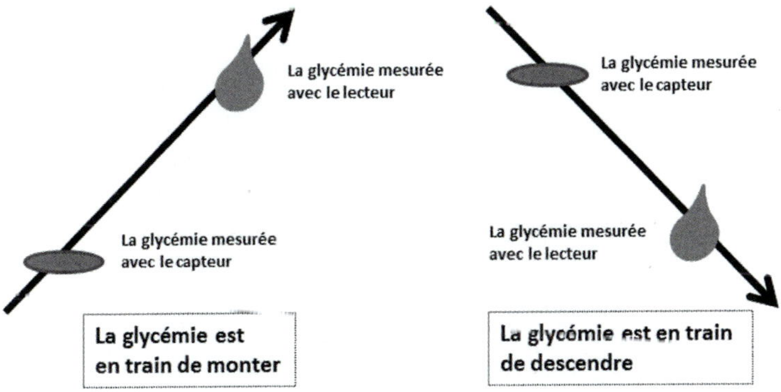

Figure 14.4. Comparaison entre la glycémie capillaire et la glycémie mesurée au niveau interstitiel par un capteur.
Auteurs.

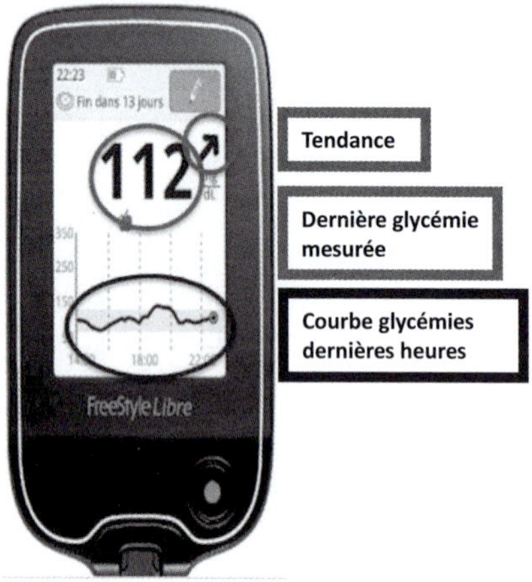

Figure 14.5. Exemple des données accessibles avec un lecteur FreeStyle Libre 2.
Auteurs.

Outre la facilité d'utilisation qui permet de contrôler sa glycémie autant de fois qu'on le souhaite dans la journée, ces appareils apportent aussi une information cruciale pour l'interprétation des glycémies : la tendance de la glycémie calculée à partir des valeurs des dernières glycémies. Les patients disposent de flèches qui indiquent la tendance de la glycémie (stable, en train de monter, ou en train de descendre) (figure 14.5).

Actuellement, trois capteurs sont utilisés et remboursés par la CNAM en France.

Le **FreeStyle Libre 2** (Laboratoire Abbott) qui est un système de « flash glucose monitoring » c'est-à-dire que le patient doit scanner le capteur pour obtenir sa glycémie ; celle-ci est mise à jour toutes les 60 secondes ou il peut recevoir en continu les données sur son smartphone (après avoir téléchargé l'application Librelink®) (figure 14.6).

Le FreeStyle Libre 2 est remboursé chez les patients diabétiques de type 1 ou chez les patients diabétiques de type 2 traités par une ou multi-injections d'insuline.

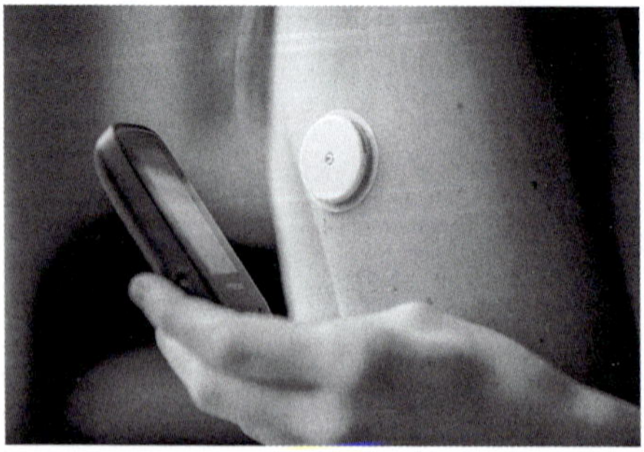

Figure 14.6. FreeStyle Libre 2 : le patient scanne pour obtenir sa valeur de glycémie ou bien il utilise la transmission directe des valeurs sur son téléphone portable.

Le remboursement pour les patients diabétiques de type 2 traités par une seule injection d'insuline est en cours.

Il est possible avec ce dispositif de paramétrer des alarmes et d'être averti soit à un seuil de valeur de glycémie basse soit à un seuil de glycémie élevée. Les alarmes sont paramétrables sur le lecteur ou sur le téléphone. Ces alarmes ont pour principal objectif de limiter la survenue des épisodes hypoglycémiques.

Les deux autres systèmes **Dexcom G6®** et **Guardian G4®** sont réservés aux patients diabétiques de type 1 (figures 14.7 et 14.8).

La grosse différence avec le système précédent tient au fait que la glycémie s'inscrit en continu sans que le patient ait à effectuer une démarche active. La valeur de la glycémie mesurée par le capteur s'inscrit en continu soit sur la pompe à insuline du patient soit sur son smartphone.

Ces systèmes peuvent être paramétrés avec des alarmes, de manière à ce qu'une sonnerie se déclenche lorsque certaines valeurs (hautes ou basses) sont atteintes ou lorsque la vitesse de variation de la glycémie est très élevée, dans un sens ou dans l'autre.

Pour tous ces systèmes, une demande d'entente préalable doit être envoyée en amont à la CPAM du patient et certaines conditions sont requises afin que la

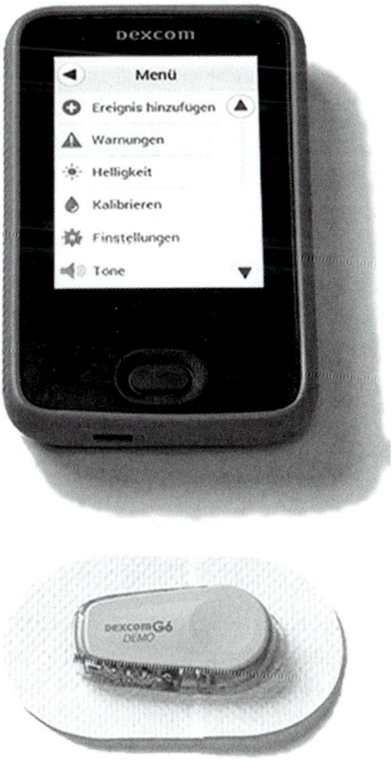

Figure 14.7. Capteur Dexcom G6®.
© Enver Hirsch, Hamburg.

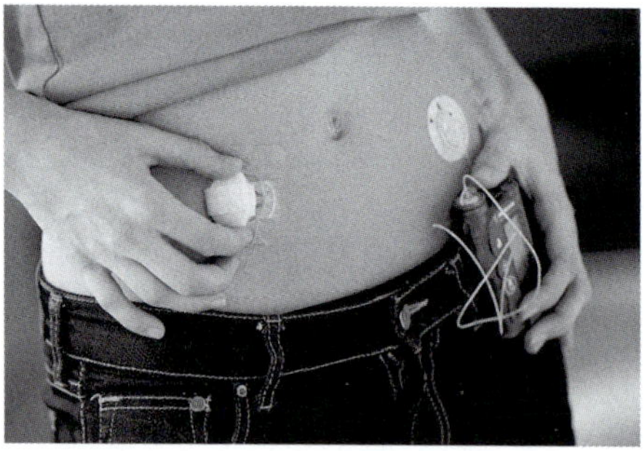

Figure 14.8. Capteur Guardian G4® communicant avec une pompe à insuline.
© Phanie.

prescription soit accessible à un remboursement (HbA1c supérieure à 8 % ou antécédents d'hypoglycémie sévère ayant nécessité une intervention médicale). La pose doit être initiée dans un centre spécialisé car une formation spécialisée initiale du patient est nécessaire.

Ce sont ces capteurs qui sont utilisés dans les boucles fermées (voir fiche 12).

L'arrivée de ces nouveaux dispositifs a modifié l'appréciation que l'on pouvait avoir jusqu'à présent de l'évolution de la glycémie au cours de la journée ; nous sommes passés d'une vision tronquée réduite à 3-4 valeurs quotidiennes qui correspondaient aux valeurs de glycémie préprandiales, à une vision globale comportant l'intégralité des valeurs de la glycémie au cours du nycthémère. Le patient et le médecin disposent désormais des courbes de glycémie qu'il est possible d'analyser afin d'optimiser le traitement insulinique (figure 14.9).

Les valeurs de glycémie sont accessibles soit directement sur le smartphone des patients, soit sur des plateformes Internet dont l'accès peut être partagé avec les soignants.

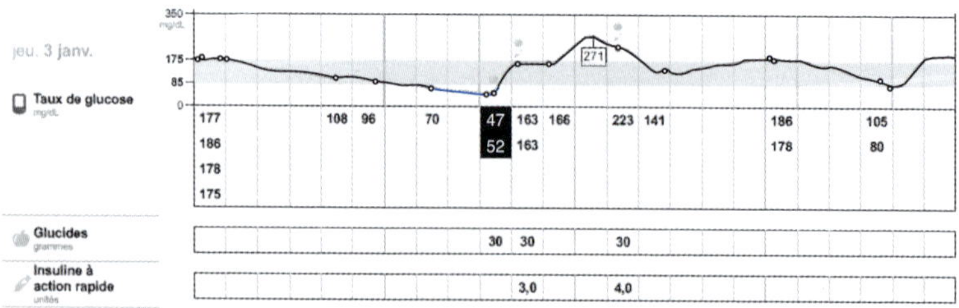

Figure 14.9. Exemple de courbe de glycémie obtenue avec le FreeStyle libre.
Les valeurs de glycémie indiquées correspondent à toutes les fois où le patient a scanné son capteur. La zone grise correspond à la plage cible qui est internationalement définie comme étant comprise entre 0,70 et 1,80 g/l. En bleu figurent les glycémies inférieures à 0,70 g/l. Le patient a la possibilité de faire figurer les doses d'insuline qu'il a effectuées ainsi que sa consommation de glucides.
Auteurs.

Pour qu'une analyse des données soit possible et permette des prises de décision, il faut que l'enregistrement soit réalisé sur une période minimale de 2 semaines et qu'elle comporte une exhaustivité du recueil des données d'au moins 70 %.

L'arrivée de ces nouvelles façons de mesurer la glycémie a également changé la façon d'apprécier l'équilibre glycémique d'un patient diabétique jusqu'à présent incarné exclusivement par le taux d'HbA1c (dont la valeur reflétait la moyenne des glycémies des 3 derniers mois). L'évaluation de la moyenne glycémique s'enrichit désormais de données issues de l'enregistrement de la mesure continue de la glycémie. Les données sont présentées sous la forme d'histogrammes, ou de camemberts dans lesquels cinq zones sont définies : moins de 54 mg/dl, moins de 70 mg/dl, plage cible entre 70 et 180 mg/dl, plus de 180 mg/dl et plus de 250 mg/dl. Il a été établi une correspondance entre le temps passé dans la cible et le taux d'HbA1c (figures 14.10 et tableau 14.3). Il existe désormais des recommandations internationales, dépendantes du type de diabète et de l'âge, fixant les objectifs à atteindre en fonction du temps passé dans la cible, du temps en hypoglycémie et du temps en hyperglycémie.

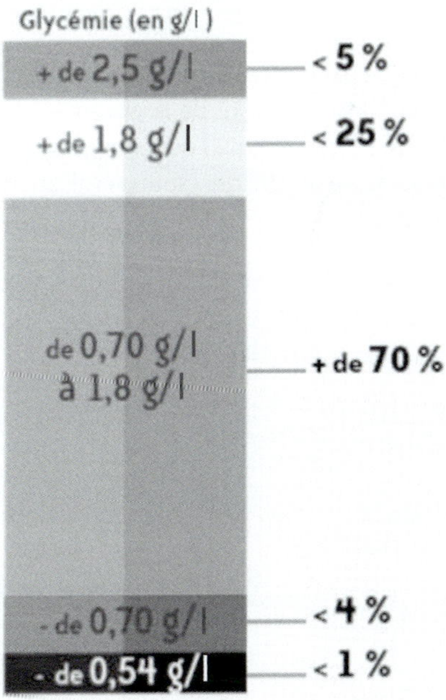

Figure 14.10. Correspondance entre le temps passé dans la cible et l'HbA1C (en pourcenteage).

D'après Battelino T, Danne T, Bergenstal RM, et al. Clinical Targets for Continuous Glucose Monitoring Data Interpretation: Recommendations From the International Consensus on Time in Range. Diabetes Care 2019 ; 42(8) : 1593-603. Figure 1.

Tableau 14.3. Correspondance entre HbA1c et TIR (temps dans la cible) ; objectifs en fonction de l'âge et du type de diabète.

Objectifs	DT1 ou DT2	Sujets fragiles
Temps passé dans la cible • Entre 0,70 et 1,80 g/l	• > 70 % temps total (objectif HbA1c 7 %) • > 60 % temps total (objectif HbA1c 7,5 %) • > 50 % temps total (objectif HbA1c 8 %)	• > 50 % temps total
Temps passé au-dessous • Moins de 0,70 g/l • Moins de 0,54 g/l	• < 4 % (1 heure) • < 1 % (15 min)	• < 1 % (15 min) • 0 %
Temps passé au-dessus • Plus de 1,80 g/l • Plus de 2,50 g/l	• < 25 % (6 heures) • < 5 % (1 h et 12 min)	• < 10 % (2 h et 24 min)
Une augmentation de 10 % du temps passé dans la cible abaisse le taux d'HbA1c de 0,5 %		

D'après Battelino T, Danne T, Bergenstal RM, et al. Clinical Targets for Continuous Glucose Monitoring Data Interpretation: Recommendations From the International Consensus on Time in Range. Diabetes Care 2019 ; 42(8) : 1593-603. Table 3.

D'autres paramètres fournis par la mesure continue de la glycémie sont aussi intéressants à regarder comme la variabilité de la glycémie (définie par le rapport déviation standard/moyenne glycémique) qui permet d'évaluer la variabilité glycémique d'un jour à l'autre, ou le GMI qui est une évaluation de l'HbA1c à partir des données du capteur.

PARTIE 3

Le diabète de type 2

SECTION

1

Diagnostic et traitement du diabète de type 2

Poser un diagnostic de diabète de type 2 et l'annoncer

On compte en France environ 800 000 diabétiques qui s'ignorent soit 23 % de la totalité des patients vivant avec un diabète selon l'étude ESTEBAN (2015). La prévalence du diabète non diagnostiqué est de 1,7 % (IC 95 % de 1,1 à 2,4) chez les adultes âgés de 18 à 74 ans. Le diagnostic du diabète est fait en moyenne avec un retard de 5 ans, parfois à l'occasion de complications.

Quand penser au diabète de type 2 ?

Chez les patients asymptomatiques, quand y penser ?

Le plus souvent, l'hyperglycémie modérée est asymptomatique. Tout au plus peut-on constater une discrète perte pondérale (de 1 à 3 kg) et une asthénie, mais le malade peut se sentir en parfaite forme physique.
Le tableau clinique classique d'un patient DT2 au diagnostic est le suivant :

- âge > 40 ans ;
- surpoids ou obésité, surcharge abdominale ;
- antécédents familiaux de DT2 fréquents ;
- présence d'une hypertension artérielle ou d'une dyslipidémie (hypo-HDL-cholestérolémie ou hypertriglycéridémie) ;
- femme avec antécédent de diabète gestationnel.

Dans ce contexte, il est désormais recommandé (ANAES 2003 et HAS 2014) de dépister un diabète de type 2 chez les patients asymptomatiques de plus de 45 ans qui présentent au moins une des caractéristiques suivantes :

- surpoids ou obésité (IMC > 25 kg/m^2) ;
- antécédent de diabète familial au premier degré (père, mère, fratrie) ;

- origine géographique non caucasienne ou migrante ;
- femmes avec un antécédent de diabète gestationnel ou de naissance d'un enfant pesant plus de 4 kg ;
- sédentarité (activité physique inférieure à 30 minutes 3 fois par semaine) ;
- hypertension artérielle traitée ou non traitée (pression artérielle systolique > 140 mmHg ou/et pression artérielle diastolique < 90 mmHg) ;
- dyslipidémie traitée ou non traitée (HDL-cholestérolémie < 0,35 g/l ou triglycéridémie > 2 g/l) ;
- traitement pouvant induire un diabète (antipsychotiques atypiques, corticoïdes, etc.) ou antécédent de diabète induit ;
- prédiabète : glycémie à jeun entre 1,1 g/l (6,1 mmol/l) et 1,26 g/l (7 mmol/l) ;
- situation de précarité (score de précarité EPICES supérieur à 30) (tableau 15.1).

Tableau 15.1. Score de précarité EPICES.

Questions	Réponses	
	Oui	Non
Rencontrez-vous parfois un travailleur social ?	10,06	0
Bénéficiez-vous d'une assurance maladie complémentaire ?	– 11,83	0
Vivez-vous en couple ?	– 8,28	0
Êtes-vous propriétaire de votre logement ?	– 8,28	0
Y a-t-il des périodes dans le mois où vous rencontrez de réelles difficultés financières à faire face à vos besoins (alimentation, loyer, EDF, etc.) ?	14,80	0
Vous est-il arrivé de faire du sport au cours des 12 derniers mois ?	– 6,51	0
Êtes-vous allé(e) au spectacle au cours des 12 derniers mois ?	– 7,10	0
Êtes-vous parti(e) en vacances au cours des 12 derniers mois ?	– 7,10	0
Au cours des 6 derniers mois, avez-vous eu des contacts avec des membres de votre famille autres que vos parents ou vos enfants ?	– 9,47	0
En cas de difficultés, y a-t-il dans votre entourage des personnes sur qui vous puissiez compter pour vous héberger quelques jours en cas de besoin ?	– 9,47	0
En cas de difficultés, y a-t-il dans votre entourage des personnes sur qui vous puissiez compter pour vous apporter une aide matérielle ?	– 7,10	0
Constante	**75,14**	–
Calcul du score : chaque coefficient est ajouté à la constante si la réponse est oui.		

Extrait de HAS. Actualisation du référentiel de pratiques de l'examen périodique de santé (EPS). Prévention et dépistage du diabète de type 2 et des maladies liées au diabète. 2014 (https://www.has-sante.fr/upload/docs/application/pdf/2015-02/7v_referentiel_2clics_diabete_060215.pdf).

Chez les patients symptomatiques, quel tableau clinique doit faire penser au DT2 ?

Non exceptionnellement, c'est une infection cutanée ou urogénitale (balanite, mycose vaginale, cystite…) qui est l'occasion de découvrir le diabète.
Trop souvent, c'est une complication « dégénérative » qui conduit au diagnostic : plaie du pied, baisse de l'acuité visuelle, accident cardiovasculaire…
Enfin, rarement, le patient présente des signes cliniques d'hyperglycémie et de carence insulinique (syndrome cardinal : syndrome polyuro-polydipsique, amaigrissement) : il faudra dans ce cas rechercher un diagnostic différentiel (notamment un DT1 ou une atteinte pancréatique).

Diagnostiquer et confirmer le diagnostic de diabète

Le dépistage du diabète de type 2 au sein des populations cibles asymptomatiques est réalisé en prescrivant une **glycémie veineuse après un jeûne de 8 h** (figure 15.1).
Le médecin doit informer le patient du but et de l'importance de réaliser cet examen, et programmer un rendez-vous pour l'interprétation des résultats.

- **Si la glycémie veineuse est comprise entre 1,26 g/l et 2 g/l**, une deuxième glycémie veineuse à jeun doit être prescrite en association avec un nouveau rendez-vous médical pour confirmer le diagnostic de diabète.
→ **C'est la deuxième glycémie à jeun > 1,26 g/l qui confirme le diagnostic de diabète.**
- **Si la première glycémie à jeun est supérieure à 2 g/l** et que le patient présente des symptômes d'hyperglycémie **le diagnostic de diabète est confirmé, il n'est pas nécessaire de contrôler avec un deuxième prélèvement**.
- **Si la glycémie veineuse est comprise entre 1,10 g/l et 1,25 g/l** : il s'agit d'un **prédiabète** (ou hyperglycémie modérée à jeun). Il est important d'informer le patient sur les actions de prévention du diabète de type 2 (voir fiche 24). Le contrôle de la glycémie à jeun sera fait dans 1 an.
- **Si la glycémie veineuse est inférieure à 1,10 g/l** : le résultat est normal : **il n'y a pas de diabète**. Le contrôle de la glycémie veineuse à jeun sera réalisé dans 1 à 3 ans en fonction des facteurs de risque.

Dans tous les cas, il est important de rechercher et de contrôler les facteurs de risque cardiovasculaire associés et modifiables comme le tabac, la dyslipidémie, l'hypertension artérielle.
Attention, il ne faut surtout pas banaliser les situations où la glycémie est inférieure à 1,26 g/l voire < 1,10 g/l sous prétexte qu'il n'y a pas de diabète : ces patients cibles restent à risque de développer un DT2, et il faut les informer sur les moyens de prévention (voir fiche 24). Un suivi médical régulier est nécessaire pour poursuivre les dépistages au cours du temps.

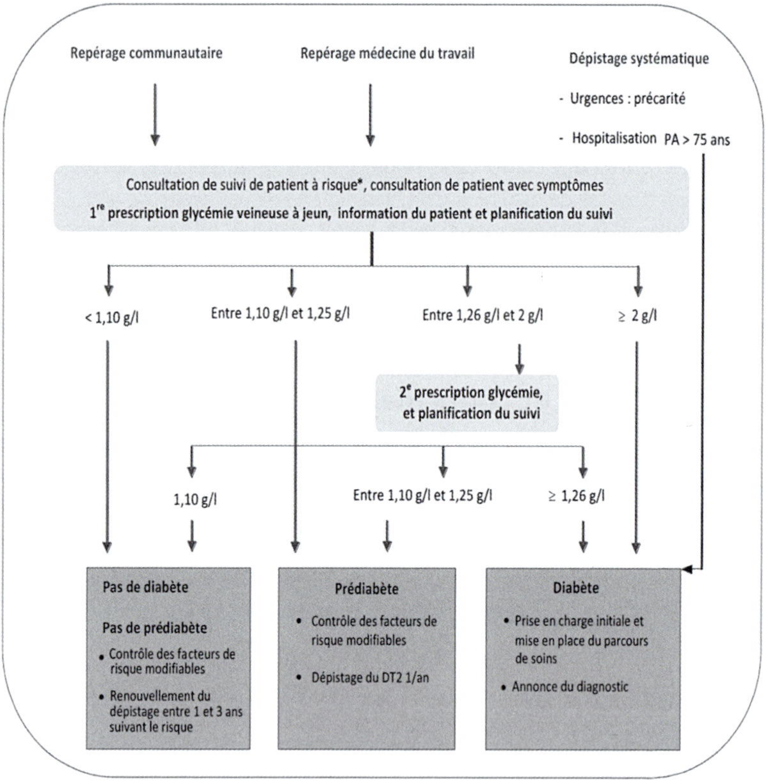

* patient identifié après un repérage communautaire ou en médecine du travail ou suivi d'un patient à risque
PA : personne âgée

Figure 15.1. Dépistage du DT2, arbre décisionnel.
HAS. Guide Parcours de soins. Diabète de type 2 de l'adulte. 2014 (https://www.has-sante.fr/portail/upload/docs/application/pdf/2014-04/guide_pds_diabete_t_3_web.pdf).

Bien que cela ne soit pas la situation la plus fréquente, il existe des situations urgentes :

- le patient présente des symptômes cliniques d'hyperglycémie (syndrome cardinal) sans cétose ou une complication du diabète : la glycémie capillaire doit être faite au cabinet et la glycémie veineuse à jeun sera prescrite en urgence ;
- le patient présente un syndrome cardinal avec cétose > 1,5 mmol/l ou des signes de cétoacidose (nausées, vomissements, douleurs abdominales, polypnée) : la glycémie capillaire est faite en cabinet et le malade doit être orienté aux urgences de l'hôpital.

Enfin, devant la découverte d'un diabète, un bilan est nécessaire pour répondre aux trois questions essentielles :

- Est-ce un diabète de type 1 ou un diabète de type 2 ou existe-t-il des arguments pour un autre type de diabète ?

- Existe-t-il des complications du diabète ?
- Existe-t-il une pathologie sous-jacente pouvant être à l'origine de ce diabète (hyperthyroïdie, infection, syndrome inflammatoire...) ?

Diagnostic différentiel

Au moment du diagnostic du diabète, certaines situations doivent faire rechercher un diagnostic différentiel (un diabète de type 1 lent, certains diabètes génétiques, des pancréatopathies, une hémochromatose, un diabète secondaire à des endocrinopathie) :

- un âge < 40 ans ;
- une absence de surpoids (IMC < 25 kg/m²) ;
- une altération de l'état général ;
- l'absence d'antécédent familial de diabète connu ;
- une forte hyperglycémie inaugurale avec symptômes ;
- des antécédents familiaux d'hémochromatose.

Si le patient présente une de ces situations d'alerte, il est recommandé de demander un avis spécialisé auprès d'un endocrinologue

Comment annoncer le diabète

Le diabète est une maladie chronique nécessitant l'adhésion du patient pour une prise en charge optimale (alliance thérapeutique). Pour ce faire, il est actuellement recommandé d'utiliser une approche centrée sur le patient. Cette démarche a trois objectifs :

- cerner l'expérience de la maladie telle que le patient la vit (dans le cas d'une annonce de diabète : interroger le patient sur ses expériences personnelles et familiales : a-t-il des connaissances qui ont un diabète ? que signifie avoir un diabète pour lui ?) ;
- comprendre la personne dans sa globalité psychosociale (connaître son mode de vie, son travail, son entourage : comment peut-il s'organiser pour modifier son hygiène de vie ?) ;
- prendre une décision thérapeutique conjointe, acceptable pour le patient.

L'annonce doit donc être préparée, bienveillante, empathique, utiliser préférentiellement une écoute active (inciter le patient à s'exprimer avec des questions ouvertes et des silences).

Pour en savoir plus

HAS. Guide Parcours de soins. Diabète de type 2 de l'adulte. 2014 (https://www.has-sante.fr/portail/upload/docs/application/pdf/2014-04/guide_pds_diabete_t_3_web.pdf).

HAS. Actualisation du référentiel de pratiques de l'examen périodique de santé (EPS). Prévention et dépistage du diabète de type 2 et des maladies liées au diabète. 2014 (https://www.has-sante.fr/portail/upload/docs/application/pdf/2015-02/7v_referentiel_2clics_diabete_060215.pdf).

Les objectifs d'HbA1c dans le diabète de type 2

L'objectif du traitement hypoglycémiant à long terme est la prévention des complications de la micro- et de la macroangiopathie.
Les hypoglycémies chez les personnes à risque sont à éviter autant que l'apparition ou l'aggravation des complications chroniques et aiguës liées à l'hyperglycémie.

Est-ce qu'équilibrer le diabète de type 2 prévient les complications ?

- Les études randomisées disponibles dans le diabète de type 2 (UKPDS, ADVANCE, ACCORD, VADT) ont permis de montrer que l'équilibre du diabète prévenait l'apparition ou l'aggravation des complications de la microangiopathie, en particulier de la rétinopathie et de la néphropathie.
- Par contre, le bénéfice du contrôle de la glycémie sur les événements cardiovasculaires est moins clair sur le court terme, d'autant que le risque cardiovasculaire est multifactoriel.
- Vouloir normaliser à tout prix la glycémie chez des patients avec des antécédents cardiovasculaires s'est même avéré délétère (plus de décès dans l'étude ACCORD).
- Il faut attendre plus de 10 ans pour voir apparaître un bénéfice cardiovasculaire de l'équilibre du diabète de type 2 : baisse de 20 % d'un critère composite au bout de 10 ans dans l'étude VADT et de 30 % du risque d'infarctus du myocarde au bout de 20 ans par exemple dans l'étude UKPDS.
- Mais aucune étude n'a montré une baisse de la mortalité cardiovasculaire en équilibrant le diabète de type 2.

Guide pratique du diabète

- Il est donc plus efficace pour prévenir les événements cardiovasculaires dans le diabète de type 2 d'arrêter de fumer, d'avoir une pression artérielle à moins de 140/90 mmHg, et surtout un LDL-cholestérol à moins de 0,7 g/l, voire 0,55 g/l en prévention secondaire, que de s'acharner à faire descendre l'HbA1c.
- En revanche, la prévention de la microangiopathie sur le long terme nécessite d'avoir un bon contrôle glycémique (HbA1c < 7 % sans hypoglycémies).

Ce que nous apprend l'étude UKPDS (*United Kingdom Prospective Study*)

Cette étude, portant sur plus de 4 500 diabétiques de type 2 suivis pendant 10 ans, répartis en 4 groupes (régime, sulfamides, biguanides, insuline), a apporté la preuve qu'en matière de prévention de la microangiopathie, le bénéfice de l'équilibre glycémique était comparable dans le diabète de type 2 et dans le diabète de type 1. Elle a également montré que le bénéfice était plus faible en ce qui concerne la macroangiopathie et en particulier la prévention primaire de l'insuffisance coronaire (– 16 % NS d'infarctus du myocarde dans les groupes traités par sulfamides ou insuline *versus* le groupe contrôle traité par régime seul), confirmant en cela les études prospectives de cohortes, qui avaient montré qu'à 1 point d'HbA1c en plus, correspondait une augmentation de 10 à 15 % de la morbimortalité cardiovasculaire sur 10 ans.

Cependant, le suivi des patients 10 ans après la fin de l'étude (post-UKPDS) a montré un bénéfice significatif en matière de morbimortalité cardiovasculaire dans le groupe « traitement dit intensif », montrant encore un bénéfice du traitement de l'hyperglycémie chez les diabétiques de type 2 en prévention primaire, mais après une durée de plus de 10 ans.

L'UKPDS a encore montré que la metformine chez les sujets obèses avait un bénéfice cardiovasculaire important (– 39 % d'infarctus du myocarde), indépendant de son efficacité hypoglycémiante. Enfin, elle a montré que les sulfamides hypoglycémiants comme l'insuline n'augmentaient pas le risque cardiovasculaire, du moins en prévention primaire.

Que nous ont appris les études ACCORD, ADVANCE et VADT ?

Plusieurs études ont été rapportées en 2008 concernant les effets du traitement de l'hyperglycémie sur le risque de survenue d'infarctus du myocarde, d'accidents vasculaires cérébraux et de décès d'origine cardiovasculaire dans le DT2.

L'étude ACCORD, portant sur 10 251 patients diabétiques de type 2, a dû être arrêtée prématurément au bout de 3 ans et demi, car les patients du groupe « traitement intensif de la glycémie » avaient présenté une augmentation significative de la mortalité cardiovasculaire de 35 % avec une augmentation significative de mortalité toutes causes confondues de 22 %, soit 257 décès *versus* 207. Cette surmortalité a concerné des patients de 62 ans, en surpoids (93 kg), ayant 10 ans de diabète et une HbA1c à 8,3 % au début de l'étude. Les malades étaient majoritairement à haut risque cardiovasculaire : 35 % avaient des antécédents de maladie cardiovasculaire. L'HbA1c du traitement « intensif » s'est abaissée en quelques mois de 8,3 à 6,5 % pour atteindre en fin d'étude 6,4 %, tandis que dans le groupe « contrôle », l'HbA1c a baissé progressivement pour se maintenir ensuite autour de 7,5 %.

Pourquoi a-t-on observé une augmentation de la mortalité dans l'étude ACCORD ? Le point essentiel est que l'étude ACCORD était la seule à avoir pour objectif une HbA1c inférieure à 6 %, ce qui n'est proposé à ce jour par aucune recommandation nationale ou internationale. L'objectif était même plus strict, puisqu'il était précisé que si la glycémie à jeun atteignait ou dépassait 1 g/l, ou si la glycémie 2 h après le début du repas atteignait ou dépassait 1,40 g/l, il fallait intensifier le traitement même si l'HbA1c était inférieure à 6 %.

Une étude a cherché à caractériser les patients victimes de la surmortalité dans le groupe « intensif » : patients très déséquilibrés à l'entrée dans l'étude (HbA1c > 9 %) et ayant résisté à l'intensification du traitement. Il semble donc que la multiplication des traitements hypoglycémiants chez des patients qui y sont très résistants ait conduit à un trouble de rythme et/ou une hypoglycémie sévère isolée qui a été fatale. Les sociétés savantes américaine et européenne proposent donc dans leur recommandation de fixer un objectif glycémique moins strict (HbA1c à 8 %) chez les patients coronariens, avec une HbA1c élevée et baissant de moins de 0,5 % en trois mois après intensification des traitements.

Deux autres études – ADVANCE, ayant porté sur 11 140 patients diabétiques de type 2, et l'étude des VETERANS, ayant porté sur 1791 patients à haut risque cardiovasculaire – n'ont pas confirmé ce résultat.

Dans l'étude ADVANCE, l'HbA1c du groupe « traitement intensif » a atteint l'objectif de 6,5 % *versus* 7,5 % dans le groupe « contrôle ». Dans l'étude des VETERANS (VADT), le groupe « intensif » a atteint 6,9 % *versus* 8,4 % dans le groupe « contrôle ». Aucune de ces deux études n'a montré de surmortalité dans le groupe « traitement intensif ».

Le principal résultat de l'étude ADVANCE est la réponse qu'elle a apportée à l'étude ACCORD, en montrant une absence de surmortalité chez les patients du groupe « traitement intensif » qui avaient obtenu une HbA1c à 6,5 %. En revanche, elle n'a pas montré de bénéfice sur les événements macrovasculaires du traitement intensif, qui permettait d'obtenir une HbA1c à 6,5 %.

L'étude des VETERANS (VADT) n'a pas non plus trouvé de différence d'événements cardiovasculaires entre le groupe « intensif » qui a atteint 6,9 % *versus* 8,4 %

dans le groupe « contrôle ». Cependant, une diminution du critère composite « infarctus du myocarde + décès d'origine cardiovasculaire » apparaît dans le groupe qui a eu le traitement intensif pendant 5 ans, mais 5 ans plus tard.

Conclusion

■ Contrôler la glycémie diminue le risque de microangiopathie dans les 5 ans.
■ Contrôler la glycémie diminue le risque cardiovasculaire mais seulement dans les 10 à 15 ans chez des patients comme ceux de l'UKPDS en prévention primaire.
■ On peut donc penser que l'hyperglycémie intervient essentiellement en favorisant la glyco-oxydation de la matrice extracellulaire, c'est-à-dire, en quelque sorte, le vieillissement de la paroi artérielle à l'origine de la médiacalcose. Ceci pourrait expliquer qu'un bénéfice du traitement intensif de la glycémie ne soit observé qu'après de nombreuses années et qu'à l'inverse, lorsqu'il existe des lésions calcifiées, on ne peut plus espérer de bénéfice d'un traitement intensif de la glycémie .

Les objectifs d'HbA1c (tableau 16.1)

■ Pour chaque patient, on doit se demander pourquoi on traite la glycémie : prévention des complications de la microangiopathie ? de la macroangiopathie ? de la déshydratation ?
■ Les objectifs seront modulés en fonction du contexte, et en particulier de l'espérance de vie et de l'état cardiovasculaire.
■ Si l'espérance de vie est courte, l'objectif ne doit pas être la prévention des complications chroniques, mais la prévention de la déshydratation et de l'infection.
■ Si le patient est déjà coronarien, l'objectif du traitement hypoglycémiant est uniquement de prévenir les complications graves de la microangiopathie, tout en évitant les hypoglycémies. Pour cela une HbA1c autour de 7,5 % est suffisante.
■ Pour les patients encore jeunes, en début de diabète, avec des coronaires encore saines, l'objectif est la prévention des complications de la microangiopathie à 5 ans, et des événements cardiovasculaires à 15 ans. On peut fixer l'objectif d'une HbA1c autour de 6,5 % sans hypoglycémie ni prise de poids.

Prévention de la microangiopathie

■ Obtenir une HbA1c à moins de 6,5 % est atteignable au tout début du diabète, lorsque la résistance à l'insuline est encore facile à vaincre avec de la metformine ± associée aux agents antidiabétiques n'entraînant pas d'hypoglycémie chez un sujet jeune, ayant une longue espérance de vie. (Les complications graves de la microangiopathie demandent 15 ans de diabète pour arriver).
■ Un objectif d'HbA1c inférieure ou égale à 7,5 % permet dans l'immense majorité des cas d'éviter les complications graves de microangiopathie.

Tableau 16.1. Objectif d'HbA1c dans le diabète de type 2.

HbA1c	≤ 6,5 %	< 7 %	< 8 %	< 9 %
Moyenne glycémique (g/l)	1,35	1,50	1,80	2,10
Glycémie capillaire pré-prandiale (g/l)	1,20	1,30	1,40	1,50
Glycémie capillaire post-prandiale (à 120 min) (g/l)	1,60	1,80	2,00	2,50
Indication	Diabète de type 2 nouvellement diagnostiqué et Espérance de vie > 15 ans et Sans aucun antécédent cardiovasculaire connu traité par RHD ou par des traitements ne provoquant pas d'hypoglycémie	La plupart des patients diabétiques de type 2	Une ou plusieurs comorbidités sévères Espérance de vie limitée (< 5 ans) Diabète ayant une durée d'évolution > 10 ans et pour lequel la cible de 7 % s'avère difficile à atteindre car l'intensification médicamenteuse provoque des hypoglycémies sévères (≤ 8 % sans aller au-dessous de 7 % en cas de traitement par sulfamide, glinide ou insuline)	
Situation rénale	Normale	Insuffisance rénale chronique modérée (Cl de 30 à 60 ml/min) (stade 3A ou B)	Insuffisance rénale chronique sévère ou terminale (Cl < 30 ml/min) (stades 4 et 5)	
Personnes âgées (Tenir compte de l'altération de la fonction rénale, polymédication, risque élevé d'hypoglycémie [conséquences plus délétères], risque de dénutrition)		Personne âgée de plus de 75 ans en bon état de santé, indépendante et bien intégrée socialement (c'est-à-dire autonome d'un point de vue décisionnel et fonctionnel)	Personne âgée dite fragile, à l'état de santé intermédiaire avec limitations fonctionnelles motrices et cognitives et une baisse des capacités d'adaptation	Personne âgée dépendante, dites « malade » en mauvais état de santé en raison d'une polypathologie chronique évoluée génératrice de handicap et d'un isolement social ; éviter les complications aiguës dues au diabète (déshydratation, coma hyperosmolaire, infection) et les hypoglycémies

RHD : règles hygiéno-diététiques ; Cl : clairance.
HAS 2013.

Prévention de la macroangiopathie

- La prévention de la macroangiopathie suppose de normaliser l'ensemble des facteurs de risque vasculaire.
- Le bénéfice du traitement hypoglycémiant reste modeste, avec environ 10 à 15 % d'événements cardiovasculaires en moins pour 1 point d'hémoglobine A1c en moins, et surtout lointain : équilibrer le diabète diminue les événements cardiovasculaires 10 à 20 ans plus tard !
- L'objectif idéal est donc théoriquement la normalisation de l'hémoglobine A1c, à condition que le patient ait une très longue espérance de vie, des artères coronaires saines et de ne pas prendre de risque d'hypoglycémies répétées ni sévères.
- En prévention secondaire on se contentera d'une HbA1c entre 7 et 8 % sans hypoglycémie.
- Les nouveaux traitements du diabète (analogue GLP1 et inhibiteur des SGLT2) apportent un bénéfice cardiovasculaire et rénal indépendamment de l'équilibre glycémique. Ils permettent également une amélioration de l'équilibre du diabète sans entraîner d'hypoglycémie.

Cas particulier de la personne âgée

Chez les personnes âgées ayant une espérance de vie inférieure à 10 ans et ne présentant aucune complication microvasculaire (fond d'œil normal), l'objectif glycémique doit être révisé afin d'éviter tout risque d'hypoglycémie tout en évitant l'hyperglycémie trop importante qui favorise les infections à répétition, la déshydratation voire le coma hyperosmolaire Des glycémies préprandiales autour de 1,50 g/l (HbA1c < 9 %) paraissent alors acceptables.
En revanche, s'il existe une rétinopathie (plus ou moins associée à une glomérulopathie) ou une neuropathie, quel que soit l'âge, il faut rechercher un « équilibre glycémique correct », c'est-à-dire un équilibre glycémique limitant le risque d'aggravation. Une glycémie préprandiale inférieure à 1,40 g/l, avec une HbA1c à moins de 8 % est acceptable.

Cas particulier de la patiente avec un diabète de type 2 souhaitant une grossesse

Objectif HbA1c < 6,5 % avec des glycémies à jeun inférieures à 0,95 g/l, des glycémies post-prandiales inférieures à 1,20 g/l, et avant l'arrêt de la contraception pour diminuer le risque de malformation fœtale.

FICHE 17

Les grands principes de la diététique du patient diabétique de type 2

Il est important de **cibler** les conseils diététiques donnés aux patients diabétiques de type 2.

Le but de l'accompagnement des patients est de leur donner du recul sur leur manière de se nourrir et de leur proposer des outils pour modifier dans la durée la qualité de leur alimentation.

L'idée n'est pas d'obtenir une perte de poids rapide, dont on sait qu'elle conduit à une perte importante de masse musculaire et favorise à terme le rebond pondéral.

Le plus important est que le patient prenne conscience de ce qu'il mange, et amorce lui-même des changements qui le motivent.

Il est possible de proposer au patient une alimentation de type méditerranéen, qui ne se limite pas seulement à ajouter de l'huile d'olive, mais dans laquelle, entre autres, sont proposés des légumineuses, une consommation de produits laitiers à base de lait de chèvre ou de brebis, mais également des poissons gras et crustacés, ainsi qu'une réduction des viandes.

Contrairement aux idées reçues, l'objectif principal de la prise en charge est d'insister sur la **diminution de la consommation des graisses** avant même celle des sucres. En effet, un apport excessif, y compris de « bonnes graisses », augmente le surpoids et l'insulinorésistance.

Focus 1 : les lipides

Ils doivent représenter 35 à 40 % de l'apport énergétique total.

Les graisses d'ajout

- 1 à 2 cuillères à soupe d'**huile** par repas principal et par personne. Toutes les huiles contiennent 100 % de lipides : elles sont donc à limiter ! Toutefois, une consommation en acides gras mono- et polyinsaturés est recommandée de façon raisonnable en privilégiant les huiles de colza, d'olive et de noix.
- **Repère** : pour évaluer les quantités de graisses d'ajout, demander au patient la durée de sa bouteille d'huile pour le foyer (**recommandation : 1 litre d'huile pour 1 mois pour 2 adultes**).
- 10 à 15 g de **margarine** ou de **beurre** au petit-déjeuner. Privilégier leur consommation crue ou fondue. Éviter la « cuisine au beurre » ou à la « crème fraîche ».

À retenir

10 g d'huile (1 c. à soupe) = 15 g de beurre ou de margarine (1 noix) = 10 g de mayonnaise (1 c. à café bombée) = 30 g de crème fraîche à 30 % MG (1 c. à soupe).

Les graisses de composition

- **Le fromage** est à limiter à 1 portion par jour soit 30 à 40 g en variant les fromages (max. 50 % de matière grasse [MG]).
- Parmi **les laitages**, privilégier ceux inférieurs à 3,5 % MG. Ceux à 0 % MG n'ont pas vraiment d'intérêt car ils privent les consommateurs de certaines vitamines liposolubles. Éviter les laitages gras type yaourt à la grecque, fromage blanc surmonté de chantilly, fromage blanc à 7,7 % MG (ou 40 % MG), etc. (ces derniers sont aussi gras qu'une portion de fromage !).
- Limiter la consommation de **viandes grasses, charcuteries grasses, tartes salées/sucrées, viennoiseries, fast-food, fritures**...
- Néanmoins, il est recommandé de consommer une fois par semaine des **poissons gras** (saumon, harengs, sardines, maquereaux) pour leur apport en oméga 3.

Focus 2 : les glucides

Ils doivent représenter 50 à 55 % de l'apport énergétique total dont 10 % de l'apport énergétique total (AET) en saccharose.

En pratique, il est souhaitable de :

- privilégier les glucides à index glycémique bas (voir figure 17.1) ;
- privilégier les **céréales et pains complets** (moins hyperglycémiants et plus rassasiants) en raison de leur teneur élevée en fibres ;
- mettre l'accent sur l'**association féculents-légumes verts/crudités** aux repas, qui favorise une absorption plus lente des glucides et majore l'effet satiétogène ;
- limiter les **fruits** à 2 ou 3 portions par jour (nécessaires pour couvrir les besoins en fibres, vitamines et minéraux mais riches en sucres) ;
- rendre occasionnelle la consommation d'**aliments sucrés** selon les équivalences ci-après (encadré « À retenir »).

Figure 17.1. Échelle des index glycémiques.
Auteurs.

À retenir

Équivalences glucidiques
1 fruit moyen = 20 g de glucides
peut être remplacé occasionnellement par :
=

- 2 boules de glace ou de sorbet
- 1 mousse au chocolat (100 g)

- 1 yaourt aux fruits sucré
- 1 île flottante
- 1 part de riz au lait ou semoule au lait (100 g)
- 1 dessert lacté au caramel
- 4-6 carrés de chocolat
- 1 madeleine
- 3 biscuits secs

60 g de pain = 30 g de glucides (= 6 carrés de sucre)

=

- 1 croissant ou 1 brioche ou 1 pain au lait
- 1 gaufre ou 2 fines crêpes
- 1 fine tranche de cake ou de quatre-quarts
- 10 boudoirs
- 5-6 petits-beurre
- 1 petit éclair
- 1 tartelette

1 portion de fruit

=

- 250 g de fraises, framboises, groseilles
- 1/2 melon
- 1 grosse tranche de pastèque
- 1 pamplemousse
- 4 abricots ou prunes
- 2 petites nectarines ou pêches
- 3 clémentines
- 2 kiwis
- 1/2 mangue ou 1/4 ananas
- 6 mirabelles
- 1 orange ou 1 poire ou 1 pomme
- 1 banane moyenne
- 15 cerises ou grains de raisin

Focus 3 : les boissons

L'alcool

Les boissons alcoolisées sont à limiter, car elles :

- favorisent la prise de poids (1 verre d'alcool servi au bar = 10 g d'alcool, soit 70 kcal) ;
- aggravent l'insulinorésistance (l'alcool étant directement métabolisé en triglycérides par le foie).

Les recommandations officielles préconisent de consommer au maximum 2 verres de vin par jour (au cours des repas), sans toutefois dépasser 10 verres par semaine et en évitant d'en consommer systématiquement tous les jours.

Ce repère est à modérer. Il est préférable de consommer de l'alcool de manière occasionnelle.

Les boissons sucrées

On entend par boissons sucrées, les sodas, les jus de fruits, les thés glacés, certaines eaux aromatisées et les sirops. Elles sont à limiter fortement et idéalement à supprimer car elles :

- favorisent les pics glycémiques ;
- contribuent grandement à la prise de poids ;
- entretiennent l'appétence pour le goût sucré.

Il est possible de les substituer occasionnellement par leurs versions « light » ou « zéro » à base d'édulcorants de synthèse. Cependant, les effets de ces produits édulcorés sont toujours actuellement sujets à discussion et il a déjà été prouvé que leur consommation régulière a un impact négatif sur la flore intestinale. Ils sont donc à limiter de manière préventive. Par précaution, la consommation de ces sucres de synthèse est déconseillée pendant la grossesse.

Focus 4 : l'activité physique

Avec les patients atteints de diabète de type 2, le slogan « Manger, bouger » prend encore plus de sens pour favoriser l'équilibre glycémique.
Il faut encourager le patient à lutter contre la sédentarité :

- marcher au minimum 30 minutes à 1 heure par jour ;
- et/ou pratiquer une activité physique sportive 2 à 3 fois par semaine.

Il est possible d'agir également sur son quotidien : prendre les escaliers plutôt que l'ascenseur, descendre une station de métro plus tôt…

Encadré 17.1

La diététique du diabétique de type 2

- Préconise une alimentation variée et équilibrée. Pour que le rééquilibrage alimentaire soit durable, les régimes stricts sont à bannir.
- Ne repose pas sur le changement radical des habitudes alimentaires. Les objectifs doivent être discutés avec le patient et devront être dans l'idéal formulés par le patient lui-même.
- Nécessite de limiter, en priorité, les graisses et l'alcool.
- N'encourage pas à s'orienter systématiquement vers les aliments dits allégés et les produits « pour diabétiques ».
- Devrait être systématiquement associée à une activité physique modérée et régulière. Là encore, il faudra discuter avec le patient et s'adapter en fonction de son état de santé, ses moyens, etc.

L'index glycémique

La notion d'index glycémique est complexe mais elle a néanmoins toute son importance dans la prise en charge du patient diabétique. Cependant, il faudra veiller à aborder cette notion en fonction du niveau de compréhension du patient.

Définition de l'index glycémique

L'index glycémique (IG) est la méthode de classification des aliments glucidiques qui remplace celle des « sucres lents » et « sucres rapides » (figure 17.1).
L'IG permet de comparer le pouvoir hyperglycémiant de ces aliments par rapport au glucose (qui représente l'IG maximal défini à 100).
On distingue trois catégories d'aliments :

- les aliments à IG élevé (> 70) ;
- les aliments à IG moyen (50 à 70) ;
- les aliments à IG bas (< 50).

Quels bénéfices tirer de l'IG pour le diabète et la santé du patient ?

Choisir des aliments à IG moyen ou bas (figure 17.2) permet de :

- réduire les pics glycémiques post-prandiaux et à plus long terme favoriser un meilleur équilibre du diabète ;
- favoriser une sensation de satiété durable et à plus long terme une meilleure gestion du poids.

Les facteurs influençant l'index glycémique (tableau 17.1)

Astuces pour abaisser l'IG des repas

- Privilégier les aliments les moins transformés. Exemple : éviter les féculents à cuisson rapide, les purées en sachet, les compotes, les céréales soufflées…
- Mettre de la couleur dans vos assiettes : tous les légumes sont intéressants pour leur apport en fibres et leur pouvoir satiétogène.
- Remettre les légumineuses au menu : lentilles corail, lentilles vertes, pois cassés, pois chiches, fèves, haricots secs…
- Éviter de prolonger la cuisson des féculents et préférez-les « al dente ».
- Éviter de consommer un aliment à IG élevé (en noir sur la figure 17.1) de manière isolée, il est recommandé de l'associer avec un aliment à IG bas (en gris clair sur la figure 17.1).

Figure 17.2. Facteurs influençant l'index glycémique.
Auteurs.

Tableau 17.1. Facteurs influençant l'index glycémique.

La cuisson	Plus la cuisson de l'aliment est prolongée, plus l'IG sera élevé Exemple : les pâtes « al dente » ont un IG plus bas que les pâtes très cuites
La température	La température a également un impact sur l'IG Exemple : la pomme de terre froide en salade a un IG plus bas que la pomme de terre chaude
La texture	Plus la texture de l'aliment est modifiée, plus l'IG sera élevé Exemple : IG pomme entière < IG compote de pommes < IG jus de pommes
La présence d'autres nutriments (gras, fibres)	La présence de gras et/ou de fibres diminue l'IG du repas Exemple 1 : associer des brocolis à un plat de pâtes réduit l'IG du plat Exemple 2 : ajouter du beurre ou de la margarine sur du pain abaisse l'IG du petit-déjeuner
La transformation industrielle	La plupart des procédés industriels (ex. : la cuisson-extrusion...) augmentent l'IG Exemples : galettes de riz soufflé, céréales de petit-déjeuner, biscuits apéritif soufflés...

Conclusion

L'IG est une notion essentielle qui peut être expliquée simplement au patient. Cependant, il faut prendre en considération la grande variabilité individuelle : chaque aliment a une réponse glycémique différente d'une personne à une autre. Il ne faut donc pas faire de l'IG une règle absolue. Tout dépend également des portions dans l'assiette (on parle alors de charge glycémique, qui correspond à la capacité d'une portion de l'aliment à élever la glycémie).

Idées reçues sur la diététique du diabète et régimes à la « mode »

Petit aperçu de certaines idées reçues des patients sur la diététique

« Le pain et les pâtes sont des sucres lents »

Pas forcément !

Le pain blanc a un index glycémique (IG) proche de celui du glucose et fait donc fortement monter la glycémie, surtout consommé en grignotage.

Des pâtes très cuites ont un IG plus élevé que des pâtes *al dente*.

C'est pour cela que la notion de sucres lents et rapides est désormais désuète.

« Il faut supprimer les aliments sucrés lorsqu'on a un diabète de type 2 »

Pas systématiquement !
Il s'agit surtout d'une question de fréquence : consommer des produits sucrés dans le cadre d'une alimentation équilibrée est tout à fait compatible avec le diabète. Les intégrer occasionnellement peut éviter une désinhibition secondaire à la frustration.

Il faut cependant éviter de les consommer de manière isolée.

« L'huile d'olive est moins grasse que le beurre »

L'huile d'olive, comme toutes les autres huiles, contient 100 % de lipides. Le beurre est quant à lui composé d'environ 82 % de lipides.
Cependant, la composition en acides gras est différente ; le beurre contient des acides gras saturés qu'il convient de limiter, et les huiles, des acides gras insaturés préconisés pour la prévention cardiovasculaire.
À noter tout de même que l'huile d'olive à elle seule ne suffit pas à obtenir l'équilibre optimal en acides gras insaturés car elle contient uniquement des omégas 9. Il est donc souhaitable d'associer les huiles de colza et de noix pour un parfait équilibre en omégas 3 et 6.

« La pomme de terre est un légume »

La pomme de terre est un féculent composé d'amidon, au même titre que les pâtes, le riz et le pain. Elle est certes un peu moins riche en glucides que les pâtes et le riz mais son IG peut varier énormément suivant son mode de préparation (voir tableau 17.1).

« Le sorbet est moins sucré que la crème glacée »

Le sorbet est aussi sucré que la crème glacée. Il est cependant moins gras. Il sera donc plus hyperglycémiant. Ces deux desserts sont à consommer à l'occasion comme des aliments plaisir. On pourra néanmoins veiller à les consommer sous forme d'équivalences et préférentiellement en fin de repas :

- 2 boules de sorbet = 1 fruit ;
- 2 boules de crème glacée = 1 fruit + 1 portion de fromage.

« Le miel a tellement de bienfaits qu'on peut en consommer très régulièrement »

Le miel a certes des bienfaits, il n'en demeure pas moins un produit riche en sucre : 81 % de glucides ! À utiliser donc avec parcimonie.
Il faut veiller également à ne pas le consommer à distance des repas en raison de son pouvoir hyperglycémiant.
À noter que le miel d'acacia aurait un index glycémique moindre…

« Si je saute des repas, je vais manger moins et donc perdre du poids »

Le corps est très prévoyant !

Le fait de sauter un repas alors que la sensation de faim est présente n'est pas forcément une bonne idée. Quand on a faim, cela signifie que le corps a besoin d'énergie. Si aucun repas, donc aucune énergie, ne lui est apporté alors il va puiser dans ses réserves. Sauf qu'au prochain repas, le corps va avoir tendance à stocker au maximum afin de ne pas manquer.

« Quand on est diabétique, on ne peut pas manger de bananes, carottes ou betteraves »

La banane fait, certes, partie des fruits les plus sucrés. Néanmoins, une petite banane pas trop mûre apporte la même quantité de sucres qu'une pomme ou une orange.

Les carottes sont un peu plus sucrées que la moyenne des légumes (5 % de glucides) mais ne contiennent finalement que 6,5 % de glucides.

Les betteraves rouges contiennent, quant à elles, aux alentours de 9 % de glucides.

Ce qu'il faut retenir, c'est de varier les fruits et légumes consommés.

« Les produits allégés sont préférables »

Il faut se méfier des allégations **« sans sucre »**, « **sans sucres ajoutés** », « **allégé en sucre** », « **light** »..., sur les emballages des boissons, laitages, biscuits, confitures, etc.

- Ces mentions ne riment pas forcément avec moins de calories ou de sucres. On observe souvent une compensation de la diminution des sucres par une augmentation de la teneur en matières grasses ou inversement.
- Leur consommation régulière n'a pas montré d'impact positif significatif sur l'équilibre glycémique, ni sur le poids.

« Le sirop d'agave ne contient pas de sucre »

Le sirop d'agave contient 75 % de glucides dont 100 % de fructose. Il est donc à considérer comme un sucre d'ajout au même titre que le sucre de canne ou de betterave. Il a un IG plus bas que celui du sucre mais sa forme liquide encourage à en consommer davantage.

« Tous les produits bios sont "bons" pour les diabétiques »

« Bio » ne veut pas forcément dire moins riche en sucre ou moins riche en graisse... La mention bio fait seulement référence au mode de production du produit (avec moins de pesticides...) ou des ingrédients le composant (sans OGM...). Il n'est en aucun cas le certificat d'un aliment à la qualité nutritionnelle irréprochable. Un produit industriel « bio » reste un produit industriel !

Régimes restrictifs à la mode et tendances (tableau 17.2)

Ces régimes restrictifs :

- sont la plupart du temps contre-productifs et néfastes pour la santé d'après les enquêtes de l'ANSES (Agence nationale de sécurité sanitaire de l'alimentation, de l'environnement et du travail) ;
- engendrent des troubles du comportement alimentaire et une résistance à la perte de poids s'ils sont pratiqués à répétition. Il faut encourager les patients à adopter une alimentation la plus variée possible en tenant compte de leurs goûts, de leur culture tout en l'associant à la pratique d'une activité physique régulière ;
- peuvent également engendrer (suivant le type de régime) des troubles du transit provoqués par le faible apport en fibres ;
- sont souvent synonymes de frustrations importantes pouvant engendrer des fringales majeures, préjudiciables pour la santé du patient. Il faut donc conserver les aliments plaisir en limitant leur fréquence. Les écarts alimentaires ponctuels n'ont pas d'impact majeur sur l'équilibre glycémique ;
- peuvent être plus coûteux qu'une alimentation équilibrée.

Il faut donc les éviter...

Tableau 17.2. Régimes restrictifs à la mode et tendances.

Régime	Principe	Facteur d'exclusion sociale/frustration	Intérêt pour le diabète, avantages/inconvénients associés
Méditerranéen	Privilégier les légumes à chaque repas, pains/féculents riches en fibres, 3 fruits maximum/j, 2 portions de légumineuses/semaine, consommer quotidiennement oléagineux, sauce sofrito, produits laitiers à base de lait de chèvre ou brebis Limiter la viande rouge (moins de 2 fois/semaine), charcuterie grasse, confiseries et produits sucrés, produits transformés, beurre et crème fraîche, boissons sucrées et alcoolisées	x	Amélioration du diabète de type 2 Prévention des maladies cardiovasculaires Aucun lien avec la perte de poids Attention à ne pas surconsommer huiles et produits riches en lipides
Sans gluten	Exclusion de tous les produits contenant du gluten (qui est une protéine) : seigle, avoine, blé, orge, kamut, épeautre Très à la mode mais très restrictif	xx	Pas d'intérêt démontré sur l'équilibre glycémique Les produits sans gluten sont souvent : – plus riches en glucides, ou ayant un IG plus élevé (car utilisation de farines/fécules de maïs ou de riz) – plus industriels, ils contiennent la plupart du temps plus d'additifs, d'émulsifiants et d'épaississants – moins riches en fibres – plus coûteux
Cétogène	Exclusion des glucides, majoration des apports en lipides (80 à 90 % des apports énergétiques totaux) Les 10 à 20 % restants sont répartis entre les protéines et les glucides Aucun féculent n'est consommé et les quantités de fruits et légumes sont contrôlées Les corps cétoniques sont alors la principale source d'énergie Indication médicale actuelle seulement en cas d'épilepsie pharmaco-résistante	xxx	Régime hyperlipidique avec notamment majoration des graisses saturées Par conséquent, attention au LDL-cholestérol Risque potentiel de majorer l'insulinorésistance Régime hypoglucidique = risque d'hypoglycémie Besoin d'une supplémentation vitaminique
LCHF (*Low Carb High Fat*)	Même principe que le régime cétogène mais moins strict sur la quantité de glucides Consommation importante d'oléagineux (fruits à coque) Souvent associé à d'autres régimes restrictifs type « sans gluten » ou « sans lactose »…	xx	Idem régime cétogène

Paléo	Régime calqué sur les habitudes alimentaires des hommes préhistoriques : les chasseurs-cueilleurs Alimentation riche en protéines, fruits et légumes. Pas de céréales, légumineuses ou produits laitiers	xx	Carences en vitamine D et en calcium Surconsommation de produits carnés et donc de protéines, majorant le risque d'atteinte rénale Régime hypoglucidique majorant le risque d'hypoglycémie
Hyperprotéiné	La consommation des sources alimentaires de protéines est privilégiée Listes d'aliments interdits et autorisés En général, le régime se décompose en plusieurs phases : la phase d'attaque, de croisière, de consolidation et de stabilisation	xxx	Risque d'acétose Effet « yoyo » ascendant Surconsommation de protéines majorant le risque d'atteinte rénale Régime hypoglucidique majorant le risque d'hypoglycémie Régime hypolipidique même en graisses de bonne qualité
Sans lactose	Le lactose est un glucide naturellement présent dans le lait Exclusion du lait et limitation des laitages selon la tolérance du patient Pas de lactose dans le fromage donc a priori pas de restriction	x	Pas d'intérêt sur l'équilibre glycémique Risque de carence en calcium
Sans lectine	La lectine est une protéine végétale présente surtout dans les légumineuses, certaines céréales, la plupart des végétaux et dans le lait	x	Pas d'intérêt sur l'équilibre glycémique Risque de consommation insuffisante en fibres
Végétalien	Mode de vie prônant l'exclusion de tous les produits animaux ou issus des animaux : – viandes, poissons, œufs, – produits laitiers, – beurre/crème fraîche – miel	xx	Risque de carence en vitamine B12 Risque de carence en fer Risque de consommation excessive en glucides (fruits, féculents…)
5-2 Jeûne intermittent	Régime hypocalorique strict (à moins de 500 kcal/j pour les femmes et moins de 600 kcal/j pour les hommes) durant 2 jours de la semaine : alimentation exclusivement à base de légumes verts sans matière grasse, viandes maigres et laitages maigres Puis alimentation « normale » les 5 jours restants Jeûne d'une durée de 16 h du dîner jusqu'au déjeuner le lendemain	xxx durant les 2 jours de restriction	Risques d'hypoglycémie durant les 2 jours de restriction majeure (pour le régime 5-2) et la longue période de jeûne (pour le jeûne intermittent) Sensation de faim importante

Conclusion

Actuellement, devant l'afflux de sources d'informations (Internet, « recettes de grand-mère », articles des revues féminines, blogs, etc.), il devient difficile pour le patient, mais également pour le professionnel de santé, de distinguer le caractère scientifique de l'effet de mode. Les idées reçues restent très nombreuses…
Le plus important est de garder à l'esprit la notion d'équilibre alimentaire en évitant les extrêmes.

FICHE

18

Activité physique et diabète de type 2

L'activité physique est aussi importante pour le traitement du diabète de type 2 que l'équilibre alimentaire. L'activité physique, ce n'est pas seulement le sport. C'est aussi l'activité quotidienne (marche à pied, montée des escaliers, natation, vélo, jardinage, promenade du chien…). Pour être efficace, elle doit être suffisamment prolongée et régulière. Il s'agit d'un changement de comportement. L'intérêt pour l'activité physique permet de « rompre » avec l'obsession calorique en orientant le patient vers une prise en charge plus globale de la santé. Mais cela suppose une réappropriation du corps qui peut être douloureux, obèse ou vieilli, parfois délaissé par le patient. L'activité physique a un effet psychologique bénéfique. Elle peut être le moyen de retrouver un plaisir corporel oublié ou négligé. Elle peut être l'occasion de sortir d'un processus d'isolement et de résignation grâce au développement d'activités collectives.

Dans l'étude *Échantillon national témoin représentatif des personnes diabétiques* (ENTRED 2007) : 18 % des patients diabétiques interrogés déclaraient souhaiter plus d'informations sur l'activité physique (contre 45 % pour l'alimentation, par exemple), 64 % des médecins interrogés signalaient que l'adhésion aux conseils en activité physique était un problème difficile à résoudre en pratique.

Quelques définitions

■ L'activité physique est définie par « tout mouvement corporel produit par la contraction des muscles squelettiques, entraînant une dépense d'énergie supérieure à celle du repos ». Cela inclut le sport mais aussi l'activité dans la vie quotidienne, dans le cadre professionnel, celle liée aux transports et réalisée au cours des loisirs. Chaque activité est caractérisée par 4 notions (FITT : fréquence, intensité, temps, et type).

Tableau 18.1. Équivalences d'activité en fonction de leur intensité.

Activités légères (moins de 3 MET)	Activités modérées (entre 3 et 6 MET)	Activités intenses (plus de 6 MET)
• Marcher lentement • Nage lente • Jardiner • Pédaler à vélo sans faire d'effort • Nettoyer les meubles, dépoussiérer	• Marcher rapidement (6 km/h) • Jouer au golf en portant ses clubs • Nage normale • Tondre la pelouse • Jouer au tennis en double • Faire du vélo à 8-14 km/h sur terrain plat ou peu pentu • Step, gymnastique	• Courir, marche sportive • Nage de compétition • Faucher • Jouer au tennis en simple • Faire du vélo à plus de 15 km/h ou en montée

1 MET correspond à la dépense énergétique au repos, soit 1 kcal par kg de poids corporel et par heure.

■ L'activité physique est le plus souvent quantifiée en termes de MET (*metabolic equivalent task*, « équivalent métabolique ») qui associe la durée et l'intensité. Un MET correspond à la dépense énergétique d'un sujet au repos, assis, pendant 1 h. Cela correspond à peu près à 1 kcal/kg de poids. On parle d'activité de faible intensité quand la dépense énergétique est inférieure à 3 MET, d'activité d'intensité modérée entre 3 et 6 MET et d'activité de forte intensité entre 6 et 9 MET. Le tableau 18.1 illustre la dépense énergétique au cours de quelques activités courantes.

■ Endurance : activités qui permettent de développer avant tout les capacités cardiorespiratoires.

■ Résistance : activité qui vise une augmentation de la masse et de la force musculaires et qui est réalisée contre une résistance (poids du corps, poids…).

■ La sédentarité : indépendante de l'activité physique, elle correspond aux comportements au cours desquels la position assise ou couchée est dominante et la dépense énergétique très faible, voire nulle (1 à 1,5 MET). Par exemple, regarder la télévision ou des vidéos, travailler sur ordinateur, lire, conduire… activités nettement favorisées par la disponibilité actuelle des multiples types d'écran (ordinateur, télévision, téléphone portable…).

Rôles de l'activité physique dans le diabète de type 2

Spécifiques

■ **Prévention de la survenue du diabète** : réduction de 30 à 50 % dans un délai de 3 à 6 ans de l'incidence du diabète de type 2 chez des sujets à risque quand ils suivent un programme associant restriction calorique modérée et activité physique supervisée par rapport à des patients qui ne modifient pas leur mode de vie. Cet effet existe indépendamment de la perte de poids et persiste sur le long terme.

- **Réduction de l'HbA1c** : de 0,6 % (IC 95 % : 0,3-0,9) pour des entraînements de l'ordre de 3 séances de 60 min par semaine, indépendamment de toute restriction calorique et de toute perte de poids. Cet effet est obtenu quel que soit le type d'entraînement (résistance ou endurance ou mixte), tant qu'il est supervisé, et semble d'autant plus important que le volume hebdomadaire est élevé.
- **Améliorations de certaines complications du diabète** :
  - les études d'intervention ont démontré un effet très favorable de l'activité physique sur l'artérite oblitérante des membres inférieurs (augmentation du périmètre de marche et augmentation du périmètre de marche sans douleur de l'ordre de 80-120 m pour des entraînements en endurance de 2 séances supervisées par semaine) ;
  - l'étude d'intervention sur le mode de vie Look AHEAD a montré une réduction de 30 % de l'évolution vers le très haut risque de maladie chronique rénale chez les patients dans le groupe intensif (objectif – 7 % du poids par mesures diététiques et pratique d'au moins 175 min d'activité physique modérée à intense par semaine) en partie attribuable à la réduction de poids, de l'HbA1c et de la pression artérielle ;
  - des études tendent à montrer un bénéfice sur les douleurs neuropathiques et l'équilibre glycémique pour les patients pratiquant une activité physique d'intensité modérée.

Non spécifiques mais intéressants dans le contexte du diabète type 2

- **Impact sur les facteurs de risque cardiovasculaire** (diminution de la pression artérielle et des triglycérides, et augmentation du HDL).
- **Amélioration de la capacité cardiovasculaire**.
- **Réduction de la mortalité et des cancers**.

Information importante

L'activité physique ne permet pas perdre de poids aux niveaux habituellement pratiqués. Pour les niveaux d'entraînement qui permettent de réduire l'HbA1c de 0,6 %, la perte de poids n'est en moyenne que de 540 g… Au-delà des variations de poids, c'est **l'impact favorable sur la composition corporelle** qui est intéressant : l'activité physique permet de maintenir, voire d'augmenter la masse maigre, en particulier les exercices contre résistance ; elle permet de réduire la masse grasse totale et la masse grasse viscérale, en particulier pour les exercices en endurance. La préservation de la masse musculaire est importante puisqu'elle constitue le premier poste d'utilisation du glucose.

Les recommandations

La Société Francophone du diabète a publié des recommandations pour le patient diabétique de type 2. Ces recommandations sont peu différentes de celles de la population générale. Elles visent à :

- **limiter la sédentarité à 7 heures maximum par jour entre le lever et le coucher**. La qualité de ce temps sédentaire doit aussi être modifiée en « rompant » les temps de sédentarité par des pauses d'au moins 1 min. Exemple : se lever régulièrement de la position au bureau ou derrière l'ordinateur ;
- **promouvoir l'activité physique dans le quotidien** (activités dites non structurées) en privilégiant les déplacements à pied, les escaliers par rapport aux ascenseurs ou escaliers mécaniques… Puis la difficulté peut être augmentée en élevant l'intensité : marche rapide pour les déplacements, ajout de charges (revenir à pied avec ses courses), zones avec un dénivelé (monter un pont), flexions pour ranger ou nettoyer… ;
- **pratiquer 150 minutes d'activité d'endurance par semaine** réparties sur au moins 3 j/semaine avec **au maximum 2 jours consécutifs sans activité** ; d'intensité : **au moins modérée** (voir tableau 18.1). Les repères qui peuvent être donnés au patient sont d'être en aisance respiratoire (pouvoir continuer à parler en cours d'exercice) ou de ressentir l'effort comme « un peu difficile » ou encore de viser une fréquence cardiaque d'entraînement (FCE) par la formule suivante : FCE = FC repos + 0,6 (FC max. – FC repos). La fréquence cardiaque maximale est déterminée par l'épreuve d'effort cardiaque ou peut être calculée théoriquement par 220 moins l'âge du sujet ;
- y associer deux séances hebdomadaires non consécutives de renforcement musculaire comprenant 3 séries de 8 à 10 répétitions par exercice pour chaque grand groupe musculaire ;
- des exercices de souplesse **peuvent être ajoutés**.

Mécanismes physiopathologiques de l'exercice (aigu) et de l'entraînement (chronique)

- Pendant l'exercice : augmentation de la captation musculaire de glucose par la contraction musculaire (transport + métabolisme du glucose) dans les muscles sollicités par des voies indépendantes de l'insuline.
- Période post-exercice : augmentation de la captation du glucose en réponse à l'insuline pendant plusieurs heures (quel que soit le type d'exercice) ; augmentation de la capacité de stockage du glycogène dans les muscles mobilisés pendant l'exercice.
- Entraînement en endurance : augmentation de la sensibilité à l'insuline (par exemple, la captation du glucose chez les mêmes sujets avant et après 6 semaines

d'entraînement en endurance est augmentée de 30 % à 40 % 48 à 72 h après la dernière session d'exercice).

- Entraînement quel que soit le type (endurance et/ou résistance) : augmentation de la signalisation post-récepteur de l'insuline, des transporteurs de glucose GLUT-4, de la capacité oxydative du muscle, de la quantité de glucose et d'insuline délivrée au muscle par augmentation de la densité capillaire et de la vasodilatation, modification de la composition musculaire (augmentation des fibres oxydatives de type I).
- Plus, spécifiquement, l'entraînement contre résistance augmente la masse musculaire.

Attention

Faut-il craindre les hypoglycémies en cas d'activité physique ?

- Les hypoglycémies sont possibles chez les patients traités par insuline ou glinides ou sulfamides (la fin d'après-midi est particulièrement exposée). Un traitement par metformine et/ou inhibiteur DPP-4 et/ou analogue du GLP1 et/ou inhibiteur du SGLT2 ne peut pas provoquer d'hypoglycémie.
- En pratique, l'action hypoglycémiante de l'activité physique est nette et donc évaluable par le patient lui-même grâce à la mesure de la glycémie capillaire au bout du doigt ou sur son capteur de glucose interstitiel avant l'effort et 1 à 2 h après effort.
- Le patient doit connaître les modalités de resucrage.
- Il est parfois nécessaire d'anticiper des adaptations de dose de traitement (par exemple diminuer la dose d'insuline précédant l'activité) à la durée et l'intensité de l'activité, et selon l'expérience antérieure du patient.

En pratique

- La prescription d'activité physique doit être :
  - individualisée en fonction des stades de changement de comportement et de l'enquête préalable ;
  - progressive pour éviter le risque de blessure et pour augmenter l'observance ;
  - suivie pour ritualiser ce nouveau comportement, conseiller des équivalences pour éviter la lassitude, mesurer et valoriser les progrès réalisés et définir de nouveaux objectifs ;
  - précise : type d'activité, fréquence, intensité, durée.
- Évaluer (enquête d'activité physique) :
  - le niveau de pratique actuel et antérieur dans les différents secteurs d'activité physique (tableau 18.2) ;
  - les obstacles (tableau 18.3) ;

Tableau 18.2. Questions pour évaluer le niveau d'activité physique en pratique clinique.

Type d'activité	Noter
Professionnelle	• La profession principale
Domestique	• Les activités réalisées à domicile (ex. : travail d'entretien de la maison…)
Loisirs et sports	• Les activités actuelles et antérieures en identifiant l'activité de marche au cours des loisirs
Transports, trajets	• Le temps de trajet habituel (heures/jour) • Le mode de trajet « actif » (marche, vélo…)
Occupations sédentaires	Le temps passé : – devant un écran (TV/vidéo/ordinateur) (heures/jour) – au travail et en dehors du travail – en position assise (heures/jour)

- le lieu de vie et l'environnement (lieux de pratique accessibles, sécurité, escaliers…) ;
- il est possible de s'aider des outils éventuellement connectés tels que podomètre, actimètre, cardiofréquencemètre, échelle visuelle analogique adaptée à différents paramètres tels que la dyspnée d'effort, les douleurs, la motivation, etc.

■ S'entendre sur un objectif. Cela implique d'informer sur les bénéfices à en attendre (améliorer l'HbA1c ou la capacité cardiaque, éviter un traitement supplémentaire, stabiliser le poids, consolider les efforts diététiques…) et rechercher les fausses croyances (l'activité physique fait maigrir par exemple).

■ Évaluer le retentissement du diabète :

- les recommandations conjointes de la Société française de cardiologie et de Société francophone du diabète de 2020 et plus récemment les recommandations de la Haute Autorité de santé prévoient le dépistage de l'ischémie myocardique silencieuse selon le niveau de risque vasculaire, le niveau d'activité physique habituel et l'intensité de l'activité physique qui va être pratiquée (https://www.has-sante.fr/upload/docs/application/pdf/2018-10/guide_aps_vf.pdf) ;
- attention particulière aux pieds en cas de risque podologique (neuropathie, artérite, déformations). De toute façon, l'activité physique suppose des soins d'hygiène rigoureux pour éviter macération et mycoses, le traitement des cors et des durillons et l'achat de chaussures confortables n'ayant pas de coutures intérieures saillantes susceptibles de blesser lors du frottement à la marche, avec toujours le port de chaussettes. Aucune activité impliquant les membres inférieurs ne doit être pratiquée en cas de plaie de pied ;
- une rétinopathie proliférante est une contre-indication temporaire aux activités physiques violentes responsables de poussées hypertensives susceptibles de déclencher une hémorragie rétinienne.

Tableau 18.3. Les obstacles.

Obstacles	Motivations
Facteurs internes : – fatigue permanente – craindre de ne pas obtenir de bénéfices concrets – avoir peur de se faire mal – avoir peur du regard des autres – ne pas aimer l'activité physique en général – n'avoir jamais fait de sport de sa vie – ne pas se sentir capable, manquer de confiance en soi – avoir peur des hypoglycémies	• Dépistage d'un syndrome d'apnées du sommeil • Observer les effets sur la glycémie, informer sur les bénéfices réels de l'activité physique • Activités physiques adaptées • Structures adaptées • Découvrir de nouvelles activités physiques • Découvrir des sensations agréables lors de la pratique de certaines activités • Identifier les structures d'activité adaptée, commencer progressivement • Informations sur les mesures préventives et le resucrage
Absence de facteurs renforçants : pas de soutien dans l'entourage	Associations de patients, entourage motivé pour encourager l'activité physique
L'état de santé : arthrose, insuffisance respiratoire	Antalgiques, ajustement des traitements, si besoin réadaptation à l'effort en institution
Facteurs structurels ou institutionnels : moyens de transport, moyens financiers, manque de temps libre	Piscine ou parcours de marche à proximité du domicile, temps libre ou sédentaire à tel moment de la journée (vélo d'appartement en même temps qu'un temps d'écran par exemple)
Représentations de l'activité physique, par exemple : activité physique = sport = se faire mal ; l'activité physique domestique n'est pas de l'activité physique ; l'activité physique est efficace uniquement si l'on se fait mal ; il faut maigrir avant de faire de l'activité physique	En parler
Le manque de connaissance des effets	L'équipe soignante multidisciplinaire reste la principale source d'information des patients sur les modifications du mode de vie

- Trouver des lieux de pratique de l'activité physique adaptée :
  - les maisons sport santé (https://www.sports.gouv.fr/decouvrez-les-maisons-sport-sante-les-plus-proches-de-chez-vous-389) ;
  - les associations ou fédérations qui proposent parfois des programmes spécifiques ou adaptés à la reprise de l'activité physique : randosanté de la FFRP (https://www2.ffrandonnee.fr/_185/rando-sante-concept.aspx), association Siel bleu (https://www.sielbleu.org/) ;
  - les associations spécifiques (Union sport et diabète) ;
  - les réseaux pour le diabète ;

- les associations de patients : Association française des diabétiques (AFD) (http://www.afd.asso.fr) ;
- les structures de réadaptation cardiovasculaire en cas de pathologie cardiovasculaire ;
- chez les personnes âgées ou ayant une surcharge pondérale importante, la prescription initiale de séances de kinésithérapie peut aider à la reprise de l'activité et de la confiance en ses capacités physiques ;
- la fiche « Diabète type 2 : L'activité physique pour votre santé » (https://www.has-sante.fr/upload/docs/application/pdf/2022-11/ap_fiche_diabete_2.pdf).

Pour en savoir plus

American Diabetes Association. Lifestyle Management: Standards of Medical Care in Diabetes. Diabetes Care 2019 ; 42(Suppl. 1) : S46-60.

Duclos M, et al. Activité physique et diabète de type 2 : référentiel de la Société francophone du diabète (SFD), 2011. Med Mal Metab 2012 ; 6(1) : 80-96.

Expertise collective Inserm. Activité physique : contextes et effets sur la santé. Paris : Inserm ; 2008.

Umpierre D, Ribeiro PA, Schaan BD, Ribeiro JP. Volume of supervised exercise training impacts glycaemic control in patients with type 2 diabetes: a systematic review with meta-regression analysis. Diabetologia 2013 ; 56(2) : 242-51.

Valensi P, Henry P, Boccara F, et al. Risk stratification and screening for coronary artery disease in asymptomatic patients with diabetes mellitus: Position paper of the French Society of Cardiology and the French-speaking Society of Diabetology. Diabetes Metab 2021 ; 47(2) : 101185.

FICHE 19

L'autosurveillance glycémique dans le diabète de type 2

■ Quand le patient est sous insuline, l'autosurveillance glycémique est indispensable et totalement prise en charge par la CPAM.

■ Les systèmes de mesure continue du glucose (comme le *flash glucose monitoring*, FreeStyle Libre) sont pris en charge chez les patients ayant au moins 1 injection d'insuline par jour.

■ Dans les autres cas, la CPAM ne prend en charge que 200 bandelettes de lecture glycémique par an. Il est nécessaire de discuter avec le patient de l'utilité de cette surveillance et de l'accompagner sur des actions thérapeutiques. En effet, l'autosurveillance ne s'accompagne d'une baisse d'HbA1c significative que si elle aide le patient à agir. C'est ce que l'on appelle l'autocontrôle.

! Attention

Autocontrôle au moment de la découverte du diabète

- Est très utile pour permettre au patient de prendre conscience d'une maladie asymptomatique : la mesure de la glycémie remplace le symptôme manquant et permet d'intégrer le fait que l'on est diabétique.
- Permet de visualiser l'impact des différents aliments (en faisant un test 2 heures après le repas) et de juger des effets de ses efforts diététiques et du bénéfice de l'activité physique.
- Permet au patient d'adapter éventuellement son traitement médicamenteux en fonction d'algorithmes fixés par le médecin (par exemple pour des doses de répaglinide).

- Pour atteindre un objectif d'HbA1c < 7 %, les objectifs glycémiques sont :
  - moins de 1,3 g/l au réveil ;
  - moins de 1,8 g/2 heures après un repas ;
  - moins de 1,2 g/l avant le dîner.
- On peut proposer au patient de faire un test une fois dans la semaine le matin, une fois avant le dîner, et de regarder les glycémies post-prandiales des repas dont il souhaite découvrir l'impact. Il découvrira peut-être ainsi que son petit-déjeuner est très hyperglycémiant et demandera des conseils diététiques.
- Attention : l'intérêt de l'autosurveillance est très limité si le patient ne peut en tirer aucune décision pratique. Une glycémie élevée entraîne alors un sentiment d'impuissance, voire de culpabilité, d'échec, conduisant à une frustration-dépression. Il est donc essentiel que le patient ait les moyens d'agir pour corriger une glycémie élevée. C'est le rôle du médecin de l'accompagner pour cela.

Attention

Autocontrôle pour dépister les hypoglycémies

Chez les patients traités par insulinosécréteurs (sulfamides et glinides) :

- le patient doit avoir des bandelettes pour vérifier par exemple 2 fois dans la semaine sa glycémie de 17 h 00 : c'est l'heure des hypoglycémies sous sulfamides, qui se manifestent souvent par une fringale, poussant le patient à prendre une collation, ce qui le fait grossir ;
- le patient doit avoir des bandelettes pour voir en cas de malaise si celui-ci est dû à une hypoglycémie, ce qui doit faire revoir les doses du traitement à la baisse.

Attention

Autocontrôle post-prandial quand une HbA1c haute est discordante avec une glycémie correcte au réveil

Dans ce cas, elle permet de repérer le repas le plus hyperglycémiant : la glycémie 2 heures après le repas dépasse 1,8 g/l.

Si l'HbA1c est au-dessus de l'objectif, il faut aider le patient à mettre en place, en fonction de ses choix, des mesures :

- diététiques : diminuer les aliments à index glycémique élevé (pain, jus de fruit…) et les remplacer par des protéines (laitages, fromage, poisson, viande, soja, tofu) ou des aliments à index glycémique bas (certains fruits, légumes secs, pâtes…) ;
- médicamenteuses : inhibiteurs de SGLT2, analogues de GLP1, répaglinide, insuline rapide ;
- d'activité physique plurihebdomadaire qui peuvent faire diminuer aussi les glycémies post-prandiales.

Attention

Les horaires de mesure de la glycémie capillaire à privilégier

- Le matin à jeun, où la glycémie reflète la production hépatique nocturne de glucose pouvant justifier une augmentation des traitements si l'HbA1c est au-dessus de l'objectif. Cette glycémie est en règle générale bien corrélée à l'HbA1c.
- Le soir, avant le dîner, où la glycémie est en général la plus basse de la journée : elle permet le dépistage d'hypoglycémie asymptomatique ou paucisymptomatique chez des diabétiques traités par sulfamidés.
- Deux heures après les repas, s'il s'agit de comprendre pourquoi l'HbA1c est haute alors que la glycémie à jeun est correcte.
- Au réveil, avant chaque repas, voire au coucher, chez les patients sous insuline, pour adapter les doses d'insuline rapide et lente. Mais dans ce contexte, un système de mesure continue du glucose (comme le *flash glucose monitoring*, FreeStyle Libre) est plus adapté et plus informatif. Le suivi de ses courbes quotidiennes par le patient lui permet de se connaître, de se motiver et de prendre de nouvelles décisions pour se soigner. La visualisation de la cible à atteindre (rester 70 % du temps en dessous de 1,8 g/l si on veut une HbA1c < 7 %) est un bon outil de motivation.
- Deux à 3 fois par jour de façon transitoire en cas de déstabilisation aiguë et/ou de pathologie intercurrente (infection, corticothérapie…).
- Pour le patient, il est important qu'il connaisse ses objectifs glycémiques pour prendre des décisions (tableau 19.1).

Tableau 19.1. Les cibles de glycémie correspondant aux cibles d'HbA1c.

Objectif HbA1c	Glycémie mg/dl Avant les repas	Glycémie mg/dl 2 heures après les repas
HbA1c < 6,5 %	80-120	< 160
HbA1c < 7 %	80-130	< 180
HbA1c < 8 %	80-140	< 200
HbA1c < 9 %	80-150	< 220
HbA1c < 9 % et éviter à tout prix les hypoglycémies	130-150	< 220

Quelle stratégie thérapeutique dans le diabète de type 2

Le diabète est une maladie évolutive. Si le patient ne se mobilise pas pour changer sa manière de s'alimenter, prend du poids et reste sédentaire, les glycémies à jeun et post-prandiales augmentent régulièrement avec le temps (déclin progressif de la sécrétion d'insuline, déclin des hormones incrétines, et insulinorésistance qui s'accroît avec le poids).

C'est pour cette raison qu'il est malheureusement souvent nécessaire d'avoir recours à une escalade thérapeutique au cours du temps pour maintenir un même objectif glycémique. Pour limiter les médicaments, une perte de poids de 5 à 10 % associée à une activité physique conséquente est pourtant efficace. Mais notre système de soins ne met pas actuellement les moyens sur cette prévention.

Si le début du traitement médicamenteux est simple (prescription de la metformine en monothérapie chez tous en l'absence de contre-indication), la stratégie devient plus complexe dès lors qu'il s'agit de passer à la bithérapie.

L'arrivée de nouvelles classes thérapeutiques d'antidiabétiques ayant des propriétés protectrices cardiovasculaires et rénales *indépendantes de leur effet hypoglycémiant* a apporté un vaste mais complexe choix thérapeutique. Les recommandations de la HAS 2013 n'ont pas été actualisées en 2023. Les différentes sociétés savantes française, européenne et américaine ont récemment (2021-2022) rapporté des stratégies d'intensification du traitement basées sur les études publiées et les avis des experts.

Elles ont en commun une volonté d'individualiser les objectifs du traitement, avec des cibles d'HbA1c variant avec l'âge, l'ancienneté du diabète, l'existence de comorbidités (voir fiche 16) et la manière d'y parvenir en privilégiant certains

traitements chez certains types de patients (ex. : les analogues du GLP1 chez les patients souffrant d'obésité, ou les inhibiteurs de SGLT2 chez les patients avec un antécédent cardiovasculaire, une insuffisance cardiaque ou une maladie rénale chronique).
Pour le détail sur les effets secondaires, les contre-indications, l'efficacité hypoglycémiante ou sur la perte de poids, voir les fiches 9 et 10.

Monothérapie

Lors de la découverte du diabète, chez les patients ayant une longue espérance de vie, **la metformine** est recommandée en première intention par la Société francophone de diabétologie (2021), associée à la diététique et à l'activité physique. La metformine est prescrite au début de la maladie avec un objectif d'HbA1c ≤ 6,5 %. Elle est ensuite toujours maintenue à dose maximale tolérée (en respectant les contre-indications), quel que soit l'empilement successif des molécules, y compris l'insuline. En effet, elle ne donne aucun effet délétère sur le long terme, elle ne donne pas d'hypoglycémie, elle limite la prise de poids, et elle a une propriété protectrice sur le plan cardiovasculaire.

Bithérapie

Si l'objectif n'est pas atteint, malgré une posologie optimale de metformine, plusieurs alternatives sont possibles.

- **Si le patient n'a pas** d'antécédent cardiovasculaire, pas d'insuffisance cardiaque, pas de néphropathie (microalbuminurie négative et DFG normal), pas d'obésité, on a le choix entre :
  - la bithérapie associant metformine et **inhibiteur de la DPP-4** (recommandée par les sociétés savantes française, européenne et américaine [2021-2022]) car elle ne donne pas d'hypoglycémie ni de prise de poids. La baisse attendue d'HbA1c est comprise entre 0,5 et 1 % d'HbA1c ;
  - ou la bithérapie orale associant la metformine à un **sulfamide hypoglycémiant (SH)**, recommandée par la HAS en 2013 en raison de son faible coût et la maîtrise de sécurité liée au recul. Mais les SH augmentent le risque d'hypoglycémie et induisent une prise de poids en moyenne de 2 kg. La baisse d'HbA1c est autour de 1 % ;
  - à noter que ni les inhibiteurs de le DPP-4 ni les SH n'ont d'effet protecteur ni cardiovasculaire ni rénal.
- Les sociétés savantes française, européenne et américaine (2021-2022) recommandent **fortement chez certains patients en 2e intention** :
  - si le patient a une insuffisance cardiaque : un inhibiteur du SGLT2 (gliflozine) qui a un effet prouvé pour diminuer le risque d'hospitalisation pour OAP ;

- si le patient a **une maladie rénale chronique** (DFG < 60 ml/min et/ou micro- et/ou macroalbuminurie) : **un inhibiteur du SGLT2 (gliflozine)** qui a un effet prouvé pour diminuer le risque d'évolution vers la macroprotéinurie, pour ralentir la dégradation de l'insuffisance rénale et diminuer le risque de dialyse. Attention : si le DFG est < 45 ml/min, le médicament sera néphroprotecteur mais n'aura plus d'effet hypoglycémiant. Il faudra y associer un autre traitement hypoglycémiant ;
- si le patient a un **antécédent de maladie athéromateuse, un inhibiteur du SGLT2 (gliflozine)** qui a un effet prouvé de diminution des événements cardiovasculaires majeurs, et de la mortalité toute cause (pour l'empagliflozine) ;
- si le patient a une **obésité, un analogue du GLP1**, qui permet une perte de poids et une baisse d'HbA1c plus importante que les autres médicaments. À noter un effet cardioprotecteur prouvé pour le liraglutide en prévention secondaire et pour le dulaglutide en prévention primaire. Ces médicaments diminuent aussi le risque de passage de la micro- à la macroalbuminurie.

■ Quelle que soit la molécule prescrite, il convient **d'évaluer son efficacité dans les 3 à 6 mois**. Si l'HbA1c, malgré une adhésion correcte du patient au traitement, n'a pas diminué d'au moins 0,5 %, il faut l'arrêter. **Sauf pour la gliflozine, si elle a été introduite pour son effet néphroprotecteur ou pour l'insuffisance cardiaque**.

Et après ?

■ Si la bithérapie n'a pas fonctionné sur l'HbA1c (ou en cas d'intolérance au médicament) : essayer une autre bithérapie car certains patients répondent mieux à une classe médicamenteuse qu'à une autre ;

■ Si la bithérapie a fonctionné pendant un temps mais devient moins efficace, on peut[1] :

- arrêter les comprimés, garder la metformine, et introduire un analogue de GLP1 qui est en dehors de l'insuline le médicament le plus hypoglycémiant ;
- rajouter à la bithérapie la classe que l'on n'a pas encore utilisée. (Remarque : on arrête l'inhibiteur de DPP-4 si on introduit un analogue de GLP1.) ;
- rajouter une insuline basale, en gardant la metformine (voir fiche 21).

■ Si le patient a déjà de l'insuline basale, quel médicament peut être associé ?[2]

- On garde la metformine.
- Un analogue de GLP1 sera préféré dans un 1er temps à l'insuline rapide car il évite la prise de poids et les hypoglycémies.

1 Recommandations de la Société francophone de diabétologie, 2021.
2 Recommandations de la société francophone de diabétologie (www.sfdiabete.org).

- On peut essayer de voir si un sulfamide (attention aux hypoglycémies) ou une gliflozine peut encore garder une efficacité à ce stade.
- Sinon, il faut rajouter de l'insuline rapide au moment du repas responsable de l'hyperglycémie.
- Si l'analogue de GLP1 a permis une perte de poids significative et/ou une baisse de l'HbA1c significative, on peut le maintenir avec l'insuline basale/bolus.

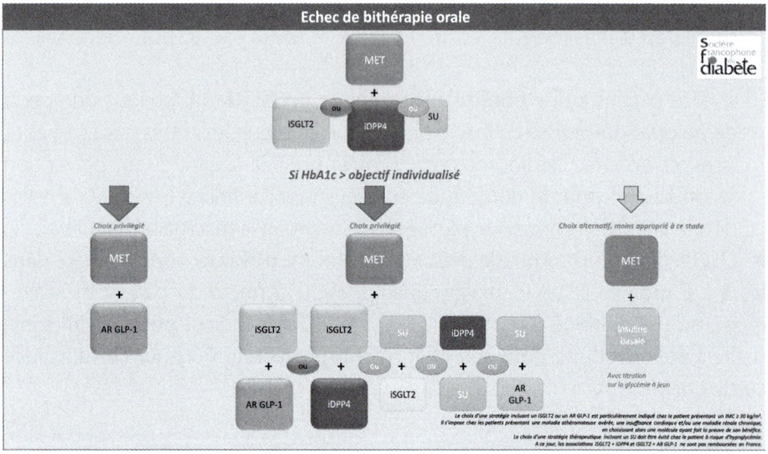

Figure 20.1. Stratégie thérapeutique si HbA1c > objectif personnalisé malgré les modifications thérapeutiques du mode de vie + la bithérapie orale incluant la metformine à la dose maximale tolérée.

Société francophone du diabète. Prise de position de la Société francophone du diabète (SFD) sur les stratégies d'utilisation des traitements antihyperglycémiants dans le diabète de type 2 – 2021. Med Mal Metab 2021 ; 15(8) : 781-801. Figure 2.

FICHE

21

Quand et comment prescrire l'insuline dans le diabète de type 2

Les principaux obstacles à l'instauration de l'insulinothérapie sont la représentation de l'insuline par les patients, la prise de poids, et le risque d'hypoglycémie.
La représentation de l'insuline par les patients doit être l'objet de discussions et d'un accompagnement très en amont.
La prise de poids parfois importante, corrélée surtout au niveau d'hyperglycémie initiale et à la dose d'insuline, est problématique en cas d'obésité préexistante. Elle est liée à la réduction calorique secondaire à la suppression de la glycosurie, et à l'effet anabolisant de l'insuline sur le métabolisme protido-lipidique.
L'arrivée des analogues du GLP1 permet de retarder/d'éviter la mise sous insuline basale et/ou rapide.

Quand prescrire l'insuline ?

- La place de l'insuline a tendance à reculer dans l'algorithme de traitement du diabète de type 2 en raison du risque d'hypoglycémie et de prise de poids, et suite à l'utilisation préférentielle des analogues du GLP1.
- Elle est introduite :
  - habituellement lorsque l'HbA1c n'est pas à l'objectif et que tous les autres antidiabétiques ont déjà été utilisés ;
  - mais certains patients (rares) peuvent souhaiter utiliser l'insuline plus tôt, à la place des médicaments dont ils craignent les effets secondaires ou les effets à long terme ;

- lorsqu'il y a une contre-indication (insuffisance rénale, insuffisance respiratoire sévère…) ou une intolérance aux autres antidiabétiques ;
- lorsqu'il y a des signes de carence insulinique : hyperglycémie avec polyurie + polydipsie + amaigrissement ;
- chez le patient âgé qui a souvent des contre-indications aux autres antidiabétiques, chez qui un analogue du GLP1 n'est pas indiqué en raison de son effet anorexigène, et chez qui l'insuline permet le passage d'une IDE au domicile.

■ Il paraît légitime en 2023 de prescrire un analogue du GLP1 et/ou une gliflozine avant l'insuline en cas de :

- obésité avec présence ou risque de complication (SAS, arthrose…) ;
- antécédent cardiovasculaire ;
- néphropathie ;
- risque important lié aux hypoglycémies (conduite, métier en hauteur…).

Comment travailler en amont avec le patient sur ses représentations ?

■ La prescription d'insuline ne doit être ni dramatisée ni banalisée. Elle est rarement urgente et doit être discutée pendant plusieurs consultations si nécessaire.

■ Surtout, il paraît essentiel d'en discuter précocement dans la prise en charge éducative pour souligner que cette étape thérapeutique est liée au caractère évolutif de la maladie, caractérisée par un déficit insulinosécrétoire progressivement aggravé. Le patient n'a pas à se sentir coupable.

■ Prévenir le patient qu'avec les injections, il ne *devient pas dépendant de l'insuline comme dans le diabète de type 1*. On peut commencer l'insuline et l'arrêter. On reviendra simplement à l'état antérieur des glycémies. On peut tout à fait proposer un essai au patient, puis un arrêt, avec une réévaluation des bénéfices/inconvénients du traitement après quelques semaines.

■ L'injection d'insuline n'est pas douloureuse avec les aiguilles microfines de 4 mm. La glycémie au bout du doigt est beaucoup plus douloureuse qu'une injection d'insuline.

■ Pour éviter la prise de poids, la mise en place de l'insuline doit s'accompagner d'une nouvelle évaluation de la diététique, et si possible d'une reprise de l'activité physique.

■ De nouvelles insulines diminuent le risque d'hypoglycémie. L'hypoglycémie se prévient en adaptant au mieux les doses, et se corrige avec un resucrage.

Comment prescrire l'insuline ?

Insulinothérapie basale

À savoir

- Le patient doit savoir faire des glycémies capillaires ou se servir d'un système d'enregistrement continu de la glycémie (capteur).
- Il faut lui apprendre à s'injecter l'insuline (voir fiche 13).
- Le patient doit connaître les signes de l'hypoglycémie et la manière de se resucrer (voir fiche 25).

■ La recommandation actuelle est de débuter par une insuline lente, appelée basale. Elle peut être accompagnée de la prescription d'un système Free Style Libre 2®, qui est un très bon outil pour s'auto-éduquer.

■ L'insuline lente a comme unique objectif de *contrôler la glycémie du réveil*. Elle n'est pas faite pour contrôler les glycémies post-prandiales. Le but est de freiner la production hépatique nocturne de glucose pour rétablir une glycémie à jeun satisfaisante.

■ Les insulines lentes qui permettent de limiter le risque d'hypoglycémie par rapport à l'ancienne NPH Insulatard, sont la glargine 100 (Lantus® ou Abasaglar®), la glargine 300 (Toujeo®) et la dégludec 200 (Tresiba®).

■ La glargine 300 et la dégludec 200 ont l'intérêt d'être concentrées (volume 3 fois ou 2 fois plus faible) pour les patients qui ont de fortes doses.

■ Ces trois insulines peuvent être injectées au dîner, voire au petit-déjeuner, mais se titrent sur la glycémie du réveil.

■ La dose initiale est de 8 à 10 unités.

■ Il faut enseigner au patient la titration : augmenter de + 2 unités tous les 3 jours tant que la glycémie du réveil n'est pas à l'objectif.

- Si l'on vise une HbA1c < 7 %, il faut atteindre une glycémie de réveil entre 0,8 et 1,3 g/l ou un temps passé dans la cible entre 0,7 et 1,8g/l > 70 %.
- Si l'on vise une HbA1c < 8 %, il faut atteindre une glycémie de réveil entre 1,3 et 1,6 g/l ou un temps passé dans la cible entre 0,7 et 1,8g/l > 50 %.
- Si l'on vise une HbA1c < 9 %, il faut atteindre une glycémie de réveil entre 1,5 et 1,8 g/l.
- En cas de survenue d'une hypoglycémie il faut diminuer la dose de – 2.

■ Il faut accompagner de manière très rapprochée le patient dans cette titration et le prévenir que la dose efficace peut aller de 0,3 jusqu'à 1 µ/kg et par jour d'insuline lente. Très souvent le patient est impressionné par la montée de la dose. Le rassurer.

- Il faut maintenir la metformine.
- Si l'on maintient les sulfamides, il faut prévenir le patient d'arrêter ce traitement en cas d'hypoglycémie en journée.
- Il faut garder l'analogue de GLP1 si celui-ci a permis une perte de poids ou une amélioration de l'HbA1c.
- Si la baisse de la glycémie à jeun est difficile à obtenir, il faut prescrire un système d'enregistrement continu de la glycémie car il est possible que la difficulté vienne d'une glycémie post-prandiale trop élevée au dîner (supérieure à 2 g/l), qui nécessiterait de revoir la composition du dîner, ou l'introduction d'une insuline rapide au dîner ou d'un analogue du GLP1.
- L'avis d'un spécialiste peut être souhaitable en cas de difficulté.

Quand et comment rajouter de l'insuline rapide ?

Dans deux cas :

- si l'HbA1c n'est pas à l'objectif malgré une glycémie du réveil correcte ;
- si la glycémie du réveil a du mal à baisser en raison d'une glycémie post-prandiale élevée après dîner.

Dans ces deux cas, il est préférable d'utiliser d'abord un analogue du GLP1 plutôt que de l'insuline rapide, car les analogues sont aussi efficaces pour faire baisser l'HbA1c, donnent moins de prise de poids, pas d'hypoglycémie, et sont plus simples d'utilisation. Le patient passe à deux injections : une d'insuline lente, une d'analogue du GLP1. Il existe en 2023 un mélange de liraglutide (analogue du GLP1) et d'insuline (dégludec) dans le même stylo (Xultophy®).

C'est aussi l'occasion de reparler de la diététique et de l'activité physique qui peuvent permettre d'éviter les injections d'insuline rapide.

En cas de contre-indication ou d'intolérance aux analogues du GLP1, on rajoutera une injection d'analogue rapide au repas responsable de la glycémie post-prandiale (2 heures après le début du repas) trop haute.

- Si l'on vise une HbA1c < 7 %, il faut atteindre une glycémie post-prandiale < 1,8 g/l au moins 70 % du temps.
- Si l'on vise une HbA1c < 8 %, il faut atteindre une glycémie post-prandiale < 2,1 g/l ou à moins de 1,8 g/l au moins 50 % du temps.
- Si l'on vise une HbA1c < 9 %, il faut atteindre une glycémie post-prandiale < 2,4 g/l.
- La dose est habituellement de 0,1 à 0,2 μ/kg/repas.
- Le patient doit apprendre à faire varier sa dose en fonction de sa glycémie préprandiale. On peut lui remettre une grille de doses après l'avoir faite évoluer progressivement avec lui. Cette grille est personnalisée. Elle se construit de manière pragmatique en fonction de la réponse du patient à l'insuline, de la composition habituelle de ses repas et de son activité physique.

- Seule la metformine est poursuivie. Les autres traitements sont arrêtés.
- Le recours aux multi-injections d'insuline doit privilégier un schéma basal/bolus progressif (pas à pas), plutôt que les injections d'insuline prémélangée. Celles-ci sont utiles en cas de difficultés de compréhension du patient ou de difficultés d'acceptation de plusieurs injections, mais l'objectif glycémique doit être moins strict pour éviter les hypoglycémies.
- Attention aux patients dont la glycémie résiste au schéma basal/bolus. Une catégorie particulière de patients, à haut risque de décès en cas de traitement intensifié, a été identifiée par l'étude ACCORD. Il s'agit de patients avec un diabète très déséquilibré (HbA1c > 9 %) et dont la glycémie ne baisse pas lorsque l'on intensifie les traitements. Il est alors recommandé chez ces patients de se contenter d'un objectif d'HbA1c à 8 %.

FICHE 22

Prise en charge des facteurs de risque cardiovasculaire chez le patient diabétique de type 2

Le patient diabétique de type 2 est à haut risque cardiovasculaire en raison de la présence associée au diabète d'une HTA et d'une dyslipidémie très athérogène qui lui est particulière.
Nous ne rappellerons pas ici tout l'accompagnement nécessaire pour aider un patient diabétique à arrêter de fumer. **Le tabac reste le facteur de risque cardiovasculaire le plus important, et prioritaire à prendre en charge**.

Prise en charge de l'HTA

Que nous disent les études sur l'objectif tensionnel à atteindre ?

- La première étude, UKPDS, a montré que le contrôle de la pression artérielle (pression artérielle à 140/82 mmHg *versus* 161/94 mmHg) entraînait une réduction significative de 30 % de la mortalité due au diabète, de 44 % des accidents vasculaires cérébraux, de 56 % de l'insuffisance cardiaque, mais aussi de 37 % des complications microvasculaires et de 47 % de la détérioration de la vision.
- L'étude HOT, ayant porté sur 18 590 patients âgés de 50 à 80 ans, dont 1 601 diabétiques, a montré que l'abaissement de la pression artérielle diastolique de 90 à 80 mmHg réduisait de moitié le nombre d'événements cardiovasculaires majeurs et au tiers la mortalité cardiovasculaire chez les patients diabétiques, alors que

la réduction n'était pas significative chez les non-diabétiques. Mais il s'agit d'une analyse post-hoc sur un sous-groupe de patients.

- L'étude ACCORD-BP qui a comparé chez des patients diabétiques en prévention secondaire un objectif tensionnel à moins de 120/80 mmHg *versus* moins de 140/90 mmHg et n'a pas retrouvé de diminution des événements cardiovasculaires en dehors d'une baisse des AVC, mais avec un rapport bénéfice sur risque non concluant.

À partir de l'ensemble de ces études, les recommandations françaises (HAS 2016) définissent comme seuil d'intervention et comme objectif pour les patients diabétiques les mêmes que ceux de la population générale : une pression artérielle inférieure < 140/90 mmHg au cabinet médical et < 135/85 mmHg en automesure ou en MAPA.

Chez le sujet de plus de 80 ans, l'objectif sera moins strict et le nombre de médicaments limité à trois.

Que choisir comme médicaments pour l'HTA ?

La médecine basée sur les preuves permet de proposer les recommandations suivantes en termes de traitement (recommandations HAS 2016) :

- réduire l'apport sodé à 6-8 g/j (natriurèse entre 100 et 150 mmol/j) ;
- pratiquer une activité physique régulière et perdre du poids ;
- en 1re intention, on peut utiliser un IEC ou un ARA2, ou bien un inhibiteur calcique, ou bien un diurétique thiazidique ;
- si le patient a une microalbuminurie ou une insuffisance rénale ou cardiaque, un IEC ou un ARA2 sera choisi en 1re intention ;
- on peut associer ensuite ces traitements en bi-, puis trithérapie, à doses optimales ;
- les bêtabloquants ne sont pas contre-indiqués chez le patient diabétique. Ils seront prescrits en présence d'une insuffisance cardiaque ou chez le patient coronarien. Ils restent notamment indiqués en première ligne en cas d'antécédent d'infarctus du myocarde.

Prise en charge de la dyslipidémie

- Les grandes études randomisées et contrôlées évaluant l'efficacité des statines ont montré que les patients diabétiques aussi en tiraient bénéfice.
- Les recommandations adaptées aux dernières études de bon niveau de preuve sont celles de l'ESC/EAS de 2019 (European Heart Journal 2019 : 178) et de la Société francophone du diabète (2021, www.sfdiabete.org). Le tableau 22.1 indique les objectifs cibles en fonction des caractéristiques des patients.
- L'instauration d'une statine dont le dosage doit être augmenté jusqu'à atteindre cette cible est recommandée. En cas de non atteinte de cette cible malgré une dose maximale tolérée on peut associer de l'ézétimibe. Les patients en prévention

Tableau 22.1. Objectif de LDL-cholestérol en fonction du niveau de risque.

Caractéristiques des patients diabétiques de type 2	Niveau de risque	Objectif de LDL-cholestérol
• Âge < 50 ans, et • Durée de diabète < 10 ans, et • Aucun autre facteur de risque CV, et • Aucune complication	Modéré	< 100 mg/dl
• Pas de complication, mais • Durée de diabète > 10 ans, ou • Un seul facteur de risque CV ou • Microalbuminurie positive ou DFG entre 30 et 60 ml/min	Haut	< 70 mg/dl
• Antécédent cardiovasculaire, ou • Sténose artérielle significative, ou • ACFA ou insuffisance cardiaque • Plusieurs facteurs de risque cardiovasculaire, ou • Une complication du diabète, ou • Protéinurie, ou • DFG < 30 ml/min	Très haut	< 55 mg/dl

secondaire et qui gardent un LDL-cholestérol > 70 mg/dl malgré un traitement optimisé peuvent bénéficier d'un traitement par anti-PCSK9.

Comment expliquer au patient diabétique de type 2 qu'il faut prendre une statine ?

Il y a déjà une explication physiologique à donner car le patient s'est toujours entendu dire que son taux de cholestérol était normal !

Le diabète de type 2 ne s'accompagne pas d'une hypercholestérolémie (cholestérol total et LDL quantitativement normaux), mais d'une anomalie qualitative des particules LDL. Celles-ci sont chargées en triglycérides, et sont ainsi caractérisées par leur aspect « petites et denses » sur une électrophorèse des lipoprotéines. Ces particules LDL ont une propriété démontrée : elles sont très athérogènes, c'est-à-dire qu'elles favorisent la formation de plaques athéromateuses sur la paroi artérielle. Ce d'autant plus que la paroi artérielle est déjà fragilisée par l'hyperglycémie et l'hypertension artérielle chez ces patients. Il faut donc effondrer le taux de LDL si on veut empêcher l'occlusion des artères.

La place des fibrates a été précisée dans l'étude ACCORD : tous les patients se voyaient prescrire une statine, mais il y a eu une randomisation avec du fénofibrate en plus de la statine, en comparaison à un placebo. Il n'y a pas eu de différence significative à 5 ans sur les événements cardiovasculaires. Seul un sous-groupe avec un HDL bas (inférieur à 0,34 g/l) et des triglycérides supérieurs à 2 g/l tire bénéfice de cette association. À noter : l'absence d'augmentation du risque de rhabdomyolyse notée dans l'étude avec cette association.

Quelle est la place de l'aspirine ?

Si les antiagrégants ont toute leur place en prévention secondaire, plusieurs études ont maintenant montré que le rapport bénéfice/risque n'était pas favorable en prévention primaire chez les patients à risque intermédiaire ou élevé, en raison d'une augmentation importante du risque d'hémorragies sévères. Ils sont à réserver aux patients à très haut risque cardiovasculaire, en évaluant le rapport bénéfice/risque.

FICHE
23

Suivi du patient diabétique de type 2 sans complication

Écoute active

Elle permet de connaître la préoccupation principale du patient et d'échanger sur les objectifs partagés.

Interrogatoire à chaque consultation

- Discussion sur la diététique, la consommation d'alcool, de tabac, et l'évaluation de l'activité physique.
- Discussion sur la tolérance des traitements. Échange sur l'adhésion.
- Recherche de symptômes évocateurs de neuropathie périphérique (voir fiche 46), de symptômes évocateurs d'une atteinte coronaire (angor, dyspnée), d'une atteinte artérielle périphérique (claudication, limitation à la marche).
- Appréciation de la vulnérabilité sociale.

Examen clinique

À chaque consultation

- Poids, calcul IMC.
- Mesure de la pression artérielle (mesurée en position assise, après 5 minutes de repos, et avec brassard adapté à la circonférence du bras), ou bien apprentissage de la pratique de l'automesure tensionnelle. Recherche d'une hypotension orthostatique si symptômes évocateurs.

Tous les ans

- Examen des pieds : gradation du risque podologique.
- Palpation des pouls périphériques pédieux et tibiaux postérieurs ; auscultation des vaisseaux (fémoraux et carotidiens).

Suivi de l'HbA1c

- Fréquence :
  - tous les 6 mois si l'objectif est atteint et si le traitement n'a pas été modifié ;
  - tous les 3-4 mois autrement.

Suivi du bilan lipidique

- Quel bilan demander ? EAL : LDL-cholestérol, HDL-cholestérol, triglycérides.
- Fréquence : une fois par an.

Évaluation rénale

- Quels examens demander ?
  - dosage de la créatininémie avec estimation du débit de filtration glomérulaire avec l'équation CKD-EPI ;
  - calcul de la clairance de la créatinine suivant la formule de Cockcroft et Gault, pour adapter les posologies des médicaments, conformément à leur AMM ;
  - dosage de l'albuminurie réalisé sur échantillon urinaire ; résultat exprimé sous la forme d'un ratio albuminurie/créatininurie (valeur positive > 3 mg/mmol).
- Fréquence : une fois par an.

Dépistage de la rétinopathie diabétique

- Quel examen demander ?
  - biomicroscopie du fond d'œil après dilatation pupillaire réalisée par un ophtalmologiste ;
  - **ou** photographies du fond d'œil (rétinographie), avec ou sans dilatation pupillaire. Ce mode de dépistage de la rétinopathie diabétique est réservé aux patients de moins de 70 ans qui n'ont pas de rétinopathie connue. Le patient se rend dans un centre, et les photographies du fond d'œil réalisées par un orthoptiste sont adressées à un ophtalmologiste qui fait une lecture à distance et différée des images. Ce circuit de dépistage permet de faciliter l'accès des patients à un examen ophtalmologique (figure 23.1).

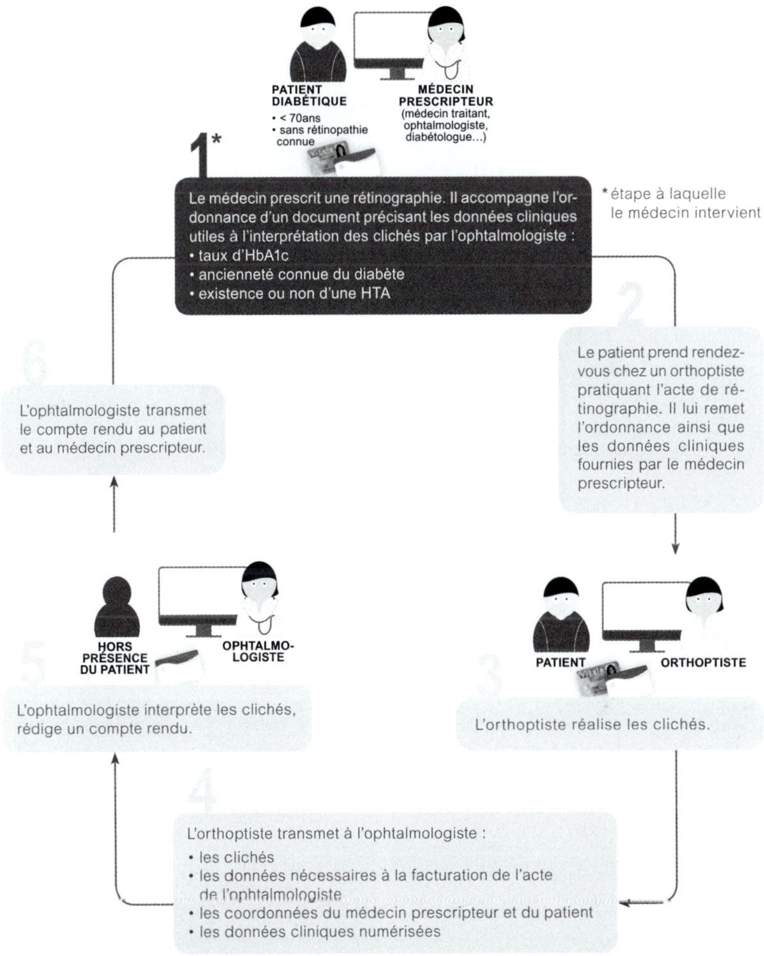

Figure 23.1. Circuit du dépistage par rétinographie avec lecture différée.
Avec l'aimable autorisation de l' Assurance Maladie (https://www.ameli.fr/sites/default/files/Documents/5381/document/memo-depistage-retinopathie-diabetique_assurance-maladie.pdf).

- Fréquence :
  - une fois par an chez les patients traités par insuline ;
  - une fois par an lorsque les objectifs de contrôle glycémique et/ou de contrôle de pression artérielle ne sont pas atteints ;
  - tous les 2 ans chez les patients non insulinotraités dont les objectifs de contrôle de la glycémie et de la pression artérielle sont atteints, ayant un fond d'œil normal ;

- cas particuliers :
  - grossesse : un examen ophtalmologique doit être fait avant la grossesse puis tous les 3 mois pendant la grossesse et à 3 mois de l'accouchement ;
  - cataracte : l'intensification du suivi du fond d'œil est recommandée pendant l'année qui suit une intervention de la cataracte.

Bilan cardiovasculaire

■ Quels examens faire ?

- ECG de repos ;
- mesure de l'index de pression systolique (IPS) (figure 23.2), ou palpation des pouls distaux.

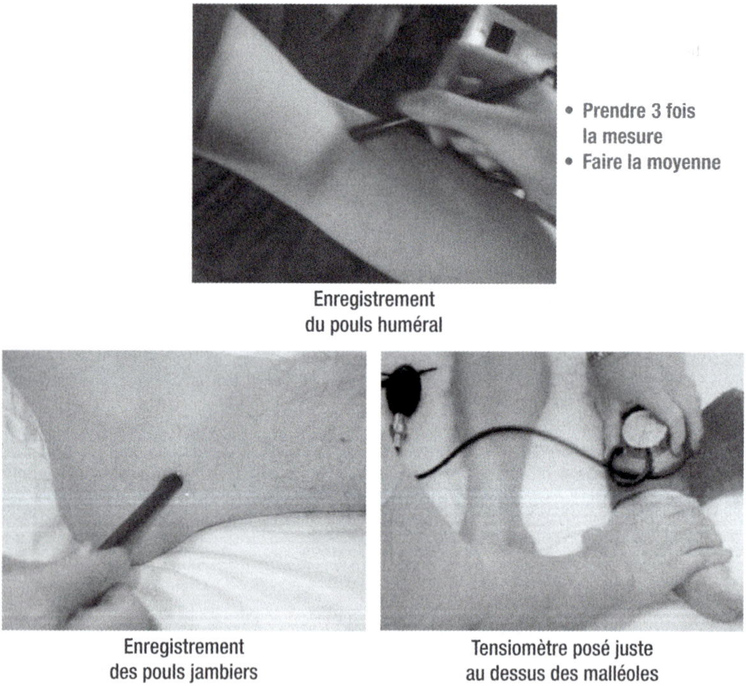

Position couchée
Onde de pouls mesurée avec une sonde doppler
Gonfler le brassard jusqu'à disparition du flux doppler
Dégonfler progressivement le brassard jusqu'à la réapparition du flux doppler

Le stéthoscope n'est pas validé pour la détection de l'AOMI par IPS étant donné que certains bruits auscultatoires ne sont pas audibles dans 40 % des cas.

IPS=PA_{Syst} cheville/ PA_{Syst}humérale

On retient la valeur la plus élevée à chaque mesure
IPS normal entre 0.9 et 1,30
IPS anormal < 0.9
IPS > 1.30 : incompressibilité des artères ce qui ne permet pas de conclure à l'absence d'AOMI.

Figure 23.2. Mesure de l'index de pression systolique (IPS) à la cheville.
Réseau HTA Vasc Nord-Pas-de-Calais.

- Fréquence : une fois par an.
- Dépistage ischémie myocardique silencieuse : le dépistage systématique de l'ischémie myocardique silencieuse (aucune symptomatologie et ECG de repos normal) est controversé.
  - Pour les uns (Société américaine de diabétologie - *American Diabetes Association*), il n'est pas recommandé de réaliser des explorations chez les patients totalement asymptomatiques (aucun symptôme et ECG de repos normal) dans la mesure où le dépistage et la prise en charge d'une ischémie myocardique silencieuse ne permettent pas d'abaisser le risque d'événements cardiovasculaires, à condition que tous les différents facteurs de risque soient par ailleurs correctement pris en charge.
  - Pour les autres (recommandations de la Société francophone du diabète 2021) (figure 23.3), il est proposé d'utiliser un algorithme pour les patients ayant un diabète de type 2 et âgés de 35 à 75 ans qui permet de cibler le dépistage.
- Il n'y a pas lieu de demander de Doppler des artères des membres inférieurs ou des troncs supra-aortiques si l'examen clinique est normal et en l'absence d'une symptomatologie évocatrice.

Bilan dentaire

- Quel examen faire ? Consultation chez le dentiste pour dépister et traiter les parodontopathies qui peuvent être à l'origine d'une édentation précoce.
- Fréquence : tous les ans.

Quand adresser le patient à un spécialiste ?

- Au cardiologue :
  - si l'ECG de repos est anormal ;
  - si le patient présente une symptomatologie évocatrice d'une atteinte coronaire, d'une atteinte artérielle des membres inférieurs ou d'une insuffisance cardiaque ;
  - avant la reprise d'une activité physique afin que soit réalisée une épreuve fonctionnelle (test d'effort) ;
  - si la pression artérielle n'est pas à l'objectif malgré une trithérapie antihypertensive débutée depuis plus de 6 mois.
- Au néphrologue :
  - s'il existe un doute diagnostique sur l'origine diabétique d'une atteinte rénale (hématurie, baisse rapide du débit de filtration glomérulaire) ;
  - si le DFG est inférieur à 45 ml/min/1,73 m^2 ;
  - en cas d'apparition brutale d'une protéinurie chez un patient qui en était indemne jusque-là.

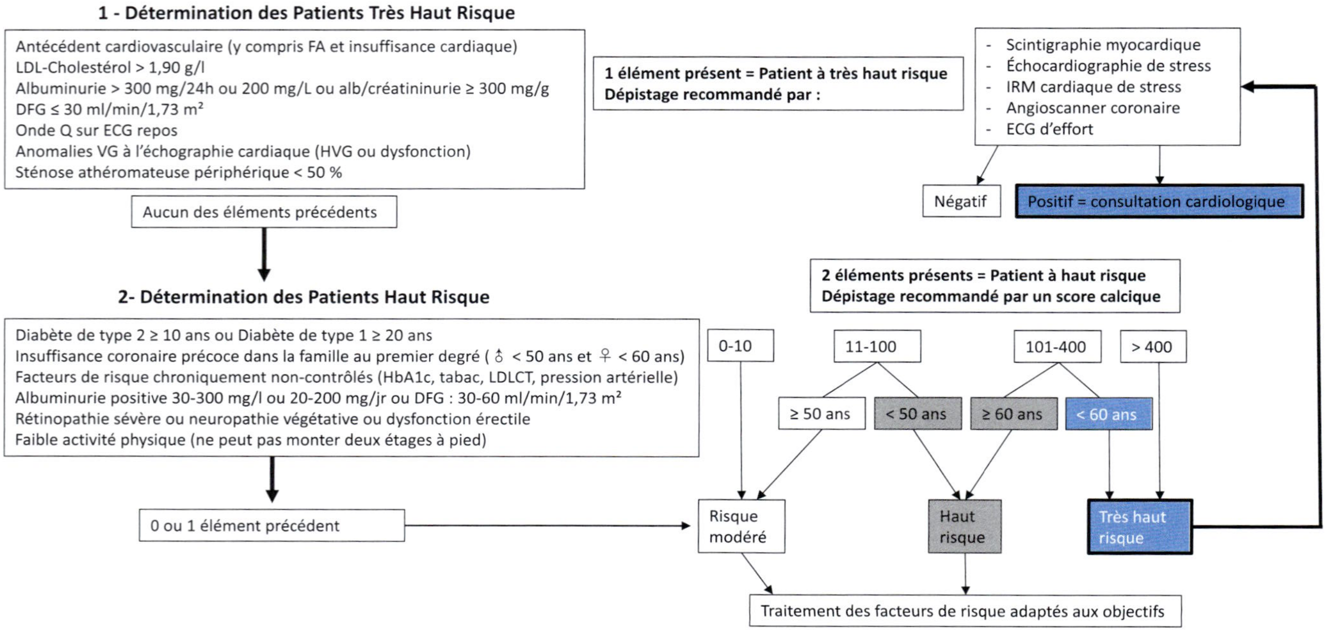

Figure 23.3. Algorithme de dépistage de l'ischémie myocardique des patients diabétiques de 35-75 ans.
D'après Recommandations de la Société francophone du diabète 2021 (www.sfdiabete.org).

- Au pneumologue : si score supérieur à 10 sur l'échelle de somnolence d'Epworth (dépistage du syndrome d'apnées du sommeil) chez les patients en surpoids ou obèses afin que soit réalisée une polygraphie ventilatoire nocturne.
- Quand peut-on avoir recours à l'expertise de l'endocrinologue-diabétologue ?
  - au diagnostic, si la glycémie est ≥ 3 g/l ou HbA1c > 10 % et qu'un schéma insulinique intensifié doit être mis en place ;
  - s'il existe des difficultés pour fixer l'objectif glycémique ou pour l'atteindre ;
  - pour instaurer une insulinothérapie transitoire en cas de maladie intercurrente, corticothérapie, chimiothérapie, alimentation entérale et parentérale ;
  - avant l'intensification du traitement hypoglycémiant en cas de rétinopathie proliférante ou préproliférante ;
  - s'il existe un projet de grossesse ou suivi de grossesse chez une patiente diabétique de type 2 ;
  - suivi de diabète gestationnel.

FICHE 24

Prévenir le diabète de type 2 avant le diabète, et chez les descendants

Le diabète de type 2 est une maladie silencieuse qui touche plus de 3,5 millions de personnes en France. Un des enjeux de santé publique est de prévenir son apparition chez les sujets à risque.

Identification des sujets à risque

Les descendants de patients ayant un diabète de type 2 (surtout du 1er degré) sont plus à risque que la population générale de développer un diabète de type 2. Ils font partie des populations cibles chez qui le dépistage du DT2 est recommandé dès l'âge de 45 ans (HAS).

Selon la HAS, les sujets à risque de développer un diabète ont les caractéristiques cliniques suivantes :

- âge > 45 ans ;
- surpoids, défini par un IMC ≥ 25 kg/m^2 ;
- sédentarité, définie par l'absence d'activité physique régulière (a minima 30 minutes, 3 fois par semaine) ;
- origine géographique, définie par le fait d'être d'origine non caucasienne, d'être migrant ou non migrant ;
- antécédent personnel de diabète gestationnel ou d'accouchement d'un ou plusieurs enfants de poids de naissance > 4 kg ;
- antécédent familial de diabète chez un apparenté du 1er degré ;
- anomalie de la glycorégulation (état de prédiabète) ;
- hypertension artérielle traitée ou non traitée, définie par une pression artérielle systolique > 140 mmHg et/ou une pression artérielle diastolique > 90 mmHg ;

- dyslipidémie traitée ou non traitée, définie par une HDL-cholestérolémie < 0,35 g/l (0,9 mmol/l) ou une triglycéridémie > 2 g/l (2,3 mmol/l) ;
- précarité, définie par un score EPICES > 30.

Ces patients à risque, comme les patients avec un prédiabète, doivent bénéficier d'un suivi médical régulier dont l'objectif est double : prévenir l'apparition et dépister le diabète de type 2 (tous les 1 à 3 ans selon les autres facteurs de risque).

Prévention

Depuis les années 1990-2000, de nombreuses études de prévention primaire, dont certaines sont randomisées et contrôlées comme la *Finnish Diabetes prevention study*, la *China Da Qing Diabetes prevention Study* ou l'étude DPP (*Diabetes prevention program research*), ont été publiées. Plusieurs actions, portant principalement sur l'amélioration de l'hygiène de vie (perte de poids, régime équilibré et activité physique), ont ainsi montré leur efficacité pour prévenir l'apparition du diabète de type 2 au sein de populations à risque.

En France, le programme national nutrition santé (PNNS) lancé en 2001 par le ministère de la Santé donne des conseils sur l'alimentation et la pratique d'une activité physique à destination de la population générale pour prévenir l'apparition de nombreuses maladies chroniques dont le diabète de type 2. L'étude ESTEBAN, une enquête de surveillance épidémiologique, entre autres des pratiques alimentaires des Français, montre que les recommandations ne sont pas suivies (notamment seuls 4 Français sur 10 atteignent les recommandations sur les produits céréaliers complets peu raffinés et 3 sur 10 celles sur les fruits et légumes). En 2019, la version du PNNS (PNNS-4) s'appuie sur ces observations pour s'actualiser.

La HAS, en 2014, dans son actualisation du référentiel de pratique de l'examen périodique de santé sur la prévention et le dépistage du DT2 a également émis certaines recommandations dont les suivantes.

Prévenir le diabète par l'activité physique

L'activité physique a un impact positif sur le métabolisme. Elle permet d'augmenter la mobilisation du glucose par les muscles en favorisant son utilisation ainsi que son transport intramusculaire indépendamment de l'insuline.

Il semble que la pratique de l'activité physique soit aussi efficace qu'un contrôle de l'alimentation sur la prévention du diabète de type 2, d'après une étude randomisée chinoise des années 1990 (*China Da Qing Diabetes prevention Study*).

La HAS recommande dans le cadre de la prévention du DT2 de pratiquer une activité physique régulière :

- 2 h 30 d'endurance cardiopulmonaire (marche à pas soutenu ou natation ou vélo ou jogging) ;

- complétée par 2 à 3 séances par semaine d'activités de renforcement musculaire (activité contre résistance).

Ces recommandations sont appuyées par une méta-analyse publiée en 2007 qui montre qu'une activité physique d'intensité modérée (marche) de 2,5 h par semaine réduirait le risque relatif de diabète de type 2 de 30 % comparé à l'absence d'activité. Pour aider au développement de l'activité physique, les ministères des Solidarités et de la Santé et des Sports ont mis en place une Stratégie nationale sport santé 2019-2024.

Prévenir le diabète par la réduction du poids et l'équilibre alimentaire

Il est maintenant bien démontré qu'une réduction pondérale (quelle que soit la méthode : activité physique, régime, chirurgie bariatrique, traitement médicamenteux) a un impact positif sur la prévention du diabète de type 2. Dans les études DPP et *Finish diabetes prevention study*, le groupe de patients traités intensivement avait un objectif de réduction pondérale d'environ 5 % associé à des modifications de leur hygiène de vie (augmentation de l'activité physique modérée, régime hypolipidique). Dans les deux études, on observait une réduction de près de 60 % de l'incidence du diabète pour le groupe bénéficiant de l'intervention sur le mode de vie après environ 3 ans de suivi.

Par ailleurs, de nombreuses études – dont la majorité sont observationnelles – se sont intéressées à la qualité des macronutriments pouvant impacter l'apparition d'un DT2 chez les populations à risque. Parmi les macronutriments, le fructose (surtout ingéré via les sodas) et les glucides à haut index glycémique semblent augmenter le risque de développer un DT2 alors que les fibres d'origine céréalière semblent être protectrices.

L'ANSES (Agence nationale de sécurité sanitaire de l'alimentation, de l'environnement et du travail), dans son rapport de novembre 2016 sur l'actualisation des repères du PNNS, a listé des aliments associés au risque de diabète selon leur niveau de preuve disponible dans la littérature. Il apparaît dans le rapport que la consommation de café modérée, de produits laitiers (particulièrement les produits réduits en graisse), de produits céréaliers complets semble associée à une réduction du risque de diabète de type 2. En revanche, la consommation de viandes transformées (en dehors de la volaille) ainsi que de boissons sucrées semble, elle, associée à une augmentation du risque de DT2.

La HAS propose, dans le cadre de la prévention primaire du diabète, les conseils nutritionnels minimums suivants :

- faire 3 repas par jour en évitant les grignotages ;
- diminuer la ration énergétique globale en favorisant les aliments de densité énergétique moindre (légumes, fruits), en limitant les aliments de haute densité

énergétique, riches en lipides (fritures) ou en sucres (sodas, pâtisseries…) et/ou en contrôlant les portions ;

- avoir une alimentation riche et diversifiée ;
- réduire les protéines d'origine animale.

Pour appuyer ces recommandations et aider à leur mise en place, la première recommandation du PNNS-4 est de « Augmenter les fibres, réduire les quantités de sel, sucres, gras dans les aliments de consommation courante par un engagement ferme des acteurs économiques dès 2020 ». Cette action vise à faire respecter par les industriels les engagements nutritionnels fixés par des accords collectifs.

En conclusion

La prévention de l'apparition du DT2 chez les apparentés de patients diabétiques nécessite un suivi médical pour dépister le diabète et délivrer les conseils de prévention qui ont fait leur preuve :

- réduction pondérale modérée d'environ 5 % ;
- pratique de l'activité physique modérée régulière (2,5 h par semaine d'endurance associée à 3 séances de renforcement musculaire) ;
- modification de l'alimentation (privilégier aliments de faible densité énergétique, fibres d'origine céréalière, produits laitiers pauvres en graisse et limiter aliments de densité énergétique élevée dont la viande rouge transformée et les boissons sucrées).

Pour en savoir plus

ANSES. Actualisation des repères du PNNS : étude des relations entre consommation de groupes d'aliments et risque de maladies chroniques non transmissibles, novembre 2016 (https://www.anses.fr/en/system/files/NUT2012SA0103Ra-3.pdf).

China Da Qing Diabetes Prevention Study: Pan XR, Li GW, Hu YH, Wang JX, Yang WY, An ZX, et al. Effects of diet and exercise in preventing NIDDM in people with impaired glucose tolerance. The Da Qing IGT and Diabetes Study. Diabetes Care 1997 ; 20(4) : 537-44.

Diabetes Prevention Program (DPP) Research Group, Knowler WC, Fowler SE, Hamman RF, Christophi CA, Hoffman HJ, et al. 10-year follow-up of diabetes incidence and weight loss in the Diabetes Prevention Program Outcomes Study. Lancet 2009 ; 374(9702) : 1677-86.

Finish Diabetes Prevention Study: 7. Lindström J, Ilanne-Parikka P, Peltonen M, Aunola S, Eriksson JG, Hemiö K, et al. Sustained reduction in the incidence of type 2 diabetes by lifestyle intervention: follow-up of the Finnish Diabetes Prevention Study. Lancet 2006 ; 368(9548) : 1673-9.

HAS. Guide Parcours de soins. Diabète de type 2 de l'adulte. 2014 (https://www.has-sante.fr/portail/upload/docs/application/pdf/2014-04/guide_pds_diabete_t_3_web.pdf).

HAS. Actualisation du référentiel de pratiques de l'examen périodique de santé (EPS). Prévention et dépistage du diabète de type 2 et des maladies liées au diabète (https://www.has-sante.fr/portail/upload/docs/application/pdf/2015-02/7v_referentiel_2clics_diabete_060215.pdf).

Méta-analyse: Jeon CY, Lokken RP, Hu FB, van Dam RM. Physical activity of moderate intensity and risk of type 2 diabetes: a systematic review. Diabetes Care 2007 ; 30(3) : 744-52.

SECTION

2

Circonstances cliniques du diabète de type 2

FICHE 25

Hypoglycémie et diabète de type 2

Les hypoglycémies dans le diabète de type 2 sont liées uniquement à trois types de traitement : les sulfamides hypoglycémiants (SH), les glinides, et l'insuline.
Anciennement banalisées ou négligées, on sait depuis l'étude ACCORD qu'elles sont à éviter, en particulier chez les patients coronariens. En effet, dans l'étude ACCORD, les patients diabétiques de type 2 coronariens qui faisaient des hypoglycémies à répétition ont eu un taux de décès d'origine cardiovasculaire plus important.
Du fait du risque d'hypoglycémie et de l'absence de bénéfice cardiovasculaire ou rénal, la place des SH et des glinides dans le traitement du diabète de type 2 s'est nettement réduite selon les dernières recommandations (prise de position de la SFD 2021, voir fiche 20).
La metformine, les inhibiteurs de la DPP-4, les analogues du GLP1 ainsi que les inhibiteurs de SGLT2 n'induisent pas d'hypoglycémies. Cependant, en cas d'ajout d'un inhibiteur de SGLT2 ou d'un analogue du GLP1 à but de protection cardiovasculaire ou rénale, à un patient bien équilibré sous SH ou glinide ou insuline, il peut y avoir un risque d'hypoglycémie. Il faudra alors penser à adapter les traitements pourvoyeurs d'hypoglycémie.

Les hypoglycémies sous sulfamides hypoglycémiants

- Les sulfamides actuellement commercialisés sont puissants, et tous à risque.
- Les hypoglycémies sous sulfamides ne doivent pas être banalisées et nécessitent un ajustement thérapeutique.
- Sous sulfamides, les hypoglycémies peuvent prendre l'allure d'un coup de fatigue ou d'une fringale, typiquement vers 17 h 00, qui est la période du nyc-

thémère où la glycémie est la plus basse. Le patient ne les identifie pas, ou les banalise, et prend l'habitude de faire une collation plutôt que de les signaler au médecin.

- La demi-vie des sulfamides étant très prolongée (plusieurs jours), le malaise sous sulfamides peut aussi survenir à n'importe quelle heure, y compris la nuit, y compris le lendemain d'une prise.
- Les signes classiques sont la sensation de faim, de malaise, de fatigue, les tremblements, la tachycardie, les sueurs, la pâleur.
- Si la glycémie descend en dessous de 0,5 g/l, on peut voir des signes de neuroglycopénie comme sous insuline, voire un coma.
- L'hypoglycémie sous sulfamides est favorisée par l'insuffisance rénale, la dénutrition, le fait de sauter des repas. Ces circonstances concernent particulièrement le sujet âgé, chez qui ils sont de ce fait contre-indiqués, car dangereux. Il vaut mieux prescrire de l'insuline chez le sujet âgé, et l'aider avec le passage d'une IDE à domicile, plutôt que de le laisser sous sulfamides.
- Les sulfamides sont des médicaments liés à l'albumine. En cas de prise contemporaine d'autres médicaments liés à l'albumine (AINS +++, AVK, Bactrim®...), la fraction libre, et donc l'action, des sulfamides va augmenter.
- Le patient sous sulfamides doit donc :
  - ne pas sauter de repas, ou savoir qu'il doit diminuer la dose si cela arrive ;
  - savoir qu'il doit diminuer la dose lorsqu'il pratique une activité physique, et avoir du sucre sur lui ;
  - avoir un lecteur de glycémie, savoir s'en servir, et faire un contrôle une fois par semaine à 17 h 00 ou en cas de sensation de malaise ;
  - connaître le risque et les signes d'hypoglycémie ;
  - savoir comment se resucrer si cela arrive : 3 sucres, ou un grand verre de jus ou de soda, ou 3 cuillers à café de confiture ;
  - ne pas banaliser l'hypoglycémie et la signaler à son médecin. Inversement, celui-ci doit systématiquement, à chaque consultation, rechercher le malaise ou le « coup de barre » de 17 h 00, ou le malaise nocturne, si le patient est traité par sulfamides, même si l'HbA1c est élevée.
- Si le patient fait une ou des hypoglycémies sous sulfamides, le traitement est simple mais indispensable : il faut diminuer la dose, voire arrêter le traitement.
- On ne doit pas recommander au patient de prendre régulièrement une collation en cas de malaise ou pour éviter le malaise. Le malaise ne doit pas faire partie des habitudes du patient.
- En cas d'hypoglycémie sévère, c'est-à-dire nécessitant le recours à une tierce personne, la surveillance doit être prolongée sur 48 heures à cause de la longue demi-vie du traitement. Si le patient est au SAU, il sera hospitalisé pour surveillance et perfusion de glucosé.

Les hypoglycémies sous glinides

- Elles ont tendance à être sous-estimées car la demi-vie de ces traitements est plus courte que celle des sulfamides, mais elles sont fréquentes et peuvent être graves, en particulier chez les sujets âgés.
- On a tendance à prescrire facilement un glinide en présence d'une insuffisance rénale, mais il ne faut pas sous-estimer le risque d'hypoglycémie sévère avec ce médicament.
- L'éducation du patient doit donc être la même que sous sulfamides.
- Le patient doit avoir un lecteur de glycémie.
- Il ne doit pas prendre le glinide s'il saute un repas, ou s'il fait une activité physique inhabituelle.
- Le contenu en glucides de ses repas doit être assez fixe, si la dose du glinide est fixe. On comprend dans ces conditions, son inadaptation au sujet âgé.
- Le médecin doit rechercher à chaque consultation des signes évocateurs d'hypoglycémie diurne ou nocturne.
- La dose de glinide doit être diminuée, ou le traitement arrêté s'il s'accompagne d'hypoglycémies.

Les hypoglycémies sous insuline

- Elles peuvent se voir malgré la résistance à l'insuline des patients diabétiques de type 2, mais sont moins fréquentes que dans le diabète de type 1.
- Elles ne doivent pas être banalisées, en particulier chez le patient coronarien et chez le patient âgé.
- Leur symptomatologie est classique :
  - signes neurovégétatifs lorsque la glycémie est < 0,7 g/l : sueurs, pâleurs, palpitations, tremblements, fatigue, faim ;
  - signes neuroglycopéniques lorsque la glycémie est < 0,5 g/l : confusion, diplopie, troubles de la concentration, du comportement, voire coma avec convulsions ou signes déficitaires.
- Le patient doit donc être éduqué pour reconnaître les signes, et savoir agir :
  - avoir toujours du sucre sur lui (3 sucres ou l'équivalent = 15 g de glucides = 1 pack de jus de fruit) ;
  - s'asseoir, et se resucrer et cas de malaise ;
  - puis contrôler sa glycémie (s'il a son lecteur sur lui). Celle-ci mettra 10 minutes à monter après le resucrage ;
  - si le patient utilise un système de mesure continue de la glycémie capillaire, il doit savoir que celle-ci met plus de temps à remonter (au moins 20 minutes) et qu'il ne doit pas multiplier les resucrages si la sensation de malaise a disparu.

- Les insulines à incriminer, et dont il faut baisser la dose sont :
  - les analogues d'insuline rapide si l'hypoglycémie survient dans les 4 heures qui suivent l'injection ;
  - l'insuline lente si l'hypoglycémie survient en fin d'après-midi ou à partir de minuit.
- En cas d'hypoglycémie sévère, on peut utiliser le glucagon, mais dans la mesure où ce risque est rare, celui-ci n'est le plus souvent pas prescrit. De plus, l'utilisation du glucagon peut induire une hypersécrétion d'insuline réactionnelle par les cellules bêta restantes si le patient n'est pas totalement carencé. Le patient sera resucré par du glucosé en intraveineux.

FICHE 26

Microalbuminurie et diabète de type 2

La présence d'une microalbuminurie positive chez un patient diabétique de type 2 de plus de 50 ans n'a pas la même valeur pronostique que chez un patient diabétique de type 1 ; en particulier, en l'absence de rétinopathie, elle est probablement davantage liée à l'hypertension artérielle, l'hyperlipidémie, l'obésité et l'athérosclérose.

Que faire devant un rapport microalbuminurie/créatininurie élevé chez un patient diabétique de type 2 ?

- Répéter le dosage pour confirmer la positivité.
- Faire un ECBU à la recherche d'une hématurie et/ou d'une leucocyturie. En présence d'hématurie et/ou de leucocyturie, demander une échographie des reins, de la vessie et des voies excrétrices et demander un avis spécialisé.
- Contrôler la pression artérielle. Objectif < 140/85 mmHg au cabinet ou < 135/80 mmHg en automesure.
- Mettre un IEC ou un ARA2 à dose maximale, en contrôlant la kaliémie.
- Il y a en 2023 une indication à discuter l'ajout au traitement par IEC ou ARA2, d'un inhibiteur de SGLT2 qui a montré son efficacité à prévenir la progression vers la protéinurie.
- Si malgré cela le taux d'albumine continue d'augmenter prendre l'avis d'un néphrologue.
- Penser à contrôler tous les facteurs de risque cardiovasculaire, car la microalbuminurie est un marqueur de très haut risque cardiovasculaire.
  - le LDL-cholestérol doit être < 0,55 g/l ;
  - aide à l'arrêt du tabac.
- L'idéal est que le patient perde du poids car l'obésité est source de maladie glomérulaire. On a aussi des arguments pour penser que la sédentarité joue un rôle et que l'activité physique régulière pourrait ralentir le vieillissement rénal.

FICHE

27

La dysfonction érectile

La dysfonction érectile atteindrait 30 % des patients diabétiques.

Elle a surtout deux causes :

- d'une part, une fibrose pénienne, en particulier des corps caverneux ;
- d'autre part, une neuropathie autonome.

Elle peut être exclusivement d'origine psychique, favorisée par le sentiment de dévalorisation induit par la maladie chronique et entretenue par une angoisse de performance.

Causes de la dysfonction érectile du patient diabétique

- Pathologie générale évolutive.
- Tabac.
- Neurologique.
- Iatrogène.
- Déséquilibre glycémique.
- Hormonale.
- Psychogène.
- Vasculaire (insuffisance artérielle).

Enfin, la dysfonction érectile peut être aggravée par de nombreux médicaments, dont pratiquement tous les antihypertenseurs, les fibrates, les diurétiques, les bêtabloquants, les antihistaminiques anti-H2, les médicaments à visée neuropsychique. Il importe d'insister sur son caractère souvent multifactoriel chez le patient diabétique, avec fréquemment une composante psychologique.

Principaux médicaments susceptibles d'induire une impuissance

- Antihypertenseurs : pratiquement tous.
- Hypolipémiants (fibrates).
- Psychotropes.
- Antiulcéreux (anti-H2).

Les examens à demander devant une dysfonction érectile chez un patient diabétique

- Étude ultrasonique par Doppler des artères péniennes.
- Dosage de la testostérone libre et de la prolactine.
- Débimétrie urinaire.
- Dosage de PSA.

Le traitement

- Il est plus facile depuis la mise sur le marché du sildénafil (Viagra®), du tadalafil (Cialis®) ou du vardénafil (Levitra®).
- Ceux-ci ne sont actifs que chez 60 % des patients diabétiques et les autres traitements ont encore une place dans l'arsenal thérapeutique.
- Ils visent à restaurer l'érection ; ils ne doivent en aucun cas être administrés dans les troubles de la libido, de l'éjaculation et/ou de l'orgasme qui doivent faire l'objet d'une prise en charge spécifique.
- Il faut respecter scrupuleusement les contre-indications, à savoir la prise de dérivés nitrés ou de donneurs de NO (molsidomine [Corvasal®]), d'activateurs des canaux potassiques (nicorandil [Adancor®, Ikorel®]).
- Par ailleurs, compte tenu des informations sur le risque de décès lors de la reprise des rapports sexuels il importe de rappeler au patient que le rapport sexuel correspond à un effort physique important.
- Le consensus cardiologique actuel est le suivant :
  - ces molécules peuvent être prescrites sans arrière-pensée, quel que soit l'âge chez un sujet ayant une activité physique régulière, sans antécédent cardiovasculaire et ayant un examen clinique et un ECG normaux ;
  - chez le sujet insuffisant cardiaque sévère, hypertendu non équilibré ou ayant un angor instable, elles sont déconseillées ;
  - chez le sujet ayant un angor stable, une HTA équilibrée, une insuffisance cardiaque compensée, ou associant plusieurs facteurs de risque et une absence d'activité physique habituelle, une épreuve d'effort permettra d'apprécier l'apti-

tude à l'activité sexuelle. Elle permettra de rassurer le malade sur la prise des traitements avant les rapports sexuels, en rappelant que la prise concomitante de dérivés nitrés est contre-indiquée.

- Si ces médicaments s'avèrent inefficaces, le malade doit être adressé en milieu spécialisé pour exploration et traitement grâce aux techniques d'injections intracaverneuses. Après éducation du patient, les injections intracaverneuses peuvent être réalisées en auto-injections, qu'elles utilisent les prostaglandines PGE1 ou la moxisylyte.

FICHE

28

Le patient polyvasculaire

Quelle glycémie ?

Le but du traitement du diabète chez le patient polyvasculaire est d'éviter l'apparition ou l'aggravation des complications de la microangiopathie, si l'espérance de vie est supérieure à 5 ans. Une HbA1c inférieure ou égale à 8 % sans hypoglycémie est suffisante. En glycémie, cela signifie < 1,50 g/l en préprandial et < 2,00 g/l en post-prandial.

Quel traitement ?

- Il faut éviter à tout prix les hypoglycémies chez ces patients où le risque de mort subite est augmenté. Donc éviter les sulfamides, et utiliser, si nécessaire, des insulines à moindre risque d'hypoglycémie : glargine 300 (Toujeo®) ou dégludec (Tresiba®).
- Surtout il a été montré chez ce type de patient que les agonistes des récepteurs du GLP1 (liraglutide [Victoza®], dulaglutide [Trulicity®], sémaglutide [Ozempic®]) et les inhibiteurs du SGLT2 (dapagliflozine [Forxiga®] et empagliflozine [Jardiance®]) diminuaient de manière significative le classique MACE (critère composite cardiovasculaire regroupant le risque d'infarctus du myocarde, d'accident vasculaire et de mortalité cardiovasculaire). Certains de ces traitements ont aussi démontré une diminution de la mortalité toute cause (liraglutide, dapagliflozine et empagliflozine). Ces traitements sont donc tout à fait indiqués dans ce contexte.

Quels autres médicaments ?

- Tous les facteurs de risque doivent être contrôlés au mieux :
  - arrêt du tabac ;
  - LDL-cholestérol < 0,55 g/l sous statine ;
  - PA < 130/80 mmHg.
- Indication à un traitement antiagrégant plaquettaire.
- Indication à un IEC ou un ARA2.

Penser au risque podologique

- Si le patient a une AOMI, rechercher la neuropathie.
- Si neuropathie et AOMI : risque podologique de grade 2. Mettre en place les mesures de prévention podologique (voir fiche 45).

Et après 80 ans ?

- On ne laisse que trois antihypertenseurs au maximum.
- On peut remonter l'objectif d'HbA1c à 9 % et/ou des glycémies capillaires préprandiales entre 1 et 2 g/l chez les personnes âgées dites « dépendantes et/ou à la santé très altérée », en raison d'une polypathologie chronique évoluée génératrice de handicaps et d'un isolement social.
- On évite à tout prix les hypoglycémies.
- On ne prescrit pas de régime afin d'éviter la dénutrition.
- On arrête les agonistes du récepteur au GLP1 si le sujet est fragile et risque de se dénutrir.
- On fait particulièrement attention au risque de déshydratation et d'hypotension (y compris orthostatique) sous inhibiteur du SGLT2, qui ne sera pas prescrit si ce risque est présent.

Le patient âgé vulnérable

Chez le patient âgé fragile, les objectifs doivent être revus et les traitements réajustés un par un en fonction du rapport bénéfice/risque.

Objectif d'HbA1c

- Si l'espérance de vie est courte il est < 9 % pour éviter infections et déshydratation : glycémies entre 1,5 et 2,5 g/l.
- Si l'espérance de vie dépasse 5 ans, on peut viser une HbA1c < 8 %.
- S'il y a une rétinopathie au-delà de « minime » ou une néphropathie évolutive, il faut viser une HbA1c < 8 %.

Les traitements hypoglycémiants

- Ne pas mettre le sujet âgé « au régime ». Le déculpabiliser sur la prise de fruits, de féculents, et le laisser faire une collation à 17 h si cela évite les hypoglycémies.
- Les sulfamides et les glinides sont contre-indiqués à cause du risque d'hypoglycémie.
- La dose de metformine doit être adaptée à la filtration glomérulaire (moins de 2 g si < 60 ml/min et arrêt si < 30 ml/min). Il faut aussi s'assurer qu'elle ne donne pas de diarrhée et ne coupe pas l'appétit. En cas de dénutrition ou de risque de dénutrition, il faut l'arrêter.
- Les inhibiteurs de DPP-4 sont une bonne indication car pas d'hypoglycémie ni de perte de poids.
- Les analogues du GLP1 n'ont pas d'indication car risque de dénutrition et de diarrhée.

Guide pratique du diabète

- Les inhibiteurs des SGLT2 ont un intérêt chez le patient avec une insuffisance cardiaque. Surveillance de la pression artérielle en début de traitement. Attention aux mycoses génitales.
- L'insuline : une dose d'insuline lente comme la glargine, à moindre risque d'hypoglycémie que la NPH, en étant correctement ajustée par un/une IDE à domicile, est une option intéressante.
  - Exemple de prescription : débuter le matin à 8 unités et augmenter tous les 3 jours d'une unité si la glycémie a dépassé 2,5 g/l dans la journée, sans hypoglycémie. En cas d'hypoglycémie, diminuer la dose de 2 unités.
  - Parfois, il est nécessaire de rajouter de l'insuline rapide sur un ou deux repas, faite par un/une IDE, qui doit être au courant de l'objectif glycémique.
  - Le passage d'un/une IDE au domicile est capital pour la prise correcte des traitements, la surveillance des glycémies, et l'alerte qui sera donnée en cas d'hypoglycémie, ou inversement d'hyperglycémie sévère avec déshydratation pouvant conduire au coma hyperosmolaire (voir fiche 49).
- Les statines peuvent être poursuivies mais pas introduites après 80 ans.
- Limiter le traitement anti-HTA à trois médicaments.
- Les antiagrégants doivent être arrêtés si le patient n'a pas d'antécédent cardiovasculaire.

Les examens

- S'assurer de l'absence de rétinopathie si le patient n'a pas eu de fond d'œil depuis longtemps. Ce serait dommage qu'il perde la vue à cause d'une rétinopathie sévère non connue. En l'absence de rétinopathie, la surveillance du fond d'œil a peu d'intérêt, mais la consultation en ophtalmologie peut avoir d'autres indications.
- Le dosage de microalbuminurie n'a plus d'intérêt, ni celui du cholestérol.
- Le plus important est la surveillance de la créatinine et du ionogramme sanguin.

FICHE

30

Contraception et diabète de type 2

Compte tenu des risques maternels et fœtaux liés au diabète de type 2 pendant la grossesse, la programmation des grossesses est nécessaire chez les femmes diabétiques de type 2 et justifie la prescription d'une contraception efficace (tableau 30.1).

La contraception progestative orale ou sous-cutanée, et le dispositif intra-utérin doivent être utilisés en première intention chez les femmes diabétiques de type 2.

La contraception progestative

- La contraception progestative a peu de contre-indications absolues :
  - cancer du sein ou de l'endomètre ;
  - insuffisance hépatique ;
  - accident thromboembolique veineux récent (délai pas précisé) ;
  - méningiome par principe de précaution.
- En dehors de ces situations et de l'acétate de médroxyprogestérone (contraception injectable à longue durée d'action exceptionnellement utilisée), on peut donc les prescrire chez les femmes diabétiques quelle que soit la situation du diabète.
- Cependant, la tolérance des progestatifs peut être moins bonne (saignements gynécologiques, prise de poids) qu'avec les contraceptions œstroprogestatives.
- La contraception progestative est prescrite sous forme de microprogestatifs par voie orale, sous-cutanée (implant à l'étonogestrel), ou intra-utérine (système intra-utérin au lévonorgestrel).
- La contraception macroprogestative orale n'est plus utilisée à visée contraceptive, sauf cas particuliers du fait des restrictions de prescription (augmentation du risque de méningiome).

Guide pratique du diabète

Tableau 30.1. Fiche mémo des contraceptions chez les femmes diabétiques de la Haute Autorité de santé.

Antécédent de diabète gestationnel	1	Toutes méthodes
Sans complication vasculaire (type 1 ou 2)	1	DIU-Cu, méthodes barrières, naturelles
	2	Méthodes œstroprogestatives (COC, patch, AIV), méthodes progestatives (PMP, progestatif injectable, implant), DIU-LNG
Néphropathie, rétinopathie, neuropathie Autres complications vasculaires Diabète > 20 ans d'évolution	1	DIU-Cu, méthodes barrières, naturelles
	2	PMP, implant progestatif, DIU-LNG
	3	Méthodes œstroprogestatives (COC, patch, AIV) (selon gravité, passage en catégorie 4), progestatif injectable

Niveaux d'éligibilité

1. Méthode utilisable sans aucune restriction d'utilisation, suivi normal (catégorie 1, OMS).
2. Les avantages de la méthode contraceptive sont généralement supérieurs aux inconvénients. Méthode utilisable de manière générale avec un suivi plus attentif qu'en règle normale (catégorie 2, OMS).
3. Les risques théoriques ou avérés l'emportent sur les avantages procurés par l'emploi de la méthode. Méthode non recommandée de manière générale, à moins qu'aucune autre méthode appropriée ne soit disponible ou acceptable ; elle nécessite un suivi rigoureux (catégorie 3, OMS).
4. L'emploi de la méthode expose à un risque pour la santé inacceptable. Méthode à ne pas utiliser (catégorie 4, OMS).

AIV : anneau intravaginal ; COC : contraception orale combinée (œstroprogestatif) ; DIU-Cu : dispositif intra-utérin au cuivre ; DIU-LNG : dispositif intra-utérin au lévonorgestrel ; PMP : pilule microprogestative.
HAS. Recommandation de bonne pratique. Contraception chez la femme à risque cardiovasculaire. 2019 (https://www.has-sante.fr/jcms/c_1638478/fr/contraception-chez-la-femme-a-risque-cardiovasculaire).

■ La contraception microprogestative par voie orale nécessite des précautions quant aux horaires de prise : 4 heures pour le lévonorgestrel (Microval®) et 12 heures pour le désogestrel (Cerazette®, Antigone®, Optimizette®) ou la drospirénone (Slinda®). Leur problème est celui de la tolérance gynécologique (*spotting*, irrégularité des cycles, voire aménorrhée).

La contraception œstroprogestative

■ **Il reste possible de prescrire une contraception œstroprogestative chez une femme présentant un diabète de type 2 après une évaluation minutieuse du risque de complications des œstroprogestatifs.**

■ Les risques potentiels de la contraception hormonale œstroprogestative sont métaboliques et thrombotiques artériels et veineux, liés à l'action de l'éthinylœstradiol qui augmente la synthèse hépatique des VLDL, du fibrinogène, de l'angiotensinogène et des protéines de la coagulation, même à faible doses, et quelle que soit la voie d'administration (orale, transdermique, anneau vaginal).

- Ces risques de la contraception œstroprogestative dépendent du diabète (ancienneté et complications) et aussi des facteurs de risque associés, qui peuvent être fréquents en cas de diabète de type 2.
- La prescription des œstroprogestatifs reste possible si :
  - le diabète évolue depuis moins de 20 ans ;
  - en l'absence de microangiopathie (néphropathie, rétinopathie, et neuropathie) ;
  - en l'absence de macroangiopathie ;
  - en l'absence de toutes les autres contre-indications (encadré 30.1), en particulier : âge > 35 ans, tabagisme > 15 cigarettes par jour, HTA, hypertriglycéridémie > 2 g/l, hypercholestérolémie, IMC > 30 kg/m^2.

Encadré 30.1

Rappel des contre-indications absolues des œstroprogestatifs

- Accidents actuels ou antécédents thromboemboliques artériels (cardiopathie ischémique, accident vasculaire cérébral) ou veineux (phlébite, embolie pulmonaire).
- Prédisposition héréditaire ou acquise aux thromboses veineuses ou artérielles (facteur V Leiden, F II ou déficit en protéine C ou S, antithrombine).
- Alitement prolongé ou situation à risque thromboembolique (certaines chirurgies).
- Lupus évolutif, connectivites, porphyries.
- Migraine avec aura.
- Hypertension artérielle.
- Pancréatite ou antécédent de pancréatite associé à une hypertriglycéridémie sévère.
- Affection hépatique sévère ou antécédent d'affection hépatique sévère, en l'absence de normalisation des tests fonctionnels hépatiques.
- Tumeur maligne connue ou suspectée du sein, de l'utérus ou autre tumeur hormonodépendante.
- Hémorragies génitales non diagnostiquées.
- Tabagisme > 15 cigarettes par jour et âge > 35 ans.

Rappel des contre-indications relatives des œstroprogestatifs

- Antécédent familial au 1er degré de maladie thromboembolique avant 50 ans.
- Antécédent de thrombose veineuse superficielle.
- Âge > 35 ans.
- Dyslipidémie définie par une hypercholestérolémie non contrôlée ou contrôlée mais associée à une hypertriglycéridémie.
- Obésité (IMC > 30 kg/m^2) sauf si parfaitement isolée chez une femme de moins de 35 ans.
- Tumeurs bénignes du sein ou de l'utérus.

- Hyperprolactinémie sans diagnostic étiologique préalable, allaitement.
- Migraine sans aura.
- Inducteurs enzymatiques (il s'agit ici plus d'une perte d'efficacité) comme certains antiviraux, anticomitiaux… à vérifier au cas par cas.
- Fibrillation auriculaire, arythmie, valvulopathie compliquée (hypertension artérielle pulmonaire, endocardite, fibrillation atriale).

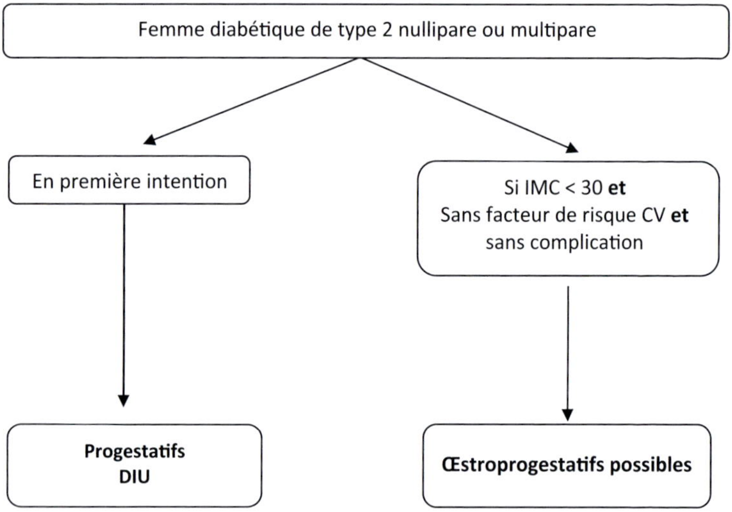

Figure 30.1. Synthèse du choix de la contraception chez la femme diabétique type 2.
D'après Société française d'endocrinologie (SFE).

- En cas d'utilisation des œstroprogestatifs, une surveillance régulière est recommandée :
  - bilan lipidique et mesure de la tension artérielle deux mois après le début, puis une à deux fois par an ;
  - réévaluation annuelle de la situation médicale et recherche des contre-indications (événement médical familial ou personnel nouveau, évolution du poids, âge > 35 ans…).

Les moyens locaux

L'efficacité des diaphragmes et des spermicides dépend de la discipline d'utilisation (tableau 30.2), les préservatifs, éventuellement associés aux spermicides, ont l'avantage d'être le seul traitement préventif efficace des maladies sexuellement transmissibles.

Tableau 30.2. Indice de Pearl des principales méthodes contraceptives (nombre de grossesses pour 100 femmes ayant cette contraception pendant 1 an en utilisation parfaite).

Méthodes	Indice de Pearl
Œstroprogestatif	0 à 0,07 %
Microprogestatifs	1 à 2 %
Progestatifs macrodosés	Non connus
Ligature des trompes	0,13 %
Dispositif intra-utérin	1,5 %
Diaphragme	1,9 %
Préservatifs	3,6 %
Retrait	6,7 %

Information des femmes

Le site suivant peut être consulté pour obtenir des documents d'informations à destination des patientes.

Prise en charge financière

L'assurance maladie rembourse désormais la consultation, les examens biologiques éventuellement nécessaires et la délivrance de la contraception pour les assurées mineures et les femmes de moins de 26 ans. Pour les moins de 26 ans, les préservatifs des deux marques « Eden » et « Sortez couverts ! » peuvent être pris en charge à 100 % par l'assurance maladie sans ordonnance (https://www.ameli.fr/assure/sante/themes/contraception/sexualite-des-16-25-ans).

FICHE

31

Diabète de type 2 et grossesse

Tout diabète préexistant à la grossesse expose la mère et le fœtus à des complications graves. Les femmes avec un diabète de type 2 représentaient 0,3 % des grossesses dans la dernière enquête périnatalité en France en 2021 (même fréquence que pour les femmes ayant un diabète de type 1), et ce taux est en constante augmentation.

L'absence de programmation est un facteur de mauvais pronostic pour la grossesse. Le diabète de type 2 doit être dépisté chez les femmes à risque en âge de procréer. Les patientes avec un diabète de type 2 doivent avoir une contraception efficace et adaptée.

L'hyperglycémie maternelle en début de grossesse est tératogène pour le fœtus. La grossesse doit être programmée pour diminuer les risques materno-fœtaux. Le suivi devra être régulier pour adapter l'insuline dont les besoins augmentent au cours de la grossesse.

À savoir

Risques de l'hyperglycémie maternelle au cours de la grossesse (chiffres en France en 2013)

Pour l'enfant

- Malformations congénitales liées au degré d'hyperglycémie maternelle à la conception (cardiaques, neurologiques, urogénitales, squelettiques...) (environ 4 %).
- Macrosomie : poids de naissance supérieur au 90e percentile pour le terme, soit supérieur à 4 kg pour un terme de 40 semaines (près de 30 %).
- Cardiomyopathie avec hypertrophie septale associée à la macrosomie et à un mauvais équilibre du diabète.

- Dystocie des épaules (dystocie des épaules, fracture de la clavicule, paralysie du plexus brachial pas toujours réversible) en cas de macrosomie.
- Détresse respiratoire transitoire par retard de résorption du liquide amniotique (7 %).
- Mortalité néonatale dont mort fœtale in utero (3,6 %).
- Prématurité (près de 20 %).
- Hypoglycémie néonatale (liée à l'hyperglycémie maternelle, à la macrosomie et à la prématurité).
- Fausse couche spontanée (liée au degré d'hyperglycémie, 30 % si HbA1c > 8 %).

Pour la mère

- Césarienne (environ 50 %).
- HTA gravidique et prééclampsie (près de 6,5 %).
- Risque d'aggravation des complications chroniques du diabète (en partie réversible après la grossesse).

Programmation de la grossesse

- Assurer une contraception efficace durant la période de programmation.
- Obtenir une HbA1c au plus proche de la normale sans hypoglycémie (< 6,5% au mieux, ne pas débuter une grossesse avec une HbA1c > 7 %). Les malformations fœtales et les fausses couches sont liées au degré d'hyperglycémie maternelle.
- Arrêt des antidiabétiques non insuliniques, relais par insuline sous-cutanée selon un schéma basal/bolus. La metformine pourra être maintenue jusqu'au diagnostic de grossesse.
- Bilan des complications chroniques du diabète : fond d'œil, créatininémie, microalbuminurie, ECG (possibilité d'aggravation pendant la grossesse).
- Prescrire de l'acide folique 400 µg ou 5 mg/j, 2 mois avant la conception, jusqu'à 12 semaines de gestation.
- Adapter les traitements comme les antihypertenseurs et les statines (site Internet du CRAT [Centre de référence sur les agents tératogènes]).
- En cas d'obésité : rechercher un syndrome d'apnées du sommeil.
- Organiser une consultation prégestationnelle avec la maternité (niveau 2 ou 3).

Au diagnostic de grossesse

- En cas de non-programmation : réaliser les examens de la programmation non faits.
- Discuter l'aspirine à faible dose pour diminuer le risque de prééclampsie, en particulier en cas de rétinopathie diabétique ou d'hypertension artérielle jusqu'à la 34e semaine d'aménorrhée.
- Contacter le médecin diabétologue au plus tôt pour la prise en charge.

Surveillance de la grossesse

- Consultations avec le diabétologue référent tous les 15 jours : adaptation de l'insulinothérapie dont les besoins augmentent, modifications du mode de vie (diététique et activité physique). Intérêt de la télémédecine pour un suivi rapproché.
- Fond d'œil en début de grossesse, puis tous les 3 mois ; tous les mois en cas de rétinopathie.
- Fonction rénale, protéinurie mensuelle.
- Suivi mensuel en maternité puis rapproché à partir de la 34e semaine.
- Surveillance rapprochée du RCF (rythme cardiaque fœtal) en fin de grossesse selon les modalités de la maternité.

L'accouchement et le post-partum

- Accouchement programmé vers 38/39 SA.
- Protocole de soins établi par le diabétologue : adaptation de l'insuline en péri-partum (chute des besoins brutale à l'accouchement : réduction d'environ 50 % des doses), reprise des traitements antidiabétiques non insuliniques en l'absence d'allaitement.
- L'allaitement n'est pas contre-indiqué et doit être accompagné comme chez les femmes non diabétiques (pas de reprise des antidiabétiques non insuliniques, poursuite de l'insulinothérapie).

Encadré 31.1

Prise en charge

Objectifs glycémiques

- Glycémie préprandiale 0,60 à 0,90/0,95 g/l selon les équipes.
- Glycémie post-prandiale surveillée à 1 h < 1,40 g/l ou à 2 h < 1,20 g/l.
- HbA1c mensuelle < 6 %.
- Autocontrôles glycémiques six à huit fois par jour ou par système flash d'autosurveillance du glucose interstitiel.

Diététique

Régime 1 600 à 2 000 kcal/j avec un apport fractionné en glucides et contrôlé en lipides (voir fiche 53). L'objectif de prise de poids maternelle pendant la grossesse dépend de l'IMC préconceptionnel (7 à 11,5 kg si IMC entre 25 et 30 kg/m^2 et 5 à 9 kg si IMC > 30 kg/m^2).

Activité physique

Elle doit être modérée et régulière.

Rythme des échographies obstétricales

- Échographie précoce vers 11-12 semaines, permettant de vérifier le terme.
- Deuxième échographie à 20-22 semaines, pour bilan morphologique (une échographie morphologique à 18 semaines peut être ajoutée).
- Échographie cardiaque fœtale à 24 semaines, surtout en cas de mauvais équilibre du diabète en début de grossesse.
- Échographies à 32 et 36/37 semaines, pour surveillance de la croissance fœtale (macrosomie, hypotrophie) et de la quantité de liquide amniotique, et étude des flux fœtoplacentaires et utérins par vélocimétrie Doppler.

FICHE 32

Chirurgie bariatrique et diabète

Quelques chiffres sur la chirurgie bariatrique en France :

- 59 000 interventions ont été réalisées en 2016 (derniers chiffres communiqués) ;
- 80 % des personnes opérées sont des femmes ;
- près de 600 000 personnes opérées au total ;
- 58 % des interventions réalisées sont des *sleeves*, 26 % des *bypass* gastriques et 4 % des anneaux gastriques.

Les bénéfices attendus :

- perte de poids obtenue à 1 an : en moyenne de 35 % avec le *bypass* et 20 % avec l'anneau ;
- perte de poids obtenue à 15 ans : en moyenne 25 % avec le *bypass*, et 14 % avec l'anneau. Le recul est moindre avec la *sleeve* mais la perte de poids semble relativement identique à celle obtenue avec le *bypass* dans les premières années postopératoires, avec une tendance à une plus forte reprise de poids sur le long terme en pratique clinique [1] ;
- réduction de la mortalité : – 30 à – 50 %, notamment par réduction des pathologies cardiovasculaires et des cancers. L'amélioration de l'espérance de vie est estimée à 5,1 ans (IC 95 % : 2-9,3) chez les patients opérés non diabétiques, et de 9,3 ans (IC 95 % : 7,1-11,8) pour les patients opérés diabétiques par rapport aux patients non opérés [1] ;
- amélioration des comorbidités (hypertension artérielle, syndrome d'apnées du sommeil, diabète de type 2, voir ci-dessous) [2] ;
- amélioration de la qualité de vie.

La pratique de la chirurgie bariatrique

Elle se fait selon les recommandations de la Haute Autorité de santé publiées en 2009 [3], auxquelles est associé un document spécifique pour le médecin traitant

(https://www.has-sante.fr/portail/upload/docs/application/pdf/2013-03/07r08_info_mg_chirurgie_obesite_document_medecin_traitant.pdf).
Une actualisation de ces recommandations est actuellement en cours.

Les indications

- IMC ≥ 40 kg/m², ou IMC ≥ 35 kg/m² associé à au moins une comorbidité susceptible d'être améliorée après la chirurgie (hypertension artérielle, syndrome d'apnées hypopnées obstructives du sommeil et autres troubles respiratoires sévères, désordres métaboliques sévères, en particulier diabète de type 2, maladies ostéoarticulaires invalidantes, stéatohépatite non alcoolique).
- Pour des patients entre 18 et 60 ans. Après 60 ans, l'indication doit être posée au cas par cas en fonction de l'âge physiologique et des comorbidités associées. Il existe des recommandations de la HAS spécifiques pour les exceptionnelles indications chez l'adolescent.
- En deuxième intention, après échec d'un traitement médical, nutritionnel, diététique et psychothérapeutique bien conduit pendant 6 -12 mois.
- En l'absence de perte de poids suffisante ou en l'absence de maintien de la perte de poids. On prend alors en compte l'IMC maximal même si le patient a atteint un IMC inférieur au seuil requis.
- Patients bien informés au préalable, ayant bénéficié d'une évaluation et d'une prise en charge préopératoires pluridisciplinaires.
- Patients ayant compris et accepté la nécessité d'un suivi médical et chirurgical à long terme.
- Risque opératoire acceptable.

Les contre-indications

- Les troubles cognitifs ou mentaux sévères.
- Les troubles sévères et non stabilisés du comportement alimentaire.
- L'incapacité prévisible du patient à participer à un suivi médical prolongé.
- La dépendance à l'alcool et aux substances psychoactives licites et illicites.
- L'absence de prise en charge médicale préalable identifiée.
- Les maladies mettant en jeu le pronostic vital à court et moyen terme.
- Les contre-indications à l'anesthésie générale.

Certaines de ces contre-indications peuvent être temporaires. L'indication de la chirurgie doit pouvoir être réévaluée après leur prise en charge et correction.

La prise en charge postopératoire

En général, 4 fois par an la première année, puis 1 à 2 fois par an pour le suivi :

- du poids ;
- de l'évolution des comorbidités et de leur traitement ;

- de l'ajustement des traitements à la perte de poids (L-thyroxine, AVK...) ;
- du bilan nutritionnel annuel comprenant : dosage d'albumine, hémogramme, ferritine, coefficient saturation de la transferrine, vitamines B12, B9, D (PTH si carence en vitamine D), calcémie ;
- discuter une éventuelle chirurgie réparatrice.

Pour les femmes en âge de procréer, contraception efficace et programmation des grossesses. Informations disponibles en ligne (https://www.youtube.com/watch?v=bNaKc5FgwmE).

Quand réadresser le patient à l'équipe multidisciplinaire en postopératoire ?

- Perte de poids excessive.
- Reprise de poids au-delà de la reprise habituelle de 5-10 %.
- Mauvaise tolérance digestive : reflux malgré les inhibiteurs de la pompe à protons (IPP), *dumping syndrome*, hypoglycémie post-prandiale tardive, dysphagie, douleur abdominale...
- Suspicion de complications chirurgicales du montage (déplacement de l'anneau, hernie interne, reflux résistant aux IPP).
- Grossesse (projet de).
- Carences multiples ou dénutrition.

Où adresser un patient avec une demande de chirurgie bariatrique ?

Dans l'un des établissements constitutifs des centres spécialisés obésité (CSO). Liste disponible sur en ligne (https://sante.gouv.fr/soins-et-maladies/prises-en-charge-specialisees/obesite/article/les-centres-specialises-d-obesite).

Quelles spécificités de la chirurgie bariatrique pour le diabète de type 2 ?

La chirurgie bariatrique **réduit l'incidence du diabète de type 2** (incidence à 7 % dix ans après la chirurgie bariatrique contre 24 % chez les sujets non opérés suivis médicalement et appariés sur de très nombreux paramètres dont l'IMC, l'âge, le sexe, le tour de taille) [2].

La chirurgie bariatrique **améliore l'équilibre du diabète jusqu'à la rémission dans un certain nombre de cas** [4, 5]. La rémission du diabète est définie par une glycémie à jeun < 1 g/l et une HbA1c < 6 % sans aucun traitement hypoglycémiant. Toutes les interventions permettent une amélioration de l'équilibre du diabète avec un avantage qui semble se dégager sur le long terme pour le *bypass*. Par exemple, la rémission est obtenue chez 60-75 % des patients opérés d'un *bypass* à 1 an. Cependant, ces patients restent à risque de nécessiter à nouveau ou d'augmenter leur traitement antidiabétique sur le long terme (30 % des patients en rémission à 1 an après *bypass* ont de nouveau besoin d'un traitement à 5 ans) [4]. La reprise de poids semble associée à la récidive du diabète mais d'autres facteurs, encore mal élucidés, sont impliqués. **Les facteurs pronostiques de rémission** du diabète sont l'âge jeune, la durée du diabète < 10 ans, l'absence d'insuline et un nombre limité de traitements antidiabétiques, et une HbA1c à l'objectif en préopératoire. Quand le diabète est en rémission, le rythme du dépistage des complications n'est pas codifié, mais la surveillance notamment rétinienne est poursuivie en pratique.

Les **mécanismes physiopathologiques d'amélioration du diabète** comprennent la restriction calorique et la perte de poids, mais aussi d'autres mécanismes indépendants du poids et impliquant directement l'intestin grêle (exclu du circuit des aliments comme après *bypass* ou exposé différemment au bol alimentaire) : sécrétion d'incrétines (GLP1), réduction de l'insulinorésistance, modifications du circuit des acides biliaires...

Les résultats très favorables de la chirurgie sur le contrôle du diabète de type 2 ont conduit à l'émergence du concept de « traitement chirurgical du diabète de type 2 » et de « **chirurgie métabolique** ». Fin 2022, la HAS a conclu que « la chirurgie métabolique pouvait être proposée aux patients atteints de diabète de type 2 et qui présentent une obésité de grade 1 (IMC compris entre 30 et 35 kg/m^2, donc inférieur à l'IMC requis pour la chirurgie bariatrique), lorsque les objectifs glycémiques individualisés ne sont pas atteints, malgré une prise en charge médicale, notamment diabétologique et nutritionnelle, incluant aussi une activité physique adaptée pendant au moins douze mois » [6]. Dans cette situation de chirurgie métabolique, le patient doit bénéficier des mêmes informations et préparation, du même parcours (intervenants et réunion de concertation pluriprofessionnelle), et des mêmes techniques chirurgicales (anneau gastrique, *sleeve*, *bypass* en Y) que les patients dans un circuit de chirurgie bariatrique. À ce jour, le remboursement par l'assurance maladie de la chirurgie dans cette indication est à l'étude.

En préopératoire, la recherche de complications doit impérativement être réalisée. En effet, les complications macroangiopathiques (cardiopathie ischémique, atteinte vasculaire périphérique) conditionnent le risque anesthésique. D'autre part, l'équilibration rapide du diabète peut aggraver une rétinopathie proliférante qu'il convient de stabiliser avant l'intervention et de surveiller de façon rapprochée en postopératoire. En cas de diabète multicompliqué avec neuropathie, le dépistage d'une gastroparésie est nécessaire pour orienter la technique chirurgicale. Enfin, le risque infectieux et de complications opératoires est augmenté quand l'HbA1c dépasse 8 %, ce qui nécessite d'équilibrer le diabète avant l'intervention.

En postopératoire immédiat, les traitements antidiabétiques doivent être ajustés pour éviter les hypoglycémies secondaires à la perte de poids rapide et la réduction drastique de l'alimentation. Il faut anticiper les modifications thérapeutiques dès la période préopératoire et une consultation dans les 2-3 semaines postopératoires est indispensable. Les patients doivent être informés des risques d'hypoglycémie, savoir se resucrer et être en possession un appareil d'automesure glycémique. Schématiquement on peut proposer de :

- réduire de moitié au moins la dose d'insuline lente et réduire beaucoup les doses d'insuline rapide en les ajustant aux repas (injecter en fin de repas selon la tolérance digestive les premiers mois) ;
- réduire fortement voire arrêter les sulfamides hypoglycémiants ;
- arrêter les analogues GLP1 (car forte élévation du GLP1 endogène) ;
- par précaution, arrêter les inhibiteurs des SGLT2 dans le contexte chirurgical et de nette réduction des apports alimentaires ;
- poursuivre les inhibiteurs des DPP-4 et la metformine si nécessaire, en restant attentif aux éventuels troubles digestifs avec la metformine.

La chirurgie bariatrique est possible pour les patients diabétiques de type 1 en situation d'obésité

La chirurgie bariatrique n'est pas contre-indiquée chez le patient diabétique de type 1 mais ne permettra pas d'arrêter l'insuline ni de réduire la fréquence des injections. On peut cependant attendre une réduction des doses d'insuline par réduction des volumes alimentaires et du niveau d'insulinorésistance. En moyenne, l'HbA1c s'abaisse de 0,6 à 1 %, et la perte de poids est comparable à celle des patients opérés sans diabète, de même que le profil de composition corporelle. Cependant, les contraintes alimentaires imposées par la chirurgie peuvent compliquer l'insulinothérapie postopératoire voire favoriser les hypoglycémies. Cette chirurgie nécessite une implication renforcée du patient dans son traitement et un suivi diabétologique très rapproché [7].

Références

[1] Syn NL, Cummings DE, Wang LZ, et al. Association of metabolic-bariatric surgery with long-term survival in adults with and without diabetes: a one-stage meta-analysis of matched cohort and prospective controlled studies with 174 772 participants. Lancet 2021 ; 397(10287) : 1830–41.

[2] Sjöström L, Lindroos AK, Peltonen M, Torgerson J, Bouchard C, et al. Swedish Obese Subjects Study Scientific Group. Lifestyle, diabetes, and cardiovascular risk factors 10 years after bariatric surgery. N Engl J Med 2004 ; 351(26) : 2683–93.

[3] HAS. Recommandation de bonne pratique. Obésité : prise en charge chirurgicale chez l'adulte. 2009 (https://www.has-sante.fr/portail/jcms/c_765529/fr/obesite-prise-en-charge-chirurgicale-chez-l-adulte).

[4] Schauer PR, Bhatt DL, Kirwan JP, Wolski K, Aminian A, et al. Bariatric Surgery versus Intensive Medical Therapy for Diabetes - 5-Year Outcomes. N Engl J Med 2017 ; 376(7) : 641–51.

[5] Debédat J, Sokolovska N, Coupaye M, Panunzi S, Chakaroun R, et al. Long-term Relapse of Type 2 Diabetes After Roux-en-Y Gastric Bypass: Prediction and Clinical Relevance. Diabetes Care 2018 ; 41(10) : 2086–95.
[6] HAS. Évaluation des technologies de santé. Chirurgie métabolique : traitement chirurgical du diabète de type 2 - Rapport d'évaluation. 2022 (https://www.has-sante.fr/jcms/p_3303025/fr/chirurgie-metabolique-traitement-chirurgical-du-diabete-de-type-2-rapport-d-evaluation).
[7] Faucher P, Poitou C, Carette C, Tezenas du Montcel S, Barsamian C, et al. Bariatric Surgery in Obese Patients with Type 1 Diabetes: Effects on Weight Loss and Metabolic Control. Obes Surg 2016 ; 26(10) : 2370–8.

PARTIE

4

Le diabète de type 1

SECTION 1

Diagnostic et traitement du diabète de type 1

FICHE 33

Poser un diagnostic de diabète de type 1

Contrairement aux recommandations américaines de l'*American Diabetes Association* (ADA), l'utilisation de l'HbA1c (avec la valeur seuil de 6,5 %) ne fait pas partie des recommandations françaises pour le diagnostic du diabète.
Comment faire le diagnostic d'un diabète de type 1 ?

Cliniquement

Classiquement, le diagnostic d'un DT1 (diabète de type 1) est majoritairement porté sur **une glycémie > 2 g/l associée à des signes cliniques d'hyperglycémie**. En effet, les signes cliniques d'hyperglycémie sont habituellement le motif de consultation du patient. Ils peuvent être plus ou moins sévères en fonction de l'évolution de la maladie.
Mais il ne faut pas passer à côté d'un diagnostic de DT1 chez un sujet jeune, mince, chez qui on trouve de manière fortuite une hyperglycémie encore modérée. Trop souvent ces patients sont mis sous metformine inutilement, et risquent la décompensation en acidocétose.

Physiologiquement, comment s'expliquent les signes d'hyperglycémie ?

Par la carence en insuline d'installation rapide.
Lorsque la capacité de sécrétion de l'insuline chute, une hyperglycémie apparaît. Lorsque celle-ci excède en aiguë 1,80 g/l (9,9 mmol/l), les capacités de réabsorption rénale du glucose sont dépassées et une glycosurie s'ensuit, responsable d'une polyurie osmotique.
Lorsque cette dernière est conséquente, une déshydratation globale apparaît avec une soif entraînant une polydipsie.

Du fait de la carence insulinique, l'organisme entre en situation de catabolisme : le tissu adipeux est dégradé (c'est la lipolyse), les muscles fondent (c'est la protéolyse) et on observe alors un amaigrissement global.
Si le processus métabolique n'est pas stoppé à ce stade par un apport d'insuline, une cétoacidose peut se développer (voir fiche 49).

Les signes cliniques habituels au moment du diagnostic de DT1

Habituellement, le début de la maladie est **brutal** (quelques semaines à quelques mois, parfois quelques jours chez les enfants).
Les patients présentent un syndrome polyuro-polydipsique associé à un amaigrissement et une polyphagie : **c'est le syndrome cardinal**.
L'apparition d'une énurésie chez l'enfant doit y faire penser. Il faut rechercher à ce stade des signes cliniques de déshydratation (intracellulaire et extracellulaire), ainsi que des signes cliniques de cétoacidose (voir fiche 49).
Ces symptômes s'accompagnent toujours d'une **glycémie élevée (> 2 g/l)**, de glycosurie massive et parfois déjà de cétonurie à la BU (ou **cétonémie sur un lecteur**).
En présence d'une hyperglycémie encore modérée, sans symptômes, chez une personne jeune et mince, il faut aussi penser au DT1.

Suspicion de diabète type 1 en consultation, que faire ?

La découverte d'un diabète de type 1 est une **urgence diagnostique et thérapeutique**.
En consultation, devant un patient qui présente un syndrome cardinal, il convient de procéder comme suit.

Confirmer le diagnostic de diabète

Par la mesure de la **glycémie** (capillaire en cabinet, à confirmer par une glycémie veineuse en urgence au laboratoire qui se fera en ville ou aux urgences en fonction des signes cliniques de gravité).

Rechercher des signes cliniques de gravité

La cétoacidose, conséquence de la carence insulinique, est la complication grave du DT1 qui peut se voir au moment du diagnostic. Il est indispensable de la rechercher devant un diagnostic du diabète de type 1.

- Mesure de la cétonémie (capillaire en cabinet) ou cétonurie associée à une glycosurie (bandelette urinaire en cabinet).
    - En présence de corps cétoniques abondants > 1+ dans les urines ou > 1,5 mmol/l dans le sang, le patient doit être orienté vers les urgences hospitalières.
    - En présence de corps cétoniques moins abondants, on peut injecter 10 unités d'insuline lente au cabinet et adresser le patient dans les 24 heures chez un spécialiste.
    - En l'absence de corps cétoniques, il convient de demander un avis spécialisé dans la semaine chez l'adulte, mais beaucoup plus vite chez l'enfant.
    - Dans tous les cas, la **mise à l'insuline est une urgence** et ne doit pas être retardée en raison du risque de décompensation rapide en acidocétose.
- Recherche de signes cliniques de cétoacidose déjà présente nécessitant un recours au SAU en transport médicalisé : déshydratation globale, haleine acétonique, nausées, vomissements, douleurs abdominales, troubles neurologiques, polypnée de Kussmaul.

Confirmer le diabète de type 1

La mise en évidence d'auto-anticorps (auto-Ac) dirigés contre des antigènes pancréatiques affirme le processus auto-immun de la maladie. Ces auto-Ac ne sont pas pathogènes mais constituent un marqueur de l'auto-immunité. Les auto-Ac habituellement recherchés sont les Ac anti-GAD (décarboxylase de l'acide glutamique), Ac anti-IA2 (*Islet Antigen Number 2*, apparenté à une tyrosine phosphatase), Ac-anti ZnT8 (transporteur de zinc, cation stabilisant la molécule d'insuline), et anti-insuline chez l'enfant.
Le phénotypage HLA n'est désormais plus fait en routine et n'est pas nécessaire pour confirmer la maladie.

Formes cliniques de DT1 et modes de révélation

- Le diabète de type 1 lent aussi appelé LADA (*Latent Auto-immune Diabetes in the Adult*) par les Anglo-Saxons correspond à un DT1 (auto-Ac positifs) dont le mode de progression est lent, de début le plus souvent tardif. Cette forme de diabète est souvent prise pour un diabète de type 2, le recours à l'insuline n'étant nécessaire que plusieurs années après le diagnostic de la maladie la plupart du temps. C'est le contexte qui doit faire penser à un DT1 : patient mince, absence de syndrome métabolique, éventuellement antécédents personnels ou familiaux de maladies auto-immunes. La positivité des auto-anticorps confirmera le diagnostic.

- Cétoacidose inaugurale. Cette forme de découverte est plus fréquente chez l'enfant chez qui l'instauration de la maladie peut être plus rapide. De plus, le syndrome cardinal est parfois méconnu des proches et du médecin traitant.
- Autres modes de découverte plus rares : au décours d'un diabète gestationnel (savoir y penser chez une femme mince sans facteurs de risques), lors d'un dépistage familial ou lors d'une hyperglycémie de découverte fortuite.

FICHE 34

Les objectifs d'HbA1c et la prévention cardiovasculaire dans le diabète de type 1

L'HbA1c

- Le but du traitement du diabète de type 1 est la prévention des complications de la micro- et de la macroangiopathie.
- Il est clairement établi par l'étude du DCCT (encadré 34.1), que l'équilibre du diabète de type 1 prévient l'apparition, mais aussi l'aggravation, de la rétinopathie, de la néphropathie, de la neuropathie périphérique et de la neuropathie végétative.
- Le contrôle de la glycémie prévient les événements cardiovasculaires essentiellement en prévenant la néphropathie, mais aussi en l'absence de néphropathie seulement sur le très long terme.
- Des registres de suivi de patients depuis le début de leur diabète montrent que les complications graves peuvent survenir au bout de 25 ans de manière exponentielle quand l'HbA1c commence à dépasser 7,5 % :
  - fréquence de la rétinopathie sévère nécessitant un traitement par laser :
    - 1 % des patients ayant une HbA1c moyenne entre 7,0 et 7,5 %,
    - 10 % des patients ayant une HbA1c moyenne entre 7,5 et 8,5 %,
    - 20 % des patients ayant une HbA1c moyenne entre 8,5 et 9,5 %,
    - 50 % des patients ayant une HbA1c > 9,5 % ;
  - fréquence de la néphropathie protéinurique :
    - 0 % des patients ayant une HbA1c moyenne entre 7,0 et 7,5 %,
    - 2 % des patients ayant une HbA1c moyenne entre 7,5 et 8,5 %,
    - 5 % des patients ayant une HbA1c moyenne entre 8,5 et 9,5 %,
    - 22 % des patients ayant une HbA1c > 9,5 %.

- Un accord consensuel international estime donc qu'un diabétique de type 1 avec une HbA1c inférieure à 7,5 % doit être considéré comme bien équilibré. L'idéal étant de descendre en dessous de 7 %, à condition d'éviter les hypoglycémies répétées et sévères.
- Cet objectif correspond à être le plus souvent possible entre 0,7 g/l et 1,8 g/l (en post-prandial à 2 heures). Pour les patients ayant un système d'enregistrement continu de la glycémie, si le temps passé dans cette cible (0,7 à 1,8 g/l) atteint idéalement 70 % avec moins de 5 % du temps en hypoglycémie, le risque de complications est très faible. Soixante pour cent du temps dans la cible est déjà un objectif acceptable.

Encadré 34.1

L'étude du DCCT (*Diabetes Control and Complications Trial*)

- Publiée en 1993 dans le *New England Journal of Medicine*, cette étude portait sur plus de 1 400 patients, répartis en deux groupes : 700 dans le groupe « traitement intensif » par multiples injections ou pompe dont l'objectif était d'obtenir une HbA1c ≈ 7 % et 700 dans le groupe « traitement conventionnel » dont l'objectif était d'obtenir une HbA1c ≈ 9 %.
- Elle a **démontré le bénéfice de l'équilibre du diabète** sur l'apparition et l'aggravation des complications de microangiopathie au cours du diabète de type 1. La démonstration a été à ce point évidente que l'étude a été arrêtée prématurément après 6 ans au lieu de 10 ans.
- Elle a permis de **quantifier le bénéfice** en précisant qu'un abaissement de 1 point d'HbA1c permet de diminuer le risque d'apparition ou d'aggravation de la microangiopathie diabétique (rétinopathie, néphropathie, neuropathie) de 30 %.
- Elle a mis en évidence le fait qu'une HbA1c < 7,5 % donnait un faible risque de complications sans augmenter de manière inacceptable le risque d'hypoglycémie sévère.

À savoir

Notion de mémoire glycémique : l'étude EDIC

Les patients de l'étude DCCT ont été suivis plus de 10 ans après la fin de l'étude.
L'HbA1c moyenne de tous les patients est devenue 8 %.
Pourtant, la différence de taux de microangiopathie, loin de diminuer, n'a fait que s'accroître, témoignant pour ce niveau de contrôle d'HbA1c, d'une mémoire persistante de l'hyperglycémie antérieure pour ceux qui étaient dans le groupe à 9 % du DCCT.
Surtout, la différence en termes de macroangiopathie et de morbimortalité cardiovasculaire est devenue très significativement différente, soit 42 % en moins d'infarctus dans le groupe « traitement intensif ».

Ces résultats laissent entendre que le contrôle glycémique a une action très favorable sur le risque cardiovasculaire chez les diabétiques de type 1 en prévention primaire, mais devenant hautement significatif après un suivi de plus de 15 ans.

La prévention cardiovasculaire dans le diabète de type 1

- Le risque cardiovasculaire le plus élevé concerne les patients qui fument ou qui ont une néphropathie.
- Mais un diabète ancien et mal équilibré augmente à lui seul le risque.
- L'arrêt du tabac est l'objectif à atteindre le plus important
- La pression artérielle doit être < 140/90 mmHg (135/85 mmHg en automesure), mais c'est le cas spontanément chez la plupart des patients en dehors de la néphropathie. Sinon, un IEC ou un ARA2 doit être prescrit en première intention.
- L'objectif du LDL-cholestérol dépend de l'âge, de la présence ou non d'une complication ou d'un facteur de risque (tableau 34.1).
- Pour atteindre l'objectif de LDL-cholestérol, en dehors des mesures diététiques, le 1er traitement à utiliser est une statine. Il n'y a pas d'études randomisées dans le diabète de type 1, mais des études de cohorte montrant une différence significative du risque d'événements et de décès cardiovasculaires entre les patients à haut risque prenant ou ne prenant pas de statine.

Tableau 34.1. Objectif de LDL-cholestérol en fonction du niveau de risque.

Caractéristiques des patients diabétiques de type 1	Niveau de risque	Objectif de LDL-cholestérol
• Âge < 35 ans, et • Durée de diabète < 20 ans, et • Aucun autre facteur de risque CV, et • Aucune complication	Modéré	< 100 mg/dl
• Pas de complication, mais • Durée de diabète > 20 ans, ou • Un seul facteur de risque cardiovasculaire	Haut	< 70 mg/dl
• Antécédent cardiovasculaire, ou • Sténose artérielle significative, ou • ACFA ou insuffisance cardiaque, ou • Plusieurs facteurs de risque cardiovasculaire, ou • Une complication du diabète, ou • Microalbuminurie positive	Très haut	< 55 mg/dl

FICHE
35

L'insulinothérapie et la diététique dans le diabète de type 1

Objectifs thérapeutiques

- Prévenir (ou stabiliser quand elles sont présentes) les complications dégénératives du diabète.
- Limiter les épisodes d'hypoglycémie et prévenir les hypoglycémies sévères.
- Conserver une qualité de vie acceptable pour le patient(e).

En chiffre

- HbA1c < 7,5 % (hors grossesse).
- Glycémie capillaire :
  - 0,80 à 1,30 g/l avant les repas ;
  - jusqu'à 1,80 g/l 2 heures après le repas ;
  - 0,80 à 1,60 g/l 4 heures après les repas.
- Cible du glucose interstitiel (capteurs) (hors grossesse) : 0,70 g/l à 1,80 g/l.
- Le temps passé dans cette cible doit être > 70 %.

À *retenir*

Ce que l'insulinothérapie **n'est plus** dans le diabète de type 1 :

- des injections d'insuline rapide obligatoires à heures régulières ;
- des doses fixes d'insuline pour une quantité fixe de glucides aux repas ;
- une dose variable d'insuline lente d'un jour à l'autre.

L'insulinothérapie moderne du DT1 : fonctionnelle (ou basale-prandiale ou insulinothérapie physiologique)

Principes

Adapter son traitement à sa vie et non plus adapter sa vie au traitement.

Méthode

- Une administration d'insuline lente ou un débit continu d'insuline rapide à l'aide de la pompe à insuline, pour couvrir les besoins de base, que l'on ne doit jamais arrêter.
- Et une administration ponctuelle d'insuline rapide pour couvrir les prises alimentaires et corriger les glycémies à distance des repas afin de les ramener dans la zone de sécurité (0,70 à 1,80 g/l) – insuline dite pour « manger les glucides » et pour « soigner la glycémie ».

Déterminer 3 « clés »

Quelle dose d'insuline pour couvrir les besoins de base ?

- Environ 0,30 U/kg/j en une seule injection de dégludec (Tresiba®), ou glargine 300 U/ml (Toujeo®), ou glargine 100 U/ml (Lantus®) ou bien 0,40 U/kg/j en deux injections de détémir (Levemir®).
- Pompe à insuline : 0,2 U/kg/j avec un débit plus fort en deuxième partie de nuit (3 h à 8 h) pour maîtriser « l'effet de l'aube », c'est-à-dire l'hyperglycémie liée à la néoglucogenèse hépatique.
- Les ajustements rétrospectifs de la dose d'insuline lente sur le résultat de la glycémie du matin doivent tenir compte du résultat de la glycémie au coucher.
- Il n'est pas recommandé de modifier la dose d'insuline de base sans avoir observé sur plusieurs jours une tendance confirmée des glycémies observées.
- L'approche la plus fiable pour valider une dose d'insuline de base est de réaliser une épreuve de jeûne glucidique (repas sans glucide) pour que l'interprétation ne soit pas parasitée par les insulines prandiales et l'apport de glucides.

Quelle est la sensibilité à l'insuline : de combien 1 U d'insuline rapide fait-elle baisser la glycémie ?

Règles des « 18 » : 18/dose quotidienne moyenne d'insuline (insuline lente + somme des insulines rapide).

Exemple : si 30 U de Lantus®/j et 8 à 12 U d'insuline rapide par repas soit 60 U/j ; 18/60 = 0,30 donc une unité d'insuline rapide fait diminuer la glycémie de 0,30 g/l.

Combien faut-il d'insuline rapide pour assimiler les glucides ?

Très souvent, mais variable d'une personne à l'autre :

- 2 U/10 g de glucides le matin ;
- 1 U/10 g le midi ;
- 1,5 U/10 g le soir ;
- (en moyenne).

Cela implique de savoir estimer le nombre de glucides (voir tableau 35.1).

Autres paramètres à intégrer dans le calcul des doses d'insuline rapide :

- activité physique avant ou après : diminution de 20 à 50 % de la dose d'insuline rapide du repas le plus proche de l'activité ;
- index glycémique des aliments du repas ;
- flèches de tendance des capteurs de glucose interstitiel ;
- gras et protéine : si repas riche, rajouter 1 à 2 U d'insuline.

Exemple : une glycémie avant le repas de 2,20 g/l nécessitant 2 U pour revenir à moins de 1,30 g/l + un repas de 60 g de glucides nécessitant 6 U si le ratio insuline/glucides est estimé à 1 unité pour 10 g de glucides, correspondrait à une injection de 8 U d'insuline rapide.

Des logiciels de calculs de doses d'insuline rapide sont intégrés aux pompes à insuline (« assistant-bolus ») et existent en application sur smartphone. Il faut renseigner la quantité estimée de glucides du repas et la glycémie du moment pour obtenir une proposition de dose d'insuline à administrer, après paramétrage (sensibilité à l'insuline, ratios insuline/glucides, cibles glycémiques, durée d'action de l'insuline).

La méthode de « comptage des sucres » ne convient pas à tout le monde : une estimation des besoins d'insuline rapide par « portion d'aliments » (par exemple : une pomme = 2 unités) peut être plus adaptée pour certaines personnes.

Les systèmes d'administration en « boucle fermée » (voir fiche 12) permettront de corriger automatiquement la glycémie hors objectif en dehors des repas et notamment la nuit, mais le patient gardera le contrôle sur le choix de la dose des bolus aux repas en annonçant la quantité de glucides approximative du repas.

Des exemples de teneur en glucides d'aliment fréquents sont donnés tableau 35.1.

Tableau 35.1. Teneur en glucides des aliments (en g).

Aliments	Teneur en glucides par portion (en g)
Hors d'œuvre	
1 barquette de légumes : asperges, batavia, champignons, chou-fleur, chou blanc, chou rouge, concombre, cresson, endives, haricots verts, laitue, radis roses, scarole, tomates, céleri-rave, cœurs de palmier, fenouil, soja, mâche, poireaux, poivrons, artichauts	5
1 barquette de betteraves, carottes	10
1 barquette de salade composée à base de féculents (mais, flageolets, lentilles, pommes de terre, riz, pâtes, quinoa, boulgour, semoule, pois chiches...)	15
1 barquette de salade composée sans féculent (tomates/concombre, poivrons/tomates/olives...)	5
1 bol de potage de légumes (300 ml)	15
Viandes, poissons, œufs, abats, charcuteries	
Toutes les viandes, poissons, œufs, abats charcuteries	0
Cordon bleu	15
Filet meunière	10
Escalope viennoise	15
Pain, produits céréaliers, féculents	
60 g de pain (1 pain individuel) **1** biscotte	30 5
Pour 100 g (poids cuit) – Pâtes – Riz (blanc, cantonais, madras, paella) – Semoule – Pommes de terre (vapeur ou sautées) – Purée – Légumes secs (lentilles, pois chiches, pois cassés, haricots blancs, flageolets, fèves...)	20
100 g de pommes de terre rissolées ou frites	30
Légumes verts	
Pour 100 g (poids cuit) Asperges, aubergine, batavia, bettes, brocolis, céleris feuille, champignons, chou, choux de Bruxelles, chou-fleur, chou blanc, chou rouge, choucroute, concombre, courgettes, cresson, endives, épinards, haricots verts, haricots beurre, laitue, scarole, tomates, citrouille, fenouil, soja, mâche, navets, poireaux, poivrons, salsifis	5
Carottes, petits pois, petits pois/carottes, purée Clamart	10
Jardinière, poêlée de légumes avec des pommes de terre	15

Lait et produits laitiers	
Fromages	0
1 yaourt, 1 fromage blanc, 2 petits-suisses nature, 1 yaourt à l'aspartame	5
Fruits	
1 pomme ou 1 poire 1 orange 1 pamplemousse 1 banane moyenne 2 kiwis 2 à 3 clémentines 3 à 4 abricots frais ou prunes 1 belle pêche ou nectarine 1/4 ananas frais 1 barquette de mirabelles, oreillons de pêches ou abricots au sirop 8 litchis 1 pot individuel de compote (100 g) 1 barquette de salade de fruits 15 cerises 1 petite grappe de raisin (15 grains) 1/2 livre de fraises, framboises, groseilles 1/2 melon ou 1 grosse tranche de pastèque 3 à 4 abricots secs ou pruneaux 2 figues fraîches ou sèches	20
Pâtisseries	
1 part de tarte pomme-rhubarbe, Normande, tarte aux pommes, flan	25
1 part de tarte au citron, gâteau basque	30
Sucre et produits sucrés	
10 g de sucre blanc, de canne, roux, cassonade	10
1 coupelle de miel (30 g)	20
1 coupelle de confiture, gelée (30 g)	20
Boissons	
1 briquette (200 ml) de jus de pommes, orange, abricot, ananas, pamplemousse (sucré ou sans sucre ajouté 100 % pur jus)	**20**
1 briquette (200 ml) de jus de raisins	**30**
1 verre (200 ml) de limonade, Coca cola, Orangina…	**20**
Sodas lights (Coca light, Coca zero)	**0**
1 canette (33 cl) de « Coca Life »	**23**
Thé, café, tisane sans sucre	**0**

Combien de vérifications du niveau de glycémie ou de glucose interstitiel (avec les capteurs) ?

Si autosurveillance de la glycémie capillaire

Recommandées :

- avant les repas et 4 heures après les injections prandiales soit au coucher et en milieu d'après-midi pour un correctif si besoin ;
- en cas de doute sur des symptômes d'hypoglycémie ou une hyperglycémie.

Si mesure du glucose interstitiel (FreeStyle Libre, Dexcom G6®, Guardian G4®)

- Intérêt pédagogique de chaque mesure.
- Au minimum 1/8 heures pour le FreeStyle Libre pour ne pas perdre d'information dans l'enregistrement des données.
- Pas de limitation du nombre de « scans » mais nécessité de bien discuter des conduites à tenir pour éviter des rajouts d'insuline rapide intempestifs. Il est plus prudent d'attendre au moins 4 heures après une injection d'insuline rapide avant d'envisager une correction. L'aide des flèches de tendance sur les capteurs de glycémie peut amener à anticiper une correction.

Comment injecter l'insuline (voir fiche 13) ?

Dans le tissu sous-cutané. Les sites d'injection de l'insuline sont principalement (figure 35.1) :

- l'abdomen ;
- les cuisses ;
- les bras ;
- le haut des fesses.

Pour diminuer le risque d'apparition de lipodystrophies (réaction du tissu adipeux qui forme progressivement « une boule » gênant le passage de l'insuline et parfois disgracieuse), il est recommandé de changer de site à chaque injection (respecter au moins 2 à 3 cm d'écart entre 2 piqûres consécutives sur le même site ou « tourner ») et de changer d'aiguille à chaque injection.

Les aiguilles de petite taille (4 mm) sont suffisantes quel que soit le morphotype de la personne.

Elles permettent une injection perpendiculaire à la peau, sans nécessité de faire un pli cutané (sauf chez les personnes très maigres).

Il est recommandé de purger le stylo à insuline avant chaque injection (goutte qui « perle » ou 2 U).

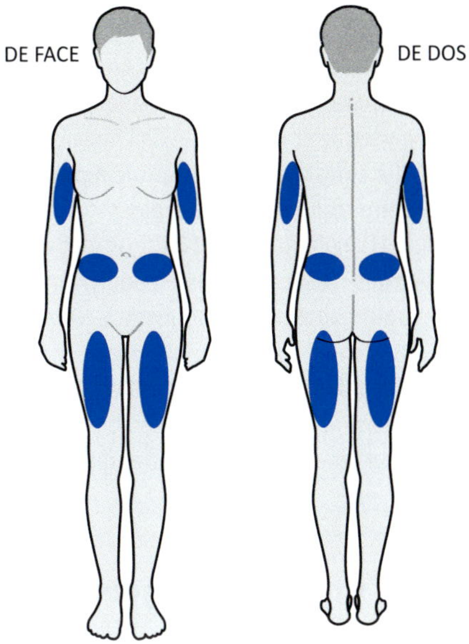

Figure 35.1. Les sites d'injection de l'insuline.
Illustratrice Carole Fumat.

Quelles insulines choisir dans le DT1 (voir fiche 11) ?

Insuline lente

L'insuline lente idéale devrait avoir un effet reproductible d'un jour à l'autre chez la même personne et durer au moins 24 heures.

Actuellement, les insulines pharmacologiquement les plus adaptées sont la dégludec (Tresiba®) et la glargine 300 U/ml (Toujeo®), car elles ont une durée d'action plus longue et donnent moins d'hypoglycémies nocturnes que la glargine 100 U/ml. La glargine 100 U/ml (Lantus®) ne permet pas toujours une couverture stable sur 24 heures (diminution de l'effet à partir de la 20e heure chez 10 à 20 % des personnes). La détémir (Levemir®) doit s'administrer en 2 injections quotidiennes pour couvrir le nycthémère.

Mais la cinétique de chaque insuline est variable d'un patient à l'autre.

Si l'équilibre du diabète est correct avec un type d'insuline, il n'y a pas d'intérêt à en changer.

On envisage un changement uniquement si :

- il y a des hypoglycémies nocturnes malgré la baisse de la dose ;
- la durée d'action de l'insuline basale est trop courte ;
- la glycémie au réveil est très variable d'un jour à l'autre malgré une glycémie du coucher stable.

Insuline rapide

Les différents analogues d'insuline rapide disponibles (lispro [Humalog®], asparte [NovoRapid®], glulisine [Apidra®]) ne sont pas significativement différents entre eux sur le risque d'hypoglycémie et le contrôle de l'hyperglycémie.
Il est plus efficace d'injecter l'insuline rapide avant le repas, sauf en cas d'hypoglycémie où l'injection doit être réalisée après le repas.
L'insuline dite ultrarapide (Fiasp® ou Lyumjev®) a un début d'action légèrement plus précoce, ce qui permet d'obtenir un effet équivalent sur la montée de la glycémie que l'injection soit réalisée avant ou jusqu'à 20 minutes après une prise alimentaire.
Dans le cas particulier d'une vidange gastrique ralentie (gastroparésie) avec un risque d'hypoglycémie post-prandiale, il est préférable d'injecter l'insuline rapide après le repas et/ou d'utiliser les anciennes insulines rapides (Actrapid®, Umuline® rapide).

Que faire en cas d'un examen à jeun ou de chirurgie programmée ?

L'insuline lente ou le débit de base d'une pompe à insuline ne doit jamais être arrêté.
L'insuline rapide sera reprise dès le repas suivant la réalisation de l'examen ou après l'acte chirurgical.
L'administration d'insuline rapide pour corriger une hyperglycémie peut être effectuée même à jeun en tenant compte de la sensibilité à l'insuline et de l'objectif glycémique.

Exemple : si la glycémie = 2,5 g/l à jeun au réveil chez une personne diabétique qui doit avoir une coloscopie, chez qui une unité d'insuline baisse la glycémie de 0,40 g/l, injecter 2 à 3 U en sous-cutané.

Les anesthésistes peuvent recourir à la voie intraveineuse pour administrer de l'insuline rapide en fonction de la glycémie. Chez un diabétique de type 1, il faut toujours une administration d'insuline en continu (ne pas stopper l'administration d'insuline), en stabilisant la glycémie à l'aide d'une perfusion glucosée si besoin.

Quand rechercher l'acétone ?

La présence d'acétone traduit un manque d'insuline (le foie utilise alors les acides gras et produit des corps cétoniques acides). Lorsque la glycémie dépasse 2,50 g/l en dehors de la période post-prandiale, il est utile de vérifier le niveau d'acétone dans le sang à l'aide de bandelettes spécifiques.

Au-delà de 0,50 mmol/l, il est recommandé d'effectuer une dose d'insuline rapide pour interrompre la production de corps cétoniques :

- entre 0,5 mmol/l et 1,5 mmol/l : 5 U ;
- entre 1,5 et 3 mmol/l : 10 U ;
- plus de 3 mmol/l : 15 U.

Cette dose vient se rajouter à la dose nécessaire pour baisser la glycémie.

Cette vérification est indispensable en cas d'utilisation d'une pompe à insuline sous-cutanée où le corps ne dispose pas d'une « réserve en insuline » comme c'est le cas avec l'insuline lente utilisée au cours des traitements en multi-injections. De plus, l'utilisation d'une pompe à insuline expose davantage à la survenue d'acétone car les cathéters sous-cutanés peuvent se couder sous la peau entraînant une occlusion, même partielle du système.

La glycémie et l'acétonémie doivent être de nouveau vérifiées 4 heures plus tard. Si l'acétonémie persiste à un niveau élevé (> 3 mmol/l), ou qu'il existe des troubles digestifs, il faut aller au SAU pour traiter une possible acidocétose (voir fiche 41).

Pour qui la pompe, pour qui les stylos ?

La pompe à insuline n'est pas le traitement universel aujourd'hui du diabète de type 1 (30 % des personnes avec un diabète de type 1 en France). Cette option présente des avantages et des inconvénients à discuter avec le patient.

Avantages

- Diminution du nombre d'injections (une piqûre pour le cathéter tous les 3 jours *versus* au moins 4 injections par jour avec les stylos à insuline).
- Une meilleure adéquation de l'apport en insuline en fonction des périodes de la journée et de la nuit car les besoins en insuline ne sont pas constants : plus bas en début de nuit, plus élevé en fin de nuit et début de matinée, parfois plus élevé en fin d'après-midi. En pratique, intéressant en cas d'effet de l'aube marqué.
- Une plus grande précision et reproductibilité des effets de l'insuline injectée.
- La possibilité de bénéficier des capteurs connectés qui réguleront la pompe à insuline automatiquement (« boucle semi-fermée »).

Inconvénients

- Le port d'un objet sur le corps.
- La possibilité de survenue d'incident technique qui nécessite un apprentissage.
- Le coût médico-économique plus élevé que le traitement par multi-injections.

En cas d'incertitude, il peut être intéressant de tester la pompe quelques semaines pour se rendre compte du rapport bénéfice/inconvénient, sachant que l'on peut revenir au traitement par multi-injections si l'essai n'est pas concluant.

FICHE
36

Suivi du patient diabétique de type 1 sans complication

Écoute active

À chaque consultation pour connaître la préoccupation principale du patient.

Interrogatoire et suivi médical

- Discussion sur la gestion du diabète dans le quotidien.
- Définir conjointement l'objectif glycémique (en termes d'HbA1c ou avec la mesure du temps passé dans la cible si le patient dispose d'une méthode de mesure continue de la glycémie).
- Recherche des épisodes d'hypoglycémies mineures et sévères ; appréciation de la perception des hypoglycémies et du seuil d'apparition des symptômes.
- Si le patient rapporte de fréquentes hypoglycémies et/ou qu'il rapporte une mauvaise perception des hypoglycémies, il faut s'assurer qu'une personne de son entourage soit formée à l'injection de glucagon ou à l'administration du Baqsimi® (voir fiche 48).
- Discussion sur l'autosurveillance glycémique grâce à une mesure continue de la glycémie. Téléchargement des données.
- Faire le point sur le traitement insulinique : type d'insuline ; fréquence des injections, horaires de celles-ci par rapport aux repas, différents types de stylos à insuline utilisés (rechargeables, connectés). Débit de base si le patient est sous pompe à insuline. Discussion sur les différentes pompes à insuline et proposition de boucle fermée.
- Pour les femmes en âge de procréer, discussion sur la contraception et/ou une éventuelle préparation de grossesse.

- Appréciation de la vulnérabilité sociale.
- Appréciation de la consommation d'alcool et de tabac.

Examen clinique

- Poids, calcul IMC.
- Recherche de lipodystrophies si instabilité glycémique.
- Mesure de la pression artérielle selon les recommandations habituelles et recherche si doute d'une hypotension orthostatique.
- Examen annuel des pieds :
  - gradation du risque podologique ;
  - palpation des pouls périphériques pédieux et tibiaux postérieurs ; auscultation des vaisseaux (en fonction du contexte).
- Recherche à l'interrogatoire d'éléments évocateurs d'une atteinte cardiovasculaire ou d'une neuropathie végétative (en fonction du contexte).

Suivi de l'HbA1c

Fréquence :

- tous les 3 à 6 mois ;
- plus fréquemment si le taux d'HbA1c s'est élevé récemment ou s'il est attendu qu'il se modifie dans les semaines qui suivent (par exemple en raison d'une affection intercurrente ou de l'introduction d'une thérapeutique hyperglycémiante).

Suivi de la thyroïde

- Quel bilan demander ? Dosage de la TSH.
- Fréquence : tous les ans.

Suivi du bilan lipidique

- Quel bilan demander ? EAL : LDL-cholestérol, HDL-cholestérol, triglycérides.
- Fréquence :
  - au moment du diagnostic puis tous les 5 ans jusqu'à l'âge de 40 ans ;
  - une fois par an après 40 ans.

Suivi du bilan rénal

- Quels examens demander ?
  - dosage de la créatininémie avec estimation du débit de filtration glomérulaire avec l'équation CKD-EPI ;

- dosage de l'albuminurie réalisé sur échantillon urinaire ; résultat exprimé sous la forme d'un ratio microalbuminurie/créatininurie (valeur positive > 3 mg/mmol).

■ Fréquence : une fois par an.

Dépistage de la rétinopathie diabétique

■ Quel examen demander ?

- biomicroscopie du fond d'œil après dilatation pupillaire réalisée par un ophtalmologiste ;
- ou photographies du fond d'œil (rétinographie par caméra non mydriatique), avec ou sans dilatation pupillaire. Ce mode de dépistage de la rétinopathie diabétique est réservé aux patients de moins de 70 ans qui n'ont pas de rétinopathie connue.

■ Fréquence :

- au moment du diagnostic puis au bout de 5 ans ;
- une fois par an après 5 ans d'évolution.

■ Cas particuliers :

- grossesse : un examen ophtalmologique doit être fait avant la grossesse puis tous les 3 mois pendant la grossesse et à 3 mois de l'accouchement ;
- cataracte : l'intensification du suivi du fond d'œil est recommandée pendant l'année qui suit une intervention de la cataracte.

Bilan dentaire

■ Quel examen faire ? Consultation chez le dentiste pour dépister et traiter les parodontopathies qui peuvent être à l'origine d'une édentation précoce.

■ Fréquence : tous les ans.

Bilan cardiovasculaire

■ Quels examens faire ? ECG de repos une fois par an après 40 ans, ou avant 40 ans en présence d'une néphropathie ou d'autres facteurs de risque cardiovasculaire.

■ Il n'y a pas lieu de demander de Doppler des artères des membres inférieurs ou des troncs supra-aortiques si l'examen clinique est normal et en l'absence d'une symptomatologie évocatrice.

■ Concernant le dépistage de la maladie coronaire chez les patients diabétiques asymptomatiques, il y a deux écoles.

- Pour les uns (Société américaine de diabétologie - *American Diabetes Association*), il n'est pas recommandé de réaliser des explorations chez les patients totalement asymptomatiques (aucun symptôme et ECG de repos normal) dans la mesure où le dépistage et la prise en charge d'une ischémie myocardique silencieuse ne permettent pas d'abaisser le risque d'événements cardiovasculaires, à condition que tous les différents facteurs de risque soient par ailleurs correctement pris en charge.

- Pour les autres (recommandations de la Société francophone du diabète 2021), il est proposé d'utiliser un algorithme pour les patients ayant un diabète de type 1 et âgés de 35 à 75 ans qui permet de cibler le dépistage (voir figure 23.3).

FICHE

37

La greffe de pancréas et la greffe d'îlots

La première greffe du pancréas remonte à 1966 alors que les greffes d'îlots sont apparues quelques années plus tard, en 1974. La transplantation d'îlots et la greffe de pancréas sont des alternatives thérapeutiques à l'insulinothérapie intensive chez certains patients diabétiques de type 1 sans insulinosécrétion résiduelle.

Quel patient peut être candidat à la greffe de pancréas ou d'îlots pancréatiques ?

Ces actes sont pris en charge par le système national d'assurance maladie en France dans les conditions suivantes.

- **Tout patient diabétique de type 1 avec indication de greffe rénale** devrait être aussi candidat à la greffe de pancréas (allogreffe) :
  - la transplantation rein-pancréas simultanée est la plus fréquente des procédures ;
  - cette indication est d'autant plus recommandée que l'association d'une greffe pancréatique à une transplantation rénale chez le patient diabétique est associée à une meilleure préservation de la fonction rénale du greffon.
- **Patient diabétique de type 1 présentant un diabète chroniquement instable** malgré l'optimisation technique (y compris la mise en place de la boucle fermée) avec une fonction rénale conservée (allogreffe).
- **Patient diabétique de type 1 avec greffon rénal fonctionnel et présentant un taux d'HbA1c ≥ 7 % ou des hypoglycémies sévères** (allogreffe).
- **Patients présentant un risque de diabète insulinopénique ou insulinoprive à la suite d'une chirurgie pancréatique** étendue ou totale ou à la suite d'un traumatisme pancréatique entraînant une dévascularisation étendue ou totale du pancréas **(autogreffe)**.

Quelles sont les contre-indications à la greffe du pancréas et d'îlots pancréatiques ?

Les contre-indications communes à la transplantation de pancréas et à la greffe d'îlots pancréatiques sont les suivantes :

- contre-indications majeures et/ou absolues à une greffe :
  - les infections actives,
  - les cancers actifs,
  - une toxicomanie,
  - un alcoolisme,
  - les maladies psychiatriques,
  - une espérance de vie inférieure à 5 ans,
  - une rétinopathie non proliférante sévère ou proliférante non stabilisée,
  - une cardiopathie évoluée non stabilisée ;
- contre-indications relatives à une greffe :
  - l'obésité morbide,
  - un tabagisme actif,
  - l'âge (plus de 60 ans).

Les contre-indications spécifiques à la transplantation de pancréas sont les suivantes :

- contre-indications majeures et/ou absolues à une greffe de pancréas :
  - une pathologie cardiovasculaire évoluée,
  - une espérance de vie inférieure à 5 ans,
  - une rétinopathie non proliférante sévère ou proliférante non stabilisée,
  - les infections actives,
  - les cancers actifs,
  - une toxicomanie,
  - un alcoolisme,
  - les maladies psychiatriques ;
- contre-indications relatives à une greffe de pancréas :
  - un tabagisme actif,
  - l'âge (plus de 60 ans).

En quoi consiste la greffe de pancréas ?

Le greffon pancréatique est habituellement :

- implanté dans la fosse iliaque droite ;
- connecté à l'artère iliaque ;
- le drainage veineux peut se faire soit :
  - dans la veine iliaque = drainage systémique → l'insuline sécrétée dans l'effluent veineux pancréatique n'est pas extraite immédiatement par le foie, comme c'est le cas physiologiquement lorsqu'elle se vide dans la circulation

portale ; les concentrations systémiques d'insuline, à jeun et post-prandiales, sont donc élevées,

- **dans la veine mésentérique supérieure = drainage portal →** les concentrations d'insuline périphériques sont beaucoup plus faibles et comparables aux concentrations observées physiologiquement ;

- avec un drainage entérique des sécrétions exocrines :
  - le drainage entérique a comme avantage par rapport au drainage vésical (qui était auparavant le drainage préférentiel) d'engendrer **peu d'effets secondaires** (complications urologiques fréquentes [50-77 %] en cas de drainage vésical),
  - par contre, le drainage entérique **ne permet pas de suivre la fonction du greffon** pancréatique (suivi de l'amylasurie avec le drainage vésical), mais cette surveillance est moins nécessaire de nos jours, car l'immunosuppression s'est améliorée et la fréquence des épisodes de rejet a diminué.

En quoi consiste la greffe d'îlots pancréatiques ?

- La procédure consiste en un **isolement des cellules d'îlots du pancréas d'un donneur** multi-organes et **injection dans le foie du receveur** par cathétérisme de la veine porte sous contrôle échographique.
- La greffe d'îlots nécessite un **laboratoire dédié** à l'isolement et à la purification des îlots de Langherans ; les taux d'isolement d'îlots réussi dans les principaux centres varient de 25 % à 75 %.
- La greffe d'îlots nécessite d'atteindre un **nombre nécessaire d'îlots à greffer (> 10 000 îlots/kg de poids de receveur)** provenant de 2 voire 3 donneurs ; un minimum de 200 000 îlots ou 3 500 îlots/kg de poids de receveur à chaque greffe est nécessaire pour atteindre l'indépendance en insuline chez près de 80 % des receveurs.

Quelles sont les complications possibles de la greffe de pancréas et de la transplantation d'îlots ?

- Complications de la transplantation pancréatique = **complications chirurgicales sévères** :
  - **mortalité** (4 %) liée à des causes cardiovasculaires ou infectieuses ;
  - **thrombose des veines du greffon** (10 %) ;
  - hémorragie abdominale ;
  - fuites anastomotiques ;
  - **pancréatite du greffon** (20 %) ;
  - fistule pancréatique ;
  - péritonite ;
  - occlusion ;
  - → **réintervention chirurgicale** dans 30 % des cas.

- Complications de la greffe d'îlots pancréatiques :
  - **hémorragie** portale (7 %) ;
  - **thrombose** portale (2 %) ;
  - élévation transitoire des transaminases (16 %) ;
  - reprise chirurgicale (laparotomie dans 0,3 % des cas).
- Complications liées à l'immunosuppression :
  - risque infectieux ;
  - risque néoplasique ;
  - complications hématologiques ;
  - toxicité hépatique, rénale...

Quelle immunosuppression dans les greffes de pancréas et d'îlots ?

- La **combinaison tacrolimus-mycophénolate mofétil (MMF)** a largement remplacé la combinaison ciclosporine-MMF en raison de taux de rejet plus faibles, ainsi que de profils tensionnels et lipidiques favorables.
- Les autres combinaisons sont le tacrolimus-sirolimus, ciclosporine-sirolimus, le tacrolimus-sirolimus-MMF, le MMF-sirolimus et le sirolimus.
- Les **corticostéroïdes ne sont quasiment plus utilisés** dans les protocoles d'immunosuppression, pour réduire l'insulinorésistance (et donc le stress pour les îlots du greffon), le risque de prise de poids, de dyslipidémie et d'ostéopénie.
- L'**immunosuppression d'induction** est couramment utilisée avec plus de 75 % des receveurs recevant les traitements ci-dessous associés différemment suivant les protocoles :
  - un anticorps polyclonal déplétant les lymphocytes T (Thymoglobuline®, Atgam) ou un anticorps monoclonal (OKT3, Campath) ;
  - un anticorps monoclonal anti-CD25 non déplétant (daclizumab, Zenapax® ; basiliximab, Simulect®) ;
  - un inhibiteur du facteur nécrosant des tumeurs alpha (TNFα) (étanercept, Enbrel®) ;
  - un inhibiteur de l'interleukine-1 (anakinra, Kineret®).

Quelle efficacité attendre de la greffe de pancréas ?

- Efficacité de la double greffe rein-pancréas sur la survie des patients :
  - **augmente la survie** du patient de 7 à 10 ans par rapport à un patient diabétique de type 1 greffé rénal sans pancréas ;
  - taux de survie des patients à 1 et 3 ans de 95 % et 89 %, respectivement.
- Efficacité sur la régulation de l'homéostasie glucidique :
  - 80 % des greffons pancréatiques sont fonctionnels après 3 ans, garantissant l'insulino-indépendance des patients ;

- la glycémie se normalise immédiatement après la greffe du pancréas ;
- la réponse au glucagon revient à la normale après greffe ;
- la sensibilité à l'hypoglycémie revient à la normale après greffe ;
- les symptômes hypoglycémiques et les événements hypoglycémiques documentés se raréfient, sont de sévérité moindre et ont tendance à diminuer voire à disparaître après greffe.

■ Efficacité sur les complications du diabète :

- la néphropathie diabétique :
  - **peut être prévenue** par une greffe de pancréas fonctionnelle,
  - **peut se réverser** en cas de néphropathie préexistante, après plus de cinq ans de fonctionnement normal du pancréas ;
- la rétinopathie diabétique :
  - **peut s'aggraver initialement** après la transplantation du pancréas, lors de l'amélioration soudaine de la concentration de glucose → par conséquent, l'évaluation et le traitement de la rétinopathie préexistante sont importants lorsque la greffe de pancréas est envisagée,
  - **peut être prévenue** après trois ans ou plus de fonction du greffon du pancréas par rapport à un patient avec greffe de rein seul,
  - la **surveillance ophtalmologique** est nécessaire tout au long de la vie chez tous les greffés du pancréas : une intervention au laser peut encore être nécessaire, particulièrement tôt après l'opération. Des examens ophtalmologiques de dépistage sont nécessaires pour évaluer les cataractes qui peuvent se former ou évoluer, en particulier chez les patients traités par corticostéroïdes ;
- la neuropathie diabétique :
  - des **améliorations** de la neuropathie sensorielle et motrice se produisent après la transplantation pancréatique,
  - les neuropathies autonomes peuvent prendre plus de temps à s'améliorer (10 ans ou plus) et ne sont que partiellement réversibles ou ne le sont pas du tout dans certains cas. Pourtant, certaines études ont amélioré certains paramètres de la neuropathie autonome, notamment la sensibilisation à l'hypoglycémie, la réponse autonome à l'hypoglycémie et les neuropathies autonomes du cœur.

■ La cause la plus fréquente de décès chez les patients diabétiques et transplantés est une maladie vasculaire.

Quelle efficacité attendre de la greffe d'îlots pancréatiques ?

■ Efficacité de la double greffe rein-îlots pancréatiques sur la survie des patients : **meilleure survie** des patients greffés rénaux ayant bénéficié d'une greffe d'îlots par rapport aux patients greffés d'un rein seul (90 % *versus* 45 % à 7 ans).

- Efficacité sur la régulation de l'homéostasie glucidique :
  - le taux d'**insulino-indépendance** a considérablement augmenté ces dernières années avec de nouveaux protocoles d'immunosuppression et de préparation des îlots :
    - de l'ordre de 60-80 % à 1 an,
    - environ 25-40 % à 3 ans,
    - environ 10 % à 5 ans ;
  - en outre, même en l'absence d'insulino-indépendance, la greffe est associée à :
    - une **protection vis-à-vis du risque d'hypoglycémie sévère** tant que la production de C-peptide est maintenue,
    - la disparition des hypoglycémies sévères chez 90 % des receveurs dans les 5 ans qui suivent la greffe,
    - la persistance de la production d'insuline par le greffon dans 90-95 % des cas à 1 an et 65-70 % à 3 ans ;
  - 70 % des patients maintiennent une HbA1c < 6,5 % ou réduite de plus de 2 points par rapport à l'inclusion à 3 ans et 55 % à 5 ans.
- Efficacité sur les complications du diabète :
  - la greffe d'îlot, lorsqu'elle est efficiente, **réduit les complications microangiopathiques** du diabète au même titre que la transplantation pancréatique ;
  - il faut se méfier de l'**aggravation d'une rétinopathie préexistante** après normalisation des glycémies après greffe d'îlots.

Quel suivi des greffes pancréatiques et des greffes d'îlots ?

Le suivi après une greffe de pancréas entier ou d'îlots est similaire :

- il est **hebdomadaire au début**, puis de plus en plus espacé ;
- il est le plus rapidement possible effectué en collaboration avec le médecin traitant ;
- des contrôles spécifiques aux îlots sont effectués **à 1, 3, 6, 12 mois** et ensuite toutes les années ;
- ils comportent des **dosages du C-peptide et des tests dynamiques** (test au glucagon notamment) ;
- en cas de double greffe rein/pancréas, la modification de la fonction rénale peut servir de marqueur de rejet pour les deux organes.

Tableau 37.1. Tableau comparateur greffe de pancréas et îlots.

	Transplantation pancréatique	Transplantation d'îlots
Approche chirurgicale	Laparotomie Chirurgie majeure	Radiologie interventionnelle Procédure minimale invasive
Insulino-indépendance – 1 an – 3 ans	 90 % 80 %	 60-80 % 25-40 %
Greffon fonctionnel – 1 an – 3 ans	 90 % 80 %	 90-95 % 65-70 %
Nombre de donneurs nécessaires	1	1-3 (voire 4)
Indication préférentielle	Transplantation simultanée rein-pancréas	Transplantation d'îlots seuls
Complications	Fréquentes et sévères : – thrombose – pancréatite – péritonite – reprise chirurgicale – décès	Moins fréquentes : – hémorragie – thrombose portale
Mortalité	Non négligeable (4 %)	Exceptionnelle

Conclusion

La transplantation pancréatique et la greffe d'îlots font partie de l'arsenal thérapeutique du patient diabétique de type 1. Les indications sont restreintes compte tenu des effets secondaires liés au traitement immunosuppresseur et de la mise à disposition récente des systèmes de boucle fermée. Chez le patient diabétique de type 1 à haute variabilité glycémique, ces greffes permettent de restaurer un contrôle glycémique optimal sans risque hypoglycémique. Elles permettent de réduire les complications chroniques évolutives du diabète.

La greffe pancréatique est plus efficace que la greffe d'îlots surtout sur le long terme mais au prix d'une morbidité plus lourde. Ces techniques devraient s'améliorer encore avec l'amélioration des protocoles immunosuppresseurs et d'isolement des îlots pancréatiques.

SECTION

2

Circonstances cliniques du diabète de type 1

FICHE

38

Contraception et diabète de type 1

Compte tenu des risques maternels et fœtaux du diabète, la programmation des grossesses est nécessaire chez les femmes diabétiques de type 1 et justifie la prescription d'une contraception efficace (voir tableau 30.1).

La contraception œstroprogestative

- **Il est possible de prescrire une contraception œstroprogestative chez une femme présentant un diabète de type 1 après une évaluation du risque de complications.**
- Les risques potentiels de la contraception hormonale œstroprogestative sont métaboliques et thrombotiques artériels et veineux, liés à l'action de l'éthinylœstradiol qui augmente la synthèse hépatique des VLDL, du fibrinogène, de l'angiotensinogène et des protéines de la coagulation, même à faible doses, et quelle que soit la voie d'administration (orale, transdermique, anneau vaginal).
- Ces risques de la contraception œstroprogestative dépendent du diabète (ancienneté et complications) et aussi des facteurs associés.
- La prescription des œstroprogestatifs est possible si :
  - le diabète évolue depuis moins de 20 ans ;
  - en l'absence de microangiopathie (néphropathie, rétinopathie sévère, et neuropathie) ;
  - en l'absence de macroangiopathie ;
  - en l'absence de toutes les autres contre-indications (encadré 38.1).
- L'existence d'une rétinopathie minime ou modérée isolée n'est pas une contre-indication à l'utilisation des œstroprogestatifs.

Encadré 38.1

Rappel des contre-indications absolues des œstroprogestatifs

- Accidents actuels ou antécédents thromboemboliques artériels (cardiopathie ischémique, accident vasculaire cérébral) ou veineux (phlébite, embolie pulmonaire).
- Prédisposition héréditaire ou acquise aux thromboses veineuses ou artérielles (facteur V Leiden, F II ou déficit en protéine C ou S, antithrombine).
- Alitement prolongé ou situation à risque thromboembolique (certaines chirurgies).
- Lupus évolutif, connectivites, porphyries.
- Migraine avec aura.
- Hypertension artérielle.
- Pancréatite ou antécédent de pancréatite associé à une hypertriglycéridémie sévère.
- Affection hépatique sévère ou antécédent d'affection hépatique sévère, en l'absence de normalisation des tests fonctionnels hépatiques.
- Tumeur maligne connue ou suspectée du sein, de l'utérus ou autre tumeur hormonodépendante.
- Hémorragies génitales non diagnostiquées.
- Tabagisme > 15 cigarettes par jour et âge > 35 ans.

Rappel des contre-indications relatives des œstroprogestatifs

- Antécédent familial au 1er degré de maladie thromboembolique avant 50 ans.
- Antécédent de thrombose veineuse superficielle.
- Âge > 35 ans.
- Dyslipidémie définie par une hypercholestérolémie non contrôlée ou contrôlée mais associée à une hypertriglycéridémie.
- Obésité (IMC > 30 kg/m^2) sauf si parfaitement isolée chez une femme de moins de 35 ans.
- Tumeurs bénignes du sein ou de l'utérus.
- Hyperprolactinémie sans diagnostic étiologique préalable, allaitement.
- Migraine sans aura.
- Inducteurs enzymatiques (il s'agit ici plus d'une perte d'efficacité) comme certains antiviraux, anticomitiaux… à vérifier au cas par cas.
- Fibrillation auriculaire, arythmie, valvulopathie compliquée (hypertension artérielle pulmonaire, endocardite, fibrillation atriale).

■ En cas d'utilisation des œstroprogestatifs, une surveillance régulière est recommandée :

- bilan lipidique et mesure de la tension artérielle deux mois après le début, puis une à deux fois par an ;
- réévaluation annuelle de la situation médicale et recherche des contre-indications (événement médical familial ou personnel nouveau, évolution du poids, âge…).

Sinon la contraception de choix est la contraception orale progestative ou le dispositif intra-utérin au cuivre ou au lévonorgestrel.

La contraception progestative

- La contraception progestative a peu de contre-indications absolues :
  - cancers du sein ou de l'endomètre ;
  - insuffisance hépatique ;
  - les accidents thromboemboliques veineux récents (délai pas précisé) ;
  - le méningiome par principe de précaution.
- En dehors de ces situations et de l'acétate de médroxyprogestérone (contraception progestative injectable à longue durée d'action utilisée exceptionnellement), on peut donc les prescrire chez les femmes diabétiques quelle que soit la situation du diabète. Cependant la tolérance peut être moins bonne (saignements gynécologiques, prise de poids).
- La contraception progestative est prescrite sous forme de microprogestatifs administrés par voie orale, sous-cutanée (implant à l'étonogestrel), ou intra-utérine (système intra-utérin au lévonorgestrel).
- La contraception macroprogestative orale n'est plus utilisée dans cette indication, sauf cas particuliers du fait des restrictions de prescription (augmentation du risque de méningiome).
- La contraception microprogestative par voie orale nécessite des précautions quant aux horaires de prise plus strictes : 4 heures pour le lévonorgestrel (Microval®) et 12 heures pour le désogestrel (Cerazette®, Antigone®, Optimizette®) ou la drospirénone (Slinda®). Leur problème est celui de la tolérance gynécologique (*spotting*, irrégularité des cycles, voire aménorrhée).

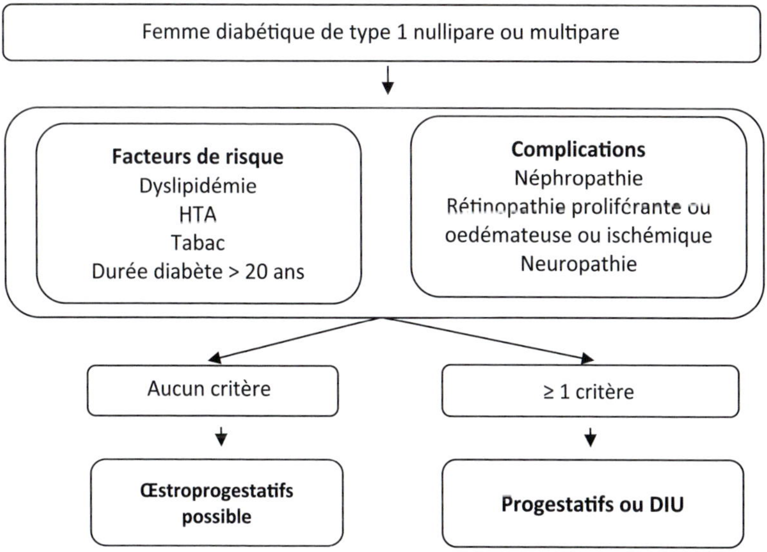

Figure 38.1. Synthèse du choix de la contraception chez la femme diabétique type 1.
D'après Société française d'endocrinologie (SFE).

Les moyens locaux

L'efficacité des diaphragmes et des spermicides dépend de la discipline d'utilisation (voir tableau 30.2), les préservatifs, éventuellement associés aux spermicides, ont l'avantage d'être le seul traitement préventif efficace des maladies sexuellement transmissibles.

Information des femmes

Le site suivant peut être consulté pour obtenir des documents d'informations à destination des patientes.

Prise en charge financière

L'assurance maladie rembourse désormais la consultation, les examens biologiques éventuellement nécessaires et la délivrance de la contraception pour les assurées mineures et les femmes de moins de 26 ans. Pour les moins de 26 ans, les préservatifs des deux marques « Eden » et « Sortez couverts ! » peuvent être pris en charge à 100 % par l'assurance maladie sans ordonnance (https://www.ameli.fr/assure/sante/themes/contraception/sexualite-des-16-25-ans).

FICHE 39

Diabète de type 1 et grossesse

Tout diabète préexistant à la grossesse expose la mère et le fœtus à des complications graves. Le diabète prégestationnel de type 1 représente moins de 0,3 % des grossesses. L'hyperglycémie maternelle en début de grossesse est tératogène pour le fœtus.

La grossesse doit être programmée pour diminuer les risques materno-fœtaux, le suivi devra être régulier pour adapter l'insuline dont les besoins augmentent au cours de la grossesse.

À savoir

Risque de l'hyperglycémie maternelle au cours de la grossesse (chiffres en France en 2013)

Pour l'enfant

- Macrosomie (poids de naissance : soit supérieur au 90e percentile pour le terme, soit de plus de 4 kg pour un terme de 40 semaines) (plus de 50 %).
- Prématurité (30 %).
- Dystocie des épaules (dystocie des épaules, fracture de la clavicule, paralysie du plexus brachial pas toujours réversible).
- Détresse respiratoire transitoire par retard de résorption du liquide amniotique (3,5 %).
- Hypoglycémie néonatale (en particulier en cas de macrosomie ou de prématurité).
- Malformations congénitales liées au degré d'hyperglycémie maternelle à la conception (cardiaques, neurologiques, urogénitales, squelettes…) (environ 4 %).
- Cardiomyopathie avec hypertrophie septale associée à la macrosomie et à un mauvais équilibre du diabète.

- Mortalité néonatale dont mort fœtale in utero (1,2 %).
- Fausse couche spontanée (liée au degré d'hyperglycémie, 30 % si HbA1c > 8 %).

Pour la mère

- Césarienne (environ 30 %).
- HTA gravidique et prééclampsie (2,5 %).
- Acidocétose surtout au 3e trimestre (2 à 3 % des grossesses des femmes avec un DT1).
- Risque d'aggravation des complications chroniques du diabète (en partie réversible après la grossesse). La néphropathie diabétique, une insuffisance rénale ou une protéinurie entraîne un risque de prématurité, de RCIU, de mort fœtale in utero, et de prééclampsie majeur.
- Pyélonéphrite aiguë (prévention : dépistage mensuel par ECBU ou bandelettes urinaires et traitement des infections urinaires basses).

Programmation de la grossesse

- Assurer une contraception efficace pendant cette période de préparation.
- Obtenir une HbA1c au plus proche de la normale sans hypoglycémie (< 6,5% au mieux, ne pas débuter une grossesse avec une HbA1c > 7 %) : intensifier l'insulinothérapie, discuter pompe externe à insuline, optimiser la surveillance par le système flash d'autosurveillance du glucose interstitiel. Les malformations fœtales et les fausses couches sont liées au degré d'hyperglycémie maternelle.
- Bilan des complications chroniques du diabète : fond d'œil, créatininémie, microalbuminurie, ECG.
- Prescrire de l'acide folique 400 µg ou 5 mg/j, 2 mois avant la conception, jusqu'à 12 semaines de gestation.
- Adapter les traitements comme les antihypertenseurs et les statines (site Internet CRAT).
- Dépister une hypothyroïdie auto-immune associée.
- Organiser une consultation prégestationnelle avec la maternité où sera suivie la patiente (niveau 2 ou 3).

L'absence de programmation est un facteur de mauvais pronostic pour la grossesse.

Au diagnostic de grossesse

- En cas de non-programmation : réaliser les examens de la programmation non faits.
- Discuter l'aspirine à faible dose pour diminuer le risque de prééclampsie en particulier en cas de rétinopathie diabétique ou d'hypertension artérielle, jusqu'à la 34e semaine d'aménorrhée.
- Contacter le médecin diabétologue au plus tôt pour la prise en charge.

Surveillance

- Rythme des consultations. Tous les 15 jours par un diabétologue (adaptation de l'insulinothérapie dont les besoins augmentent).
- Fond d'œil en début de grossesse, puis tous les 3 mois ; tous les mois en cas de rétinopathie.
- Fonction rénale, protéinurie mensuelle.
- Tous les mois, suivi en maternité puis rapproché à partir de la 34e semaine.
- Surveillance rapprochée du RCF en fin de grossesse selon les modalités de la maternité.

Encadré 39.1

Prise en charge

Objectif glycémique

- Glycémie préprandiale 0,60 à 0,90 g/l.
- Glycémie post-prandiale à 1 h < 1,40 g/l et à 2 h < 1,20 g/l.
- Capteur de glucose : temps dans la cible (entre 0,63 et 1,40 g/l) : 70 %, temps en dessous de la cible : < 4 %.
- HbA1c mensuelle < 6 %.
- Autocontrôles glycémiques six à huit fois par jour ou par système flash d'autosurveillance du glucose interstitiel.

Diététique

- 1 800 à 2 000 kcal par jour, 50 % de glucides avec un apport fractionné (220 g par jour) (voir fiche 53).

Rythme des échographies obstétricales

- Échographie précoce vers 11-12 semaines, permettant de vérifier le terme.
- Deuxième échographie à 20-22 semaines, pour bilan morphologique (une échographie morphologique à 18 semaines peut être ajoutée).
- Échographie cardiaque fœtale à 24 semaines, surtout en cas de mauvais équilibre du diabète en début de grossesse.
- Échographies à 32 et 36/37 semaines :
  - surveillance de la croissance fœtale (macrosomie, hypotrophie) et de la quantité de liquide amniotique ;
  - étude des flux fœtoplacentaires et utérins par vélocimétrie Doppler.

Accouchement

- Accouchement programmé vers 38/39 SA.
- Protocole de soins établi par le diabétologue : adaptation de l'insuline en péripartum (chute des besoins brutale à l'accouchement).
- Ne jamais stopper l'insuline.
- Pas de contre-indication à l'allaitement.

FICHE

40

Hypoglycémie et diabète de type 1

■ Contrairement au diabète de type 2, les hypoglycémies dans le diabète de type 1 sont un aspect incontournable du traitement. Les raisons en sont entre autres :

- la sensibilité des patients à l'insuline ;
- la variabilité de l'effet de l'insuline en fonction du site d'injection ;
- l'effet non totalement prévisible de l'activité physique ;
- la difficulté à apprécier précisément la quantité de glucides des repas ;
- la variabilité de l'impact des repas sur la glycémie en fonction de la présence de lipides et de protéines…

■ Leur symptomatologie est classique :

- signes neurovégétatifs lorsque la glycémie est < 0,7 g/l : sueurs, pâleurs, palpitations, tremblements, fatigue, faim ;
- signes neuroglycopéniques lorsque la glycémie est < 0,5 g/l : confusion, diplopie, troubles de la concentration, du comportement, voire coma avec convulsions ou signes déficitaires.

■ Le patient doit donc être éduqué pour reconnaître les signes, et savoir agir :

- avoir toujours du sucre sur lui (3 sucres ou l'équivalent = 15 g de glucides = 1 pack de jus de fruit) ;
- s'asseoir, et se resucrer en cas de malaise ;
- puis contrôler sa glycémie (s'il a son lecteur sur lui). Celle-ci mettra 10 minutes à monter après le resucrage ;
- si le patient utilise un système de mesure continue de la glycémie capillaire, il doit savoir que celle-ci met plus de temps à remonter (au moins 20 minutes) et qu'il ne doit pas multiplier les resucrages si la sensation de malaise a disparu.

- Les insulines à incriminer, et dont il faut baisser la dose sont :
  - les analogues d'insuline rapide si l'hypoglycémie survient dans les 4 heures qui suivent l'injection ;
  - l'insuline lente ou la base de la pompe à insuline si l'hypoglycémie survient en fin d'après-midi ou à partir de minuit.
- Le patient doit bénéficier d'éducation thérapeutique pour savoir adapter ses doses en cas d'activité physique, et aux différents types de repas.
- Paradoxalement, des hypoglycémies répétées peuvent faire monter l'HbA1c, car le resucrage est difficile à maîtriser, des hyperglycémies majeures induites par celui-ci succèdent aux hypoglycémies. Le patient a tendance à refaire de l'insuline, il induit une hypoglycémie, se resucre et se retrouve en hyperglycémie… Ce cercle vicieux doit être identifié, car la baisse de l'HbA1c sera obtenue en diminuant les hypoglycémies et pas en augmentant les doses d'insuline.
- Si les hypoglycémies sont trop fréquentes, le patient ne va progressivement plus les sentir venir car les signes neurovégétatifs disparaissent. Il faut donc les limiter si possible à 3 ou moins par semaine, et les éviter la nuit.
- Le risque de ne plus ressentir l'hypoglycémie est la survenue d'une hypoglycémie sévère (voir fiche 48) avec perte de contrôle, voire perte de connaissance, dans des situations qui sont dangereuses pour le patient (conduite +++).
- Il existe des pompes à insuline connectées à un capteur de glucose, qui modulent l'administration d'insuline en fonction de la glycémie et permettent d'éviter les hypoglycémies. Également, les capteurs de glucose seuls ou connectés aux pompes vibrent ou sonnent quand la glycémie est basse (« alarme hypo ») permettant aux patients de se resucrer plus rapidement. Certains de ces systèmes sont réservés aux patients avec un diabète de type 1 ayant fait une hypoglycémie sévère.
- En cas d'hypoglycémie sévère, l'entourage doit être formé pour utiliser le glucagon (voir fiche 48).

FICHE

41

L'acétone : quand, pourquoi, que faire ?

La présence d'acétone traduit une carence en insuline (le foie utilise alors les acides gras et produit des corps cétoniques acides).

Circonstances de survenue

- Arrêt de l'insuline (volontaire ou par crainte des hypoglycémies en cas de vomissement ou d'arrêt de l'alimentation).
- Non-adaptation des doses d'insuline en cas d'augmentation importante des besoins (infection, corticothérapie, chirurgie…).
- Panne de pompe à insuline externe (obstruction du cathéter, déconnexion…). L'apparition d'une cétose peut être rapide, en 2 heures, car absence de réserve sous-cutanée d'insuline.
- Grossesse : causes précédentes mais l'apparition d'une acidocétose est très rapide, en particulier au troisième trimestre, ceci est lié en partie à la diminution du pouvoir tampon (baisse des bicarbonates sanguins). Attention l'hyperglycémie peut être modérée.

Symptômes

- Syndrome polyuro-polydipsique lié à l'hyperglycémie.
- Nausées, vomissement.
- Douleur abdominale.
- Asthénie.
- Crampes.

Conduite à tenir

- Si glycémie > 2,50 g/l en dehors de la période post-prandiale.
- Réaliser une acétonémie à l'aide de bandelettes spécifiques. Au-delà de 0,50 mmol/l, il est recommandé d'effectuer une dose d'insuline rapide pour interrompre la production de corps cétoniques. Cette dose doit être faite avec un stylo à insuline et en aucun cas avec la pompe dont on pense qu'elle peut dysfonctionner :
  - entre 0,5 mmol/l et 1,5 mmol/l : 5 U ;
  - entre 1,5 et 3 mmol/l : 10 U ;
  - plus de 3 mmol/l : 15 U.
- À cette dose, il faudra ajouter la dose pour abaisser la glycémie.
- Surveillance toutes les 3 à 4 h de la glycémie et l'acétonémie en appliquant la même procédure jusqu'à disparition de l'acétonémie.

! *Attention*

- En cas de persistance de l'acétonémie à un niveau élevé (> 3 mmol/l), ou si troubles digestifs, en particulier des vomissements empêchant une hydratation par voie orale, il faut aller au SAU pour traiter une possible acidocétose (voir fiche 49) et mettre en place une réhydratation intraveineuse.
- Une « gastro-entérite » chez un patient avec un diabète de type 1 est jusqu'à preuve du contraire une cétose débutante !
- Ne jamais arrêter l'insuline basale (par injections sous-cutanées ou par pompe), quelles que soient les circonstances : infections, anorexie, vomissements, intervention chirurgicale.
- Dans les situations de stress biologique, les doses d'insuline à injecter sont déterminées par les résultats de la glycémie et de la cétonurie/cétonémie et non par ce que le patient mange.

PARTIE 5

Complications chroniques

La rétinopathie diabétique

Tous les patients diabétiques sont à risque de développer une rétinopathie diabétique (RD) qui dépend d'une part de la durée du diabète et d'autre part du contrôle glycémique. L'hypertension artérielle est un facteur aggravant.
La RD est une microangiopathie rétinienne (atteinte des capillaires) précédée d'une atteinte neuronale rétinienne. Sa physiopathologie est complexe et multifactorielle et encore mal comprise.
Les deux mécanismes pouvant concourir à une perte de vision sont la prolifération de néovaisseaux et l'œdème maculaire.
Les néovaisseaux prolifèrent sous l'effet du VEGF lorsque la rétine est devenue ischémique suite à l'occlusion des capillaires rétiniens. Ces néovaisseaux risquent d'entraîner un décollement de rétine, une hémorragie du vitrée, un glaucome néovasculaire, responsables d'une baisse de l'acuité visuelle.
L'hyperperméabilité de la paroi des capillaires rétiniens, en particulier en amont des occlusions, est source d'œdème. Lorsque cet œdème touche la zone de la vision de la rétine, la macula, cela conduit à l'œdème maculaire qui est aussi la cause principale de mal voyance au cours de la RD.
Selon l'étude ENTRED 3 (dont les premiers résultats sont parus en 2022), la RD est plus fréquente chez les patients avec un DT1. En effet, ces derniers déclarent avoir une RD lasérisée dans 31 % des cas *versus* 16,8 % chez le patient avec un DT2.

Dépistage de la rétinopathie diabétique

■ Avant d'entraîner un drame (décollement de rétine, hémorragie du vitrée, glaucome néovasculaire), la rétinopathie diabétique est totalement asymptomatique. Elle doit donc être dépistée (tableau 42.1).

Tableau 42.1. Les différents stades de la rétinopathie diabétique (RD) et leur prise en charge ophtalmologique.

Stade de la RD	Description	Traitement OPH
RD non proliférante minime	Microanévrismes, micro-hémorragies peu nombreuses	Aucun
RD non proliférante modérée	Microanévrismes, microhémorragies, anomalies veineuses, anomalies micro-vasculaires intrarétiniennes (AMIR)	Aucun
RD non proliférante sévère	Un des trois critères : – microhémorragies et microanévrismes > à 20 dans les 4 cadrans – anomalies veineuses dans 2 cadrans – AMIR sévères dans 1 cadran	Panphotocoagulation rétinienne (PPR) (laser) sera discutée à la puberté, pendant, la grossesse ou suite à une équilibration rapide de la glycémie
RD proliférante	Néovaisseaux	Panphotocoagulation rétinienne (laser)
RD proliférante à haut risque	Extension des néovaisseaux associée à une hémorragie intravitréenne	PPR en urgence
RD non proliférante sévère compliquée	Décollement de rétine Hémorragie intravitréenne totale Glaucome néovasculaire Rubéose irienne	PPR en urgence Vitrectomie
Présence d'un œdème maculaire		Laser autour de la macula Injection intravitréenne d'anti-VEGF ou de corticoïdes

- Dans le diabète de type 1, le dépistage débute après 5 années de diabète et sera ensuite annuel.
- Dans le diabète de type 2, le dépistage doit se faire dès la découverte du diabète. En l'absence de rétinopathie, en présence d'un diabète bien équilibré et d'une pression artérielle contrôlée, le dépistage peut être fait tous les 2 ans. Par contre, en présence d'un diabète ou d'une pression artérielle non contrôlés, le dépistage doit être annuel.
- En l'absence de rétinopathie ou en présence d'une rétinopathie minime, le dépistage peut reposer sur le rétinographe. Cet appareil permet de faire des photographies du fond d'œil avec une interprétation différée par des ophtalmologistes en réseau.

- Lorsque le dépistage est effectué à l'aide du rétinographe, l'absence d'examen par un ophtalmologiste ne permet pas la prise de pression oculaire ni la prescription de verres correcteurs.
- Lorsque le dépistage est réalisé par le rétinographe, il faut penser à adresser le patient diabétique tous les 2 à 4 ans chez un ophtalmologiste afin d'avoir un bilan complet, en particulier lorsqu'il y a un antécédent familial de glaucome.
- En présence d'une rétinopathie, le suivi doit être organisé chez l'ophtalmologiste qui en définira le rythme.
- Une patiente diabétique qui souhaite débuter une grossesse doit avoir un fond d'œil avant la conception et un suivi au minium trimestriel pendant la grossesse.

Comment savoir si mon patient est bien suivi d'un point de vue ophtalmologique ?

- Il est indispensable d'avoir un compte rendu écrit de l'ophtalmologiste afin de connaître l'état rétinien et le rythme de suivi nécessaire.
- Plusieurs situations conditionnent l'espacement du suivi ophtalmologique :
  - le stade de la maladie rétinienne ;
  - certaines périodes de la vie à risque d'aggravation rapide d'une rétinopathie : la puberté et la grossesse ;
  - après une équilibration brutale de la glycémie (attention à la prise d'analogue de GLP1, mise à l'insuline, chirurgie bariatrique) ;
  - après une chirurgie de la cataracte.
- Dès le stade de rétinopathie modérée, le patient doit pouvoir raconter qu'il a eu une dilatation pupillaire (il a donc été très gêné par la lumière pendant plusieurs heures) et une série de photographies du fond d'œil.
- En présence d'une rétinopathie modérée, le suivi ophtalmologique est de 6 mois à un an.
- En présence d'une RD non proliférante sévère, il doit être revu à moins de 6 mois.
- En présence d'une RD non proliférante sévère, il doit être revu tous les 2 mois pour la panphotocoagulation rétinienne.
- En présence d'une RD non proliférante compliquée, il doit être revu dans les 15 jours.
- En présence d'un œdème maculaire, le suivi est de 1 à 3 mois.
- L'angiographie à la fluorescéine n'est plus un examen de routine. Elle sera pratiquée par l'ophtalmologiste en présence d'un œdème maculaire ou au stade de RD non proliférante sévère.
- La tomographie par cohérence optique (OCT pour *optical coherence tomography*) sera demandée par l'ophtalmologiste pour rechercher régulièrement l'œdème maculaire débutant dans le cadre d'une RD.

Le patient a une rétinopathie diabétique, quel est le rôle du médecin généraliste ?

- S'assurer du bon équilibre du diabète avec une HbA1c à l'objectif. En effet, il est démontré que l'équilibre du diabète prévient la rétinopathie et prévient son aggravation. Attention, en cas de RD sévère non stabilisée par du laser, une baisse brutale de la glycémie peut aggraver la RD. Dans ce cas, l'équilibration du diabète doit être très progressive dans les premiers temps du traitement ophtalmologique.
- S'assurer que la pression artérielle est bien contrôlée (< à 140/90 mmHg). En effet, il est prouvé que l'hypertension artérielle aggrave la rétinopathie.
- En présence d'un œdème maculaire, il faut éliminer les causes d'aggravation :
  - pression artérielle mal contrôlée : ne pas hésiter à demander un Holter tensionnel ;
  - rechercher un syndrome d'apnées du sommeil si le contexte est en faveur. En effet, les poussées de pression artérielle nocturne au cours des apnées aggravent l'œdème maculaire.
- Tenir au courant l'ophtalmologiste du niveau d'HbA1c et de pression artérielle avec une fiche de liaison.
- Il n'y a pas de contre-indication à la prescription d'antiagrégants plaquettaires chez un patient diabétique qui présente une rétinopathie.
- Il n'y a pas de contre-indication à la prescription d'anticoagulants chez un patient diabétique qui présente une rétinopathie.

À savoir

Comment répondre aux questions de mon patient concernant la rétinopathie diabétique ?

Pourquoi faire un fond d'œil alors que je vois bien ?
Réponse : parce que la rétine peut être très abîmée par le diabète mais tant que la petite zone de la vision (la macula) n'est pas touchée, l'acuité visuelle est préservée. Mais on peut brutalement d'un jour à l'autre perdre la vue d'un œil si la rétine abîmée se décolle, si elle se met à saigner ou si la zone de vision se remplit brutalement d'eau (œdème). Alors que tous ces drames peuvent être évités si on soigne la rétine pendant qu'il est encore temps.

Est-ce qu'en tant que diabétique j'ai un risque accru de dégénérescence maculaire liée à l'âge (DMLA) ?
Réponse : non.

À quoi sert l'angiographie rétinienne ?

Réponse : à visualiser de manière plus fine les petites hémorragies et l'occlusion des capillaires.

À quoi sert le laser ?

Lorsque la rétine souffre, elle se met à fabriquer une quantité de petits vaisseaux qui prolifèrent, saignent, bouchent les zones d'évacuation des sérosités, tirent sur la rétine et abîment la zone de la vision (macula). Le but du laser est de « bombarder » la rétine pour l'empêcher de fabriquer tous ces petits vaisseaux anarchiques et ainsi préserver la zone de la vision (macula). La panphotocoagulation au laser peut faire perdre un peu d'acuité visuelle mais le but est de sauver la vue à long terme.

À quoi servent les injections intravitréennes de VEGF ?

Réponse : à empêcher l'œdème de toucher la macula. Les corticoïdes ont le même rôle, un effet anti-œdémateux.

Attention

Autres atteintes ophtalmologiques possibles chez le patient diabétique

- La cataracte est plus fréquente et survient plus précocement chez un patient diabétique.
- Le glaucome chronique à angle ouvert est un peu plus fréquent chez le patient diabétique et justifie qu'il voit un ophtalmologiste tous les 2 à 3 ans s'il fait son dépistage uniquement par le rétinographe.
- Les paralysies oculomotrices secondaires à une mononévrite diabétique seraient plus fréquentes chez le patient diabétique. Elles sont habituellement réversibles en 3 mois.
- La rétinopathie hypertensive peut être associée et aggravée par une RD.
- La cornée du patient diabétique est plus fragile et en présence d'une hyperglycémie chronique, le risque de kératite microbienne est augmenté.

Pour en savoir plus, référentiel pour le dépistage et la surveillance des complications oculaires du patient diabétique. Société francophone du diabète 2016.

FICHE

43

La néphropathie diabétique

La néphropathie diabétique typique est secondaire à une hyperglycémie chronique. Cette hyperglycémie va altérer les capillaires du glomérule (et peut-être aussi les podocytes).
C'est donc typiquement une **glomérulopathie**, dont la 1re manifestation sera l'augmentation de l'excrétion d'albumine dans les urines.
Elle peut toucher aussi bien le patient atteint d'un diabète de type 1, que de type 2, ou d'un autre type de diabète, après au moins 5 ans d'évolution.
Il existe des facteurs génétiques prédisposants ou protecteurs qui font que tous les patients diabétiques mal équilibrés développeront une rétinopathie, mais pas forcément une glomérulopathie.

Dépister une glomérulopathie

- Le dépistage repose sur un dosage du rapport albuminurie/créatininurie sur un échantillon d'urine.
- Au bout de 5 ans dans le diabète de type 1 et dès le début dans le diabète de type 2.
- À répéter tous les ans.
- Ne pas faire le dosage pendant les règles, après un exercice physique intense, lors d'une poussée d'insuffisance cardiaque, en présence d'une infection ou d'une fièvre, en présence d'une HTA non contrôlée.
- On parle de microalbuminurie positive si le rapport microalbuminurie/créatininurie est supérieur à 30 mg/g ou 3 mg/mmol.
- On parle de macroalbuminurie si le rapport est supérieur à 300 mg/g ou 30 mg/mmol.
- Un dosage de microalbuminurie positif doit être confirmé à 2 reprises sur 3 à 4 mois. Lors de la 2e mesure on demande en même temps un ECBU pour rechercher une hématurie et/ou une leucocyturie.

- Si le dosage est au stade de la macroalbuminurie, il doit être confirmé plus rapidement.
- Le dépistage annuel s'accompagne toujours d'un dosage de créatinine et d'une évaluation du débit de filtration glomérulaire (DFG) si possible par la méthode CKD-EPI.
- L'échographie rénale ne fait pas partie du bilan systématique. Elle sera demandée uniquement en cas de doute (obstacle ?) en présence d'une hématurie, ou d'une diminution rapide de la filtration glomérulaire ou de symptômes de colique néphrétique.

Affirmer la présence d'une glomérulopathie diabétique

Le diagnostic de glomérulopathie diabétique est typique en cas de :

- diabète > à 5 ans pour le diabète de type 1 ;
- microalbuminurie progressivement croissante suivie d'une macroalbuminurie progressivement croissante ;
- absence d'hématurie ;
- absence de leucocyturie ;
- diminution lentement progressive de la filtration glomérulaire en l'absence de traitement de 10 ml/min/an ;
- présence d'une rétinopathie à un stade avancé. Mais, il peut y avoir un décalage entre l'évolution de la rétinopathie et de la néphropathie. Et dans le diabète de type 2, la rétinopathie peut être absente ;
- apparition d'une HTA au stade de macroalbuminurie. Mais l'HTA précède la maladie rénale dans le diabète de type 2.

On doit douter du diagnostic de glomérulopathie diabétique, devant :

- une leucocyturie ou une hématurie ;
- une diminution rapide de la filtration glomérulaire ;
- l'absence d'une rétinopathie dans le diabète de type 1 ;
- une augmentation rapide de l'albuminurie.

Dans tous ces cas, il convient de demander l'avis d'un néphrologue.

Histoire naturelle de la glomérulopathie diabétique

L'apparition d'une glomérulopathie diabétique nécessite au moins 5 ans de diabète déséquilibré (typiquement HbA1c > 9 %). Elle s'accompagne le plus souvent d'une rétinopathie concomitante.

Dans un 1er temps, elle entraîne une hyperfiltration rénale sans microalbuminurie et sans hypertension artérielle.

Dans un 2e temps, apparaît une microalbuminurie qui va s'aggraver progressivement sur plusieurs années mais sans insuffisance rénale.
Puis apparaît le stade de la macroalbuminurie. Celle-ci va s'accompagner d'une insuffisance rénale qui, sans traitement, va s'aggraver en moyenne de 1 ml/min/mois ou 10 ml/min/an. À ce stade, si le patient n'était pas hypertendu (patient diabétique de type 1), une hypertension artérielle apparaît.
L'échographie rénale qui habituellement n'est pas demandée, montrerait au stade initial d'hyperfiltration, une augmentation de la taille des reins, puis une diminution progressive de cette taille jusqu'à obtenir deux petits reins réguliers au stade d'insuffisance rénale avancée.
La maladie rénale chronique liée à la glomérulopathie est classée comme pour les autres néphropathies en cinq stades :

- stade I : DFG > 90 ml/min ;
- stade II : DFG entre 60 et 90 ml/min ;
- stade III : DFG < 60 ml/min ;
- stade IV : DFG < 30 ml/min ;
- stade V : DFG < 15 ml/min.

Quand adresser le patient au néphrologue ?

- En cas d'atypie (voir ci-dessus).
- Si la pression artérielle n'est pas à l'objectif, malgré l'utilisation de 3 ou 4 médicaments.
- En présence d'un DFG < 60 ml/min afin de mettre en place la prise en charge des complications de l'insuffisance rénale chronique.

Traitement de la glomérulopathie diabétique

- Dès la confirmation d'une microalbuminurie positive à trois reprises, il faut débuter un traitement par un bloqueur du système rénine-angiotensine-aldostérone (RAA). On peut utiliser un IEC ou un sartan.
- Équilibrer le diabète. L'équilibre du diabète a prouvé son efficacité pour prévenir et ralentir l'évolution de la glomérulopathie diabétique. Idéalement, il convient d'obtenir une HbA1c < 7 %, sauf en présence d'un contexte contre-indiquant cet objectif.
- À l'introduction de ce traitement, il convient de vérifier la kaliémie 8 jours plus tard.
- On augmente progressivement le traitement tant que le rapport microalbuminurie/créatininurie (RAC) reste positif. Celui-ci doit être mesuré après au moins 6 semaines de traitement.
- À chaque augmentation de dose du médicament, la kaliémie doit être recontrôlée 8 jours plus tard.

- Si malgré l'introduction et l'augmentation de ce traitement, la pression artérielle reste supérieure à 130/80 mmHg, on doit intensifier le traitement antihypertenseur en associant un diurétique thiazidique ou un inhibiteur calcique.
- En présence d'une glomérulopathie diabétique, l'objectif tensionnel est revu à la baisse avec un objectif à moins de 130/80, sauf si cela comporte des risques pour le patient.
- On ne doit pas mettre en place un régime hypoprotidique.
- En présence d'une pression artérielle difficile à contrôler, il est conseillé de réduire l'apport en sel.
- Dans le cas du diabète de type 2, les analogues de GLP1 et **surtout les inhibiteurs des SGLT2** ont des propriétés néphroprotectrices clairement démontrées dans des études de haut niveau de preuve. Les analogues du GLP1 peuvent ralentir l'évolution de la microalbuminurie vers la macroalbuminurie. Mais surtout les **inhibiteurs de SGLT2** ont prouvé leur efficacité pour ralentir, en plus, la progression de la maladie rénale chronique vers la dialyse. Ils sont maintenant indiqués comme médicaments néphroprotecteurs indépendamment de leur effet hypoglycémiant, en plus du blocage du système rénine-angiotensine. Cet effet est lié à une baisse de la pression intraglomérulaire. Il est donc normal d'observer, lorsqu'on les introduit, une baisse initiale du DFG (dans les deux mois). Cette baisse est fonctionnelle et ne traduit pas une néphrotoxicité. Il faut poursuivre le traitement. On peut l'initier pour un DFG > 20 ml/min, et on le poursuit même si le DFG descend en dessous de 20 ml/min. Pour rappel cette classe de médicaments ne se donne pas dans le diabète de type 1.
- L'apparition d'une glomérulopathie diabétique signe aussi un tournant dans le risque cardiovasculaire. L'apparition et la confirmation d'une microalbuminurie positive doivent faire revoir à la baisse l'objectif de LDL-cholestérol, qui devient inférieur à 0,7 g/l. En cas de protéinurie, l'objectif devient < 0,55 g/l.
- La présence d'une insuffisance rénale doit pousser à réévaluer la posologie des différents médicaments, en particulier des médicaments hypoglycémiants. En présence d'un DFG < 30 ml/min, la metformine et les sulfamides hypoglycémiants doivent être arrêtés.

Autres maladies rénales en présence du diabète

L'hyperglycémie chronique peut favoriser les infections. On peut observer dans le contexte d'un diabète très mal équilibré, des infections urinaires et des pyélonéphrites plus fréquentes.

En présence de complications graves du diabète, en particulier de la neuropathie végétative, la vessie peut être touchée par la dysautonomie. Le patient ne perçoit plus vraiment l'envie d'uriner, ce qui va distendre la vessie et entraîner un résidu post-mictionnel. Dans ce contexte, le risque majeur est l'infection récurrente du haut appareil (pyélonéphrite à répétition), ce qui risque d'aggraver l'insuffisance rénale.

FICHE

44

La neuropathie sensitive, la neuropathie douloureuse et les autres atteintes neurologiques

La neuropathie sensitive et la neuropathie douloureuse sont des polyneuropathies. Ce sont les formes les plus fréquentes d'atteinte neurologique du diabète .

Leur incidence augmente avec la durée du diabète, l'équilibre du diabète, l'âge, et d'autres facteurs de risque.

La forme clinique la plus fréquente est la polyneuropathie sensitivomotrice remontant « en chaussette », avec perte de la sensibilité des pieds à tous les modes, en particulier à la douleur. Elle doit être recherchée systématiquement par l'examen clinique, car elle prédispose au risque de plaies du pied. Par contre, l'exploration électrophysiologique est inutile quand la neuropathie est typique.

Elle peut être associée à la neuropathie douloureuse (dite aussi neuropathie des petites fibres), qu'il faut rechercher par l'interrogatoire et traiter.

Le pronostic des polyneuropathies est nettement moins bon que celui des mononeuropathies et mononeuropathies multiples.

La fréquence de la polyneuropathie diabétique périphérique est diversement appréciée selon les critères pris en compte pour la définir. Si on retient des critères cliniques, on estime sa prévalence à 50 % chez les diabétiques dont la maladie évolue depuis plus de 20 ans, et également à 50 % chez les diabétiques âgés de plus de 70 ans.

Les petites et les grosses fibres

- La polyneuropathie diabétique peut comporter une atteinte des *petites* fibres. Ce sont les fibres les plus nombreuses, et celles atteintes le plus précocement. Elles conduisent la sensibilité au froid et à la piqûre, et la sensibilité à la chaleur et à la douleur. Ces petites fibres ne sont pas explorées par l'EMG. L'atteinte des petites fibres est responsable de la neuropathie douloureuse.
- Les *grosses* fibres myélinisées conduisent la sensibilité au tact (testée par le monofilament) et la proprioception (testée par le diapason). Elles sont atteintes plus tardivement. L'EMG n'explore que ces grosses fibres. L'atteinte isolée des grosses fibres n'entraîne pas de douleur.
- Tout peut se voir : atteinte des unes, ou des autres, ou des deux sortes de fibres.

Facteurs favorisants

Les facteurs déterminant la survenue de la polyneuropathie diabétique sont :

- l'équilibre glycémique et la durée du diabète, comme pour la rétinopathie et la glomérulopathie ;
- mais il existe assez fréquemment des neuropathies diabétiques isolées sans rétinopathie ni glomérulopathie, compliquant le plus souvent un diabète apparemment pas trop mal équilibré, ou des neuropathies révélant un diabète méconnu ou même un diabète d'apparition récente. On peut aussi voir cette polyneuropathie au stade de prédiabète (syndrome métabolique). Il existe en effet des facteurs de susceptibilité :
  - l'âge, la majorité des neuropathies diabétiques survenant après l'âge de 50 ans,
  - le sexe masculin,
  - la grande taille, en raison de la longueur des fibres nerveuses : plus elles sont longues, plus leur extrémité est sensible aux toxiques que sont la glycémie et l'alcool,
  - un alcoolisme associé,
  - des facteurs nutritionnels (carences vitaminiques, dénutrition),
  - une hypoxie chronique (SAS, tabac),
  - une ischémie par artérite des membres inférieurs,
  - le surpoids et la dyslipidémie : la neuropathie apparaît dès le stade de syndrome métabolique.

Par ailleurs, une équilibration brutale de l'hyperglycémie peut déclencher une neuropathie douloureuse, qui dans ce cas précis et rare, peut régresser.

La neuropathie douloureuse

- Ces douleurs sont à rechercher par un interrogatoire précis.
- Le patient ne se plaint pas spontanément car il ne fait pas le lien avec le diabète.
- Elles n'ont souvent pas d'association avec l'examen clinique, et l'EMG est normal.
- Seule la biopsie cutanée mettrait en évidence la raréfaction des petites fibres, mais cet examen invasif et coûteux est réservé pour la recherche.
- Elles sont caractérisées par :
  - leur horaire : au repos, intensifiées la nuit et parfois soulagées par la marche pieds nus ;
  - leur type : allodynie (sensation douloureuse au frottement léger comme celui des draps), hyperalgésie, sensation intolérable de brûlures, de froid ou de chaud douloureux, décharges électriques… ;
  - leur symétrie, au niveau des deux pieds, de la plante ou au-delà, des mollets ;
  - leur association à des dysesthésies (fourmillements) ;
  - leur association à un prurit.
- Les manifestations douloureuses peuvent être isolées, avec une sensibilité au tact préservée et un EMG normal ! La seule anomalie clinique est parfois une diminution de la sensibilité thermique. Il faut donc absolument croire le patient sur parole et prendre en charge cette neuropathie douloureuse.
- Leur intensité peut être telle qu'elle provoque une dépression réactionnelle avec parfois une anorexie, un amaigrissement sévère permettant d'individualiser une forme cachectique pseudo-néoplasique.
- Le questionnaire DN4 (douleur neuropathique en 4 questions) est validé pour affirmer le diagnostic de neuropathie douloureuse (encadré 44.1) : un score ≥ 4/10 a une sensibilité de 83 % et une spécificité de 90 % pour identifier la douleur neuropathique.
- Une fois le diagnostic de neuropathie douloureuse posé, avant d'entreprendre un traitement, on doit mesurer l'intensité de la douleur (cotation sur 10) sur une échelle visuelle analogique ou numérique, afin d'évaluer l'efficacité du traitement.
- Pour autant, toutes les douleurs des membres inférieurs chez un patient diabétique ne sont pas obligatoirement liées à la neuropathie du diabète : douleur d'artériopathie oblitérante des membres inférieurs, autre cause de douleurs neuropathiques (névrome de Morton, mononévrite douloureuse comme la cruralgie, radiculalgies comme dans le canal lombaire étroit), ou encore le syndrome des jambes sans repos.

Encadré 44.1

Le questionnaire DN4

Interrogatoire du patient

Question 1 : la douleur présente-t-elle une ou plusieurs des caractéristiques suivantes ? (Oui/Non)

- brûlure ;
- sensation de froid douloureux ;
- décharges électriques.

Question 2 : la douleur est-elle associée dans la même région à un ou à plusieurs des symptômes suivants ? (Oui/Non)

- fourmillements ;
- picotements ;
- engourdissements ;
- démangeaisons.

Examen du patient

Question 3 : la douleur est-elle localisée dans un territoire où l'examen met en évidence...

- une hypoesthésie au tact ?
- une hypoesthésie à la piqûre ?

Question 4 : la douleur est-elle provoquée ou augmentée par le frottement ?

- Oui ☐ = 1 point
- Non ☐ = 0 point

Score du patient sur 10 points

Valeur seuil pour le diagnostic de douleur neuropathique : 4/10

D'après Bouhassira D, Attal N, Fermanian J, et al. Development and validation of the Neuropathic Pain Symptom Inventory. Pain 2004 ; 108(3) : 248-57.

Traitement de la neuropathie douloureuse

- Il ne faut pas hésiter à adresser le patient dans un centre d'évaluation et de traitement de la douleur (CETD), dont c'est la spécialité.
- Si la douleur est localisée (par exemple aux plantes de pied), on peut proposer les patchs Versatis® matin et soir.
- Dans les CETD peuvent être posés des patchs à la capsaïcine plus puissants (Qtenza®).
- Pour le traitement par voie générale, on a le choix en première intention entre deux classes de médicaments, que l'on peut ensuite associer : les antiépileptiques (notamment la gabapentine) et certains antidépresseurs (amitriptyline, duloxétine...).
- Si la douleur est peu intense (EVA < 3/10), on peut utiliser un antalgique de palier 1. En cas de douleurs plus intenses (EVA > 3/10), on utilisera un antiépileptique ou un antidépresseur.

■ À la dose maximale tolérée, en cas d'efficacité < 30 %, il convient de changer de classe médicamenteuse antalgique.

■ Quelle que soit la molécule utilisée, si l'efficacité est seulement partielle à la dose maximale tolérée mais > 30 %, il convient d'ajouter une deuxième classe médicamenteuse antalgique.

Les antiépileptiques : gabapentine (Neurontin®), prégabaline (Lyrica®)

■ La gabapentine :

- la posologie doit être adaptée à la fonction rénale ;
- il est conseillé de débuter le traitement par 300 mg/j en 3 prises et d'augmenter par paliers de 7 j (la dose efficace allant de 1 200 à 3 600 mg/j en 3 prises) ;
- la tolérance du médicament est aussi difficile (asthénie, nausées, vertiges, somnolence notamment).

■ La prégabaline :

- la prégabaline ne doit plus être introduite en première intention dans le traitement de la neuropathie algique en raison de phénomène de dépendance observé avec ce traitement ;
- adapter la dose à la fonction rénale ;
- il est recommandé de commencer à 150 mg/j en 2 prises puis d'augmenter tous les 3 à 7 j de 150 mg jusqu'à 300 à 600 mg/j en 2 prises ;
- compte tenu d'un risque de syndrome de sevrage, l'arrêt doit être progressif ;
- les effets secondaires sont une limite à l'utilisation (vertiges, asthénie, nausées, prise de poids…).

Les antidépresseurs : les tricycliques ou la duloxétine

■ Les antidépresseurs tricycliques : imipramine (Tofranil®), clomipramine (Anafranil®) ou amitriptyline (Laroxyl®) :

- l'effet antalgique apparaît souvent plus rapidement que l'effet antidépresseur avec parfois une posologie différente, plus faible ou plus forte ;
- la dose de départ est de 10 à 25 mg par jour en une prise vespérale de manière à favoriser le sommeil et à limiter les effets sédatifs dans la journée ;
- la dose est augmentée de 10 à 25 mg, une à deux fois par semaine. La dose d'entretien efficace est habituellement de 50 à 100 mg par jour (le plus souvent 75 mg/j) et le traitement est à poursuivre pendant au moins trois semaines avant de conclure à son inefficacité ;
- les effets secondaires sont dose-dépendants et dominés par les effets sédatifs, les effets anticholinergiques (sécheresse de la bouche, constipation, aggravation d'un bloc auriculoventriculaire, rétention aiguë d'urine, troubles de l'accommodation), les effets adrénolytiques (impuissance, hypotension orthostatique) ;

- les contre-indications sont principalement l'adénome de prostate, les troubles du rythme cardiaque, l'infarctus récent et le glaucome.

■ Les inhibiteurs de recapture de la sérotonine et de la noradrénaline : duloxétine (Cymbalta®) :

- la dose de 60 mg permet d'obtenir l'effet antalgique maximal. Il convient de débuter à 30 mg/j pendant 7 j ;
- les effets indésirables les plus fréquents sont la somnolence, les nausées, les vertiges, la constipation, la sécheresse de la bouche, une perte d'appétit. Il ne doit pas être prescrit en cas d'insuffisance hépatocellulaire, d'insuffisance rénale sévère et de glaucome à angle fermé non contrôlé.

■ Les inhibiteurs de la recapture de la sérotonine comme la paroxétine (Deroxat®), le citalopram (Seropram®) et la fluoxétine (Prozac®) n'ont pas d'efficacité dans la neuropathie douloureuse.

Dans les formes les plus sévères, on peut être amené de façon exceptionnelle à recourir à des antalgiques majeurs de niveau 3, de type morphine *per os* (oxycodone à libération prolongée : Oxynorm® et Oxycontin®) ou fentanyl transdermique (Durogesic®).

La polyneuropathie sensitivomotrice

■ Elle peut concerner les petites fibres et être douloureuse (voir ci-dessus), mais aussi entraîner uniquement un déficit sensitif, sans douleur. L'atteinte des grosses fibres donne une perte de la sensibilité au tact et à la proprioception. Celle des petites fibres, une perte de la sensibilité thermo-algique.

■ La perte de sensibilité ne concerne au début pas tout le pied. Elle prédomine à l'avant-pied. Puis s'étend avec le temps pour remonter parfois jusqu'aux genoux. Quand les genoux sont touchés, elle peut concerner les mains (neuropathie liée à la longueur des axones).

■ L'examen trouve :

- une abolition des réflexes achilléens et parfois rotuliens ;
- une altération de la sensibilité profonde, avec diminution de la sensibilité vibratoire au diapason ;
- des troubles de la sensibilité superficielle tactile (monofilament), thermique et à la piqûre, l'insensibilité à la douleur pouvant paradoxalement s'associer à une hyperpathie au tact, voire au simple frottement des draps ; cette atteinte de la sensibilité superficielle expose les patients au risque podologique ;
- l'anesthésie à la douleur joue un rôle essentiel dans la pathogénie des ulcérations trophiques des pieds. En perdant la sensibilité à la douleur, le malade perd en effet le moyen fondamental de protection des pieds ;
- la neuropathie va entraîner des déformations et de l'hyperkératose sur les zones d'appui et de frottement (voir fiche 45).

On distingue finalement trois grandes formes anatomocliniques.

- La forme dite des petites fibres :
  - elle est remarquable par une hypoesthésie à la douleur et à la chaleur, pouvant être responsable de brûlures indolores, alors que la sensibilité tactile et vibratoire est conservée ;
  - les réflexes sont retrouvés, au moins au début. Dans la majorité des cas mais non constamment, cette forme s'accompagne de douleur.
- À l'opposé, l'atteinte des grosses fibres myéliniques est responsable :
  - d'une abolition des réflexes ostéotendineux ;
  - d'une perte de la sensibilité tactile et vibratoire et du sens de position segmentaire avec au maximum une ataxie ;
  - cette ataxie, avec troubles de l'équilibre à la station debout, est parfois la plainte principale du malade, gêné pour la marche et la station debout ;
  - cette neuropathie est la source des plaies chroniques.
- Les formes motrices. Une atteinte motrice asymptomatique accompagne les formes à expression sensitive dominante, mais il existe des formes où l'atteinte motrice prédomine avec une amyotrophie caractéristique des petits muscles des mains et des pieds et notamment une fonte des espaces interosseux. On voit exceptionnellement une paralysie du SPE.

À savoir

L'électromyogramme

- **Il ne doit être demandé qu'en cas d'atypie : forme d'évolution rapide et/ou asymétrique et/ou touchant les membres supérieurs.**
- **L'électromyogramme de la neuropathie diabétique révèle un profil caractérisé par un ralentissement des vitesses de conduction nerveuse, ainsi qu'une diminution de l'amplitude des potentiels d'action des nerfs sensitifs, puis moteurs.**
- **Il ne permet cependant pas d'explorer les fibres de la douleur.**
- **C'est un examen le plus souvent inutile pour le diagnostic et la surveillance de la neuropathie diabétique. Son indication relève donc du spécialiste.**

Traitement de la polyneuropathie sensitivomotrice

- Le traitement de la neuropathie sensitive repose sur l'équilibre aussi parfait que possible du diabète, véritable traitement préventif de la neuropathie diabétique. Il permet la prévention, et freine son évolution.
- Il n'y a aucun traitement médicamenteux spécifique en 2023 susceptible de prévenir ou ralentir l'évolution de la neuropathie.

- Mais il est possible que l'activité physique prévienne la perte des fibres. Ce n'est pas complètement prouvé, mais en l'absence de traitement médicamenteux, il est très important de proposer cette solution au patient.
- De même, la metformine a montré une certaine efficacité dans une petite étude. Ne pas hésiter à donner ce traitement dans ce contexte.
- Attention à l'équilibration très rapide de l'hyperglycémie, qui peut déclencher une neuropathie douloureuse. Mais dans ces circonstances aiguës, elle peut souvent régresser.

Les mononeuropathies et les mononeuropathies multiples

- Elles représentent 10 à 15 % des neuropathies diabétiques.
- Leur début est brutal, faisant suspecter une pathologie ischémique, mais parfois il s'agit seulement de la compression radiculaire ou tronculaire d'un nerf « fragilisé par le diabète ».
- Ces mononeuropathies se traduisent essentiellement par des signes moteurs déficitaires, des douleurs évocatrices par leur exacerbation nocturne.
- Le pronostic des mononeuropathies et des mononeuropathies multiples est en général excellent ou bon, quelle que soit la nature du traitement, et ce en quelques mois. On se contente en général d'une équilibration parfaite du diabète et d'un traitement symptomatique de la douleur quand cela est nécessaire.

Les membres inférieurs sont le plus souvent intéressés

- Les cruralgies sont surtout remarquables par :
  - l'absence de syndrome rachidien ;
  - l'atteinte volontiers pluriradiculaire touchant le psoas, le quadriceps, les adducteurs de cuisse et parfois les péroniers latéraux ;
  - toutefois, la symptomatologie « inflammatoire » de la cruralgie avec ses douleurs de la face antéro-interne de la cuisse à recrudescence nocturne peut également s'observer en cas de neurinome ou de hernie discale, notamment lorsqu'il s'agit d'une hernie latérale comprimant la racine dans le trou de conjugaison. Au moindre doute, il importe donc de pratiquer un scanner ou une IRM ;
  - la cruralgie aiguë douloureuse soit être traitée par corticoïdes.
- La méralgie paresthésique se caractérise par :
  - des dysesthésies de la face externe de la cuisse ;
  - souvent favorisée par une compression du fémoro-cutané.
- La paralysie du sciatique poplité externe est caractérisée par un déficit des releveurs du pied.
- Les membres supérieurs (radial, cubital, médian) peuvent être touchés : compression fréquente du nerf médian dans le canal carpien.

L'atteinte des nerfs oculomoteurs est parmi les plus fréquentes

- Un tiers des paralysies oculomotrices seraient d'origine diabétique.
- Le III et le VI sont plus souvent intéressés que le IV.
- La paralysie est souvent précédée pendant quelques jours de douleurs vives.
- L'atteinte du III épargne en règle générale les fibres plus superficielles du III intrinsèque. La réactivité pupillaire est donc normale.
- L'ophtalmoplégie diabétique typique se présente avec une douleur unilatérale, un ptosis et une diplopie, alors que la fonction pupillaire est normale. *Une mydriase associée à une paralysie du III doit en effet faire rechercher systématiquement un anévrisme de la carotide interne ou une tumeur, par tomodensitométrie ou IRM.*

L'atteinte du nerf facial

La mononévrite faciale (paralysie de Bell) survient plus fréquemment chez le diabétique que chez le non-diabétique et se caractérise par une paralysie faciale périphérique atteignant donc de manière équivalente la partie inférieure et supérieure du visage.

Exceptionnellement, le thorax et l'abdomen peuvent être touchés

En effet, ont été rapportées des observations de mono- ou polyradiculopathies responsables de douleurs thoraciques uni- ou bilatérales, parfois abdominales, avec un déficit sensitif, soit en bande, correspondant à un territoire radiculaire, soit en tache.

L'amyotrophie diabétique proximale survient essentiellement chez des diabétiques de plus de 50 ans

Précédée de douleurs spontanées, elle intéresse essentiellement les racines, en particulier les psoas et les quadriceps, amyotrophiés et douloureux à la palpation. L'atteinte scapulaire est plus rare.
L'électromyogramme montre une atteinte neurogène des muscles pelvifémoraux.
Cette neuropathie amyotrophiante proximale, pseudo-myopathique, correspond en fait à plusieurs formes cliniques ; lorsqu'elle est isolée, elle est d'évolution le plus souvent favorable.

Plaie du pied diabétique

La survenue d'une plaie du pied est une complication redoutée par les patients diabétiques.
Elle ne concerne pas tous les patients diabétiques, mais seuls ceux qui présentent une neuropathie périphérique des membres inférieurs.
Ce risque, même dans la population concernée, n'est pas inéluctable : **la prévention est efficace pour éviter la survenue de plaie**.

Quel est le mécanisme physiopathologique d'apparition des plaies du pied chez le patient diabétique ?

La plaie du pied diabétique typique est le mal perforant plantaire (figure 45.1). Les mécanismes concourant au développement de cette plaie sont par ordre chronologique les suivants.

- La **neuropathie** est le facteur nécessaire à la survenue de la plaie :
  - **la neuropathie réduit ou supprime le signal d'alerte « douleur »** assurant la protection normale des pieds contre ses nombreux « ennemis » (chaussure, durillon, callosité, cor, fissure talonnière, ongle, clou, gravier, ciseaux, lame de rasoir…) ;
  - les troubles moteurs et les troubles de la sensibilité profonde sont à l'origine de **déformations** et de **troubles morphostatiques** ;
  - ces troubles morphostatiques sont responsables d'**hyperpressions plantaires** ;
  - cette hyperpression plantaire est responsable d'une réaction de l'épiderme sous la forme d'**hyperkératose** ;
  - ces zones d'hyperkératose finissent par former l'équivalent d'une pierre, dure, blessant le tissu sous-cutané. Sous l'hyperkératose se forme une plaie :
    - l'hyperkératose sèche se fendille et la plaie s'ouvre à la peau, donnant le classique mal perforant entouré de sa couronne d'hyperkératose (figure 45.2),
    - la plaie peut s'infecter avec constitution d'un véritable abcès sous-cutané qui peut fuser vers l'os ou les parties molles.

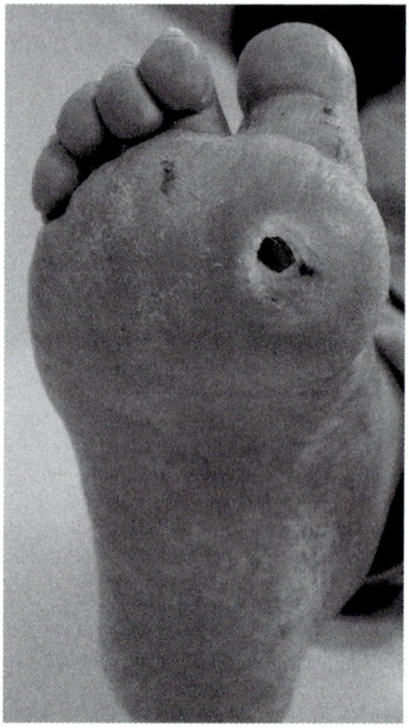

Figure 45.1. Mal perforant sous la kératose formée sous la tête du 1er métatarsien.
Ha Van G., Amouyal C., Perrier A., Haddad J., Bensimon Y., Bourrons O., Hartemann A., « Le pied diabétique », EMC 10-366-L-20.

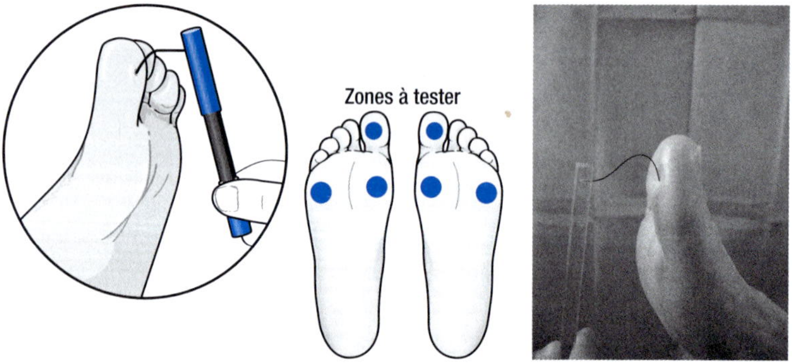

Figure 45.2. Le monofilament et les sites à tester à deux reprises.
Si le patient ne sent pas la pression à deux reprises sur le même site il est à risque de plaie.
Illustratrice Carole Fumat.

■ En cas d'**artériopathie** associée, la diminution du flux artériel au niveau de la plaie, dans le meilleur des cas, **allongera le délai de cicatrisation**, voire sera la **cause d'un échec de cicatrisation**, ou d'une évolution vers la gangrène si aucun geste de revascularisation n'est entrepris.

Le mal perforant n'est donc ni plus ni moins qu'un « durillon qui a mal tourné ». Il siège électivement au niveau des points d'appui, en particulier sous les têtes des métatarsiens.

Quels patients sont à risque podologique ?

Quelques chiffres d'épidémiologie des plaies du pied chez le patient diabétique :

- 15% de la population diabétique peut présenter au cours de sa vie une plaie de pied en l'absence de mesures préventives mises en place ;
- 3 à 5% des patients diabétiques peuvent être un jour victimes d'une amputation en l'absence de mesures préventives mises en place ;
- 7 500 amputations en France environ sont dues au diabète et au moins 50% de ces amputations pourraient être évitées.

Une minorité de patients diabétiques est donc exposée à ce risque mais la gravité de cette complication nécessite d'autant plus de définir les patients exposés à ce risque.

La gradation du risque podologique :

- le risque podologique dépend de la présence ou l'absence d'une **neuropathie** ;
- **à cette neuropathie** peuvent s'associer des facteurs aggravants comme l'**artériopathie** et/ou les **troubles morphostatiques** ;
- le risque le plus élevé concerne les patients ayant déjà un antécédent de plaie chronique (> 4 semaines) du pied ;
- la mise en évidence de ces facteurs de risque podologique permet de classer le risque de plaie du pied selon quatre grades : de 0 à 3 du risque de développer une plaie du pied (tableau 45.1).

Comment dépister en consultation les patients à risque podologique ?

Tout patient diabétique doit avoir chaque année un test au monofilament et une palpation des pouls distaux.

- Si le patient ne sent pas à deux reprises la **pression du monofilament** (petit fil de nylon) sous un des trois points à tester (voir figure 45.1), il est à risque de plaie. On doit ensuite grader ce risque (tableau 45.1) et donc :
    - rechercher des **troubles morphostatiques** (grade 2) :
        - hallux valgus, orteil en marteau ou en griffe, proéminence de la tête des métatarsiens, saillie de la styloïde du 5e métatarsien, pieds plats/creux, déformations post-chirurgicales ou liées à une neuro-arthropathie (pied de Charcot),
        - par définition **une zone érythémateuse ou hyperkératosique au niveau du pied traduit la présence de troubles morphostatiques** induisant un traumatisme local (hyperappui, frottement) ;

Tableau 45.1. Gradation du risque podologique.

Grade de risque podologique	Définition	Risque de plaie du pied
0	Pas de neuropathie	~ 0%
1	Neuropathie isolée	Risque × 5
2	Neuropathie + artérite des membres inférieurs Et/ou Troubles morphostatiques	Risque × 10
3	Antécédent de plaie chronique du pied (> 4 semaines) Ou Antécédent de neuro-arthropathie diabétique (pied de Charcot)	Risque × 25

- rechercher une artériopathie oblitérante des membres inférieurs (grade 2) :
  - **pouls distaux** (tibial postérieur et pédieux) diminués ou abolis mais souvent **bondissants en cas de neuropathie**,
  - **claudication intermittente** ou **douleurs de décubitus**.

- On peut compléter le phénotypage de la neuropathie par :
  - la recherche de **douleurs neuropathiques** à prédominance nocturne à type de décharges électriques, fourmillements, démangeaisons, crampes, sensation de froid ou de chaud douloureux ;
  - en cas de **pied neuropathique**, la peau est sèche, épaisse, avec de l'hyperkératose au niveau des points d'appui ;
  - les **réflexes ostéotendineux** peuvent être abolis ;
  - la **sensibilité profonde** peut être atteinte : diminution de la perception vibratoire (avec un indice inférieur à 4 au diapason gradué) ou troubles du sens de position segmentaire du gros orteil ;
  - la recherche de troubles de la **sensibilité thermo-algique** : mauvaise perception du chaud et du froid et de la douleur provoquée par une aiguille.

Quels examens demander devant la découverte de facteurs de risque podologique chez un patient diabétique ?

- La mise en évidence d'une **neuropathie clinique typique** ne nécessite **pas d'autres explorations** neurologiques (en particulier pas de nécessité d'EMG).
- La mise en évidence clinique d'une artériopathie nécessite :

- la réalisation d'une mesure des **pressions systoliques de cheville** avec le calcul de l'**indice de pression systolique à la cheville** (rapport des pressions systoliques de cheville rapportées à la pression humérale) ;
- une **échographie-Doppler des artères des membres inférieurs avec description des trois axes artériels de jambe** et les artères plantaires (voir fiche 47).

Comment prévenir le risque de plaie chez un patient à risque podologique ?

■ Chez les patients diabétiques à risque podologique, il est essentiel **d'examiner les pieds et les chaussures à chaque consultation**. Cet examen sera en même temps l'occasion d'une **éducation du patient sur les soins préventifs** :

- demandez à un patient diabétique à risque podologique d'examiner ses pieds devant vous. Ne lui désignez pas le durillon, la mycose interdigitale, ou l'ongle mal taillé. C'est à lui de vous les montrer !
- de même, vérifiez qu'il glisse la main dans la chaussure ou qu'il la secoue avant de l'enfiler.

■ Tout patient diabétique à risque podologique devrait pouvoir bénéficier d'un programme d'éducation thérapeutique pour recevoir une éducation spécifique pour la prévention des plaies du pied. À défaut, les messages à faire passer sont :

- **ne pas marcher pieds nus** ni en chaussettes ni en chaussons à semelles fines ;
- avoir des **chaussures adaptées** :
  - en cas de troubles morphostatiques : semelles et/ou chaussures sur mesure,
  - sinon choisir des chaussures à lacets, en cuir, à semelles rigides, sans coutures à l'intérieur, adaptées à la pointure (essayage à faire en fin de journée),
  - **en cas** d'utilisation **de nouvelles chaussures, ne les utiliser que progressivement** au début, en alternance avec des chaussures usagées ;
- inspecter quotidiennement l'intérieur de ses chaussures ;
- inspecter quotidiennement ses pieds (éventuellement à l'aide d'un miroir) ;
- se laver quotidiennement les pieds et se sécher soigneusement entre les orteils ;
- utiliser des crèmes émollientes pour hydrater la peau ;
- ne pas utiliser d'agents chimiques pour traiter l'hyperkératose ;
- ne pas utiliser d'objets coupants pour traiter l'hyperkératose.

■ En fonction du grade de risque, le patient doit bénéficier de consultations de podologie qui sont prises en charge par la CNAM (tableau 45.2) :

- le grade 1 (risque faible) : il a un risque, et le patient peut bénéficier d'une consultation chez un pédicure-podologue pour un bilan diagnostique initial

Tableau 45.2. La prévention en fonction du niveau de risque.

Grade de risque podologique	Évaluation du risque podologique (dépistage des facteurs de risque podologique)	Mesures préventives
0	Examen podologique annuel	–
1	Examen podologique/3-6 mois	Éducation à la prévention du risque podologique en service spécialisé
2	Examen podologique/1-3 mois	Idem grade 1 + consultations de pédicurie/3 mois ± confection d'orthèses plantaires et/ou de chaussures orthopédiques
3	Examen podologique/1-2 mois	Idem grade 2 + prise en charge hautement spécialisée dans des centres de référence + consultations de pédicurie/2 mois + confection d'orthèses plantaires et/ou de chaussures orthopédiques

et la mise en place de conseils de prévention podologique. Si le patient peut payer (ou sa mutuelle) des séances supplémentaires, l'idéal est qu'il aille au moins deux fois par an chez le podologue ;

- le grade 2 (risque élevé) : le patient doit avoir 5 consultations de podologie remboursées par an. Il faut écrire sur l'ordonnance « Forfait pour risque podologique de grade 2 » ;
- le grade 3 (risque majeur) : le patient doit avoir 8 consultations de podologie par an. Il faut écrire « forfait pour risque podologique de grade 3 ».

■ La question que devrait se poser chaque praticien : « parmi mes 40 patients diabétiques, quels sont les quatre ou six patients à risque podologique que je dois adresser tous les ans au podologue, et qui devraient avoir accès à une éducation podologique spécialisée ? ».

Comment prendre en charge une plaie du pied diabétique ?

En consultation de médecine générale il y a trois réflexes à avoir.

1. Supprimer totalement l'appui sur la plaie.
   - L'arrêt de l'appui doit être immédiat et total. C'est la mesure la plus importante.
   - Le malade qui ne souffre pas, comprend mal cette décision d'interdiction absolue (même pour aller aux toilettes). Il est donc essentiel de lui en expliquer l'importance.

- Arrêt de travail impératif.
- Prescription d'un moyen de décharge :
  - décharge de l'**avant-pied** par une chaussure de type **WPS®** ou **Orthowedge®** ;
  - décharge de l'arrière du **talon** par une chaussure de type **Tera Heel®** ;
  - décharge de la **face dorsale du pied/ongle** par une chaussure **Podalux®** ;
  - décharge du **médio-pied** par une botte avec moulage plantaire en résine ou plâtre (sera faite par un centre expert) ;
  - autres modes de décharge : utilisation de **cannes anglaises**, d'un **déambulateur à roulettes** ou encore d'une **chaise roulante**.
- En cas de plaie secondaire à un frottement : découper la chaussure ou le chausson afin de **supprimer tout frottement**, même minime, ou bien prescrire une chaussure de décharge.
- En cas de plaie des talons : la décharge en cas de **plaie des talons** doit être assurée par des **coussins de décharge** du talon dans le lit de type Systam® ou Neut®.
- En cas d'ischémie :
  - installer un matelas anti-escarres et protéger les talons ;
  - cette protection des talons est au mieux réalisée par des blocs de mousse en forme de prisme, permettant de soulever en pente douce la jambe, le talon restant dans le vide sans appui. Des coussins de décharge du talon de type Systam® ou Neut® peuvent aussi être prescrits.

2. Rechercher systématiquement une infection des parties molles, évaluer sa gravité, et débuter le traitement.

- C'est un diagnostic clinique :
  - signes d'**inflammation des parties molles** : œdème, chaleur locale, rougeur locale, douleur (qui peut parfois être absente en raison de la neuropathie) ;
  - la présence d'une plaie douloureuse chez un patient neuropathe est un facteur de gravité (infection sous-jacente souvent sévère) ;
  - des signes en faveur d'un **abcès** : collection fluctuante, douloureuse ou non compte tenu de la neuropathie, la palpation s'attachera à essayer de drainer le long des gaines tendineuses une éventuelle collection purulente ;
  - des signes de **dermo-hypodermite nécrosante** : inflammation locale associée à une nécrose humide ;
  - des **signes généraux d'infection** : fièvre, frissons, hypothermie ;
  - des **signes de mauvaise tolérance** : hypotension (TA systolique < 100 mmHg), tachycardie (FC > 100/min), marbrures et froideur des extrémités.
- Demander un bilan biologique permettant d'évaluer la gravité du sepsis :
  - NFS ;
  - CRP.

- Faire réaliser un prélèvement bactériologique profond :
  - seulement s'il y a des signes d'infection cliniques ;
  - avant introduction de l'antibiothérapie.
- Le traitement antibiotique, si l'infection est peu sévère et ne nécessite pas de débridement en urgence vise à couvrir le staphylocoque aureus et le streptocoque (céfalexine ou clindamycine) pendant 15 jours maximum. Lorsque la plaie évolue depuis plus de 4 semaines, il faudra que l'antibiothérapie couvre également les entérobactéries et les germes anaérobies (amoxicilline-acide clavulanique ou ceftriaxone + métronidazole).

3. Adresser systématiquement le patient dans un centre expert dont la mission est triple.
   a. Recherchez et traiter une ostéite :
      - exploration systématique de la plaie au stylet : recherche d'un contact osseux (figure 45.3) ;
      - radios standards ;
      - TDM ou IRM si besoin ;
      - le traitement consiste en :

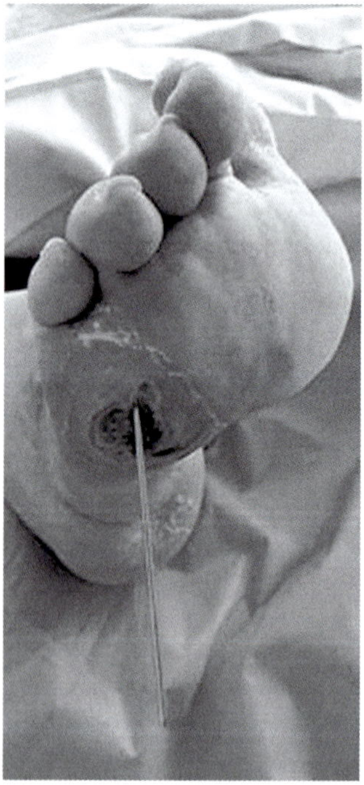

Figure 45.3. La recherche d'un contact osseux sur une plaie transfixiante de l'orteil. C'est un signe en faveur d'une ostéite interphalangienne.
Auteurs.

– un geste d'orthopédie conservatrice (résection d'une tête de métatarsien ou résection limitée d'une phalange), sans amputation, pour raccourcir le délai de cicatrisation et conserver l'intégrité physique et fonctionnelle du pied,

→ toute chirurgie doit être précédée d'un geste de revascularisation en cas d'artérite non compensée,

– ou d'une antibiothérapie à visée osseuse pendant 6 semaines adaptée aux résultats bactériologiques issus d'une biopsie osseuse en peau saine.

b. Débrider chirurgicalement les parties molles :
   - en cas d'abcès, de phlegmon des gaines, de dermo-hypodermite nécrosante, de fasciite nécrosante ou de gangrène gazeuse ;
   - par un geste le plus conservateur possible, en respectant au maximum la préservation des points d'appui physiologiques (1re et 5e têtes métatarsiennes) ;
   - geste précédé impérativement par un geste de revascularisation en cas d'artérite non compensée.

c. Évaluer le degré artériopathie et organiser la revascularisation lorsque :
   - l'IPS de cheville est < 0,5 ;
   - la pression de cheville est < 50 mmHg ;
   - la pression transcutanée en oxygène ($TcPO_2$) est < 25 mmHg ;
   - la pression du gros orteil est < 30 mmHg ;
   - le Doppler artériel montre des sténoses significatives sur les trois axes de jambe sans reprise distale par la collatéralité ;
   - une évolution défavorable de la plaie (plaie atone, nécrose sèche extensive) ;
   - lorsque l'artériopathie est associée à des douleurs de décubitus ou une claudication intermittente.

Le type de revascularisation sera guidé par une artériographie. La revascularisation peut être réalisée par technique :

- endovasculaire : angioplastie simple (± stent en cas de lésion sus-gonale) ;
- chirurgicale : par pontage vasculaire, qui sera au mieux réalisé avec du matériel veineux (saphène), après diagnostic précis des lésions artérielles posé lors d'une artériographie.

À retenir

Devant le retard de cicatrisation d'une plaie sans infection apparente, il faut rechercher trois causes :

- la **persistance de l'appui** (défaut d'adhésion du malade ; mode de décharge prescrit inadapté) ;
- une **ostéite** ;
- une **artérite** associée.

Prescrire un protocole de pansement devant une plaie du pied diabétique ?

1. Lavage au savon du pied.
2. Rinçage de la plaie au sérum physiologique.
3. Détersion des zones fibrineuses à la curette.
4. Seul le pansement Urgostart® a fait sa preuve dans le pied diabétique neuro-ischémique revascularisé. Il peut être proposé pour toute plaie bourgeonnante.
5. Pansement plus absorbant en cas de plaie exsudative type Algosteryl®.
6. Pansement en cas de plaie fibrineuse type Algosteryl® ou Urgoclean®.
7. Fluorescéine aqueuse pour assécher une zone nécrotique.
8. Thérapie par pression négative (TPN) : elle peut être utilisée pour accélérer le bourgeonnement :
   - s'il s'agit d'une plaie non suturable ;
   - avec perte de substance étendue ou profonde ;
   - sur un pied **non** ischémique ou après revascularisation efficace ;
   - sur un pied non infecté ;
   - en cas de plaie avec moins de 50% de fibrine résiduelle.

Ce que doivent savoir les patients diabétiques sur le risque podologique

- Il ne concerne que les patients diabétiques présentant une neuropathie.
- Une plaie du pied chez un patient diabétique avec une neuropathie est d'origine traumatique (souvent avec la chaussure) dans 90% des cas.
- Ce risque podologique peut être diminué drastiquement chez les patients atteints de neuropathie par une éducation spécifique et les consultations auprès du podologue.
- En cas de plaie, la première chose que doit faire le patient est d'arrêter de marcher, de mettre le pied en décharge et de contacter son médecin.

Conclusion

Le risque podologique doit être évalué chez tous patients diabétiques. Chez la minorité de patients à risque, des mesures de prévention doivent être mises en place pour réduire au minimum le risque de plaie. En cas de plaie, le succès de la prise en charge tient à l'éducation du patient à la décharge et à l'adressage dans un centre expert.

La neuropathie végétative

La neuropathie végétative est aussi appelée dysfonction autonome ou dysautonomie. C'est une complication fréquente, grave et souvent sous-estimée du diabète.

Sa symptomatologie clinique peut gravement altérer la qualité de vie (gêne à l'alimentation, désordres digestifs pouvant aller jusqu'à l'incontinence fécale, intolérance à l'exercice, dysfonction érectile, hypersudation…), voire engager le pronostic vital (mort subite).

Dans ses formes cliniques majeures, elle est presque toujours associée à une neuropathie périphérique à type de polyneuropathie distale et à une microangiopathie rétinienne.

Toutefois, les tests paracliniques parasympathiques et sympathiques permettent de la dépister précocement, alors que l'examen neurologique clinique est encore normal.

Manifestations cardiovasculaires

La fréquence de la neuropathie autonome cardiaque (NAC) s'établit autour de 50 % des diabétiques.

Bien qu'elle soit d'autant plus fréquente que le diabète est ancien et l'équilibre glycémique mauvais, la NAC est déjà rencontrée chez 15 % environ des patients dont le diabète est connu depuis moins d'un an. L'intérêt d'un diagnostic précoce au stade infraclinique réside dans le fait que la NAC pourrait être un marqueur précoce de la microangiopathie diabétique et qu'un surcroît de morbimortalité cardiovasculaire pourrait lui être attribué.

On peut dépister précocement :

- une dénervation cardiaque parasympathique par l'étude (encadré 46.1) :
  - des variations de la fréquence cardiaque lors :
    - de la respiration profonde,
    - de la manœuvre de Valsalva,
    - du passage de la position couchée à la position debout ;

Encadré 46.1

Tests permettant de rechercher une dénervation cardiaque parasympathique

Variations de la fréquence cardiaque lors de la respiration profonde

Malade au repos pendant 15 min

- enregistrement d'une dérivation de l'ECG lors de la respiration profonde (six expirations et six inspirations en 1 min) ;
- la différence entre fréquence inspiratoire maximale et fréquence cardiaque expiratoire minimale est normalement supérieure à 15 ; elle est considérée comme anormale lorsqu'elle est inférieure à 10.

Épreuve de Valsalva

Après une inspiration profonde, le malade réalise une expiration forcée à glotte fermée pendant 15 secondes. Une dérivation de l'ECG est enregistrée pendant l'épreuve et dans la minute qui suit l'épreuve. On mesure le rapport entre l'espace RR le plus long après l'épreuve (bradycardie réflexe) et l'espace RR le plus court en fin d'épreuve (tachycardie). Le rapport est normalement supérieur à 1,20. Il est considéré comme anormal s'il est inférieur à 1,20.

Variations de la fréquence cardiaque lors du passage de la position couchée à la position debout

Une dérivation de l'ECG est enregistrée, malade couché puis malade debout pendant 1 minute. On mesurera le rapport de l'espace RR le plus long vers la 20e seconde (ou le 30e battement) après le lever (bradycardie réflexe) sur l'espace RR le plus court à la 10e seconde (ou 15e battement) après le lever (tachycardie initiale).

Ce rapport est normalement supérieur à 1,03. Il est considéré comme anormal lorsqu'il est inférieur à 1.

Remarques

- La variation de la fréquence cardiaque lors de la respiration profonde est le test le plus sensible, permettant de dépister une dénervation cardiaque parasympathique partielle. Mais elle n'est pas interprétable chez les patients ayant une pathologie bronchorespiratoire et après l'âge de 60 ans.
- La manœuvre de Valsalva est contre-indiquée en cas de rétinopathie proliférante en raison de la poussée hypertensive qu'elle induit, qui serait susceptible de provoquer une hémorragie rétinienne.

- la dénervation cardiaque est responsable d'une perte du baroréflexe physiologique et majore donc les fluctuations tensionnelles ;
- surtout, elle pourrait comporter selon certains auteurs un risque de mort subite, justifiant une surveillance particulière de ces diabétiques lors d'une anesthésie générale ou d'une hypoxie respiratoire ;
- toutefois, la dénervation cardiaque ne semble pas être la cause principale de la fréquence, particulière chez les patients diabétiques, de l'ischémie myocardique silencieuse ;

- une hypotension orthostatique avec chute de la pression systolique supérieure à 20 mmHg et chute de la pression diastolique supérieure à 10 mmHg, plus tardive. Elle s'accompagne d'une absence d'augmentation de la fréquence cardiaque (témoignant d'une absence de stimulation sympathique). Elle témoigne d'une dénervation sympathique périphérique intéressant les membres inférieurs et le territoire splanchnique.
  - Elle est aggravée par les traitements antihypertenseurs ou vasodilatateurs, par une éventuelle hypovolémie et une dénervation cardiaque.
  - Son traitement est difficile. On peut essayer la 9-alpha-fluorohydrocortisone (Fludrocortisone®). Celle-ci est particulièrement indiquée en cas d'hyporéninisme-hypoaldostéronisme avec hyperkaliémie. La surélévation de la tête du lit de 15 cm et le port d'une contention élastique des membres inférieurs font partie des recommandations classiques.
  - Le plus important est sûrement la correction d'une éventuelle hypovolémie, la suppression des médicaments majorant l'hypotension orthostatique, la répartition dans le nycthémère des antihypertenseurs en s'aidant au besoin d'un enregistrement Holter de la pression artérielle.
  - En cas d'hypotension orthostatique post-prandiale, on peut conseiller un fractionnement des apports alimentaires. Heureusement, les formes sévères d'hypotension orthostatique sont rares chez les diabétiques et finissent le plus souvent par s'atténuer avec l'amélioration de l'équilibre glycémique.

Manifestations sudorales

- Les troubles vasomoteurs vont de la sympathicotonie avec peau glacée couverte de sueur pouvant faire croire à une artérite des membres inférieurs à la sympathicoplégie avec, à l'inverse, peau rosée, chaude, sèche et parfois pouls « bondissant ».
- L'atteinte sudorale est classique et fréquente dans le diabète : anhidrose prédominant aux membres inférieurs dont elle aggrave les troubles trophiques ou, au contraire, crises sudorales profuses qui peuvent donner le change avec une hypoglycémie.

Manifestations urogénitales

- L'éjaculation rétrograde :
  - secondaire à une atteinte sympathique du sphincter interne ;
  - provoque une anéjaculation alors que l'orgasme est normal ;
  - cause d'infertilité. Elle peut être traitée soit par médicaments alpha-sympathiques soit par insémination artificielle après recueil des spermatozoïdes dans la première miction suivant une masturbation.

- L'atteinte vésicale :
  - mise en évidence par une altération de la débimétrie urinaire ;
  - le risque majeur est celui de la stase urinaire, responsable d'une infection avec reflux vésico-urétéral menaçant le haut appareil ;
  - l'échographie post-mictionnelle, examen anodin, permet d'en apprécier l'importance (de façon fiable au-dessus de 100 ml) et de vérifier l'absence de retentissement sur les voies urinaires ;
  - une exploration urodynamique spécialisée s'impose pour décider de la conduite thérapeutique : auto-sondages le plus souvent. Rappelons que les médicaments anticholinergiques atropiniques (collyres atropiniques, antidépresseurs tricycliques...) exposent à l'aggravation brutale de la rétention d'urine.

Manifestations digestives

Elles peuvent intéresser tout le tube digestif, mais deux types de manifestations sont plus fréquents.

La gastroparésie avec achlorhydrie gastrique

- La gastroparésie se traduit par des troubles digestifs post-prandiaux immédiats : sensation de satiété, pesanteur épigastrique, nausées, éructations malodorantes.
- Ralentissant le transit gastrique, elle est un facteur d'instabilité du diabète avec notamment des hypoglycémies post-prandiales d'horaire inhabituel. En retour, le déséquilibre du diabète et les troubles ioniques qui l'accompagnent favorisent la gastroplégie diabétique allant jusqu'à l'intolérance digestive avec vomissements, ramenant des aliments absorbés plus de 12 h auparavant.
- Le traitement fait appel à la fragmentation des repas en évitant les aliments riches en fibres alimentaires, et aux médicaments prokinétiques : le métoclopramide (Primpéran®) ou la dompéridone (Motilium®) dopaminergiques, stimulant la libération de l'acétylcholine, et l'érythromycine (Érythrocine®) agoniste de la motiline. Par voie veineuse, la posologie de l'érythromycine est de 100 mg/j. Non parfaitement validée, la posologie usuelle par voie orale serait de 250 mg deux à trois fois par jour. Ces médicaments peuvent être associés, une bithérapie permettant d'obtenir en général une nette amélioration symptomatique.
- Dans les cas les plus sévères, un traitement par injection de toxine botulique intrapylorique, une pylorotomie endoscopique ou une neurostimulation extrinsèque peuvent aujourd'hui être proposés.
- Exceptionnellement, un bézoard gastrique doit être fragmenté à la pince sous contrôle endoscopique pour être évacué.
- L'achlorhydrie peut favoriser la pullulation microbienne responsable d'une déconjugaison des sels biliaires, participant à la pathogénie de la diarrhée diabétique.

La diarrhée

Il faut d'abord systématiquement éliminer une autre cause de diarrhée :

- prise de biguanides (Glucophage®, Stagid®) ;
- une diarrhée avec stéatorrhée due à une insuffisance pancréatique exocrine (par exemple en cas de pancréatite chronique) ;
- une diarrhée due à une maladie cœliaque à laquelle ferait penser un syndrome de malabsorption.

La diarrhée diabétique due à la neuropathie végétative est une diarrhée hydrique, fécale, non sanglante, indolore, présentant deux caractéristiques cliniques essentielles :

- la fréquence des selles allant de 10 à 30 selles par jour, impérieuses, survenant souvent après les repas et parfois la nuit ou à l'occasion d'une hypoglycémie. Elle s'accompagne dans 50 % des cas d'une incontinence anale ;
- l'évolution par poussées de quelques jours à quelques semaines, suivies d'un retour du transit à la normale ou même assez fréquemment d'une constipation de longue durée. Cette rythmicité est donc bien différente de celle de la fausse diarrhée des constipés.

Cette diarrhée peut être traitée par le lopéramide (Imodium®), la somatostatine (Sandostatine®), inhibant les sécrétions et la motilité digestives, mais risquant d'aggraver une éventuelle gastroparésie. La cholestyramine (Questran®) peut être efficace lorsqu'il y a un trouble de l'absorption des sels biliaires associé.

Un traitement d'épreuve par cyclines ou ampicilline ou métronidazole peut être tenté car il y a fréquemment une pullulation microbienne jéjunale.

Fait particulier, cette diarrhée s'accompagne dans 50 % des cas d'une stéatorrhée modérée, sans déficit pancréatique externe ou atrophie villositaire, et sans syndrome de malabsorption majeure ni amaigrissement.

Autres manifestations de dysautonomie diabétique

Elle peut encore être responsable de :

- troubles pupillaires fréquents, mais un signe d'Argyll Robertson avec son myosis serré est exceptionnel ;
- troubles trophiques, dominés par les maux perforants plantaires et par l'ostéoarthropathie diabétique (pied de Charcot) ;
- déficits endocriniens, notamment d'un hyporéninisme-hypoaldostéronisme, parfois responsable d'une hyperkaliémie avec acidose tubulaire.

FICHE
47

Les complications cardiovasculaires

Épidémiologie des complications macroangiopathiques

Morbimortalité cardiovasculaires chez les patients diabétiques

L'incidence des événements cardiovasculaires a diminué ces dernières années chez les patients diabétiques (grâce à l'intensification à la fois des traitements antidiabétiques et des traitements des facteurs de risque cardiovasculaire), **sauf** en ce qui concerne la **cardiomyopathie diabétique** et les **amputations de membres inférieurs dans le cadre de l'AOMI**.

En conséquence, **la mortalité cardiovasculaire** (responsable de 60% des décès chez les patients diabétiques) **a diminué** ces dernières années chez les patients diabétiques.

Les femmes diabétiques sont moins touchées par l'ensemble des complications macroangiopathiques du diabète que les hommes diabétiques.

Cependant les femmes diabétiques présentent un surrisque relatif plus important que les hommes diabétiques.

- En effet, le sex-ratio d'atteinte macroangiopathique hommes diabétiques/femmes diabétiques se situe entre 1 et 2, alors qu'il se situe dans la population non diabétique de moins de 50 ans entre 5 et 10.
- Aussi, l'excès de mortalité par maladie cardiovasculaire est élevé chez les hommes diabétiques (+ 41%) par rapport aux hommes non diabétiques mais **cet excès de mortalité s'observe encore plus chez les femmes diabétiques** (+ 74%) par rapport aux femmes non diabétiques.

- **Chez les femmes, l'excès de mortalité ne diminue pas** ces dernières années (données de l'étude ENTRED 2007-2013).
- L'absence de diminution de la mortalité cardiovasculaire observée chez les femmes diabétiques pourrait être liée en partie :
  - à l'augmentation de leur consommation de **tabac** ;
  - à d'autres facteurs de risque de maladies cardiovasculaires ;
  - à une **prise en charge thérapeutique moins intensive que chez les hommes** ;
  - à une **réponse au changement thérapeutique** concernant l'activité physique, par exemple, **moins favorable chez les femmes**, pour lesquelles une plus grande fréquence et une plus grande intensité de l'activité seraient nécessaires ;
  - par ailleurs, des études suggèrent que **l'effet propre du diabète serait plus délétère chez les femmes**, engendrant un profil de risque cardiovasculaire plus défavorable.

Incidence annuelle des complications cardiovasculaires du diabète

- **Infarctus du myocarde (IDM)** : 367/100 000 (**risque relatif** par rapport à la population non diabétique × **2,2**).
- **Cardiomyopathie diabétique** : jusqu'à 2 500/100 000 patients diabétiques de plus de 65 ans (**risque relatif** par rapport à la population non diabétique × **5**).
- **Accident vasculaire cérébral (AVC)** : 470/100 000 (**risque relatif** par rapport à la population non diabétique : × **1,6**).
- **Amputation des membres inférieurs (AOMI)** – dont le facteur de risque principal est l'artériopathie des membres inférieurs : 232/100 000 (**risque relatif** par rapport à la population non diabétique × **7**).

Physiopathologie des complications macroangiopathiques

Une des **caractéristiques des complications macroangiopathiques** du diabète est qu'elles peuvent toucher plusieurs sites de manière le plus souvent **multiple et diffuse**.

En réalité, les complications cardiovasculaires du diabète sont composées de plusieurs entités distinctes.

- L'**athérosclérose** :
  - histologiquement identique à l'athérosclérose du patient non diabétique ;
  - aboutit à l'**obstruction des artères** de gros et moyen calibre et à la survenue d'événements ischémiques (IDM, AVC, AOMI,…).

- L'**artériosclérose** (médiacalcose) :
  - caractérisée par une prolifération endothéliale et une dégénérescence de la média aboutissant à la **calcification de la média (médiacalcose)** ;
  - aboutit au **rétrécissement concentrique de la lumière artérielle** jusqu'à son oblitération et participe donc à la survenue de l'AOMI ;
  - concerne les artères de tous diamètres mais avec une prédominance sur les **artères distales des membres inférieurs** ;
  - entraîne une **rigidification artérielle** responsable :
    - de l'augmentation de la pression artérielle pulsée,
    - de l'augmentation de la vélocité de l'onde de pouls,
    - du développement d'une HTA systolique,
    - du développement d'une hypertrophie ventriculaire gauche,
    - d'un surrisque d'AVC, d'IDM, d'insuffisance rénale chronique,
    - d'une altération de la microcirculation.
- La **cardiomyopathie diabétique** :
  - indépendante de la cardiopathie ischémique liée aux processus athéromateux et de la cardiopathie hypertensive ;
  - se traduisant par une **dysfonction ventriculaire gauche à prédominance diastolique** avec dans 45% des cas une fonction d'éjection ventriculaire gauche préservée ;
  - est caractérisée par un **défaut d'utilisation myocardique du glucose** comme substrat énergétique responsable de l'activation de voies cytotoxiques pour le myocyte, aboutissant à des processus apoptotiques et fibrotiques myocardiques, et ainsi à des troubles de la contractilité/relaxation myocardique ;
  - en plus des altérations de la fonction mécanique cardiaque, il est observé des **anomalies électrophysiologiques**.

Facteurs de risque

- **Facteurs de risque cardiovasculaire de l'athérosclérose** :
  - tabac ;
  - dyslipidémie (facteur de risque majeur pour les atteintes coronariennes, aortiques et artérielles périphériques proximales) ;
  - hypertension artérielle (facteur de risque majeur pour les accidents vasculaires cérébraux) ;
  - diabète/hyperglycémie ;
  - néphropathie ;
  - obésité androïde ;
  - antécédents familiaux.
- **Facteurs de risque cardiovasculaire de l'artériosclérose** (médiacalcose) :
  - âge ;
  - diabète/hyperglycémie ;

- néphropathie ;
- neuropathie ;
- sexe masculin.

■ **Facteurs de risque de la cardiomyopathie diabétique** :
- diabète/hyperglycémie ;
- syndrome métabolique/obésité androïde.

Mécanismes

■ **Mécanismes du développement des complications athéromateuses** au cours du diabète :
- effet proathérogène lié aux anomalies qualitatives et quantitatives des lipoprotéines :
  - LDL petites et denses,
  - HDL dysfonctionnelles et en quantité réduite ;
- effet prothrombotique :
  - **hyperfibrinémie** : augmentation du facteur VIII de Willebrand (véritable colle plaquettaire d'origine endothéliale),
  - **défaut de fibrinolyse** : augmentation du PAI1 (*plasminogène activator 1*),
  - **hyperagrégabilité plaquettaire** : excès de synthèse de thromboxane A2 et au contraire diminution de la production de prostaglandines (PGE1, PGE2) et prostacyclines (PGI2) ;
- dysfonction endothéliale :
  - induit par le stress oxydant dépendant de l'hyperglycémie,
  - responsable d'une augmentation de la perméabilité vasculaire, d'une augmentation de l'interaction entre cellules endothéliales et cellules circulantes favorisant les lésions endothéliales, d'une diminution de la synthèse et de l'activité de l'oxyde nitrique (NO) rompant l'équilibre entre facteurs vascoconstricteurs et vasorelaxants et participant aux anomalies d'inhibition de l'agrégation plaquettaire.

■ **Mécanismes du développement des complications artérioscléreuses** (médiacalcose) au cours du diabète :
- rôle de la neuropathie :
  - dénervation sympathique des vaisseaux, due à la dysautonomie diabétique,
  - atteinte des vasa vasorum par la microangiopathie diabétique ;
- rôle de la néphropathie ;
- rôle de l'inflammation ;
- rôle des protéines du remodelage osseux ;
- glyco-oxydation des protéines, en particulier des protéines de la matrice extracellulaire et notamment du collagène ;
- défaut de dégradation de la matrice extracellulaire par des métalloprotéinases, corrélé au défaut de fibrinolyse.

- **Mécanismes du développement de la cardiomyopathie diabétique** :
  - l'accumulation de glucose au niveau myocardique (glucotoxicité) active des processus cytotoxiques (génération de produits avancés de la glycation, activation de la voie des hexosamines, stress oxydant, stress du réticulum endoplasmique, apoptose cellulaire) ;
  - la lipotoxicité et l'inflammation sont aussi impliquées ;
  - l'activation du système rénine-angiotensine et du système nerveux autonome conduit à une fibrose et une apoptose myocardique accélérée.

Comment et chez qui diagnostiquer les complications macroangiopathiques du diabète ?

« Portrait-robot » du patient diabétique à risque (SFD/SFC 2020)

À très haut risque cardiovasculaire nécessitant une attention particulière du praticien par rapport au risque cardiovasculaire

- Antécédents de maladie cardiovasculaire (y compris ACFA et insuffisance cardiaque).
- Présence d'une albuminurie supérieure à 300 mg/24 h.
- Ondes Q anormales à l'ECG.
- Hypertrophie ventriculaire gauche.
- Sténose athéromateuse > 50%.
- Avec DFGe < 30 ml/min.
- Présence d'un syndrome métabolique avec surcharge pondérale androïde, hypertension artérielle et dyslipidémie.
- LDL-cholestérol > 1,90 g/l.
- A fortiori, si le patient est fumeur ou présente des antécédents familiaux.

À haut risque cardiovasculaire nécessitant une attention particulière du praticien par rapport au risque cardiovasculaire

- Diabète de type 2 évoluant depuis plus de 10 ans et diabète de type 1 évoluant depuis plus de 20 ans.
- Maladie athéromateuse prématurée (moins de 50 ans chez les hommes et moins de 60 ans chez les femmes).
- Facteurs de risque cardiovasculaire non contrôlés (HbA1c, tabac, HTA, LDL).
- Albuminurie entre 30 et 300 mg/24 h.
- DFGe entre 30 et 60 ml/min.
- Rétinopathie sévère et/ou neuropathie autonome ou dysfonction érectile.
- Faible activité physique (ne peut pas monter plus de 2 marches).

La microalbuminurie

C'est un marqueur de risque cardiovasculaire important à prendre en compte.

- Une microalbuminurie supérieure à 30 mg/24 h, 20 mg/l ou un rapport microalbuminurie/créatininurie > 3 mg/mmol à plusieurs reprises, en l'absence d'autre pathologie uronéphrologique et de déséquilibre aigu du diabète, est un marqueur de risque cardiovasculaire important.
- **Lorsqu'il existe une microalbuminurie, le risque de mortalité coronarienne est multiplié par 3 dans les 10 ans suivants.**
- **La microalbuminurie est aussi associée aux autres atteintes macroangiopathiques du diabète.**

Diagnostic de la cardiopathie ischémique

L'ischémie myocardique est **deux à trois fois plus souvent indolore** chez le patient diabétique que chez le patient non diabétique.

L'infarctus du myocarde est ainsi très souvent indolore, bien que plus rarement asymptomatique. **Il faut donc y penser systématiquement devant la survenue soudaine de symptômes par ailleurs inexpliqués** :

- troubles digestifs et parfois douleurs épigastriques ;
- dyspnée d'effort ;
- asthénie, en particulier à l'effort ;
- troubles du rythme cardiaque ;
- baisse de la pression artérielle ;
- parfois, simple déséquilibre inexpliqué du diabète ;
- dans tous ces cas, il importe de faire un ECG qui permettra le diagnostic.

Concernant le **dépistage de la maladie coronaire chez le patient strictement asymptomatique**, il y a 2023 deux écoles :

- pour les uns (société savante américaine et HAS), il n'est **pas recommandé** de réaliser des explorations chez les patients totalement asymptomatiques (aucun symptôme et ECG de repos normal) dans la mesure où le dépistage et la prise en charge d'une ischémie myocardique silencieuse ne permettent pas d'abaisser le risque d'événements cardiovasculaires, à condition que tous les différents facteurs de risque soient par ailleurs correctement pris en charge ;
- pour les autres (recommandations européennes 2019 et SFD/SFC 2020), un dépistage en l'absence de symptômes pourrait se justifier chez les patients à très haut risque cardiovasculaire pour éviter de passer à côté d'une sténose serrée du tronc commun, de sténoses tritronculaires ou de l'artère interventriculaire antérieure.
    - Pour sélectionner les patients les plus à risque d'avoir cette coronaropathie sévère, l'examen actuellement le plus simple et le plus performant en termes de prédiction d'événements cardiovasculaires est le « score calcique coronaire » fait à l'aide d'un scanner que l'on combine aux facteurs de risque cardiovasculaire pour déterminer le risque cardiovasculaire du patient.

- **Un dépistage de l'ischémie myocardique silencieuse se justifierait chez le patient à très haut risque cardiovasculaire** (voir encadré ci-dessus) ou **chez le patient à haut risque cardiovasculaire en fonction du score calcique coronaire** (entre 100 et 400 chez les patients de moins de 60 ans et lorsque le score calcique est supérieur à 400 quel que soit l'âge) (voir figure 23.3).

Diagnostic de la cardiomyopathie diabétique

Un examen clinique attentif veillera à rechercher les signes classiques d'insuffisance cardiaque :

- signes de dysfonction ventriculaire gauche :
  - dyspnée à l'effort,
  - orthopnée,
  - asthénie,
  - tachycardie de repos,
  - bruit de galop et souffle d'insuffisance mitrale fonctionnelle ;
- signes de dysfonction ventriculaire droite :
  - râles crépitants bilatéraux aux bases à l'auscultation,
  - œdèmes des membres inférieurs,
  - turgescence jugulaire,
  - reflux hépatojugulaire à la palpation du foie, hépatalgies (foie cardiaque),
  - anasarque.

Mais **dans 2/3 des cas**, le patient diabétique insuffisant cardiaque sera **asymptomatique**.

En cas de signes cliniques, le diagnostic repose sur la réalisation d'une **échographie cardiaque transthoracique** avec recherche de troubles de la relaxation et de la dysfonction diastolique et mesure du *strain* et du *strain rate* qui permettent d'évaluer finement la fonction et la contractilité myocardiques et de déceler des anomalies myocardiques infracliniques.

L'échographie cardiaque ne doit pas être réalisée selon la HAS de manière systématique mais seulement en cas de point d'appel clinique.

Le dosage du BNP ne doit être réalisé qu'en cas de doute diagnostique.

Diagnostic de l'athérome des artères des troncs supra-aortiques

- Un examen clinique attentif avec recherche de **souffles sur les trajets vasculaires** carotidiens est recommandé annuellement.
- L'examen clinique s'attachera à retrouver tous **signes déficitaires** pouvant s'intégrer dans le cadre d'un AVC.
- Tous **troubles cognitifs** devront faire réaliser une imagerie cérébrale (scanner en première intention) à la recherche d'un AVC passé inaperçu.

■ Les recommandations de la HAS conseillent de **ne pas faire de Doppler des troncs supra-aortiques si le patient est asymptomatique ou de le réaliser au maximum tous les 5 ans ou pour surveiller une sténose > 50%.**

Diagnostic de l'artériopathie oblitérante des membres inférieurs

Mise en évidence clinique d'une artérite oblitérante des membres inférieurs :

■ interrogatoire : la recherche d'une **claudication intermittente** avec périmètre de marche ou de **douleurs de décubitus** est en faveur d'une artérite non compensée ;

■ inspection, en cas de **pied artéritique** :
- la peau est fine, dépilée et atrophique,
- il peut y avoir une onychodystrophie avec des ongles épais,
- on peut observer dans les stades d'artérite sévère des lésions purpuriques, un livedo reticularis et des lésions nécrotiques sèches ;

■ palpation :
- **pouls distaux** (tibial postérieur et pédieux) à palper systématiquement en plus des pouls poplités et fémoraux :
  - abolis ou diminués en cas d'artérite (le pouls pédieux peut être physiologiquement absent dans 20% des cas en raison de variantes anatomiques),
  - souvent **bondissants en cas de neuropathie**,
- **froideur cutanée, temps de recoloration cutanée augmenté** et une **perte de la trophicité** des parties molles en cas d'artérite ;

■ auscultation vasculaire : **souffle vasculaire** à l'auscultation des trajets artériels (fémoraux/aortique) témoignant de lésions sténosantes vasculaires.

La mise en évidence d'une artériopathie clinique nécessite :

■ la réalisation d'une mesure des **pressions systoliques de cheville** avec calcul de l'**indice de pression systolique à la cheville** (rapport des pressions systoliques de cheville rapportées à la pression humérale, voir fiche 23) ;

■ la HAS recommande de **réaliser tous les ans une mesure de l'IPS** chez le patient diabétique ;

■ éventuellement complétée, uniquement en cas de symptomatologie clinique évocatrice ou d'anomalies sur les tests dynamiques fonctionnels, par une **échographie-Doppler des artères des membres inférieurs avec description des trois axes artériels de jambe** et les artères plantaires.
- → Ces examens permettront de porter le diagnostic d'artérite des membres inférieurs et d'évaluer la sévérité de cette artérite (tableau 47.1).
- → L'artériographie, l'angioscanner (ou l'angioIRM) ne seront demandés par un spécialiste qu'en cas d'indication à un geste de revascularisation (AOMI symptomatique avec gêne fonctionnelle majeure et en fonction des critères hémodynamiques fonctionnels) après avoir pesé la balance bénéfice/risque.

Tableau 47.1. Les différentes techniques de mesure de la sévérité de l'artérite et leur interprétation.

Évaluation hémodynamique fonctionnelle	Normalité	Artérite	Ischémie critique
IPS cheville/bras	0,90-1,30	< 0,90 (médialcalose si > 1,30)	< 0,5
IPS orteil/bras	> 0,7	< 0,7	< 0,3
Pression cheville	–	–	< 50 mmHg
Pression orteil	80-120 mmHg	< 80 mmHg	< 30 mmHg
$TcPO_2$	> 60 mmHg	< 60 mmHg	< 10 mmHg

Traitement des complications cardiovasculaires chroniques du diabète

Voir fiche 28 pour tout complément d'information sur les objectifs thérapeutiques.

- L'arrêt du tabac est impératif.
- Tout patient diabétique en situation de prévention cardiovasculaire secondaire devrait avoir sur son ordonnance :
  - une **statine** (dont le bénéfice est indiscutable chez les patients à haut risque cardiovasculaire dont font partie les patients diabétiques) ;
  - un **antiagrégant plaquettaire (aspirine en première intention)** ;
  - un **bloqueur du système rénine-angiotensine**.

Cas particuliers

Patient coronarien

- Prescription en plus d'un **β-bloquant**.
- **Règles hygiéno-diététiques** (pratique d'une activité physique régulière adaptée à la fonction cardiaque ; perte de poids).
- Les patients aux antécédents de cardiopathie ischémique bénéficient de la protection des **agonistes du récepteur au GLP1 et des inhibiteurs du SGLT2** en termes de diminution de la morbimortalité.
- **Le pontage coronaire est préférable à la revascularisation percutanée** avec pose de stent chez les patients diabétiques présentant une maladie coronaire pluritronculaire ou qui ont un score élevé de complexité des lésions coronaires.

Patient insuffisant cardiaque

- Prescription en plus d'un **β bloquant**.
- **Règles hygiéno-diététiques** (consommation de sel NaCl < 6 g/24 h ; pratique d'une activité physique régulière adaptée à la fonction cardiaque ; perte de poids).

- La saxagliptine est associée à un surrisque d'insuffisance cardiaque mais non la **sitagliptine**, cette dernière est donc **à favoriser lorsqu'une prescription d'inhibiteur des DPP-4 est envisagée chez le patient insuffisant cardiaque**.
- Les **inhibiteurs du SGLT2** réduisent significativement le risque d'hospitalisation pour insuffisance cardiaque chez les patients diabétiques à haut risque cardiovasculaire. La prescription d'un antagoniste des récepteurs à l'aldostérone (finérénone bientôt disponible) en association avec un bloqueur du système rénine-angiotensine réduit significativement le risque d'hospitalisation pour insuffisance cardiaque chez les patients diabétiques à haut risque cardiovasculaire.

Patient avec athérome des troncs supra-aortiques

- Attention à **ne pas trop abaisser la pression artérielle** afin de ne pas entraîner de bas débit artériel cérébral en cas de lésions serrées des TSA.
- **La revascularisation chirurgicale est préférable à l'angioplastie** lorsqu'une revascularisation est nécessaire.
- La revascularisation des sténoses carotidiennes asymptomatiques, par comparaison à un traitement médical optimal, continue de faire débat, de la même manière que pour les artères coronaires.

Patient avec artériopathie oblitérante des membres inférieurs

- La prescription d'un antiagrégant plaquettaire (aspirine en première intention) ne se justifie que si le patient est symptomatique ou en cas d'autre localisation athéromateuse symptomatique.
- Le clopidogrel selon les recommandations de la HAS et de l'ANSM n'a pas sa place en première intention en cas d'AOMI symptomatique mais seulement en cas d'allergie à l'aspirine.
- La prescription d'un β-bloquant n'est pas contre-indiquée (au contraire en situation de prévention cardiovasculaire secondaire, elle diminue la morbimortalité cardiovasculaire).
- Règles hygiéno-diététiques (pratique d'une activité physique à type de marche régulière pour favoriser la vascularisation collatérale, en ayant auparavant estimé le risque podologique et au besoin pris des mesures pour éviter le risque de plaie → chaussage sur mesure, soins de pédicurie… (voir fiche 45).

PARTIE

6

Complications aiguës

FICHE 48

L'hypoglycémie sévère chez le patient diabétique traité

Définition : une hypoglycémie sévère est une hypoglycémie nécessitant le recours à une tierce personne pour le resucrage, soit une personne de l'entourage, soit une aide médicale (pompier, médecin).
L'incidence des hypoglycémies sévères est de l'ordre de 1,5 événement/100 patients par an.
Pour un patient, la survenue d'une hypoglycémie sévère est un marqueur de gravité et de fragilité dans la mesure où elle est associée à un triplement de la mortalité à 5 ans.
Dans la moitié des cas, l'hypoglycémie sévère n'est précédée d'aucun signal d'alerte mais dans l'autre moitié des cas, elle est précédée d'un ou plusieurs signes cliniques parmi lesquels des sueurs, des tremblements, une sensation de malaise sont les plus fréquents.
Une hypoglycémie sévère peut survenir chez tout patient diabétique de type 1 traité par l'insuline ou chez un patient diabétique de type 2 traité par de l'insuline, un sulfamide hypoglycémiant ou un glinide (figure 48.1).
En revanche, la metformine, les analogues du GLP1, les inhibiteurs DPP-4, ou les inhibiteurs SGLT2 ne peuvent pas être à l'origine d'une hypoglycémie sévère.

Pourquoi une hypoglycémie sévère survient-elle ?

Dans la plupart des cas, on retrouve une cause à cet épisode : repas insuffisant ou totalement sauté, maladie intercurrente, insuffisance rénale aiguë, activité physique, dose d'insuline rapide trop élevée pour un repas ou dose d'insuline lente inadaptée sont les causes les plus fréquentes.

Guide pratique du diabète

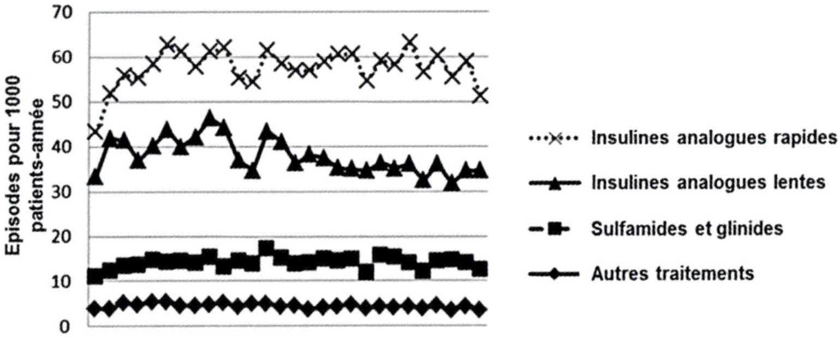

Figure 48.1. Traitements responsables d'hypoglycémies sévères.
Pathak RD, Schroeder EB, Seaquist ER et al. Severe Hypoglycemia Requiring Medical Intervention in a Large Cohort of Adults With Diabetes Receiving Care in U.S. Integrated Health Care Delivery Systems: 2005-2011. Diabetes Care 2016 ; 39(3) : 363-70. Figure 1B.

Quels sont les facteurs associés à un risque accru d'hypoglycémie sévère ?

- Diabète ancien.
- Âge.
- Antécédents d'hypoglycémie sévère.
- Non-perception des hypoglycémies mineures.
- Insuffisance rénale.
- Dénutrition, IMC bas.
- Alcool.
- Présence de troubles cognitifs.
- Présence de complications évoluées du diabète.

Que faire devant une hypoglycémie sévère sous insuline ?

Le resucrage d'un patient insulinotraité ayant une hypoglycémie sévère avec des troubles de la conscience repose sur l'administration de glucagon. Le glucagon exerce une action antagoniste de celle de l'insuline. Il permet la libération des stocks de glycogène du foie. L'administration de glucagon entraîne une remontée de la glycémie en 10 minutes.

L'injection de glucagon par voie intramusculaire ou sous-cutanée, ou bien l'administration par voie nasale, peut être réalisée chez tout diabétique insulinotraité (figure 48.2). L'injection ou l'administration nasale peut être répétée 10 min après une première injection si la glycémie n'est pas remontée et si le patient reste inconscient, ce qui contre-indique la prise orale de glucose.

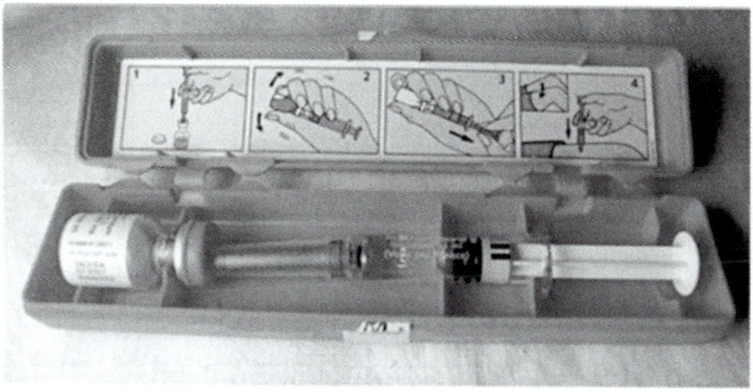

Figure 48.2. Glucagen® kit. Traitement des hypoglycémies sévères chez les enfants et les adultes diabétiques insulinotraités.
Il doit être stocké au réfrigérateur. Reconstituer en mélangeant la poudre et le solvant. 1 mg en IM ou SC chez l'adulte, 1/2 mg chez les enfants de moins de 25 kg (moins de 6 ans).
Auteurs.

À retenir

Conduite à tenir devant une personne insulinotraitée inconsciente faisant une hypoglycémie sévère

- Coucher la personne sur le côté ; ne lui donner ni à boire ni à manger (risque de fausses routes).
- Si la personne porte une pompe à insuline, interrompre la pompe.
- Injecter 1 mg de Glucagen® ou 3 mg Baqsimi®.
- Appeler les secours : 15 ou 18.
- Attendre 10 minutes que l'injection de glucagon fasse son effet.
- Si la personne reprend connaissance : lui donner des glucides par voie orale afin de reconstituer la réserve de glycogène hépatique (jus, sucre, confiture).
- Si la personne ne reprend pas connaissance : refaire une injection de glucagon et/ou passer à une injection de glucose par voie intraveineuse 2 à 4 ampoules de glucosé hypertonique à 30 %.

Si les sulfamides hypoglycémiants sont la cause du coma, seule l'injection IV de glucose est permise. Elle sera suivie obligatoirement de la mise en place d'une perfusion de G10 % et d'une hospitalisation.

Les hypoglycémies sont devenues la première cause d'hospitalisation pour un événement métabolique aigu devant les épisodes hyperglycémiques et les acidocétoses. Quinze à 40 % des patients ayant une hypoglycémie sévère sont hospitalisés.

Quels sont les éléments déterminant la décision d'hospitaliser un patient venant de faire une hypoglycémie sévère ?

- **Toujours hospitaliser un patient diabétique de type 2 sous sulfamide hypoglycémiant**. Car l'hypoglycémie risque de réapparaître quelques heures après le traitement initial en raison de la durée d'action prolongée des sulfamides hypoglycémiants. Il faudra maintenir une perfusion de glucosé à 5 ou 10 % pendant au moins 24 à 48 h. En plus, la survenue d'un coma hypoglycémique sous sulfamides hypoglycémiants amène à revoir les indications, à adapter le traitement en évitant de recourir aux sulfamides les plus puissants et à reprendre l'éducation du patient et de son entourage.
- **S'il s'agit d'un patient diabétique de type 1, hospitaliser si** :
  - le patient vit seul ou si personne n'est capable de réaliser l'administration de glucagon à son domicile ;
  - il y a un déficit neuropsychologique persistant ;
  - aucune cause nette pouvant expliquer l'épisode hypoglycémique (retard de repas, activité physique inhabituelle, erreurs de doses d'insuline…) n'a été retrouvée ;
  - le patient ne réalise pas d'autosurveillance glycémique ;
  - le patient est en rupture de suivi et de prise en charge ;
  - il existe des comorbidités importantes.

À retenir

Éléments en faveur de l'origine hypoglycémique d'un malaise

- Malaise survenu à jeun ou à distance d'un repas.
- Malaise précédé de signes évocateurs d'une hypoglycémie :
  - signes adrénergiques : sueurs, palpitations, fringale, fatigue intense, tremblements ;
  - signes de neuroglycopénie : déficit sensoriel, déficit moteur, troubles de l'humeur, épilepsie, troubles de la concentration, sensation d'ébriété, difficultés à s'exprimer, incoordination motrice, diplopie, malaise.
- Hypoglycémie objectivée sur une mesure.
- Circonstance favorisante (repas sauté, exercice physique, alcoolisation…).
- Antécédents d'hypoglycémies mineures à répétition.
- Disparition rapide des symptômes après resucrage.

Éléments en défaveur de l'origine hypoglycémique d'un malaise

- Malaise survenu juste après un repas.
- Absence de traitement pouvant entraîner une hypoglycémie.

- Aucun antécédent d'hypoglycémie mineure.
- Aucun symptôme évocateur d'hypoglycémie dans les minutes précédant le malaise.
- Absence de circonstance favorisant la survenue d'une hypoglycémie.
- Glycémie mesurée ne retrouvant pas d'hypoglycémie.

FICHE

49

L'hyperglycémie sévère

Les hyperglycémies sévères sont des formes graves de décompensation aiguë du diabète sucré.
Elles font suite à une carence aiguë en insuline et ainsi qu'à une augmentation des hormones de la contre-régulation (glucagon, cortisol, GH, catécholamines).
En fonction de la profondeur de la carence insulinique, deux types d'hyperglycémies sévères peuvent se voir :

- la cétoacidose (insulinopénie absolue ou relative avec facteur déclenchant : plus fréquent chez les patients DT1) ;
- le coma hyperosmolaire (insulinopénie relative, plus fréquent chez les patients DT2).

Dans les deux cas, il s'agit d'une complication grave pouvant engager le pronostic vital des patients (particulièrement dans le cas du coma hyperosmolaire).

Physiopathologie commune

En cas de carence aiguë en insuline, la production hépatique de glucose n'est pas freinée, les tissus périphériques (comme le muscle et le tissu adipeux) ne peuvent plus capter le glucose et une hyperglycémie apparaît.
On peut voir se développer un syndrome polyuro-polydipsique lorsque la glycémie s'élève au-delà des capacités de réabsorption rénale du glucose. La glycosurie, qui en est la conséquence, peut être massive et la polyurie osmotique qui s'ensuit également. Les pertes hydriques rénales sont compensées par une polydipsie qui, si elle est insuffisante, donne lieu à une déshydratation globale.
La baisse du rapport insuline/glucagon permet la levée d'inhibition de la lipolyse (dégradation des triglycérides en acides gras et glycérol au niveau du tissu adipeux) et de la protéolyse musculaire, le patient maigrit.

En fonction de la profondeur de la carence insuliniques : deux situations peuvent survenir :

- la carence insulinique est très profonde : le patient peut développer une cétoacidose. Les acides gras libres sont massivement libérés par la lipolyse qui, dans ce cas, s'est complètement emballée. Le surplus d'acides gras libres, qui n'est pas utilisé comme substrat au niveau du cycle de Krebs dans la mitochondrie, est métabolisé par le foie en corps cétoniques (dans le but de produire des substrats énergétiques). L'accumulation de ces acides puissants entraîne l'**acidose** ;
- la carence insulinique est moins profonde : le patient ne développera pas de cétoacidose. La lipolyse, même en présence d'une faible quantité d'insuline, reste limitée. Les acides gras libérés n'entrent pas dans la cétogenèse hépatique. Mais la conséquence de l'hyperglycémie majeure, si le patient ne s'hydrate pas massivement, conduira à une hyperosmolarité couplée à une déshydratation sévère. Elle peut apparaître lorsque la polydipsie n'arrive plus à compenser la polyurie osmotique ou si les pertes hydriques sont compensées par des boissons sucrées.

Cétoacidose

Diagnostic

Le diagnostic de cétoacidose repose sur la triade :

- hyperglycémie (> 2,5 g/l) ;
- acidose (pH < 7,3 ou bicarbonates < 15 mEq) ;
- cétose (cétonémie ou cétonurie) (figure 49.1).

Ces dernières années, du fait de l'avènement de cétoacidoses euglycémiques (glycémie < 2,5 g/l), le critère hyperglycémie est rediscuté.

Signes cliniques

- Signes cliniques d'hyperglycémie : hyperglycémie, syndrome cardinal (syndrome polyuro-polydipsique-polyphagie-amaigrissement), une déshydratation qui peut être globale et sévère. Durant la phase d'installation (cétose seule), ce sont les seuls signes apparents.
- Signes cliniques d'acidose et de cétose lorsque la cétoacidose est installée : nausées, vomissements, douleurs abdominales, haleine cétosique (pommes pourries), crampes, dyspnée de Kussmaul en 4 temps (inspiration profonde-pause-expiration profonde-pause), troubles neurologiques pouvant aller de l'obnubilation (70 % des cas) jusqu'au coma (plus rare).

Devant un tableau clinique évocateur de cétoacidose, il convient au cabinet de :

- mesurer la glycémie capillaire pour confirmer le diabète ;
- rechercher la présence de cétone :
  - soit dans le sang à l'aide d'un lecteur, soit dans les urines par une bandelette urinaire (voir figure 49.1),

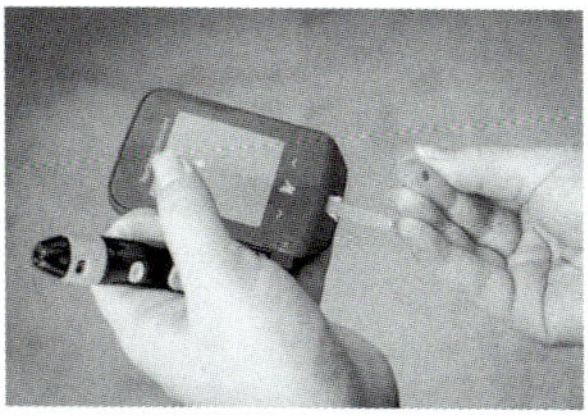

Nécessite le lecteur et les bandelettes adaptés

Bandelettes urinaires

Toutes bandelettes urinaires mesurent la cétonurie

Simple et rapide	**Contraignant** (nécessite des urines parfois absente en cas d'oligurie)
Précis (mesure de acide beta hydroxybutyrique, corps cétonique prédominant en cas de cétoacidose).	**Imprécis** (mesure que l'acide acétoacétique, corps cétonique minoritaire).
Reproductible	**Risque d'erreurs :** bandelettes périmées ou mal stockées, si urines non fraîches, inter-actions médicamenteuses
Diagnostic précoce. (mesure corps cétoniques dans le sang)	**Diagnostic retardé** (élimination urinaire des corps cétoniques retardée par rapport à la cétonémie).
Confirmer la guérison plus rapidement que la cétonurie.	**Confirmation de la guérison retardée** (risque de « sur-traitement »).

Figure 49.1. Exemple de lecteur capable de mesurer l'acétone dans le sang.
Lecteur de cétonémie capillaire. Ici : FreeStyle Optium Neo.

- attention, dans certains cas (grossesse, traitement par inhibiteurs de SGLT2, régime pauvre en glucides), la cétoacidose peut survenir même en cas de glycémie < 2,5 g/l,
- devant ce tableau clinique et en présence de corps cétoniques abondants (2+ ou plus sur la bandelette urinaire, plus de 1,5 mmol/l de cétonémie), le patient doit être orienté vers les **urgences** hospitalières.

Confirmation de la cétoacidose : bilan biologique

Il sera réalisé dès l'arrivée à l'hôpital en urgence dans le but de :

- confirmer le diagnostic et évaluer la profondeur de l'acidose : GDS pour mesure du pH et mesure des bicarbonates (ionogramme sanguin) ;
- mesurer les électrolytes indispensables à la prise en charge :
  - kaliémie (pool potassique effondré : transfert du potassium intracellulaire vers le secteur extracellulaire du fait de l'acidose et la carence insulinique, associé à des pertes rénales et digestives importantes) : la kaliémie (reflet du potassium extracellulaire) peut être normale, haute (si insuffisance rénale) ou basse (surtout si vomissements),
  - natrémie : (peut-être faussée), nécessite la mesure de la natrémie corrigée pour évaluer l'état d'hydratation intracellulaire : natrémie corrigée = natrémie mesurée + 1,6 × (glycémie [g/l] – 1),

- calcul du trou anionique : [Na – (Cl + HCO_3)] : signe l'acidose métabolique lorsqu'il est élevé,
- glycémie : élevée (attention aux cas atypiques : grossesse ou traitement par inhibiteur de SGLT2),
- créatinine : souvent élevée (insuffisance rénale fonctionnelle).

La recherche d'un facteur déclenchant est indispensable et dépendra du contexte (recherche d'une infection particulièrement, grossesse, événement cardiovasculaire…).

Prise en charge hospitalière

Il s'agit d'une **urgence thérapeutique** qui repose sur trois piliers.

- **Réhydratation et recharge en électrolytes** :
  - réhydratation selon le protocole suivant : 1 l en 1 h, puis 1 l en 2 h, puis 1 l en 3 h, puis 1 l toutes les 4 h ;
  - on commence par :
    - 500 ml ou 1 l de bicarbonate iso-osmotique à 14 ‰ uniquement en cas d'acidocétose sévère ($pH \leq 7$),
    - puis 1 à 2 l de sérum physiologique à 9 ‰,
    - puis du glucosé isotonique avec 4 g de NaCl et 4 g de KCl par litre.
  - Le potassium est en général apporté à partir du troisième litre, mais immédiatement si la kaliémie est normale, après contrôle du ionogramme sanguin et de l'ECG et en surveillant la diurèse. La dose de potassium est adaptée en fonction des ionogrammes sanguins toutes les 4 h. On ne doit pas en général dépasser 2 g de KCl en 1 h.
- **Insulinothérapie** à la pompe intraveineuse ou en bolus horaire intraveineux (10 unités par heure). Lors de la disparition de la cétose, on passe à :
  - 3-4 unités par heure à la pompe ;
  - ou bien aux injections sous-cutanées toutes les 3 h, en fonction de la glycémie capillaire (après avoir fait une dernière injection intraveineuse de 10 unités en même temps que l'injection sous-cutanée, pour éviter tout hiatus insulinémique).
- **Traitement de la cause** en fonction du contexte.

Étiologies

La cétoacidose complique, dans la grande majorité du temps, un diabète de type 1, soit lorsque la maladie n'est pas connue (au diagnostic), soit lorsque le traitement est inadapté (en cas d'augmentation des besoins brutaux en insuline comme l'infection ou la grossesse ou d'autres affections intercurrentes) ou interrompu.

En dehors du diabète de type 1, on peut voir se développer une cétoacidose de façon exceptionnelle dans d'autres contextes comme le diabète type 2 en cas d'augmentation des besoins insuliniques très brutale, le diabète de type 2 cétosique (aussi appelé diabète africain ou diabète de type Ib ou de type 3), le diabète d'origine pancréatique (qui présente tout comme le diabète de type 1 une insulinopénie), le diabète fulminant (insulinopénie très brutale sans auto-immunité que l'on voit principalement se développer en Asie) et dans certains cas de iatrogénie (inhibiteur de SGLT2, immunothérapie du cancer comme les anti-PD1, immunosuppresseur comme le tacrolimus, certains antipsychotiques atypiques ou les corticoïdes).

Cas particulier des inhibiteurs de SGLT2

L'acidocétose est une complication rare des inhibiteurs de SGLT2 chez un patient avec un diabète de type 2 (environ 1 cas pour 1 000 patients, surtout en cas de situations à risque), mais le risque est beaucoup plus important en cas de diabète de type 1 (1 à 13 % selon les études). Cet effet indésirable ne doit en aucun cas limiter la prescription de cette molécule chez les patients avec un diabète de type 2, particulièrement chez ceux qui en bénéficient le plus (maladie rénale ou cardiovasculaire associée).

La caractéristique des acidocétoses sous inhibiteur de SGLT2 est qu'elles sont euglycémiques (glycémie < 2,5 g/l) et souvent mal diagnostiquées. L'apparition de signes cliniques évocateurs (nausées, vomissements douleurs abdominales) doit donc faire rechercher des corps cétoniques chez les patients sous inhibiteurs de SGLT2. Une éducation thérapeutique est indiquée afin de prévenir la survenue d'acidocétose en cas de situation à risque. Il est conseillé d'arrêter ce traitement 3 jours avant toute intervention chirurgicale (demi-vie de 13 h, élimination totale au bout de 5 demi-vies soit 2 jours et demi), et en cas d'infection. Également, il est déconseillé de pratiquer un régime cétogène (qui augmente le risque cétogénique) en cas de prise d'un inhibiteur de SGLT2.

Coma hyperosmolaire

Diagnostic

Le diagnostic de « coma » hyperosmolaire se base sur deux critères biologiques : hyperglycémie > 6 g/l et hyperosmolarité sanguine > 350 mmol/l sans cétose ni acidose. Cependant, il n'est pas rare de voir une cétose modérée associée (moins de 2+ à la bandelette urinaire, moins de 1,5 mmol/l de cétonémie).

Cette complication gravissime a un taux de mortalité de 5 à 20 % des cas du fait du terrain fragile des patients qui en sont touchés.

Étiologies

Le coma hyperosmolaire se développe en présence d'une hyperglycémie majeure compliquée de déshydratation. Les patients à risque de développer cette pathologie sont principalement :

- les personnes âgées ;
- avec un diabète de type 2 négligé ;
- dans un contexte à risque de déshydratation : canicule, pathologie intercurrente, alitement, démence, corticothérapie, diurétiques…

Cliniquement

Deux phases se succèdent :

- une phase d'installation (quelques jours à semaines) : hyperglycémie importante souvent > 3 g/l avec symptômes d'hyperglycémie (syndrome polyurie-polydipsie, amaigrissement), détérioration très progressive des fonctions supérieures. Souvent cette phase est insidieuse et passe inaperçue de l'entourage ;
- une phase de coma hyperosmolaire :
  - troubles de la conscience majeurs corrélés à l'osmolalité plasmatique, déshydratation majeure globale (pli cutané, hypotonie des globes oculaires, sécheresse des muqueuses, hypotension et tachycardie, au maximum état de choc hypovolémique),
  - attention même en cas d'infection, les patients sont souvent normothermiques (du fait de la vasoplégie), une hypothermie est un signe de gravité,
  - la glycémie est souvent « HI » (high soit > 6 g/l) au lecteur, et la bandelette urinaire retrouve : sucre 4+ et cétone trace ou 1+ maximum. Le patient doit être adressé aux urgences pour une prise en charge en soins intensifs.

Biologiquement

- Confirmation du diagnostic et évaluation du retentissement.
- Doit être fait en urgence en arrivant à l'hôpital :
  - confirmation diagnostique : hyperglycémie majeure supérieure à 6 g/l (33 mmol/l), hyperosmolarité plasmatique (> 350 mosm/l) ;
  - mesure des électrolytes indispensables à la prise en charge :
    - natrémie variable, calcul de la natrémie corrigée indispensable. Souvent la natrémie corrigée est élevée > 150 mmol/l témoignant d'une déshydratation intracellulaire majeure,
    - autres paramètres liés à l'hémoconcentration : élévation de l'hématocrite, créatinine élevée, augmentation des protides…,
    - recherche indispensable d'un facteur déclenchant (infection, infarctus…).

Prise en charge

La prise en charge se fait toujours au moins en soins intensifs du fait du terrain (voir aussi encadré « À retenir » ci-dessous).

Les trois piliers de la prise en charge sont identiques à la cétoacidose.

- Réhydratation lente et prudente avec du sérum physiologique au début jusqu'à ce que la glycémie atteigne 2 g/l : il faut éviter la survenue d'un œdème cérébral (hyperhydratation intracellulaire), mais relancer la diurèse ce qui va aider à baisser la glycémie.
- Recharge en potassium dès le 3e litre de sérum physiologique (la kaliémie va s'abaisser suite au traitement par insuline).
- Insulinothérapie par voie intraveineuse tant que la glycémie est supérieure à 2 g/l : 10 unités par heure d'insuline rapide.

Mais l'élément thérapeutique peut-être le plus important et pourtant le plus mal compris, et donc le plus souvent mal réalisé, est la prévention des complications secondaires de la déshydratation massive et de l'alitement.

Ce sont en effet ces complications qui font la gravité pronostique du coma hyperosmolaire, entraînant le décès dans 15 à 20 % des cas. Le plus souvent en effet, le malade décède avec un ionogramme sanguin et une glycémie normalisés, mais victime de dénutrition, d'escarres, de thrombose, d'abcès du poumon, de parotidite suppurée.

Il faut donc dès le début de la prise en charge prévenir :

- les thromboses veineuses et artérielles par une héparinothérapie ;
- l'obstruction bronchique par l'humidification par aérosol, puis, dès que cela sera possible, grâce à une kinésithérapie ;
- la parotidite suppurée par des soins buccaux pluriquotidiens ;
- les infections oculaires par l'instillation régulière de collyres ;
- les escarres par la mise du malade sur lit fluidisé...

Traitement du facteur déclenchant

Du fait du terrain très fragile des patients, le coma hyperosmolaire reste une complication d'une extrême gravité souvent mortelle. Passé la phase aiguë, le patient redeviendra en général non insulinodépendant.

À savoir

Schéma de protocole de traitement du coma hyperosmolaire

- **Réhydratation** : 6 à 10 l sur 24 h dont la moitié sur 8 h (3 à 6 l) :
  - la première heure : 1 l ;
  - de 1 à 4 h : 2 à 3 l ;
  - de 4 à 24 h : 4 à 6 l.
- **Sérum physiologique** à 9 ‰ pour les deux ou trois premiers litres, puis glucosé à 5 % + 4 g NaCl/l ou sérum physiologique à 4,5 ‰ ultérieurement. Si hypotension : substituts du plasma.

- **Chlorure de potassium**, à partir du troisième litre de perfusion et après résultat du ionogramme sanguin (sauf si oligo-anurie).
- **Insulinothérapie** : insuline rapide ou analogue rapide à la seringue électrique : 2 à 3 unités par heure. Maintenir la glycémie sur les 12 premières heures supérieure à 2,50 g/l (13,7 mmol). Relais par insuline sous-cutanée à la reprise de l'alimentation orale et correction de la déshydratation.
- **Si besoin, antibiotiques, après hémocultures**.
- **Héparinothérapie de bas poids moléculaire** à doses préventives.
- **Humidification bronchique**, aspiration pharyngée, soins de la cavité buccale.
- **Protection des conjonctives** : collyre antiseptique, sérum physiologique.
- Lit fluidisé, soins anti-escarres.

PARTIE

7

L'écoute, l'accompagnement et l'éducation thérapeutique

Éducation thérapeutique du patient et diabète

Selon l'OMS (2007), l'éducation thérapeutique du patient (ETP) est un processus continu, dont le but est d'aider les patients à acquérir ou maintenir les compétences dont ils ont besoin pour gérer au mieux leur vie avec une maladie chronique.

Elle fait partie intégrante et de façon permanente de la prise en charge du patient.

L'ETP a fait la preuve de son efficacité. Elle permet aux patients de mieux prendre soin d'eux mais aussi de mieux vivre avec leur maladie.

L'ETP n'est pas un « truc en plus » ou « à côté » du soin. Elle doit être intégrée aux soins.

Elle se décline au cœur de la relation de soin (la consultation) et/ou s'organise sous la forme de programme.

Il n'y a donc pas d'un côté le médecin qui délivre des soins, et de l'autre l'IDE qui délivre de l'ETP.

La démarche éducative suppose une approche globale du patient

On doit s'intéresser au patient dans sa globalité, pas uniquement médicale mais psychosociale :

- Qu'est-ce qu'il a ? (état de santé, maladie, traitement).
- Qu'est-ce qu'il sait ? (représentations, connaissances sur la maladie et le traitement).
- Qu'est-ce qu'il fait ? (profession, loisirs, activité physique, alimentation).
- Quels sont ses moteurs de vie ? (à court et long termes, domaines personnel et professionnel).

Le projet éducatif se met en place en plusieurs étapes

1. Créer un climat favorable : cadre, **écoute active** (voir fiche 51).
2. **Le bilan éducatif partagé** permet l'identification avec le patient de ses objectifs de soin, de ses ressources et de ses difficultés :
   - Est-ce le bon moment pour lui d'agir pour sa santé ? A-t-il du temps, de l'espace mental, du désir pour cela ?
   - Quels sont les domaines dans lesquels il souhaite agir ? activité physique ? ateliers diététiques ? informations et échanges avec des pairs et des professionnels de santé ? rencontrer un/une psychologue ? apprentissages des gestes d'autosoins (injections d'insuline, autosurveillance et autocontrôle glycémique) ?
3. S'accorder avec le patient et son entourage sur les ressources nécessaires pour s'engager dans son projet de soin et construire avec lui un plan d'action.
4. Se coordonner avec les différents acteurs d'ETP pour déployer les activités souhaitées.
5. Mettre en œuvre le plan d'action avec le patient et son entourage.
6. Co-évaluer avec le patient les pratiques et les résultats de la démarche d'ETP.

Plusieurs niveaux de compétences du patient en ETP

- Savoirs : connaissances sur le diabète, le risque de complications, le traitement.
- Savoir-faire :
  - savoir mesurer sa glycémie, utiliser une pompe à insuline ;
  - faire une injection d'insuline ou d'analogue du GLP1… ;
  - compétences de sécurité : adaptation du traitement en cas d'activité physique, de maladie, d'hypoglycémie ;
  - compétence d'adaptation psychosociale : savoir rechercher une offre de soin, préparer une consultation…
- Savoir-être : travailler sur la confiance en soi, gérer les émotions, le stress, savoir annoncer son diabète à un proche…

Le cœur de l'ETP en consultation

L'ETP en consultation de maladie chronique suppose :

- l'**alliance thérapeutique** : le médecin et le patient sont des partenaires adultes engagés ensemble sur le chemin de la maladie chronique, au rythme du patient, dans le respect de ses choix. Il n'y a pas de combat du médecin contre les choix du patient. Cette alliance est dynamique. L'échange permet de faire évoluer les points de vue de chacun ;
- l'**écoute active** (voir fiche 51), **qui permet…**

- le **bilan éducatif partagé** (voir ci-dessus), **qui donne lieu à...**
- la **prise de décision médicale partagée** : élaboration conjointe des choix thérapeutiques en analysant avec le patient les rapports avantages/inconvénients des différents traitements possibles pour lui, **qui aboutit à...**
- un **compromis acceptable pour le patient** entre les exigences de la médecine basée sur les preuves (HbA1c à moins de 7 % par exemple) et ce qu'il souhaite et peut faire pour prendre soin de lui (par exemple faire son fond d'œil, ou mettre en place une action pour passer de 9 à 8 % d'HbA1c, ou parler à son entourage de son manque de soutien...).

Qu'est-ce qu'un programme d'éducation thérapeutique ?

Un programme d'éducation thérapeutique du patient se définit comme un ensemble coordonné d'activités d'éducation destinées à des patients et à leur entourage et animées par une équipe de professionnels de santé avec le concours d'autres acteurs (éducateur en activité physique adaptée, psychologue, etc.) (HAS-Inpes, 2007). Il est proposé au patient sous la forme d'un programme personnalisé (article L. 1162- du Code de la santé publique).

Quand proposer un programme d'ETP aux patients diabétiques ?

- À la découverte du diabète.
- Si une insulinothérapie ou un traitement complexe (pompe, capteurs) est envisagé.
- Difficultés à vivre avec le diabète (hypoglycémies répétées, angoisse face à l'avenir...).
- À la découverte d'une complication.
- Lors d'une demande explicite d'aide, ou la survenue d'un désir de prendre soin de soi, par exemple à l'arrivée d'un événement de vie positif (rencontre affective, retraite, grossesse, arrivée d'un petit-enfant...).
- Quand le patient(e) le demande.

Les champs de l'ETP à explorer avec le patient

- L'alimentation.
- L'activité physique.
- Le traitement médicamenteux.
- Les difficultés à prendre des traitements.

- L'organisation du suivi médical.
- Le vécu de la maladie.
- L'entourage, les projets de vie.
- Des thèmes spécifiques (projet de grossesse, préparation du Ramadan…).

À qui adresser une personne diabétique pour intégrer un programme d'ETP ?

- Hôpitaux.
- Réseaux de soins.
- Maisons du diabète.
- Centres et maisons de santé.
- Associations de patients.
- Site de l'ARS pour consulter l'offre régionale des programmes en ETP.

L'écoute active : au cœur de la consultation de maladie chronique

L'écoute active a pour objectif de comprendre au mieux le point de vue et le ressenti du patient.
Les objectifs fixés ensemble et « sur mesure » sont les seuls qui peuvent être atteints.
Il n'y a aucune intention d'intervenir, d'approuver ou de désapprouver, de conseiller ou de persuader.
L'écoute est bienveillante et sans jugement.
Elle traduit un intérêt authentique pour le patient et ce qu'il a à dire.
Comprendre au mieux le point de vue du patient permet que les choix thérapeutiques partagés soient adaptés à la situation spécifique du patient.

Utiliser des questions ouvertes

- Questions auxquelles on ne peut pas répondre par oui ou par non.
- Elles encouragent le patient à s'exprimer.
- Elles laissent le patient libre de répondre comme il l'entend.
- Cela contribue à créer un climat de confiance.
- Cela favorise l'élaboration par le patient de ses propres réponses.

Les questions ouvertes commencent par :

- **Comment... Pourquoi... ?** « Pourquoi la prise d'insuline à midi est compliquée ? ».
- **Que pensez-vous de... ? Que représente pour vous... ? Qu'envisagez-vous... ?** « Que pensez-vous de votre taux d'HbA1c ? », « Que représente pour vous l'insuline ? ».

■ **De quelle façon... ? Où en êtes-vous avec... ?** « Où en êtes-vous dans votre réflexion sur la mise en place de la marche nordique dont vous aviez parlé la dernière fois ? ».

■ **En quoi... ? Qu'est-ce qui/que... ?** « Qu'est-ce que vous vous sentez capable de faire de plus pour le diabète en ce moment ? », « Qu'est-ce qui vous déplaît dans l'idée de prendre une statine ? ».

■ **À quoi... ? Racontez-moi... Décrivez-moi... Expliquez-moi...** « Racontez-moi une de vos journée type de la semaine ».

■ **Qu'évoque pour vous... ?** « Qu'évoque pour vous ce médicament ? ».

Le patient est encouragé à parler grâce :

- aux temps de silence du médecin ;
- à des facilitateurs non verbaux : hochement de tête, sourire, regard... ;
- à des facilitateurs verbaux : « je vous écoute... ».

Reformuler

Pourquoi reformuler ?

- Permet de s'assurer que l'on comprend ce que le patient veut dire.
- Contribue au sentiment pour le patient d'être écouté et compris.
- Effet « écho » pour le patient : il entend ce qu'il a dit.
- Permet au patient d'explorer son ambivalence.
- Pousse le patient à élaborer sa propre réflexion.

Comment reformuler ?

- Si je comprends bien...
- Vous me dites que...
- À vous entendre...
- J'entends que...
- Ainsi, vous...

Quoi reformuler ?

■ **Les faits** : « J'entends que votre traitement par le liraglutide ne vous a pas convenu ».

■ **Les attentes/besoins** : « Si je comprends bien, vous souhaiteriez que nous contactions votre médecin du travail », « Si je comprends bien, le plus pénible pour vous en ce moment sont ces douleurs à la marche et pas le diabète ».

■ **Les émotions** : « Vous avez l'air en colère vis-à-vis de votre diabète », « vous avez l'air découragé par le taux d'HbA1c malgré tous vos efforts ».

FICHE

52

Les patients diabétiques en difficulté pour se soigner : pourquoi, que faire ?

- Il est plus fréquent d'avoir du mal à se soigner que l'inverse !
- En France, environ 50 % des patients diabétiques de type 1 ont une HbA1c > 7,5 %, les exposant à terme au risque de complications chroniques.
- **50 %** des patients diabétiques de type 2 oublient de prendre leurs comprimés au moins une fois par semaine.
- **80 %** ne suivent pas les recommandations diététiques.
- **25 %** poursuivent un tabagisme actif.
- Les médecins se soignent aussi mal que les autres.
- Se soigner n'est pas rationnel, mais affectif : « expliquer » n'aide pas à se soigner, « écouter », oui.

Les préalables pour se soigner : les explorer avec le patient

- Avoir un projet/un désir de vie.
- Être convaincu que les complications du diabète sont évitables.
- Comprendre le lien avec l'équilibre glycémique.
- Définir avec le soignant ses objectifs personnels : niveau d'HbA1c, glycémies capillaires ou glucose interstitiel avec les capteurs (fréquences, cibles).

- Rendre compatible sa vie avec ses objectifs de soin.
- Avoir les bons outils pour agir en cas d'hypoglycémie ou d'hyperglycémie.

Comment comprendre un patient qui se soigne mal ou pas ?

- Le plus important est la « posture » du médecin. S'il veut comprendre son patient, il doit être authentiquement intéressé par cette démarche, et renoncer à le juger, pour l'accompagner dans une relation adulte/adulte.
- Le comprendre nécessite de lui donner la parole.
- Le comprendre nécessite de l'écouter (voir fiche 51).
- Il faut connaître pour chaque diabète, les origines des difficultés les plus classiques.
- En effet la nature du diabète, 1 ou 2, par ce que cela implique comme contraintes de traitement, comme représentations de la maladie, et par l'âge de survenue, peut s'accompagner d'un processus d'adaptation à la maladie différent :
  - avec le diabète de type 1, le travail d'assimilation de la maladie s'apparente à un processus de deuil : plus jamais comme avant et pour toujours !
  - avec le diabète de type 2, il s'agit d'affronter un peu plus les affres du vieillissement, le sentiment d'injustice et le regard souvent culpabilisant des autres et du corps médical en général.

Dans le diabète de type 1, il faut d'abord vérifier que les difficultés ne soient pas :

- techniques : lipodystrophies sur les sites d'injections qui diminuent la résorption de l'insuline ;
- médicales : pathologies associées ?
  - maladie cœliaque,
  - dysthyroïdie,
  - insuffisance surrénale,
  - pancréatopathie exocrine ;
- pharmacologiques :
  - ratio insuline/quantité de glucides inadapté,
  - dose insuline lente ou débit basal d'insuline à la pompe inadapté,
  - durée d'action trop courte de l'insuline lente,
  - injections d'insuline rapide faites après les repas ;
- avant d'envisager des difficultés psychologiques.

La survenue d'un diabète de type 1, comme toute mauvaise nouvelle qui bouleverse la vie, s'accompagne schématiquement d'un processus psychologique de deuil avec différentes étapes possibles : choc et déni, colère, marchandage, phase dépressive, avant l'intégration des contraintes dans la vie (« acceptation »).

Certaines réactions psychologiques sont spécifiques au diabète de type 1. Il faut les connaître pour les reconnaître (encadré 52.1) et les accompagner.

Encadré 52.1

Quelques réactions psychologiques face au DT1, rendant l'équilibre glycémique difficile à obtenir

- **Dénégation** : ce n'est pas un déni (le patient est conscient de l'existence du diabète), mais un refus des contraintes du traitement et/ou une difficulté à vivre avec l'idée d'être diabétique (blessure narcissique ? faible estime de soi ? révolte qui se prolonge ?...), pouvant se traduire par un « clivage » : soins « minimalistes » pour limiter les symptômes d'hyperglycémie, et pas d'appropriation de l'enjeu de prévention des complications.
- **Peur panique des hypoglycémies** : suite souvent à une hypoglycémie traumatisante où le patient a perdu le contrôle (dans la rue, en public...), ou bien par exemple si l'hypoglycémie se traduit par une sensation de mort imminente, le patient se maintient volontairement dans une zone d'hyperglycémie de « sécurité » (> 2 g/l) responsable d'une HbA1c souvent > 9 %.
- **Volonté de contrôle pondéral** : l'hyperglycémie élevée permet de ne pas prendre de poids (glycosurie avec perte calorique). Certaines patientes se maintiennent en grande hyperglycémie (souvent > 12 % d'HbA1c) pour garder un poids stable. C'est « plus fort qu'elles », comme dans l'anorexie mentale. Elles poursuivent ce comportement même au prix de complications gravissimes. Elles refusent souvent toute aide psychologique. Les médecins passent à côté du diagnostic car elles n'en parlent pas, et ne sont pas maigres.
- **Syndrome dépressif**, plus fréquent en cas de diabète.
- **Peur panique de l'hyperglycémie et des complications**, poussant certains patients à surdoser l'insuline pour avoir une HbA1c « dans la norme », avec survenue de nombreuses hypoglycémies non ressenties et sévères. L'HbA1c est souvent très basse. C'est l'entourage qui s'épuise à surveiller et à resucrer le patient. Là aussi les patients disent que « c'est plus fort qu'eux : ils ne supportent pas que la glycémie dépasse 1,2 g/l ».

Dans le diabète de type 2, si on veut parler du risque angoissant des complications, il faut dans le même temps donner au patient tous les moyens d'être actif pour les éviter :

- si glycémie > 2 g/l en milieu de journée : marcher 30 min ;
- si glycémie > à l'objectif au réveil (1,30 g/l) 3 jours de suite et insuline basale : titrer la dose en la majorant de 2 U ;
- doubler le répaglinide si repas festif.

Les difficultés psychologiques pour se soigner dans le diabète de type 2 sont :

- difficultés à intégrer la présence d'une maladie totalement silencieuse. Il faut que le patient s'approprie sa maladie avec la glycémie capillaire. La survenue d'une complication chez un tel patient ne doit pas être banalisée (encadré 52.1) ;
- ambivalence face aux décisions à prendre : « je voudrais faire de l'activité physique mais... ». L'écoute active permet que le patient regarde son ambivalence et

progresse à son rythme en formulant ses propres solutions. Encouragement et soutien sont nécessaires ;

- dépression, isolement, avec vision pessimiste de l'avenir qui l'empêche de prendre soin de lui. Ce doit être le thème central des consultations. Souvent ce sont des événements de vie qui vont lui donner envie de se soigner ;
- sentiment d'impuissance face à la maladie. On doit lui donner tous les outils possibles pour agir ;
- souvent association « sentiment d'impuissance-peur de l'insuline ». On doit explorer ses représentations de l'insuline, dédramatiser et lui proposer de l'essayer sur un temps court.

Les facteurs connus comme favorisant la prise des traitements

- Des décisions thérapeutiques partagées entre médecin et patient, et non pas imposées par le médecin.
- Favoriser l'expression sur le vécu de la maladie, les difficultés à se soigner par l'écoute active (voir fiche 51).
  - « Comment vivez-vous avec votre diabète aujourd'hui ? ».
  - « Comment supportez-vous les médicaments (ou les injections), quelle contrainte vous est la plus pénible ? ».
- Explorer avec lui son ambivalence (entretien motivationnel).
- Valoriser les ressources possibles : « Vous aviez réussi à sortir avec un groupe de marche. Où en êtes-vous ? ».
- Identifier avec le patient l'étape où il en est dans le désir de changement :
  - indifférence : « J'ai 10 % d'HbA1c mais je me sens bien… » ;
  - réflexion : « L'activité physique diminue bien mes glycémies mais comment faire parce que je n'ai pas le temps… » ;
  - préparation à l'action/action : « Comment pourrais-je contacter une diététicienne ? ».
- Convenir ensemble d'un objectif « SMART » :
  - Spécifique ;
  - Mesurable ;
  - Acceptable ;
  - Réaliste ;
  - Temporellement défini.
- S'assurer de la bonne tolérance médicamenteuse : dose maximale acceptable.
- Simplifier la prise des médicaments : pas de prise au déjeuner, « routinisation » (injection d'insuline le soir après le brossage des dents…), un seul comprimé pour deux médicaments.

Les attitudes contre-productives à éviter

■ Banaliser alors que le patient n'a pas intégré la présence de la maladie « *Vous avez une petite rétinopathie sans conséquence* ».

■ Inversement dramatiser, et angoisser, sans donner tous les moyens d'agir.

■ Dramatiser et culpabiliser « *Si vous continuez à prendre du poids, ça va mal finir…* ».

■ Inertie thérapeutique par crainte d'aborder les difficultés : par exemple, si l'HbA1c est à 8,5 % et qu'il y a une indication à démarrer une injection d'insuline lente, différer la décision en n'abordant pas les éventuelles résistances du patient.

■ Chercher des solutions à la place du patient : « *Vous ne pourriez pas faire un peu de vélo ? Aller à la piscine ? Diminuer le pain ?* », plutôt que l'aider à trouver **ses** solutions : « *Sur quels aspects du traitement cela vous paraîtrait plus facile d'agir ?* », « *Quelle activité physique peut être source de plaisir pour vous ?* », « *Qu'est-ce qui vous paraît faisable sur le plan diététique ?* ».

■ Porter un jugement de valeur sur la non-prise des traitements, présent dans la question classique infantilisante : « Vous prenez ***bien*** votre atorvastatine ? », « Vous faites ***bien*** vos 3 contrôles de glycémie ? ». La non-prise des traitements doit être abordée de manière banalisante, et sans jugement, si on veut pouvoir en parler avec le patient : « La plupart des patients ne peuvent pas prendre plus de 3 traitements par jour. Comment cela se passe pour vous ? ». « Les statines ont mauvaise presse en ce moment. Et vous qu'en pensez-vous ? ».

■ Les aides technologiques (type 1) que sont les capteurs de glucose interstitiel, les pompes à insuline en boucle semi-fermée peuvent diminuer les contraintes, mais parfois donner le sentiment d'une omniprésence de la maladie, et changer l'image du corps. Elles ne doivent pas être proposées comme des solutions miracles qui permettent d'échapper aux discussions nécessaires sur la problématique psychologique sous-jacente.

Quelques propositions pour un accompagnement positif

■ Relation de soin : favoriser l'expression des émotions sur le vécu de la maladie, se préoccuper de la façon dont s'est déroulée l'annonce de la maladie.

■ Recours aux groupes de patients au sein des programmes d'éducation thérapeutique ou aux associations de patients (Fédération française des diabétiques).

■ Accompagnement (consultations rapprochées avec le médecin et une ou des infirmières de pratique avancée, suivi en télémédecine).

■ Prise en charge spécialisée en psychothérapie : méditation en pleine conscience, thérapie humaniste (Gestalt), EMDR, cognitivo-comportementale, analytique, art-thérapie…

- Les aides technologiques (type 1) : les capteurs de glucose interstitiel, les pompes à insuline en boucle semi-fermée que les patients peuvent tester pour voir si elles répondent à leur problématique.
- Proposer d'intégrer un « programme d'éducation thérapeutique » (ressources sur le site des ARS) dont certains formats intègrent une offre numérique (visio) et/ou ambulatoire qui les rendent plus accessibles.

PARTIE

8

Les diabètes ni 1 ni 2

FICHE
53

Le diabète gestationnel

Il concerne environ 13,6 % de l'ensemble des grossesses par an en France en 2019. Il est défini par « tout diabète découvert au cours d'une grossesse », que ce soit :

- l'intolérance aux hydrates de carbone, apparaissant à partir de la 26e semaine de grossesse ;
- le diabète ou une intolérance aux hydrates de carbone antérieurs à la grossesse, mais méconnus.

Quels sont les risques de l'hyperglycémie maternelle au cours de la grossesse ?

- Le risque de malformations fœtales n'est pas augmenté quand le diabète gestationnel apparaît au cours du 2e trimestre de grossesse, après l'organogenèse. C'est différent du diabète de type 2 méconnu découvert en début de grossesse qui, lui, peut entraîner des malformations, car découvert trop tardivement. Le risque est lié alors au degré d'hyperglycémie. L'obésité est également un facteur de risque de malformations fœtales.
- En revanche, l'hyperglycémie maternelle induit après le 4e mois un l'hyperinsulinisme fœtal. En effet, le glucose maternel traverse la barrière placentaire, contrairement à l'insuline maternelle, et au 4e mois, le fœtus répond à cette hyperglycémie en sécrétant sa propre insuline. Les conséquences en sont (les chiffres cités correspondent au taux d'événements observé en France en 2013 dans le diabète gestationnel) les suivantes.

Pour l'enfant

- Macrosomie : poids de naissance : soit supérieur au 90e percentile pour le terme, soit de plus de 4 kg pour un terme de 40 semaines (16 % en France en 2013 contre 9 % en l'absence de diabète).
- Prématurité (8 % contre 7 % en l'absence de diabète).

Guide pratique du diabète

■ Dystocie des épaules : dystocie des épaules, fracture de la clavicule, paralysie du plexus brachial pas toujours réversible.
■ Détresse respiratoire transitoire par retard de résorption du liquide amniotique (3,5 % contre 3 % en l'absence de diabète).
■ Hypoglycémie néonatale (en particulier en cas macrosomie ou prématurité, ou de diabète gestationnel mal équilibré).
■ Augmentation du risque d'obésité et de diabète de type 2 à l'âge adulte (risque difficile à évaluer).
À noter que la mortalité fœtale n'est augmentée que dans le diabète prégestationnel (diabète de type 1 ou de type 2) ou lorsqu'un vrai diabète est découvert pendant la grossesse.
À noter aussi que le nouveau-né ne peut pas naître avec un diabète (sauf dans des cas exceptionnels d'un diabète génétique particulier).

Pour la mère

■ Césarienne (environ 30 % des cas en France en 2013 contre 20 % en l'absence de diabète).
■ HTA gravidique et prééclampsie (2,5 % contre 1,5 % en l'absence de diabète).
■ Diabète de type 2 : à court terme, 2 % des patientes restent diabétiques après la grossesse ; à long terme, jusqu'à 50 % de risque chez les femmes à risque (antécédents familiaux de diabète de type 2, obésité).
■ Maladie cardio- et cérébrovasculaire : risque multiplié par 2 à long terme indépendamment de l'apparition d'un diabète de type 2.

Comment et chez quelles femmes se dépiste le diabète gestationnel ?

La glycémie s'abaisse physiologiquement au cours de la grossesse si bien que ni le dosage de l'HbA1c, ni celui de la fructosamine, ne sont assez sensibles pour permettre un diagnostic de diabète gestationnel. La recherche d'une glycosurie n'est pas indiquée pour le dépistage du diabète gestationnel car elle peut apparaître sans élévation de la glycémie en raison de l'abaissement du seuil rénal du glucose.

Au 1er trimestre

■ Sont concernées par le dépistage les femmes avec facteurs de risque de diabète gestationnel (encadré 53.1).
■ Objectif : dépister un diabète de type 2 méconnu.
■ Comment : glycémie à jeun :
- glycémie < 0,92 g/l = normale. Ce résultat implique un dépistage par HGPO avec 75 g de glucose entre 24 et 28 semaines d'aménorrhée ;

Encadré 53.1

Les facteurs de risque de diabète gestationnel conduisant au dépistage en France

- Âge ≥ 35 ans.
- IMC ≥ 25 kg/m^2.
- Antécédents de diabète de type 2 au premier degré.
- Antécédents de diabète gestationnel aux précédentes grossesses.
- Antécédents d'enfants nés avec une macrosomie > 4 kg aux précédentes grossesses.

- glycémie ≥ 0,92 < 1,26 g/l : prise en charge pour un diabète gestationnel précoce ;
- glycémie ≥ 1,26 g/l : prise en charge pour un diabète de type 2 méconnu.

Au 2e trimestre, entre 24 et 28 semaines d'aménorrhée

Les femmes concernées sont celles avec des facteurs de risque de diabète gestationnel (encadré 53.1), mais une glycémie à jeun du 1er trimestre normale.

- Comment ? : hyperglycémie provoquée par voie orale (HGPO) avec 75 g de glucose.
- Les glycémies normales doivent être :
  - glycémie à jeun < 0,92 g/l (5,1 mmol) ;
  - glycémie à 1 h < 1,80 g/l (10 mmol) ;
  - glycémie à 2 h < 1,53 g/l (8,5 mmol).

Une seule valeur au-dessus du seuil normal fait porter le diagnostic de diabète gestationnel.

En cas de mauvaise tolérance de l'HGPO (vomissement), une glycémie à jeun (qui doit être à moins de 0,92 g/l) et 2 h après le petit-déjeuner (qui doit être à moins de 1,20 g/l) peuvent être proposées.

Autres circonstances poussant au dépistage, en dehors des facteurs de risque classiques

- Suspicion de macrosomie aux échographies fœtales.
- Hypertension artérielle.
- Prééclampsie.
- Prise de poids excessive au cours de la grossesse.
- Corticothérapie au long cours.
- Un dépistage universel (de toutes les femmes) peut être indiqué si le bassin de population a un haut niveau de facteurs de risque.

Quels sont les effets positifs de la prise en charge du diabète gestationnel ?

- Diminution de la macrosomie et de ses complications.
- Diminution de l'HTA gravidique et de la prééclampsie.
- Contrôle de la prise de poids maternelle en fin de grossesse.

Quels sont les objectifs glycémiques de la prise en charge ?

- Glycémie au réveil et en préprandial inférieure à 0,95 g/l.
- 2 h après le **début** des repas, la glycémie doit être inférieure à 1,20 g/l.
- 1 h après le début des repas, elle doit être inférieure à 1,30 ou 1,40 g/l.
- La patiente doit avoir un lecteur, et faire une glycémie avant et 2 h après chaque repas, soit 6 glycémies par jour.
- À reporter sur un carnet de surveillance (papier ou électronique).
- Diminution à 4 tests (réveil et 3 post-prandiales) en fonction de l'équilibre, la prise d'insuline, la notion de l'absence de macrosomie échographique.
- Le rythme des consultations pour analyser les glycémies, surveiller la pression artérielle et le poids est tous les 15 jours, plus espacé au cas par cas.

Prise en charge du diabète gestationnel

Régime diététique

- 2 000 à 1 600 kcal par jour.
- Apport de glucides : 200 g à 160 g en fractionnant en trois repas et deux ou trois collations.
- Privilégier les glucides de faible index glycémique (voir fiche 17 ; légumes secs, pâtes, pain complet...) au détriment des aliments à fort index glycémique (ex. : pain blanc, semoule...).
- Décaler la prise du fruit du repas en collation.
- Apporter des légumes à chaque repas (fibres).

À retenir

Exemple de répartitions des glucides

Petit-déjeuner

- Café/thé sans sucre.
- Lait et/ou produit laitier nature sans sucre.
- 60 g de pain complet ou 4 biscottes.

Collation 2 h après le petit-déjeuner et prochain repas à plus de 2 h

- Si GPP ≤ 1,20 g/l, 1 fruit + produit laitier nature.
- Si GPP > 1,20 g/l, 1 produit laitier nature si besoin.

Repas (midi et soir)

- Crudités à volonté.
- Viande/poisson/œuf : 1 portion habituelle.
- 150 g de féculents cuits.
- Légumes à volonté.
- Et/ou 60 g de pain complet selon prescription médicale.
- 1 produit laitier nature non sucré.

Collation 2 h après les repas (midi et soir)

- Si GPP ≤ 1,20 g/l, 1 fruit + produit laitier nature.
- Si GPP > 1,20 g/l, 1 produit laitier nature si besoin.

Exemples et équivalences glucidiques

Pain à farine complète +++ : pas de farine blanche.

60 g de pain = 4 biscottes = 2 tranches de pain grillé = 3 tranches de Wasa = 2 tranches de pain de mie/40 g de céréales (müesli ou flocons d'avoine).

Féculents : 150 g cuits : 1 bol « chinois » = 6 cuillères à soupe de pâtes « complètes » cuites = 8 c. à s. de légumes secs (++) = 3 pommes de terre moyennes = ignames cuites = patates douces = fruits à pain = banane plantain.

Fruits : 1 pomme = 1 poire = 1 orange = 1 pamplemousse = 3 clémentines = petite banane = 250 g de fraises = framboises = 15 cerises = petite grappe de raisin = 2 petites pêches ou nectarines = 4 prunes ou abricots =1/2 melon = belle tranche de pastèque (300 g) = 1/4 d'ananas frais.

Exemple de collation : 1 fruit = 1 compote = 1 yaourt aux fruits ; de manière exceptionnelle une part de gâteaux = 2 boules de sorbet = 1 désert lacté = 4 carrés de chocolat.

STOP : confiture, sucre, confiseries, restauration rapide, sodas, jus de fruits.

Intérêt de l'activité physique dans la prise en charge

- Amélioration de l'équilibre glycémique, en particulier des glycémies post-prandiales.
- Diminution du recours à l'insuline prandiale.
- Amélioration dès que l'activité atteint 30 minutes, 3 à 5 fois par semaine.

Indication du traitement par insuline

- En France, les antidiabétiques non insuliniques ne sont pas autorisés. Le glibenclamide et la metformine sont utilisés dans d'autres pays.
- L'insuline est indiquée après 7 à 10 jours de règles hygiéno-diététiques bien conduites.

- Si la glycémie est en dehors des objectifs pour 20 % de l'ensemble des valeurs ou 30 % des valeurs d'une même tranche horaire, et après vérification de l'observance de la diététique.
- D'emblée possible si la glycémie est très élevée : glycémie à jeun > 1,05 g/l par exemple ou en post-prandial > 1,60 g/l.
- Utilisation d'analogue rapide de l'insuline avant le repas responsable de l'hyperglycémie post-prandiale (1 à 3 injections par jour).
- Insuline semi-lente (NPH) ou analogue lent de l'insuline à injecter le soir au coucher si glycémie au réveil élevée, ou le matin pour les glycémies préprandiales élevées.
- L'insulinothérapie est le plus souvent requise en cas de diabète gestationnel précoce ou chez une femme avec un surpoids/obésité avant la grossesse.
- Vingt à 30 % des femmes auront besoin d'un traitement par insuline. L'insuline est arrêtée à l'accouchement.

À retenir

Contrôle du métabolisme glucidique en post-partum

Dépister une intolérance au glucose, un diabète de type 2.

Quand ?

- 3 mois après l'accouchement.
- Puis tous les 1 à 2 ans selon les facteurs de risque.
- Avant chaque nouvelle grossesse.

Comment ?

- HGPO 75 g de glucose : gold standard pour le diagnostic du diabète de type 2 dans ce contexte où seule la glycémie après charge en glucose est souvent élevée, et de l'intolérance au glucose (critère OMS).
- Si HGPO impossible : glycémie à jeun et HbA1c (voir fiche 2).

FICHE

54

Pancréatite chronique calcifiante, cancer du pancréas

Les diabètes d'origine pancréatique ont longtemps été nommés de type 3c. On parle désormais de diabète pancréatoprive. Cette entité regroupe les diabètes qui associent des anomalies morphologiques pancréatiques ± une insuffisance exocrine pancréatique, en l'absence d'auto-immunité. La pancréatite chronique calcifiante en est l'étiologie la plus fréquente. Le cancer du pancréas est à ne pas méconnaître. Il s'agit de formes rares de diabète dont la maladie principale peut être méconnue jusqu'au diagnostic du diabète. Cependant, il existe certaines caractéristiques cliniques qui doivent faire rechercher ces atteintes pancréatiques.

La pancréatite chronique calcifiante (PCC)

Définition

Inflammation chronique du pancréas qui aboutit à une fibrose, une destruction progressive de la glande, et enfin une insuffisance pancréatique exocrine (au bout de 10 ans) et endocrine (au bout de 15 ans).

Cliniquement

Pendant la phase d'installation de la maladie (dizaine d'années), le symptôme principal est la **douleur épigastrique**, transfixiante, déclenchée par l'alimentation ou la prise d'alcool, évoluant par poussées, pouvant s'intégrer dans le cadre d'une complication (poussée de pancréatite aiguë, pseudokyste, sténose biliaire).

Guide pratique du diabète

Un **amaigrissement** est souvent associé (restriction volontaire de l'alimentation, dénutrition suite à la consommation d'alcool).
Au bout de 10 à 20 ans, une insuffisance pancréatique exocrine s'installe : le patient présente une **stéatorrhée** (débit fécal de graisses supérieur à 7 g/j pour un régime apportant 100 g de graisses ; conséquence de la malabsorption des graisses par carence en enzymes pancréatiques). Il s'agit de selles molles, claires, huileuses, malodorantes. Les douleurs disparaissent durant cette période.
Puis s'ensuit l'insuffisance pancréatique endocrine (carence insulinique d'installation plus ou moins progressive) à l'origine du **diabète**.

Diagnostic

Le diagnostic se fait par l'imagerie (scanner abdominal en premier intention ou écho-endoscopie en deuxième intention pour diagnostic des formes précoces). L'imagerie permet de découvrir les calcifications pancréatiques (pathognomoniques) et/ou des anomalies canalaires typiques (alternance de sténoses et dilatations). L'élastase fécale est basse ce qui signe l'insuffisance pancréatique exocrine.

Étiologies de la PCC

L'alcoolisme chronique est la principale étiologie, 70-80 % des PCC en Europe. Une consommation de 100 à 150 g par jour d'alcool pur (soit entre 10 à 15 unités d'alcool ; 1 unité d'alcool = 10 g d'alcool pur = 1 verre d'alcool délivré dans un bar quelle que soit la boisson).
Plus rarement, on retrouve l'hypercalcémie au-delà de 3 mmol/l (dans le cadre d'hyperparathyroïdie primaire en général), les étiologies génétiques, les pancréatites chroniques auto-immunes, tumorales (secondaires à un obstacle) ou idiopathiques dans près de 10 % des cas.

Le cancer du pancréas

Épidémiologie et définition

Les tumeurs du pancréas peuvent être bénignes ou malignes.
L'adénocarcinome du pancréas reste l'étiologie principale d'une tumeur pancréatique (90 % des tumeurs solides). L'âge moyen de diagnostic se situe entre 60 et 70 ans. Le pronostic est mauvais (6 à 9 mois de survie si le cancer est métastatique, 18-24 mois s'il a pu être réséqué).
Les autres tumeurs correspondent à des tumeurs endocrines malignes ou bénignes caractérisées par une hypersécrétion endocrine (insuline ou gastrine majoritairement). Elles ne sont pas à l'origine de diabète.

Diagnostic de l'adénocarcinome du pancréas

Les symptômes classiques digestifs de l'adénocarcinome pancréatique dépendent de la localisation de la tumeur. Les signes les plus fréquents sont :

- ictère progressif, rétentionnel, sans fièvre ni rémission lorsque le cancer se situe dans la tête du pancréas ;
- douleur épigastrique, transfixiante, pouvant être insomniante, particulièrement lorsque l'envahissement local est important ;
- amaigrissement brutal et rapide (en 2-3 mois, perte d'une dizaine de kilos).

Cependant, dans plus de la moitié des cas, ces symptômes ne sont pas présents. Le patient peut présenter des signes plus atypiques : angiocholite associant l'ictère, douleur dorsale évoquant une atteinte rhumatologique, pancréatite aiguë.

Diabète et adénocarcinome du pancréas

Plus de 80 % des patients avec un adénocarcinome du pancréas ont une anomalie du métabolisme glucidique. Dans la majorité des cas, il s'agit d'un diabète récent (< 24-36 mois avant le diagnostic du cancer) qui se présente comme un diabète de type 2. Près de 1 % des nouveaux diabètes chez des patients de plus de 50 ans seraient des cancers (États-Unis).
La perte de poids au moment du diagnostic du diabète est plus fréquente qu'en cas de DT2.

Quand évoquer une PCC ou un cancer du pancréas ?

Plusieurs situations doivent faire évoquer le diagnostic de diabète secondaire à une atteinte pancréatique (voir également les recommandations de la HAS, Guide parcours de soins, Diabète de type 2 de l'adulte, 2014) chez le patient de plus de 40 ans au diagnostic du diabète :

- une absence de surpoids (IMC < 25 kg/m^2) ;
- une altération de l'état général ;
- une forte hyperglycémie inaugurale avec symptômes ;
- une consommation d'alcool excessive ;
- des signes digestifs associés (diarrhée, douleur, ictère principalement).

Également : toute décompensation d'un diabète de type 2 associée à des symptômes digestifs doit faire évoquer une atteinte pancréatique sous-jacente.
L'examen de référence pour le diagnostic de PCC ou d'un cancer du pancréas est le **scanner avec et sans injection de produit de contraste** qui sera donc demandé en première intention dans ces situations.

Prise en charge des diabètes pancréatoprives

Ces diabètes sont caractérisés par une carence en insuline, ± associée à une insulinorésistance, souvent sans obésité.

Lorsque la carence insulinique n'est pas totale, des antidiabétiques oraux peuvent suffire à juguler l'hyperglycémie.

Les inhibiteurs de SGLT2 ne sont pas conseillés chez ces patients du fait du risque plus élevé d'acidocétose secondaire à la carence insulinique. Un débat autour de l'utilisation des analogues du GLP1 et des inhibiteurs de la DPP-4 existe depuis 2007 (un « warning » de la FDA avait été émis sur le risque de pancréatite aiguë et cancer du pancréas majoré par ces traitements). Récemment, les méta-analyses reprenant les essais randomisés contrôlés contre placebo de tous les analogues du GLP1 sont rassurantes et ne retrouvent pas ce surrisque.

En général, au bout de quelque temps, les patients requièrent un traitement insulinique aussi strict que dans le cas d'un DT1 et sont donc autant à risque de développer une cétoacidose.

FICHE

55

Diabète et médicaments

Un certain nombre de médicaments peuvent provoquer une hyperglycémie, voire un diabète. En première ligne sont les corticoïdes.

Diabète et corticoïdes

- Les corticoïdes favorisent la survenue d'une hyperglycémie en augmentant la néoglucogenèse hépatique, en diminuant le transport intramusculaire du glucose et en favorisant l'hypertriglycéridémie. Au long cours, ils semblent diabétogènes, car ils favorisent l'insulinorésistance en diminuant la masse musculaire et en augmentant la graisse viscérale. De plus, ils provoquent une carence insulinosécrétoire.
- La survenue d'un diabète dépend toutefois :
  - de la dose de corticoïdes (et ce quel que soit leur mode d'administration) ;
  - de l'âge du patient (on comptabilise environ 20 % de diabètes cortico-induits lors de la prescription de corticoïdes après l'âge de 50 ans) ;
  - d'une prédisposition génétique et/ou métabolique, en particulier au diabète de type 2. Il est donc plus fréquent si le patient est en surpoids, en particulier androïde, a déjà une anomalie glucidique, a des antécédents familiaux de diabète de type 2, ou personnels de diabète gestationnel.
- L'intensité de l'hyperglycémie et sa durée sont variables en fonction des traitements :
  - les corticoïdes de durée d'action intermédiaire et de demi-vie de 2 à 4 heures (prednisone et prednisolone) sont hyperglycémiants pendant la durée du traitement mais peu au-delà (quelques jours). Sauf si la corticothérapie est chronique ;
  - les corticoïdes injectés en intraveineux (bolus) donnent des hyperglycémies très élevées mais de courte durée ;
  - par contre les corticoïdes par voie intramusculaire ou intra-articulaire peuvent donner une hyperglycémie pendant au moins deux semaines, parfois plus longtemps.

Guide pratique du diabète

- Le profil glycémique est souvent caractérisé par une **glycémie à jeun normale** ou peu élevée (témoignant d'un contrôle satisfaisant de la production hépatique de glucose par l'insulinosécrétion résiduelle) et **une glycémie post-prandiale très élevée** (en raison de l'insulinorésistance musculaire majeure).
- La prescription de corticoïdes doit donc s'accompagner d'un dosage chez les patients à risque, de la **glycémie post-prandiale (1 h 30) du 1er repas de la journée, 5 à 10 jours après le début du traitement, ou plus tôt si le patient était déjà diabétique**.
- Le malade doit être averti du risque et de la nécessité d'éviter les apports glucidiques massifs d'aliments d'index glycémique élevé (sodas, **pain**, sucreries, pâtisseries…).
- Le traitement du diabète cortico-induit fait appel si besoin aux **sulfamides** hypoglycémiants ou à l'**insulinothérapie**, volontiers sous forme d'une insuline analogue rapide avant les repas, parfois à doses importantes pouvant atteindre 50 unités. La dose doit être administrée même si la glycémie au réveil est normale car le petit-déjeuner peut être très hyperglycémiant. On peut par exemple commencer par une dose de 0,1 U/kg/repas et monter très rapidement en fonction des résultats glycémiques.
- Les insulines lentes ont moins d'intérêt car la glycémie à jeun est souvent normale.
- La posologie du traitement devra être révisée parallèlement à la baisse des doses de corticoïdes pour éviter le risque hypoglycémique.
- Chez le sujet âgé, l'hyperglycémie sous corticoïdes peut entraîner rapidement une déshydratation avec un risque de coma hyperosmolaire. La surveillance glycémique est impérative.

Les autres diabètes iatrogènes

- Les antiprotéases dans le traitement du VIH peuvent entraîner l'équivalent d'un syndrome métabolique ou d'un diabète de type 2.
- Les antipsychotiques dits atypiques peuvent entraîner une prise de poids importante, avec un diabète secondaire, mais parfois aussi une hyperglycémie rapide avec des signes de carence en insuline (syndrome cardinal). Par ordre de fréquence, ceci se voit plus souvent avec la clozapine, puis l'olanzapine, puis la rispéridone.
- Plus récemment, ont été décrits des diabètes fulminants avec acidocétose, ou toutes autres sortes de diabète, lors de traitements anticancéreux par immunothérapie (anti-PD1).
- Les autres médicaments susceptibles d'augmenter la glycémie sont :
  - bêta-2-stimulants (salbutamol) ;
  - diurétiques thiazidiques ;
  - œstrogènes de synthèse ;
  - progestatifs dérivés norstéroïdes ;
  - diazoxide (Proglicem®) ;
  - immunosuppresseurs, anticalcineurines (ciclosporine A et tacrolimus).

Les diabètes génétiques

Les diabètes monogéniques (diabètes MODY, *maturity-onset diabetes of the youth*) sont dus à des anomalies moléculaires d'un seul gène responsable d'un défaut de la sécrétion d'insuline par les cellules β-pancréatiques. La carence en insuline est incomplète et variable (même pour une même mutation au sein d'une famille). Ils représentent 2-4 % de l'ensemble des diabètes.

Quels intérêts à les rechercher ?

- Informer sur le pronostic (par exemple, glycémie très stable tout au long de la vie ne nécessitant a priori pas de traitement pour les patients GCK-MODY (MODY2).
- Choisir un traitement adapté (par exemple, les sulfamides hypoglycémiants sont très efficaces dans les situations de HNF1A-MODY [MODY3], HNF4A-MODY [MODY1] et les mutations du canal potassique).
- Rechercher et prendre en charge d'éventuelles atteintes extrapancréatiques associées au diabète (par exemple, insuffisance rénale et/ou anomalies morphologies rénales si HNF1B- MODY [MODY5]).
- Dépister la famille.

Quand y penser ?

- Découverte d'un diabète avant 40 ans.
- Présentation comme celle d'un diabète de type 1 (sujet mince, dépendant de l'insuline) mais sans auto-immunité (anticorps anti-GAD et IA2 négatifs) et/ou avec une sécrétion d'insuline résiduelle même à distance du diagnostic (pas d'acidocétose).
- Présentation comme celle d'un diabète de type 2 mais sans surpoids et/ou sans syndrome métabolique.
- Avec des antécédents familiaux de diabète également atypique à toutes les générations (transmission autosomique dominante).

Tableau 56.1. Principaux gènes impliqués dans les diabètes monogéniques de type MODY et caractéristiques des diabètes.

Gène	Mode de transmission	Circonstances de découverte	Âge au diagnostic	Hyperglycémie	Atteintes associées
Les 3 principales causes de diabète MODY (75 %)					
GCK (MODY2)	AD mais histoire familiale souvent méconnue	Examen systématique Diabète gestationnel	Très précoce (enfance) mais peut être tardif (car asymptomatique)	Très modérée Surtout nette à jeun Stable dans le temps Traitement : aucun, sauf pendant la grossesse	Aucune
HNF1A (MODY3)	AD	Examen systématique Diabète gestationnel Diabète sévère	Adolescence, jeune adulte Pénétrance augmente avec l'âge (65 % à 25 ans, 85 % à 40 ans)	Variable Surtout post-prandiale au début Aggravation avec le temps Traitement : sensibilité aux IS*, insuline	Glucosurie avant le diabète Hypoglycémies néonatales transitoires (très rares) Polyadénomatose hépatique (5-10 %)
HNF4A (MODY1)	AD	Idem à MODY-HNF1A Macrosomie (50 % des cas) et hyperinsulinisme néonatal transitoire	Adolescence, jeune adulte Pénétrance augmente avec l'âge (45 % à 25 ans, 75 % à 40 ans)	Variable Aggravation avec le temps Traitement : sensibilité aux IS, insuline	Hypoglycémies néonatales (15 %)

Causes rares de diabètes MODY (5 %)					
*ABCC8***, *KCNJ11***, INS, RFX6, NEUROD1, PDX1					
Diabètes syndromiques (20 %)					
HNF1B (MODY5)	AD mais histoire familiale souvent absente (variants de novo fréquents) Délétion complète du gène dans 50 % des cas	Association diabète-anomalies rénales mais les patients peuvent présenter un MODY isolé	Enfance à l'adulte jeune	Variable Aggravation avec le temps Traitement : ADO, insuline	Malformations rénales, du tractus génito-urinaire, hypoplasie du pancréas, hypomagnésémie, goutte, cytolyse hépatique, déficience intellectuelle, autisme
MT-TL1 (variant MELAS) Diabète mitochondrial	Maternelle	Association diabète-surdité mais pénétrance variable de la surdité et les patients peuvent présenter un MODY isolé	Jeune adulte Expressivité clinique variable au sein de la famille	Variable Aggravation avec le temps Traitement : ADO, insuline	Surdité, dystrophie maculaire, atteinte musculaire, neurologique, rénale ou cardiaque
WFS1 Syndrome de Wolfram	AR AD (non syndromique)	Association diabète-atteintes associées au syndrome de Wolfram mais pénétrance variable des atteintes associées, les patients peuvent présenter un MODY isolé	Enfance à l'adulte jeune	Variable Aggravation avec le temps Traitement : insuline	Atrophie optique, surdité, cataracte, diabète insipide, manifestations neurologiques

AD : autosomique dominant ; AR : autosomique récessif ; IS : insulinosécréteurs (sulfamides hypoglycémiants et glinides) ; ADO : antidiabétique oral.

Quoi faire ?

- Orientation vers un diabétologue pour procéder au génotypage (par prise de sang) (tableau 56.1).
- Se référer aux PNDS (Protocole national de diagnostic et de soins) pour le suivi et plus d'informations :
  - diabètes monogéniques de type MODY (https://www.has-sante.fr/upload/docs/application/pdf/2022-11/pnds_mody_prisis_20221115.pdf) ;
  - maladie liée à HNF1B ;
  - maladies mitochondriales apparentées au MELAS (https://www.has-sante.fr/upload/docs/application/pdf/2021-09/pnds_melas_texte_septembre_2021.pdf).

FICHE 57

Le diabète ni 1 ni 2, dit « africain » ou de type 3

Chez les personnes originaires d'Afrique noire, on observe souvent un diabète dit « ni 1, ni 2 » ou diabète de type 3.
Il apparaît entre 20 et 40 ans, c'est-à-dire avant l'âge habituel du diabète de type 2. Le patient est le plus souvent mince ou en léger surpoids.
Le début est souvent aigu, avec des signes de carence en insuline (amaigrissement, polyurie-polydipsie) et parfois même la présence d'acétone. Les anticorps sont vérifiés pour ne pas passer à côté d'un diabète de type 1 auto-immun. Le patient nécessite alors un traitement par insuline pendant quelques jours. Puis les glycémies se normalisent, et le patient peut arrêter l'insuline et contrôler son diabète par un inhibiteur de DPP-4 et/ou des sulfamides. On peut proposer de la metformine si le patient a un surpoids. On évite les inhibiteurs de SGLT2 à cause du risque d'acidocétose lors des décompensations. Tout se passe comme si les cellules à insuline se mettaient par moments au repos, puis redémarraient lorsque la glycémie se normalise. Ces épisodes se répètent, en particulier lorsque le patient prend un peu de poids, ou consomme des aliments ou boissons à index glycémique élevé (sodas, pain, sucreries, thé sucré…).
L'évolution est variable. Certains patients restent longtemps sous comprimés, d'autres évoluent rapidement vers une dépendance à l'insuline. Ce diabète est remarquable par l'absence de marqueurs d'auto-immunité et l'absence d'insuffisance pancréatique externe. Il associe carence insulinique et insulinorésistance. Il pourrait être secondaire à une diminution de la masse des cellules bêta insulinosécrétrices, que cette réduction soit d'origine génétique ou secondaire à une malnutrition fœtale.

Index

Elsevier Masson S.A.S.
65, rue Camille-Desmoulins
92442 Issy-les-Moulineaux cedex
Dépôt légal : janvier 2024
Composition : Aptara
Imprimé en Pologne par Dimograf